Moeller

Leitfaden der Elektrotechnik

Herausgegeben von

Dr.-Ing. Hans Fricke
Professor an der Technischen Universität Braunschweig

Dr.-Ing. Heinrich Frohne
Professor an der Technischen Universität Hannover

Dr.-Ing. Paul Vaske
Dozent an der Fachhochschule Hamburg

Band II, Teil 1

 Springer Fachmedien Wiesbaden GmbH

Elektrische Maschinen und Umformer

Teil 1   Aufbau, Wirkungsweise und Betriebsverhalten

Von Dr.-Ing. Paul Vaske
Dozent an der Fachhochschule Hamburg

12., neubearbeitete und erweiterte Auflage 1976
Mit 248 teils zweifarbigen Bildern, 12 Tafeln und 61 Beispielen

 Springer Fachmedien Wiesbaden GmbH

CIP-Kurztitelaufnahme der Deutschen Bibliothek

Leitfaden der Elektrotechnik / Moeller. Hrsg. von
Hans Fricke... – Stuttgart: Teubner.

NE: Moeller, Franz [Begr.]; Fricke, Hans [Hrsg.]

Bd. 2. Elektrische Maschinen und Umformer.
Teil 1. Aufbau, Wirkungsweise und Betriebsverhalten /
von Paul Vaske. – 12., neubearb. u. erw. Aufl. – 1976.

ISBN 978-3-519-16401-2   ISBN 978-3-663-09908-6 (eBook)
DOI 10.1007/978-3-663-09908-6

NE: Vaske, Paul

Gesamtherstellung: Passavia Druckerei AG Passau
Einbandgestaltung: W. Koch, Sindelfingen

Vorwort

Elektrische Maschinen sind wichtig für Erzeugung, Verteilung und Umwandlung elektrischer Energie. Sie werden in elektrischen Kraftwerken und in Antrieben und Kleingeräten in vielfältiger Form und Weise benutzt. Jeder Elektroingenieur sollte sie richtig einsetzen und anwenden können, während Berechnung und Herstellung nur wenigen vorbehalten bleibt.

Teil 1 von Band II befaßt sich mit den Grundlagen, also mit Aufbau, Wirkungsweise und Betriebsverhalten der elektrischen Maschinen, und zwar sowohl der Gleichstrom- als auch der Wechselstrommaschinen. Er wendet sich somit an jeden Ingenieur, der elektrische Maschinen anwendet, also nicht nur an den Elektroingenieur der Energietechnik, sondern auch an Nachrichten-, Meß- und Regelungstechnikingenieure, ebenso an die Maschinenbau- und Fertigungstechnikingenieure; daher werden auch einfache Antriebsprobleme mitbehandelt.

Band II baut auf den in Band I, Grundlagen der Elektrotechnik, vermittelten Kenntnissen über das magnetische Feld sowie über den Gleich- und Wechselstrom auf. Über komplexe Rechnung und Differential- und Integralrechnung hinausgehende mathematische Kenntnisse sind für Band II nicht erforderlich; der Stoff wird in Anwendungsbeispielen wiederholt und veranschaulicht. Viele Zahlenangaben liefern greifbare Vorstellungen von den Größenordnungen. Zeigerdiagramme (auch einfache Raumzeigerdiagramme) und viele Bilder verdeutlichen typische Ausführungen. Die in früheren Auflagen bewährte Darstellungsweise wird auch in der 12. Auflage beibehalten und weitergeführt.

Bei dem zur Verfügung stehenden Umfang können nicht alle elektrischen Maschinen umfassend betrachtet werden; es wird vielmehr versucht, an den vier wichtigsten Maschinen (Transformator, Asynchron-, Synchron- und Gleichstrommaschinen) Aufbau und Eigenschaften in durchsichtiger Weise zu erläutern. Auf Abweichungen ausgeführter Maschinen von dem dargestellten grundsätzlichen Verhalten wird hingewiesen. Das Werk soll insgesamt eine Grundlage des Gebiets, z.B. auch für das Studium weiterführender Bücher (Verzeichnis im Anhang), vermitteln. Es wird Wert darauf gelegt, alle mitgeteilten Tatbestände ausreichend zu begründen; nur in Ausnahmefällen wird auf eine ausführliche Ableitung verzichtet.

Ein einführender Abschnitt behandelt zunächst die den verschiedenen Maschinengattungen gemeinsamen grundlegenden Erscheinungen. Auf diese Weise werden die Gemeinsamkeiten von Aufbau und Wirkungsweise deutlich gemacht. Der Leser kann sich aber auch sogleich mit den weiteren Abschnitten für die einzelnen Maschinengattungen befassen; sie sind durch entsprechende Hinweise mit dem ersten Abschnitt verbunden. Auch können schwierigere Probleme (z.B. Auftreten und Wirkungen der Oberfelder, unsymmetrische Belastungen oder dynamisches Verhalten) zunächst außer acht gelassen und erst später nachgeholt werden. Einige Sondermaschinen, die heute noch Bedeutung haben, werden ebenfalls betrachtet, insbesondere die Einphasenmotoren, die schon etwa den halben Umsatz an elektrischen Maschinen ausmachen. Für Unsymmetrieprobleme wird das Verfahren der symmetrischen Komponenten angewandt und ausführlich erläutert. Neuere Schaltungen von Motoren mit Stromrichtern führen in die heutige Antriebstechnik ein.

Teil 2 von Band II enthält die Berechnung der vier wichtigsten Maschinenarten, ebenfalls unter Berücksichtigung einiger Sonderprobleme (Inhaltsübersicht S. VII). Die Berechnung der Maschinen erlaubt ein vertieftes Eindringen in ihre Wirkungsweise. Wenn die Berechnung heute auch meist von Typenreihen ausgeht und Digitalrechnern übertragen wird, so setzt ihre Programmierung und die Weiterentwicklung der elektrischen Maschinen dennoch die Kenntnis der Berechnungsverfahren voraus. Darüber hinaus stellt der Entwurf einer elektrischen Maschine ein besonders lehrreiches Beispiel für das Vorgehen beim ingenieurmäßigen Arbeiten dar; ihm kommt daher weiterhin ein wichtiger Platz innerhalb der Ingenieurausbildung zu.

In Teil 1 von Band II werden nur Größengleichungen verwendet. Die Wahl der Formelzeichen geschah unter Berücksichtigung von DIN 1304 und DIN 40121. Wie in der Energietechnik üblich, ist als Bezugsgröße die Spannung gewählt, wobei das Verbraucher-Zählpfeil-System zugrundegelegt wird. Die reelle Achse der komplexen Zahlenebene liegt stets waagerecht. An mehreren Stellen werden die Größen auf die Nennwerte bezogen (Per-unit-System), da diese Normierung für allgemein gültige Betrachtungen Vorteile hat. Auch ist die bewährte zweifarbige Darstellung beibehalten worden.

Einige Fachkollegen förderten dieses Werk durch wertvolle Hinweise; für weitere Verbesserungsvorschläge bin ich stets dankbar. Dem Verlag danke ich wieder für die fortwährende Sorge um ein gutes Gelingen der Neubearbeitung.

Hamburg, im Frühjahr 1976   Paul Vaske

Inhalt

Anhang

Inhaltsübersicht zu Teil 2, Berechnung elektrischer Maschinen

1 Grundlagen der Maschinenberechnung

1.1 Einführung. 1.2 Wicklungen. 1.3 Magnetischer Kreis. 1.4 Streuung.
1.5 Verluste und Erwärmung

2 Transformatoren

2.1 Berechnungsgang. 2.2 Berechnungsbeispiele

3 Drehstrom-Asynchronmotoren

3.1 Berechnungsgang. 3.2 Besonderheiten bei Stromverdrängungsläufern.
3.3 Magnetischer Lärm. 3.4 Berechnungsbeispiele

4 Drehstrom-Synchronmaschinen

4.1 Berechnungsgang. 4.2 Berechnungsbeispiel

5 Gleichstrommaschinen

5.1 Berechnungsgang. 5.2 Stromwendung. 5.3 Dynamische Eigenschaften.
5.4 Berechnungsbeispiele

1 Allgemeine Grundlagen

1.1 Wesen und Aufbau elektrischer Maschinen

Die Elektrotechnik dient vornehmlich dem Zweck, Energie umzuwandeln und zu verteilen und Informationen zu verschaffen und zu verarbeiten. Während die Nachrichtentechnik (s. Band VI) für die Nachrichtenübermittlung im weitesten Sinne sorgt, vermag die Meßtechnik (s. Band IV) zahlenmäßige Informationen über alle erfaßbaren Größen zu vermitteln, so daß schließlich Steuerungs- und Regelungstechnik (s. Band VIII) den gewünschten Vorgang veranlassen und regeln können.

Die elektrische Energietechnik bzw. Starkstromtechnik (s. Band VIII und IX) stellt allen Bereichen elektrische Energie zur Verfügung. Diese Energieart kann jedoch i. allg. der Natur nicht unmittelbar entnommen werden; man muß sie vielmehr aus anderen Energieformen gewinnen. Beispielsweise wird in den Wärmekraftwerken die in der Kohle gespeicherte chemische Energie zunächst im Kessel in Wärme umgeformt, anschließend in der Turbine in mechanische Energie überführt und hieraus im Generator elektrische Energie erzeugt. Diese kann in einfacher Weise über die Netze zum Verbraucher geleitet (s. Band IX) und dort in den elektrischen Anlagen in andere Energiearten umgesetzt werden. Da neben der einfachen Verteilung auch die Umformung der Energie in elektrischen Maschinen und Geräten besonders einfach und gut gesteuert werden kann, hat die Elektrotechnik eine so weitgehende Verbreitung gefunden – ja, sie hat die großen Fortschritte der modernen Technik erst ermöglicht.

Alle elektrischen Geräte dienen der Energieumformung, die elektrischen Maschinen insbesondere der steuerbaren Umwandlung von mechanischer in elektrische Energie und umgekehrt. Daneben werden elektrische Maschinen für die Anwendung und Weiterleitung der elektrischen Energie herangezogen. Sie übernehmen hierbei die Umformung elektrischer Größen und die Umspannung von hohen Spannungen oder Strömen auf solche mit kleinerem Wert bei gleicher Leistung. Energieumwandlungen sind stets mit Energieverlusten in Form von Wärme verbunden. Das läßt sich bei keinem energetischen Prozeß vermeiden. Es ist aber ein besonderer Vorzug der elektrischen Maschinen, daß ihre Verluste besonders klein sind, daß sie also einen hohen Wirkungsgrad erzielen. Elektrische Großmaschinen erreichen Wirkungsgrade bis über 99 % und sind in dieser Hinsicht allen anderen Maschinen überlegen.

Man findet heute elektrische Maschinen als Generatoren in den Kraftwerken, als Umspanner in den elektrischen Anlagen und als Antriebsmotoren in Industrie, Landwirtschaft, Gewerbe, Büro und Haushalt, in Werkzeugmaschinen und Fahrzeugen – eben überall dort, wo elektrische Energie zur Verfügung gestellt werden kann. Dabei werden Leistungen im Bereich von einigen Milliwatt (z.B. in Mikromotoren) bis zu $2\ \text{GVA} = 2 \cdot 10^9\ \text{VA}$ (in Transformatoren und Generatoren) umgesetzt.

1.1.1 Physikalische Grundlagen

Die elektrischen Maschinen nutzen die magnetischen Erscheinungen aus, die als Folge von Elektronenbewegungen auftreten. Während relativ zueinander ruhende elektrische Ladungen ein elektrostatisches Feld ausbilden, üben relativ zueinander bewegte Elektronen magnetische Kräfte aufeinander aus. Den Zustand eines Raumes, in dem diese magnetischen Erscheinungen festgestellt werden können, nennt man magnetisches Feld. Seine Eigenschaften sind in Band I ausführlich behandelt. Hier sollen nur die Grundgesetze noch einmal kurz zusammengestellt werden.

Für die elektrischen Maschinen sind zwei Wirkungen des magnetischen Feldes wichtig:

1. Auf die im Magnetfeld befindlichen, stromdurchflossenen Leiter werden mechanische Kräfte ausgeübt.

2. Die Leitungselektronen können in eine bestimmte Richtung gedrängt werden; es entstehen elektrische Spannungen.

Zur Berechnung magnetischer Kreise bedienen wir uns einiger Hilfsbegriffe, die aus der formalen Ähnlichkeit des magnetischen Kreises mit dem Stromkreis entstanden sind. Man kann dann den Magnetkreis in gleicher Weise behandeln, darf jedoch hieraus nicht schließen, daß allen magnetischen Größen eine physikalische Wirklichkeit zukommt.

1.1.1.1 Magnetisches Feld.
Das magnetische Feld hat in jedem Raumpunkt eine bestimmte Stärke und eine bestimmte Richtung; beide können durch Kraftwirkungen gemessen werden. Diese gerichtete Feldgröße wird magnetische Induktion $\boldsymbol{B}$ genannt. (Das halbfette Formelzeichen kennzeichnet die vorliegenden Vektoreigenschaften, weist also darauf hin, daß Größe und Richtung zu beachten sind.) Ihre Einheit ist das Tesla mit $1\ \mathrm{T} = 1\ \mathrm{Vs/m^2} = 10^4\ \mathrm{G}$ (Gauß). Es herrscht die Induktion 1 T, wenn (unter idealen, homogenen Verhältnissen) dieses magnetische Feld auf einen Leiter von 1 m Länge, durch den der Strom 1 A fließt, die Kraft 1 N ausübt.

In Feldbildern wird die Induktion meist durch die Dichte der eingezeichneten Feldlinien veranschaulicht (s. z.B. Bild **6**.1). Die Feldlinien geben außerdem die Kraftrichtung an, die sich z.B. mit der Magnetnadel bestimmen läßt; ihr Nordpol weist in die positive Feldrichtung. Daher sprechen wir ganz allgemein von einem Nordpol, wenn die Feldlinien aus einem Magneten austreten, und von einem Südpol, wenn sie in ihn eintreten. Magnetische Feldlinien sind stets in sich geschlossen, was man mathematisch durch das Hüllenintegral

$$\oint \boldsymbol{B}_\mathrm{x}\,\mathrm{d}\boldsymbol{A} = 0 \tag{2.1}$$

beschreiben kann, wobei Induktion $\boldsymbol{B}$ und Flächenelement $\mathrm{d}\boldsymbol{A}$ ganz allgemein Vektoren sind. Die Ortsabhängigkeit der Induktion $\boldsymbol{B}_\mathrm{x}$ wird durch den Index x hervorgehoben.

Ursache für die an einem bestimmten Punkt herrschende magnetische Induktion

$$\boldsymbol{B}_\mathrm{x} = \mu_\mathrm{x} \boldsymbol{H}_\mathrm{x} \tag{2.2}$$

ist die magnetische Feldstärke $\boldsymbol{H}_\mathrm{x}$, die grundsätzlich nicht nur ortsabhängig ist, sondern wie in Bild **3**.1 die gleiche Richtung wie die Induktion $\boldsymbol{B}_\mathrm{x}$ aufweist. Die (dementsprechend auch grundsätzlich ortsabhängige) Permeabilität

$$\mu_\mathrm{x} = \mu_0 \mu_\mathrm{r} \tag{2.3}$$

wird meist als Produkt aus der Induktionskonstanten $\mu_0 = 0{,}4\pi \cdot 10^{-6}\ \mathrm{H/m} =$

$1,256 \cdot 10^{-6}$ Tm/A $= 1,256 \cdot 10^{-6}$ Vs/Am und der relativen Permeabilität μ_r aufgefaßt. Bei allen nicht ferromagnetischen Stoffen dürfen wir für technische Anwendungen mit $\mu_\mathrm{r} \approx 1$ rechnen; für die ferromagnetischen Werkstoffe könnte man μ_r aus Bild **15**.1 bestimmen, erhält dann aber eine Funktion $\mu_\mathrm{r} = f(H)$.

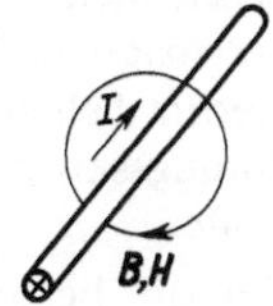

3.1
Stromdurchflossener Leiter mit Magnetfeld
I Strom
$\boldsymbol{B}, \boldsymbol{H}$ Feldlinie

Man integriert die ortsabhängigen Feldvektoren zu den **Größen des magnetischen Kreises**: Die resultierende Wirkung des magnetischen Feldes wird durch den **magnetischen Fluß**

$$\Phi = \int_A \boldsymbol{B}_\mathrm{x}\,\mathrm{d}\boldsymbol{A} \tag{3.1}$$

dargestellt[1]). Seine Einheit ist das Weber mit 1 Wb $= 1$ Vs $= 10^8$ M (Maxwell). Wenn ein homogenes Feld mit der **Normalkomponente** B, d.i. die senkrecht auf der Fläche A stehende Komponente der Induktion, vorliegt, darf man Gl. (3.1) auch vereinfachen zu dem Fluß

$$\Phi = BA \tag{3.2}$$

Jeder Elektronentransport und jeder Strom I ist für die hierzu relativ ruhenden elektrischen Ladungen mit einem magnetischen Feld verbunden, dessen Richtung z.B. anhand der **Korkenzieherregel** mit Bild **3**.1 bestimmt werden kann. Ursache für die magnetischen Erscheinungen ist daher das mit dem magnetischen Feld verkettete Integral der (grundsätzlich wieder ortsabhängigen) Stromdichte S_x über der Fläche A, die als **Durchflutung**

$$\Theta = \int_A S_\mathrm{x}\,\mathrm{d}A \tag{3.3}$$

bezeichnet und in A gemessen wird. (Stromdichte S_x und Flächenelement $\mathrm{d}A$ sind wieder Vektoren.) Daher kann man mit einer Spule durch die Anordnung von N Windungen die Wirkungen des Stromes I vervielfachen. Für die Berechnung des magnetischen Kreises elektrischer Maschinen läßt sich Gl. (3.3) meist vereinfachen zu

$$\Theta = IN \tag{3.4}$$

wobei vorausgesetzt wird, daß das gesamte magnetische Feld, also der Fluß Φ, mit allen N Windungen verkettet ist.

Die Bezeichnungen des magnetischen Kreises sind in Analogie zum Stromkreis gewählt worden, da der magnetische Kreis analogen Gesetzen folgt. Mit Gl. (2.2) wird z.B. das **Ohmsche Gesetz** in Differentialform und mit Gl. (2.1) das 1. **Kirchhoffsche Ge-**

---

[1]) Man beachte, daß die Formelzeichen Φ, Θ, B und H in diesem Buch stets die Scheitel- oder Gleichwerte bezeichnen, die zugehörigen Zeitwerte jedoch den Index t und die Ortswerte den Index x aufweisen.

setz, die Knotenpunktregel, angewandt. Das 2. Kirchhoffsche Gesetz, die Maschen-regel, wird für den magnetischen Kreis als Durchflutungssatz

$$\Theta = \oint H \mathrm{d}l \tag{4.1}$$

bezeichnet. Er besagt, daß man die Durchflutung erhält, wenn man das Linienintegral der magnetischen Feldstärke H über einem geschlossenen Weg l bildet. Der Weg darf hierfür beliebig gewählt werden; meist wird man einer Feldlinie folgen. Der Durch-flutungssatz gilt unabhängig von den magnetischen Eigenschaften der verwendeten Werk-stoffe.

Für die Berechnung elektrischer Maschinen zerlegt man den magnetischen Kreis üb-licherweise in i Abschnitte mit der Länge l_i und einem jeweils angenähert homogenen Feld der Feldstärke H_i und erhält dann in vereinfachender Weise die Durchflutung

$$\Theta = \sum_{i=1}^{i=i} H_i l_i = \sum_{i=1}^{i=i} V_i \tag{4.2}$$

Während die Durchflutung Θ eine zur Quellenspannung des Stromkreises analoge Größe darstellt, läßt sich die magnetische Spannung

$$V_i = H_i l_i \tag{4.3}$$

die ebenfalls in A gemessen wird, mit den Teilspannungen eines Stromkreises vergleichen. Es liegt dann nahe, mit

$$\Phi = \Lambda \Theta = \Theta/R_\mathrm{m} \tag{4.4}$$

für den magnetischen Kreis auch die Integralform des Ohmschen Gesetzes einzu-führen. Es gilt also auch hier das Kausalitätsprinzip: Die erwünschte magnetische Wir-kung, der Fluß Φ, ist seiner Ursache, der Durchflutung Θ, proportional. Der magne-tische Leitwert

$$\Lambda = 1/R_\mathrm{m} = \mu A/l \tag{4.5}$$

bzw. sein Kehrwert, der magnetische Widerstand R_m, ist für Berechnungen sinnvoller-weise nur für Teile des magnetischen Kreises mit fester Permeabilität μ und gleichblei-bendem Querschnitt A bei der Länge l brauchbar. Für die Berechnung magnetischer Kreise elektrischer Maschinen benutzt man daher meist Gl. (4.2) (s. Band II, Teil 2, Abschn. Magnetischer Kreis).

In den elektrischen Maschinen soll mit einer kleinen Durchflutung Θ ein großer Fluß Φ erzeugt werden. Dazu muß der magnetische Widerstand R_m klein sein. Das ist der Fall, wenn man den magnetischen Kreis, soweit möglich, mit Eisen ausfüllt. Nur aus kon-struktiven Gründen – z.B. um ruhende Teile von umlaufenden zu trennen – können Luftspalte nicht entbehrt werden. Die Feldlinienwege in Luft sollten aber besonders kurz und die Luftspaltinduktionen klein gehalten werden. Im Eisen sind erheblich höhere Induktionen technisch möglich und daher auch zulässig. Der Fluß „bevorzugt" im magnetischen Kreis den Weg der höchsten magnetischen Leitfähigkeit (Permeabilität), somit also Eisenteile. Durch zweckmäßige Gestaltung dieser Teile kann man den Feld-verlauf günstig beeinflussen, um z.B. bei geringstem Raumbedarf oder Gewicht größte Wirkungen zu erzielen. Man beachte aber, daß sich elektrische Leiter und Isolierstoffe in der Leitfähigkeit sehr stark unterscheiden, z.B. um den Faktor 10^{10}, magnetisch gute und schlechte Stoffe aber sehr viel weniger, bei Elektroblech und Luft z. B. maximal um $\mu_\mathrm{r} \approx 10^5$.

Beispiel 1: Eine ringförmig gewickelte Spule nach Bild 5.1 hat den mittleren, wirksamen Ringdurchmesser $D_\mathrm{mi} = 0,3$ m und die Windungszahl $N = 1000$. Welcher Strom I muß fließen, damit in der Spule die mittlere Induktion $B_\mathrm{mi} = 1,2$ mT herrscht?

Mit der Induktionskonstanten $\mu_0 = 1,256 \cdot 10^{-6}$ Tm/A benötigt man nach Gl. (2.2) die mittlere magnetische Feldstärke $H_\mathrm{mi} = B_\mathrm{mi}/\mu_0 = 1,2$ mT/(1,256 $\cdot$ 10^{-6} Tm/A) $= 955$ A/m und auf dem mittleren Umfang $l_\mathrm{mi} = \pi D_\mathrm{mi} = \pi \cdot 0,3$ m $= 0,942$ m nach Gl. (4.2) die Durchflutung $\Theta = H_\mathrm{mi} l_\mathrm{mi} = (955$ A/m$)\,0,942$ m $= 900$ A, so daß nach Gl. (3.4) der Strom $I = \Theta/N = 900$ A/$1000 = 0,9$ A fließen muß.

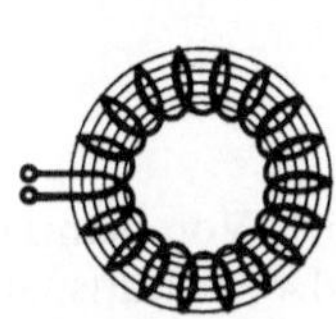

5.1 Ringspule

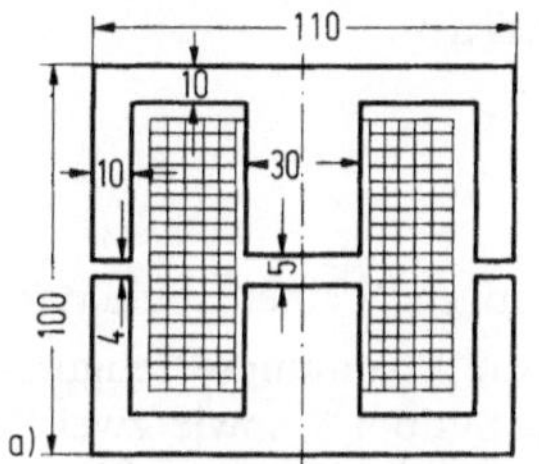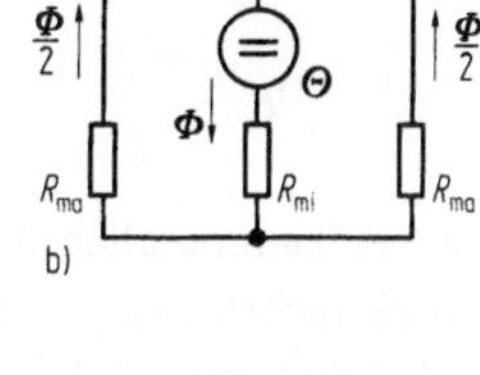

5.2 Magnetischer Kreis (a) (alle Maße in mm) mit Ersatzschaltung (b)

Beispiel 2. Ein magnetischer Kreis mit den Abmessungen von Bild 5.2a soll im mittleren Luftspalt die magnetische Induktion $B_\mathrm{i} = 0,3$ T aufweisen. Welcher Strom muß dann in einer Spule auf dem Mittelschenkel bei der Windungszahl $N = 5000$ fließen?

Bei der vorliegenden geringen Induktion dürfen wir zunächst einmal den magnetischen Widerstand des Eisens (s. Abschn. 1.1.2.5) und die Streuung (s. Abschn. 1.3.2.3) als vernachlässigbar klein annehmen, so daß die Ersatzschaltung in Bild 5.2b gilt. Der Fluß Φ durchsetzt also den Mittelschenkel und teilt sich dann je zur Hälfte auf die beiden Seitenschenkel auf. Mit der Luftspaltlänge δ betragen nach Gl. (4.5) der magnetische Widerstand des Luftspalts im Mittelschenkel

$$R_\mathrm{mi} = \delta_\mathrm{i}/(\mu_0 A_\mathrm{i}) = 0,005 \text{ m}/[(1,256 \cdot 10^{-6} \text{ Vs/Am})\,0,03 \text{ m} \cdot 0,02 \text{ m}] = 6,63 \text{ MA/Vs}$$

und im Seitenschenkel

$$R_\mathrm{ma} = R_\mathrm{mi}(\delta_\mathrm{a}/\delta_\mathrm{i})(A_\mathrm{i}/A_\mathrm{a}) = 6,63 \text{ MA/Vs}\,(0,004 \text{ m}/0,005 \text{ m})(0,03 \text{ m}/0,01 \text{ m}) =$$
$$= 15,9 \text{ MA/Vs}$$

Gleichzeitig ist nach Gl. (3.2) der magnetische Fluß

$$\Phi = B_\mathrm{i} A_\mathrm{i} = 0,3 \text{ T} \cdot 0,03 \text{ m} \cdot 0,02 \text{ m} = 180 \cdot 10^{-6} \text{ Tm}^2 = 180 \text{ μVs}$$

Die Anwendung der Kirchhoffschen Maschenregel auf die Ersatzschaltung in Bild 5.2b liefert die Durchflutung

$$\Theta = R_\mathrm{mi}\Phi + R_\mathrm{ma}\Phi/2 = \Phi(R_\mathrm{mi} + R_\mathrm{ma}/2) = 180 \text{ μVs}\,(6,63 + 15,9/2) \text{ MA/Vs} = 2624 \text{ A}$$

Daher muß nach Gl. (3.4) der Strom $I = \Theta/N = 2624$ A/5000 $= 0,525$ A fließen.

Wir hätten dieses Ergebnis auch mit Gl. (4.2) finden können. Am mittleren Luftspalt ergibt sich mit Gl. (4.3) und (2.2) die magnetische Spannung

$$V_\mathrm{i} = H_\mathrm{i}\delta_\mathrm{i} = B_\mathrm{i}\delta_\mathrm{i}/\mu_0 = 0,3 \text{ T} \cdot 0,005 \text{ m}/(1,256 \text{ μTm/A}) = 1194 \text{ A}$$

Mit der Induktion $B_a = \Phi/(2\,A_a) = 180\ \mu Vs/(2 \cdot 0,01\ m \cdot 0,02\ m) = 0,45\ T$ im äußeren Luftspalt erhalten wir die magnetische Spannung

$$V_a = B_a \delta_a/\mu_0 = 0,45\ T \cdot 0,004\ m/(1,256\ \mu Tm/A) = 1433\ A$$

und schließlich mit Gl. (4.2) in einem geschlossenen Umlauf die Durchflutung

$$\Theta = V_i + V_a = 1194\ A + 1433\ A = 2627\ A$$

1.1.1.2 Spannungen und Kräfte. In den Wicklungen der elektrischen Maschinen werden nach dem Induktionsgesetz Quellenspannungen

$$u_q = \mathrm{d}\Psi_t/\mathrm{d}t \tag{6.1}$$

erzeugt, wobei der Spulenfluß

$$\Psi = \sum_{N=1}^{N=N} \Phi_N \tag{6.2}$$

die Flußsumme aller Windungen N einer Spule darstellt.

Ein einfaches Beispiel für die Spannungserzeugung zeigt Bild **6.1**. Von dem Dauermagneten mit Nordpol N und Südpol S sowie zwei Schenkeln und dem Luftspalt L wird der magnetische Kreis gebildet. In dem (hier relativ sehr großen) Luftspalt L kann sich die Spule Sp mit der Geschwindigkeit v bewegen. Die Spule bildet zusammen mit dem Spannungsmesser V einen elektrischen Kreis. Um den Feldverlauf im Magnetkreis zu zeigen, sind einige Feldlinien eingetragen. Im betrachteten Augenblick sind nur die Linien 4, 5 und 6 mit allen Spulenwindungen (also auch mit dem elektrischen Kreis) verkettet, d.h., nur diese Feldlinien treten wie das Glied einer Kette durch alle Spulenwindungen hindurch. Die Feldlinie 7 durchsetzt z.B. nur die äußeren drei Windungen, während die Linie 8, je nach der räumlichen Anordnung der Verbindungsleitungen zum Spannungsmesser, mit dem Stromkreis verkettet ist oder nicht.

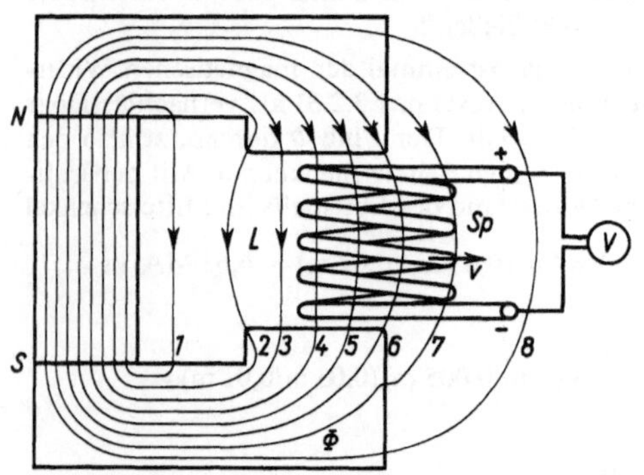

6.1
Spannungserzeugung in einem magnetischen Kreis mit Dauermagneterregung
Sp Spule, die mit der Geschwindigkeit v bewegt wird
1 bis 8 Feldlinien N Nordpol S Südpol

Gl. (6.1) sagt aus, daß nur eine Änderung des mit einem elektrischen Stromkreis verketteten Flusses eine Spannung erzeugt. Man unterscheidet daher den verketteten Nutzfluß Ψ_h und den nicht verketteten Streufluß Ψ_σ. Den Streufluß Ψ_σ kann man mit Gl. (6.2) und dem Feldbild grundsätzlich als Differenz von Gesamtfluß Ψ und Nutzfluß Ψ_h ermitteln (s. Abschn. 1.3.2.3). Er soll i.allg. klein bleiben.

Für die meisten Betrachtungen darf man annehmen, oder setzt man voraus, daß alle N Windungen einer Spule mit dem gleichen Fluß Φ verkettet sind. Dann gilt für den Spulenfluß $\Psi_t = N\Phi_t$ und für die Quellenspannung

$$u_q = N\mathrm{d}\Phi_t/\mathrm{d}t \tag{6.3}$$

Um große Werte der induzierten Spannung u_q zu erhalten, kann man also sowohl die Windungszahl N als auch die Flußänderungs-Geschwindigkeit $d\Phi_t/dt$ möglichst groß machen.

Da jeder Strom i mit einem Fluß Φ_t verbunden ist, führt auch jede Stromänderung zu einer Spannung der **Selbstinduktion**

$$u_q = L\, di/dt \tag{7.1}$$

Diese Spannung ist der **Induktivität** L des Magnetkreises und der Stromänderungsgeschwindigkeit di/dt proportional. Die Induktivität $L = d\Psi_t/di$ erhält man durch einen Koeffizientenvergleich von Gl. (7.1) und (6.1); sie ist somit gleich der Steigung der Kurve $\Psi_t = f(i)$[1]). Im linearen Bereich (z.B. bei relativ großen Luftspalten) ist die Induktivität konstant, nämlich

$$L = \Psi_t/i \tag{7.2}$$

also gleich der Steigung der Verbindungslinie des betreffenden Arbeitspunktes P mit dem Koordinatennullpunkt (Bild 7.1); sie wird meist in diesem Sinne verstanden, wenn nichts Gegenteiliges gesagt wird. Ihre Einheit ist das Henry (1 H = 1 Vs/A). Für vereinfachende Betrachtungen nach Gl. (6.3) darf man unter Berücksichtigung von Gl. (3.4) und (4.4) auch setzen

$$L = N\Phi_t/i = N^2\Lambda = N^2/R_m \tag{7.3}$$

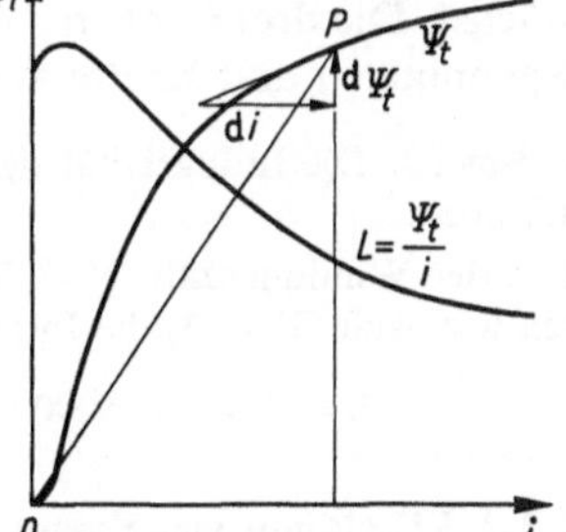

7.1
Fluß Ψ_t und Induktivität L einer Spule mit Eisenkern in Abhängigkeit vom Erregerstrom i

Die Induktivität L ist nur von der Windungszahl N, den geometrischen Abmessungen des Magnetkreises und der Permeabilität μ der verwendeten Werkstoffe abhängig. Bei Eisensättigung ändert sich die Induktivität L mit dem Erregerstrom i (Bild 7.1). Wicklungen mit großen Windungszahlen, wie z.B. die Nebenschlußwicklungen von Gleichstrommaschinen, haben besonders große Induktivitäten. (Ein Gleichstrommotor von 50 kW, 220 V, 1500 min^{-1} verfügt z.B. in der Erregerwicklung über die Induktivität $L_E = 10$ bis 20 H.)

Die Selbstinduktionsspannung wird in Wechselstromkreisen mit der **Kreisfrequenz** $\omega = 2\pi f$ (bzw. der Frequenz f) meist durch den **induktiven Blindwiderstand**

$$X = \omega L \tag{7.4}$$

also die Spannung $U = XI$ berücksichtigt.

---

[1]) Diese stromabhängige Induktivität ändert Gl. (7.1) streng genommen in

$$u_q = \frac{d(Li)}{dt} = L\,\frac{di}{dt} + i\,\frac{dL}{di}\cdot\frac{di}{dt}$$

Für z in Reihe geschaltete Leiter, die sich nach Bild **8**.1 in einem homogenen Magnetfeld (konstante Flußdichte B) mit der Geschwindigkeit v bewegen, läßt sich das **Induktionsgesetz** auch in der Form

$$u_\mathrm{q} = zBlv \tag{8.1}$$

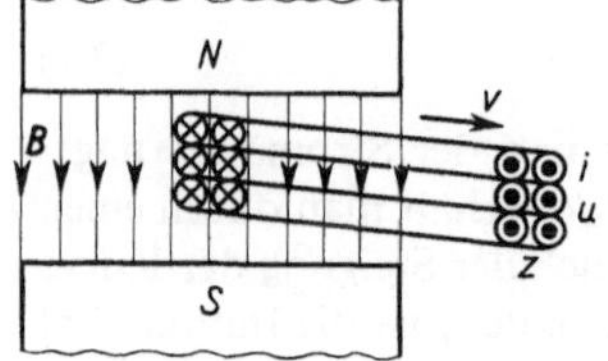

8.1
Erzeugung einer Spannung u und eines Stromes i in z Leitern, die sich mit der wirksamen Länge l und der Geschwindigkeit v durch ein homogenes Magnetfeld mit der Induktion B bewegen

angeben. Ähnlich lautet das **Kraftwirkungsgesetz**

$$F = zBlI \tag{8.2}$$

für z Leiter, die sich in einem homogenen Magnetfeld mit der Induktion B befinden. Es sagt aus, daß die auf eine Spule ausgeübte Kraft F linear mit der Leiterzahl z, der Flußdichte B, der wirksamen Leiterlänge l und dem in den Leitern fließenden Strom I anwächst. Die drei Größen z, B und l wirken sich also in gleicher Weise auf die erzeugten Spannungen und Kräfte aus.

Beispiel 3. Die Induktivität des in Beispiel 2, S. 5 betrachteten Doppel-M-Magneten ist zu bestimmen.

Mit der Windungszahl $N = 5000$, dem Fluß $\Phi = 180\ \mu\mathrm{Vs}$ und dem Strom $I = 0{,}525$ A erhalten wir nach Gl. (7.3) die Induktivität

$$L = N\Phi/I = 5000 \cdot 180\ \mu\mathrm{Vs}/0{,}525 = 1{,}71\ \mathrm{H}$$

1.1.1.3 Richtung von Spannung und Kraft. Da physikalische Erscheinungen einem Gleichgewichtszustand zustreben, sagt das **Lenzsche Gesetz** (s. Band I) zur Richtung der im magnetischen Feld erzeugten Kräfte und Spannungen allgemein aus: Die jeweils erzielte physikalische Wirkung hat eine solche Richtung, daß sie ihre Ursache zu hemmen sucht. Wird z.B. in einer Spule durch eine Änderung des mit ihr verketteten Flusses eine **Spannung** erzeugt, so hat der hierdurch verursachte Strom eine solche Richtung, daß sein Magnetfeld der Flußänderung entgegenwirkt. Hiermit ergeben sich die Spannungs- und Stromrichtungen in Bild **6**.1 und **8**.1. Bei einer Spannungserzeugung durch bewegte Leiter eines elektrischen Kreises hemmt in gleicher Weise der in ihnen entstehende Strom die Bewegung (Bild **8**.1). Entsprechend wirkt bei einer Stromänderung die entstehende Selbstinduktionsspannung der Stromänderung entgegen. Die Selbstinduktionsspannung verhindert auf diese Weise sprunghafte Stromänderungen in Stromkreisen mit merkbarer Induktivität (s. Abschn. 1.3.1.4) und kann wie eine induktive Spannung betrachtet werden (s. Abschn. 1.1.1.2).

Auch wenn nach Gl. (8.2) eine magnetische **Kraft** im stromdurchflossenen Leiter auftritt, kann man die Kraftrichtung mit dem Lenzschen Gesetz feststellen. Die Kraft sucht den Leiter auszulenken; diese Bewegung bewirkt eine Spannung, die die Ursache für die magnetische Kraft, d.h. den Strom, verkleinert. Somit läßt sich auch die Bewegungsrichtung angeben. Weitere Richtungsregeln benötigt man für die Erklärung der Wirkungsweise elektrischer Maschinen nicht.

1.1.1.4 Ersatzschaltung, Zählpfeile und Zeigerdiagramm. In den Schaltplänen werden die elektrischen Maschinen durch ihre Schaltkurzzeichen nach DIN 40714 und 40715 symbolisiert. Die Schaltzeichen der beiden Normblätter beschreiben Innenschaltung sowie Aufbau und räumliche Anordnung der Wicklungen, und zwar für die zweipolige Maschine. Die Wirkung der Maschine auf das angeschlossene Netz wird meist durch eine einphasige Ersatzschaltung, die aus den Zweipolen Widerstand R, Induktivität L und Kapazität C besteht, beschrieben. Diese Ersatzschaltung verhält sich für Strom i und Spannung u genauso wie die zu betrachtende Maschine.

Jede Ersatzschaltung läßt sich mit den Kirchhoffschen Gesetzen behandeln. Es ist lediglich notwendig, Zählrichtungen für Strom und Spannung festzulegen (s. Band I, Abschn. Spannungsverteilung im Stromkreis). Wir bezeichnen daher in allen Ersatzschaltungen die positiven Zählrichtungen für die in den Schaltelementen und zwischen offenen Klemmen auftretenden Spannungen und Ströme durch Zählpfeile. Für die Wicklungen wird ein rechtswendiger Wickelsinn vorausgesetzt, so daß die Stromrichtung mit der Flußrichtung übereinstimmt. Im Zeigerdiagramm sind somit Fluß und Erregerstrom gleichphasig.

Die Zählrichtungen dürfen frei gewählt werden. Wir bevorzugen hier das Verbraucher-Zählpfeil-System (VZS), das nach DIN 5489 Strom und Spannung eines Zweipols in der gleichen, vom Zählpfeil bezeichneten Richtung positiv zählt. Es braucht dann nur ein einziger Zählpfeil angegeben zu werden. Daher wird hier auch in allen Schaltbildern, die für ein Schaltglied nur einen Zählpfeil aufweisen, das VZS angewandt.

In einer Schaltung nach Bild **9**.1 erzeugt ein Generator die nur im Leerlauf an den Maschinenklemmen meßbare Quellenspannung U_q. Diese treibt den Strom I durch den Stromkreis, wobei am Generatorinnenwiderstand R_i ein innerer Spannungsabfall

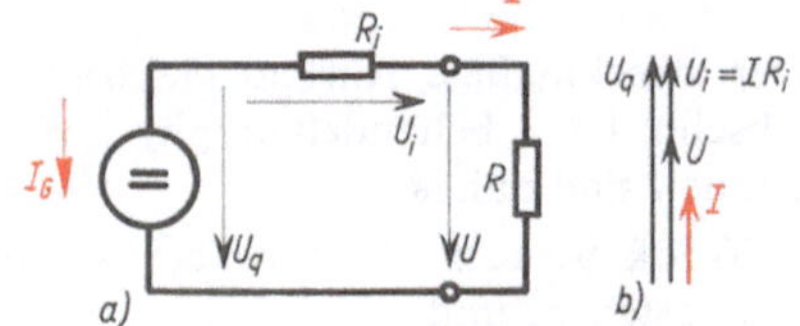

9.1
Gleichstrom-Generator mit Quellenspannung U_q, Klemmenspannung U, Innenwiderstand R_i, Verbraucherwiderstand R und Strom I
a) Schaltbild mit Zählpfeilen im Verbraucher-Zählpfeil-System (VZS)
b) Zeigerdiagramm

$U_i = IR_i$ auftritt, so daß am Verbraucher R nur noch die Klemmenspannung $U = U_q - U_i$ wirksam ist. Im Verbraucher-Zählpfeil-System gehört nun zu dem Zählpfeil für die Quellenspannung U_q ein gleich gerichteter Strom-Zählpfeil des Generatorstroms I_G, so daß hier $I_G = -I$ ist. Nach der Verabredung im vorhergehenden Absatz dürfen hier aber auch alle Strom-Zählpfeile fehlen.

Bei durchgehender Anwendung des VZS haben die Kirchhoffschen Gesetze die stets gültige Form

$$\Sigma u = 0 \quad \text{und} \quad \Sigma i = 0 \tag{9.1}$$

Somit gelten die aus den Ersatzschaltungen abgeleiteten Zeigerdiagramme bei den Spannungen für eine Schaltungsmasche, bei den Strömen für einen Knotenpunkt.

Die mit den Zählpfeilen festgelegten Zählrichtungen müssen nicht mit den augenblicklichen Richtungen von Strom und Spannung übereinstimmen. Bei Gleichstrom fließt Energie vom Erzeuger zum Verbraucher, wenn der Strom aus der Plusklemme des Erzeugers austritt. Ergibt sich durch die Rechnung ein negativer Strom, so zeigt dies, daß Strom und Energie tatsächlich in umgekehrter Richtung fließen.

Bei Wechselstrom müssen wir die Phasenlage von Strom und Spannung beachten. Üblicherweise hat die komplexe Zahlenebene heute die Lage von Bild **10**.1. Die unabhängige Netzspannung $\underline{U}$ wird hier als Bezugszeiger in die reelle Achse gelegt. Eine Nacheilung des (induktiven) Stromes $\underline{I}$ ist dann mit einem negativen Zahlenwert für den Phasenwinkel φ zu kennzeichnen. Befindet sich der Stromzeiger $\underline{I}$ in den Quadranten I und IV, so handelt es sich um einen Wirkleistungsverbraucher, liegt er aber in den Quadranten II und III, um einen Wirkleistungserzeuger. Mit ihrem Stromzeiger $\underline{I}$ in den Quadranten III und IV verhält sich die betrachtete Maschine wie eine Drossel, d.h., sie verbraucht induktive Blindleistung. Ebenso darf man aber sagen, daß sie eine kapazitive Blindleistung erzeugt. In vergleichbarer Weise gehören die Quadranten I und II zu einer Maschine, die sich wie ein Kondensator verhält, d.h. wie ein kapazitiver Blindleistungsverbraucher bzw. wie ein induktiver Blindleistungserzeuger.

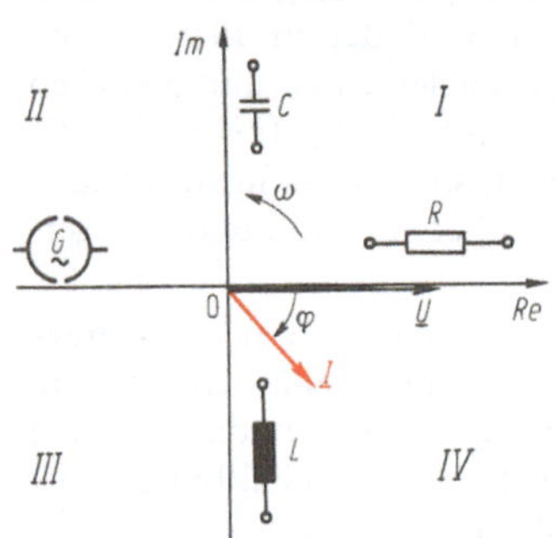

10.1
Komplexe Zahlenebene
Beispiel: induktiver Strom $\underline{I}$

1.1.2 Wesentliche Bestandteile elektrischer Maschinen

Der zweckmäßige Aufbau elektrischer Maschinen folgt aus den Forderungen der in Abschn. 1.1.1 behandelten physikalischen Gesetze. Wesentliche Bestandteile der Maschinen sind daher:

1. Wicklungen, die zur Vervielfachung der Wirkungen meist aus mehreren Windungen bestehen, und

2. Maschinenteile aus Eisen, die den magnetischen Fluß in den gewünschten Bahnen mit geringem magnetischen Widerstand und ohne große Streuung führen. Daneben sind weiterhin notwendig:

3. tragende und führende Teile, wie Lagerschilde, Gehäuse, Wellen, Lager.

In Maschinen ohne gegeneinander zu bewegende Teile (Transformatoren) sucht man den Fluß ohne nennenswerte Luftspalte über einen in sich geschlossenen Eisenkern zu leiten. Die Maschinen mit umlaufenden Teilen benötigen zur Trennung von Ständer und Läufer dagegen einen Luftspalt. Die Wicklungen werden dann bevorzugt in Nuten des Eisenpakets untergebracht, und der Fluß nimmt seinen Weg über die dazwischenliegenden Zähne. In den Nuten werden die Wicklungen mechanisch festgelegt. Durch die Verteilung der Wicklungen auf mehrere Nuten kann man den Luftspaltfeldern den gewünschten Verlauf geben.

1.1.2.1 Ruhende Anordnungen. Als Beispiel für den Aufbau einer elektrischen Maschine zeigt Bild **11**.1 einen Transformator. Der Eisenkern *1* trägt die Oberspannungswicklung *I* und die Unterspannungswicklung *II*. Im Transformator werden die kleinen Ströme und hohen Spannungen der Oberspannungsseite auf die größeren Ströme und kleineren Spannungen der Unterspannungsseite übersetzt. Man nennt den Transformator daher auch Übersetzer oder Umspanner. Er heißt in der Nachrichtentechnik Übertrager und in der Meßtechnik Wandler.

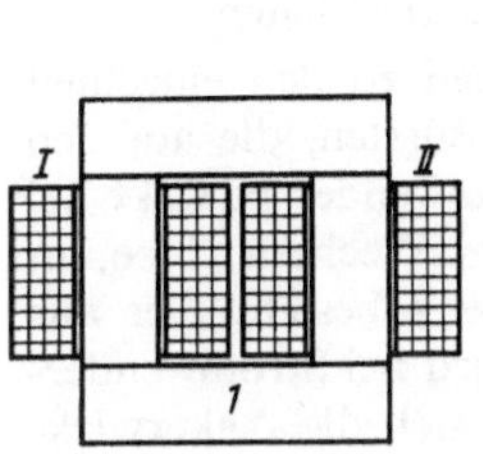

11.1
Transformator
1 Eisenkern
I Oberspannungswicklung
II Unterspannungswicklung

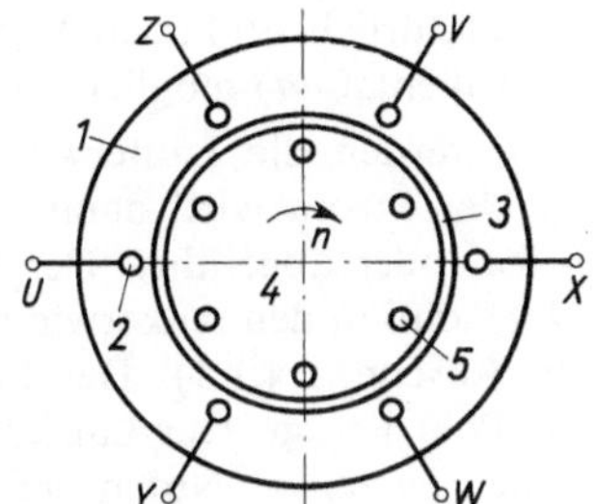

11.2
Dreiphasen-Asynchronmaschine
1 Ständer
2 Ständerwicklung
3 Luftspalt
4 Läufer
5 Läuferwicklung
U, V, W, X, Y, Z Anschlußklemmen

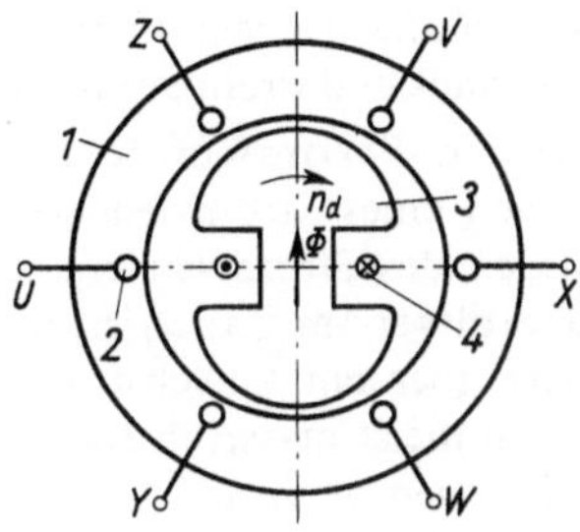

11.3
Dreiphasen-Synchronmaschine
1 Ständer
2 Ständerwicklung
3 Polrad
4 Polradwicklung

1.1.2.2 Maschinen mit drehenden Teilen. Diese Maschinen sollen Spannungen oder Drehmomente erzeugen. Ihren Aufbau lernen wir hier zunächst am Beispiel der Dreiphasenmaschine (Bild **11**.2 und **11**.3) kennen. Der Ständer *1* in Bild **11**.2 enthält die an das Netz angeschlossene und in Nuten untergebrachte Ständerwicklung *2*, die hier als einfachste Wicklung mit den Anschlußklemmen *UVW, XYZ* für Drehstrom dargestellt ist. Innerhalb des feststehenden Ständers befindet sich – getrennt durch den Luftspalt *3* – der drehbare Läufer *4* mit der Läuferwicklung *5*.

Der Läufer kann nach Bild **11**.3 auch als Polrad *3* ausgebildet sein. Er wird dann mit Gleichstrom erregt; Polrad, Luftspalt und Ständerwicklung werden vom Fluß Φ durchsetzt. Dreht sich nun das Polrad mit konstanter Drehzahl n_d, so wandern auch der Fluß und sein Luftspaltfeld in gleichbleibender Form entlang des Ständerbohrungsumfangs. Ein solches Feld nennt man Drehfeld (s. Band I). Die umlaufenden Wechselstrommaschinen erzeugen solche Drehfelder und werden daher auch Drehfeldmaschinen genannt. Wenn das Drehfeld durch Ständer- oder Läuferwicklungen hindurchwandert, werden in ihnen Spannungen induziert, ohne daß die Wicklungen leitende Verbindungen zum Netz oder zu anderen Spannungsquellen zu haben brauchen. Daher nennt man diese Maschinen auch Induktionsmaschinen. Wechselstrommaschinen, deren Läufer synchron mit dem Drehfeld umlaufen, heißen Synchronmaschinen (Bild **11**.3 und Abschn. 5).

In Dreiphasenmaschinen nach Bild **11**.2 fließt kein Gleichstrom. Hier muß das Drehfeld durch zueinander phasenverschobene Ströme, in Verbindung mit einer entsprechenden Wicklungsverteilung im Ständer, aufgebaut werden (s. Abschn. 1.5). Wenn der Läufer dieser Maschinen synchron mit dem vom Ständer erzeugten Drehfeld umläuft, können in ihm keine Spannungen induziert werden, da sich der mit den Läuferwicklungen verkettete Fluß nicht ändert. Dann fließt auch kein Läuferstrom, und die Maschine kann keine Drehkräfte nach Gl. (8.2) entwickeln. Läuferdrehzahl und Drehfelddrehzahl müssen daher voneinander abweichen, sie sind asynchron. Man nennt solche Maschinen deshalb **Asynchronmaschinen** (s. Abschn. 3 und 4).

Die Läuferwicklungen sind beim Polrad und beim Schleifringläufer zugänglich, beim Käfigläufer dagegen kurzgeschlossen. Natürlich sind auch Maschinen mit feststehendem Innenteil und drehbarem Außenteil (Außenläufer) möglich; sie sind aber selten.

Bei den **Stromwendermaschinen** werden die Läuferwicklungen zu den einzelnen Stegen eines Stromwenders geführt. Der Strom wird dann über Bürsten, die auf den Stegen des Stromwenders schleifen, zu- oder abgeführt. Der Stromwender bewirkt bei **Gleichstrommaschinen** (Bild **12**.1), daß in den Ankerwindungen Wechselströme, im Netz aber ein Gleichstrom fließt (s. Abschn. 1.4.1.1). Der Ständer *1* besteht hier aus einem meist massiven Joch *2*, das die Pole *3* trägt. Der Läufer *4* wird bei Stromwendermaschinen auch als **Anker** bezeichnet. In seinen Nuten befindet sich die Ankerwicklung *5*, deren Spulenanfänge und -enden an den Stromwender *6* (auch Kommutator oder Kollektor genannt) geführt sind. Über die Bürsten *7* kann die Ankerwicklung mit dem Netz oder den Verbrauchern verbunden werden.

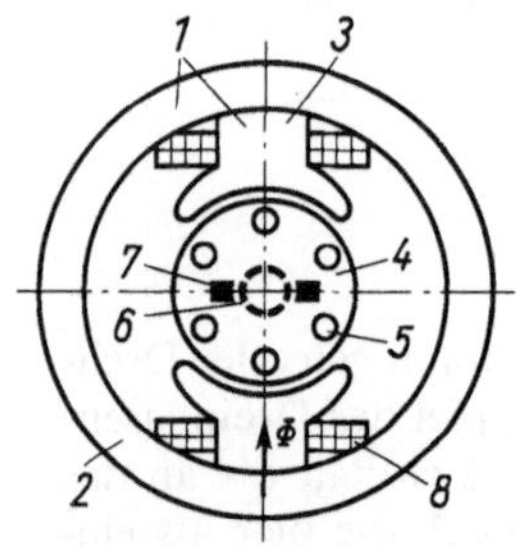

12.1
Gleichstrommaschine
1 Ständer
2 Joch
3 Erregerpol
4 Anker
5 Ankerwicklung
6 Stromwender
7 Bürsten
8 Erregerwicklung

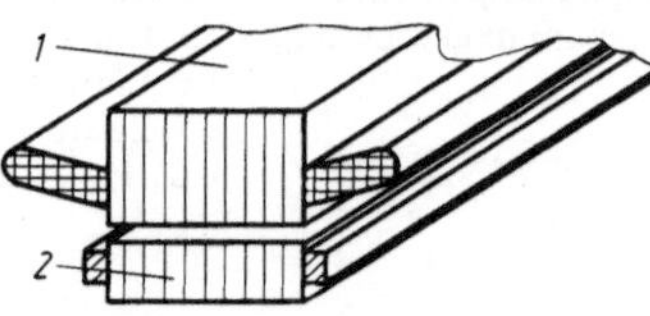

12.2
Linearmotor
1 Ständer
2 Läufer

1.1.2.3 Maschinen mit Längsbewegungen. Der in Abschn. 1.3.1.3 behandelte **Elektromagnet** kann seinen Anker in einer Richtung hin- und herbewegen, also z.B. durch eine Feder oder die Schwerkraft den Luftspalt vergrößern und ihn mit seinen magnetischen Kräften verkleinern. Er findet in Relais, Schützen, Hubmagneten u.ä. Anwendung.

Trennt man den Ständer der Maschinen in Bild **11**.2 und **11**.3 an einer Stelle radial auf und breitet diesen Ring zu einem Stab in der Ebene aus, so erhält man zusammen mit einem entsprechend gestreckten Läufer *2* den **Linearmotor** von Bild **12**.2, der heute für Fördersysteme (z.B. Bahnen, Laufkatzen u.ä.) und Wechselbewegungen (z.B. Schneidvorrichtungen, Webstühle, Sortiermaschinen u.ä.) eine wachsende Anwendung erfährt. Er wird als Asynchron- (s. Abschn. 3.1.3) oder Synchronmotor (s. Abschn. 5.2.5.4) ausgeführt, wobei die das **Wanderfeld** erzeugenden Wicklungen sowohl auf dem feststehenden als auch auf dem bewegten Teil angeordnet sein können.

1.1.2.4 Bauformen und Schutzarten. Neben den Forderungen, die die Wirkungsweise an den Aufbau der elektrischen Maschinen stellt, müssen bei der Konstruktion noch die Bedingungen des Aufstellungsorts und der Schutz des Menschen gegen Berührung spannungsführender oder umlaufender Teile und der Schutz gegen eine Beschädigung der Maschine selbst berücksichtigt werden. Dies wird durch genormte Bauformen und Schutzarten gewährleistet.

Bei den **Transformatoren** unterscheidet man Trockentransformatoren und Öltransformatoren. Während der Trockentransformator für kleine Leistungen und Spannungen bevorzugt wird, hat sich der ölgekühlte Transformator für die mittleren und größeren Leistungen (etwa ab 50 kVA) durchgesetzt. Bei den Öltransformatoren befinden sich Kern und Wicklung in einem

Ölgefäß (Bild **93**.1 und **98**.2). Hierdurch wird auch die Sicherheit gegen Isolationsdurchschläge sowie die Wärmekapazität wesentlich erhöht und die Wärmeabfuhr verbessert (Kühlungsarten s. Abschn. 1.8.3.1).

Den üblichen Aufbau drehender Maschinen zeigen die Bilder **94**.1, **134**.1, **210**.1, **235**.1 und **235**.2. Die Bauformen sind nach DIN 42950 genormt. Eine Zusammenstellung der wichtigsten Bauformen bringt Tafel **13**.1. Es bedeuten die Kennbuchstaben

A Maschine ohne Lager, waagerechte Anordnung
B Maschine mit Schildlagern, waagerechte Anordnung
C Maschine mit Schild- und Stehlagern, waagerechte Anordnung
D Maschine mit Stehlagern, waagerechte Anordnung
V Maschine mit Führungslagern, Traglagern oder Schildlagern, senkrechte Anordnung.

Daneben gibt es noch die IEC-Codes I und II. Für die in Tafel **13**.1 betrachteten Bauformen sind in der ersten Spalte das Kurzzeichen nach DIN 42950 an 1. Stelle, das Kurzzeichen des IEC-Code I, das durch Vorsetzen der Buchstaben IM (= International Mounting) entsteht, an 2. Stelle und das Kurzzeichen des IEC-Code II an 3. Stelle aufgeführt. Dabei gilt das IEC-Code-System I nur für Maschinen mit Schildlagern und einem freien Wellenende.

Maschinen ohne eigene Lager sind selten, da Läufer und Ständer dann an andere Maschinenteile angeflanscht werden müssen. Am häufigsten wird bei kleinen und mittleren Maschinen (sogar bis etwa 1000 kW) die Bauform B3 verwendet, da sie mit der waagerechten Welle und den unten angebrachten Füßen leicht mit der Arbeitsmaschine gekuppelt werden kann. Daneben findet man für Leistungen bis etwa 50 kW immer häufiger Flanschmotoren ohne Füße, z.B. in der Bauform B5 oder V1. Sie bilden mit der Arbeitsmaschine eine Einheit. Für sehr große Maschinen eignet sich besonders die Bauform D5 mit Stehlagern. Für Kleingeräte mit einem Leistungsbedarf bis etwa 500 W haben sich auch Einbaumotoren, die einen Teil des Geräts bilden, durchgesetzt.

Tafel **13**.1 Wichtige Bauformen elektrischer Maschinen (Auszug aus DIN 42950)

Kurz-zeichen	Ausführung	Erläuterung
B3 IM B3 IM 1001	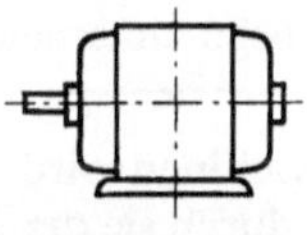	Fußmotor, zwei Schildlager, freies Wellenende, Gehäuse mit Füßen. Aufstellung auf Stahlunterbau, auf Spannschienen, Steinfundament oder dergl. zulässig.
B5 IMB5 IM 3001	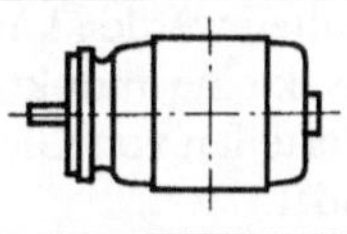	Flanschmotor, zwei Schildlager, freies Wellenende, Befestigungsflansch Form A nach DIN 42948, Gehäuse ohne Füße.
D5 – IM 7211	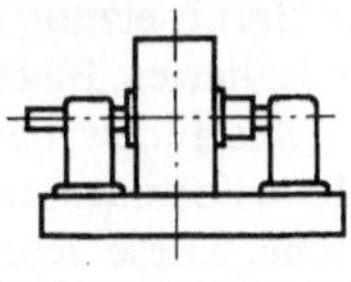	Zwei Stehlager, freies Wellenende, Ständer und beide Lager stehen auf gemeinsamer Grundplatte. Aufstellung auf Stahlunterbau, Steinfundament und Spannschienen zulässig.
V3 IMV3 IM 3031	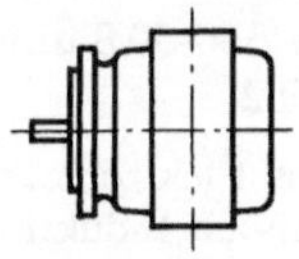	Flanschmotor, zwei Lager, Befestigungsflansch Form A nach DIN 42948 am oberen Schildlager, freies Wellenende oben.

Die Schutzart wird durch die beiden Buchstaben IP (= International Protektion) und meist zwei folgende Kennziffern auf dem Leistungsschild mitgeteilt (s. Tafel **14**.1). Außerdem gibt es noch die Zusatzbuchstaben R für Maschine mit Rohranschluß, W für wettergeschützte Maschine, S für im Stillstand auf Wasserschutz und M für im Lauf auf Wasserschutz geprüfte Maschine. Die Buchstaben R und W stehen unmittelbar hinter IP, die Buchstaben S und M dagegen hinter der 2. Kennziffer. Eine Angabe IP W 23 S bezeichnet daher eine wettergeschützte Maschine, die nach Tafel **14**.1 gegen das Eindringen von mittelgroßen Fremdkörpern und Sprühwasser geschützt ist, wobei der Wasserschutz im Stillstand geprüft wurde. Bei Bild **94**.1 und **134**.1 sind die zugehörigen Schutzarten vermerkt. Für elektrische Maschinen benutzt werden die Schutzarten IP 00, 02, 11 S, 12 S, 13 S, 21 S, 22 S, 23 S, W 23 S, W 24, 44, 54, 55, 56, bei Unterwasserpumpen auch IP 68. Innengekühlte Dreiphasenmotoren nach DIN 42672, 42676 und 42678 haben die Schutzarten IP 21 und 22, oberflächengekühlte Dreiphasenmotoren nach DIN 42673, 42677 und 42679 die Schutzart IP 44.

Tafel **14**.1 Schutzarten elektrischer Betriebsmittel (nach DIN 40050)

Kennziffer	1. Kennziffer. Schutzgrad gegen Berühren und Eindringen von Fremdkörpern	2. Kennziffer. Schutzgrad gegen Eindringen von Wasser
0	kein Schutz	kein Schutz
1	Schutz gegen große Fremdkörper	Schutz gegen senkrecht fallendes Tropfwasser
2	Schutz gegen mittelgroße Fremdkörper	Schutz gegen schräg fallendes Tropfwasser
3	Schutz gegen kleine Fremdkörper	Schutz gegen Sprühwasser
4	Schutz gegen kornförmige Fremdkörper	Schutz gegen Spritzwasser
5	Schutz gegen Staubablagerung	Schutz gegen Strahlwasser
6	Schutz gegen Staubeintritt	Schutz bei Überflutung
7	–	Schutz beim Eintauchen
8	–	Schutz beim Untertauchen

1.1.2.5 Werkstoffe. Der magnetische Kreis elektrischer Maschinen wird so weit wie möglich aus weichmagnetischen Werkstoffen aufgebaut, da durch sie der Feldverlauf besser gesteuert und die Magnetisierungsdurchflutung klein gehalten werden kann. Grauguß, Stahlguß und Walzstahl lassen nach Bild **15**.1 nur relativ kleine Induktionen zu; sie werden in den vom Gleichfluß durchsetzten, massiven Ständerteilen von Gleichstrommaschinen und den Polrädern von Synchronmaschinen verwendet.

Alle von Wechselflüssen durchdrungenen Eisenteile müssen zur Herabsetzung der Wirbelstromverluste (s. Abschn. 1.2.3.3) dagegen aus gegeneinander isolierten Blechen zusammengesetzt werden. Kleintransformatoren und umlaufende Maschinen haben warmgewalzte Elektrobleche nach DIN 46400, die übrigen Transformatoren und auch sehr große Generatoren kaltgewalzte, kornorientierte Bleche. Diese zeigen z.B. bei der Flußdichte $B = 1$ T und einer Magnetisierung mit der Frequenz $f = 50$ Hz in Walzrichtung Eisenverluste von nur 0,5 W/kg, während Elektroblech V 360-50 B unter gleichen Bedingungen 3,6 W/kg aufweist. Für Einzelheiten s. Band II, Teil 2.

Beispiel 4. Die Ringspule von Beispiel 1, S. 5 sei über einen Kern aus Elektroblech V 360-50 B gewickelt. Wie groß werden jetzt bei gleichem Erregerstrom magnetische Induktion B_{mi} und relative Permeabilität μ_{r}?

Nach Bild **15.**1 gehört zur magnetischen Feldstärke $H_{mi} = 955$ A/m (s. Beispiel 1, S. 5) bei Elektroblech V 360-50 B die magnetische Induktion $B_{mi} = B_{Fe} = 1{,}48$ T, so daß hier bei der Induktion in Luft $B_L = 1{,}2$ mT die Induktion um den Faktor bzw. die relative Permeabilität $\mu_r = B_{Fe}/B_L = 1{,}48$ T/1,2 mT $= 1233$ vergrößert wird, das Eisen also den magnetischen Fluß um diesen Faktor heraufsetzt.

Als Leiterwerkstoff verwendet man vorzugsweise Elektrolytkupfer in Form von Rund- oder Flachdrähten, bei großen Maschinen auch verdrillte Kupferseile mit meist rechteckigem Querschnitt. Kurzschlußkäfige für die Läufer der Asynchronmaschinen werden gern aus Aluminium im Schleuder- oder Druckgußverfahren hergestellt. Das flüssige Aluminium wird in die Nuten des Läuferblechpakets gepreßt und bildet dabei auch die Kurzschlußkäfig-Endringe mit aus. Sogar Lüfterflügel können mit angegossen werden. Um für die Anlaufwärme (s. Band VIII) eine ausreichende Wärmekapazität zu ermöglichen, können für die Kurzschlußkäfige auch Messingstäbe verwendet werden.

Während die Leiter eines Kurzschlußkäfigs ohne eine besondere Isolation in den Läufernuten liegen können, müssen die übrigen spannungführenden Teile ausreichend gegenüber den Ständer- und Läuferpaketen sowie untereinander isoliert sein. Bild **15.**2 zeigt einige Beispiele, wie die Wicklungen in den Nuten untergebracht und isoliert sein können.

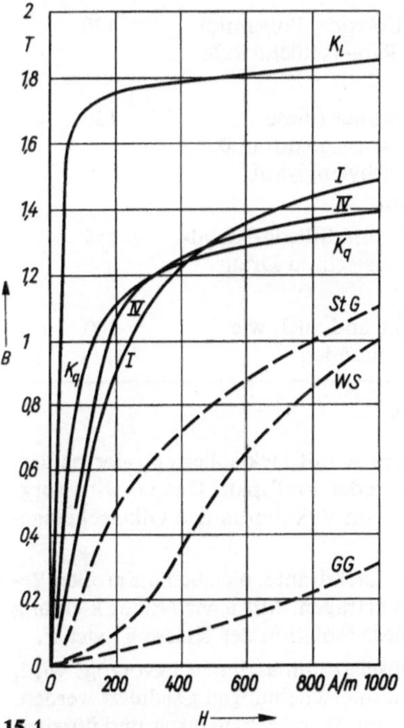

15.1
Magnetisierungskurven
I Elektroblech V 360–50 B
IV Elektroblech V 100–35 B
K_l kaltgewalztes, kornorientiertes Blech mit Magnetisierung in Walzrichtung
K_q dasselbe, quer zur Walzrichtung magnetisiert
GG Grauguß, *StG* Stahlguß, *WS* Walzstahl
(Ausführliche Magnetisierungskurven enthält Band II, Teil 2.)

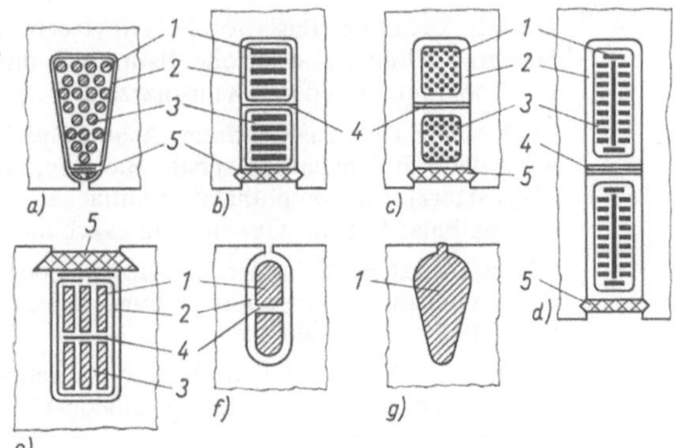

15.2
Nutfüllungen für Ständer (a bis d) und Läufer (e bis g)
a) trapezförmige, halbgeschlossene Nut mit Einschicht-Lackdraht-Träufelwicklung
b) offene Nut mit Formspulen-Flachdraht-Zweischichtwicklung
c) wie b), jedoch mit Preßseil
d) offene Nut mit Gitterstab-Zweischichtwicklung
e) offene Nut mit Gleichstromanker-Zweischichtwicklung
f) halbgeschlossene Nut mit Profildraht-Zweischichtwicklung für Schleifringläufer
g) halboffene Nut mit eingegossenem Aluminiumstab
1 Leiter, *2* Nutisolation, *3* Leiterisolation, *4* Zwischenisolation, *5* Nutkeil

Die Isolation muß den elektrischen Beanspruchungen während des Betriebs, den Wärmebeanspruchungen, die zu einer Alterung führen (s. Abschn. 1.8.1.2) sowie den mechanischen Beanspruchungen während der Herstellung der Wicklungen und später im Betrieb standhalten. Die Anforderungen sind je nach Anwendungsfall verschieden, so daß viele Isolationsarten eingesetzt werden. Durch die Entwicklungen auf dem Kunststoffgebiet wächst die Zahl geeigneter Isolierstoffe weiter an. Tafel **16**.1 enthält eine Auswahl der heute in elektrischen Maschinen verwendeten Isolierstoffe, und die für sie zulässigen Grenztemperaturen. Isolierstoffe werden also in Isolierstoffklassen eingeteilt. Die Übertemperaturen werden i. allg. aus der Widerstandszunahme der Wicklung ermittelt.

Tafel **16**.1 Isolierstoffe für elektrische Maschinen (Auswahl nach VDE 0530[1]))

Klasse	Isolierungsart	Grenztemperatur in °C
A	Baumwolle, Seide, Papier, Preßspan, Holz, lackgetränkt, Drahtlack auf Ölharzbasis, als Tränkmittel Natur- oder Kunstharzlacke, Schellack, Isolieröl	105
E	Drahtlacke auf der Basis von Polyvinylacetal-, Epoxid-, Polyamid-Harzen, Cellulosetriacetatfolie, Baumwoll- und Papierschichtstoffe mit Epoxid- und anderen Kunstharzen	120
B	geschichtete Teile aus Glasfaser, Asbest und Glimmer (diese gebunden mit Schellack, Asphalt, Bitumen, Kunst-, Epoxid- und Alkyd-Harz), Polyterephthalat-Drahtlacke, Polyäthylenglykol-therephthalat-Folien, -Gewebe und -Verbundspan	130
F	Glasfaser, Asbest, Glimmer mit Alkyd-, Epoxid- und Silicon-Alkyd-Harzen behandelt, Polyamid-Verbundstoffe, Polyesterimid-Drahtlacke, Polyester-Tränkharz	155
H	Glasfaser, Asbest mit Silicon-Kautschuk getränkt und auch wie Polyimid-Drahtlack-Glimmer mit Silicon-Harz gebunden	180

[1]) Man beachte auch VDE 0532, 0535, 0550, 0730 und 0740.

Transformatoren haben meist eine Isolation nach Klasse A mit lackisolierten oder papierumwickelten Leitern und Zwischenisolation aus Hartpapier oder Preßspan. Das Öl wird sorgfältig von Wasser und anderen Verunreinigungen befreit und im Vakuum in den Ölkessel eingebracht.

Kleine und mittlere Asynchronmaschinen erhalten heute Lackdrähte, die auch die großen Beanspruchungen beim Wickeln und Einbringen in die Nuten ertragen. Mit einer Nutauskleidung aus Mehrschichtfolien und der Tränkung in Lack genügt diese Isolation der Klasse E oder F.

Maschinen für Hochspannung, die bei großen Wechselstrommaschinen bevorzugt wird, da dann die Leiterströme kleiner werden, müssen gegen Glimmerscheinungen geschützt werden. Daher ist jeder Lufteinschluß zu vermeiden (s. Band IX, Abschn. Durchschlag fester und flüssiger Isolierstoffe). Hierzu werden z. B. um die mit heißflüssigem Isolationsmittel gefüllten Spulen Nuthülsen aus Mikafolium gebügelt. Mikafolium besteht aus Papier als Träger, an das eine durchgehende Schicht Spaltglimmer durch Epoxidharz gebunden ist. Eine solche Isolation entspricht der Klasse B.

Die Isolationsklasse H baut wesentlich auf den neuentwickelten Siliconen auf. Das sind Kunststoffe mit organischen und anorganischen Bestandteilen. Sie haben hohe Dauerwärmebeständigkeit, günstige Wärmeleitfähigkeit und gute Isolationswerte, sind wasserabweisend und chemisch passiv. Daher eignen sie sich für Maschinen mit schwierigen Betriebsbedingungen.

Für Gleichstrommaschinen verwendet man heute im Anker meist mit Glasseide isolierte oder umsponnene Leiter. Sie entsprechen hiermit im getränkten Zustand der Isolationsklasse F. Während in der Nut hauptsächlich Druckkräfte auf die Isolation ausgeübt werden, unterliegt die Wickelkopfisolation infolge der Zentrifugalkräfte auch Biegebeanspruchungen; sie soll außerdem der Kühlluft den Zutritt nicht verwehren. Für Wickelkopfbandagen werden Baumwollband, Kunststoff-Folien oder Glasgewebebänder mit Glimmer herangezogen. Generatoren erfordern außerdem konstruktive Maßnahmen, die die Wickelköpfe gegen die großen Stromkräfte bei Kurzschlüssen festhalten. Für nähere Einzelheiten s. Band II, Teil 2, Abschn. Werkstoffe.

1.2 Energieumwandlung in elektrischen Maschinen

Man kann die elektrischen Maschinen nach den Aufgaben, die sie vornehmlich erfüllen sollen, einteilen in:

1. Generatoren, die Spannung und – bei Stromentnahme – elektrische Leistung abgeben, also mechanische Energie in elektrische überführen,

2. Motoren, die ein Drehmoment und entsprechend ihrer Drehzahl mechanische Leistung entwickeln, also elektrische Energie in mechanische umwandeln, und

3. Umformer, die insbesondere elektrische Energie mit vorgegebenen Nennwerten von Spannung, Phasenzahl oder Frequenz in solche mit anderen Werten überführen sollen. Hierzu gehören die Umspanner und Umrichter. Auch Maschinensätze, die aus Motor und Generator bestehen, zählen zu den Umformern.

Bei der Energieumwandlung treten stets Verluste auf, die als Wärme abgeführt werden. Auch andere Energiearten können in unerwünschter Weise entstehen, z. B. Schallenergie. Wir wollen uns zunächst mit den Gesetzen der erwünschten Wirkungen befassen.

1.2.1 Generatoren

1.2.1.1 Allgemeine Anforderungen. Generatoren sollen mechanische Energie, die von der antreibenden Kraftmaschine zur Verfügung gestellt wird, in elektrische Energie mit bestimmten Nennwerten und Eigenschaften umformen. Die von Wechselstromgeneratoren gelieferte Spannung soll z. B. möglichst sinusförmig sein, die Frequenz konstant bleiben. Die Drehzahl der Antriebsmaschine ist daher zu regeln. Sie darf sich auch bei Laststößen nicht wesentlich ändern. Für die an die Spannung zu stellenden Ansprüche ergeben sich je nach Anwendungsfall verschiedene Anforderungen. Bei den meisten Generatoren verlangt man für den jeweiligen Betriebsfall eine gleichbleibende Spannung (Konstantspannungsmaschine). Sie soll dennoch für andere Fälle in einfacher Weise verstellt oder geregelt werden können. Beim Schweißgenerator ist dagegen beispielsweise eine starke Spannungsabhängigkeit bei gleichbleibendem Strom erwünscht (Konstantstrommaschine). Andere Generatoren sollen wiederum, um den Spannungsabfall auf der Zuleitung auszugleichen, eine mit der Belastung steigende Klemmenspannung aufweisen. Bei plötzlichen Laständerungen darf sich außerdem die Generatorspannung nicht so stark ändern, daß Anlagenteile oder Verbraucher Schaden nehmen.

Auch muß meist der Parallelbetrieb mehrerer Generatoren möglich sein, ohne daß eine der Maschinen überlastet wird oder Leistungsschwingungen im Netz auftreten. Schließlich können noch verschiedenartige Kurzschlüsse in der Anlage entstehen; sie müssen ohne Schaden ausgehalten werden. Dabei kann man damit rechnen, daß länger dauernde Störungen abgeschaltet werden. Die Möglichkeiten zur Erfüllung dieser Anforderungen werden bei den verschiedenen Maschinenarten untersucht.

1.2.1.2 Spannungsgleichungen. Für die Spannungserzeugung ist das Induktionsgesetz maßgebend. In der Form $u_q = N\,d\Phi_t/dt$ besagt es, daß die in einer Spule mit N Windungen induzierte Quellenspannung u_q gleich dem Produkt aus der Windungszahl N und der magnetischen Flußänderungsgeschwindigkeit $d\Phi_t/dt$ ist. Eine positive Quellenspannung entsteht bei einer Flußzunahme.

Wir betrachten nun die Spule in Bild **18.**1a. Sie wird von dem Wechselfluß[1] $\Phi_t = -\Phi\cos(\omega t)$, den das Liniendiagramm in Bild **18.**1b darstellt, durchsetzt; $\omega = 2\pi f$ ist die Kreisfrequenz und f die Frequenz. Setzt man den Fluß Φ_t in das Induktionsgesetz ein, so ergibt sich die Quellenspannung

$$u_q = -N\Phi\,d(\cos\omega t)/dt = 2\pi fN\Phi\sin(\omega t) .$$

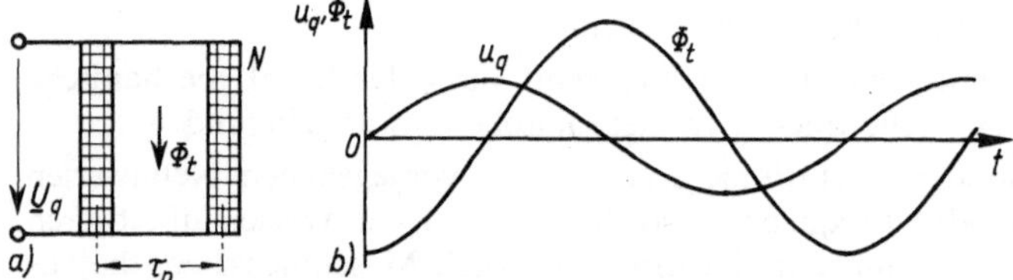

18.1
Spannungserzeugung in einer konzentrierten Wicklung
a) Spule
b) Zeitdiagramm

Die induzierte und an den Spulenklemmen meßbare Quellenspannung eilt daher dem Fluß um 90° vor. Der Scheitelwert der Spannung ist $u_{qm} = 2\pi fN\Phi$. Es ist üblich, den Effektivwert $U_q = u_{qm}/\sqrt{2}$ zu verwenden. Hierfür erhält man mit $2\pi/\sqrt{2} = \sqrt{2}\pi = 4{,}44$ die Spannungsgleichung

$$U_q = \sqrt{2}\pi fN\Phi = 4{,}44 fN\Phi \tag{18.1}$$

Bisher wurde offen gelassen, wie der Wechselfluß Φ_t zustande kommt, ob er also durch eine Wechseldurchflutung wie im Transformator entsteht oder dadurch, daß die Spule von einem Drehfeld durchsetzt wird (s. Abschn. 1.5). Für die Wirkung ist es aber belanglos, wodurch der Wechselfluß verursacht wird; entscheidend ist vielmehr nur, daß sich der Fluß nach einer Sinusfunktion ändert. Daher gilt die Spannungsgleichung (18.1) sowohl für den Transformator wie auch für drehende Wechselstrommaschinen, wenn die Wicklung in einer einzigen Spule mit der Windungszahl N und bei dem Ständerbohrungsdurchmesser D und der Polzahl p auf einem Abstand der Spulenseiten gleich der Polteilung $\tau_p = \pi D/(2p)$ konzentriert ist (s. Abschn. 1.4.2).

Im allgemeinen besteht aber die Wicklung eines Generators aus mehreren Einzelspulen, die in benachbarten Nuten am Ständerumfang verteilt untergebracht sind. Die Einzelspulen werden dann nacheinander vom Drehfeld durchsetzt („überlaufen"), so daß in ihnen gegeneinander phasenverschobene Spannungen erzeugt werden. Die Summen-

---

[1] Mit Φ ohne Index wird in diesem Buch stets der Scheitelwert des Flusses bezeichnet.

spannung ist dann allerdings kleiner, wie in Abschn. 1.5.2 noch näher erläutert wird. Die Wirkung der Wicklungsverteilung wird mit dem Wicklungsfaktor ξ berücksichtigt. Hiermit lautet die Spannungsgleichung für umlaufende Wechselstrommaschinen endgültig

$$U_\mathrm{q} = 4{,}44 fN\xi\Phi \tag{19.1}$$

Sie besagt, daß in einer ausgeführten Wechselstrommaschine bei fester Frequenz f die erzeugte Spannung allein durch den Erregerfluß Φ geändert werden kann.

Für die Ableitung der Spannungsgleichung der Gleichstrommaschine bedienen wir uns der durch Gl. (8.1) gegebenen Form des Induktionsgesetzes $u_\mathrm{q} = zBlv$. Wir betrachten das in Bild **19**.1 gegebene Schema eines Gleichstromgenerators, der als Teil einer unendlich langen Linearmaschine aufgefaßt werden kann, aber auch die „Ab-

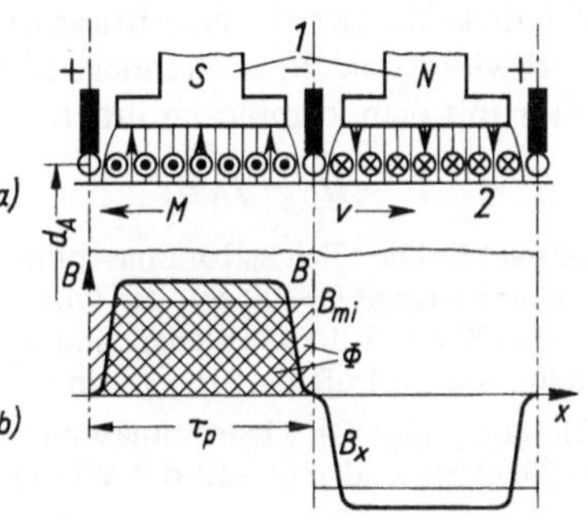

19.1
Feldverteilung in der Gleichstrommaschine
a) Abwicklung von Ständer und Anker (Linearmaschine)
b) Induktionsverteilung im Luftspalt
1 Erregerpole
2 Anker
B Induktion
d_A Ankerdurchmesser
v Umfangsgeschwindigkeit

wicklung" von Ständer und Anker einer zweipoligen, drehenden Gleichstrommaschine darstellt. Die Erregerdurchflutung verursacht in der Maschine den Fluß Φ, das Luftspaltfeld hat die angegebene Feldverteilung. Anstelle der ortsabhängigen Flußdichte B_x darf man die mittlere Flußdichte B_mi einführen. Aus ihr errechnet man mit der Polteilung $\tau_\mathrm{p} = \pi d_\mathrm{A}/(2p)$ und der Ankerlänge l den Fluß

$$\Phi = \tau_\mathrm{p} lB_\mathrm{mi} = \frac{\pi d_\mathrm{A}}{2p}\, lB_\mathrm{mi} \tag{19.2}$$

Die Leiter haben die Umfangsgeschwindigkeit $v = d_\mathrm{A}\pi n = d_\mathrm{A}\pi f/p$, so daß in ihnen Spannungen mit der Frequenz $f = np$ entstehen. Da eine Spule je Spulenseite N Leiter hat, zu einer Spule aber zwei Spulenseiten gehören, darf man die wirksame Leiterzahl z mit $z = 2N$ durch die wirksame Windungszahl N ersetzen und erhält schließlich für die insgesamt erzeugte Spannung der Gleichstrommaschine

$$U_\mathrm{q} = 4fN\Phi \tag{19.3}$$

Die Spannungsgleichungen von Wechselstrom- und Gleichstrommaschinen unterscheiden sich somit nur durch den Formfaktor $4{,}44/4 = 1{,}11$, der das Verhältnis des Effektivwerts einer sinusförmigen Wechselspannung zu ihrem Gleichrichtwert darstellt.

Tatsächlich wird in der Gleichstrommaschine zunächst eine Wechselspannung erzeugt, die im Stromwender gleichgerichtet wird. Im allgemeinen befinden sich die Ankerleiter jedoch nicht, wie in Bild **19**.1 dargestellt, im Luftspalt, sondern in den weitgehend feldfreien Nuten. Für diesen Fall muß die erzeugte Spannung aus der Flußänderung nach

Gl. (6.3) abgeleitet werden. Auch hierfür ergibt sich über Gl. (18.1) unter Berücksichtigung des Formfaktors die Spannungsgleichung (19.3).

Bei einer ausgeführten Maschine können nur noch Drehzahl n bzw. Winkelgeschwindigkeit $\Omega = 2\pi n$ und Fluß Φ verändert werden. Daher wird hier mit $n \sim f$ und den Maschinenkonstanten $c_u = 2\pi c_m = 4pN$ die Quellenspannung

$$U_q = c_u n \Phi = c_m \Omega \Phi \qquad (20.1)$$

Die in den Generatoren erzeugte Quellenspannung U_q kann nur im Leerlauf an den Maschinenklemmen gemessen werden. Bei Belastung wird mit dem Ankerstrom I_A noch der innere Spannungsabfall $U_i = I_A R_i$ am inneren Widerstand R_i wirksam. Als Klemmenspannung bleibt verfügbar

$$U = U_q - I_A R_i \qquad (20.2)$$

Bei den Wechselstrommaschinen ist ferner zu berücksichtigen, daß außer dem Wirkwiderstand R_i noch innere Blindwiderstände X_i auftreten. Hier ist daher beim Generator mit dem komplexen inneren Widerstand $\underline{Z}_i = R_i + jX_i$ die Klemmenspannung[1]

$$\underline{U} = \underline{U}_q - \underline{I}_A \underline{Z}_i \qquad (20.3)$$

Beispiel 5: Die Gleichstrommaschine in Bild **19.**1a soll bei dem Ankerdurchmesser $d_A = 25$ cm, der Ankerlänge $l = 20$ cm, der wirksamen Leiterzahl je Ankerzweig $z = 123$ und der Drehzahl $n = 1400$ min⁻¹ die Quellenspannung $U_q = 230$ V erzeugen. Wie groß muß dann die mittlere Induktion im Luftspalt B_{Lmi} sein?

Die zweipolige Gleichstrommaschine hat die Ankerfrequenz $f = n\,p = 1400$ min⁻¹ $\cdot$ 1/(60 s/min) $= 23,33$ Hz und muß mit der Windungszahl $N = z/2$ nach Gl. (19.3) den Fluß

$$\Phi = U_q/(2fz) = 230 \text{ V}/(2 \cdot 23,33 \text{ Hz} \cdot 123) = 0,0401 \text{ Vs}$$

aufweisen. Mit der Polteilung $\tau_p = \pi d_A/(2p) = \pi \cdot 0,25$ m/2 $= 0,392$ m und Gl. (19.2) erhält man daher die erforderliche mittlere Induktion im Luftspalt

$$B_{Lmi} = \Phi/(\tau_p l) = 0,0401 \text{ Vs}/(0,392 \text{ m} \cdot 0,2 \text{ m}) = 0,511 \text{ T}$$

1.2.2 Motoren

1.2.2.1 Allgemeine Anforderungen. Der Elektromotor hat gegenüber den anderen Kraftmaschinen wesentliche Vorteile. Während z.B. der Verbrennungsmotor fast kein Anzugsmoment entwickelt und über Kupplung und umschaltbares Getriebe an die Betriebsbedingungen angepaßt werden muß, während Turbinen an hohe Drehzahlen gebunden sind, Dampfmaschinen eine eigene Dampferzeugungsanlage benötigen und Wasserkraftanlagen örtlich gebunden sind, kann man den Elektromotor leicht und ohne erhebliche Verluste für die von der Arbeitsmaschine gestellten Bedingungen auslegen.

Man unterscheidet vier wesentliche Aufgaben des Motorbetriebs:

1. Anlauf. Die Arbeitsmaschine soll auf die gewünschte Drehzahl beschleunigt werden. Dabei darf weder der Antrieb stoßweise hochfahren, noch darf der Motor zu hohe Wicklungstemperaturen annehmen. Wenn hierbei der Motor kontinuierlich oder mit mindestens einer Zwischenstufe auf die gewünschte Drehzahl gebracht wird, nennt man dies Anlassen.

---

[1] Unterstrichene Formelzeichen wie $\underline{U}, \underline{I}, \underline{Z}$, bezeichnen hier komplexe Wechselstromgrößen.

2. Nennbetrieb. Jede Maschine ist für eine bestimmte, auf dem Leistungsschild angegebene Nennleistung bemessen. Der Motor hat das vom Antrieb geforderte Nennmoment mit der gewünschten Nenndrehzahl für die angegebene Nennbetriebszeit zu liefern, ohne daß die Wicklungen oder andere Maschinenteile zu warm werden und unerwünschte Drehzahlschwankungen oder ähnliche Störungen auftreten. Auf Änderungen des Lastmoments soll der Motor in der gewünschten Weise reagieren, d.h., die Drehzahl unverändert lassen, sie erhöhen oder verkleinern.

3. Drehzahlverstellung. Häufig wird für hochentwickelte Antriebe eine Änderung der Drehzahl in einem weiten Bereich verlangt. Die Drehzahl soll entweder stetig oder in Stufen ohne wesentliche Verluste allein mit elektrischen Hilfsmitteln unter Anpassung an wechselnde Betriebserfordernisse gesteuert oder bei Vergleich von Ist- und Sollwert geregelt werden können. Auch hierfür sind die Gegebenheiten der Arbeitsmaschine zu beachten.

4. Bremsung. Gelegentlich wird der Elektromotor zum Abbremsen des Antriebs herangezogen. Hiermit kann man unproduktive Nebenzeiten oder, z.B. bei Hebezeugen, zu große Geschwindigkeiten vermeiden. Besonders vorteilhaft ist es, wenn beim Bremsen frei werdende Energie in das Netz zurückgeliefert werden kann.

Die Zusammenstellung dieser Anforderungen zeigt, daß das Betriebsverhalten der Motoren nur in Verbindung mit den angetriebenen Arbeitsmaschinen vollständig dargestellt werden kann. Auf dieses Zusammenspiel von Antriebs- und Arbeitsmaschine soll daher noch kurz eingegangen werden.

1.2.2.2 Motor und Arbeitsmaschine. Die Elektromotoren erzeugen meist ein mit der Drehzahl n sich änderndes Drehmoment M. Die Arbeitsmaschine stellt diesem Motormoment M bei gleicher Drehzahl das Lastmoment M_L entgegen. Für

$$M - M_L = 0 \qquad (21.1)$$

besteht Gleichgewicht, und die Drehzahl bleibt dann unverändert. Unterscheiden sich jedoch Motormoment und Lastmoment durch das Beschleunigungsmoment

$$M_B = M - M_L \qquad (21.2)$$

21.1
Hochlauf eines Antriebs
M_A Anzugsmoment
M_B Beschleunigungsmoment
M_H Sattelmoment
M_K Kippmoment
M_N, n_N Nennwerte

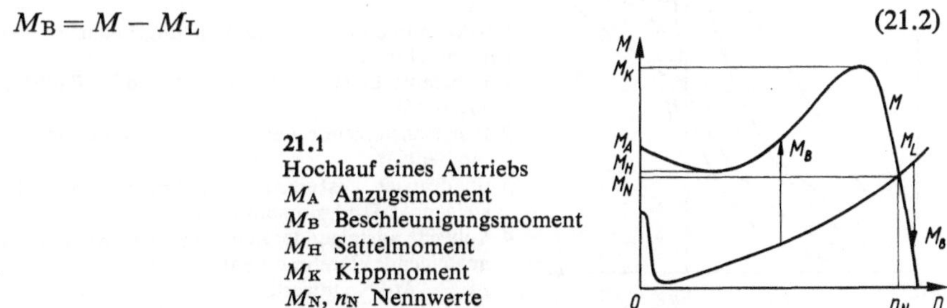

so wird der Antrieb bei überwiegendem Motormoment M beschleunigt, bei überwiegendem Lastmoment M_L abgebremst (Bild **21.1**). Im Drehzahlbereich $n = 0$ bis $n = n_N$ erhält man positive Werte M_B, so daß der Motor nach dem Einschalten bis zur Nenndrehzahl n_N hochlaufen kann. Von höheren Drehzahlen aus würden ihn negative Werte M_B ebenfalls auf n_N abbremsen.

Nicht jeder Betriebspunkt, der nach Gl. (21.1) möglich ist, wird auch stabil beibehalten. Die Motorkennlinie $M = f(n)$ von Bild **22.1** gehört zu einem Dreiphasen-Asynchronmotor (s. Abschn. 3.2.2.6); das Lastmoment M_L soll linear mit der Drehzahl n ansteigen. Während für die Punkte *1* und *3* die gleichen Verhältnisse wie in Bild **21**.1 vorliegen, gilt für Punkt *2* zwar Gl. (21.1), wenn aber das Lastmoment M_L auch nur kurzzeitig absinkt, überwiegt sofort das Motormoment M, und der Antrieb wird bis zum Punkt *3* beschleunigt. Steigt andererseits das Lastmoment M_L, so dominiert das bremsende Drehmoment, und die Drehzahl sinkt bis zum Punkt *1* ab. Der Punkt *2* ist kein stabiler Betriebspunkt. Ein solcher liegt nur vor, wenn, von diesem Punkt aus betrachtet, für größere Drehzahlen das Lastmoment und für kleinere Drehzahlen das Motormoment vorherrscht (s. Band VIII, Abschn. Stabilität).

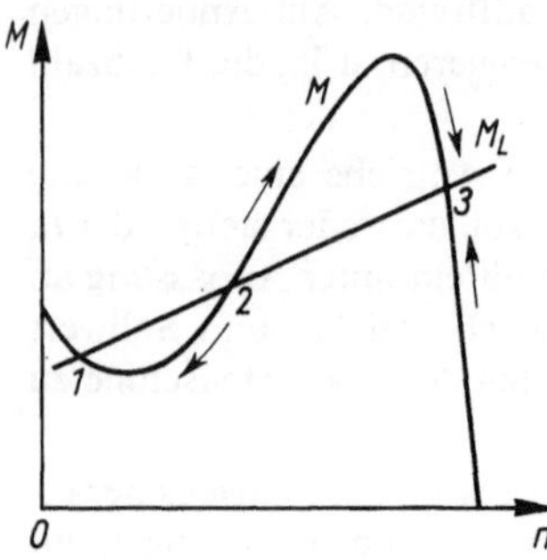

22.1
Stabilitätsbetrachtung der Betriebspunkte
1, 3 stabil
2 instabil

Merken wir uns, daß die Arbeitsmaschine ein bestimmtes Drehmoment verlangt, das der Motor zu liefern hat.

Das Lastmoment ist verschiedenen Einflüssen unterworfen. Von der Drehzahl unabhängig ist es nur bei Arbeitsmaschinen, die reine Hub-, Reibungs- oder Formänderungsarbeit zu liefern haben, also z.B. bei Hebezeugen, Fördermaschinen und spanabhebenden Werkzeugmaschinen mit einem zur Schnittgeschwindigkeit proportionalen Vorschub. Bei den meisten Antrieben ändert sich das Lastmoment stark mit der Drehzahl. Bild **22**.2 zeigt einige idealisierte Lastkennlinien. Da die Leistung P dem Drehmoment M und der Winkelgeschwindigkeit $\Omega = 2\pi n$ bzw. der Drehzahl n proportional ist, läßt sich auch die erforderliche Antriebsleistung $P_L = \Omega M_L = 2\pi n M_L$ angeben. Sie ist ebenfalls in Bild **22**.2 dargestellt, da die Leistungskennlinien häufig zur Kennzeichnung einer Arbeitsmaschine herangezogen werden.

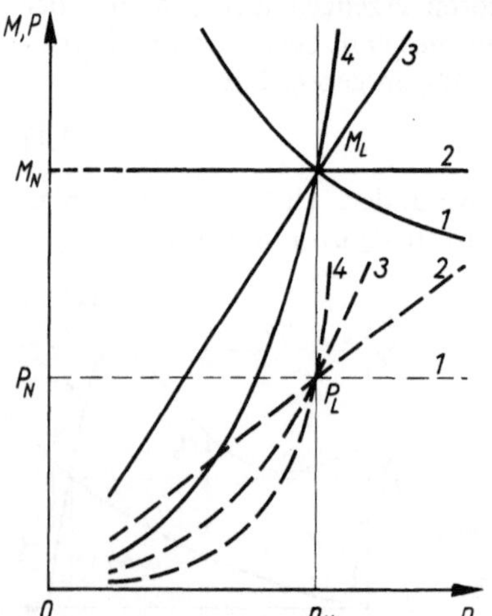

22.2
Lastkennlinien (——) und Leistungsbedarf (– – –) von Arbeitsmaschinen
1 konstante Leistung P_L und abfallendes Drehmoment $M_L \sim 1/n$
2 linear ansteigende Leistung $P_L \sim n$ und konstantes Drehmoment M_L
3 quadratisch ansteigende Leistung $P_L \sim n^2$ und linear ansteigendes Drehmoment $M_L \sim n$
4 kubisch ansteigende Leistung $P_L \sim n^3$ und quadratisch ansteigendes Drehmoment $M_L \sim n^2$
n_N, P_N, M_N Nennwerte

Wenn Luft- oder Flüssigkeitsreibung zu überwinden ist, steigt das Lastmoment meist quadratisch mit der Drehzahl an. Das trifft z.B. weitgehend für Radiallüfter und Kreiselpumpen zu. Ein mit steigender Drehzahl linear anwachsendes Lastmoment findet man bei Gleichstromgeneratoren, die mit konstanter Erregung auf einen festen Widerstand arbeiten, und bei Kalandern. Ein mit fallender Drehzahl ansteigendes Lastmoment schließlich erfordern Haspelantriebe, die mit konstanter Bandgeschwindigkeit und gleichbleibendem Zug Papier, Fäden oder Bänder aufwickeln sollen. Die Lastkennlinien anderer Arbeitsmaschinen werden häufig durch die Überlagerung verschiedener Kennlinien von Bild **22**.2 gebildet.

Die Lastmomente können auch noch von der Winkellage des Läufers abhängen. Das gilt z.B. für alle Kolbenmaschinen. Bei Fahrzeugen, die Steigungen oder Krümmungen zu überwinden haben, und auch bei einigen Förderanlagen ist das Lastmoment außerdem wegabhängig. Schließlich ist bei vielen Arbeitsmaschinen, die bestimmte Programme fahren, z.B. in Walzenstraßen und Werkzeugmaschinen, das Lastmoment noch zeitabhängig. Das wirkt sich besonders auf die Erwärmung aus.

In Bild 22.2 ist das Lastmoment in der Nähe des Stillstands nicht dargestellt. Dort wird es wesentlich durch die Lagerung beeinflußt. Wälzlager sind leicht aus der Ruhelage herauszubewegen. Normale Gleitlager können im Stillstand keine Ölschicht zwischen Welle und Lagerschale haben, so daß zunächst deren metallische Reibung zu überwinden ist. Hierfür benötigt man ein Losreißmoment, das ein Mehrfaches des im Lauf auftretenden Reibungsmoments betragen kann (für weitere Einzelheiten s. Band VIII, Abschn. Arbeitsmaschinen).

Die Elektromotoren können den Arbeitsmaschinen die in Bild 23.1 dargestellten Drehmoment-Drehzahl-Kennlinien zur Verfügung stellen. Diese Kennlinien haben ihre Bezeichnung von den Motoren erhalten, bei denen sie zuerst festgestellt wurden. Moto-

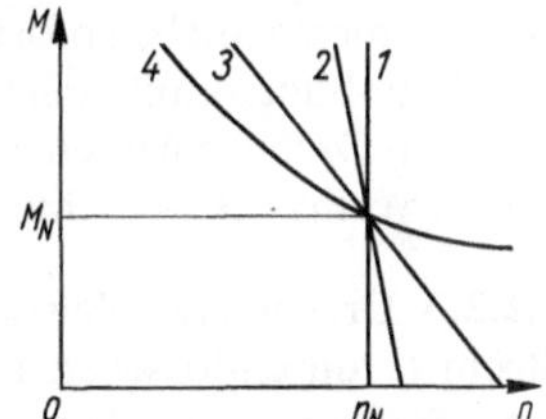

23.1
Drehmoment-Drehzahl-Kennlinien von Elektromotoren
1 synchrones Verhalten
2 Nebenschlußverhalten
3 Verbundverhalten
4 Reihenschlußverhalten
M_N, n_N Nennwerte

ren mit synchronem Verhalten ändern ihre Drehzahl bei Laständerungen nicht; lediglich die Winkellage des Läufers wird beeinflußt. Beim Nebenschlußverhalten ändert sich die Drehzahl nur wenig, während mit dem Reihenschlußverhalten eine starke Abhängigkeit der Drehzahl vom Lastmoment gegeben ist.

Damit der Antrieb hochlaufen kann, muß bei allen Drehzahlen, die kleiner als die Nenndrehzahl sind, das Motormoment M größer als das Lastmoment M_L sein. Bild 21.1 veranschaulicht dies. Bei der Drehmoment-Drehzahl-Kennlinie unterscheidet man das Anzugsmoment M_A, das im Stillstand auftritt, das Sattelmoment M_H, das als kleinstes Motormoment während des Hochlaufs zu berücksichtigen ist, und das Kippmoment M_K, das das größte während des Laufs wirksame Motormoment darstellt. Der Name Kippmoment besagt nicht, daß nach dem Unterschreiten der Kippdrehzahl der Motor infolge der Belastung stets bis zum Stillstand „abkippt". Ob der Motor zum Stillstand kommt, hängt vielmehr wesentlich von der Lastkennlinie der angetriebenen Arbeitsmaschine ab (s. Bild 162.1).

Die Arbeitsmaschinen stellen die verschiedensten Anforderungen an das Anzugsmoment. Von Leeranlauf spricht man, wenn die Belastung erst nach dem Hochlauf zugeschaltet wird (z.B. bei Drehmaschinen, Stanzen, Pressen und Kolbenverdichtern mit entlastetem Anlauf). Halblastanlauf liegt vor, wenn nur ein kleines Anzugsmoment erforderlich ist, das Lastmoment jedoch mit der Drehzahl steigt (z.B. Lüfter und Kreiselpumpen). Bei Vollastanlauf hat der Motor schon im Stillstand das Nennmoment zu liefern (z.B. bei Hebezeugen und Förderbändern). Schließlich ist bei Schweranlauf das Lastmoment während des Anlaufs größer als im Nennbetrieb, oder der Hochlauf dauert sehr lange, da große Schwungmassen zu beschleunigen sind (z.B. in Walzwerken, Kugelmühlen, Kalandern und Zentrifugen). Für nähere Einzelheiten s. Band VIII, Abschn. Anlasser.

Für den Hochlauf gilt mit dem Massenträgheitsmoment J der zu beschleunigenden Teile und der Winkelgeschwindigkeit $\Omega_t = 2\pi n_t$ nach Band VIII, Abschn. Behandlung von Übergangszuständen das dynamische Grundgesetz

$$M_{Bt} = M_t - M_{Lt} = J\,\mathrm{d}\Omega_t/\mathrm{d}t = J \cdot 2\pi\,\mathrm{d}n_t/\mathrm{d}t \tag{24.1}$$

Die Anlaufzeit ergibt sich aus

$$t_{an} = \int\limits_{\Omega=0}^{\Omega=\Omega_N} J\,\frac{\mathrm{d}\Omega_t}{M_{Bt}} = 2\pi \int\limits_{n=0}^{n=n_N} J\,\frac{\mathrm{d}n_t}{M_{Bt}} \tag{24.2}$$

Das Beschleunigungsmoment M_B ist i. allg. von der Drehzahl n abhängig und kann für einen länger dauernden Hochlauf, d. h. bei großem Trägheitsmoment J, dem Bild **21.1** entnommen werden. Bei schnellem Hochlauf ist noch der Einschaltvorgang des Motors und eine hierbei u. U. veränderte Drehmoment-Drehzahl-Kennlinie zu berücksichtigen. Da nach dem Einschalten erst die Magnetfelder aufzubauen sind, können die Drehmomente nicht sofort in voller Höhe zur Verfügung stehen. Motor und Arbeitsmaschine bilden außerdem ein schwingungsfähiges Gebilde, so daß man für den Hochlauf mit Drehmomenten und Drehzahlen rechnen muß, die der Motor sonst nicht zu liefern vermag (s. Abschn. 3.3.5 und 6.2.5).

1.2.2.3 Drehmomentgleichungen. Wenn man sich bei einer drehenden Maschine alle vom Strom I_A durchflossenen Leiter auf der Oberfläche des Läufers bzw. an der Bohrungsinnenfläche des Ständers angeordnet denkt, lassen sich nach Gl. (8.2) die auf die Leiter wirkenden Kräfte $F = zBlI_A$ errechnen, und mit dem wirksamen Hebelarm $d_A/2$ kann das innere Drehmoment M_i bestimmt werden. In Wirklichkeit liegen die Leiter aber nicht im Luftspalt, sondern entsprechend Bild **24.1** in den Nuten. Zudem führt

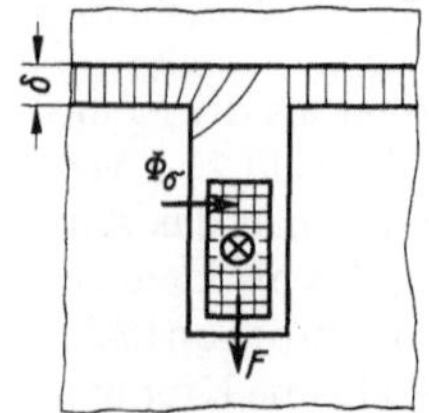

24.1
Kraftwirkung auf den Leiter in der Nut
Φ_σ Nutstreufluß
δ Luftspalt

hauptsächlich der Zahn den Fluß, während die Nut meist nur ein schwaches Querfeld infolge der Nutstreuung (s. Abschn. 1.3.2.3) aufweist. Dieses Querfeld bewirkt nur eine kleine Stromkraft; sie ist außerdem zum Nutengrund hin gerichtet und liefert somit keinen Beitrag zur Umfangskraft. Die Anwendung des Kraftwirkungsgesetzes von Gl. (8.2) scheint daher nicht zulässig zu sein. Wir wollen daher über eine Leistungsbetrachtung das erzeugte Drehmoment berechnen.

In den Anker eines Gleichstrommotors wird mit der Klemmspannung U und dem Ankerstrom I_A die Leistung $P_1 = UI_A$ hineingeliefert. Wenn sich der Anker im Magnetfeld dreht, entstehen in seinen Leitern, ebenso wie beim Generator, die Quellenspannung U_q und der innere Spannungsabfall $I_A R_i$. Beide Spannungen sind der Klemmenspannung

$$U = U_q + I_A R_i \tag{24.3}$$

entgegengerichtet. Somit teilt sich die Leistungsaufnahme $P_1 = U_q I_A + I_A^2 R_i$ auf in die innere Leistung $P_i = U_q I_A$ und die im Ankerkreis auftretenden Stromwärmeverluste $V_{CuA} = I_A^2 R_i$.

Wenn wir eine sonst verlustlose Maschine voraussetzen, muß offensichtlich die innere Leistung P_i nach dem Gesetz von der Erhaltung der Energie in die mechanische Leistung P_{mech} umgesetzt werden. Sie kann mit

$$P_{mech} = vF = \Omega M_i = 2\pi n M_i \tag{25.1}$$

aus Umfangskraft F und Geschwindigkeit v oder innerem Drehmoment M_i und Winkelgeschwindigkeit Ω bzw. Drehzahl n berechnet werden. Daher wird mit Gl. (8.1)

$$P_i = U_q I_A = zBlv I_A = vF = \Omega M_i \tag{25.2}$$

Hieraus läßt sich wieder die Kraft $F = zBlI_A$ entnehmen, und man erkennt, daß trotz der Verhältnisse in Bild **24**.1 das Kraftwirkungsgesetz als Grundlage für die Drehmomentberechnung dienen darf.

Wir betrachten daher wieder die Linearmaschine in Bild **19**.1, die also mit der wirksamen Leiterzahl $z = 2N$, der mittleren Induktion B_{mi}, der wirksamen Leiterlänge l und dem Ankerstrom I_A zwischen Ständer und Anker die Kraft $F = zB_{mi}lI_A = 2NB_{mi}lI_A$ ausbildet. Bei einer drehenden Maschine erhält man bei dem wirksamen Hebelarm $d_A/2$, der Polpaarzahl p und der Polteilung $\tau_p = \pi d_A/(2p)$ die mittlere Induktion $B_{mi} = \Phi/(l\tau_p) = 2p\Phi/(\pi l d_A)$. Dann gilt für das innere Drehmoment

$$M_i = Fd_A/2 = NB_{mi}lI_A d_A = 2pNI_A\Phi/\pi = c_m I_A \Phi \tag{25.3}$$

Die Maschinenkonstante $c_m = 2pN/\pi$ ist schon in Gl. (20.1) eingeführt worden.

Gl. (25.3) sagt aus, daß bei gleichbleibendem Fluß Φ der Ankerstrom I_A mit dem verlangten Drehmoment M_i ansteigt. Sie besagt aber nicht, daß man mit den Größen I_A und Φ das Motormoment unmittelbar verstellen kann. Das ist nur im Zusammenwirken mit der Arbeitsmaschine möglich.

Bei den Wechselstrommaschinen muß man das Produkt der örtlichen Zeitwerte von Strom i_x und Fluß Φ_{tx} bilden und über dem Läuferumfang integrieren. Bild **25**.1

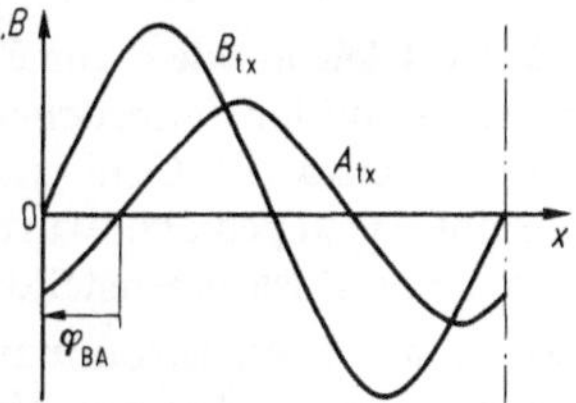

25.1
Örtliche Verteilung von Induktion B_{tx} und Strombelag A_{tx} einer Wechselstrom-Linearmaschine

zeigt die örtliche Verteilung der Induktion B_{tx} und des Strombelags A_{tx} (s.a. Abschn. 1.3.2.1) einer Wechselstrom-Linearmaschine, wobei für beide ein sinusförmiger Verlauf mit dem Phasenwinkel φ_{BA} angenommen ist. Tatsächlich ist nur ein angenähert sinusförmiger Feldverlauf zu erreichen, und die Ströme sind in den Leitern konzentriert. Bei dem Phasenwinkel $\varphi_{BA} = \tau_p/2$ bzw. $\pi/2$ verschwindet das Integral der Produkte der Zeitwerte. Somit hängt der Mittelwert, das innere Drehmoment

$$M_i = c_m I_A \Phi_{eff} \cos\varphi_{BA} \tag{25.4}$$

vom $\cos\varphi_{BA}$ und den Effektivwerten des Ankerstroms I_A und des Flusses Φ_{eff} ab. Drehmomente, die im ganzen Drehzahlbereich einen zeitlich konstanten, von der Drehzahl abhängigen Wert haben, nennt man asynchrone Drehmomente. Synchronisierende oder synchrone Drehmomente treten dagegen nur bei bestimmten Drehzahlen auf. Bei fester Drehzahl periodisch sich ändernde Drehmomente heißen Pendelmomente.

Das innere Drehmoment M_i ist nicht mit dem an der Maschinenwelle wirksamen Nutz-moment identisch, da in der Maschine selbst noch **Verlustmomente** M_v – z.B. zur Überwindung der Reibung – benötigt werden. Daher gilt für das **Wellenmoment** eines Motors

$$M = M_i - M_v \tag{26.1}$$

Dieses ergibt bei der Winkelgeschwindigkeit $\Omega = 2\pi n$ bzw. der Drehzahl n die **mechanische Leistung**

$$P_{\mathrm{mech}} = \Omega M = 2\pi n M \tag{26.2}$$

Beim Motor ist die mechanische Leistung gleichzeitig die **Leistungsabgabe** P_2.

Beispiel 6: Die in Beispiel 5, S. 20, behandelte Gleichstrommaschine soll bei dem Fluß $\Phi = 0{,}0401$ Vs, der wirksamen Leiterzahl $z = 123$ und der Drehzahl $n = 1400$ min^{-1} die innere mechanische Leistung $P_i = 40$ kW erzeugen. Welcher Ankerstrom I_A muß dann fließen? Wir bestimmen zunächst mit der Winkelgeschwindigkeit $\Omega = 2\pi n = 2\pi \cdot 1400$ min^{-1} min/60 s $= 146{,}6$ s^{-1} und Gl. (26.2) das innere Drehmoment

$$M_i = P_i/\Omega = 40\,\mathrm{kW}/(146{,}6\,\mathrm{s}^{-1}) = 272{,}8\,\mathrm{Ws} = 272{,}8\,\mathrm{Nm}$$

so daß nach Gl. (25.3) mit der Polpaarzahl $p = 1$ und der wirksamen Windungszahl $N = z/2$ der Ankerstrom

$$I_A = \frac{\pi M_i}{p z \Phi} = \frac{\pi \cdot 272{,}8\,\mathrm{Ws}}{1 \cdot 123 \cdot 0{,}0401\,\mathrm{Vs}} = 173{,}8\,\mathrm{A}$$

fließen muß.

1.2.3 Gemeinsame Erscheinungen in Generatoren und Motoren

1.2.3.1 Gleichgewicht von Spannung, Leistung und Drehmoment. Die in den vorhergehen-den Abschnitten besprochenen Erscheinungen und Gesetze der elektrischen Maschinen gelten ebenso für Generatoren wie für Motoren, da bei den Ableitungen keine Ein-schränkungen gemacht wurden. Dies soll am Beispiel der Gleichstrommaschine nochmals durch eine Zusammenstellung der wichtigsten Gleichungen gezeigt werden (Bild **27.1**).

Die in der Gleichstrommaschine erzeugte Quellenspannung erhält man aus Gl. (19.3). Dabei ist es gleichgültig, ob die Antriebsmaschine dem Anker des Generators die Dreh-zahl n aufzwingt oder ob das innere Drehmoment M_i des Motors die Drehung verur-sacht. Bei gleichem Fluß Φ, gleicher Drehzahl n und gleicher Drehrichtung entsteht in beiden Fällen eine gleich große und gleich gerichtete Spannung U_q. Auch wird vom Anker in Generator und Motor entsprechend Gl. (25.3) das gleiche innere Drehmo-ment M_i erzeugt, wenn der gleiche Fluß Φ und der gleiche Ankerstrom I_A vorhanden sind.

In jedem Stromkreis muß nach den Kirchhoffschen Gesetzen **Spannungsgleichge-wicht** herrschen. Im Generator ist nach Gl. (20.2) die Quellenspannung stets um den inneren Spannungsabfall $I_A R_i$ größer als die Klemmenspannung, während beim Motor nach Gl. (24.3) die Klemmenspannung U als treibende Spannung für den Ankerstrom I_A größer sein muß als die im Anker durch die Drehung erzeugte Quellenspannung U_q. Diese Spannung wirkt der Klemmenspannung entgegen; sie wird daher auch **Gegen-spannung** genannt und ist meist wesentlich größer als der innere Spannungsabfall.

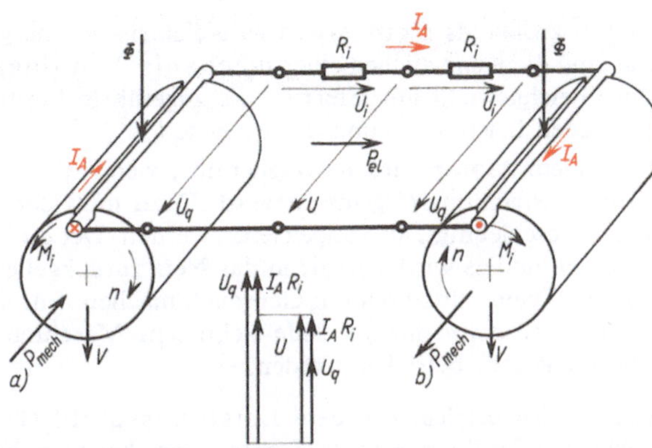

27.1
Richtungszuordnungen bei Genera-
torbetrieb (a) und Motorbetrieb (b)
I_A Ankerstrom
M Wellendrehmoment
M_i inneres Drehmoment
M_v Verlustmoment
n Drehzahl
P_{el} elektrische Leistung
P_{mech} mechanische Leistung
R_i innerer Widerstand
U_q Quellenspannung
U Klemmenspannung
V Verluste
Φ Erregerfluß

Gleichgewichte der	Generator	Motor
Spannungen	$U_q = U + I_A R_i$	$U = U_q + I_A R_i$
Leistungen	$P_{mech} = P_{el} + V$	$P_{el} = P_{mech} + V$
Drehmomente	$M = M_i + M_v$	$M_i = M + M_v$

Wenn die Klemmenspannung U größer als die Quellenspannung U_q ist, bestimmt sie
die Stromrichtung. In Motor und Generator sind daher die Stromrichtungen entgegengesetzt[1]). Dann muß auch die Richtung des vom Ankerstrom erzeugten Drehmoments
bei Motor- und Generatorbetrieb umgekehrt sein. Im Generatorbetrieb wirkt somit das
Drehmoment M_i der Drehung der Antriebsmaschine entgegen (Gegendrehmoment).
Ein Teil des Drehmoments geht in der Maschine als Verlustmoment M_v verloren. Für
die Drehmomente besteht wieder ein Gleichgewicht zwischen erzeugtem bzw. zugeführ-
tem Drehmoment und den elektrisch oder mechanisch „verbrauchten" Drehmomenten.

Gleichstrommotor und -generator haben den gleichen Aufbau und auch
die gleichen Schaltungen. Sie unterscheiden sich nur durch die Energierichtungen.
Bild **27.**1 zeigt die Zuordnung der Richtungen zu Generator- und Motorbetrieb. Im
Anker ist nur ein Leiter abgebildet. Wenn der Anker mit der Drehzahl n angetrieben
wird, bewegt sich der Leiter durch das Magnetfeld des Erregerflusses Φ. Es entsteht die
Quellenspannung U_q. Wird nun ein Verbraucher angeschlossen, so fließt entsprechend
der Klemmenspannung U der Strom I_A. Er bewirkt den inneren Spannungsabfall $I_A R_i$.
Somit wird elektrische Energie vom Generator zum Verbraucher geliefert. Drehrichtung
und inneres, energie-„verzehrendes" Drehmoment sind einander entgegengerichtet. Es
muß daher von außen mechanische Leistung P_{mech} zugeführt werden. Das sind die
Kennzeichen einer elektrischen Energiequelle.

Demgegenüber haben beim Motor Drehrichtung und Drehmoment die gleiche Richtung.
Es wird mechanische Leistung abgegeben. Die Stromrichtung ist jetzt bei gleicher Richtung der Quellenspannung U_q umgekehrt wie im Generator, da nun die Klemmenspan-

---

[1]) Die roten Strompfeile bezeichnen also in Bild **27.**1 die tatsächliche Stromrichtung. Sie sind für
die Innenwiderstände R_i und den rechts dargestellten Motor gleichzeitig Zählpfeile im Sinne eines
Verbraucher-Zählpfeil-Systems (s. Abschn. 1.1.1.4), während für den Generator bei dieser Deu-
tung das Erzeuger-Zählpfeil-System angewandt wird.

nung U größer als U_q ist. Somit wird elektrische Energie in die Maschine hineingeliefert Das sind die Kennzeichen einer **mechanischen Energiequelle**. Auch bei der Energie tritt Gleichgewicht auf. Stets ist die zugeführte Leistung P_1 gleich der Summe der abgegebenen Leistung P_2 und der Verluste V.

Aus einem Motor wird ein Generator, wenn die Quellenspannung U_q größer als die Klemmenspannung U gemacht wird. Dazu muß der Motor über die Leerlaufdrehzahl hinaus beschleunigt, also angetrieben werden. Der Ankerstrom I_A kehrt dann seine Richtung um, und es wird Energie in das Netz zurückgeliefert. Von dieser Möglichkeit kann man z. B. beim Nutzbremsen Gebrauch machen. Für die Wechselstrommaschinen gelten ähnliche Zusammenhänge. Jede elektrische Maschine kann daher wahlweise als Motor oder Generator betrieben werden.

1.2.3.2 Nennbetrieb. Auf dem **Leistungsschild** (DIN 46961) elektrischer Maschinen stehen die für ihren Einsatz, insbesondere bei Nennbetrieb, notwendigen Angaben. Sie werden auch als Nennwerte bezeichnet; für sie ist die Maschine bemessen. Beim Transformator gehören zu diesen Nenngrößen **Nennspannung, Nennleistung, Nennstrom, Nennfrequenz, Kurzschlußspannung** und **Schaltungsart**. Auch Hersteller, Modellbezeichnung und Fertigungsnummer dürfen auf dem Leistungsschild nicht fehlen. Bei den drehenden Maschinen werden darüber hinaus noch **Nenndrehzahl, Nennleistungsfaktor, Nennbetriebsart,** Nennerregerspannung wie auch Stromart (Gleich- oder Wechselspannung) und die Arbeitsweise (z. B. Motor oder Generator) angegeben. Weiterhin findet man Hinweise auf die eingehaltenen Vorschriften und Normen, auf Drehrichtung, Schutzart, Kühlung, Isolierstoffklassen, Schmiermittel und zu verwendende Schaltelemente.

Für eine Maschine können mehrere Nennbetriebe vorgesehen sein. Bei Motoren mit mehreren Drehzahlen muß für jede Drehzahl der zugehörige Nennbetrieb angegeben sein. Wenn eine Nenngröße mehrere Werte annehmen darf oder zwischen zwei Grenzwerten stetig veränderbar ist, müssen diese Werte oder Grenzen auf dem Leistungsschild stehen.

Wenn Nenndrehmoment oder Nenndrehzahl wesentlich überschritten werden, kann die Maschine mechanisch Schaden nehmen. Ein Überschreiten der Nennspannung führt zu erhöhten Leerverlusten, ein Überschreiten des Nennstroms zu erhöhten Lastverlusten. Aber auch Unterspannung und zu geringe Drehzahl können eine Überlastung, verbunden mit zu hoher Erwärmung, bewirken. Schließlich darf die angegebene Nennbetriebszeit (s. Abschn. 1.8.2) nicht überschritten werden, da sonst zu hohe Wicklungstemperaturen eine vorzeitige Alterung verursachen.

Die wichtigste Angabe für den Benutzer der elektrischen Maschine stellt die **Nennleistung** dar. Da beim **Transformator** und **Generator** Spannung U und Strom I die wesentlichen Verluste (s. Abschn. 1.2.3.3) und somit die Erwärmung bestimmen, wird bei diesen Maschinenarten die Nennleistung stets als **Scheinleistung** $S_N = U_N I_N$ bzw. bei Dreiphasenstrom $S_N = \sqrt{3}\,U_N I_N$ in VA, kVA, MVA oder GVA angegeben. Bei einem schlechten Leistungsfaktor $\cos\varphi$ kann daher eine Maschine nur mit einer geringeren Wirkleistung $P = UI\cos\varphi$ bzw. $P = \sqrt{3}\,UI\cos\varphi$ belastet werden. Beim **Motor** interessiert sich der Benutzer für die abgegebene mechanische Leistung, d. h. für die **Wirkleistung** P_{2N}. Daher werden Motoren (wie auch die Gleichstromgeneratoren) durch ihre Leistung in W, kW oder MW benannt.

Beispiel 7: Ein Dreiphasengenerator soll die Leistung $P_{2N} = 50$ MW bei dem Nennleistungsfaktor $\cos\varphi_N = 0,8$ abgeben. Sein Nennwirkungsgrad beträgt $\eta_N = 0,97$.

a) Für welche Leistungen sind Generator und Antriebsmaschine zu bemessen?

Der Dreiphasengenerator muß die Nennleistung $S_N = P_{2N}/\cos\varphi_N = 50\ \mathrm{MW}/0{,}8 = 62{,}5\ \mathrm{MVA}$ aufweisen. Die Antriebsmaschine hat dem Generator dagegen die Nennleistung $P_{1N} = P_{2N}/\eta = 50\ \mathrm{MW}/0{,}97 = 51{,}6\ \mathrm{MW}$ zuzuführen.

b) Wie stark sind Generator und Turbine belastet, wenn der Generator die Leistung $P_2 = 45\ \mathrm{MW}$ bei dem Leistungsfaktor $\cos\varphi = 0{,}7$ abgibt?

Der Generator ist mit der Scheinleistung $S_2 = P_2/\cos\varphi = 45\ \mathrm{MW}/0{,}7 = 64{,}3\ \mathrm{MVA}$ belastet, d.h., bei $S_2/S_N = 64{,}3\ \mathrm{MVA}/62{,}5\ \mathrm{MVA} = 1{,}03$ sogar mit 3% überlastet. Die Antriebsmaschine ist bei einem gleichbleibend angenommenen Wirkungsgrad mit $P_1 = P_2/\eta = 45\ \mathrm{MW}/0{,}97 = 46{,}4$ MW und $P_1/P_{1N} = 46{,}4\ \mathrm{MW}/51{,}6\ \mathrm{MW} = 0{,}9$ dagegen nur mit 90% ausgelastet.

c) Wie groß ist bei der Nennspannung $U_N = 10{,}5\ \mathrm{kV}$ der Nennstrom?

Im Dreiphasennetz fließt der Nennstrom $I_N = S_N/(\sqrt{3}\,U_N) = 62{,}5\ \mathrm{MVA}/(\sqrt{3}\cdot10{,}5\ \mathrm{kV}) = 3{,}43\ \mathrm{kA}$.

Maschinengröße. Aufbau und Betriebsverhalten elektrischer Maschinen hängen auch von der Maschinengröße ab. Die hier getroffenen Feststellungen gelten daher i. allg. für mittlere Leistungen, für die Tafel **29**.1 Richtwerte enthält. Maschinen mit kleinerer Leistung werden daher hier als klein, Maschinen mit größerer Nennleistung als groß bezeichnet. Für diese Einteilung bestehen keine Normen, da Hersteller und Vorschriftenstellen immer wieder unterschiedliche Festlegungen treffen.

Tafel **29**.1 Nennleistungen elektrischer Maschinen mittlerer Größe

Transformatoren 0,01 bis 1 MVA		Synchrongeneratoren 0,1 bis 50 MVA
Drehstrommotoren 1 bis 100 kW		Gleichstrommaschinen 1 bis 100 kW

Drehrichtung. Der normale Drehsinn einer elektrischen Maschine ist Rechtslauf. Ist die Maschine für eine andere oder nur für eine bestimmte Drehrichtung gebaut, so muß das auf dem Leistungsschild angegeben sein (z.B. durch einen Pfeil). Die Drehrichtung wird von der Antriebsseite her bestimmt, d.h. von der Seite aus, an der sich beim Motor die Arbeitsmaschine und beim Generator die Kraftmaschine befindet. Da Stromwender oder Schleifringe gut zugänglich sein sollen, befinden sie sich meist auf der Gegenantriebsseite. (Die Welle kann dann auch dünner bemessen werden.) Bei Maschinen mit zwei gleich dicken Wellenenden wird daher die dem Stromwender oder den Schleifringen abgewandte Seite als Antriebsseite bezeichnet; andernfalls ist die Seite mit dem dickeren Wellenende die Antriebsseite. Bei Maschinen mit Stromwender und Schleifringen (z.B. Einankerumformer) stellt die Schleifringseite die Antriebsseite dar.

1.2.3.3 Verluste. Die VDE-Bestimmungen unterscheiden Verluste im Erregerkreis, stromunabhängige und stromabhängige sowie lastabhängige Verluste.

Verluste im Erregerkreis. Während bei Dauermagneterregung jeder Erregungsverlust vermieden wird, führt ein Erregerstrom I_E mit der Spannung am Erregerkreis U_E zu den Verlusten

$$V_E = U_E I_E \tag{29.1}$$

Bei der Synchronmaschine rechnet man hierzu die Stromwärmeverluste in der Feldwicklung, bei der Gleichstrommaschine nur die in der Nebenschlußwicklung, bei beiden Maschinenarten auch die Verluste im Feldsteller des Haupterregerkreises und alle Verluste der Erregermaschinen, wenn sie mechanisch von der Hauptwelle des Maschinensatzes angetrieben werden. (Lager-, Luft- und Bürstenreibungsverluste der Erregermaschinen gehören in diesem Fall allerdings zu den stromunabhängigen Verlusten.) Transformatoren kennen derartige Verluste natürlich nicht.

Stromunabhängige Verluste. Vom Laststrom unabhängig sind alle Reibungsverluste V_R, die durch Lagerreibung, Luftreibung (in Lüftern und an anderen drehenden Teilen) und Bürstenreibung (auf Stromwendern und Schleifringen) entstehen. Der Leistungsbedarf eines Radiallüfters steigt entsprechend Abschn. 1.2.2.2 (Bild **22**.2) etwa kubisch mit der Drehzahl. Die Verluste in den Lagern sind demgegenüber klein. Sie sind auch bei Gleitlagern weitgehend unabhängig von der radialen Lagerbelastung. Die Bürstenreibungsverluste steigen etwa linear mit der Drehzahl an. Die Reibungsverluste V_R sind daher insbesondere drehzahlabhängig.

Auch die Eisenverluste V_Fe sind vom Laststrom unabhängig; sie werden bei Nennspannung und Nennfrequenz im Leerlauf sowie bei Synchron- und Gleichstrommaschinen bei Nenndrehzahl bestimmt.

Um den magnetischen Zustand von Eisen zu ändern, muß man Arbeit (Hysteresearbeit s. Band I) aufwenden, die der Fläche der durchlaufenen Hystereseschleife verhältnisgleich ist. Wenn f die Ummagnetisierungsfrequenz, m_Fe die Eisenmasse, ϱ_Fe die Dichte des Eisens und H sowie B zusammengehörige Werte von Feldstärke und Induktion der mit Gleichstrom gemessenen Hystereseschleife darstellen, gilt für den Hystereseverlust

$$V_\mathrm{H} = f\,\frac{m_\mathrm{Fe}}{\varrho_\mathrm{Fe}} \int H_\mathrm{t}\,\mathrm{d}B_\mathrm{t} \tag{30.1}$$

Für die meisten in elektrischen Maschinen verwendeten Eisenwerkstoffe darf man mit guter Annäherung voraussetzen, daß sich der Flächeninhalt der Hystereseschleife proportional zum Quadrat der Induktion B^2 ändert. Daher gilt für eine Maschine mit festem Volumen in guter Näherung

$$V_\mathrm{H} \sim f B^2 \tag{30.2}$$

Das vom Wechselfluß durchsetzte Eisen stellt einen in sich kurzgeschlossenen Stromweg dar, in dem von diesem Fluß eine Spannung U_W erzeugt wird. Sie führt zu Wirbelströmen und somit Wirbelstromverlusten V_W (Wirbelströmung s. Band I). Für diese darf man in einem engen Frequenzbereich einen Wirbelstromwiderstand R_W definieren; dann gilt $V_\mathrm{W} = U_\mathrm{w}^2/R_\mathrm{W}$ oder mit Gl. (18.1)

$$V_\mathrm{W} \sim f^2 B^2 \tag{30.3}$$

Während die Hystereseverluste proportional zur Frequenz f steigen, wachsen die Wirbelstromverluste annähernd mit f^2. Beide Verlustanteile ändern sich außerdem etwa quadratisch mit der Induktion B.

Die Eisenverluste $V_\mathrm{Fe} = V_\mathrm{H} + V_\mathrm{W}$ treten nur in Verbindung mit Wechselflüssen auf, also im Eisenkern von Transformatoren, im Ständer von Wechselstrommaschinen und im Anker der Stromwendermaschinen. Sie sind im Läufer der Induktionsmaschinen meist vernachlässigbar klein. Dagegen hat das mit Gleichstrom erregte Polrad von Synchronmaschinen und das Ständerjoch von Gleichstrommaschinen bei konstanter Erregung keine Eisenverluste.

Die Hystereseverluste können durch zweckmäßige Werkstoffwahl klein gehalten werden. Die Wirbelstromverluste kann man sowohl durch Verminderung der Spannung U_W, bzw. des Flusses je Eisenblech, als auch durch Vergrößern des Widerstandes R_W günstig beeinflussen. Beide Wirkungen erreicht man durch Aufteilung des Eisenkerns in dünne, gegeneinander isolierte Elektrobleche. Durch die Siliziumlegierung dieser Bleche wird zusätzlich der Widerstand R_W vergrößert.

Stromabhängige Verluste. Bei den Transformatoren, Asynchron- und Synchronmaschinen treten in den Wicklungen bei der Strangzahl m und dem betriebswarmen Wicklungswiderstand R_W eines Stranges die vom Strangstrom I_{Str} abhängigen Stromwärmeverluste

$$V_{Cu} = m\,I_{Str}^2\,R_w \tag{31.1}$$

auf. Man unterscheidet hierbei primäre und sekundäre Stromwärmeverluste sowie Ständerkupferverluste V_{Cu1} und Läuferkupferverluste V_{Cu2}, wobei letztere jedoch nur bei den Asynchronmaschinen vorkommen.

Bei der Gleichstrommaschine sind stets mehrere Wicklungen, nämlich Anker-, Wendepol-, Kompensations- oder Reihenschlußwicklungen, in Reihe geschaltet. Sie haben zusammen den Innenwiderstand R_i, so daß mit dem Ankerstrom I_A für die Ankerkupferverluste gilt

$$V_{CuA} = I_A^2\,R_i \tag{31.2}$$

Bei den Stromwender- und Schleifringläufer-Maschinen kommen noch Stromwärmeverluste in den Bürsten und Zuleitungen und die Bürstenübergangsverluste hinzu. Dieser Stromübergang zeigt einen festen, vom Strom I unabhängigen Spannungsabfall, nämlich je Übergangsstelle für Kohle- und Graphitbürsten $U_{Bü} = 1\,V$ und für metallhaltige Kohlebürsten $U_{Bü} = 0{,}3\,V$. Die Übergangsverluste sind daher

$$V_{Bü} = n\,U_{Bü}\,I \tag{31.3}$$

Bei den Schleifringen von Dreiphasen-Asynchronmaschinen ist nur eine Übergangsstelle je Strang (also $n = m = 3$) wirksam; bei den Stromwendermaschinen sind jedoch beide Bürsten (also $n = 2$) zu berücksichtigen.

Lastabhängige Zusatzverluste. Die getroffene Aufteilung der Verluste ist etwas schematisch und berücksichtigt noch nicht alle vorkommenden Verluste. Beispielsweise sind die Eisenverluste nicht völlig lastunabhängig. Es können nämlich sowohl lastabhängige Spannungsabfälle, die die Eisenverluste verkleinern, als auch stromabhängige Streuflüsse, die die Eisenverluste vergrößern, auftreten. Diese machen sich in allen Streupfaden bemerkbar. Dadurch werden auch erhöhte Zahninduktionen und somit Zahnsättigungsverluste verursacht. Bei den Wechselstrommaschinen werden nur die Eisenverluste im Ständer berücksichtigt; ein Drehzahlabfall läßt aber auch die Läuferfrequenz und somit die Läufereisenverluste ansteigen. Daneben treten Eisenverluste auf, die nicht mehr von der Netzfrequenz oder der Ankerfrequenz abhängen. Da der Fluß überwiegend durch die Zähne verläuft und bei großen, offenen Nuten hierdurch eine starke örtliche Induktionsänderung auftritt, wird beispielsweise der Polschuh einer Gleichstrommaschine von einem höherfrequenten Wechselfluß durchsetzt. Obwohl die Polschuhe aus Elektroblechen aufgebaut werden, können wegen der höheren Frequenz große Pulsationsverluste entstehen.

Bei Käfigläufern (s. Abschn. 3.1.2) verursachen außerdem Oberfelder und Läuferquerströme (s. Abschn. 3.2.3.4), die über das Eisen fließen, Läuferzusatzverluste, die einige Prozent der Leistungsaufnahme ausmachen können. In Leitern mit großem Querschnitt treten ferner infolge Stromverdrängung (s. Abschn. 3.3.2.4 und 5.1.1) Zusatzverluste auf.

Auch die Stromwendung kann zu lastabhängigen Stromwendeverlusten führen. Der Ankerstrom muß bei der Stromwendung in der sehr kurzen Zeit, in der ein Stromwendersteg die Bürste überläuft, seine Richtung wechseln (s. Abschn. 6.1.2.3). Bei großen Leiterstabhöhen in schnellaufenden Maschinen macht sich dann infolge des Frequenzspektrums des dabei auftretenden Stromsprungs eine beträchtliche Stromverdrängung bemerkbar; der Strom ist nicht mehr gleichmäßig über den Leiterquerschnitt verteilt, und der wirksame Widerstand steigt. Durch verseilte oder verdrillte Kunststäbe kann man diese Verluste klein halten. Die verschiedenen Anteile der Zusatzverluste V_Z kann man nur mit sehr großem Aufwand berechnen oder messen. Sie werden daher nach VDE 0530 mit einem prozentualen Zuschlag berücksichtigt. Richtwerte für die Nennzusatzverluste V_{ZN} bei Drehzahlverstellung enthält ebenfalls VDE 0530. (Bei Asynchronmaschinen ist z.B. $V_{ZN} = 0{,}005\, P_{2N}$, also 0,5% der Nennleistungsabgabe P_{2N}.) Für andere Belastungen können sie quadratisch mit dem Strom I umgerechnet werden

$$V_Z = V_{ZN}(I/I_N)^2 \qquad (32.1)$$

1.2.3.4 Wirkungsgrad. Für die Wirtschaftlichkeit des Betriebes einer Maschine ist in erster Linie ihr Wirkungsgrad η maßgebend; auf seine genaue Bestimmung muß daher großer Wert gelegt werden. Der Wirkungsgrad

$$\eta = P_2/P_1 \qquad (32.2)$$

ist durch das Verhältnis von abgegebener Leistung P_2 zu aufgenommener Leistung P_1 gegeben. Er stellt also das Verhältnis von Wirkleistungen dar.

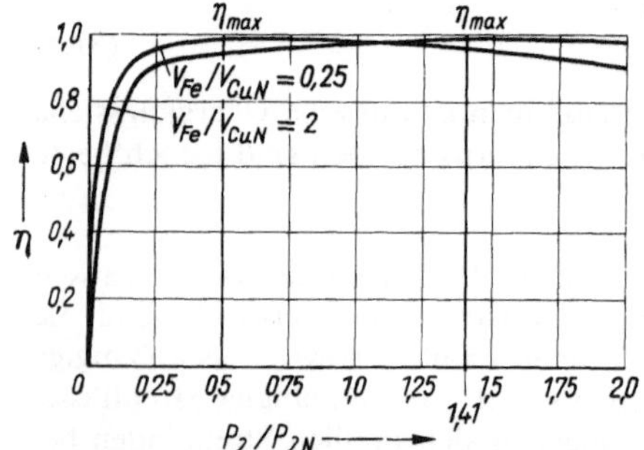

Für den Wirkungsgrad bei verschiedener Belastung gilt allgemein, daß der Wirkungsgrad bei der Leistung seinen Höchstwert erreicht, bei der die lastabhängigen Verluste gerade gleich den lastunabhängigen Verlusten sind. Dieser Zustand ist daher für Nennbetrieb oder den am längsten dauernden Betrieb anzustreben (Bild 32.1).

32.1
Wirkungsgrade zweier Transformatoren mit verschiedenen Verlustverhältnissen V_{Fe}/V_{CuN}

Der Wirkungsgrad kann in einem direkten Verfahren durch Messung von Leistungsaufnahme und Leistungsabgabe bestimmt werden. Bei einem Generator ist die Leistungsaufnahme, bei einem Motor die Leistungsabgabe eine mechanische Leistung. Für die Messung aller drehenden Maschinen eignen sich insbesondere Pendelmaschinen, die das Drehmoment über eine Waage anzeigen. Bei Motoren werden auch alle anderen Arten von Bremsen (Pronyscher Zaun, Wasserbremse, Wirbelstrombremse) angewendet. Die elektrische Leistung wird bei Gleichstrommaschinen aus Strom- und Spannungsmessung, bei den Wechselstrommaschinen mit dem Leistungsmesser bestimmt.

Die direkte Wirkungsgradmessung ist bei allen Maschinen mit $\eta > 0{,}85$ (d.h. bei fast allen Maschinen mit Leistungen über 10 kW) unzweckmäßig, da der Wirkungsgrad dann infolge der Meßfehler zu ungenau bestimmt wird. Für diese Maschinen wird der Wirkungsgrad mit indirekten Verfahren ermittelt. Das wichtigste ist das Einzelverlustverfahren: hier werden die verschiedenen Verluste einzeln für einen bestimmten Betriebszustand ermittelt. Die Gesamtverluste

$$V = V_\mathrm{Fe} + V_\mathrm{R} + V_\mathrm{E} + V_\mathrm{Cu} + V_\mathrm{Bü} + V_\mathrm{Z} \tag{33.1}$$

setzen sich aus den Einzelverlusten nach Abschn. 1.2.3.3 zusammen. Mit $V = P_1 - P_2$ gilt somit für den Wirkungsgrad

$$\eta = \frac{P_2}{P_2 + V} = \frac{P_1 - V}{P_1} = 1 - \frac{V}{P_1} = 1 - \frac{V}{P_2 + V} \tag{33.2}$$

Beispiel 8: Das Leistungsschild eines Gleichstrom-Nebenschlußmotors enthält folgende Angaben: 30 kW, 220 V, 151 A, 1450 min^{-1} (Schaltbild **141**.1a). Der Ankerkreiswiderstand R_i und der Erregerwicklungswiderstand R_E sind überschläglich zu bestimmen.

Für eine überschlägliche Betrachtung dürfen die Übergangsverluste $V_\mathrm{Bü}$ und die Zusatzverluste V_Z vernachlässigt werden. Bei üblichen Gleichstrom-Nebenschlußmaschinen teilen sich außerdem die übrigen Verluste in guter Annäherung im Verhältnis $V_\mathrm{Fe} : V_\mathrm{R} : V_\mathrm{E} : V_\mathrm{CuAN} \approx 1 : 1 : 1 : 3$ auf, d.h., stromunabhängige und Erregerverluste sind bei Nennlast etwa ebenso groß wie die stromabhängigen Verluste. Mit der Nennspannung $U_\mathrm{N} = 220$ V und dem Nennstrom $I_\mathrm{N} = 151$ A beträgt die Nennleistungsaufnahme $P_\mathrm{1N} = U_\mathrm{N} I_\mathrm{N} = 220$ V $\cdot$ 151 A $= 33200$ W. Das entspricht dem Wirkungsgrad $\eta = P_\mathrm{2N}/P_\mathrm{1N} = 30$ kW/33,2 kW $= 0{,}904$, und man erhält die Nennverluste $V_\mathrm{N} = P_\mathrm{1N} - P_\mathrm{2N} = 33{,}2$ kW $- 30$ kW $= 3{,}2$ kW. Daher ergeben sich entsprechend den oben angegebenen Erfahrungswerten die Erregerverluste $V_\mathrm{E} \approx V_\mathrm{N}/6 = 3200$ W/6 $= 533$ W, der Erregerstrom $I_\mathrm{E} = V_\mathrm{E}/U_\mathrm{N} \approx 533$ W/220 V $= 2{,}42$ A und der Widerstand der Erregerwicklung $R_\mathrm{E} = U_\mathrm{E}/I_\mathrm{E} \approx 220$ V/2,42 A $= 91\ \Omega$.

Der Ankernennstrom $I_\mathrm{AN} = I_\mathrm{N} - I_\mathrm{E} \approx 151$ A $- 2{,}4$ A $= 148{,}6$ A ist um den Erregerstrom I_E kleiner als der Nennstrom I_N. Er verursacht im Ankerkreis die Ankerkupferverluste $V_\mathrm{CuAN} \approx V_\mathrm{N}/2 = 3200$ W/2 $= 1600$ W. Nach Gl. (31.2) wird dann der Ankerkreiswiderstand $R_\mathrm{i} = V_\mathrm{CuAN}/I_\mathrm{AN}^2 \approx 1600$ W/$(149^2\ \mathrm{A}^2) = 0{,}072\ \Omega$.

Die auf diese Weise berechneten Widerstände R_E und R_i können für den Entwurf von Anlasser und Feldsteller sowie für die überschlägliche Berechnung der Leerlaufdrehzahl verwendet werden, wenn genaue Angaben fehlen.

1.2.4 Umformer

Um die elektrische Energie günstig verteilen oder anwenden zu können, soll häufig elektrische Energie einer Erscheinungsform in eine andere umgeformt werden. Mit dem Transformator kann man bei gleicher Leistung große Ströme in kleine und umgekehrt umwandeln. Daneben muß Wechselstrom in Gleichstrom oder umgekehrt umgeformt werden.

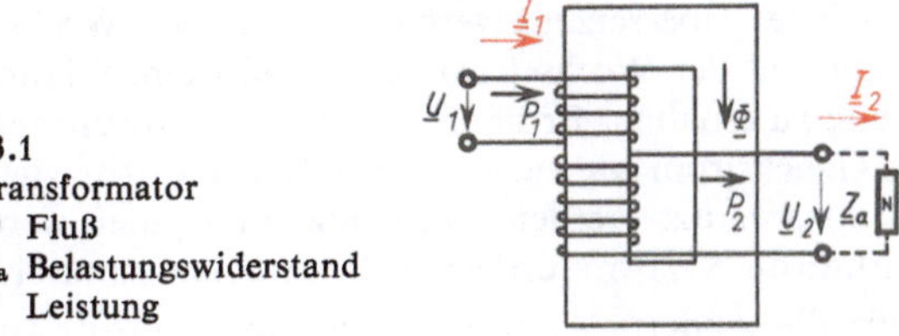

33.1
Transformator
Φ Fluß
Z_a Belastungswiderstand
P Leistung

1.2.4.1 Transformator. Bild **33**.1 zeigt Aufbau und Schaltung eines einfachen Transformators. Seine Wirkungsweise ist in Band I ausführlich erläutert. Wir wollen von den dort gefundenen Ergebnissen ausgehen. Wenn alle zur Primärspule gehörenden Größen

den Index 1 und die zur Sekundärspule zählenden Größen den Index 2 erhalten, gilt für
die Leistungen

$$P_1 \approx P_2 \tag{34.1}$$

und für die Spannungen und Ströme

$$U_1/U_2 \approx I_2/I_1 \approx N_1/N_2 \tag{34.2}$$

Die aufgenommene Leistung P_1 wird daher, abgesehen von den Verlusten V, als abzugebende Leistung P_2 auf die Sekundärseite übertragen. Die Spannungen U verhalten sich
angenähert wie die zugehörigen Windungszahlen N, die Ströme I jedoch umgekehrt. Die
Spannung wird zur größeren Windungszahl herauf- und der Strom herabtransformiert.

1.2.4.2 Umformer mit drehenden Teilen. Während für die Umformung von Wechselstrom
in Wechselstrom gleicher Frequenz, jedoch anderer Spannung mit dem Transformator
eine einfache ruhende Anordnung zur Verfügung steht, erfordern Umformungen von
Gleichspannung in Gleichspannung anderer Höhe oder von Gleichstrom in Wechselstrom und umgekehrt oder gar Frequenzänderungen einen wesentlich höheren Aufwand.

An sich ist jede Umformung in einfacher Weise durch einen Maschinensatz möglich, der
aus einem Motor für die vorhandene Stromart, Spannung und Frequenz sowie einem
mit ihm gekuppelten Generator für die gewünschte Stromart, Spannung und Frequenz
besteht. Für einen derartigen Motorgenerator können listenmäßige Einheiten in einfacher und betriebssicherer Weise zusammengebaut werden. Der Motorgenerator wird
daher für rauhe Betriebe und kleine Maschinensätze gelegentlich gewählt, ist aber wenig
wirtschaftlich, da die gesamte elektrische Leistung zunächst in mechanische umgeformt
werden muß.

Um den Wirkungsgrad zu erhöhen und die Kosten klein zu halten, war man daher bestrebt, die Umformung in einer Maschine vorzunehmen und somit für die magnetischen Flüsse und die Ströme von Motor und Generator dieselben Pfade
zu benutzen. So kam man zu einer Reihe von bemerkenswerten Lösungen [1], [26]; allerdings haben nur wenige heute noch wirtschaftliche Bedeutung.

Gleichstrom kann man in einer Maschine in Gleichstrom anderer Spannung umformen,
wenn der Anker zwei Wicklungen mit getrennten Stromwendern erhält. Wechselstrom
wird im Einankerumformer [1], [26] in Gleichstrom umgewandelt. Hierfür benötigt
man nur eine Ankerwicklung mit einem normalen Stromwender. Der Drehstrom wird
dieser Wicklung über drei Schleifringe zugeführt. Der Ständer ist genauso wie bei der
Gleichstrommaschine aufgebaut. Daher läuft der Einankerumformer synchron. Er hat
ein festes Übersetzungsverhältnis zwischen Wechsel- und Gleichspannung und benötigt
somit auf der Wechselstromseite meist einen Transformator, um die gewünschte Spannung zu erhalten. Er kann sowohl als Gleichrichter zur Umwandlung von Wechsel-
in Gleichstrom wie auch als Wechselrichter zur Umformung von Gleich- in Wechselstrom benutzt werden. Maschinenumformer werden jedoch heute weitgehend durch
ruhende Stromrichter, z.B. Halbleiterumrichter, ersetzt.

Für die Änderung der Frequenz im Periodenumformer werden auch heute noch
Maschinenumformer verwendet. Die gewünschte Frequenz kann man z.B. dem Sekundärkreis einer Asynchronmaschine entnehmen (s. Abschn. 1.6.3). Daneben gibt es Maschinensätze, die aus Gleichstrommotor und Synchrongenerator bestehen. Feste Frequenzen höherer Periodenzahl (200 bis 10000 Hz) werden für hochtourige Antriebe und

die induktive Elektrowärmetechnik benötigt. Sie werden in Mittelfrequenzgeneratoren erzeugt. Für Frequenzänderungen werden heute jedoch meist Frequenzumrichter mit Thyristoren (s. Abschn. 3.3.3.2) eingesetzt.

1.3 Magnetisches Feld elektrischer Maschinen

Um die in den elektrischen Maschinen wünschenswerten Wirkungen zu erzielen, muß der günstigen Ausbildung der magnetischen Felder besondere Aufmerksamkeit gewidmet werden. Wir betrachten daher nun zunächst die Unterschiede von Gleichstrom- und Wechselstromerregung und ihre Auswirkungen auf den Elektromagneten und die beim Ein- und Ausschalten auftretenden Übergangszustände. Anschließend soll die Feldverteilung und der Einfluß der Polzahl untersucht, und es sollen Nutz- und Streufluß sowie die Ankerrückwirkung behandelt werden.

1.3.1 Erregung des Magnetfeldes

Nach Abschn. 1.1.1.1 ist jeder Strom i mit einem magnetischen Feld verbunden. Der magnetische Fluß Φ_t wird hierbei nach Gl. (4.4) ganz allgemein bei der Windungszahl N durch die Durchflutung $\Theta_t = iN$ nach Gl. (3.4) und den magnetischen Leitwert $\Lambda = \mu A/l$ nach Gl. (4.5) bestimmt. Wenn der magnetische Kreis weitgehend aus nicht gesättigtem Eisen aufgebaut, ein größerer Luftspalt δ vorhanden ist und vorausgesetzt wird, daß der Fluß den Luftspaltquerschnitt A_L voll durchsetzt, kann man den magnetischen Widerstand des Eisens vernachlässigen und annehmen, daß der magnetische Leitwert $\Lambda_L = \mu_0 A_L/\delta$ durch die Permeabilität der Luft μ_0, den Luftspaltquerschnitt A_L und die Luftspaltlänge δ festgelegt wird.

1.3.1.1 Gleichstromerregung. Wenn die Erregerspulen eines magnetischen Kreises an die Gleichspannung U angeschlossen werden, bestimmen nach dem Ohmschen Gesetz Spannung U und Spulenwiderstand R den Strom $I = U/R$. Daher gilt mit Gl. (4.4) und den getroffenen Voraussetzungen für den magnetischen Fluß

$$\Phi = \Lambda\Theta = IN\mu_0 A_L/\delta = \frac{N\mu_0 A_L}{R} \cdot \frac{U}{\delta} \tag{35.1}$$

Bei Gleichstrommagneten mit vorgegebenen Abmessungen kann daher der Fluß Φ sowohl durch die Klemmenspannung U als auch durch die Luftspaltlänge δ beeinflußt werden. Er ist weiterhin abhängig von den Abmessungen des Magnetkreises und der Erregerspulen.

1.3.1.2 Wechselstromerregung. Wenn die Spulen eines Elektromagneten an sinusförmige Wechselspannung $u = \sqrt{2}U\sin(\omega t)$ gelegt werden, tritt außer dem Wirkwiderstand R

35.1
Wechselstromerregung des Elektromagneten
a) Ersatzschaltung
b) Zeigerdiagramm

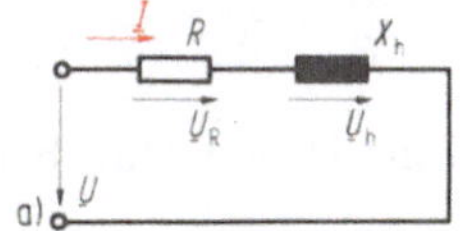

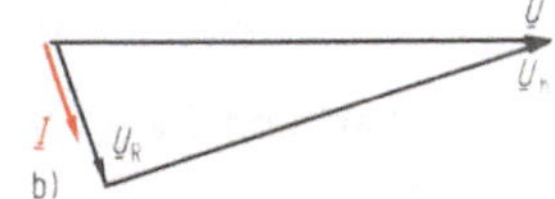

noch der Blindwiderstand $X = \omega L$ auf. Meist ist $R \ll X$; dann gilt das Zeigerdiagramm in Bild **35.**1b, und man darf unter Anwendung von Gl. (18.1) mit ausreichender Genauigkeit $U_\mathrm{h} = U = 4,44 f N \Phi$ setzen. Man erhält also für den Scheitelwert des Flusses

$$\Phi = \frac{U}{4,44 f N} \tag{36.1}$$

Bei Wechselstromerregung ist daher der induzierte Fluß nur von der anliegenden Wechselspannung U, der zugehörigen Frequenz f und der Windungszahl N abhängig. Er kann dagegen nicht durch die Luftspaltlänge δ und die übrigen Abmessungen verändert werden.

Das Ohmsche Gesetz $\Phi = \Lambda \Theta$ bleibt weiterhin gültig. Daher wird bei Beachtung des Scheitelwertes $i_\mathrm{m} = \sqrt{2} I$ aus Gl. (35.1) der Fluß

$$\Phi = \frac{\sqrt{2} I N \mu_0 A_\mathrm{L}}{\delta} = \frac{U}{4,44 f N}$$

und man erhält den Strom

$$I = \frac{U \delta}{\sqrt{2} \cdot 4,44 \, \mu_0 N^2 f A_\mathrm{L}} = \frac{U}{\omega L} \tag{36.2}$$

bei der Induktivität $L = N^2 \mu_0 A_\mathrm{L}/\delta$. Während bei Gleichstromerregung der Erregerstrom I unabhängig von den Abmessungen des Magnetkreises ist, wird er bei Wechselstrom wesentlich durch den magnetischen Widerstand R_m bestimmt. Das unterschiedliche Verhalten verlangt also abweichende Spulenauslegungen für Gleich- und Wechselstrom. Tafel **36.**1 zeigt einen Vergleich dieser Erregungsarten.

Tafel **36.**1 Abhängigkeit des Flusses Φ, der Induktion B und des Magnetisierungsstroms I von Spannung U, magnetischem Widerstand R_m, Luftspaltlänge δ und Frequenz f für Gleichstrom- und Wechselstromerregung

Erregung mit	Gleichstrom	Wechselstrom
Φ, B	$\sim U$, $1/R_\mathrm{m}$, $1/\delta$	$\sim U$, $1/f$
I	$\sim U$	$\sim U$, R_m, δ

1.3.1.3 Elektromagnet. Die Unterschiede in der Erregungsart (Gleich- oder Wechselstrom) können besonders deutlich bei einem Elektromagneten dargestellt werden. Mit dem Querschnitt A_L und der Induktion B_L im Luftspalt sowie der Induktionskonstante μ_0 gilt allgemein nach Band I, Abschn. Anziehung von Eisen für die **Zugkraft**

$$F = A_\mathrm{L} B_\mathrm{L}^2/(2 \mu_0) \tag{36.3}$$

Aus Gl. (35.1) erhält man somit für **Gleichstromerregung** die **Induktion im Luftspalt**

$$B_\mathrm{L} = \frac{\Phi}{A_\mathrm{L}} = \frac{I N \mu_0}{\delta} = \frac{\mu_0 N}{R} \cdot \frac{U}{\delta}$$

Veränderbar sind i. allg. Spannung U und Hub bzw. Luftspaltlänge δ, so daß für die **Zugkraft**

$$F \sim (U/\delta)^2 \tag{37.1}$$

gilt. Die zugehörigen **Zugkraftkennlinien** sind in Bild **37**.1 dargestellt.

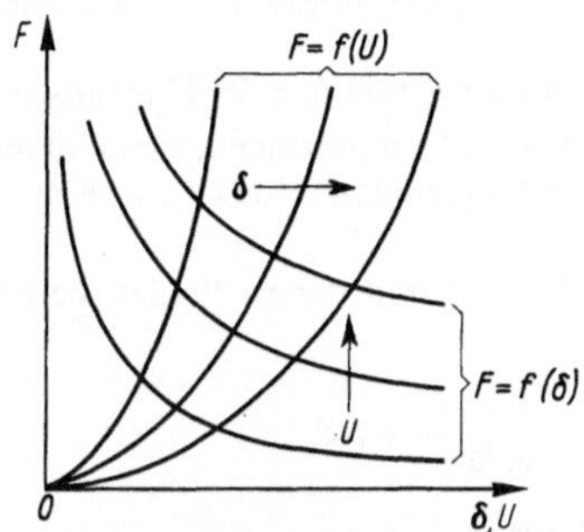

37.1 Zugkraftkennlinien von Elektromagneten bei Gleichstromerregung für verschiedene Luft-
spaltlängen δ und Spannungen
U

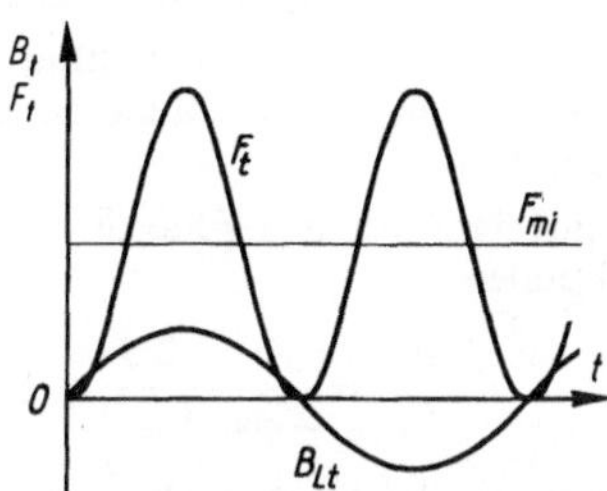

37.2 Zugkraftkurven bei Wechselstromerregung
B_{Lt} Luftspaltinduktion

Für Wechselstrom erhält man wegen $B_t \sim i_t$ die sinusförmig sich ändernde Induktion $B_{Lt} = B_L \sin(\omega t)$. Dann schwingt die Zugkraft F_t nach Bild **37**.2 mit der doppelten Frequenz der Induktion B_{Lt} zwischen Null und dem Scheitelwert. Der Mittelwert F_{mi} ist jedoch bei Wechselstromerregung gleich der konstanten Zugkraft bei Gleichstromerregung, wenn der Effektivwert des Wechselstroms bei derselben Wicklung ebenso groß wie bei Gleichstrom ist. Für den **Mittelwert** gilt

$$F_{mi} \sim U^2 \tag{37.2}$$

Somit entspricht der Verlauf $F_{mi} = f(U)$ den Kennlinien für Gleichstromerregung in Bild **37**.1. Bei Wechselstromerregung ist allerdings die Zugkraft unabhängig vom Luftspalt δ und somit vom Hub[1]).

Die **Zugkraftschwankungen** bei **Wechselstromerregung** nach Bild **37**.2 verursachen bei angezogenem Anker ein lästiges „Schnarren" des Magneten. Wechselstrommagnete erhalten daher Kurzschlußringe, die in die Polflächen eingelassen werden und etwa die Hälfte bis Zweidrittel

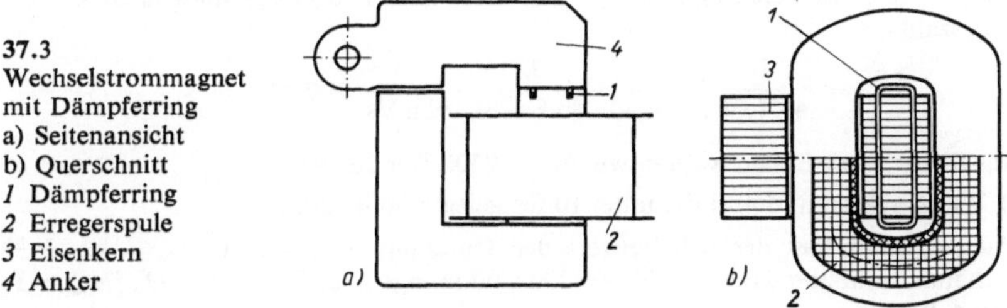

37.3
Wechselstrommagnet
mit Dämpferring
a) Seitenansicht
b) Querschnitt
1 Dämpferring
2 Erregerspule
3 Eisenkern
4 Anker

---

[1]) Die hier getroffenen Vernachlässigungen gelten strenggenommen nur für wenige, schwach gesättigte Magnetkreise. Auch Streuung sowie Ausführung von Anker und Magnetkern beeinflussen die Zugkraft-Kennlinien. Man kann sie darüber hinaus durch Varianten des mechanischen Aufbaus beeinflussen.

der Polflächen umfassen (Bild **37**.3). Durch diese **Dämpferringe**, die als Sekundärwicklungen zur eigentlichen Erregerwicklung wirken, wird der Wechselstrommagnet im angezogenen Zustand zum Transformator (s. Abschn. 2). Da die Ströme der beiden Wicklungen phasenverschoben sind, sinkt die Haltekraft nicht mehr auf Null ab, und das Schnarrgeräusch wird verhindert.

Beispiel 9: Der Doppel-M-Magnet in Bild **5**.2 soll die Zugkraft $F = 90$ N ausüben.

a) Welche Gleichstrom-Durchflutung ist am Mittelschenkel aufzubringen, wenn im mittleren Luftspalt 95% und an den äußeren Luftspalten 80% des erzeugten Flusses zur Kraftwirkung beitragen?

Es gilt dann für den Fluß $\Phi = B_i A_i/0{,}95 = B_a \cdot 2 A_a/0{,}8$ und daher für das Verhältnis der Induktionen

$$\frac{B_a}{B_i} = \frac{A_i}{2\,A_a} \cdot \frac{0{,}8}{0{,}95} = \frac{0{,}03\,\text{m} \cdot 0{,}02\,\text{m}}{2 \cdot 0{,}01\,\text{m} \cdot 0{,}02\,\text{m}} \cdot \frac{0{,}8}{0{,}95} = 1{,}262$$

Daher errechnet sich nach Gl. (36.3) die Zugkraft aus

$$F = \frac{1}{2\mu_0}\,(A_i B_i^2 + 2 A_a B_a^2) = \frac{B_i^2}{2\mu_0}\,(A_i + 2 \cdot 1{,}262^2\,A_a)$$

bzw. man findet für die Induktion im mittleren Luftspalt bei Gleichstromerregung

$$B_{i\_} = \sqrt{2\,\mu_0\,F/(A_i + 2 \cdot 1{,}262^2\,A_a)}$$

$$= \sqrt{\frac{(2 \cdot 1{,}256 \cdot 10^{-6}\,\text{Tm/A})\,90\,\text{N}}{0{,}03\,\text{m} \cdot 0{,}02\,\text{m} + 2 \cdot 0{,}01\,\text{m} \cdot 0{,}02\,\text{m} \cdot 1{,}262^2}} = 0{,}428\,\text{T}$$

und im äußeren Luftspalt $B_{a\_} = 1{,}262\,B_i = 1{,}262 \cdot 0{,}428$ T $= 0{,}54$ T. Nach Gl. (4.2) und (2.2) haben wir daher die Gleichstromdurchflutung

$$\Theta_\_ = (B_{i\_}\,\delta_i + B_{a\_}\,\delta_a)/\mu_0 = (0{,}428\,\text{T} \cdot 0{,}005\,\text{m} + 0{,}54\,\text{T} \cdot 0{,}004\,\text{m})/(1{,}256\,\mu\text{Tm/A}) =$$
$$= 3430\,\text{A}$$

aufzubringen.

b) Welche Windungszahl N muß eine Spule für Anschluß an Wechselspannung $U = 220$ V bei der Frequenz $f = 50$ Hz zur Erzielung der mittleren Zugkraft $F_{mi} = 90$ N bekommen?

Die mittlere Zugkraft F_{mi} verlangt nach Bild **37**.2 den Scheitelwert $F_m = 2 F_{mi} = 2 \cdot 90$ N $= 180$ N und daher nach a) den Scheitelwert der Induktion im mittleren Luftspalt $B_{i\sim} = \sqrt{2}B_{i\_} = \sqrt{2} \cdot 0{,}428$ T $= 0{,}606$ T bzw. nach Gl. (3.2) den zu erzeugenden Fluß $\Phi_\sim = B_{i\sim} A_i/0{,}95 = 0{,}606$ T $\cdot 0{,}03$ m $\cdot 0{,}02$ m$/0{,}95 = 0{,}383$ mVs. Daher benötigt man nach Gl. (18.1) die Windungszahl

$$N_\sim = \frac{U}{4{,}44\,f\Phi} = \frac{220\,\text{V}}{4{,}44 \cdot 50\,\text{Hz} \cdot 0{,}383\,\text{mVs}} = 2590$$

Aus Sicherheitsgründen wählen wir $N_\sim = 2300$ Windungen.

c) Welchen Strom nimmt die unter b) festgelegte Spule auf?

Nach a) muß hier der Scheitelwert der Durchflutung $\Theta_m = \sqrt{2}\Theta_\sim = \sqrt{2} \cdot 3430$ A $= 4850$ A vorhanden sein und daher bei $N_\sim = 2300$ Windungen der Strom $I = \Theta_\sim/N_\sim = 3430$ A$/2300 = 1{,}49$ A fließen.

Wenn wir voraussetzen, daß auf allen Seiten der Spule 2 mm für Isolation und Einbauraum verloren gehen, steht nach Bild **5**.2a für die Spule der Querschnitt $A_{Sp} = 26$ mm $\times$ 72 mm zur Verfügung, für eine Windung daher das Quadrat $A_{w\sim} = 26$ mm $\cdot$ 72 mm$/2300 = 0{,}815$ mm^2, in dem ein runder Kupferdraht mit dem Durchmesser $d_0 = 0{,}95$ mm und dem Querschnitt $A_{Cu\sim} = 0{,}708$ mm^2 einschließlich Isolation untergebracht werden kann. Dann ist der mittlere

Windungsdurchmesser $l_\mathrm{m} = 0,22$ m, und es ergibt sich bei betriebswarmer (75 °C) Spule mit der Leitfähigkeit $\gamma = 46,8$ m/($\Omega\,\mathrm{mm}^2$) der Spulenwiderstand

$$R_{\mathrm{Sp}\sim} = \frac{N_\sim l_\mathrm{m}}{A_{\mathrm{Cu}\sim}\gamma} = \frac{2300 \cdot 0,22\,\mathrm{m}}{0,708\,\mathrm{mm}^2 \cdot 46,8\,\mathrm{m}/(\Omega\,\mathrm{mm}^2)} = 15,3\,\Omega$$

Die Induktivität der Spule beträgt $L = N^2 \Phi_\sim/\Theta_\sim = 2300^2 \cdot 0,383$ mVs/4850 A $= 0,417$ H und mit der Kreisfrequenz $\omega = 2\pi f = 2\pi \cdot 50$ Hz $= 314$ s^{-1}, ihr Blindwiderstand $X = \omega L = 314$ s$^{-1} \cdot 0,417$ H $= 131\,\Omega$, so daß sich der Scheinwiderstand

$$Z = \sqrt{R^2 + X^2} = \sqrt{15,3^2 + 131^2}\,\Omega = 132\,\Omega$$

und der Strom $I_\sim = U/Z = 220$ V/132 $\Omega = 1,67$ A ergibt. Er ist wegen der kleiner gewählten Windungszahl größer als erforderlich. Die Stromdichte $S = I_\sim/A_{\mathrm{Cu}\sim} = 1,67$ A/0,708 mm$^2 =$ 2,36 A/mm^2 verursacht auch im Dauerbetrieb keine unzulässig große Erwärmung.

d) Es soll noch der für Anschluß an die Gleichspannung $U = 220$ V erforderliche Vorwiderstand R_V und eine geeignete Spule berechnet werden.

Wenn auch bei Gleichstromerregung der Strom $I = 1,67$ A fließen soll, benötigt man den Gesamtwiderstand $R_\mathrm{V} + R_{\mathrm{Sp}} = Z$, so daß der Vorwiderstand $R_\mathrm{V} = Z - R_{\mathrm{Sp}} = 132\,\Omega - 15,3\,\Omega =$ 116,7 Ω vorzusehen wäre. Er hat die Verluste $I^2 R_\mathrm{V} = 1,67^2 \mathrm{A}^2 \cdot 116,7\,\Omega = 324$ W, die daher um den Faktor $R_\mathrm{V}/R_{\mathrm{Sp}} = 116,7\,\Omega/15,3\,\Omega = 7,6$ größer sind als die Kupferverluste bei Wechselstromerregung. Ein solcher Betrieb ist daher nur in Sonderfällen zu empfehlen; im Normalfall gibt es für Gleich- und Wechselstromerregung eigene Spulensätze.

Nach Band I, Abschn. Berechnung der Erregerwicklung können wir diese Gleichstromspule bestimmen, wobei wir mit der aus Sicherheit gewählten (etwa 10% größeren) Gleichstromdurchflutung $\Theta_- = 3700$ A den erforderlichen Drahtquerschnitt

$$A_{\mathrm{Cu}-} = \frac{\Theta_- l_\mathrm{m}}{U\gamma} = \frac{3700\,\mathrm{A} \cdot 0,22\,\mathrm{m}}{220\,\mathrm{V} \cdot 46,8\,\mathrm{m}/(\Omega\,\mathrm{mm}^2)} = 0,079\,\mathrm{mm}^2$$

also den Drahtdurchmesser $d_{0-} = 0,318$ mm erhalten. Wir wählen $d_{0-} = 0,32$ mm und müssen dann bei der Stromdichte $S = 2,36$ A/mm^2 wie unter c) den Strom $I_- = A_{\mathrm{Cu}-}S = 0,08$ mm$^2 \cdot$ 2,36 A/mm$^2 = 0,189$ A zum Fließen bringen. Für die gewünschte Durchflutung benötigt man daher die Windungszahl $N_- = \Theta_-/I_- = 3700$ A/0,189 A $= 19\,600$. Diese Spule hat den Widerstand

$$R_{\mathrm{Sp}-} = \frac{N_- l_\mathrm{m}}{A_{\mathrm{Cu}-}\gamma} = \frac{19\,600 \cdot 0,22\,\mathrm{m}}{0,08\,\mathrm{mm}^2 \cdot 46,8\,\mathrm{m}/(\Omega\,\mathrm{mm}^2)} = 1152\,\Omega$$

so daß tatsächlich der Strom $I_- = U/R_{\mathrm{Sp}-} = 220$ V/1152 $\Omega = 0,191$ A fließt.

1.3.1.4 Schaltvorgänge. Bei den bisherigen Betrachtungen waren die Ein- und Ausschaltvorgänge noch vernachlässigt worden. Jeder Schaltvorgang bedeutet aber eine Stromänderung, so daß nach dem Induktionsgesetz eine Selbstinduktionsspannung $u_\mathrm{q} = L\,\mathrm{d}i/\mathrm{d}t$ entsteht, die jeder sprunghaften Stromänderung entgegenwirkt. Wird daher an eine Wicklung mit der gleichbleibenden Induktivität L und dem Wirkwiderstand R die konstante Gleichspannung U gelegt, so folgt nach Band I, Abschn. Schaltvorgänge, der Strom i der Exponentialfunktion

$$i = \frac{U}{R}\,(1 - \mathrm{e}^{-t/\tau}) \tag{39.1}$$

Sie hat die Zeitkonstante $\tau = L/R$ (Bild **40.1**).

Die Induktivität L verhindert also einen schnelleren Stromanstieg, wie er, z.B. für Regelungsvorgänge, häufig erwünscht wäre. Sie ist nach Gl. (7.3) durch die Windungszahl N zu beeinflussen. Es hat allerdings keinen Sinn, die Wicklung mit einer anderen Windungszahl unter Beibehaltung des Wicklungsraums zu versehen und sie dann an eine entsprechend veränderte Spannung zu legen, da sich der Wirkwiderstand R ebenso wie die Induktivität L mit dem Quadrat der Windungszahl N^2 ändert; man muß vielmehr durch einen Vorwiderstand den Wirkanteil vergrößern und dabei höhere Verluste in Kauf nehmen (Schnellerregung).

Infolge des eisengeschlossenen Magnetkreises der elektrischen Maschinen ist der zunächst betrachtete Idealfall konstanter Induktivität selten. Meist ändert sich diese entsprechend Bild **7.**1 mit dem Strom i. Dann folgt der Stromanstieg nicht mehr genau der Exponentialfunktion, sondern z.B. der gestrichelten Kurve in Bild **40.**1. Auch Wirbel-

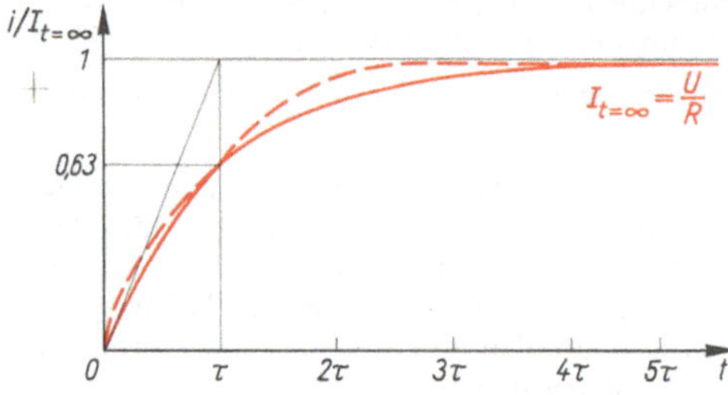

40.1
Stromverlauf $i = f(t)$ beim Einschalten eines induktiven Kreises an Gleichspannung bei konstanter (——) und veränderlicher (–––) Induktivität L

ströme in massiven Eisenteilen können den Stromanstieg beeinflussen. Für einen solchen Verlauf gibt es im mathematischen Sinn keine „Zeitkonstante" mehr; trotzdem gibt man, in Übereinstimmung mit der einfachen Exponentialfunktion, für τ die Zeit an, bei der 63% des Endwerts erreicht werden.

Beim Einschalten von Wechselspannung haben wir nach Band I, Abschn. Schaltvorgänge, noch den Schaltaugenblick zu beachten. Günstig ist das Einschalten im Spannungsmaximum nach Bild **41.**1a. Die ungünstigsten Verhältnisse ergeben sich, wenn, bezogen auf den Dauervorgang, etwa im Nulldurchgang der Spannung eingeschaltet wird. Entsprechend dem stationären Zustand müßten dann sofort ein negativer Strom- und Flußhöchstwert vorhanden sein. Ein solcher Sprung des Flusses von $\Phi_t = 0$ auf $\Phi_t = \Phi$ ist aber nicht möglich, da sich ein Energiezustand nicht sprungartig zu ändern vermag. Da weiterhin das Induktionsgesetz erfüllt sein muß, verläuft der Fluß nun entsprechend Bild **41.**1b als Wellenfluß nur im Bereich positiver Werte, und man erhält für den stets proportionalen Strom

$$i = \sqrt{2}\,I(e^{-t/\tau} - \cos\omega t) = i_- + i_\sim \tag{40.1}$$

Diesen ungünstigen Fall kann man sich auch entstanden denken durch eine Überlagerung des normalen Wechselstroms $i_\sim$ mit dem Gleichstrom i_- vom Betrage der Amplitude des normalen Wechselstroms, der nach Gl. (40.1) mit der Zeitkonstante $\tau = L/R$ abklingt. Er kann eine Stromspitze bis zum doppelten Wert der normalen Stromamplitude verursachen. Diese Betrachtung ist z.B. wichtig für alle Stoßkurzschlußströme (s. Abschn. 2.2.2.3 und 5.2.2.2).

Wenn der Eisenkreis Sättigungserscheinungen aufweist, sind Magnetisierungsstrom i und Fluß Φ_t nicht mehr linear proportional, vielmehr muß der Strom für die größeren Flußwerte stärker ansteigen (Verzerrung der Stromkurve s. Band I). Das zeigt Bild **41.**1c für den Dauerzustand und den hiermit gleichwertigen Einschaltvorgang beim

Spannungsmaximum. Beim Einschalten im Nulldurchgang muß der Fluß nach Bild **41**.1 d wieder nach der Funktion $\Phi_t = \Phi(1 - \cos\omega t)$ ansteigen. Er erreicht bei Vernachlässigung aller Wirkwiderstände die doppelte Normalamplitude, für die aber jetzt ein Vielfaches der normalen Stromamplitude benötigt wird, wenn der Eisenkreis im Dauerzustand bereits normal gesättigt ist. Die Remanenz, die besonders in Eisenkreisen ohne Luftspalt große Restinduktionen bedingt, vermag darüber hinaus den Fluß und somit auch den Einschaltstromstoß noch weiter zu erhöhen (s. Abschn. 2.2.1.2). Auch bei diesem Vorgang bewirken die Wirkwiderstände ein Abklingen der Einschaltstromspitzen und ein Einschwingen in den Dauerzustand, ähnlich wie dies Bild **41**.2 für den Kurzschlußfall zeigt. Solche Erscheinungen treten in allen gesättigten Eisenkreisen auf. Sie werden auch als Rush-Effekt bezeichnet.

41.1
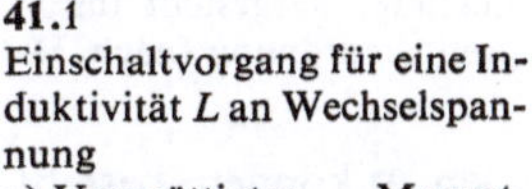
Einschaltvorgang für eine Induktivität L an Wechselspannung
a) Ungesättigter Magnetkreis, eingeschaltet im Spannungsmaximum
b) ungesättigter Magnetkreis, eingeschaltet im Spannungsnulldurchgang
c) gesättigter Magnetkreis, eingeschaltet im Spannungsmaximum
d) gesättigter Magnetkreis, eingeschaltet im Spannungsnulldurchgang

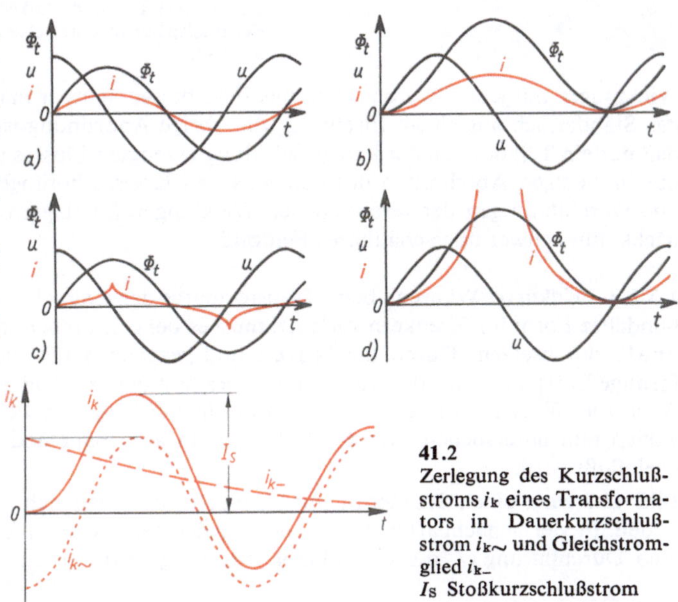

41.2
Zerlegung des Kurzschlußstroms i_k eines Transformators in Dauerkurzschlußstrom $i_{k\sim}$ und Gleichstromglied i_{k-}
I_S Stoßkurzschlußstrom

Beim Abschalten induktiver Kreise können nach Gl. (7.1) ebenfalls hohe Spannungen durch Selbstinduktion entstehen. Sie werden wesentlich durch den Schalter und den in ihm entstehenden Lichtbogen beeinflußt. Diese Vorgänge sind daher rechnerisch nur schwer zu erfassen. Um zu hohe Spannungen, die die Wicklungsisolation beanspruchen und u. U. beeinträchtigen, zu vermeiden, sollte man Schalter mit zu großer Abschaltgeschwindigkeit bei großen Induktivitäten nicht einsetzen und kurz vor dem Abschalten Schutzwiderstände parallel zu den Induktivitäten legen. Über diese Parallelwiderstände können dann die Ströme nach einer Exponentialfunktion abklingen.

1.3.2 Feldverteilung in elektrischen Maschinen

Das magnetische Feld verläuft in den elektrischen Maschinen nicht überall so, wie das für eine optimale Wirkung erwünscht ist. Bild **42**.1 zeigt ein durch Eisenfeilspäne dargestelltes Feldbild einer einfachen Gleichstrommaschine, deren Felder durch zwei

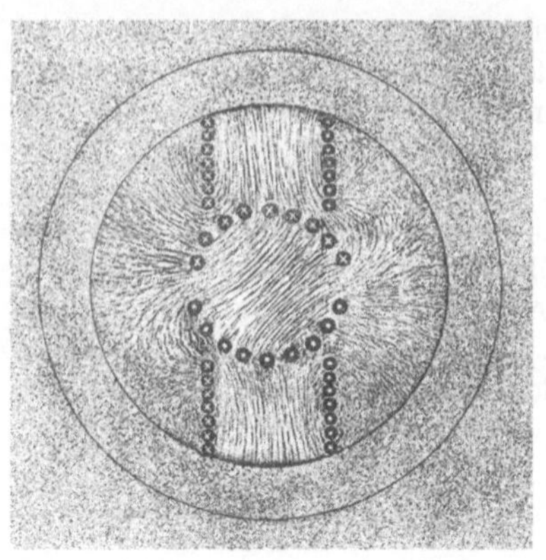

42.1
Magnetisches Feld einer Gleichstrommaschine, erzeugt durch Erreger- und Ankerwicklung, dargestellt durch Eisenfeilspäne in einer eisenlosen Anordnung (nach M. Stöckl)

Wicklungen aufgebaut werden. Um das Feld besser sichtbar machen zu können, besteht das Ständerjoch aus einem Eisenring; die übrige Anordnung ist eisenlos. Man erkennt, daß nur ein Teil des von der Erregerwicklung erzeugten Flusses in den Anker eintritt und nur in wenigen Abschnitten des magnetischen Kreises homogene Felder vorherrschen. Die Durchflutungen der verschiedenen Wicklungen überlagern sich und liefern ein zunächst nur schwer überschaubares Feldbild.

1.3.2.1 Feldkurve. Während beim Transformator das magnetische Feld weitgehend in gebündelter Form im Eisenkern verläuft, muß es bei den drehenden Maschinen den Luftspalt durchsetzen. Durch die Nuten und gegebenenfalls auch noch durch ungleichförmige Luftspalte wird die Ausbildung eines homogenen Feldes im Luftspalt verhindert. Auch die Wicklungsverteilung kann ein inhomogenes Feld entstehen lassen. Wir wollen nun untersuchen, wie das Luftspaltfeld aufgebaut und von welchen Größen es beeinflußt wird.

Bild **42.**2 zeigt einen Ständer St mit 12 Nuten, in denen sich Erregerwicklungen W befinden. In vier benachbarten Nuten sollen gleich gerichtete Ströme I fließen. Sie erzeugen eine Durchflutung Θ, die den Fluß Φ zur Folge hat. Er durchsetzt Ständer St, Luft-

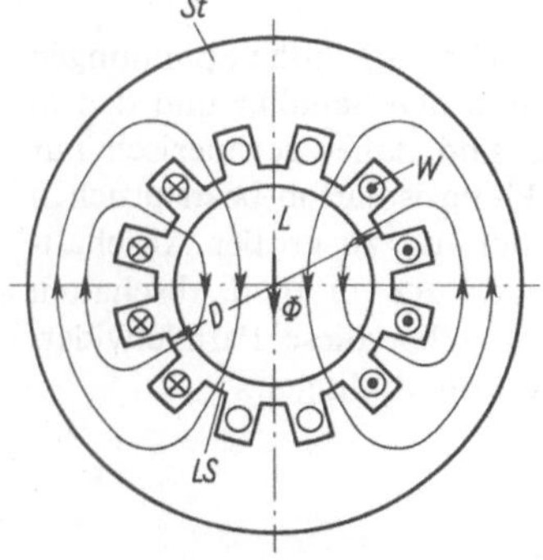

42.2
Magnetisches Feld eines genuteten Ständers mit verteilter Wicklung
St Ständer
W Wicklung
LS Luftspalt
L Läufer
D Ständerinnendurchmesser

spalt LS und Läufer L. In Bild **43.**1 a ist diese zweipolige Maschine noch einmal als „Abwicklung" über dem Bohrungsumfang πD bzw. als Polpaar einer Linearmaschine dargestellt. In den offenen Nuten fließt durch die z_n Leiter der Strom I, so daß jede Nut die

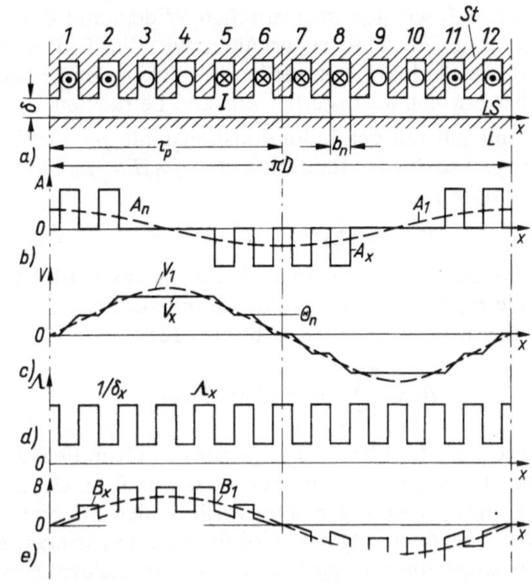

43.1
Entstehung der Feldkurve
a) abgewickelte Maschine
    (Linearmaschine)
b) Strombelagskurve
c) Felderregerkurve
d) Leitwertskurve
e) Feldkurve
St Ständer
LS Luftspalt
L Läufer
δ Luftspaltlänge
x Umfangskoordinate

Durchflutung $\Theta_n = Iz_n$ bildet. Man kann diese Nutdurchflutung Θ_n auch auf die Nutbreite b_n verteilen und erhält so den **Strombelag** der Nut

$$A_n = \Theta_n/b_n = Iz_n/b_n \tag{43.1}$$

Hiermit kann man die **Strombelagskurve** A_x von Bild **43.1**b angeben. (Der Index x soll andeuten, daß sie vom Ort x abhängt.) Mit einer Fourieranalyse könnte man die Strombelagswelle in Grundwelle A_1 und Oberwellen A_v zerlegen.

Wenn die z_n Leiter von Nut *1* und Nut *6* zu **einer** Spule gehören, erzeugen sie die Nutdurchflutung $\Theta_n = Iz_n$, die innerhalb dieser Spule als magnetische Spannung V „verzehrt" werden muß. Die gleiche Durchflutung erzeugt außerdem die Spule, die aus den Leitern der Nuten *2* und *5* gebildet wird. Somit steht innerhalb dieser Spule insgesamt die magnetische Spannung $V = 2\Theta_n$ zur Verfügung. In der Nut wächst die Durchflutung von einer Nutseite zur anderen linear an, und man erhält in Bild **43.1**c die **Felderregerkurve**

$$V_x = \int_0^x A_x \, \mathrm{d}x \tag{43.2}$$

Sie stellt also das Integral der Strombelagskurve dar. Auch die Felderregerkurve kann in eine Fourierreihe zerlegt werden. Man erkennt, daß sie wesentlich besser als die Strombelagskurve einer Sinuskurve folgt.

Wenn für jede Stelle x des Bohrungsumfangs ein konstanter magnetischer Widerstand R_m vorhanden ist, kann man mit dem Ohmschen Gesetz für den magnetischen Kreis $\Phi = \Theta/R_m$ die Luftspaltinduktion $B_x = k V_x$ ermitteln, so daß sich Feldkurve B_x und Felderregerkurve V_x nur durch den Proportionalitätsfaktor k unterscheiden. Eine solche vereinfachende Betrachtung reicht für viele Untersuchungen aus. Meist ändert sich jedoch infolge der Nutung der magnetische Widerstand des Luftspaltes R_x ebenfalls mit dem Ort x, wie Bild **43.2**d für den magnetischen Leitwert $\Lambda_x = 1/R_x$ zeigt. Für den

Fall, daß wir den magnetischen Widerstand des Eisens vernachlässigen und nur kleine Induktionen zulassen, erhalten wir die Leitwertswelle $\Lambda_x = \mu_0 A_L/\delta_x = k/\delta_x$. Bei höheren Induktionen werden die Ecken der Leitwertskurve abgerundet. Wir wollen hier aber nur den idealisierten Zustand betrachten.

Dann gilt mit der Induktionskonstante μ_0, der Feldstärke $H = V/\delta$ und der Luftspaltlänge δ sowie der Induktion $B = \mu_0 H = \mu_0 V/\delta$ für die vom Ort x abhängige Luftspaltinduktion

$$B_x = \mu_0 V_x/\delta_x \tag{44.1}$$

Diese Kurve nennt man auch Feldkurve (Bild 43.1e). Man kann sie wieder mit Amplitude B_ν, Polpaarzahl ν und räumliche Winkel ε_ν der Einzelfelder nach einer Fourierreihe in Grund- und Oberfelder

$$B_x = \sum_{\nu=1}^{\nu=\infty} B_\nu \sin(\nu x + \varepsilon_\nu) \tag{44.2}$$

zerlegen. Meist braucht man nur das Grundfeld B_1 mit der Polpaarzahl p zu betrachten; die Oberfelder können aber auch, wie Bild 43.1e erkennen läßt, erhebliche Amplituden annehmen, wenn, wie beim vorliegenden Beispiel, offene Nuten vorhanden sind. Bei nur wenig geöffneten Nuten wird ihr Einfluß geringer, so daß diese Nutform bevorzugt wird. Die durch die Nutung auftretenden Oberfelder nennt man auch Nutungsharmonische.

1.3.2.2 Polzahl. In Bild 42.2 wird eine zweipolige Maschine betrachtet, die je einen Nord- und Südpol aufweist. Wenn man diese Anordnung bei großen Maschinen anwendet, sind wegen des großen Flusses auch entsprechend große Querschnitte für Ständer und Läufer und somit teure Maschinenteile notwendig. Mit einer mehrpoligen Ausführung nach Bild 44.1 läßt sich der Fluß aufteilen, so daß nun Pole und Joche nur Teilflüsse zu führen haben und wesentlich kleiner sein können. Nord- und Südpol wechseln einander am Bohrungsumfang ab. Da nur gerade Polzahlen ausgeführt werden können, arbeitet man auch mit der Polpaarzahl p.

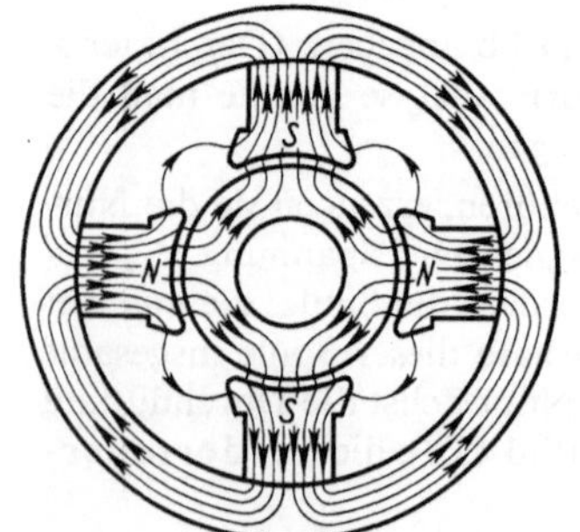

44.1 Magnetische Kreise einer vierpoligen Gleichstrommaschine

Ein Wechselstromgenerator mit p Polpaaren erzeugt je Umdrehung p Wechselspannungsperioden und somit bei der Drehzahl n_d die Frequenz

$$f = p\,n_d \tag{44.3}$$

Meist wird die Drehzahl in min^{-1} angegeben. Für die Frequenz $f = 50\,\mathrm{Hz}$ erhält man die feste Zuordnung zwischen Polpaarzahl p und Drehzahl n_d von Tafel 44.2.

Tafel 44.2 Polpaarzahl p und Drehfelddrehzahl n_d (in min^{-1}) von Wechselstrommaschinen für die Frequenz $f = 50\,\mathrm{Hz}$

p	1	2	3	4	5	6	8	10	12	16	20
n_d	3000	1500	1000	750	600	500	375	300	250	188	150

Bei vorgegebener Netzfrequenz f wird somit durch die Polzahl auch die Drehzahl n_d des Drehfeldes festgelegt. Mit der Polzahl $2p$ läßt sich daher die Drehzahl der Wechselstrommaschinen verändern (s. Abschn. 3.3.3.3). Während bei einer Gleichstrommaschine die Polzahl nach Bild **44**.1 wegen der ausgeprägten Erregerpole unveränderbar ist, kann man in den Wechselstrommaschinen durch entsprechende Wicklungsverteilung auf mehrere Nuten nach Bild **42**.2 mit der gleichen Ständerblechausführung verschiedene Polzahlen verwirklichen oder die Polzahl sogar im Betrieb umschalten (s. Abschn. 3.3.3.3). Nach Gl. (25.4) gilt für das in der Maschine erzeugte innere Drehmoment $M_i = c_m I_A \Phi_{\text{eff}} \cos\varphi$. Das zulässige Drehmoment richtet sich daher nach den zulässigen Nennwerten Strom $I_{A\,N}$ und Fluß Φ_N. Der Strom wird durch die Kupferverluste $V_{Cu} = I_A^2 R$ und der Fluß durch die Eisensättigung bzw. die Eisenverluste begrenzt (s. Abschn. 1.2.3.3). Somit kann man einem bestimmten Läufervolumen auch ein bestimmtes festliegendes Drehmoment M_i zuordnen (s. Band II, Teil 2, Abschn. Leistungszahl). Aus dem Drehmoment erhält man nach Gl. (25.1) unter Berücksichtigung von Gl. (44.3) die mechanische Leistung

$$P_{\text{mech}} = \Omega M_i = 2\pi n M_i = 2\pi f M_i/p \tag{45.1}$$

Bei fester Frequenz f wird die Leistungsabgabe eines Motors durch eine höhere Polpaarzahl p also verringert. Ein vierpoliger Wechselstrommotor weist daher bei gleichen Abmessungen und auch sonst gleichen Verhältnissen die doppelte Leistung des achtpoligen Motors auf. Dagegen hat der zweipolige Wechselstrommotor bei gleichen Außenabmessungen meist nur die Leistung des vierpoligen Motors, da er wegen des großen Flusses große Ständer- und Läuferjochquerschnitte benötigt und der Läuferdurchmesser (wegen der großen Wicklungsköpfe auch die Eisenbreite) so wesentlich kleiner als beim vierpoligen Motor ausfallen muß. Die vierpolige Ausführung wird für Wechselstrommotoren bevorzugt. Zur Erzielung kleiner Abmessungen ist eine große Drehzahl anzustreben.

Für die Darstellung der Wirkungsweise elektrischer Maschinen genügt es, zweipolige Ausführungen zu betrachten. In ihnen überstreicht ein Ankerleiter bei einer Umdrehung in der Ständerbohrung den ebenen Winkel $\alpha = 2\pi = 360°$. Um die Eigenschaften der zweipoligen Maschine auf mehrpolige Anordnungen zu übertragen, braucht man dann nur einer Polteilung τ_p den elektrischen Winkel $180\,°\text{el}$ zuzuordnen. In einer vierpoligen Maschine entsprechen sich also die folgenden ebenen und elektrischen Winkel: $360°$ und $4 \cdot 180\,°\text{el} = 720\,°\text{el}$. Bei zweipoligen Maschinen stimmen elektrische und ebene Winkelgrade überein; wir werden daher auf die Kennzeichnung „el" häufig verzichten, weil wir von zweipoligen Maschinen ausgehen.

1.3.2.3 Nutz- und Streufluß. Leider hat die Feldkurve einer elektrischen Maschine nur selten den in Bild **43**.1 dargestellten und mathematisch noch verhältnismäßig einfach zu erfassenden Verlauf. Bild **46**.1 zeigt die tatsächliche, augenblickliche Feldverteilung in Ständer, Luftspalt und Läufer eines ausgeführten Dreiphasen-Asynchronmotors mit Schleifringläufer. Die einzelnen Feldlinien sind nur schwer zu verfolgen, auch ist ihr Verlauf von der augenblicklichen Stromverteilung in den Leitern von Ständer und Läufer abhängig, und man kann daraus nicht die Bedeutung der verschiedenen Flußanteile angeben. Es ist aber sinnvoll, einen Nutzfluß zu definieren, der die Kraftwirkungen in der Maschine auslöst.

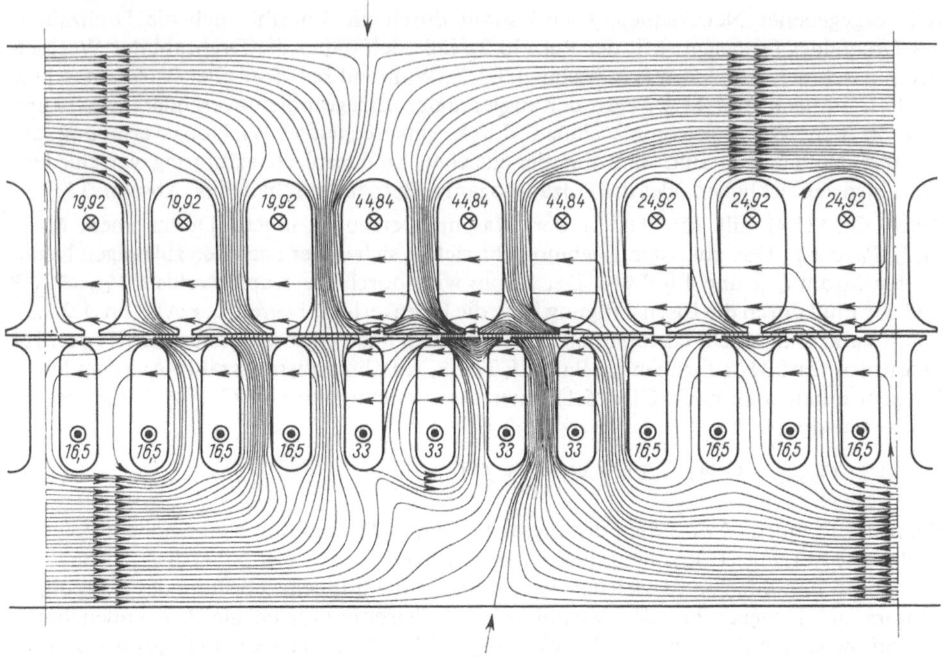

46.1 Verteilung des magnetischen Feldes bei Betrieb eines Schleifringläufermotors. Die Zahlen bedeuten die Nutdurchflutungen Θ_n in A. Die am Bildrand mit Pfeilen bezeichnete Feldlinie begrenzt die beiden Flüsse (nach E. Kübler).

Bild **46**.2 zeigt das Eisenfeilspanbild des Feldverlaufs einer Gleichstrommaschine, aus dem verhältnismäßig gut der Teil des Gesamtflusses, der als Nutzfluß über den Luftspalt in den Anker eintritt, abzulesen ist. Der Flußanteil, der sich über die Polspitzen, die Pole und das Joch schließt, wird dann als Streufluß bezeichnet. Er beträgt bei Gleichstrommaschinen etwa 10 bis 20% des in den Erregerwicklungen erzeugten Flusses. Dieser Teil des magnetischen Feldes wird auch magnetische Streuung genannt.

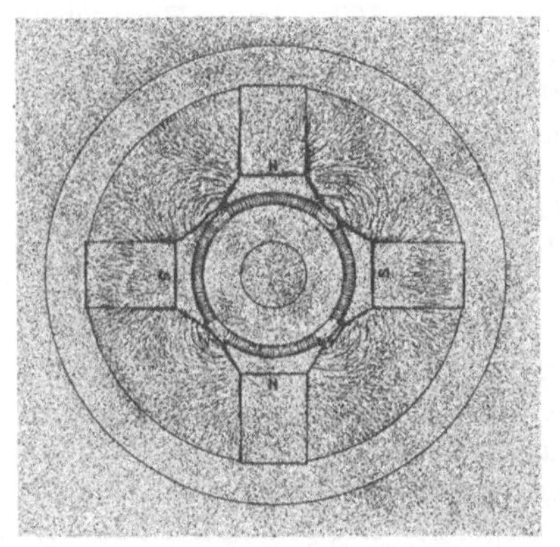

46.2 Nutzfluß und Streufluß, dargestellt durch Eisenfeilspäne für eine vierpolige Gleichstrommaschine (nach M. Stöckl)

Wie in Abschn. 1.1.1.2 gezeigt, ist für die Spannungserzeugung der Spulenfluß Ψ maßgebend. Drehende Maschinen haben i. allg. verteilte Wicklungen, deren Einzelspulen (bzw. N Windungen) nicht mehr den vollen Fluß Φ führen. Die vereinfachende Rechnung mit $\Psi = N\Phi$ liefert daher falsche Ergebnisse, wenn man nicht eine Verkettungsverminderung (für die betrachtete Wicklung z.B. durch einen Wicklungsfaktor, s. Abschn. 1.4.2.2) berücksichtigt. Bei magnetisch miteinander gekoppelten Spulen wird diese Verringerung des gemeinsamen Flusses auch induktive Streuung genannt. Das in Bild **46**.1 dargestellte Beispiel enthält mit den verteilten Wicklungen in Ständer und Läufer beide Streuungsarten. Meist unterscheidet man die Streuflüsse jedoch nach dem Ort, wo sie auftreten.

Wie Bild **46**.1 zeigt, gibt es im Ständer und Läufer Feldlinien, die sich bereits durch oder über einer Nut schließen. Diese Art von Streuung nennt man Nutstreuung. In gleicher Weise treten an den Stirnseiten im Wicklungskopf Streufelder auf, die man zur Stirnstreuung rechnet. Daneben sind bei näherer Betrachtung von Bild **46**.1 noch Feldlinien zu erkennen, die sowohl den Ständer als auch den Läufer durchsetzen, aber nicht mit allen Windungen verkettet sind. Diese Verkettungsverminderung zählt man zur Spaltstreuung. Bei den Drehfeldmaschinen mit kleinem Luftspalt rechnen zu dieser Art von Streuung insbesondere auch die Oberfelder, die z.B. vom Ständer erregt werden, aber in den Läuferwicklungen keine Ströme verursachen, in der Ständerwicklung jedoch mit einer induktiven Spannung verbunden sind. In gleicher Weise gibt es Läuferoberfelder, die nicht auf eine Ständerwicklung zurückwirken. Die zugehörigen Feldlinien sind zwar mit Ständer- und Läuferwicklungen verkettet, tragen aber nicht zum Nutzfluß bei. Man nennt sie daher die doppeltverkettete Streuung (zur Berechnung der Streuung s. Bd. II, Teil 2).

1.3.2.4 Ankerrückwirkung. Die magnetischen Felder in Bild **46**.1 und **47**.1c werden durch das Zusammenwirken von Ständer- und Läuferdurchflutung gebildet.

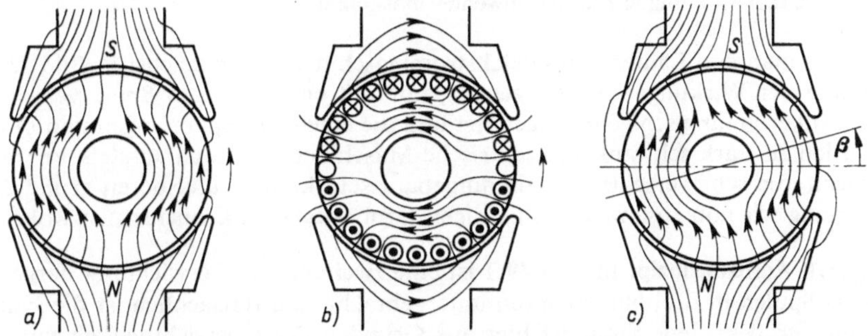

47.1 Hauptfeld (a), Ankerquerfeld (b) und Gesamtfeld (c) einer Gleichstrommaschine bei normaler Bürstenstellung (Richtungen für Generatorbetrieb, Streuung vernachlässigt)

Während die Ständerdurchflutung durch den Erregerstrom von der Netzseite her aufgebaut wird und das Erregerfeld für die Erzeugung der Läuferspannung sorgt, kann eine Läuferdurchflutung erst entstehen, wenn der Läuferkreis geschlossen wird und Läuferströme fließen. Die Läuferströme erzeugen ebenfalls eine Durchflutung, die auf die Erregerdurchflutung zurückwirkt. Diese Erscheinung nennt man daher auch Ankerrückwirkung.

Bei der Gleichstrommaschine sind die Folgen der Ankerrückwirkung besonders deutlich zu erkennen. Bild **47.**1a zeigt zunächst das von der Erregerwicklung erzeugte Hauptfeld mit einigen Feldlinien. (Zur Vereinfachung ist dabei das Ständerjoch fortgelassen und ein glatter, ungenuteter Anker angenommen.) Wenn nach Bild **47.**1b nur in den Ankerleitern Strom fließt, wird ein anderes Feld, das Ankerfeld, aufgebaut. Seine Feldrichtung ist um 90° gegenüber der Achse des Hauptfeldes verschoben. Es hat auch eine andere Feldkurve, wie in Abschn. 6.1.2.1 noch näher untersucht wird.

In der belasteten Gleichstrommaschine überlagern sich die Durchflutungen von Erreger- und Ankerwicklungen zu einer Gesamtdurchflutung, die ein Gesamtfeld zur Folge hat, das in Bild **47.**1c dargestellt ist. Nur dieses resultierende Feld kann in der Maschine gemessen werden. Seine Hauptrichtung ist gegenüber dem ursprünglichen Erregerfeld verdreht. Die Feldlinien werden an einer Seite des Hauptpols – der „ablaufenden" Kante – zusammengedrängt. Das Luftspaltfeld wird also durch den Ankerstrom und seine Folgen, die Ankerrückwirkung, erheblich beeinflußt. Ähnliche Erscheinungen findet man bei allen elektrischen Maschinen.

1.4 Wicklungen drehender Maschinen

Bei dem Aufbau des magnetischen Feldes und der Erzeugung von Spannungen und Drehmomenten in elektrischen Maschinen übernehmen die Wicklungen wichtige Aufgaben. Daher sollen hier noch kurz die Wicklungen für Stromwendermaschinen und Wechselstrommaschinen betrachtet werden.

1.4.1 Ankerwicklungen für Stromwendermaschinen

Würde man den Läufer von Gleichstrommaschinen, wie zunächst in Bild **237.**1 zur Ableitung der Wirkungsweise dargestellt, nur mit einer einzigen Spule versehen, so wäre der Ankerumfang schlecht ausgenutzt und die erzeugten Spannungen und Drehmomente würden zu stark schwanken. Elektrische Maschinen haben daher stets verteilte Wicklungen, die sehr verschiedenartig aufgebaut sein können und deren grundsätzliche Anordnung wir nun zusammen mit einigen Grundbegriffen kennenlernen wollen.

1.4.1.1 Aufbauprinzip. In Bild **49.**1 ist eine zweipolige Ankerwicklung dargestellt, deren sechs Spulen in drei Nutenpaaren untergebracht sind (tatsächlich ist die Nutenzahl fast immer größer). Jede Spule ist hier aus Gründen der Übersichtlichkeit nur durch eine Windung angegeben. Die insgesamt 12 Spulenseiten (in jeder Nut zwei) sind so durchnumeriert, daß jeweils die in der Nut außen liegende obere Spulenseite die fortlaufende Ziffer und die darunter liegende untere Spulenseite dieselbe Ziffer mit ′ führt. Die rückwärtigen Verbindungen zwischen den zu einer Spule gehörenden Spulenseiten (z.B. *1–4′* oder *4–1′*) sind gestrichelt gezeichnet. Auf der Vorderseite sind alle Spulen durchgehend verbunden, wobei zwischen je 2 Spulen ein Stromwendersteg *1* bis *6* liegt. Die Anzahl der Stege stimmt also mit der Anzahl der Spulen überein.

In allen Spulenseiten *1* bis *3* und *1′* bis *3′* unter dem Südpol *S* hat die erzeugte Spannung dieselbe Richtung, die bei der in Bild **49.**1 gewählten Dreh- und Feldrichtung in die Bildebene hineingerichtet ist (Kreuz). In den Spulenseiten unter dem Nordpol *N* ent-

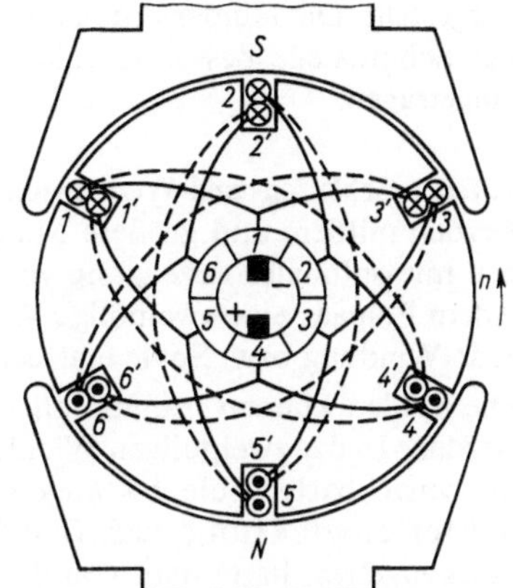

49.1
Querschnitt durch einen zweipoligen Gleichstromgenerator mit Ankerwicklung mit sechs Spulen *1* bis *6*
n Drehrichtung

steht die entgegengesetzte Spannungsrichtung, wenn sich der Anker wie angegeben linksherum dreht. Fließt in den Ankerleitern ein Strom, so sind die angreifenden Kräfte oben und unten entgegengesetzt gerichtet, so daß hier beim Generator ein der Drehrichtung *n* entgegengerichtetes Drehmoment entsteht (s. Abschn. 1.1.1.3).

Wenn die Wicklung symmetrisch ist, d.h., elektrisch und magnetisch gleichwertige Spulen aufweist, ergeben in Bild **49.**1 die Summenspannungen der beiden **parallelen Ankerzweige** *1, 4′, 2,5′, 3, 6′* und *3′, 6, 2′, 5, 1′, 4* je für sich dieselbe Klemmenspannung *U*. Im geschlossenen Kreis der sechs Spulen herrscht Spannungsgleichgewicht, so daß Ströme nur fließen können, wenn ein Verbraucher zwischen zwei „Ecken" des Spulensystems an den Bürsten (in Bild **49.**1 mit + und − gekennzeichnet) angeschlossen wird.

Die Ankerwicklung in Bild **49.**1 hat zwei parallele Ankerzweige. Es können immer nur **Ankerzweigpaare** auftreten; ihre Anzahl wird mit *a* bezeichnet. Je nach der Zweigzahl *a* unterscheidet sich der in den einzelnen Windungen fließende **Spulenstrom**

$$I_S = I_A/(2a) \tag{49.1}$$

vom insgesamt abgegebenen oder aufgenommenen Ankerstrom I_A.

Wie in Bild **49.**1 erhalten praktisch alle Gleichstrommaschinen **Zweischichtwicklungen**, d.h., jede Nut enthält zwei Spulenseiten bzw. eine Unter- und eine Oberschicht. Als Beispiel ist in Bild **49.**2 der Wicklungsplan für die zweipolige Wicklung nach Bild **49.**1

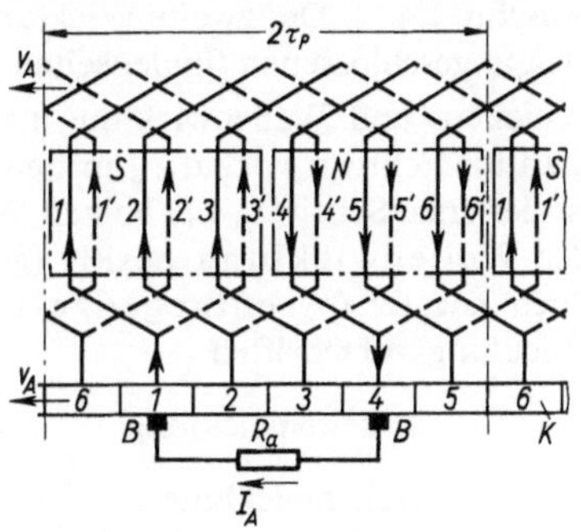

49.2
Wicklungsplan der zweipoligen Ankerwicklung nach Bild **49.**1. Obere Spulenseiten ausgezogen, untere gestrichelt. Richtungen für Generatorbetrieb, Pole **vor** der Wicklung
B Bürsten
K Stromwenderstege
R_a äußerer Widerstand der Verbraucher
v_A Umfangsgeschwindigkeit
τ_p Polteilung

dargestellt. Die Numerierung stimmt mit der in Bild **49**.1 überein. Um die Anschlüsse an der Schnittstelle besser verfolgen zu können, sind die Spulenseiten *1* und *1'* zweimal eingetragen.

1.4.1.2 Schleifen- und Wellenwicklung. Aus den in Abschn. 1.3.2.2 angegebenen Gründen werden mittlere und größere Maschinen mehrpolig ausgeführt. Die passenden Wicklungen mit optimaler Erzeugung von Spannung und Drehmoment ergeben sich, wenn man jedem Polpaar eine zweipolige Wicklung etwa nach den Bildern **49**.1 und **49**.2 zuordnet. Jede Windung bzw. Spule erstreckt sich dabei weiterhin über eine Polteilung τ_p.

Die Spulen können grundsätzlich auf zwei verschiedene Arten miteinander verbunden werden: In der zweipoligen Wicklung in Bild **49**.2 ist an die erste Spule (Spulenseiten *1/4'*) die benachbarte Spule *2/5'* angeschlossen, so daß im Wicklungsbild Schleifen entstehen: Schleifenwicklung nach Bild **50**.1 a. Statt in Bild **49**.2 von Spulenseite *4'* nach *2* zurückzugehen, hätte man von *4'* aus auch nach rechts, also vorwärts, gehen können, wie das in Bild **50**.1 b für eine Windung je Spule angedeutet ist: Wellenwicklung. Bei

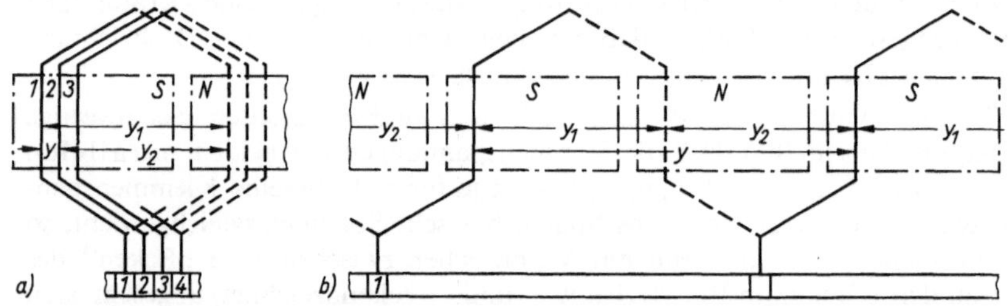

50.1 Wicklungsschritte bei Spulen mit je einer Windung (Stabwicklung) in Schleifenwicklung (a) und Wellenwicklung (b)
y_1 erster Schritt y_2 zweiter Schritt y Gesamtschritt

der zweipoligen Maschine in Bild **49**.2 wäre man dann wieder zur Spulenseite bzw. zum Leiter *2* gekommen; bei mehrpoligen Maschinen gelangt man bei solchem Fortschreiten aber zum nächsten Polpaar.

Als Wicklungsschritte bezeichnet man hier den Abstand von zwei miteinander verbundenen Leitern bzw. Spulenseiten. Der Wicklungsschritt ist die Differenz der beiden Leiternummern. Der erste Wicklungsschritt y_1 wird nach Bild **50**.1 zwischen den zu einer Spule gehörenden Spulenseiten gerechnet und ist daher die Spulenweite W (s. a. Abschn. 1.4.2). Der zweite Wicklungsschritt y_2 zwischen den an denselben Stromwendersteg angeschlossenen Spulenseiten ist der Schaltschritt.

Schleifen- und Wellenwicklung unterscheiden sich durch den Gesamtschritt y. Rechnet man die Schritte y_1 und y_2 in den Wicklungsschemen von links nach rechts positiv, so ist der erste Schritt y_1 bei beiden Wicklungen positiv. Der zweite Schritt hingegen ist bei der Wellenwicklung positiv (gleichsinnig mit y_1), bei der Schleifenwicklung jedoch negativ (y_1 entgegengerichtet). Die beiden Wicklungsarten folgen also den Wicklungsvorschriften

$$\text{Schleifenwicklung} \qquad\qquad y = y_1 - y_2 \qquad\qquad\qquad (50.1)$$

$$\text{Wellenwicklung} \qquad\qquad y = y_1 + y_2 \qquad\qquad\qquad (50.2)$$

Bei der Schleifenwicklung sollen die Spulenseiten einer Spule möglichst um eine Polteilung τ_p voneinander entfernt sein. Hat die Maschine s Spulen und $2p$ Pole, muß also der 1. Wicklungsschritt

$$y_1 = s/(2p) \qquad (51.1)$$

angestrebt werden.

Damit die Wellenwicklung gleichmäßige Spulenverbindungen erhält, muß $y \neq s/p$ gemacht werden. Im einfachsten Fall wählt man daher bei den eingängigen (s. Band II, Teil 2) Wellenwicklungen den Gesamtschritt

$$y = (s \pm 1)/p \qquad (51.2)$$

Schon diese Betrachtungen zeigen, daß durchaus nicht jede Spulenzahl ausgeführt werden kann. Auch können sich Schleifen- und Wellenwicklung noch durch die Anzahl $2a$ der parallelen Ankerzweige unterscheiden. Für weitere Einzelheiten s. Band II, Teil 2 und [1], [26], [31].

1.4.2 Wicklungen für Wechselstrommaschinen

1.4.2.1 Grundbegriffe. Die Ständerwicklungen der Synchron- und Asynchronmaschinen unterscheiden sich grundsätzlich nicht. In jeder ihrer Nuten können nach Bild **15**.2 mehrere Leiter untergebracht werden; sie werden durch Wicklungsköpfe (Stirnverbindungen) miteinander verbunden. Windungen, die vom gleichen Strom durchflossen werden und in gleichen Nuten liegen, werden zu einer Spule zusammengefaßt. Wenn jede Spule nur aus einer Windung besteht, handelt es sich um eine Stabwicklung (Bild **52**.2a). Wechselstromwicklungen sind jedoch meist Spulenwicklungen mit mehreren Windungen je Spule. Wicklungen werden meist in einem Wicklungsplan nach Bild **52**.1 dargestellt, der grundsätzlich, wie auch die Darstellung in Bild **52**.3, für eine Linearmaschine gilt, aber auch als Abwicklung des Umfangs aufgefaßt werden kann. Nach Abschn. 1.3.2.1 ist für das im Luftspalt erzeugte Feld die Nutdurchflutung Θ_n maßgebend. Die in den Nuten liegenden Wicklungsseiten stellen somit den aktiven Teil der Wicklung dar. Nach Bild **52**.1a bis c ist es für die Wirkungsweise auch gleichgültig, in welcher Weise die Leiter durch Wicklungsköpfe miteinander verbunden sind. Aus fertigungstechnischen Gründen bevorzugt man jedoch Wicklungen nach Bild **52**.1b und c. Der Abstand der beiden Seiten einer Spule – meist gemessen in Vielfachen der Nutteilung – wird Spulenweite W genannt. Die Ausführung mit Spulen gleicher Weite (Bild **52**.1c) hat den Vorteil, daß alle Spulen mit der gleichen Schablone hergestellt werden können. Bei Spulen ungleicher Weite müssen die Spulenköpfe dagegen in verschiedenen Ebenen untergebracht werden; sie sind aber leichter einzubringen. Die Wicklungskopfarten zeigt Bild **52**.2. Die Ausführung nach Bild **52**.2b nennt man wegen der Lage der Spulenköpfe auch Zweietagenwicklung. Bei der Einschichtwicklung befindet sich in jeder Nut nur eine Spulenseite. Die Zweischichtwicklung hat dagegen je Nut zwei Spulenseiten übereinander, die auch zu verschiedenen Phasen des Dreiphasensystems gehören dürfen. Beispielsweise enthält die Nut *1* in Bild **52**.3 zwei Spulenseiten, die verschiedenen Strangwicklungen, Nut *2* und *3* dagegen Spulenseiten, die denselben Strängen angehören. Die eine Seite einer Spule liegt stets in der Oberschicht und die andere in der Unterschicht, wie das in Bild **52**.3 für eine Spule durch die gestrichelte Linie angedeutet ist. Eine Wicklung, deren Spulenweite W im Mittel gleich der Polteilung τ_p ist, heißt Durchmesserwicklung. Eine Verkürzung der Spulenweite wird als Schrittverkürzung oder Sehnung v bezeichnet (Bild **52**.3). Sie wird fast ausschließlich für Zweischichtwicklungen angewandt.

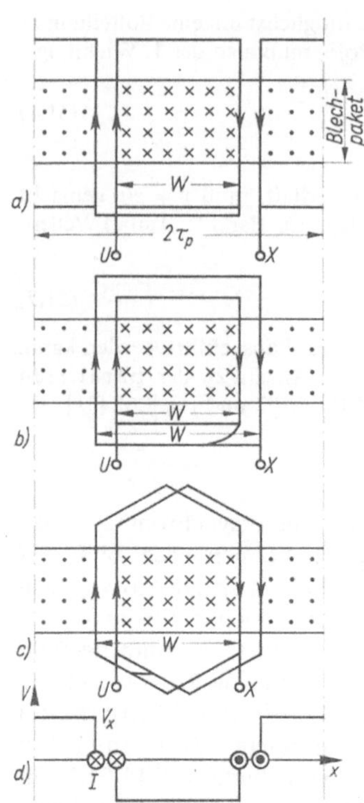

52.1
Wicklungsarten
a) Wicklung mit einer Spule je Pol
b) zwei Spulen ungleicher Weite W
je Polpaar
c) zwei Spulen gleicher Weite W je
Polpaar
d) vom Strom I in allen Fällen erzeugte Felderregerkurve V_x

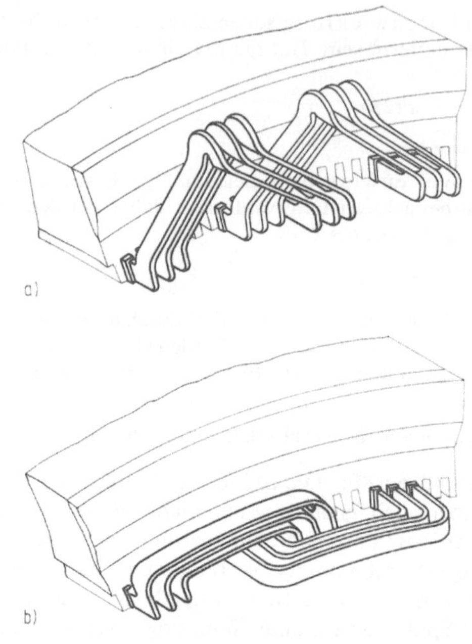

52.2
Wicklungsköpfe von Drehfeldmaschinen mit Spulen gleicher
Weite (a) und Spulen ungleicher Weite (b)

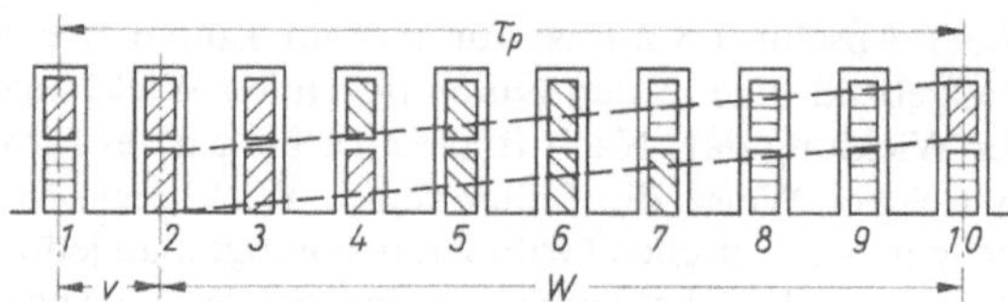

52.3
Gesehnte Zweischichtwicklung mit Sehnung $v = 1$, relative
Spulenweite $W/\tau_\mathrm{p} = 8/9$

Eine Mehrphasenwicklung muß in ihrer Strangzahl mit der Phasenzahl m des zugehörigen Netzes übereinstimmen. Auf jeden Strang entfällt daher $1/m$ der Nuten und $1/m$
der Leiter. Die Stranganfänge liegen um 360° el/m gegeneinander versetzt. Bei der zweipoligen Dreiphasenmaschine ($m = 3$) folgen die Wicklungsanfänge $U\,V\,W$ in der Ständerbohrung im Abstand von 120° aufeinander; bei der vierpoligen Maschine beträgt
dieser Abstand 60° räumlich.

Spulen desselben Stranges, die in benachbarten Nuten nebeneinander liegen, werden zu
Spulengruppen zusammengefaßt. Die Nutenzahl je Pol und Strang, d.i. meist gleichzeitig die Zahl der Einzelspulen je Spulengruppe, wird auch Lochzahl

$$q = \frac{Z}{2pm}$$

$$(52.1)$$

genannt. Sie läßt sich aus der gesamten Nutenzahl Z, der Polpaarzahl p und der Phasenzahl m berechnen.

Für die Wicklung in Bild **52.1** ist $q = 2$, für die Wicklungen in Bild **52.2** und **52.3** beträgt $q = 3$. Die Wicklung in Bild **52.3** ist um $v = 1$ auf $W/\tau_{\mathrm{p}} = 8/9$ gesehnt. In Bild **52.1** und **52.2** liegen Durchmesserwicklungen vor, in Bild **52.2**a ist mit der Nutteilung τ_{n} die Spulenweite $W = 9\,\tau_{\mathrm{n}}$. Bei der Wicklung nach Bild **52.2**b treten $W = 7, 9$ und $11\,\tau_{\mathrm{n}}$ auf, so daß im Mittel ebenfalls $W = 9\,\tau_{\mathrm{n}}$ ist.

Beispiel 10: Es ist die Wicklung eines vierpoligen Dreiphasenmotors für die Lochzahl $q = 3$ bei der Sehnung $v = 1$ zu entwerfen.

Die Nutenzahl beträgt nach Gl. (52.1) $Z = qm \cdot 2p = 3 \cdot 3 \cdot 2 \cdot 2 = 36$. Da die Wicklung gesehnt werden soll, muß eine Zweischichtwicklung verwendet werden. Wir wollen nun den Wicklungsplan nach Bild **53.1** darstellen. Zunächst numerieren wir die Nuten von _1_ bis _36_. Wir be-

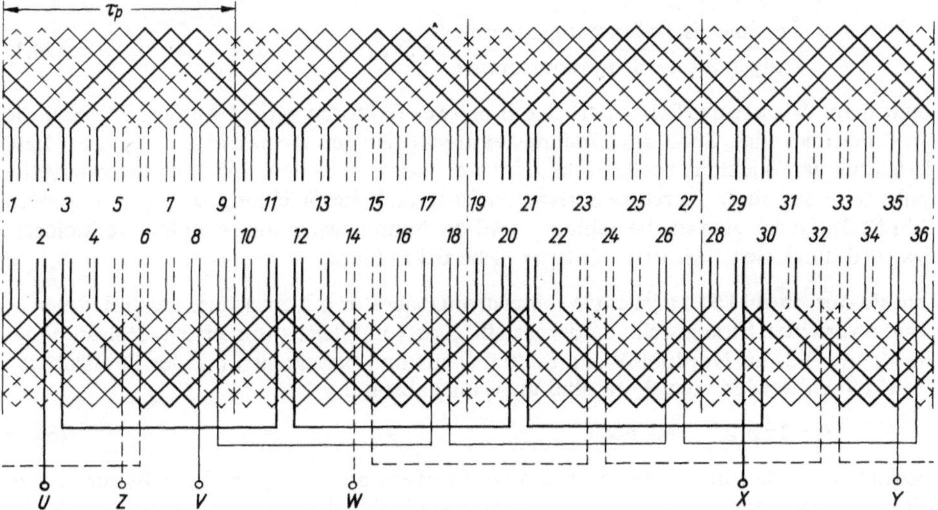

53.1 Wicklungsplan einer Zweischichtwicklung für Strangzahl $m = 3$, Polpaarzahl $p = 2$, Lochzahl $q = 1$, Sehnung um $v = 1$ und 36 Nuten

ginnen mit dem Strang UX (dicke Linien) und legen wegen der Sehnung seinen Anfang U in die Nut _2_. In Nut _3_ und _4_ kommen dann die weiteren beiden Spulen der ersten Spulengruppe, die sich als Spulen gleicher Weite ($W = 8\,\tau_n$) über die Nuten _10_, _11_ und _12_ schließen. In gleicher Weise tragen wir die restlichen drei Spulengruppen des Stranges UX ein. Sie müssen schließlich noch so miteinander verbunden werden, daß der Strom in dieser Strangwicklung 4 Pole ausbildet. Den Strang VY (dünne Linien) lassen wir $120\,°\mathrm{el} \triangleq 6\,\tau_{\mathrm{n}}$ später beginnen und weitere $120\,°\mathrm{el}$ später den Strang WZ (gestrichelte Linien).

1.4.2.2 Wicklungsfaktor. Nach Abschn. 1.2.1.2 erzeugt ein Wechselfluß mit dem Scheitelwert $\varPhi$ und der Frequenz f, der eine Spule mit der Windungszahl N durchsetzt, in dieser Spule die Wechselspannung $U_{\mathrm{q}} = 4{,}44 f N \varPhi$, gleichgültig ob dieser sinusförmige Wechselfluß durch eine zeitliche Flußänderung oder eine räumliche Bewegung (wie beispielsweise hier durch ein Polrad nach Bild **54.1**a) entsteht. Es wird hier nur vorausgesetzt, daß die Arbeitswicklung in einer einzigen Spule konzentriert ist. Meist ist die Wicklung jedoch am Ständerumfang auf mehrere Nuten und Einzelspulen verteilt (Bild **52.1**, **52.2** und **53.1**). Die Leiter sind also gegeneinander versetzt, so daß die in ihnen vom Drehfluß erzeugten Spannungen zeitlich gegeneinander phasenverschoben sind. Die geometrische

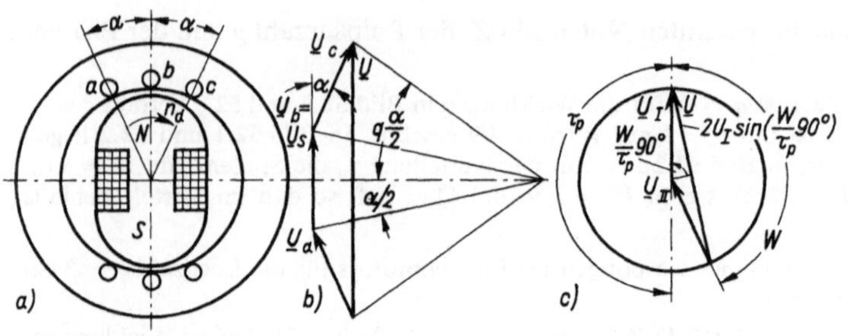

54.1 Berechnung des Wicklungsfaktors ξ
a) Generator mit Polrad
b) Spannungszeigerdiagramm für Zonenfaktor ξ_z
c) Spannungszeigerdiagramm für Sehnungsfaktor ξ_s

Zeigersumme ist daher kleiner als die algebraische Summe der Leiterspannungen (Bild **54.1**b). Den Verkleinerungsfaktor

$$\xi = \frac{\text{geometrische Spannungssumme}}{\text{algebraische Spannungssumme}} = \xi_z \, \xi_s \tag{54.1}$$

nennt man Wicklungsfaktor. Er kann in zwei Faktoren zerlegt werden. Da sich die Wicklung über eine Zone des Umfangs erstreckt, ist der Zonenfaktor ξ_z, der diese Verteilung der Wicklung berücksichtigt, in Rechnung zu stellen. Sodann kann die zweite Spulenseite aus ihrer Durchmesserlage entfernt und die Wicklung so gesehnt werden (Bild **52.3**). Durch eine solche Sehnung wird die Summenspannung ebenfalls verkleinert; dies wird durch den Sehnungsfaktor ξ_s berücksichtigt.

Zonenfaktor. In Bild **54.1**a ist ein Wechselstromgenerator mit einer über die drei Nuten a, b und c verteilten Strangwicklung dargestellt. Das von Gleichstrom erregte Polrad bildet ein Magnetfeld mit Nordpol N und Südpol S aus und bewegt sich mit der Drehzahl n_d. Die Z Nuten werden vom Polradfluß im Winkelabstand

$$\alpha = 2\pi p / Z = 360° p / Z \tag{54.2}$$

überlaufen, so daß die in ihnen erzeugten Spulenspannungen ebenfalls um diesen Winkel gegeneinander phasenverschoben sind. Die drei Spulenspannungen $\underline{U}_a$, $\underline{U}_b$ und $\underline{U}_c$ setzen sich daher entsprechend dem Zeigerdiagramm in Bild **54.1**b zur Strangspannung U zusammen. Sie bilden die Seiten U_s eines gleichseitigen Vielecks, mit dessen geometrischen Beziehungen wir unter Beachtung von Gl. (54.1) den Zonenfaktor

$$\xi_z = \frac{U}{q\,U_s} = \frac{\sin(q\alpha/2)}{q\sin(\alpha/2)} \tag{54.3}$$

finden. Somit ist ganz allgemein für $q = 1$ auch $\xi_z = 1$. Für Dreiphasenwicklungen erhält man außerdem für $q = \infty$, d.h. eine unendlich große Nutenzahl Z, $\xi_z = 0{,}955$. Die übrigen Zonenfaktoren weichen bei Drehstrom so wenig von diesem Wert ab (s. Beispiel 11), daß es fast immer genügt, hiermit zu rechnen.

Sehnungsfaktor. Eine gesehnte Wicklung ist schematisch in Bild **54.1**c dargestellt. Die eine Spulenseite liefert die Spannung $\underline{U}_I$, die andere die um den Winkel 180° $(1 - W/\tau_p)$ phasenverschobene Spannung $\underline{U}_{II}$, wenn W die Spulenweite und τ_p die Polteilung bezeichnen. Aus Bild **54.1**c läßt sich für den Sehnungsfaktor ablesen

$$\xi_s = \frac{U}{2\,U_I} = \sin\left(\frac{W}{\tau_p} \cdot \frac{\pi}{2}\right) = \sin\left(\frac{W}{\tau_p}\,90°\right) \tag{54.4}$$

Beispiel 11: Eine Wicklung mit der Lochzahl $q = 5$, der Strangzahl $m = 3$ und der Polpaarzahl $p = 1$ ist um zwei Nutteilungen gesehnt. Der Wicklungsfaktor für diese zweipolige Dreiphasenmaschine ist zu berechnen.

Nach Gl. (52.1) erhält man die Nutenzahl $Z = m \cdot 2pq = 3 \cdot 2 \cdot 1 \cdot 5 = 30$ und somit nach Gl. (54.2) den Nutenwinkel $\alpha = p \cdot 360°/Z = 1 \cdot 360°/30 = 12°$.

Hierfür finden wir mit Gl. (54.3) den Zonenfaktor

$$\xi_z = \frac{\sin(q\alpha/2)}{q\sin(\alpha/2)} = \frac{\sin(5 \cdot 12°/2)}{5\sin(12°/2)} = 0{,}956$$

also eine unwesentliche Abweichung von $\xi_z = 0{,}955$ für $q = \infty$. Weiterhin ist mit der Polteilung $\tau_p = Z/2p = 30/2 = 15$ Nuten und der Spulenweite $W = \tau_p - v = 15 - 2 = 13$ Nuten nach Gl. (54.4) der Sehnungsfaktor

$$\xi_s = \sin\left(\frac{W}{\tau_p}\,90°\right) = \sin\left(\frac{13}{15}\,90°\right) = 0{,}978$$

und somit schließlich der Wicklungsfaktor $\xi = \xi_z\xi_s = 0{,}956 \cdot 0{,}978 = 0{,}935$.

Wicklungsfaktor für Oberfelder. Durchweg herrscht an der Ständerbohrung keine sinusförmige Feldverteilung. Bild **55**.1 zeigt als Beispiel ein rechteckiges Luftspaltfeld. Es läßt sich in ein sinusförmiges Grundfeld B_1 und eine Reihe von Oberfeldern B_ν zerlegen. Nur

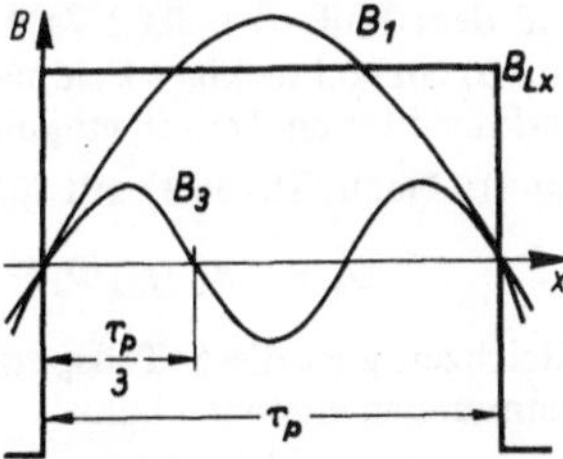

55.1
Rechteckiges Luftspaltfeld B_Lx mit Grundfeld B_1 und 3. Teilfeld B_3

das dritte Teilfeld B_3 ist in Bild **55**.1 dargestellt. Man kann sich nun vorstellen, daß das Grundfeld von einem $2p$-poligen Polrad mit der Polteilung τ_p, die Oberfelder dagegen von $2\nu p$-poligen Polrädern mit der Polteilung τ_p/ν erzeugt werden. Für alle Betrachtungen brauchen dann nach Abschn. 1.3.2.2 nur die ebenen Winkel auf das ν-fache vervielfacht zu werden. Die Wicklungsfaktoren der Oberfelder ergeben sich daher entsprechend Gl. (54.3) und (54.4) aus

$$\xi_\nu = \frac{\sin(\nu q\alpha/2)}{q\sin(\nu\alpha/2)}\,\sin\left(\nu\,\frac{W}{\tau_p}\,90°\right) \tag{55.1}$$

Die Wicklungsfaktoren der Oberfelder sind periodisch und bis auf die Nutharmonischen (s. Band II, Teil 2) wesentlich kleiner als die des Grundfeldes. Außerdem kann man durch Sehnung um eine Oberfeld-Polteilung den Wicklungsfaktor dieses Feldes zu Null machen.

Beispiel 12: Der Wicklungsfaktor des 5. Teilfeldes der in Beispiel 11 behandelten Wicklung soll ermittelt werden. Außerdem ist die Sehnung zu bestimmen, bei der dieser Wicklungsfaktor Null wird.

Nach Gl. (55.1) erhält man für den Wicklungsfaktor des 5. Oberfeldes

$$\xi_5 = \frac{\sin(5q\alpha/2)}{q\sin(5\alpha/2)}\,\sin\left(5\,\frac{W}{\tau_p}\,90°\right) = \frac{\sin(5 \cdot 5 \cdot 12°/2)}{5\sin(5 \cdot 12°/2)}\,\sin\left(5\,\frac{13}{15}\,90°\right) = 0{,}1$$

Der Wicklungsfaktor verschwindet mit dem Sehnungsfaktor, d.h. hier für $5 \cdot 90° \, W/\tau_p = 360°$ und daher für $W/\tau_p = 12/15$. Die Wicklung ist also um $v = 3$ Nutteilungen zu sehnen, wenn der Wicklungsfaktor des 5. Teilfeldes verschwinden soll.

Bedeutung des Wicklungsfaktors. Die Wicklungsfaktoren für die Oberfelder geben noch nicht unmittelbar den Anteil der Oberschwingungen in der Spannungskurve an. Bei einem Dreiphasengenerator in Sternschaltung sind beispielsweise die Spannungen 3 n-facher Frequenz (mit $n = 1, 3, 5 \ldots$) in den drei Strangwicklungen gleich gerichtet. Sie können nur Ströme zum Fließen bringen, wenn ein Mittelpunktsleiter angeschlossen ist. Da dieser i.allg. bei den Dreiphasengeneratoren nicht verlegt wird, können diese Oberspannungen auch nicht wirksam werden.

Spannungen mit 5- und 7facher Frequenz treten nur auf, wenn sie von Flüssen entsprechender Polzahl erregt werden. Für sie gilt in Erweiterung von Gl. (19.1)

$$U_\nu = 4{,}44 \, N f_\nu \Phi_\nu \xi_\nu \tag{56.1}$$

wenn U_ν den Effektivwert der Oberschwingung der Spannung, N die Windungszahl der Ständerwicklung, $f_\nu = v p n_d = v f_1$ die Umdrehungsfrequenz des Polrads für die Polpaarzahl $v p$, Φ_ν den Fluß des Oberfeldes und ξ_ν seinen Wicklungsfaktor bezeichnen.

Beispiel 13: Die Wicklung in Beispiel 11 und 12 hat bei den Wicklungsfaktoren $\xi_1 = 0{,}935$ und $\xi_5 = 0{,}1$ die Windungszahl $N = 96$ und wird von einem Polrad mit der Drehfrequenz $f_1 = 50$ Hz und dem Fluß $\Phi = 0{,}02$ Vs überlaufen. Das Polrad soll a) ein rein sinusförmiges Luftspaltfeld und b) ein rechteckiges Feld nach Bild 55.1 erzeugen. Die Effektivwerte der Grundschwingung U_1 und der fünften Teilschwingung U_5 der Spannungskurve sind zu berechnen.

Zu a): Nach Gl. (56.1) gilt für die Grundschwingung der Spannung

$$U_1 = 4{,}44 \, N f_1 \Phi_1 \xi_1 = 4{,}44 \cdot 96 \cdot 50 \, \text{s}^{-1} \cdot 0{,}02 \, \text{Vs} \cdot 0{,}935 = 394 \, \text{V}$$

Gleichzeitig ist die 5. Teilspannung $U_5 = 0$, da ein sinusförmiger Fluß nur sinusförmige Leiterspannungen erzeugen kann.

Zu b): Bei rechteckigem Feldverlauf nach Bild 55.1 gilt nach Band I (Abschn. Schwingungsformen) für die Amplitude des Grundfeldes $B_1 = 4 B/\pi$, so daß man für den zugehörigen Fluß unter Beachtung von Gl. (3.4)

$$\Phi_1 = \frac{4}{\pi} B \frac{2}{\pi} \tau_p l = \frac{8}{\pi^2} \Phi$$

erhält. Hiermit wird die Grundschwingung der Spannung $U_1 = 394 \, \text{V} \cdot 8/\pi^2 = 321 \, \text{V}$. Das 5. Teilfeld hat die Amplitude $B_5 = \dfrac{4}{\pi} \cdot \dfrac{B}{5}$ und den Fluß

$$\Phi_5 = \frac{4}{\pi} \cdot \frac{B}{5} \cdot \frac{2}{\pi} \cdot \frac{\tau_p}{5} l = \frac{8}{\pi^2} \cdot \frac{\Phi}{5^2}$$

Es liefert daher jetzt die Oberschwingung der Spannung

$$U_5 = 4{,}44 \, N \cdot 5 f_1 \frac{8}{\pi^2} \cdot \frac{\Phi}{5^2} \xi_5 = 4{,}44 \cdot 96 \cdot 50 \, \text{s}^{-1} \frac{8}{5 \cdot \pi^2} 0{,}02 \, \text{Vs} \cdot 0{,}1 = 6{,}91 \, \text{V}$$

Somit ist $U_5/U_1 = 6{,}91 \, \text{V}/321 \, \text{V} = 0{,}0215$. Dieser Oberschwingungsanteil ist nach VDE zulässig (5%).

Dieses Beispiel zeigt, daß man durch Wicklungsausbreitung und Sehnung die Oberschwingungen in der Spannungskurve klein halten kann. Für die Spannungserzeugung ist daher im wesentlichen nur das Grundfeld zu berücksichtigen. Trotzdem wird bei Generatoren von vornherein eine möglichst sinusförmige Feldverteilung im Luftspalt angestrebt (s. Abschn. 5.1).

1.5 Drehfeldbildung

Die drehenden Wechselstrommaschinen erzeugen neben den in Abschn. 1.4.2 behandelten Spannungen auch Luftspaltfelder. Jede stromführende Wicklung für sich ist mit einem Feld verbunden. Die Einzelfelder überlagern sich zu einem resultierenden Feld, das sich in Abhängigkeit von Zeit t und Ort x ändert; es ist für die Wirkungsweise der Wechselstrommaschinen von großer Bedeutung. Man kann das Luftspaltfeld am einfachsten betrachten, wenn man es sich aus einer Reihe von drehenden Feldern mit unterschiedlichen, aber gleichbleibenden Werten von Größe, Drehrichtung und Drehzahl zusammengesetzt denkt.

1.5.1 Wechselfeld

In Abschn. 1.3.2.1 wird das Entstehen eines Luftspaltfeldes erläutert. Der in den Leitern fließende Strom I hat die Nutdurchflutung Θ_n und die Strombelagskurve A_x zur Folge, die wiederum die Felderregerkurve V_x und somit, je nach dem magnetischen Leitwert Λ_x, die Feldkurve B_x erzeugt (s. Bild 43.1). Das zugehörige Luftspaltfeld bleibt bei Gleichstrom zeitlich konstant; man sagt, es ist „eingefroren".

Wenn in den Leitern Wechselstrom i mit der Frequenz f fließt, kann sich – bei Vernachlässigung aller Sättigungserscheinungen im Eisen – an der Form der Feldkurve nichts ändern. Allerdings folgen ihre Zeitwerte denen des Stromes. Es entsteht eine stehende Feldwelle – auch Wechselfeld genannt –, deren Wellenlänge gleich der Polteilung τ_p und deren Schwingungsfrequenz gleich der Wechselstromfrequenz f ist. Dieses Wechselfeld hat weiterhin einen Verlauf wie in Bild 43.1 e, jedoch ändern sich Betrag und Richtung des Feldvektors zeitlich periodisch. Es wird zweckmäßig in das Grundfeld $B_{1\mathrm{t}}$ mit der Wellenlänge τ_p und Oberfelder $B_{\nu\mathrm{t}}$ mit den Wellenlängen τ_p/ν zerlegt.

Bei der Spannungserzeugung können wir nach Gl. (19.1) mit dem Wicklungsfaktor die verteilte Wicklung eines Stranges mit der Windungszahl N durch eine konzentrierte Wicklung mit der Windungszahl ξN ersetzen. Die Verteilung der Wicklung auf mehrere Nuten kommt dadurch einer Windungszahlverkleinerung der ursprünglich konzentrierten Wicklung um den Faktor ξ_1 bzw. ξ_ν gleich. Auf diese Weise kann der Anteil der Oberschwingungen in der Spannungskurve erheblich verringert werden.

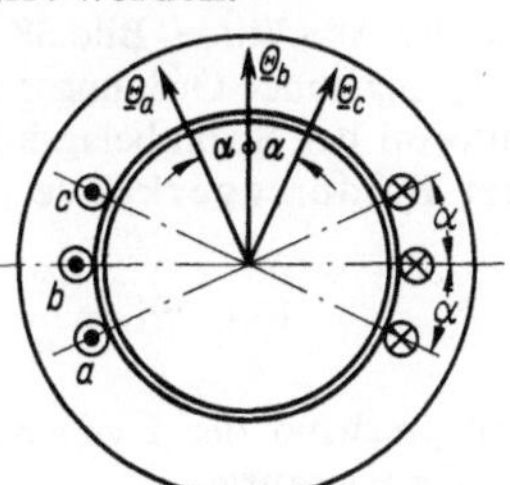

57.1
Durchflutung bei verteilter Wicklung
Θ_a bis Θ_c Spulendurchflutungen

Bei vorgegebenem Wicklungsstrom I bildet jede Spule für sich eine Spulendurchflutung Θ_s. Die Spulendurchflutungen einer Strangwicklung sind dann nach Bild 57.1 wieder um den Winkel α nach Gl. (54.2) gegeneinander verdreht. Sie setzen sich geometrisch, ähnlich wie in Bild 54.1 b, zu einer resultierenden Strangdurchflutung zusammen, so daß auch hier mit dem Wicklungsfaktor ξ gearbeitet werden kann. Somit dürfen wir auch für die Durchflutung die verteilte Wicklung der Windungszahl N durch eine konzentrierte Ersatzwicklung mit der Windungszahl ξN ersetzen. Mit der wirksamen Windungszahl ξN ändern sich nicht nur die Durchflutungen, sondern im gleichen Verhältnis auch deren Grund- und Oberfelder. Dies gilt sowohl für Wechselstrom- als auch für Gleichstromerregung.

Für die weiteren Betrachtungen sind Grundwelle und Oberwellen von Strombelagskurve und Felderregerkurve wichtig. Wir untersuchen hierfür die in einem Nutpaar konzentrierte Wicklung

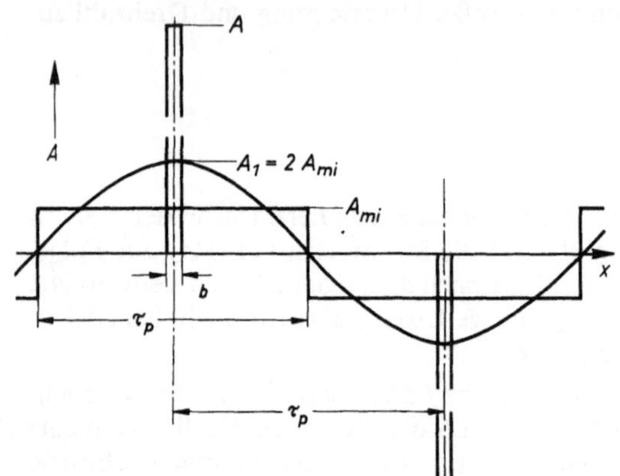

mit der Spulenweite τ_p und der Durchflutung Θ_k, die auf der sehr kleinen Breite b wirkt und dort den Strombelag A erzeugt (Bild **58.**1). Die Strombelagskurve bildet im Abstand der Polteilung τ_p Rechtecke mit der Fläche $A b = \Theta_k$. Diese Rechteckwelle kann man in eine **Fourierreihe** zerlegen. Für die Amplitude A_1 der **Grundwelle** gilt dann

$$A_1 = \frac{4}{\pi}\,A \sin\!\left(\frac{b}{\tau_p}\cdot\frac{\pi}{2}\right) \quad (58.1)$$

58.1
Strombelagswelle $A_x = f(x)$ einer konzentrierten Wicklung

Da es sich hier um einen sehr kleinen Winkel handelt, darf man den Sinus durch den Winkel ersetzen und erhält so

$$A_1 = 2 A b/\tau_p = 2 \Theta_k/\tau_p = 2 A_{mi} \tag{58.2}$$

worin $A_{mi} = \Theta_k/\tau_p$ den Mittelwert bezeichnet. Bei sehr kleinen Breiten b findet man in gleicher Weise für die Amplituden der **Strombelagsoberwellen**

$$A_\nu = \frac{4}{\pi}\cdot\frac{A}{\nu}\sin\!\left(\nu\,\frac{b}{\tau_p}\cdot\frac{\pi}{2}\right) = 2 A b/\tau_p = A_1 \tag{58.3}$$

Bei einer konzentrierten Wicklung haben daher Grund- und Oberwellen des Strombelags die gleiche Amplitude. Bild **58.**1 zeigt außerdem, daß nur Strombelagswellen (und somit auch Felder) ungerader Ordnungszahl ν auftreten können. Da die Felderregerkurve nach Gl. (43.2) das Integral der Strombelagskurve darstellt, erhalten wir für die **Amplitude der Grundwelle der Felderregerkurve** einer **konzentrierten Wicklung**

$$2 V_1 = \Theta_1 = \frac{2}{\pi}\,A_1\tau_p = \frac{4}{\pi}\,\Theta_k = 1{,}27\,\Theta_k \tag{58.4}$$

Entsprechend der $1/\nu$-fachen Polteilung ergibt sich für die **Amplitude der Oberwellen der Felderregerkurve**

$$2 V_\nu = \frac{2}{\pi}\,A_1\frac{\tau_p}{\nu} = \frac{4}{\pi}\cdot\frac{\Theta_k}{\nu} \tag{58.5}$$

Setzen wir in Gl. (58.4) und (58.5) die Durchflutung der konzentrierten Ersatzwicklung $\Theta_k = \xi_\nu\Theta$ ein, wobei Θ die tatsächliche Strangdurchflutung ist, so erhalten wir die Amplituden der Grund-

und Oberwellen der Felderregerkurve V_x und aus Gl. (58.2) sowie (58.3) die zugehörigen Amplituden der Grund- und Oberwellen des Strombelags A_x einer verteilten Wicklung, nämlich

$$V_1 = \frac{2}{\pi}\,\xi_1\,\Theta \qquad\qquad V_\nu = \frac{2}{\pi}\cdot\frac{\xi_\nu}{\nu}\,\Theta \qquad\qquad \frac{V_\nu}{V_1} = \frac{\xi_\nu}{\nu\,\xi_1} \tag{59.1}$$

$$A_1 = 2\,\xi_1\,\frac{\Theta}{\tau_\mathrm{p}} \qquad\qquad A_\nu = 2\,\xi_\nu\,\frac{\Theta}{\tau_\mathrm{p}} \qquad\qquad \frac{A_\nu}{A_1} = \frac{\xi_\nu}{\xi_1} \tag{59.2}$$

Somit kann man durch Ausbreitung und Sehnung einer Wicklung die Strombelagswellen höherer Polzahl mit dem Wicklungsfaktor ξ_ν gegenüber der Grundwelle erheblich vermindern. Da sich nach Abschn. 1.3.2.1 Felderregerkurve und Luftspaltfeld i. allg. nur durch einen Faktor unterscheiden, erhält man mit Gl. (59.1) für das **Verhältnis der Amplituden von Oberfeld zu Grundfeld**

$$\frac{B_\nu}{B_1} = \frac{\xi_\nu}{\nu\,\xi_1} \tag{59.3}$$

Man braucht daher bei verteilten Wicklungen mit Lochzahlen $q > 2$ immer nur mit kleinen Oberfeldern zu rechnen. Die wirksamen Oberfeldflüsse sind wegen $\Phi_\nu = B_{\nu\mathrm{mi}}\tau_{\mathrm{p}\nu}l$ und $\tau_{\mathrm{p}\nu} = \tau_\mathrm{p}/\nu$ noch kleiner. Für das Verhältnis der Flüsse gilt daher

$$\frac{\Phi_\nu}{\Phi_1} = \frac{\xi_\nu}{\nu^2\,\xi_1} \tag{59.4}$$

1.5.2 Drehfelder

Während ein Wechselfeld seine Lage beibehält und mit der Wechselstromfrequenz f nur Größe und Richtung ändert, verstehen wir unter einem Drehfeld ein magnetisches Feld, das sich mit **gleichbleibender Form (konstanter Induktionsverteilung)** und **fester Winkelgeschwindigkeit** $\omega_\mathrm{d} = 2\pi f$ durch den Luftspalt der Wechselstrommaschinen bewegt. Es kann z. B. durch ein Polrad nach Bild **54.1** a erzeugt werden. Bei den folgenden Betrachtungen sollen Wechselfeld und Drehfeld eine sinusförmige Feldverteilung über einen Pol aufweisen; wir beschränken uns also auf das Grundfeld. Die Amplitude des Drehfeldes durchläuft dann einen Kreis, so daß ein solches Feld auch **Kreisdrehfeld** genannt wird.

1.5.2.1 Mit- und gegenlaufende Drehfelder. Nach Band I (Abschn. Zeigerdiagramm) hat man sich die in Strom- und Spannungsdiagrammen dargestellten komplexen Zeiger $\underline{I}, \underline{U}$ mit dem Dreher $\mathrm{e}^{\mathrm{j}\omega t}$ behaftet zu denken. Daher ist ein Drehfeld auch durch den Drehzeiger

$$\underline{B}_\mathrm{m} = B_\mathrm{m}\,\mathrm{e}^{\mathrm{j}\varepsilon}\,\mathrm{e}^{\mathrm{j}\varphi}\,\mathrm{e}^{\mathrm{j}\omega t} \tag{59.5}$$

symbolisch darstellbar, wenn B_m die Amplitude des sinusförmig verteilten Feldes, ε den ebenen Phasenwinkel gegenüber einer frei zu wählenden Bezugsachse und φ den zeitlichen Phasenwinkel des Erregerstroms gegenüber einer Bezugsspannung bezeichnen. Hier wird das Drehfeld $\underline{B}_\mathrm{m}$, das sich mit $\mathrm{e}^{\mathrm{j}\omega t}$ im mathematisch positiven Sinn linksherum bewegt, **mitlaufendes** Drehfeld genannt. Ein hierzu mit $\mathrm{e}^{-\mathrm{j}\omega t}$ entgegengesetzt bewegtes Drehfeld

$$\underline{B}_\mathrm{g} = B_\mathrm{g}\,\mathrm{e}^{\mathrm{j}\varepsilon}\,\mathrm{e}^{\mathrm{j}\varphi}\,\mathrm{e}^{-\mathrm{j}\omega t} \tag{59.6}$$

heißt dann **gegenlaufendes** Drehfeld. Man kann aber auch ein rechtslaufendes Drehfeld als mitlaufendes bezeichnen (s. Abschn. 1.7). Solche Drehfelder sind als Grund- und Oberfelder möglich.

In Bild **60.1** sind zwei Drehfelder mit der gleichen Amplitude B, aber gegensinnigen Drehrichtungen in einem Zeigerdiagramm dargestellt. Wenn sie gleichzeitig in derselben Maschine wirken, überlagern sie sich zu einem resultierenden Feld. Da es sich um sinusförmige Felder handelt, darf man die zugehörigen Zeiger in den zu betrachtenden Augenblicken geometrisch addieren. Man erkennt, daß das resultierende, vom Ort x und der Zeit t abhängige Feld

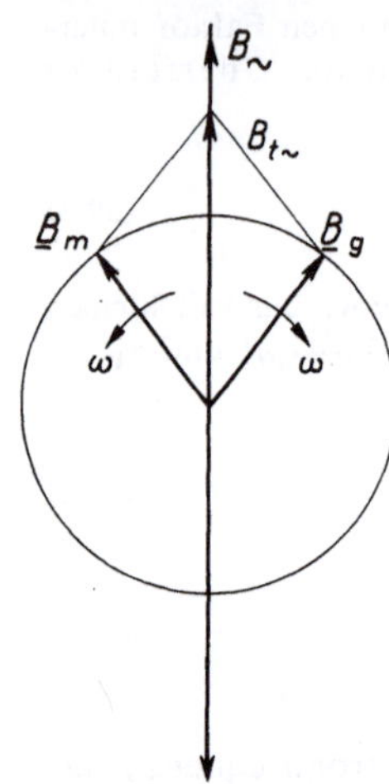

$$B_{t\sim} = \underline{B}_m + \underline{B}_g = B(e^{j\omega t} + e^{-j\omega t}) = 2B\cos(\omega t) \quad (60.1)$$

ein reines Wechselfeld ist, dessen Größe sich mit $\cos(\omega t)$ ändert. Zwei Drehfelder gleicher Amplitude und entgegengesetzter Drehrichtung setzen sich daher zu einem Wechselfeld mit der doppelten Amplitude des einzelnen Drehfeldes zusammen. Umgekehrt darf man auch **jedes Wechselfeld in zwei Drehfelder mit halber Amplitude des Wechselfeldes und entgegengesetzten Umlaufrichtungen zerlegen,** d.h., es ist

$$B\cos(\omega t) = \frac{1}{2}Be^{j\omega t} + \frac{1}{2}Be^{-j\omega t} \qquad (60.2)$$

60.1
Überlagerung von zwei gleichgroßen, entgegengesetzt umlaufenden Drehfeldern $\underline{B}_m$ und $\underline{B}_g$ zum Wechselfeld $B_{t\sim}$

Dies ermöglicht es, aus den in den einzelnen Wicklungen zunächst erzeugten Wechselfeldern Drehfelder aufzubauen.

1.5.2.2 Drehfelder zweisträngiger Maschinen. Wir untersuchen das einfache Schema eines zweisträngigen Motors nach Bild **60.2a**. Die Spulen *1* und *2* sind um den **Strangwinkel** ε gegeneinander versetzt. Sie liegen an den Spannungen u_1 und u_2, so daß nach dem Induktionsgesetz mit ihnen die Flüsse Φ_1 und Φ_2 verkettet sind und Wechselfelder ent-

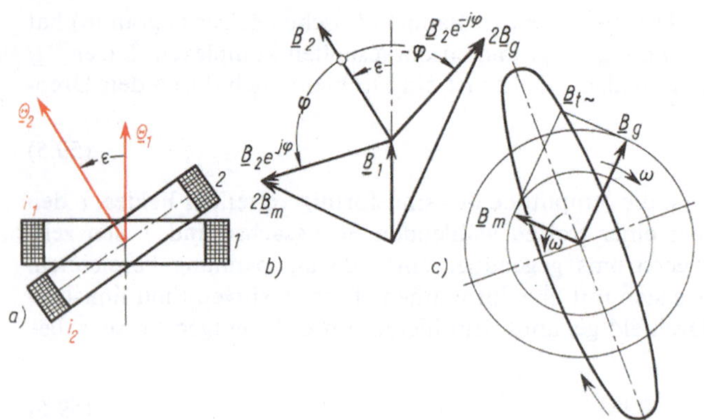

60.2
Zweisträngige Maschine mit Aufbauprinzip (a), Zeigerdiagramm der Drehfelder (b) und elliptischem Drehfeld (c)
1, 2 Erregerspulen
Θ Spulendurchflutung
$\underline{B}$ Induktionszeiger

stehen, deren **Grundfelder** B_1 und B_2 wir betrachten wollen. Zur Erregung der Wechselfelder sind die Durchflutungen Θ_1 und Θ_2, d.h. die Erregerströme i_1 und i_2, nötig. Der Strom i_2 eilt gegenüber i_1 um den **Phasenwinkel** φ vor. Somit entstehen unter Beachtung von Gl. (59.5), (59.6) und (60.2) die Wechselfelder

$$B_{1\mathrm{t}\sim} = \frac{1}{2}\,B_1\,\mathrm{e}^{\mathrm{j}\omega t} + \frac{1}{2}\,B_1\mathrm{e}^{-\mathrm{j}\omega t}$$

$$B_{2\mathrm{t}\sim} = \frac{1}{2}\,B_2\,\mathrm{e}^{\mathrm{j}\,(\omega t + \varphi)}\,\mathrm{e}^{\mathrm{j}\varepsilon} + \frac{1}{2}\,B_2\,\mathrm{e}^{-\mathrm{j}\,(\omega t + \varphi)}\,\mathrm{e}^{\mathrm{j}\varepsilon}$$

Die gleichsinnig umlaufenden Teilfelder werden zusammengefaßt, und man erhält das **mitlaufende Drehfeld**

$$\underline{B}_\mathrm{m} = \frac{1}{2}\,(B_1 + B_2\,\mathrm{e}^{\mathrm{j}\,(\varepsilon + \varphi)})\,\mathrm{e}^{\mathrm{j}\omega t} \tag{61.1}$$

sowie das **gegenlaufende Drehfeld**

$$\underline{B}_\mathrm{g} = \frac{1}{2}\,(B_1 + B_2\,\mathrm{e}^{\mathrm{j}\,(\varepsilon - \varphi)})\,\mathrm{e}^{-\mathrm{j}\omega t} \tag{61.2}$$

Gl. (61.1) und (61.2) können wieder in ein Zeigerdiagramm übersetzt werden. Es ist in Bild **60.**2b dargestellt. Für den betrachteten Fall überwiegt das gegenlaufende Drehfeld B_g. Das mitlaufende Drehfeld würde vorherrschen, wenn ebener Winkel ε und Phasenwinkel φ entgegengesetzte Vorzeichen hätten.

Mitlaufendes und gegenlaufendes Drehfeld dürfen nach Bild **60.**2c ebenfalls zu einem resultierenden Feld überlagert werden. Der zeitliche Verlauf der Feldamplitude B_t folgt dann einer Ellipse, deren Größtwert gleich der Summe $B_\mathrm{m} + B_\mathrm{g}$ der entgegengesetzt umlaufenden Drehfelder und deren Kleinstwert gleich deren Differenz $B_\mathrm{g} - B_\mathrm{m}$ bzw. $B_\mathrm{m} - B_\mathrm{g}$ ist. Die Winkelgeschwindigkeit des Feldmaximums ändert sich periodisch; die Drehrichtung ist rechtsherum. Ein solches Feld nennt man **elliptisches Drehfeld**. Es tritt vornehmlich in den Einphasenmaschinen auf (s. Abschn. 4.2).

Ein reines Kreisdrehfeld stellt sich ein, wenn das gegenlaufende Drehfeld nach Gl. (61.2) verschwindet, d.h. für

$$B_1 = B_2 \quad\text{und}\quad \varepsilon - \varphi = 180° \tag{61.3}$$

In üblichen Zweiphasenmaschinen sind daher die beiden Strangwicklungen räumlich um 90 °el gegeneinander versetzt, und die Spannung an der einen Wicklung eilt gegenüber der Spannung der anderen Wicklung um 90° nach (s. Abschn. 4.2.2).

1.5.2.3 Drehfelder in Dreiphasenmaschinen. In einer dreiphasigen Maschine sind die drei Wicklungsstränge vollkommen gleichartig aufgebaut und um 120° gegeneinander versetzt. Jede Wicklung hat die Windungszahl N und den Wicklungsfaktor ξ, so daß mit der Netzfrequenz f nach der Spannungsgleichung (19.1) auch der Fluß Φ festliegt. Die Strangwicklungen liegen an drei gleich großen, um 120° gegeneinander phasenverschobenen Spannungen. Da keine Wicklung gegenüber der anderen bevorzugt ist, führen sie auch drei gleich große, wieder um 120° gegeneinander nacheilende Ströme. Sie sind in Bild **62.**1 zusammen mit der Sternschaltung der Strangwicklungen dargestellt und haben die für den Fluß Φ_d erforderliche Durchflutung Θ_d zu bilden.

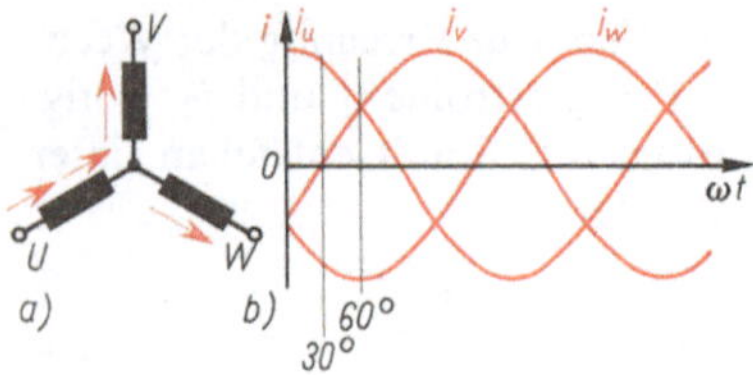

62.1
Sternschaltung (a) mit Stromverteilung zur
Zeit $t = 0$ und Stromverlauf $i = f(t)$ einer
Dreiphasenmaschine (b)

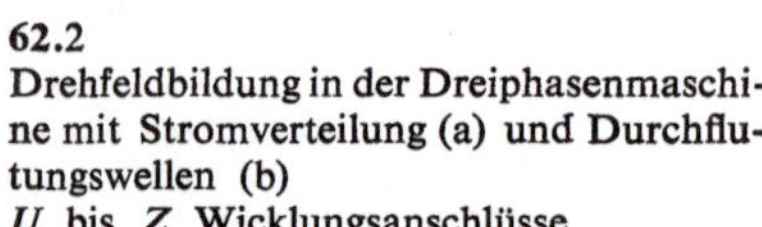

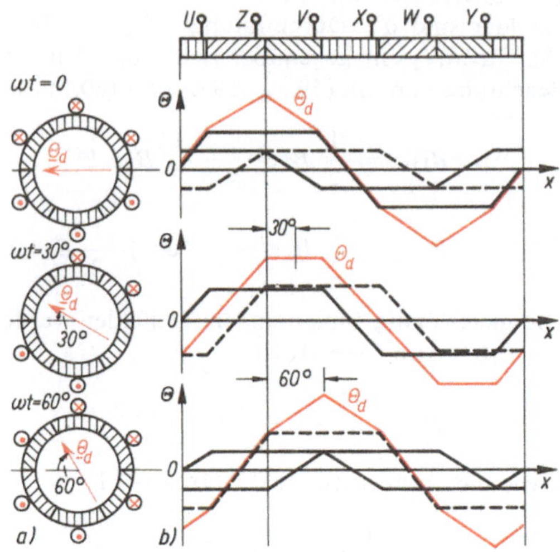

62.2
Drehfeldbildung in der Dreiphasenmaschine mit Stromverteilung (a) und Durchflu-
tungswellen (b)
U bis Z Wicklungsanschlüsse

Um unübersichtliche, treppenförmige Feldkurven nach Bild **43**.1 zu vermeiden, setzen
wir zunächst eine unendlich fein verteilte Ständerwicklung (Lochzahl $q = \infty$) voraus.
Mit Bild **62**.2a betrachten wir die Stromverteilung zu den drei verschiedenen Augenblicken $\omega t = 0°$, $30°$ und $60°$. Zur Zeit $t = 0$ hat der Strom i_U sein Maximum i_m, der
je zur Hälfte $-i_V$ und $-i_W$ über die beiden anderen Strangwicklungen wieder abfließt.
In den Spulenhälften Z, U, Y fließen daher die Ströme in die Bildebene hinein und in
den Spulenhälften V, X, W aus ihr heraus, so daß sich hieraus die Richtung der resultierenden Ständerdurchflutung Θ_d (Pfeil) ergibt. Bei $\omega t = 30°$ ist der Strom i_V ver-
schwunden, bei U tritt der Strom $i_U = (\sqrt{3}/2)i_m$ ein und bei W als $-i_W$ wieder aus.
Die resultierende Ständerdurchflutung Θ_d hat sich um $30°$ gedreht. Für $\omega t = 60°$ haben
wir wieder eine Form der Stromverteilung wie für $t = 0$; allerdings ist die resultierende
Durchflutung Θ_d jetzt um $60°$ weiter gewandert. Mit der Durchflutung muß sich auch
das Feld gedreht haben, wie Bild **62**.2b deutlich zeigt.

In Bild **62**.2b ist oben die abgewickelte Ständerwicklung mit den Zuleitungen dargestellt; diese Verhältnisse sind auch wieder für eine Linearmaschine gegeben. Es gelten
die Stromverteilungen nach Bild **62**.2a. Wegen der unendlich fein verteilten Wicklungen
steigt in jeder Spulenhälfte die Durchflutung von der Zonenmitte aus linear an. Zwischen
den zugehörigen Spulenseiten verläuft sie waagerecht. Man erhält somit trapezförmige
Durchflutungskurven für alle Strangwicklungen. Für die Augenblicke $\omega t = 0$ und $\omega t =$
$60°$ überlagern sich die einzelnen Durchflutungskurven zu einer Trapez-Dreieck-Form,
für $\omega t = 30°$ zu einem Trapez. Die resultierende Durchflutungskurve Θ_d ändert zwar
ihre Form, hat sich jedoch der Sinuskurve stärker als die Strangdurchflutungen angenähert. Sie wandert mit dem Winkel ωt.

In der Dreiphasenmaschine entsteht somit durch das Zusammenwirken der über den
Ständerumfang verteilten Strangwicklungen mit den Strangströmen eine D r e h d u r c h -
f l u t u n g Θ_d, die im Luftspalt den D r e h f l u ß Φ_d bzw. das Drehfeld $\underline{B}_m$ verursacht.
Wegen dieser Eigenschaft wird das Dreiphasensystem auch als D r e h s t r o m s y s t e m
bezeichnet.

Wenn wir jetzt bei einer beliebigen Wicklung nur die Grundwellen der Strangdurchflutungen betrachten, dürfen wir sie, ähnlich wie die Wechselfelder, in mit- und gegenlaufende Drehdurchflutungen zerlegen. Wir haben nur darauf zu achten, daß sie die gleiche Wechselamplitude Θ_w haben und sowohl zeitlich wie auch räumlich gegeneinander phasenverschoben sind. Wenn man den üblichen Rechtsdrehsinn erhalten will, handelt es sich bei Dreiphasenmaschinen um Wicklungsverdrehungen um je 120° und um zeitliche Stromnacheilungen um ebenfalls 120°. Daher gilt für die Strangdurchflutungen

$$\Theta_{Ut} = \frac{1}{2}\,\Theta_w\,e^{j\,\omega t} \qquad\qquad\qquad + \frac{1}{2}\,\Theta_w\,e^{-j\,\omega t}$$

$$\Theta_{Vt} = \frac{1}{2}\,\Theta_w\,(e^{j\,(\omega t-120°)} + e^{-j\,(\omega t-120°)})\,e^{j\,120°}$$

$$= \frac{1}{2}\,\Theta_w\,e^{j\,\omega t} \qquad\qquad + \frac{1}{2}\,\Theta_w\,e^{j\,240°}\,e^{-j\,\omega t}$$

$$\Theta_{Wt} = \frac{1}{2}\,\Theta_w\,(e^{j\,(\omega t-240°)} + e^{-j\,(\omega t-240°)})\,e^{j\,240°}$$

$$= \frac{1}{2}\,\Theta_w\,e^{j\,\omega t} \qquad\qquad\qquad + \frac{1}{2}\,\Theta_w\,e^{j\,480°}\,e^{-j\,\omega t}$$

Da $1 + e^{j\,240°} + e^{j\,480°} = 0$ ist, verschwindet auch hier die gegenlaufende Drehdurchflutung, und es bleibt insgesamt als Summe die mitlaufende Drehdurchflutung

$$\Theta_d\,e^{j\,\omega t} = \Theta_{Ut} + \Theta_{Vt} + \Theta_{Wt} = \frac{3}{2}\,\Theta_w\,e^{j\,\omega t} \tag{63.1}$$

übrig. Somit braucht die **Wechseldurchflutung** in den Strangwicklungen mit

$$\Theta_w = \frac{2}{3}\,\Theta_d \tag{63.2}$$

nur einen Teil der für den Drehfluß Φ_d erforderlichen Drehdurchflutung Θ_d zu betragen. Aus diesem Grund ist auch der Magnetisierungsstrom bei einer auf mehrere Strangwicklungen verteilten Erregerdurchflutung kleiner als bei einer reinen Wechseldurchflutung. Der Fluß Φ ist jedoch entsprechend der Spannungsgleichung (19.1) bei gleicher Strangspannung unabhängig davon, ob er mit einer einzigen Wicklung oder nacheinander mit mehreren Wicklungen verkettet ist. Bei einer m-strängigen, symmetrisch aufgebauten Mehrphasenmaschine gilt für die Wicklungsdurchflutung allgemein

$$\Theta_w = \frac{2}{m}\,\Theta_d \tag{63.3}$$

In einer Zweiphasenmaschine mit dem Strangwinkel $|\varepsilon| = 90°$ sind Wechsel- und Drehdurchflutung also gleich groß.

Bild **62.2**b zeigt, daß die Feldform durch das Zusammenwirken von drei Strangwicklungen wesentlich verbessert wird. Wenn wir z. B. den gleichen Ansatz, den wir für die Grundwellendurchflutung machten, auf das dritte Teilfeld erweitern, müssen wegen der dreifachen Polzahl alle ebenen Winkel verdreifacht werden, während wegen der sinusförmigen Dreiphasenströme Erregerfrequenz ω und elektrischer Phasenwinkel $\varphi = 120°$ beizubehalten sind. In diesem Fall verschwinden sowohl mitlaufende als auch gegenlaufende Drehdurchflutung, d. h., Oberfelder mit der Polpaarzahl $3p$ (oder Vielfachen hiervon) treten in normalen Dreiphasenmaschinen nicht auf.

Weiterhin zeigt Bild **62.**2b, daß die Feldform während des Umlaufs Änderungen unterworfen ist. Grund- und Oberfelder haben jedoch eine gleichbleibende Amplitude. Die Änderung der Feldkurvenform hat ihre Ursache vielmehr in der unterschiedlichen Geschwindigkeit und der entgegengesetzten Drehrichtung einiger Oberfelder; z.B. laufen in normalen Dreiphasenmaschinen 5. und 11.Teilfeld in umgekehrtem Drehsinn wie das Grundfeld um.

1.6 Allgemeine Drehfeldmaschine

Eine Wechselstrommaschine, die im Ständer und Läufer je eine in Nuten untergebrachte Mehrphasenwicklung enthält, kann als Transformator, Motor, Generator, Bremse oder Frequenzumformer eingesetzt werden. Wir bezeichnen sie daher als allgemeine Drehfeld-

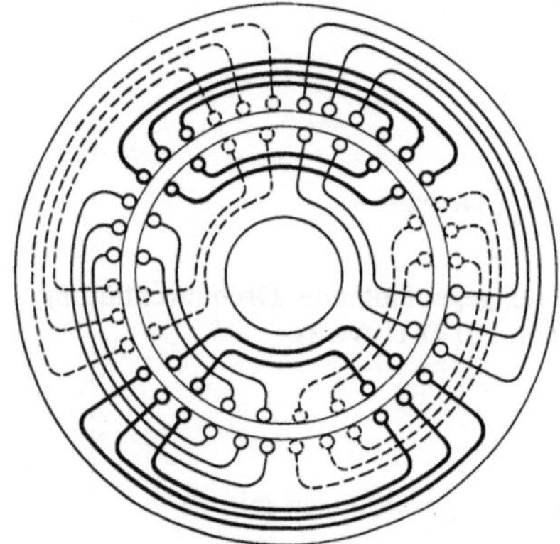

64.1
Stirnverbindungen einer vierpoligen Drehfeldmaschine mit Dreiphasenwicklungen (Spulen ungleicher Weite) in Ständer und Läufer

maschine. Bild **64.**1 zeigt die Wicklungsanordnung einer solchen Maschine mit den zugehörigen Stirnverbindungen. Nutenzahlen Z und Lochzahlen q von Ständer und Läufer unterscheiden sich im allgemeinen, da sonst Anlaufschwierigkeiten auftreten. In Bild **64.**1 ist z.B. $q_1 = 3$ und $q_2 = 2$.

1.6.1 Betriebsbereiche

Das hervorstechendste Kennzeichen jeder Drehfeldmaschine ist der im Luftspalt mit der Drehfelddrehzahl $n_d = f/p$ umlaufende Drehfluß Φ_d. Er rotiert z.B. in einer zweipoligen Maschine (Polpaarzahl $p = 1$) bei der Netzfrequenz $f = 50\,\text{Hz}$ mit der Drehzahl $n_d = f = 50\,\text{s}^{-1} = 3000\,\text{min}^{-1}$. Sein Betrag wird nach der Spannungsgleichung $U = 4{,}44 f N \xi \Phi_d$ durch Frequenz f, Windungszahl N und Wicklungsfaktor ξ der Strangwicklungen bestimmt. Wenn wir zunächst von den veränderlichen Wirk- und Streuspannungen in der Wicklung absehen, erhalten wir daher bei konstanter Strangspannung U nach Gl. (19.1) den **konstanten Drehfluß**

$$\Phi_d = U/(4{,}44 f N \xi) \tag{64.1}$$

Für die weiteren Überlegungen führen wir vereinfachende Annahmen ein: Der Läufer soll eine Wicklung mit unendlich großer Phasenzahl m_2 aufweisen. (Beim Käfigläufer, s. Abschn. 3.1.2, ist die Phasenzahl gleich der Stabzahl; er erfüllt diese Bedingung daher schon recht weitgehend.) Seine Strangwicklungen sollen nur Wirkwiderstände R_2 haben; alle Streublindwiderstände und alle Verluste (außer den Läuferkupferverlusten) werden vorerst vernachlässigt. Um das Wesen der Drehfeldmaschine klar zu erkennen, wollen wir nun mit diesen Vereinfachungen die verschiedenen Betriebszustände betrachten.

1.6.1.1 Raumzeigerdiagramm. Das Verhalten der Drehfeldmaschine läßt sich besonders übersichtlich mit einem Raumzeigerdiagramm[1]) ableiten. Während Ersatzschaltungen und Zeigerdiagramme für Spannungen und Ströme insbesondere das Verhalten der elektrischen Maschinen in Hinsicht auf das Netz (z.B. die Wirkung des Transformators im Leitungszug) darstellen, befaßt sich das Raumzeigerdiagramm mit dem inneren Verhalten, d.h. mit der räumlichen Zuordnung von Flüssen, Durchflutungen und Strömen der verschiedenen Wicklungen und deren Zusammenwirken.

In Bild **65.**1a ist das örtlich sinusförmig verteilte Luftspaltfeld B_{Lx} einer Drehfeldmaschine über dem abgewickelten Bohrungsumfang x dargestellt. Es rotiert mit der Drehfelddrehzahl n_d. Zu seinem Aufbau muß an jeder Stelle des Luftspalts nach Gl. (3.4) und (4.2) eine magnetische Spannung V vorhanden sein bzw. insgesamt die gleichphasige

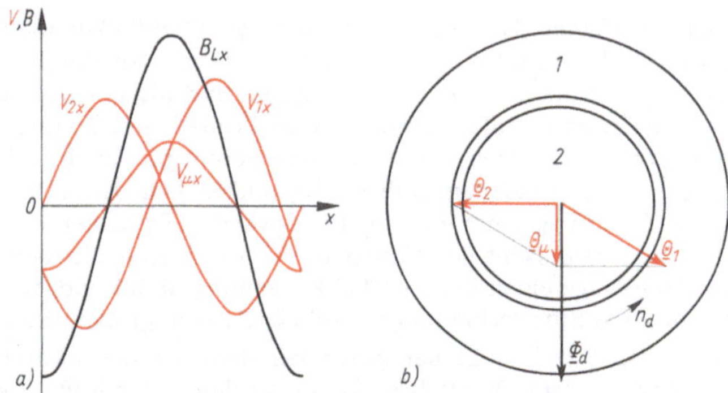

65.1
Ortsdiagramm (a) von Luftspaltinduktion B_{Lx} und Felderregerkurven V_x sowie Raumzeigerdiagramm (b) für Drehfluß $\underline{\Phi}_d$ und Durchflutungen $\underline{\Theta}$ der allgemeinen Drehfeldmaschine
1 Ständer, *2* Läufer

(also synchron mitdrehende) und örtlich sinusförmige Felderregerwelle $V_{\mu x}$. Wenn jetzt im Läufer *2* noch Ströme fließen, wird auch der Läufer eine Felderregerwelle V_{2x} erzeugen, von der hier nur die sinusförmige und wieder synchron mitlaufende Grundwelle betrachtet werden soll. Da nach dem Induktionsgesetz Gl. (6.3) bei konstanter Spannung nur der Drehfluß Φ_d, also das Luftspaltfeld B_{Lx}, auftreten kann, darf resultierend auch nur die Magnetisierungs-Felderregerwelle $V_{\mu x}$ wirksam bleiben, so daß der Ständer *1* nun mit seinen Strömen die Felderregerwelle V_{1x} verursachen muß.

Alle betrachteten Größen sind örtlich sinusförmig und gegeneinander phasenverschoben. Ähnlich wie bei zeitlich sinusförmigen Vorgängen läßt sich der dargestellte Zusammenhang daher einfacher mit dem Zeigerdiagramm in Bild **65.**1b übersehen.

Dort sind die Felderregerwellen V_x durch die Durchflutungen $\underline{\Theta}$ und das Luftspaltfeld B_{Lx} durch den Drehfluß $\underline{\Phi}_d$ ersetzt. Alle Größen stehen relativ zueinander still, rotieren insgesamt aber mit der Drehfelddrehzahl n_d. Diese R a u m z e i g e r symbolisieren somit in Umfangsrichtung örtlich sinusförmig verteilte und mit der Drehfelddrehzahl gleichmäßig umlaufende elektrische oder magnetische Größen.

---

[1]) Es wurde von E. Kübler in den „Leitfaden" eingeführt.

Diese Betrachtungsweise unterscheidet sich in dem anders definierten Koordinatensystem und meist in den Vorzeichen von den für die Ersatzschaltungen festgelegten positiven Zählrichtungen. Um diese Abweichung deutlich hervortreten zu lassen, geben wir den Raumzeigerdiagrammen grundsätzlich eine andere Lage als den normalen Zeigerdiagrammen (vgl. z. B. Bild **220**.1 und **221**.1).

1.6.1.2 Schlupf. Es ist zweckmäßig, die Betriebsbereiche der Drehfeldmaschine durch den Unterschied zwischen Drehfelddrehzahl n_d und Läuferdrehzahl n zu kennzeichnen. Diese Schlupfdrehzahl $n_s = n_d - n$ wird als bezogene Drehzahl mit dem Schlupf

$$s = \frac{n_s}{n_d} = \frac{n_d - n}{n_d} = 1 - \frac{n}{n_d} \tag{66.1}$$

angegeben. Für die Läuferdrehzahl gilt demnach

$$n = n_d(1 - s) \tag{66.2}$$

Hiermit kann man jede Drehzahlabszisse (z. B. in Bild **68**.1) in Schlupfwerte umbeziffern. Der Schlupf s ist, wie später noch gezeigt wird, eine besonders aufschlußreiche Kenngröße der Drehfeldmaschine.

1.6.1.3 Stillstand. Der vom Ständer erzeugte Drehfluß überläuft die Wicklungen des Läufers im Stillstand (also beim Schlupf $s = 1$) mit Netzfrequenz. Die Flußverkettung der Läuferspulen ändert sich sinusförmig, so daß die einander gegenüberliegenden Spulen von Ständer und Läufer unmittelbar als Primär- und Sekundärwicklungen eines Transformators angesehen werden dürfen. Somit gilt für die allgemeine Drehfeldmaschine mit belastetem Läufer im Stillstand grundsätzlich dieselbe Ersatzschaltung und dasselbe Zeigerdiagramm wie für den normal aufgebauten Transformator (s. Abschn. 2). Allerdings verursacht der Luftspalt einen größeren Magnetisierungsstrom, die größere Windungslänge einen höheren Wirkspannungsabfall und die größere Streuung über die Nut und die Stirnverbindungen (Bild **64**.1) eine größere Streuspannung.

Auch wenn jetzt der Läufer gegenüber dem Ständer verdreht wird, bleibt die Läuferwicklung mit dem Drehfluß verkettet, so daß in ihr weiterhin die gleiche Spannung erzeugt wird. Da die Läuferwicklung wegen der Läuferverstellung zu einer anderen Zeit als die Ständerwicklung vom Drehfluß überlaufen wird, sind Läuferspannung und Ständerspannung gegeneinander phasenverschoben. Diese Erscheinung wird im Drehtransformator ausgenutzt. Mit ihm kann eine Wechselspannung stetig verstellt werden. Meist soll die Eingangsspannung nur in einem kleinen Bereich verändert werden. Dann wird die Läuferwicklung in Sternschaltung als Primärwicklung an die Netzspannung U_1 gelegt. In der Ständerwicklung als Sekundärwicklung wird die Zusatzspannung U_Z erzeugt, die nun in Reihe zum Netz die Ausgangsspannung $U_2 = U_1 + U_Z$ bestimmt. Die Ausgangsspannung läßt sich also im Bereich $U_2 = U_1 \pm U_Z$ stufenlos verstellen.

Das Schaltzeichen eines Dreiphasentransformators für Drehstrom in Sparschaltung mit einer in Stern geschalteten Läuferwicklung zeigt Bild **67**.1a, das zugehörige einphasige Zeigerdiagramm für die Leerlaufspannungen Bild **67**.1b. Durch die Drehung des Läufers um den Winkel α wird auch die Ausgangsspannung U_2 gegenüber der Eingangsspannung U_1 phasenverschoben. Diese Phasenverschiebung kann man durch einen Doppeldrehtransformator (Bild **276**.1) vermeiden. In ihm wird durch die Reihenschaltung eines zweiten Drehtransformators mit vertauschter Phasenfolge der Netzanschlüsse eine gegensinnig verdrehte Zusatzspannung aufgebracht, die die erste Phasendrehung wieder aufhebt.

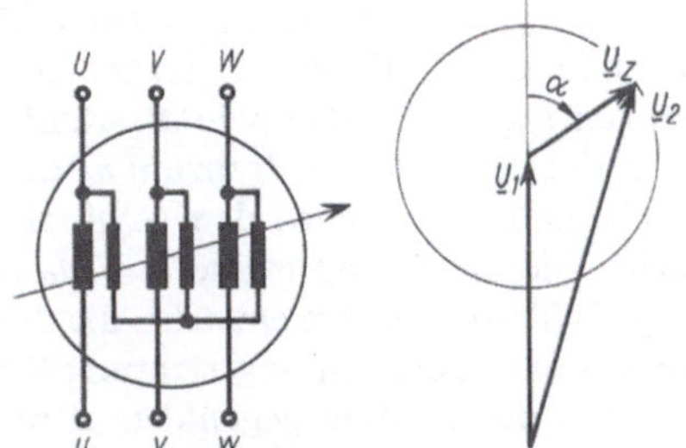

67.1
Drehtransformator für Drehstrom mit Sternschaltung der
Läuferwicklung
a) Schaltzeichen
b) einphasiges Zeigerdiagramm der Leerlaufspannungen

1.6.1.4 Synchronlauf. Wenn der Läufer auf die Drehfelddrehzahl $n = n_\mathrm{d}$ gebracht wird,
steht er relativ zum Drehfluß Φ_d still. Bei diesem Synchronlauf mit dem Schlupf $s = 0$
ändert sich die Flußverkettung der Läuferwicklungen nicht, so daß in ihnen keine
Spannungen induziert werden. Auch wenn die Läuferwicklungen kurzgeschlossen werden, bleiben sie stromlos. Dann kann der Drehfluß auch kein Drehmoment bilden.
Wir bezeichnen diesen Betriebszustand als Leerlauf und erkennen, daß bei der idealisierten Drehfeldmaschine Leerlaufdrehzahl n_0 und Synchrondrehzahl n_d übereinstimmen.

Im Raumzeigerdiagramm des Synchronlaufs in Bild **67.**2a drehen die Zeiger mit der
Synchrondrehzahl n_d. Der Drehfluß Φ_d benötigt die Magnetisierungsdurchflutung $\underline{\Theta}_\mu$, die nach Abschn. 1.5.2.3 von den verschiedenen Strangwicklungen als Ständerdurchflutung $\underline{\Theta}_1$ aufzubringen ist. Hier begnügen wir uns damit, sie durch den Ständerstrom $i_1 = i_\mu$ entstanden zu
denken. Wegen des Luftspalts ist
der Magnetisierungsstrom
wesentlich größer als beim
Transformator; er beträgt bei
normalen Motoren das 0,1- bis
0,4fache des Nennstroms und
kann in Sonderfällen den Nennstrom erreichen. Kleine und
vielpolige Maschinen haben die
größeren Magnetisierungsströme, die kleineren Maschinen
wegen des relativ größeren Luftspalts.

67.2
Raumzeigerdiagramm der vereinfachten Drehfeldmaschine für
a) Synchronlauf
b) untersynchroner Lauf
c) übersynchroner Lauf
d) Gegenlauf

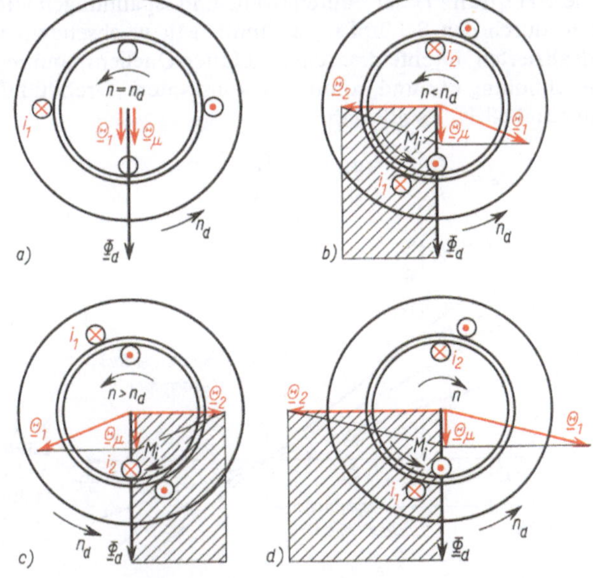

1.6.1.5 Untersynchroner Lauf. Der Läufer bleibt bei untersynchronem Lauf, also im
Schlupfbereich $0 < s < 1$, gegenüber dem in Bild **67.**2b entgegen dem Uhrzeiger rotie-
renden Drehfluß Φ_d zurück. Dieser Betriebszustand ist daher gleichbedeutend mit einer
Drehung des Läufers im Sinne des Uhrzeigers durch den ruhenden Fluß Φ_d mit der
Schlupfdrehzahl n_s. In den Spulenseiten der Läuferwicklungen werden daher die Span-

nungen $u_{q2} = B_x l v_s$ erzeugt, wenn v_s die Schlupfgeschwindigkeit, l die wirksame Spulenseitenlänge und B_x den Ortswert der Luftspaltinduktion bezeichnen. Die Spulenspannungen u_{q2} sind daher wie B_x räumlich sinusförmig im Luftspalt verteilt und laufen auch mit der Synchrondrehzahl n_d um; ihre Beträge aber sind proportional der Schlupfgeschwindigkeit v_s bzw. dem Schlupf s. Bei kurzgeschlossenen Läuferwicklungen verursachen sie die Strangströme $i_1 = u_{q2}/R_2$, so daß entsprechend Bild **65**.1 eine sinusförmige Felderregerkurve entsteht, die durch den Durchflutungszeiger $\underline{\Theta}_2$ symbolisiert wird. Strom- und Durchflutungsrichtung für den Läufer ergeben sich auf Grund des Zurückbleibens des Läufers gegenüber dem Drehfluß, d.h. der relativen Rechtsdrehung mit Schlupfdrehzahl n_s (Bild **67**.2b). Läuferstrom i_2 und Fluß Φ_d liegen in Phase; daher gilt nach Gl. (25.4) für das innere Drehmoment $M_i \sim I_2 \Phi_d \sim \Theta_2 \Phi_d$. Es ist also proportional dem aus den Zeigern $\underline{\Phi}_d$ und $\underline{\Theta}_2$ gebildeten Rechteck und wirkt hier **treibend** in der Richtung von Drehfluß und Läuferdrehsinn. Die Maschine arbeitet somit als **Motor**. Da alle Größen im Raumzeigerdiagramm relativ zueinander stillstehen und konstant sind, erzeugt jede Drehfeldmaschine bei einer bestimmten Drehzahl n auch **eine konstante mechanische Leistung** $P_{mech} = P_2 = 2\pi n M_i$.

Im Läufer entsteht die Durchflutung $\underline{\Theta}_2$, für den Drehfluß Φ_d wird aber nur die Magnetisierungsdurchflutung $\underline{\Theta}_\mu$ benötigt. Da nach dem Induktionsgesetz kein weiterer Fluß auftreten kann, muß die **Läuferdurchflutung** $\underline{\Theta}_2$ durch eine entsprechende **Ständerdurchflutung** aufgehoben werden. Dies geschieht durch die Ständerdurchflutung $\underline{\Theta}_1 = \underline{\Theta}_\mu - \underline{\Theta}_2$, also den Ständerstrom i_1.

Die **Frequenz** f_2 der Läuferströme und -spannungen wird durch die Schlupfdrehzahl n_s, d.h. durch den Schlupf s, bestimmt. Mit wachsendem Schlupf s wachsen auch bei der idealisierten Drehfeldmaschine Läufer-Quellenspannung u_{q2}, Läuferstrom i_2, Läuferdurchflutung Θ_2 und somit bei konstantem Drehfluß Φ_d das innere Drehmoment M_i an (Bild **68**.1). Es gilt daher

$$s = \frac{f_2}{f_1} = \frac{U_{q2}}{U_{20}} = \frac{M_i}{M_{iA}} \tag{68.1}$$

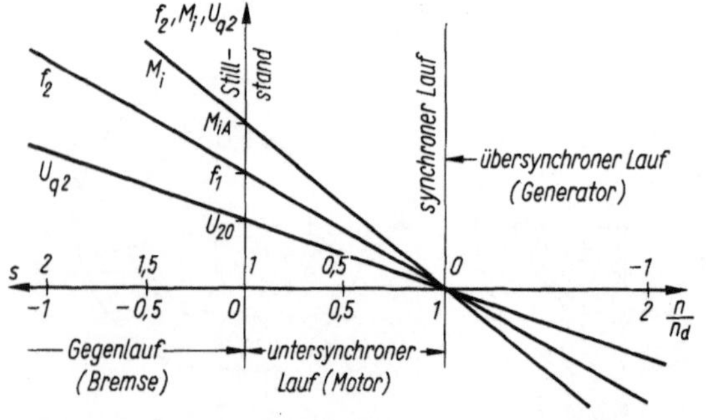

68.1
Läuferfrequenz f_2, Läuferspannung U_{q2} und inneres Drehmoment M_i der vereinfachten Drehfeldmaschine in Abhängigkeit vom Schlupf s bzw. der relativen Drehzahl n/n_d

wobei f_1 die Ständerfrequenz, U_{20} die Quellenspannung des Läufers im Stillstand und M_{iA} das innere Anzugsmoment bezeichnen. Die Drehzahl n eines Drehfeldmotors folgt daher der **Nebenschlußkennlinie** (s. Abschn. 1.2.2.2).

1.6.1.6 Übersynchroner Lauf.

Den Betrieb mit einer größeren Drehzahl als der synchronen, also einem Schlupf $s < 0$, bezeichnen wir als übersynchronen Lauf. Der Schlupf s des

Läufers gegenüber dem Drehfeld und somit auch Läuferspannung $\underline{U}_{q2}$, Läuferstrom $\underline{I}_2$, Läuferdurchflutung Θ_2 und inneres Drehmoment M_i haben dann die umgekehrte Richtung wie bei untersynchronem Lauf (Bild **67.**2c). Der Schlupf wird nach Gl. (66.1) negativ; für die Läuferfrequenz ist eine solche Festlegung allerdings ohne Bedeutung.

Das innere Drehmoment M_i wirkt der mechanischen Drehrichtung entgegen, d.h., es verhält sich wie ein Lastmoment. Der Läufer muß daher von außen mit dem entgegengesetzt gleichen Drehmoment angetrieben werden, wenn die Drehgeschwindigkeit aufrechterhalten werden soll. Somit muß eine mechanische Leistung $P_{\mathrm{mech}} = 2\pi n M_i$ dem Läufer zugeführt werden. Dann kehrt sich aber unter Beibehaltung der Ständerspannung die Richtung des Ständerstroms i_1 um. Die mechanische Leistung P_{mech} wird so in die elektrische Leistung P_{el}, die in das vorgegebene Netz geliefert wird, und die auftretenden Verluste V überführt. Die allgemeine Drehfeldmaschine wirkt im übersynchronen Lauf also als **Generator**.

1.6.1.7 Gegenlauf. Die Drehfeldmaschine kann auch in Gegenrichtung zum Drehfeld angetrieben werden. Sie verhält sich dann, wie aus Bild **67.**2d zu ersehen ist, wegen des Schlupfs $s > 1$ ähnlich wie beim untersynchronen Lauf. Nach Bild **68.**1 wachsen mit steigendem Schlupf s Läuferfrequenz f_2, Läuferspannung u_{q2}, Läuferstrom i_2, Läuferdurchflutung Θ_2 und somit auch das innere Drehmoment M_i stark an. Das Drehmoment wirkt der Läuferdrehung entgegen und bremst den Läufer ab. Im Gegenlauf arbeitet die Drehfeldmaschine daher als **Bremse**.

Wir erkennen an den Bildern **67.**2 und **68.**1, daß die Drehfeldmaschine nur bei einer vom Synchronlauf abweichenden Drehzahl mechanische Wirkungen verursacht. Man nennt sie daher auch **Asynchronmaschine**. Weil die Läuferströme vom Ständer her ohne leitende Verbindung induziert werden und dort ohne Verbindung zum Netz wirken können, bezeichnet man diese Maschinen auch als **Induktionsmaschinen**.

1.6.2 Eigenschaften

1.6.2.1 Drehfeldleistung und Läuferverluste. Im **untersynchronen** Lauf (Motor) nach Bild **67.**2b wird die **mechanische Leistung** $P_2 = P_{\mathrm{mech}} = 2\pi n M_i$ an die Motorwelle abgegeben. Allein das Drehfeld ist in der Lage, diese Leistung vom Ständer auf den Läufer zu übertragen. Es erzeugt das Drehmoment M_i und bewegt sich mit der Drehfelddrehzahl n_d, so daß die **Drehfeldleistung** $P_d = 2\pi n_d M_i$ vom Ständer auf den Läufer übergeht und als elektrische Leistung vom Netz in den Ständer hineingeliefert werden muß. Die Differenz

$$V_{\mathrm{Cu}2} = P_d - P_{\mathrm{mech}} = 2\pi n_s M_i = P_d\,\frac{n_d - n}{n_d} = P_d s \tag{69.1}$$

tritt als unvermeidbarer **Stromwärmeverlust** im Läuferkreis auf. Die Läuferkupferverluste $V_{\mathrm{Cu}2}$ wachsen daher stets mit dem Schlupf s an. Für die **mechanische Leistung** der vereinfachten Drehfeldmaschine gilt allgemein

$$P_{\mathrm{mech}} = P_d(1 - s) \tag{69.2}$$

Diese Leistungen und Verluste entsprechen in Bild **70.**1 verschieden schraffierten Flächen. Die Drehfeldleistung P_d wird demnach über den Schlupf s in mechanische Leistung P_{mech} und Läuferkupferverluste $V_{\mathrm{Cu}2}$ aufgespalten.

Im **übersynchronen** Lauf (Generator) wird nach derselben Überlegung (Bild **70.**1b) die Drehfeldleistung $P_d = 2\pi n_d M_i$ vom Läufer auf den Ständer übertragen und ab-

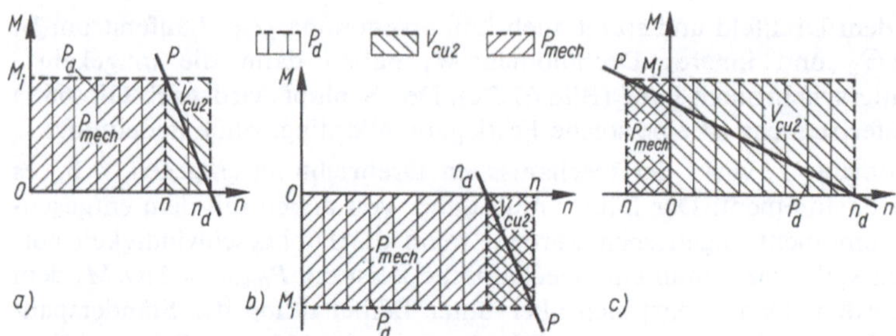

70.1 Leistungen und Verluste der Drehfeldmaschine bei Betrieb als Motor (a), Generator (b) und Bremse (c)

züglich der Ständerverluste in das Netz geliefert. Dem Läufer muß dann die mechanische Leistung $P_{\text{mech}} = 2\pi n M_{\text{i}} = 2\pi(n_{\text{d}} + n_{\text{s}})M_{\text{i}}$ zugeführt werden, wobei wieder die Stromwärmeverluste $V_{\text{Cu2}} = 2\pi n_{\text{s}} M_{\text{i}} = P_{\text{d}} s$ im Läufer verlorengehen. Bei G e g e n l a u f (Bremse) werden nach Bild **70.1**c dem Läufer sowohl die mechanische Leistung $P_{\text{mech}} = 2\pi n M_{\text{i}}$ als auch die entgegengerichtete Drehfeldleistung $P_{\text{d}} = 2\pi n_{\text{d}} M_{\text{i}}$ zugeführt und dort in Stromwärmeverluste umgesetzt. Mit diesen großen Läuferverlusten erwärmt sich die Läuferwicklung so stark, daß eine solche Bremsung mit einem normalen Motor nur kurzzeitig statthaft ist.

1.6.2.2 Spannungs- und Frequenzänderung. Nach Gl. (19.1) ändert sich mit der Strangspannung U und der Netzfrequenz f_1 auch der Drehfluß Φ_{d}. Bei veränderlichem Fluß Φ_{d} und gleichbleibender Läuferfrequenz $f_2 = sf_1$, also auch gleichbleibender Schlupfdrehzahl $n_{\text{s}} = sn_{\text{d}}$ ändern sich Läuferspannung u_{q2}, Läuferstrom i_2 und Läuferdurchflutung Θ_2 sowie – bei Vernachlässigung der Magnetisierungsdurchflutung Θ_μ – Ständerdurchflutung Θ_1 und Ständerstrom i_1 der Drehfeldmaschine linear mit dem Fluß Φ. Das innere Drehmoment M_{i} ist dann nach Bild **70.2** dem Quadrat des

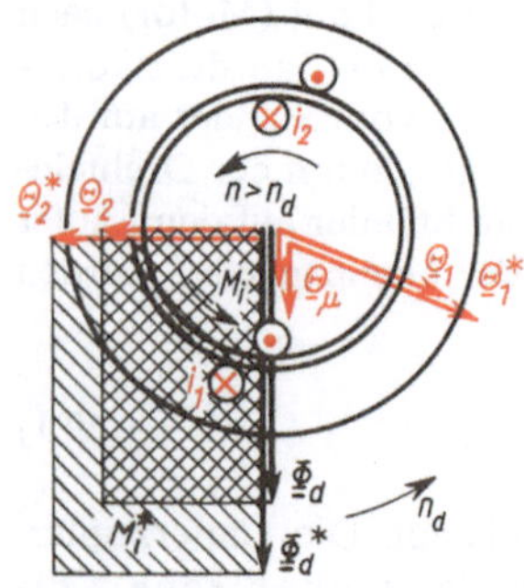

70.2 Raumzeigerdiagramm der vereinfachten Drehfeldmaschine bei konstanter Schlupfdrehzahl und Flußänderung

Flusses proportional. Somit gilt unter Berücksichtigung von Gl. (19.1), wenn die geänderten Werte durch * gekennzeichnet werden

$$\frac{I_1^*}{I_1} = \frac{\Phi^*}{\Phi} = \frac{U^*}{U} \cdot \frac{f_1}{f_1^*} \tag{70.1}$$

und

$$\frac{M_{\text{i}}^*}{M_{\text{i}}} = \left(\frac{\Phi^*}{\Phi}\right)^2 = \left(\frac{U^*}{U}\right)^2 \left(\frac{f_1}{f_1^*}\right)^2 \tag{70.2}$$

Bei konstanter Läuferfrequenz f_2 erhält man mit $s^*/s = f_1/f_1^*$ für die Drehzahlen bei kleinen Schlupfwerten

$$\frac{n^*}{n} = \frac{n_\mathrm{d}^*(1 - s^*)}{n_\mathrm{d}(1 - s)} = \frac{1 - sf_1/f_1^*}{1 - s} \cdot \frac{f_1^*}{f_1} \approx \frac{f_1^*}{f_1} \tag{71.1}$$

Dann gilt mit $P_2 = 2\pi nM$ für die Leistungsabgabe

$$\frac{P_2^*}{P_2} \approx \left(\frac{U^*}{U}\right)^2 \frac{f_1}{f_1^*} \tag{71.2}$$

Der magnetische Fluß Φ ist für eine bestimmte Maschinengröße eine wesentliche Einflußgröße. Er legt nämlich bei vorgegebener Frequenz f_1 zusammen mit der Induktion B die Eisenverluste V_Fe sowie mit dem Schlupf s die Läufer- und Ständerströme und so die Läufer- und Ständerkupferverluste fest. Von ihm hängt daher auch die Erwärmung der Maschine ab (s. Abschn. 1.8.1), so daß man bei vorgegebener Baugröße und Kühlungsart einen bestimmten Fluß nicht überschreiten darf. Es ist somit sinnvoll, bei anderen Frequenzen des speisenden Netzes den Fluß Φ konstant zu halten und entsprechend Gl. (19.1) die Spannung U im gleichen Verhältnis wie die Frequenz f_1 zu ändern. Dann bleibt das innere Drehmoment M_i nach Gl. (70.2) unverändert, die Leistungsabgabe P_2 steigt jedoch nach Gl. (71.2) linear mit der Frequenz an. Aus diesem Grund sind in einigen Ländern 60 Hz als Netzfrequenz anstelle von 50 Hz genormt und für hochtourige Elektrowerkzeuge Frequenzen von 150 bis 300 Hz üblich. Diese Maschinen verlangen jedoch besondere Maßnahmen, um die Eisenverluste ausreichend klein zu halten (Blechdicke 0,33 mm).

Gl. (70.1) bis (71.2) gelten nur für eine vereinfachende Betrachtung. Man kann sie aber für Maschinen, deren Frequenz im Bereich von 40 bis 60 Hz geändert werden soll, mit ausreichender Genauigkeit anwenden. Für Frequenzen unter 50 Hz sollte man entsprechend Bild **71**.1 Fluß und Leistungsabgabe geringfügig absenken, da wegen der kleineren Drehzahl die Belüftung schlechter wird. Bei höheren Frequenzen wird die Belüftung zwar besser, gleichzeitig wachsen aber auch die Eisenverluste und die Streublindwiderstände (s. Abschn. 3.3.3.2), so daß hier die Leistungsabgabe nur linear mit der Frequenz steigt.

71.1 Leistungsabgabe P_2 und Fluß Φ in Abhängigkeit von der Frequenz f

Beispiel 14: Ein Dreiphasenmotor hat folgende Leistungsschildangaben: 380 V, 50 Hz, 5,5 kW, 11,5 A, 1440 min^{-1}, $\cos\varphi = 0{,}83$. Er wird an 380 V, 60 Hz angeschlossen. Gesucht sind die hierfür geltenden Nenndaten.

Die synchrone Drehzahl n_d eines Dreiphasenmotors liegt nur wenig über der angegebenen Nenndrehzahl, die hier $n_\mathrm{N} = 1440$ min^{-1} beträgt. Es handelt sich nach Tafel **44**.2 um eine vierpolige Maschine mit $n_\mathrm{d} = 1500$ min^{-1} bei $f = 50$ Hz. Sie hat die Nennschlupfdrehzahl $n_{\mathrm{s}\,\mathrm{N}} = n_\mathrm{d} - n_\mathrm{N} = 1500$ min$^{-1} - 1440$ min$^{-1} = 60$ min^{-1}, so daß bei $f_1^* = 60$ Hz mit $n_\mathrm{d}^* = n_\mathrm{d}f_1^*/f_1 = 1500$ min$^{-1} \cdot 60$ Hz/50 Hz $= 1800$ min^{-1} die neue Drehzahl $n^* = n_\mathrm{d}^* - n_{\mathrm{s}\,\mathrm{N}} = 1800$ min$^{-1} - 60$ min$^{-1} = 1740$ min^{-1} auftritt.

Nach Gl. (70.1) gehört hierzu der Ständerstrom $I_1^* = I_1 f_1/f_1^* = 11,5\,\text{A} \cdot 50\,\text{Hz}/60\,\text{Hz} = 9,6\,\text{A}$. Er ist also kleiner als bei 50 Hz, so daß sich die Wicklungen geringer erwärmen würden. Eine etwa gleiche Ständerwicklungserwärmung stellt sich bei gleichen Ständer-Kupferverlusten, d.h. bei gleichem Ständerstrom, ein. Wenn wir annehmen, daß Ständerstrom und inneres Drehmoment linear mit der Schlupfdrehzahl zunehmen, darf daher die Schlupfdrehzahl

$$n_s^{**} = n_{sN} I_1/I_1^* = 60\,\text{min}^{-1} \cdot 11,5\,\text{A}/9,6\,\text{A} = 71,8\,\text{min}^{-1}$$

bzw. die Drehzahl

$$n^{**} = n_d^* - n_s^{**} = 1800\,\text{min}^{-1} - 72\,\text{min}^{-1} = 1728\,\text{min}^{-1}$$

sowie die Leistungsabgabe

$$P_2^{**} = P_{2N}\left(\frac{f_1}{f_1^*}\right)^2 \frac{n_s^{**}}{n_{sN}} \cdot \frac{n^{**}}{n_N} = 5,5\,\text{kW}\left(\frac{50\,\text{Hz}}{60\,\text{Hz}}\right)^2 \frac{71,8\,\text{min}^{-1}}{60\,\text{min}^{-1}} \cdot \frac{1728\,\text{min}^{-1}}{1440\,\text{min}^{-1}}$$

$$= 5,49\,\text{kW}$$

auftreten; d.h., es kann praktisch die gleiche Leistung wie vorher – allerdings bei erhöhter Drehzahl und verringertem Drehmoment – abgegeben werden, wenn das Überlastungsverhältnis (s. Abschn. 3.3.1) wegen der abgesenkten Drehmomente noch ausreicht.

1.6.2.3 Wicklungsumrechnung. Im allgemeinen werden Wechselstrommaschinen nicht bei verschiedenen Spannungen oder Frequenzen betrieben. Die Wicklung wird vielmehr für ganz bestimmte, auf dem Leistungsschild angegebene Nennwerte, also für Nennspannung und Nennfrequenz, ausgelegt. Mit den oben vermittelten Kenntnissen von den elektrischen Maschinen ist es jetzt möglich, eine Wicklung auf eine andere Spannung oder Frequenz umzurechnen.

Nach Abschn. 1.6.2.2 ist der Fluß Φ die entscheidende Einflußgröße einer Drehfeldmaschine. Er soll daher bei der einfachen Wicklungsumrechnung konstant bleiben. Verändert werden nur Windungszahl N bzw. Leiterzahl z je Strang oder z_n je Nut und der Leiterquerschnitt A. Grundlage der Wicklungsumrechnung ist wieder die Spannungsgleichung (19.1). Wenn sich die Spannung von U auf U^* oder die Frequenz von f auf f^* ändern, gilt für die Windungs- bzw. Leiterzahlen

$$\frac{N^*}{N} = \frac{z^*}{z} = \frac{z_n^*}{z_n} = \frac{U^*}{U} \cdot \frac{f}{f^*} \tag{72.1}$$

Der gesamte Leiterquerschnitt je Nut $A_g = z_n d_0^2 \pi/4 = z_n^* d_0^{*2} \pi/4$ soll ebenfalls unverändert bleiben. Für die Drahtdurchmesser erhält man demnach

$$d_0^*/d_0 = \sqrt{z_n/z_n^*} \tag{72.2}$$

Wicklungswiderstand R und Induktivität L sind nach Abschn. 2.2.3.2 mit dem Quadrat der Windungszahlen bzw. Leiterzahlen umzurechnen. Für das Drehmoment gilt bei Änderung in U^*, f^* und N^* unter Berücksichtigung der Spannungsgleichung, ähnlich wie in Gl. (70.2),

$$\frac{M_i^*}{M_i} = \left(\frac{\Phi^*}{\Phi}\right)^2 = \left(\frac{U^*}{U}\right)^2 \left(\frac{f}{f^*}\right)^2 \left(\frac{N}{N^*}\right)^2 \tag{72.3}$$

Hierbei darf N/N^* stets durch z/z^* oder z_n/z_n^* ersetzt werden.

Beispiel 15: Der Dreiphasenmotor in Beispiel 14 (S. 71) hat bei 380 V, 50 Hz je Nut $z_n = 44$ Leiter, die aus drei parallelen Drähten mit dem Durchmesser $d_0 = 0,65$ mm gebildet werden. Er soll nunmehr eine für 380 V, 60 Hz ausgelegte Wicklung erhalten. Die Wicklungsdaten sind zu bestimmen.

Nach Gl. (72.1) erhält man für die neue Leiterzahl $z_n^* = z_n\, f/f^* = 44 \cdot 50\,\text{Hz}/60\,\text{Hz} = 36{,}7$ Liter je Nut. Es muß eine ganze Zahl gewählt werden. Wegen der besseren Kühlung infolge höherer Drehzahl dürfen wir bei einem um $\approx 2\%$ höheren Fluß $z_n = 36$ wählen. Dann erhält man den **Drahtdurchmesser**

$$d_0^* = d_0 \sqrt{z_n/z_n^*} = 0{,}65\,\text{mm}\,\sqrt{44/36} = 0{,}718\,\text{mm}$$

Genormt sind nach DIN 46431 die Drahtdurchmesser 0,7 und 0,75 mm. Mit dem kleineren Durchmesser erhält man um $\approx 5\%$ höhere Ständerkupferverluste, mit dem größeren Drahtdurchmesser dagegen eine zu große Nutfüllung, die die Herstellung erschwert und verteuert. Wegen der (bei höherer Drehzahl) verbesserten Kühlung wählen wir $d_0^* = 0{,}7$ mm.

1.6.3 Verwendung der Drehfeldmaschine

Aus den abgeleiteten Eigenschaften der Drehfeldmaschine ergeben sich viele Einsatzmöglichkeiten, die in Tafel **73.**1 zusammengestellt sind. Neben den schon erläuterten Betriebszuständen **Transformator, Motor, Generator** und **Bremse** kann man noch die Abhängigkeit der Läuferfrequenz f_2 vom Schlupf s für die **Periodenumformung** ausnutzen. Eine Frequenzerhöhung über die Netzfrequenz f_1 hinaus erhält man am einfachsten durch Antrieb in Gegenlaufrichtung, eine Frequenzverkleinerung am besten durch untersynchronen Betrieb, da im übersynchronen Lauf die mechanischen Verluste größer werden. Der Generatorbereich wird auch zum Senkbremsen ausgenutzt (s. Abschn. 3.3.4.2).

Tafel **73.**1 Eigenschaften und Verwendung der Drehfeldmaschine

Bereich	Drehzahl	Schlupf Läuferfrequenz	Verwendung	
Gegenlauf	negativ	$s > 1$ $f_2 > f_1$	Gegenstrombremsen Periodenumformer (Frequenzerhöhung)	
Stillstand	0	$s = 1$ $f_2 = f_1$	Transformator	
untersynchroner Lauf	$n < n_d$	$1 > s > 0$ $f_1 > f_2 > 0$	Asynchronmotor Periodenumformer (Frequenzverkleinerung)	Wechselstrom-Kommutatormaschinen
Synchronlauf	$n = n_d$	$s = 0$ $f_2 = 0$ (Gleichstrom)	Synchronmaschine Gleichstrommaschine	
übersynchroner Lauf	$n > n_d$	$s < 0$ $f_2 > 0$	Asynchrongenerator Senkbremsen	

Bei Synchronmaschine, Gleichstrommaschine und Wechselstrom-Kommutatormaschine muß man den sonst in der Drehfeldmaschine selbst erzeugten Läuferstrom aus einer fremden Stromquelle oder einem entsprechenden Umformer entnehmen. Für Synchronlauf ist die Läuferfrequenz Null. Bei der **Synchronmaschine** wird daher das Polrad mit Gleichstrom gespeist oder durch Dauermagnete erregt. Es läuft mit der synchronen Drehzahl n_d um und erzeugt so ein Drehfeld. Bei der **Gleichstrommaschine** steht dagegen das magnetische Feld still. Hier dreht sich der Anker mit der Drehzahl n_d, so daß wieder Drehfeldverhältnisse vorliegen. In den Ankerwicklungen wird auch eine Wechselspannung erzeugt, die dann im Stromwender gleichgerichtet wird. Synchronmaschine und Gleichstrommaschine haben also die gleiche Wirkungsweise. Schließlich kann eine Drehfeldmaschine bei Speisung von Ständer- und Läuferwicklung mit verschiedenen Frequenzen sowohl asynchron als auch synchron oder übersynchron laufen. Das ist der Fall in den in der Drehzahl verstellbaren **Wechselstrom-Kommutatormaschinen**, bei denen der Stromwender, ähnlich wie bei der Gleichstrommaschine, als Frequenzwandler dient (s. Abschn. 6.3).

Beispiel 16: Ein Dreiphasen-Asynchronmotor mit Schleifringläufer und den Kennwerten Nennleistungsabgabe $P_{2\mathrm{N}} = 10$ kW, Läuferstillstandsspannung $U_{20} = 175$ V, Läufernennstrom $I_{2\mathrm{N}} = 38$ A und Nenndrehzahl $n_\mathrm{N} = 970$ min^{-1} bei der Ständerfrequenz $f_1 = 50$ Hz soll durch einen zweiten Dreiphasen-Asynchronmotor mit $n = -1460$ min^{-1} im Gegenlaufbereich als Periodenumformer betrieben werden. Welche Frequenz und welche Leerlaufspannung erzeugt dieser Umformer? Welche Dauerleistung darf dann im Läuferkreis umgesetzt werden, und welche Leistung muß der Antriebsmotor zur Verfügung stellen?

Mit der Drehzahl $n = -1460$ min^{-1} beträgt der Schlupf des sechspoligen Schleifringläufermotors bei der Drehfelddrehzahl $n_\mathrm{d} = 1000$ min^{-1} nach Gl. (66.1) $s = 1 - (n/n_\mathrm{d}) = 1 - (-1460$ min$^{-1}/1000$ min$^{-1}) = 2{,}46$, so daß nach Gl. (68.1) die Läuferfrequenz $f_2 = s f_1 = 2{,}46 \cdot 50$ Hz $= 123$ Hz und die Läufer-Leerlaufspannung $U_{\mathrm{q}2} = s U_{20} = 2{,}46 \cdot 175$ V $= 431$ V betragen.

Da die Läuferwicklung für den Nennstrom $I_{2\mathrm{N}} = 38$ A ausgelegt ist, könnte im Läuferkreis die Scheinleistung (einschl. Verluste) $S_2 = \sqrt{3}\, U_{\mathrm{q}2} I_{2\mathrm{N}} = \sqrt{3} \cdot 431$ V $\cdot 38$ A $= 28{,}3$ kVA ausgenutzt werden. Das entspricht bei $\cos \varphi_2 = 1$ den in Bild **70.**1c dargestellten Läuferkupferverlusten $V_{\mathrm{Cu}2}$, die sich aus Drehfeldleistung P_d und mechanischer Leistung P_mech zusammensetzen. Nach Gl. (69.1) und (69.2) gilt daher für die vom Antriebsmotor zu liefernde mechanische Leistung $P_\mathrm{mech} = V_{\mathrm{Cu}2}\,(1 - s)/s = 28{,}3$ kW $(1 - 2{,}46)/2{,}46 = -16{,}8$ kW.

1.7 Symmetrische Komponenten

Bei der Betrachtung von mehrphasigen Maschinen setzt man zunächst voraus, daß sie bei symmetrischem Aufbau an symmetrische Mehrphasenspannungen angeschlossen sind und daher auch symmetrische Ströme führen. In diesen Fällen darf man die Mehrphasenmaschinen mit einphasigen Ersatzschaltungen behandeln und hierbei annehmen, daß kein Strang gegenüber einem anderen bevorzugt ist und sich in allen Strängen die Vorgänge in gleicher Art lediglich phasenverschoben wiederholen.

Die Dreiphasennetze sind aber üblicherweise wegen der angeschlossenen Einphasenverbraucher nicht symmetrisch belastet und führen daher auch i.allg. keine symmetrischen Spannungen. Wenn man nun das Betriebsverhalten dieser **unsymmetrischen Anschlüsse und Belastungsfälle** untersuchen will, könnte man von den unterschiedlichen Strangspannungen ausgehen, müßte aber auch die Verkettung der erzeugten, unterschiedlich großen Flüsse berücksichtigen. Nach Abschn. 1.5.2 entstehen unter diesen Bedingungen aber nicht mehr reine Drehfelder, sondern Wechselfelder oder elliptische Drehfelder, die nur recht umständlich zu berechnen sind.

Wir kennen die Zerlegung von Spannungen und Strömen in Wirk- und Blindkomponenten (s. Band I), wobei diesen Komponenten bestimmte Wirkungen zugeordnet sind.

So verursachen ja nur die Wirkkomponenten Wirkleistung, die Blindkomponenten dagegen Blindleistung. In ähnlicher Weise kann man auch ganze Spannungs- und Stromsysteme in Komponenten zerlegen, wobei man diese Komponenten zweckmäßig wieder so wählt, daß sie (und nur sie) bestimmte Wirkungen erzielen.

Als symmetrische Komponenten hat man daher Spannungs- und Stromsysteme ausgesucht, die allein reine Dreh- oder Wechselfelder erzeugen würden und deren Betriebsverhalten man leicht bestimmen kann. Nach der Zerlegung unsymmetrischer Systeme in symmetrische Komponenten berechnet man daher zunächst für diese Komponenten ihre Teilwirkungen und überlagert schließlich diese Wirkungskomponenten zu den resultierenden Größen [11], [14], [38].

1.7.1 Unsymmetrische Drei- und Zweiphasensysteme

Ein symmetrisches Dreiphasen-Spannungssystem besteht nach Band I, Abschn. Symmetrische Mehrphasensysteme aus drei gleich großen, jeweils um 120° gegeneinander phasenverschobenen Spannungen $\underline{U}_R$, $\underline{U}_S = \underline{U}_R\underline{/-120°}$, $\underline{U}_T = \underline{U}_R\underline{/120°}$, deren Summe nach Bild **75.**1a und b verschwindet. Ein normales Zweiphasen-Spannungssystem wird

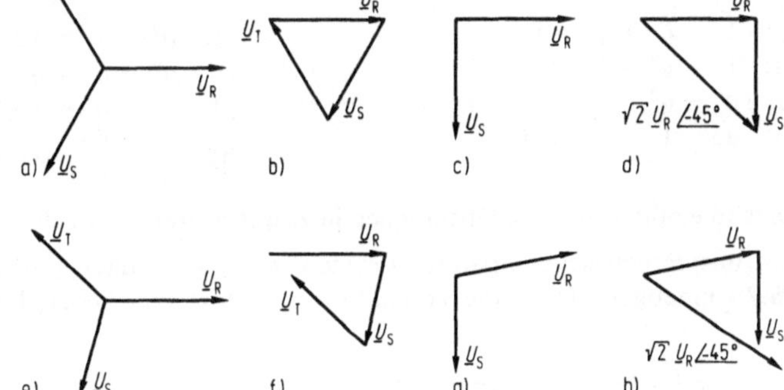

75.1
Symmetrisches Drei- (a, b) und Zweiphasen-Spannungssystem (c, d) sowie unsymmetrisches Drei- (e, f) und Zweiphasen-Spannungssystem (g, h)

dagegen wie in Bild **75.**1c aus zwei gleich großen Spannungen $\underline{U}_R$, $\underline{U}_S = \underline{U}_R\underline{/-90°}$ gebildet, deren Summe nach Bild **75.**1d $\underline{U}_R + \underline{U}_S = \sqrt{2}\,\underline{U}_R\underline{/-45°}$ beträgt. Bei unsymmetrischen Spannungssystemen nach Bild **75.**1e bis f werden diese Bedingungen dagegen nicht eingehalten; die Phasenspannungen können sich hier in beliebiger Weise in Betrag und Phasenwinkel unterscheiden, also z.B. auch ganz verschwinden. Wir wollen nun darstellen, wie man sie in zweckmäßig gewählte symmetrische Komponenten zerlegen kann.

1.7.1.1 Dreiphasige Spannungs- und Stromkomponenten. Das dreiphasige Spannungssystem in Bild **75.**1a wird durch Angabe der drei Spannungen $\underline{U}$, $\underline{U}\underline{/-120°}$, $\underline{U}\underline{/120°}$ hinreichend beschrieben. Hier wird jedoch meist der komplexe Drehfaktor

$$\underline{a} = e^{j120°} = \underline{/120°} = -\frac{1}{2} + j\frac{\sqrt{3}}{2} \tag{75.1}$$

von Bild **76.**1 eingeführt. Eine Drehung um 240° $= -120°$ ist daher durch

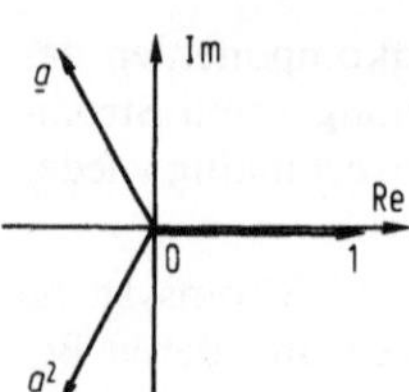

$$q^2 = e^{2\,j120°} = \underline{/240°} = -\frac{1}{2} - j\,\frac{\sqrt{3}}{2} \tag{76.1}$$

zu kennzeichnen, und es ist

$$q^3 = e^{3\,j120°} = \underline{/360°} = 1 \tag{76.2}$$

76.1 Drehfaktor $\underline{a}$

Mit diesem Drehfaktor besteht daher ein symmetrisches Dreiphasensystem, dessen Spannungszeiger wie üblich rechtsherum aufeinander folgen sollen, aus den drei komplexen Spannungen

$$\underline{U}, \; q^2\,\underline{U}, \; q\,\underline{U} \tag{76.3}$$

Mit dem Drehfaktor q lassen sich die komplexen Gleichungen einfacher hinschreiben. Wir wollen nun im folgenden Beispiel noch die Werte einiger Ausdrücke mit q berechnen.

Beispiel 17. Es werden (ohne längere Erklärung) mit den Regeln der komplexen Rechnung die komplexen Werte der folgenden Ausdrücke bestimmt

a): $1 + \underline{a} + \underline{a}^2 = 0$

b): $1 - \underline{a}^2 = \sqrt{3}\ \underline{/30°}$

c): $\underline{a} - \underline{a}^2 = \underline{a}(1-\underline{a}) = \sqrt{3}\ \underline{/90°} = j\sqrt{3}$

d): $\underline{a} - 1 = \sqrt{3}\ \underline{/150°}$

e): $\underline{a}^2 - 1 = \sqrt{3}\ \underline{/-150°}$

f): $\underline{a}^2 - \underline{a} = \underline{a}(\underline{a} - 1) = \sqrt{3}\ \underline{/-90°} = -j\sqrt{3}$

g): $1 - \underline{a} = \sqrt{3}\ \underline{/-30°}$

h): $\dfrac{1 - 4\underline{a}}{3(1 - \underline{a})} = 0{,}882\ \underline{/-19{,}1°}$

Es wird empfohlen, diese Operationen in Zeigerdiagrammen anschaulich zu machen [38].

Ein unsymmetrisches Spannungssystem kann man nach [38] mit der Schaltung in Bild **76.2**a erzeugen. In Reihe geschaltet sind dort ein **Dreiphasengenerator**, der das

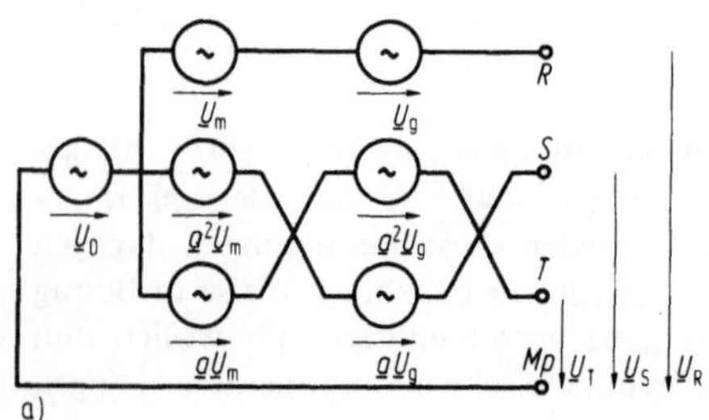

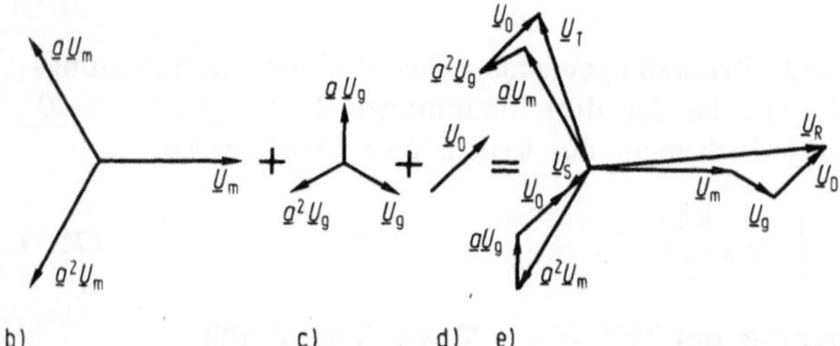

76.2
Entstehung eines unsymmetrischen Dreiphasen-Spannungssystems
a) Schaltung
b) Mitsystem
c) Gegensystem
d) Nullsystem
e) Überlagerung zum unsymmetrischen Spannungssystem

Mitsystem

$$\underline{U}_\mathrm{m}, a^2\,\underline{U}_\mathrm{m}, a\,\underline{U}_\mathrm{m} \tag{77.1}$$

erzeugt, ein weiterer Dreiphasengenerator, der die entgegengesetzte Phasenfolge hat, also das Gegensystem

$$\underline{U}_\mathrm{g}, a\,\underline{U}_\mathrm{g}, a^2\,\underline{U}_\mathrm{g} \tag{77.2}$$

verursacht, und ein Einphasengenerator, der die Wechselspannung $\underline{U}_0$, also das Nullsystem, aufbaut. Das Mitsystem hat die normale Phasenfolge und kann nach Abschn. 1.5.2.3 ein Drehfeld mit üblicher Drehrichtung (z.B. Rechtsdrehsinn) aufbauen. Das Gegensystem würde in der gleichen Maschine ein Drehfeld mit entgegengesetzter Drehrichtung erzeugen und hat daher seinen Namen erhalten. Das Nullsystem liegt im Mittelpunktsleiter Mp, der früher auch Nulleiter genannt wurde.

Aus Bild **76.**2a ergibt sich für die komplexen unsymmetrischen Spannungen

$$\underline{U}_\mathrm{R} = \underline{U}_\mathrm{m} + \underline{U}_\mathrm{g} + \underline{U}_0 \tag{77.3}$$

$$\underline{U}_\mathrm{S} = a^2\,\underline{U}_\mathrm{m} + a\,\underline{U}_\mathrm{g} + \underline{U}_0 \tag{77.4}$$

$$\underline{U}_\mathrm{T} = a\,\underline{U}_\mathrm{m} + a^2\,\underline{U}_\mathrm{g} + \underline{U}_0 \tag{77.5}$$

In analoger Weise können wir für ein unsymmetrisches Stromsystem angeben

$$\underline{I}_\mathrm{R} = \underline{I}_\mathrm{m} + \underline{I}_\mathrm{g} + \underline{I}_0 \tag{77.6}$$

$$\underline{I}_\mathrm{S} = a^2\underline{I}_\mathrm{m} + a\underline{I}_\mathrm{g} + \underline{I}_0 \tag{77.7}$$

$$\underline{I}_\mathrm{T} = a\underline{I}_\mathrm{m} + a^2\underline{I}_\mathrm{g} + \underline{I}_0 \tag{77.8}$$

Bild **76.**2e zeigt, wie auf diese Weise ein unsymmetrisches Dreiphasen-Spannungs- oder Stromsystem entstehen kann.

1.7.1.2 Zerlegung in dreiphasige symmetrische Komponenten. Wir bilden die Summe von Gl. (77.3) bis (77.5), wobei wir jetzt verallgemeinernd $\underline{U}_\mathrm{a} = \underline{U}_\mathrm{R}$, $\underline{U}_\mathrm{b} = \underline{U}_\mathrm{S}$, $\underline{U}_\mathrm{c} = \underline{U}_\mathrm{T}$ setzen,

$$
\begin{aligned}
\underline{U}_\mathrm{a} &= \underline{U}_\mathrm{m} + \underline{U}_\mathrm{g} + \underline{U}_0 \\
\underline{U}_\mathrm{b} &= a^2\,\underline{U}_\mathrm{m} + a\,\underline{U}_\mathrm{g} + \underline{U}_0 \\
\underline{U}_\mathrm{c} &= a\,\underline{U}_\mathrm{m} + a^2\,\underline{U}_\mathrm{g} + \underline{U}_0 \\
\hline
\underline{U}_\mathrm{a} + \underline{U}_\mathrm{b} + \underline{U}_\mathrm{c} &= 0 + 0 + 3\,\underline{U}_0
\end{aligned}
$$

Wegen $1 + a + a^2 = 0$ (s. Beispiel 17a, S. 76) verschwinden hier Mit- und Gegensystem, und wir finden für die komplexe Nullkomponente der Spannung

$$\underline{U}_0 = \frac{1}{3}\left(\underline{U}_\mathrm{a} + \underline{U}_\mathrm{b} + \underline{U}_\mathrm{c}\right) \tag{77.9}$$

und mit der Summe von Gl. (77.6) bis (77.8) die Nullkomponente des Stromes

$$\underline{I}_0 = \frac{1}{3}\left(\underline{I}_\mathrm{a} + \underline{I}_\mathrm{b} + \underline{I}_\mathrm{c}\right) \tag{77.10}$$

Diese komplexen Komponenten lassen sich also leicht durch ein Zeigerdiagramm graphisch bestimmen.

Ein Spannungs-Nullsystem kann nach Gl. (77.9) nicht auftreten, wenn in einem Dreileiternetz oder in einer geschlossenen Dreieckschaltung $\underline{U}_a + \underline{U}_b + \underline{U}_c = 0$ ist. Ein Strom-Nullsystem kann entsprechend nicht vorhanden sein, wenn wegen eines fehlenden Mittelpunktleiters oder in einer vollständigen Sternschaltung $\underline{I}_a + \underline{I}_b + \underline{I}_c = 0$ ist. Hierdurch werden viele Ableitungen vereinfacht. Man beachte, daß der Nullstrom I_0 nur $1/3$ des Mittelpunktleiterstroms und die Nullspannung U_0 nur $1/3$ der Sternpunktspannung (zwischen den Sternpunkten von Erzeuger und Verbraucher) ausmacht.

Wenn wir nun Gl. (77.4) mit dem Drehfaktor $\underline{a}$ und Gl. (77.5) mit $\underline{a}^2$ erweitern, erhalten wir als Summe

$$
\begin{aligned}
\underline{U}_a &= \underline{U}_m + \underline{U}_g + \underline{U}_0 \\
\underline{a}\,\underline{U}_b &= \underline{U}_m + \underline{a}^2\,\underline{U}_g + \underline{a}\,\underline{U}_0 \\
\underline{a}^2\,\underline{U}_c &= \underline{U}_m + \underline{a}\,\underline{U}_g + \underline{a}^2\,\underline{U}_0 \\
\hline
\underline{U}_a + \underline{a}\,\underline{U}_b + \underline{a}^2\,\underline{U}_c &= 3\,\underline{U}_m + 0 + 0
\end{aligned}
$$

Daher lauten die Bestimmungsgleichungen für die **Mitkomponente der Spannung**

$$\underline{U}_m = \frac{1}{3}\left(\underline{U}_a + \underline{a}\,\underline{U}_b + \underline{a}^2\,\underline{U}_c\right) \tag{78.1}$$

und die **komplexe Mitkomponente des Stromes**

$$\underline{I}_m = \frac{1}{3}\left(\underline{I}_a + \underline{a}\,\underline{I}_b + \underline{a}^2\,\underline{I}_c\right) \tag{78.2}$$

Zur graphischen Ermittlung der Mitkomponente braucht man daher nur die Zeiger $\underline{U}_b$ bzw. $\underline{I}_b$ um $\underline{a}$, also 120°, **vorzudrehen** und die Zeiger $\underline{U}_c$ bzw. $\underline{I}_c$ um $\underline{a}^2 \triangleq 240°$ vor-, also um 120° **zurückzudrehen** und diese Zeiger mit $\underline{U}_a$ bzw. $\underline{I}_a$ zu addieren.

Durch Erweiterung von Gl. (77.4) mit $\underline{a}^2$ und Gl. (77.5) mit $\underline{a}$ findet man in analoger Weise die Summe

$$
\begin{aligned}
\underline{U}_a &= \underline{U}_m + \underline{U}_g + \underline{U}_0 \\
\underline{a}^2\,\underline{U}_b &= \underline{a}\,\underline{U}_m + \underline{U}_g + \underline{a}^2\,\underline{U}_0 \\
\underline{a}\,\underline{U}_c &= \underline{a}^2\,\underline{U}_m + \underline{U}_g + \underline{a}\,\underline{U}_0 \\
\hline
\underline{U}_a + \underline{a}^2\,\underline{U}_b + \underline{a}\,\underline{U}_c &= 0 + 3\,\underline{U}_g + 0
\end{aligned}
$$

sowie die Bestimmungsgleichungen für die **Gegenkomponente der Spannung**

$$\underline{U}_g = \frac{1}{3}\left(\underline{U}_a + \underline{a}^2\,\underline{U}_b + \underline{a}\,\underline{U}_c\right) \tag{78.3}$$

bzw. **des Stromes**

$$\underline{I}_g = \frac{1}{3}\left(\underline{I}_a + \underline{a}^2\,\underline{I}_b + \underline{a}\,\underline{I}_c\right) \tag{78.4}$$

In diesem Fall muß man zur graphischen Ermittlung der Gegenkomponente die Zeiger $\underline{U}_b$ oder $\underline{I}_b$ um 120° **zurück-** und die Zeiger $\underline{U}_c$ oder $\underline{I}_c$ um 120° **vordrehen** und mit $\underline{U}_a$ oder $\underline{I}_a$ addieren.

Das Verhältnis

$$U_\mathrm{g}/U_\mathrm{m} \qquad \text{bzw.} \qquad I_\mathrm{g}/I_\mathrm{m} \tag{79.1}$$

bezeichnet man als Unsymmetriegrad.

Beispiel 18. Die Stromkomponenten einer a) rein zweisträngigen und b) rein einsträngigen Belastung einer Sternschaltung (z.B. der Sekundärseite eines Transformators oder des Ständers einer Synchronmaschine) sind zu bestimmen.

Zu a): Nach Bild **79.**1a gilt für die Ströme $\underline{I}_\mathrm{U} = 0$ und $\underline{I}_\mathrm{W} = -\underline{I}_\mathrm{V}$. In Bild **79.**1b ist die graphische Zerlegung in die symmetrischen Komponenten vorgenommen. Nach Gl. (77.10) ist zunächst die Nullkomponente

$$\underline{I}_0 = \frac{1}{3}\,(\underline{I}_\mathrm{U} + \underline{I}_\mathrm{V} + \underline{I}_\mathrm{W}) = \frac{1}{3}\,(0 + \underline{I}_\mathrm{V} - \underline{I}_\mathrm{W}) = 0$$

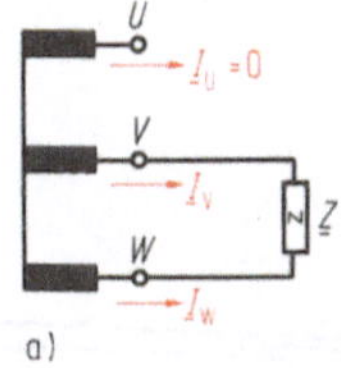
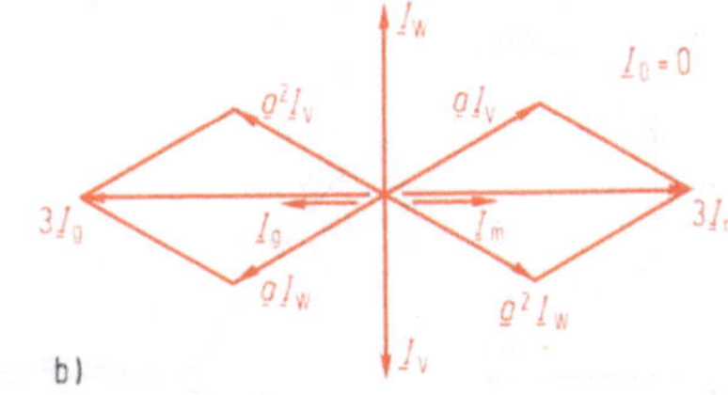

79.1
Zweisträngige Belastung eines Dreiphasennetzes
a) Schaltung
b) Zerlegung der Ströme in symmetrische Komponenten

Zur Bestimmung von Mit- und Gegenkomponente müssen wir die Stromzeiger $\underline{I}_\mathrm{V}$ und $\underline{I}_\mathrm{W}$ jeweils um 120° vor- und zurückdrehen und nach Gl. (78.2) unter Beachtung von Beispiel 17c, S. 76 bilden

$$3\underline{I}_\mathrm{m} = \underline{I}_\mathrm{U} + \underline{a}\underline{I}_\mathrm{V} + \underline{a}^2\underline{I}_\mathrm{W} = 0 + \underline{a}\underline{I}_\mathrm{V} - \underline{a}^2\underline{I}_\mathrm{V} = (\underline{a} - \underline{a}^2)\underline{I}_\mathrm{V} = \mathrm{j}\sqrt{3}\,\underline{I}_\mathrm{V}$$

Die Mitkomponente beträgt daher $\underline{I}_\mathrm{m} = \mathrm{j}\underline{I}_\mathrm{V}/\sqrt{3}$.
In analoger Weise erhalten wir aus Gl. (78.4) unter Beachtung von Beispiel 17f, S. 76

$$3\underline{I}_\mathrm{g} = \underline{I}_\mathrm{U} + \underline{a}^2\underline{I}_\mathrm{V} + \underline{a}\underline{I}_\mathrm{W} = 0 + \underline{a}^2\underline{I}_\mathrm{V} - \underline{a}\underline{I}_\mathrm{V} = (\underline{a}^2 - \underline{a})\underline{I}_\mathrm{V} = -\mathrm{j}\sqrt{3}\,\underline{I}_\mathrm{V}$$

Daher gilt hier für die Gegenkomponente $\underline{I}_\mathrm{g} = -\underline{I}_\mathrm{m} = -\mathrm{j}\underline{I}_\mathrm{V}/\sqrt{3}$.

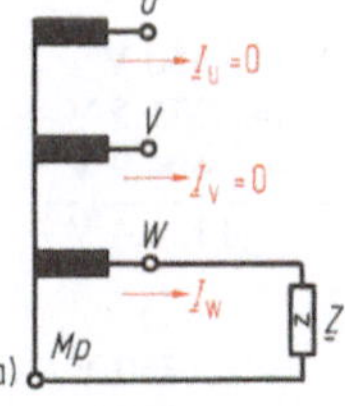
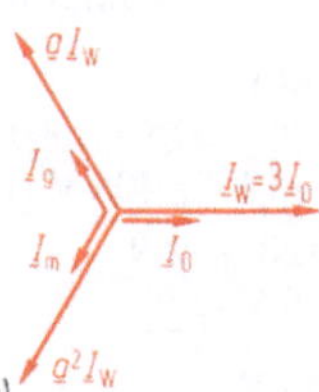

79.2
Einsträngige Belastung eines Dreiphasennetzes
a) Schaltung
b) Zerlegung des Stromes in symmetrische Komponenten

Zu b): Nach Bild **79.**2a fließen jetzt die Ströme $\underline{I}_\mathrm{U} = \underline{I}_\mathrm{V} = 0$ und $\underline{I}_\mathrm{W}$. Nach Gl. (77.10) ist die Nullkomponente

$$\underline{I}_0 = \frac{1}{3}\,(\underline{I}_\mathrm{U} + \underline{I}_\mathrm{V} + \underline{I}_\mathrm{W}) = \frac{1}{3}\,(0 + 0 + \underline{I}_\mathrm{W}) = \underline{I}_\mathrm{W}/3$$

nach Gl. (78.2) die komplexe Mitkomponente

$$I_\mathrm{m} = \frac{1}{3}(I_\mathrm{U} + \underline{a}I_\mathrm{V} + \underline{a}^2 I_\mathrm{W}) = \underline{a}^2 I_\mathrm{W}/3$$

und nach Gl. (78.4) die Gegenkomponente

$$I_\mathrm{g} = \frac{1}{3}(I_\mathrm{U} + \underline{a}^2 I_\mathrm{V} + \underline{a}I_\mathrm{W}) = \underline{a}I_\mathrm{W}/3$$

Für die Beträge gilt $I_0 = I_\mathrm{m} = I_\mathrm{g} = I_\mathrm{W}/3$.

Beispiel 19. Ein Dreileiternetz führt die Außenleiterspannungen $U_\mathrm{RS} = 350$ V, $U_\mathrm{ST} = 375$ V, $U_\mathrm{TR} = 405$ V. Die zugehörigen symmetrischen Spannungskomponenten und der Unsymmetriegrad sind zu bestimmen.

In einem Dreileiternetz muß $\underline{U}_\mathrm{RS} + \underline{U}_\mathrm{ST} + \underline{U}_\mathrm{TR} = 0$ sein, so daß kein Nullsystem auftreten kann. Wenn wir die Spannung $\underline{U}_\mathrm{RS} = 350$ V als rein reell voraussetzen, gilt nach Bild **80.**1a für die beiden anderen Spannungen $\underline{U}_\mathrm{ST} = 375$ V $\underline{/-112{,}2°} = -141$ V $- \mathrm{j}\,347$ V und $\underline{U}_\mathrm{TR} = 405$ V $\underline{/121°} = -205$ V $+ \mathrm{j}\,347$ V, deren Phasenwinkel man auch mit dem Kosinussatz berechnen könnte.

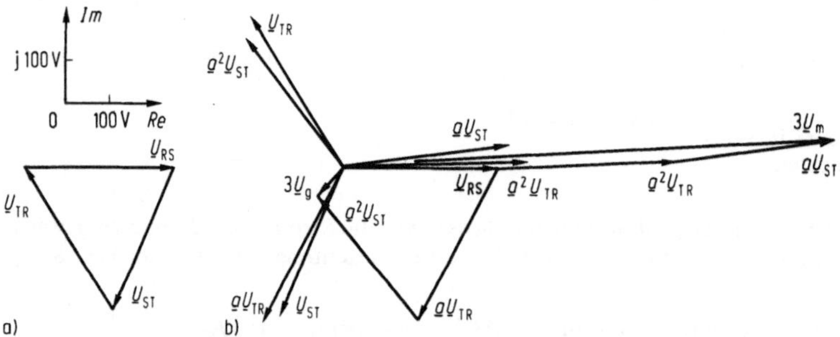

80.1 Zeigerdiagramm der Außenleiterspannungen (a) und graphische Bestimmung der Spannungskomponenten (b) für Beispiel 19

Für die graphische Bestimmung der Mit- und Gegenkomponente benutzen wir Bild **80.**1 b. Hier werden die Zeiger $\underline{U}_\mathrm{ST}$ und $\underline{U}_\mathrm{TR}$ jeweils um 120° vor- und zurückgedreht, was man z. B. nur mit einem Zirkel durchführen kann, und dann entsprechend Gl. (78.1) und (78.3) die Summenzeiger $3\,\underline{U}_\mathrm{m}$ bzw. $3\,\underline{U}_\mathrm{g}$ gebildet.

Wir berechnen die Spannungskomponenten noch etwas genauer mit dem folgenden Schema

$$
\begin{aligned}
\underline{U}_\mathrm{RS} &= 350\ \mathrm{V} & &= 350\ \mathrm{V}\\
\underline{a}\,\underline{U}_\mathrm{ST} &= \underline{/120°} \cdot 375\ \mathrm{V}\ \underline{/-112{,}2°} & &= 371{,}5\ \mathrm{V} + \mathrm{j}\,50{,}9\ \mathrm{V}\\
\underline{a}^2\,\underline{U}_\mathrm{TR} &= \underline{/-120°} \cdot 405\ \mathrm{V}\ \underline{/121°} & &= 404{,}9\ \mathrm{V} + \mathrm{j}\ \ 7{,}1\ \mathrm{V}\\
\hline
3\,\underline{U}_\mathrm{m} &= 1128\ \mathrm{V}\ \underline{/2{,}9°} & &= 1126{,}4\ \mathrm{V} + \mathrm{j}\,58{,}0\ \mathrm{V}\\
\underline{U}_\mathrm{m} &= 376\ \mathrm{V}\ \underline{/2{,}9°}
\end{aligned}
$$

$$
\begin{aligned}
\underline{U}_\mathrm{RS} &= 350\ \mathrm{V} & &= 350\ \mathrm{V}\\
\underline{a}^2\,\underline{U}_\mathrm{ST} &= \underline{/-120°} \cdot 375\ \mathrm{V}\ \underline{/-112{,}2°} & &= -230{,}9\ \mathrm{V} + \mathrm{j}\,295{,}5\ \mathrm{V}\\
\underline{a}\,\underline{U}_\mathrm{TR} &= \underline{/120°} \cdot 405\ \mathrm{V}\ \underline{/121°} & &= -196{,}4\ \mathrm{V} - \mathrm{j}\,354{,}2\ \mathrm{V}\\
\hline
3\,\underline{U}_\mathrm{g} &= 96{,}8\ \mathrm{V}\ \underline{/-143°} & &= -\ \ 77{,}3\ \mathrm{V} - \mathrm{j}\ \ 58{,}7\ \mathrm{V}\\
\underline{U}_\mathrm{g} &= 32{,}3\ \mathrm{V}\ \underline{/-143°}
\end{aligned}
$$

Der Unsymmetriegrad beträgt daher $U_\mathrm{g}/U_\mathrm{m} = 32{,}3$ V$/376$ V $= 0{,}09$.

1.7.1.3 Zweiphasige symmetrische Komponenten. Das symmetrische[1] Zweiphasensystem in Bild **75.**1c besteht aus den Spannungen $\underline{U}_R$ und $\underline{U}_S = \underline{U}_R\underline{/-90°} = -\,\mathrm{j}\,\underline{U}_R$, also aus zwei gleich großen, um den Winkel 90° gegeneinander phasenverschobenen Spannungen. Im Zweiphasennetz hat daher das Mitsystem die Form

$$\underline{U}_m,\ -\,\mathrm{j}\,\underline{U}_m \qquad \text{oder} \qquad \underline{I}_m,\ -\,\mathrm{j}\,\underline{I}_m \tag{81.1}$$

Es kann nach Abschn. 1.5.2.2 ein rechtslaufendes Drehfeld erzeugen. Zur Umkehr der Drehrichtung muß man die Phasenfolge vertauschen oder ein Gegensystem

$$\underline{U}_g,\ \mathrm{j}\,\underline{U}_g \qquad \text{oder} \qquad \underline{I}_g,\ \mathrm{j}\,\underline{I}_g \tag{81.2}$$

anschließen. Bild **81.**1 zeigt, wie solche symmetrischen Spannungssysteme erzeugt werden können und mit ihnen ein unsymmetrisches Zweiphasensystem aufzubauen ist. Aus Bild **81.**1a erhält man für die komplexen unsymmetrischen Spannungen

$$\underline{U}_R = \underline{U}_m + \underline{U}_g \tag{81.3}$$

$$\underline{U}_S = -\,\mathrm{j}\,\underline{U}_m + \mathrm{j}\,\underline{U}_g \tag{81.4}$$

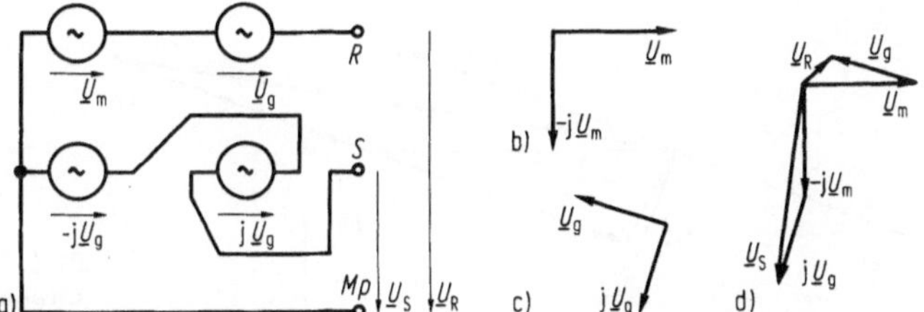

81.1
Entstehung eines unsymmetrischen Zweiphasen-Spannungssystems
a) Schaltung, b) Mitsystem, c) Gegensystem, d) Überlagerung zum unsymmetrischen Spannungssystem

Da nur zwei unsymmetrische Spannungen auftreten, kann es hier auch nur zwei Spannungskomponenten geben; ein Nullsystem existiert also für das Zweiphasensystem nicht

Wenn man Gl. (81.4) mit j erweitert, erhält man die Summe

$$\begin{aligned} \underline{U}_R &= \underline{U}_m + \underline{U}_g \\ \mathrm{j}\,\underline{U}_S &= \underline{U}_m - \underline{U}_g \\ \hline \underline{U}_R + \mathrm{j}\,\underline{U}_S &= 2\,\underline{U}_m + 0 \end{aligned}$$

bzw. die komplexe Mitkomponente der Spannung

$$\underline{U}_m = \frac{1}{2}\,(\underline{U}_R + \mathrm{j}\,\underline{U}_S) \tag{81.5}$$

In analoger Weise gilt für die komplexe Mitkomponente des Stromes

$$\underline{I}_m = \frac{1}{2}\,(\underline{I}_R + \mathrm{j}\,\underline{I}_S) \tag{81.6}$$

---

[1] Es handelt sich hier tatsächlich um ein elektrisch unsymmetrisches System; da es jedoch ein reines Drehfeld erzeugen kann, wird es hier als symmetrisch (= balanziert) bezeichnet.

Die Erweiterung von Gl. (81.4) mit $-$ j führt zu der Summe

$$\begin{aligned}
\underline{U}_R &= & \underline{U}_m + \underline{U}_g \\
-\,\mathrm{j}\,\underline{U}_S &= & -\,\underline{U}_m + \underline{U}_g \\
\hline
\underline{U}_R - \mathrm{j}\,\underline{U}_S &= & 0 + 2\,\underline{U}_g
\end{aligned}$$

und daher zu der komplexen Gegenkomponente der Spannung

$$\underline{U}_g = \frac{1}{2}\,(\underline{U}_R - \mathrm{j}\,\underline{U}_S) \tag{82.1}$$

und der komplexen Gegenkomponente des Stromes

$$\underline{I}_g = \frac{1}{2}\,(\underline{I}_R - \mathrm{j}\,\underline{I}_S) \tag{82.2}$$

Gl. (81.5) bis (82.2) lassen sich auch leicht in eine graphische Lösungsvorschrift übersetzen.

Beispiel 20. An den Klemmen eines einphasig angeschlossenen Zweiphasenmotors mißt man die Spannungen $\underline{U}_{UV} = 220\,\mathrm{V}$, $\underline{U}_{WZ} = 200\,\mathrm{V}\,\underline{/-70°}$. Die Spannungskomponenten und der Unsymmetriegrad sind zu bestimmen.

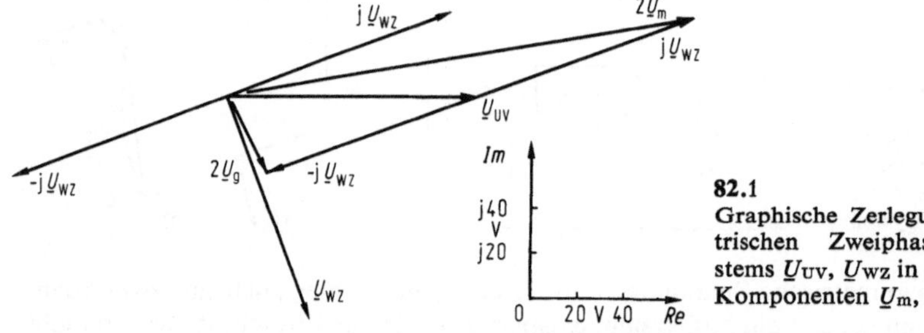

82.1
Graphische Zerlegung des unsymmetrischen Zweiphasen-Spannungssystems $\underline{U}_{UV}$, $\underline{U}_{WZ}$ in die symmetrischen Komponenten $\underline{U}_m$, $\underline{U}_g$

Die graphische Zerlegung in die symmetrischen Spannungskomponenten ist in Bild **82.1** dargestellt. Wir berechnen hier noch mit Gl. (81.5) und (82.1)

$$\begin{aligned}
\underline{U}_R &= & &= 220\,\mathrm{V} \\
\mathrm{j}\,\underline{U}_S &= \mathrm{j}200\,\mathrm{V}\,\underline{/-70°} = 200\,\mathrm{V}\,\underline{/20°} &= 187{,}9\,\mathrm{V} + \mathrm{j}68{,}4\,\mathrm{V} \\
\hline
2\,\underline{U}_m &= 413{,}6\,\mathrm{V}\,\underline{/9{,}5°} & &= 407{,}9\,\mathrm{V} + \mathrm{j}68{,}4\,\mathrm{V} \\
\underline{U}_m &= 206{,}8\,\mathrm{V}\,\underline{/9{,}5°}
\end{aligned}$$

$$\begin{aligned}
\underline{U}_R &= & & & 220\,\mathrm{V} \\
-\,\mathrm{j}\,\underline{U}_S &= -\,\mathrm{j}200\,\mathrm{V}\,\underline{/-70°} = 200\,\mathrm{V}\,\underline{/-160°} &= -\,187{,}9\,\mathrm{V} - \mathrm{j}68{,}4\,\mathrm{V} \\
\hline
2\,\underline{U}_g &= 75{,}6\,\mathrm{V}\,\underline{/-64{,}9°} & &= & 32{,}1\,\mathrm{V} - \mathrm{j}68{,}4\,\mathrm{V} \\
\underline{U}_g &= 37{,}8\,\mathrm{V}\,\underline{/-64{,}9°}
\end{aligned}$$

Der Unsymmetriegrad beträgt daher $U_g/U_m = 37{,}8\,\mathrm{V}/206{,}8\,\mathrm{V} = 0{,}183$.

1.7.2 Eigenschaften symmetrischer Komponenten

Symmetrische Spannungs- und Stromkomponenten müssen natürlich das Ohmsche Gesetz erfüllen, also mit komplexen Widerständen und Leitwerten verbunden sein. Sie verursachen aber auch Leistungen und in den drehenden Maschinen magnetische Felder und Drehmomente; hierbei sind besonders die resultierenden Wirkungen wichtig.

1.7.2.1 Widerstände und Leitwerte. Aus dem Ohmschen Gesetz

$$\underline{I} = \underline{U}/\underline{Z} = \underline{Y}\,\underline{U} \tag{83.1}$$

folgt die komplexe Mitimpedanz

$$\underline{Z}_\mathrm{m} = \underline{U}_\mathrm{m}/\underline{I}_\mathrm{m} = 1/\underline{Y}_\mathrm{m} = Z_\mathrm{m}\underline{/-\varphi}_\mathrm{m}{}^{1)} \tag{83.2}$$

(bzw. die komplexe Mitadmittanz $\underline{Y}_\mathrm{m}$) und die komplexe Gegenimpedanz

$$\underline{Z}_\mathrm{g} = \underline{U}_\mathrm{g}/\underline{I}_\mathrm{g} = 1/\underline{Y}_\mathrm{g} = Z_\mathrm{g}\underline{/-\varphi}_\mathrm{g} \tag{83.3}$$

(bzw. die komplexe Gegenadmittanz $\underline{Y}_\mathrm{g}$). Beide werden wirksam, wenn drehende Maschinen oder Transformatoren an symmetrische Drei- oder Zweiphasen-Spannungssysteme normaler oder entgegengesetzter Phasenfolge angeschlossen werden und hierbei symmetrische Ströme fließen. Man kann sie also beispielsweise durch Messung bestimmen. Bei den drehenden Maschinen muß für die Gegenimpedanz allerdings die zum Drehwillen entgegengesetzte Drehrichtung erzwungen sein. Dies gilt sowohl für Zwei- als auch Dreiphasensysteme. Widerstände und Leitwerte können außerdem nur für den Strang bestimmt werden; in Gl. (83.2) und (83.3) ist also mit den Strangwerten zu rechnen.

Die komplexe Nullimpedanz

$$\underline{Z}_0 = \underline{U}_0/\underline{I}_0 = 1/\underline{Y}_0 = Z_0\underline{/-\varphi}_0 \tag{83.4}$$

(bzw. die Nulladmittanz $\underline{Y}_0$) kann nur im Dreiphasensystem auftreten, wenn die drei Stränge an der gleichen Wechselspannung $\underline{U}_0$ (oder wie in Bild **83.1**a an drei gleich großen und gleichphasigen Spannungen $\underline{U}_0$) liegen und in ihnen der gleiche Strom $\underline{I}_0$ (oder wie in Bild **83.1**b die drei gleich großen und gleichphasigen Ströme $\underline{I}_0$) fließen.

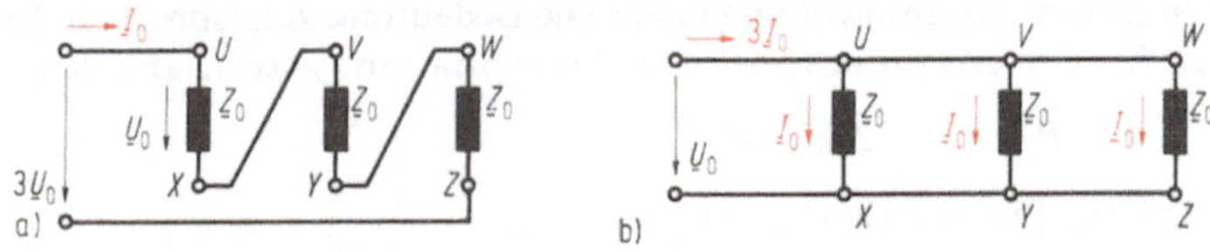

83.1 Reihenschaltung (a) und Parallelschaltung (b) der Strangwicklungen zur Bestimmung der Nullimpedanz $\underline{Z}_0$

Man kann die Nullimpedanz entweder mit der Reihenschaltung der Strangwicklungen in Bild **83.1**a oder mit der Parallelschaltung in Bild **83.1**b bestimmen. Allerdings ist die Reihenschaltung wegen des kleineren Stroms bei größerer Spannung meist vorteilhafter.

1.7.2.2 Leistungen und Drehmomente. Die Leistung hängt allgemein vom Quadrat der Spannung bzw. des Stromes ab und darf daher normalerweise nicht linear überlagert werden. Wir wollen nun untersuchen, ob man die Leistungen der symmetrischen Komponenten überlagern darf, und bedienen uns hierbei der **komplexen Leistung**

---

1) Die Phasenwinkel φ sind hier stets den Leitwerten $\underline{Y}$ und Strömen $\underline{I}$ zugeordnet, so daß bei den Widerständen $\underline{Z} = 1/\underline{Y}$ das Minuszeichen erscheint (s. Abschn. 4.1.1.1).

$$\underline{S} = P + jQ = UI\underline{/\varphi} = S\underline{/\varphi} = \underline{U}^*\underline{I} \tag{84.1}$$

die sich nach Band I aus dem Realteil Wirkleistung P und dem Imaginärteil Blindleistung Q zusammensetzt, aber auch als Betrag Scheinleistung $S = UI$ mit dem Phasenwinkel φ gedeutet werden kann. Sie ergibt sich ferner als Produkt der konjugiert komplexen Spannung $\underline{U}^*$ mit dem komplexen Strom $\underline{I}$.

Im Zweiphasensystem ist zu berücksichtigen, daß $(-j\underline{U}_m)^* = j\underline{U}_m^*$ und $(j\underline{U}_g)^* = -j\underline{U}_g^*$ sind. Daher gilt mit Gl. (81.3) und (81.4) für die Summe der komplexen Strangleistungen

$$\begin{aligned}
\underline{S}_R &= \underline{U}_R^*\underline{I}_R = (\underline{U}_m^* + \underline{U}_g^*)(\underline{I}_m + \underline{I}_g)\\
\underline{S}_S &= \underline{U}_S^*\underline{I}_S = [(-j\underline{U}_m)^* + (j\underline{U}_g)^*](-j\underline{I}_m + j\underline{I}_g) =\\
&\quad (j\underline{U}_m^* - j\underline{U}_g^*)(-j\underline{I}_m + j\underline{I}_g)\\
\hline
\underline{S} = \underline{S}_R + \underline{S}_S &= \quad 2\underline{U}_m^*\underline{I}_m + 2\underline{U}_g^*\underline{I}_g + (\underline{U}_g^* - \underline{U}_g^*)\underline{I}_m + (\underline{U}_m^* - \underline{U}_m^*)\,\underline{I}_g
\end{aligned}$$

Da die Spannungssummen in den Klammern verschwinden, erhält man mit den komplexen Leistungen des Mitsystems

$$\underline{S}_m = 2\,\underline{U}_m^*\underline{I}_m = 2U_m I_m\underline{/\varphi_m} \tag{84.2}$$

und des Gegensystems

$$\underline{S}_g = 2\,\underline{U}_g^*\underline{I}_g = 2U_g I_g\underline{/\varphi_g} \tag{84.3}$$

die gesamte komplexe Leistung des unsymmetrischen Zweiphasensystems

$$\underline{S} = \underline{S}_m + \underline{S}_g \tag{84.4}$$

Nur der Wirkleistung

$$P = P_m + P_g \tag{84.5}$$

ist in diesem Zusammenhang eine reale Bedeutung zuzusprechen. In analoger Weise kann man für ein unsymmetrisches Dreiphasensystem ableiten

$$P = P_0 + P_m + P_g \tag{84.6}$$

wobei die Teil-Wirkleistungen

$$P_0 = 3\,U_0 I_0 \cos\varphi_0 \tag{84.7}$$

$$P_m = 3\,U_m I_m \cos\varphi_m \tag{84.8}$$

$$P_g = 3\,U_g I_g \cos\varphi_g \tag{84.9}$$

wieder mit den Strangwerten berechnet werden.

Nach Abschn. 1.5.2 erzeugen Spannungs-Mit- und Gegensysteme in Drehfeldmaschinen bei entsprechender Wicklungsverteilung Drehfelder, die entgegengesetzt umlaufen. Sie haben daher auch nach Abschn. 1.6 Drehmomente mit entgegengesetztem Drehwillen zur Folge. Nach Abschn. 1.6.2.1 ist das jeweils erzeugte innere Drehmoment M_i unmittelbar der zugehörigen Drehfeldleistung P_d proportional. Da wir aber nach Gl. (84.5) und (84.6) die Leistungen überlagern dürfen, können wir dies nun auch auf die Drehmomente erweitern und allgemein für das resultierende Drehmoment bei unsymmetrischem Betrieb angeben

$$M = M_0 + M_m + M_g \tag{84.10}$$

Ein Spannungs-Nullsystem führt mit den Stromkomponenten I_0, also den drei
gleich großen und gleichphasigen Strömen I_{U0}, I_{V0}, I_{W0}, in einer zweipoligen Drehfeldmaschine zu der in Bild **85**.1 dargestellten Durchflutungsverteilung, so daß ein Wechselfeld mit der dreifachen Polzahl des Grundfeldes aufgebaut wird. Es läßt sich nach

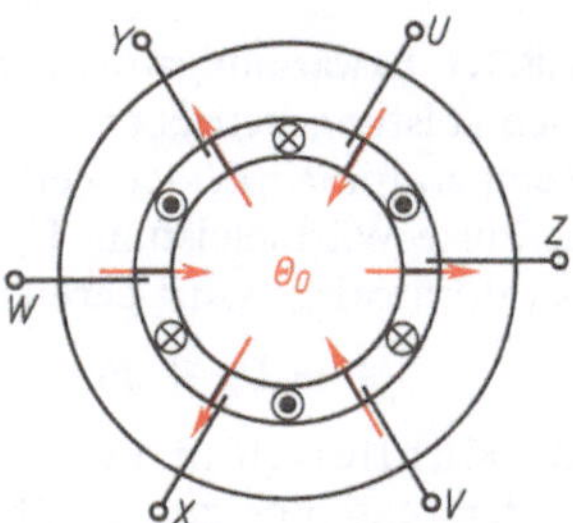

85.1
Durchflutung des Nullsystems im zweipoligen Dreiphasenständer

Abschn. 1.5.2.1 in zwei Drehfelder gleicher Größe und entgegengesetzter Drehrichtung
zerlegen, die beide mit der Drehfelddrehzahl umlaufen. Wenn sie Ströme gleicher Polzahl im Läufer vorfinden, können sie auch Drehmomente M_0 erzeugen (s. Abschn. 4.1.1.2).
Das Nullsystem kann daher Oberfelder mit $3\,np$-facher Polpaarzahl aufbauen, die sonst
in symmetrisch betriebenen Dreiphasenmaschinen nach Abschn. 1.5.2.3 nicht auftreten.

Für die einzelnen Wirkungen der symmetrischen Komponenten in Transformatoren und Drehfeldmaschinen und deren unsymmetrischen Betrieb s. Abschn. 2.2.4.4 und 5.2.2.3, für die Anwendung dieser Zusammenhänge s. Beispiel 28 (S. 120), 30 (S. 125), 42 (S. 182), 43 (S. 185),
44 (S. 187), 45 (S. 193) und 52 (S. 219).

1.8 Erwärmung und Kühlung

Alle in den elektrischen Maschinen auftretenden Verluste setzen sich in Wärme um. Daher nimmt die Temperatur der Wicklungen, der Eisenteile, des Stromwenders, der
Lager und der übrigen Maschinenteile im Betrieb zu. Die schließlich erreichten Temperaturen hängen nicht nur von der Größe der Verluste, sondern auch von der Wirksam-
keit der Kühlung bzw. Belüftung der Maschine ab, werden aber auch durch die
Betriebsart beeinflußt, so daß wir diese Gesichtspunkte im Zusammenhang untersuchen
und die sich hieraus ergebenden Nennbetriebsarten kennenlernen wollen. Isolation, Lager
und andere Bauteile dürfen jedoch keine zu hohen Temperaturen annehmen, da sie sonst
Schaden nehmen können oder ihre Lebensdauer erheblich herabgesetzt wird. Die erzeugte Wärme muß daher möglichst schnell wieder abgeführt werden. Elektrische Maschinen erfordern somit besondere Maßnahmen zur Kühlung. Da die wesentlichen
Verluste nun vom Volumen sowie von der Beanspruchung der Kupfer- und Eisenteile
abhängen und weil die Wärmeabgabe außerdem eine wärmeabführende Oberfläche benötigt, wird durch die zulässige Erwärmung einer Maschine deren Größe bzw. Leistung festgelegt. Die Verluste sind für die Bemessung der Maschinen also von außer-
ordentlicher Bedeutung (s. Band II, Teil 2); sie bestimmen die Nennwerte (s. Abschn.
1.2.3.2).

1.8.1 Erwärmung

Zunächst soll nun abgeleitet werden, nach welchem Gesetz sich eine elektrische Maschine erwärmt und wie man den Erwärmungsvorgang beeinflussen kann. Anschließend wollen wir die Lebensdauer der Isolation betrachten.

1.8.1.1 Erwärmungsvorgang. Es wird angenommen, daß die Maschine dauernd mit ihrer Nennleistung betrieben wird und dabei ihre Nennverluste entwickelt. Dann nimmt die Temperatur ϑ mit der Zeit t bis zu einem Endwert zu, bei dem die durch Kühlung abgeführte Wärmeleistung V_K gleich den entstehenden Verlusten V ist. Während des Temperaturanstiegs wird bereits ein Teil der Verluste

$$V = V_K + V_C \tag{86.1}$$

als Kühlleistung V_K abgegeben, ein anderer Teil wird als Speicherleistung V_C in der Maschine zur Erhöhung der Temperatur verwendet. Wenn wir die Maschine als einen einfachen, homogenen Körper mit der Masse m und der spezifischen Wärmekapazität c ansehen, und wenn die Temperatur mit $\mathrm{d}\vartheta_t/\mathrm{d}t$ ansteigt, wird während des Temperaturanstiegs die Leistung

$$V_C = c\,m\,\mathrm{d}\vartheta_t/\mathrm{d}t \tag{86.2}$$

aufgewendet. Die Kühlung hängt ab von den Kühleigenschaften der Maschinenoberfläche und der umgebenden Luft – d. h. von der Wärmeübergangszahl α –, von der kühlenden Oberfläche O und der Übertemperatur $\Theta = \vartheta - \vartheta_{Kü}$, wobei $\vartheta_{Kü}$ die Temperatur des Kühlmittels bezeichnet. Die Kühlleistung wird also

$$V_K = \alpha\, O\, \Theta \tag{86.3}$$

Dann geht Gl. (86.1) über in

$$V = c\,m\,\frac{\mathrm{d}\vartheta_t}{\mathrm{d}t} + \alpha\, O\, \Theta_t$$

Bei gleichbleibender Kühlmitteltemperatur $\vartheta_{Kü}$ darf man nur die Erwärmung betrachten und $\mathrm{d}\vartheta_t/\mathrm{d}t$ durch $\mathrm{d}\Theta_t/\mathrm{d}t$ ersetzen. So erhält man für die Übertemperatur die einfache Differentialgleichung

$$\frac{\mathrm{d}\Theta_t}{\mathrm{d}t} + \frac{\alpha\, O}{c\,m}\,\Theta_t = \frac{V}{c\,m} \tag{86.4}$$

Wir machen den Lösungsansatz

$$\Theta_t = \Theta_e(1 - e^{-t/\tau_E}) \tag{86.5}$$

mit der Basis des natürlichen Logarithmus $e = 2{,}718$, der Endübertemperatur Θ_e und der Zeitkonstante τ_E. Durch Einsetzen von Gl. (86.5) in Gl. (86.4) ergibt sich

$$\frac{\Theta_e}{\tau_E}\,e^{-t/\tau_E} + \frac{\alpha O}{c\,m}\,\Theta_e - \frac{\alpha O}{c\,m}\,\Theta_e e^{-t/\tau_E} = \frac{V}{c\,m}$$

Diese Gleichung ist erfüllt, wenn gleichzeitig

$$\frac{\Theta_e}{\tau_E} = \frac{\alpha O}{c\,m}\,\Theta_e \quad \text{und} \quad \frac{\alpha O}{c\,m}\,\Theta_e = \frac{V}{c\,m}$$

sind. Man erhält also für die Zeitkonstante des Erwärmungsvorgangs

$$\tau_E = c\,m/(\alpha\, O) \tag{86.6}$$

und für die Endübertemperatur

$$\Theta_e = V/(\alpha\, O) \tag{87.1}$$

Die Übertemperatur folgt daher, wie Bild **87**.1 zeigt, einer Exponentialfunktion, die praktisch nach Ablauf der Zeit $4\,\tau_E$ die Enderwärmung Θ_e erreicht. Die Zeitkonstante wird nach Gl. (86.6) durch große Maschinenmassen m vergrößert, durch intensive Küh-

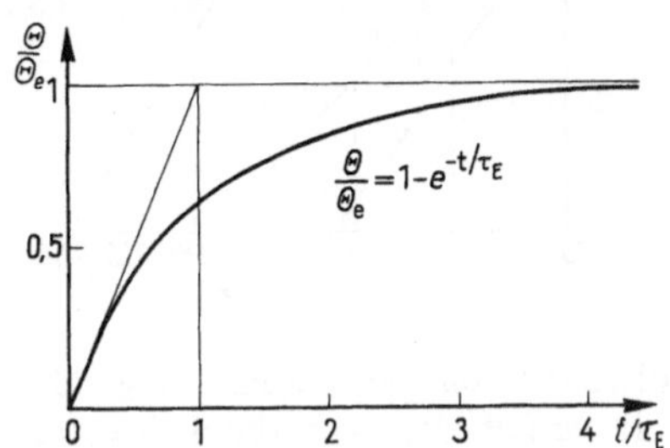

87.1
Erwärmungsverlauf eines homogenen Körpers
Θ_e Endübertemperatur

lung (d.h. große Wärmeübergangszahl α) und große Oberflächen O verringert. Sie beträgt bei Kleinmotoren etwa 10 min und kann bei Großmaschinen mehrere Stunden ausmachen. Die Endtemperatur wird daher erst nach etwa 1 bis 10 h erreicht. Sie steigt nach Gl. (87.1) mit den Verlusten, kann aber durch intensive Kühlung abgesenkt werden.

In ausgeführten Maschinen verläuft die Erwärmung nicht streng nach einer einfachen Exponentialfunktion, da elektrische Maschinen eben doch keine homogenen Gebilde mit gleichmäßiger Wärmeleitung sind. Außerdem ändern sich die Verluste und die Wärmeabgabeziffer mit steigender Temperatur. Man muß damit rechnen, daß die Wicklungstemperatur zunächst mit einer kleineren Zeitkonstante und daher schneller anwächst.

1.8.1.2 Lebensdauer. Die Isolation ändert durch Temperatur- und Zeiteinflüsse ihr Verhalten gegen elektrische und mechanische Belastungen: wir sagen, die Isolation altert. Jede Isolation hat nur eine bestimmte Lebensdauer; sie beträgt bei Einhaltung der in Tafel **16**.1 angegebenen Grenztemperaturen mindestens 20 Jahre. Wenn die Lebensdauer der Isolation abgelaufen ist, können die üblichen Anforderungen an ihre elektrische und mechanische Festigkeit nicht mehr erfüllt werden. Die Isolation wird brüchig oder schlägt durch, so daß die Wicklung Windungs- oder Masseschlüsse bekommt und schließlich zerstört wird.

Die Beeinträchtigung der physikalischen Eigenschaften der Isolation durch einen chemischen Prozeß, dessen Geschwindigkeit von der Zeit und der Temperatur abhängt, kann man mit einem Lebensdauergesetz beschreiben. Bei den meisten Isolationen nimmt nämlich die Lebensdauer in einem weiten Bereich nach einer Exponentialfunktion mit steigender Temperatur ab. In Bild **88**.1 ist die mittlere Lebensdauer von üblichen Isolationen dargestellt. Sie wurden in statistischen Versuchen gefunden. Im Einzelfall muß man mit erheblichen Streuungen rechnen.

Die Gerade *3* gibt die Lebensdauer der heute üblichen Isolation nach Klasse E wieder. Sie zeigt, daß für die Lebensdauerverringerung von 20 auf 10 Jahre nur eine Temperaturerhöhung um 10 K erforderlich ist. Die zulässigen Temperaturen ϑ sollen daher im Betrieb nur geringfügig und kurzzeitig überschritten werden. Besonders kritisch sind Kurz-

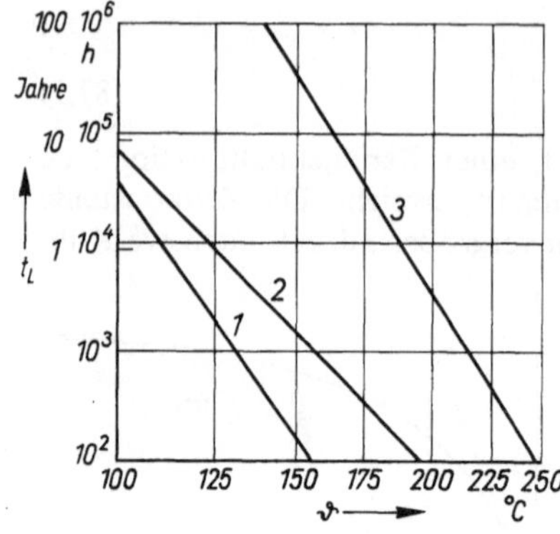

88.1
Mittlere Lebensdauer t_L elektrischer Isolation auf Grund chemischer Alterung
1 Baumwollisolation mit Tränklack
2 Lackisolation auf Ölbasis mit Öltränklack
3 Lackisolation mit Imprägnierung, beides auf Kunstharzbasis

schlüsse, da hier wegen der großen Verluste und Erwärmungen schon in sehr kurzer Zeit die Lebensdauer erheblich verringert wird.

Die Wicklungen können auch durch mechanische Beanspruchungen beim Einbringen der Wicklung in die Maschine oder bei späteren Temperaturänderungen sowie durch die Stromkräfte beschädigt werden. Bei Großmaschinen versucht man, größere Temperaturdifferenzen und somit Wärmedehnungen zwischen Wicklungs- und Eisenteilen zu vermeiden. Diese mechanischen Beanspruchungen führen nämlich zu starken Streuungen der Lebensdauer.

1.8.2 Betriebsarten

Nach Abschn. 1.8.1.2 darf man für eine ausreichende Lebensdauer die vorgeschriebene Grenzerwärmung nicht überschreiten. Andererseits möchte man eine Maschine möglichst weitgehend ausnutzen, d. h. mit der Belastung möglichst nahe an die Erwärmungsgrenze herankommen und hierdurch die kühlenden Oberflächen und somit die Abmessungen der Maschinen überhaupt klein halten. Dabei muß ihr Erwärmungsverhalten gleichzeitig den Anforderungen im Betrieb angepaßt werden. Da die elektrischen Maschinen häufig mit wechselnder Last betrieben werden, sind in VDE 0530 verschiedene Betriebsarten festgelegt, die eine möglichst hohe Maschinenausnutzung und gute Anpassung an die Betriebsverhältnisse ermöglichen. Wenn eine Maschine für eine der in VDE 0530 definierten Betriebsarten besonders ausgelegt ist, muß dies auf dem Leistungsschild durch die unten angegebenen Kurzzeichen vermerkt sein. Wir wollen jetzt die wichtigsten Betriebsarten (Bild **89.**1a bis h) an einem Motor mit Nebenschlußverhalten betrachten.

1.8.2.1 Dauerbetrieb. Dieser (Kurzzeichen S 1) liegt vor, wenn die Maschine so lange mit Nennleistung in Betrieb ist, daß sie hierbei ihre Beharrungserwärmung Θ_e erreicht. Bild **89.**1a zeigt den Verlauf der Wicklungstemperatur Θ, die für die Erwärmung maßgebenden und von der Leistung abhängenden Verluste V und die Leistungsabgabe P_2. Für den Anstieg der Erwärmung ist die Erwärmungszeitkonstante τ_E nach Gl. (86.6) und Bild **87.**1 maßgebend.

Nach dem Abschalten der Last würde der Motor mit seiner Leerlaufdrehzahl n_0 und den Leerlaufverlusten V_0 weiterlaufen und die Wicklungsübertemperatur Θ mit der

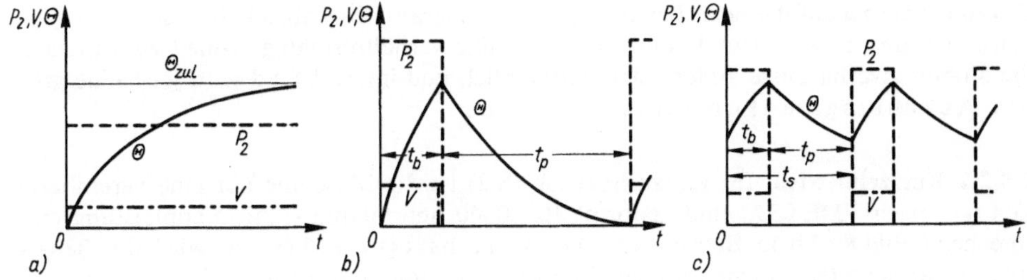

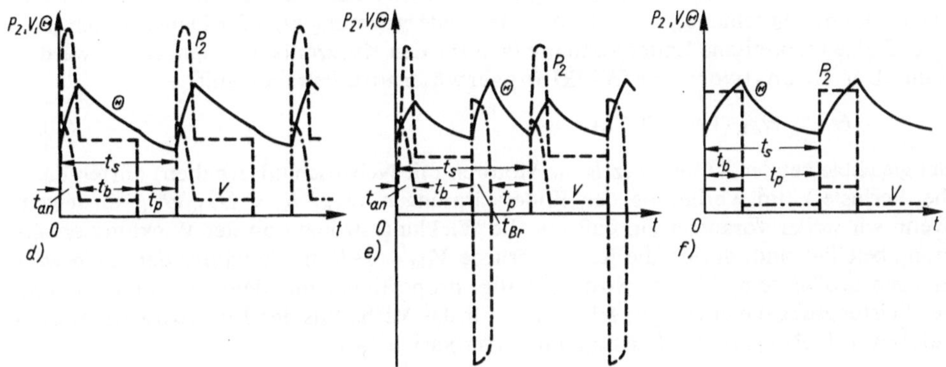

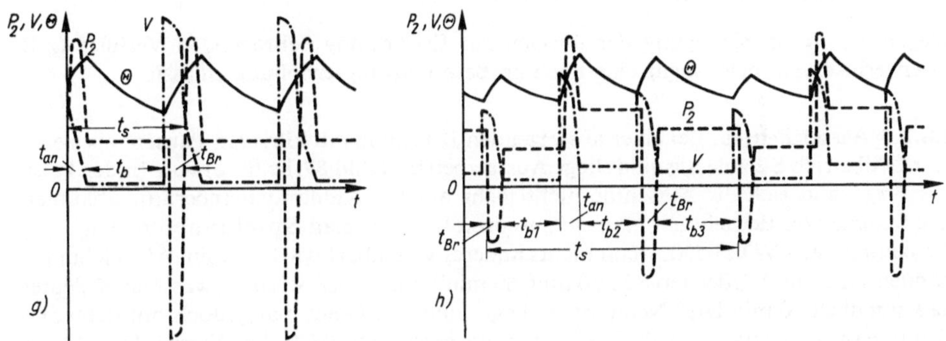

89.1 Betriebsarten von Elektromotoren mit Last- (⋯⋯), Verlust- (– · –) und Erwärmungsverlauf (——) (nach VDE 0530)
a) Dauerbetrieb (S 1)
b) Kurzzeitbetrieb (S 2)
c) Aussetzbetrieb ohne Einfluß des Anlaufs auf die Erwärmung (S 3)
d) Aussetzbetrieb mit Einfluß des Anlaufs auf die Erwärmung (S 4)
e) Aussetzbetrieb mit Einfluß von Anlaufen und Bremsen auf die Erwärmung (S 5)
f) Durchlaufbetrieb mit Aussetzbelastung (S 6)
g) Ununterbrochener Betrieb mit Anlaufen und Bremsen (S 7)
h) Ununterbrochener Betrieb mit wechselnden Drehzahlen und Leistungen (S 8)

Zeitkonstante τ_E auf die neue Beharrungsübertemperatur Θ_{e0} absinken. Nach dem Abschalten der Spannung kommt die Maschine verhältnismäßig schnell zum Stehen, die Kühlungsverhältnisse ändern sich beträchtlich und im Stillstand wird jetzt eine größere Abkühlungszeitkonstante τ_A wirksam.

1.8.2.2 Kurzzeitbetrieb. Im Kurzzeitbetrieb (S 2) ist die Maschine nur eine vereinbarte Zeit t_b – nach VDE 0530 sind genormt 10, 30, 60 und 90 min – mit Nennleistung entsprechend Bild **89.**1 b in Betrieb. Da die Betriebszeit $t_b < 3\tau_E$ ist, wird die Beharrungserwärmung Θ_{eK} nicht erreicht. Für die spannungslose Pause gilt $t_p > 3\tau_A$, so daß sich in dieser Zeit t_p die Maschine praktisch auf die Umgebungstemperatur $\vartheta_{Kü}$ abkühlen kann. Der Temperaturanstieg erfolgt wieder nach Gl. (86.5). Der Höchstwert der Wicklungserwärmung Θ_m darf gleich der Enderwärmung Θ_{zul} für Dauerbetrieb sein, so daß eine theoretische Enderwärmung Θ_{eK} für den Kurzzeitbetrieb eingeführt werden kann. Der Höchstwert der Wicklungserwärmung beträgt somit

$$\Theta_m = \Theta_{eK}(1 - e^{-t_b/\tau_E}) \tag{90.1}$$

Bei gleichbleibender Kühlung (z. B. in Motoren mit Nebenschlußverhalten) dürfen dann die Verluste V im Verhältnis der Enderwärmungen $\Theta_{eK}/\Theta_m = \Theta_{eK}/\Theta_{zul}$ ansteigen. Wenn wir weiter voraussetzen, daß nur die Wicklungsströme I an der Wicklungserwärmung beteiligt sind, dürfen die Kupferverluste $V_{Cu} = I^2 R$ im Verhältnis der Enderwärmungen größer sein. Da der Strom I i. allg. proportional mit dem Drehmoment und der Leistungsabgabe anwächst, erhält man für das Verhältnis der Leistung im Kurzzeitbetrieb P_{2KB} zu der Leistung im Dauerbetrieb P_{2D}

$$\frac{P_{2KB}}{P_{2D}} = \sqrt{\frac{\Theta_{eK}}{\Theta_{zul}}} = \sqrt{\frac{1}{1 - e^{-t_b/\tau_E}}} \tag{90.2}$$

Wegen der Vernachlässigung der übrigen zur Erwärmung beitragenden Verluste (z. B. Eisenverluste) ist meist sogar eine noch größere Leistungserhöhung zulässig.

1.8.2.3 Aussetzbetrieb. Bei einer aussetzenden Belastung mit kürzeren Pausen, als sie für Kurzzeitbetrieb S 2 zulässig sind, liegt Aussetzbetrieb (Bild **89.**1 c bis e) vor. In der Pause $t_p < 3\tau_A$ kann sich die Maschine nicht mehr auf die Kühlmitteltemperatur abkühlen. Die Summe von Betriebszeit t_b und Pausenzeit t_p nennt man Spieldauer $t_s = t_b + t_p$. Sie beträgt nach VDE 0530, wenn nichts anderes vereinbart wird, 10 min. Abweichungen können z. B. durch „Betrieb S 3: 20 min/60 min" angegeben werden, was hier bedeutet, daß stündlich 20 min lang Nennlast vorliegt. Häufig arbeitet man jedoch mit der relativen Einschaltdauer ED $= t_b/t_s$, für die nach VDE 0530 die Werte ED $= 15, 25, 40$ und 60% genormt sind. Außerdem sind nach Bild **89.**1 noch Aussetzbetrieb ohne (S 3) und mit (S 4) Einfluß des Anlaufs bzw. mit Einfluß von Anlaufen und Bremsen (S 5) auf die Erwärmung zu unterscheiden. Die Betriebsart S 4 wird außerdem durch die Anzahl der Anläufe innerhalb einer bestimmten Zeit gekennzeichnet – z. B. S 4: 25%, 100 Anläufe/h. Für Einzelheiten s. Band VIII, Abschn. Betriebsarten.

Ein Motor für S 3 $- 40\%$ kann beispielsweise während der Zeit $t_b = 4$ min mit Nennleistung betrieben werden. Anschließend muß er für die Pause $t_p = (10 - 4)$ min $= 6$ min vom Netz getrennt werden. Er darf auch mit einem Spiel von 2 min Last und 3 min Pause verwendet werden. Bei einem Spiel von 8 min Belastung und 12 min Pause wird die Wicklung jedoch zu warm.

Wegen der kleinen Spieldauer $t_\mathrm{S} = 10$ min gilt für Aussetzbetrieb S 3 immer $t_\mathrm{b} \ll \tau_\mathrm{E}$ und $t_\mathrm{p} \ll \tau_\mathrm{A}$. Dann darf man die Erwärmungskurve in Bild **89.**1 c durch eine Sägezahnkurve nach Bild **91.**1 ersetzen und erhält für die Übertemperaturen

$$\Theta_1 = \Theta_{\mathrm{e\,D}}(1 - t_\mathrm{p}/\tau_\mathrm{A}) \quad \text{sowie} \quad \Theta_{\mathrm{e\,D}} = \Theta_1(\Theta_{\mathrm{e\,AB}} - \Theta_1)\,t_\mathrm{b}/\tau_\mathrm{E}$$

oder mit den Voraussetzungen zu Gl. (90.2) für das Verhältnis der Leistung $P_{2\mathrm{AB}}$ im Aussetzbetrieb S 3 zur Dauerbetriebsleistung $P_{2\mathrm{D}}$

$$\frac{P_{2\mathrm{AB}}}{P_{2\mathrm{D}}} = \sqrt{\frac{\Theta_{\mathrm{e\,AB}}}{\Theta_{\mathrm{e\,D}}}} = \sqrt{1 + \frac{\tau_\mathrm{E}}{\tau_\mathrm{A}} \cdot \frac{t_\mathrm{p}}{t_\mathrm{S}} - \frac{t_\mathrm{p}}{\tau_\mathrm{A}}} \tag{91.1}$$

Das letzte Glied $t_\mathrm{p}/\tau_\mathrm{A}$ darf fast immer vernachlässigt werden.

Durchlaufbetrieb mit Aussetzbelastung (S6). Man kann auch bei Belastungszeiten $t_\mathrm{b} < 3\tau_\mathrm{E}$ in den Pausen $t_\mathrm{L} < 3\tau_\mathrm{E}$ die Maschine leer weiterlaufen lassen. Pausen und Belastungszeiten sind dabei wieder so klein, daß die Beharrungstemperatur nicht erreicht wird. Da der Motor mit etwa gleichbleibender Drehzahl läuft, tritt nur eine Zeitkonstante $\tau_\mathrm{E} = \tau_\mathrm{A}$ auf. Spieldauer und Einschaltdauer sind ebenso festgelegt wie für Aussetzbetrieb (z.B. S 6 — 40%). Einen möglichen Belastungs- und Temperaturverlauf zeigt Bild **89.**1 f. Für die Leistungserhöhung erhält man mit einem ähnlichen Temperaturverlauf wie in Bild **91.**1

$$\frac{P_{2\mathrm{DAB}}}{P_{2\mathrm{D}}} = \sqrt{1 + \frac{t_\mathrm{L}}{t_\mathrm{b}}} \tag{91.2}$$

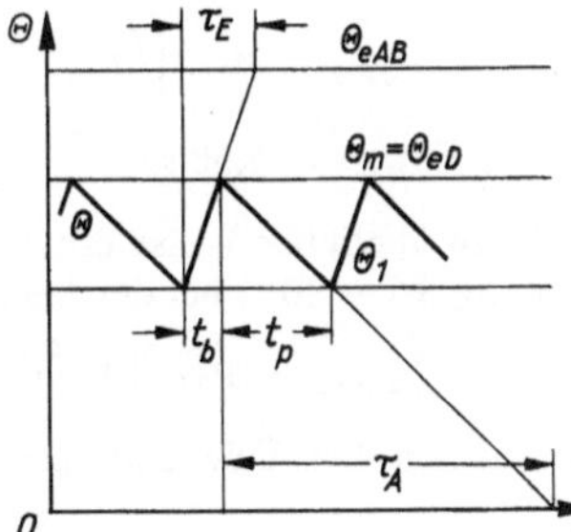

91.1
Wicklungsübertemperatur Θ im Beharrungszustand bei Aussetzbetrieb S 3
Θ_1 Kleinstwert der Übertemperatur
Θ_m Höchstwert der Übertemperatur
$\Theta_{\mathrm{e\,AB}}$ theoretischer Endwert der Übertemperatur
$\Theta_{\mathrm{e\,D}}$ Endtemperatur für Dauerbetrieb

1.8.2.4 Schaltbetrieb. Wenn der Motor häufig geschaltet wird, bestimmen hauptsächlich die Verluste beim **Anlauf**, **Bremsen** und **Umsteuern** seine Erwärmung. Diese ist daher abhängig von den zu beschleunigenden **Massen** und der **Schalthäufigkeit**. Im **ununterbrochenen Betrieb mit Anlaufen und Bremsen (S 7)** wird der Motor in einer gleichartigen Folge von Spielen, die sich aus Anlaufzeit, Betriebszeit mit gleichbleibender Nennlast und Bremszeit mit elektrischem Bremsen zusammensetzen, belastet. Während **eines** Spiels wird die Beharrungserwärmung nicht erreicht (Bild **89.**1 g). Bei **ununterbrochenem Betrieb mit wechselnden Drehzahlen und Leistungen (S 8)** wird der Antrieb einer periodischen Folge gleichartiger Spiele ausgesetzt, wobei jedes Spiel nach Bild **89.**1 h verschiedene Betriebszeiten mit unterschiedlicher Last und Drehzahl umfaßt. Nähere Hinweise zur hier notwendigen Berücksichtigung von Anlauf- und Bremswärme enthält Band VIII, Abschn. Verluste bei Drehzahländerungen. Wenn beim Aussetzbetrieb S 4 der Motor nicht sofort nach dem Abschalten zum Stillstand kommen darf, wird dies auf dem Leistungsschild angegeben – ebenso wie die Bremsart bei den Betriebsarten S 5 und S 7. Bei der Betriebsart S 8 werden außerdem Drehzahlen und zugehörige Betriebszeiten vermerkt. Für diese Betriebsarten S 4, S 5, S 7 und S 8 enthält das Leistungsschild ferner die **Trägheitskonstante**

$$H = \frac{\Omega_N^2 J}{2\, m\, U_N\, I_N} \tag{92.1}$$

die also das Verhältnis der bei der Nenndrehzahl n_N bzw. der Nennwinkelgeschwindigkeit $\Omega_N = 2\pi n_N$ und dem Trägheitsmoment J im Läufer gespeicherten kinetischen Energie $W_k = \Omega_N^2 J/2$ zur Nennscheinleistung der Wechselstrommotoren (z.B. Strangzahl $m = 3$ und Nenn-Strangwerte U_N und I_N beim Dreiphasenmotor) bzw. Nennleistungsaufnahme bei Gleichstrommotoren ($m = 1$) darstellt. Aus ihr kann das Trägheitsmoment J des Läufers berechnet werden.

Beispiel 21. Ein Dreiphasenmotor für die Dauerleistung $P_{2D} = 5{,}5$ kW hat die Erwärmungszeitkonstante $\tau_E = 40$ min und die Abkühlungskonstante $\tau_A = 60$ min. Es sind die zulässigen Leistungen für die Betriebsarten a) S2 — 30 min, b) S3 — 40% und c) S6 — 40% überschläglich zu bestimmen.

Zu a): Für den **Kurzzeitbetrieb** S2 — 30 min erhält man nach Gl. (90.2) die zulässige Leistung

$$P_{2KB} = P_{2D} \sqrt{\frac{1}{1 - e^{-t_b/\tau_E}}} = 5{,}5\,\text{kW} \sqrt{\frac{1}{1 - e^{-30\,\text{min}/40\,\text{min}}}} = 7{,}57\,\text{kW}$$

Zu b): Die Leistung für den **Aussetzbetrieb** S3 — 40% ist nach Gl. (91.1) mit Betriebszeit $t_b = 4$ min und Pausenzeit $t_p = 6$ min

$$P_{2AB} = P_{2D} \sqrt{1 + \frac{\tau_E}{\tau_A} \cdot \frac{t_p}{t_b} - \frac{t_p}{\tau_A}} = 5{,}5\,\text{kW} \sqrt{1 + \frac{40\,\text{min}}{60\,\text{min}} \cdot \frac{6\,\text{min}}{4\,\text{min}} - \frac{6\,\text{min}}{60\,\text{min}}}$$
$$= 7{,}58\,\text{kW}$$

Zu c): In ähnlicher Weise erhält man die Leistung für den **Durchlaufbetrieb** mit Aussetzbelastung S6 — 40% bei der Leerlaufzeit $t_L = 6$ min aus Gl. (91.2)

$$P_{2DAB} = P_{2D} \sqrt{1 + (t_L/t_b)} = 5{,}5\,\text{kW} \sqrt{1 + (6\,\text{min}/4\,\text{min})} = 8{,}7\,\text{kW}$$

Bei diesen großen Überlastungen muß man noch überprüfen, ob das Kippmoment ausreicht.

1.8.3 Kühlung

Die Beharrungstemperatur Θ_e eines homogenen Körpers hängt nach Gl. (87.1) von den Verlusten, die in ihm erzeugt werden, und von der Wärmeübergangszahl α, d.h. von der auf Fläche und Temperatur bezogenen, abgebbaren Wärmeleistung und der Oberfläche O ab. Eine elektrische Maschine ist aber stets aus einer Vielzahl von Werkstoffen aufgebaut, so daß die Wärmeabgabe viel verwickelter als beim homogenen Körper wird. Die wärmeerzeugenden Verluste entstehen hauptsächlich im Wicklungskupfer und im Eisenpaket. Von dort müssen sie an die Oberflächen weitergeleitet werden, die Wärme an ein Kühlmittel abgeben können. Alle Werkstoffe haben einen Wärmewiderstand. Beispielsweise haben geschichtetes Eisenblech in der Längsrichtung etwa den 7fachen (in Schichtrichtung dagegen wesentlich mehr), gut bewegtes Transformatoröl etwa den 1000fachen, die üblichen Isolierstoffe den 2000fachen und dünne Luftschichten sogar den 15000fachen Wärmewiderstand des Kupfers. Maßgebend für die zulässige Erwärmung ist die Wicklungstemperatur, die meist in der Mitte der Nut (oder Spule) ihren höchsten Wert annimmt. Bei umlaufenden Maschinen wird die Wärme dann auf verschiedenen Wegen (z.B. über das Eisen und das Außengehäuse oder die Wicklungsköpfe) an die Luft abgegeben. Sie kann durch Strahlung, natürliche Konvektion oder künst-liche Kühlung abgeführt werden. Staubablagerungen erhöhen den Wärmewiderstand und erschweren daher die Wärmeabgabe. Nur durch eine erzwungene Konvektion (z. B. durch eine Kühlung mit Lüfter, Wasserrückkühler o. ä.) kann man große Leistungen bei kleinem Maschinenvolumen erreichen. Große Synchronmaschinen benutzen als Kühl-mittel sogar Wasserstoff oder eine direkte Leiterkühlung mit Öl oder Wasser.

1.8.3.1 Kühlung von Transformatoren. VDE 0532 unterscheidet die Kühlmittel Mine-ralöl (Kurzzeichen O), Askarel = Clophen (L), Gas (G), Wasser (W) und Luft (A), die natürlich (N) oder erzwungen (F) bewegt werden. Die Kühlungsart wird durch das Kurz-zeichen auf dem Leistungsschild angegeben, wobei die beiden ersten Buchstaben die innere Kühlung der Wicklung und der dritte und vierte Buchstabe die äußere Kühlung kennzeichnen. Ein üblicher Öltransformator, dessen Öl an den Wicklungen bei Erwär-mung hochsteigt und der außen am Kessel durch Lüfter angeblasen wird, hat z. B. die Bezeichnung ONAF. Eine weitere Ausführungsart zeigt Bild **93**.1.

93.1 Dreiphasen-Wandertransformator für 40 MVA, 110 kV ± 12 %/11 kV mit Küh-lungsart ONAN (Trafo-Union)

1.8.3.2 Kühlung drehender Maschinen. Nur bei sehr kleinen Maschinen genügen Strahlung und natürliche Luftbewegung allein für eine ausreichende Abfuhr der Verlustwärme. Bei den übrigen Maschinen versucht man durch Anordnung von Lüftern, die meist mit der Maschinenwelle umlaufen, eine Belüftung zu schaffen, die so wirksam wie möglich sein soll. Allerdings dürfen die Lüfterverluste im Verhältnis zur Maschinenleistung nicht zu groß werden, und die Außendurchmesser der Lüfter sind durch die Abmessungen der Maschine begrenzt. Auch zur Vermeidung von unangenehmem Maschinenlärm dür-fen die Luftgeschwindigkeiten nicht zu hoch sein.

Die Kühlluft muß besonders nahe an der Wärmequelle vorbeistreichen. Daher hat eine Innenkühlung mit Durchzugsbelüftung große Vorteile (Bild **94**.1a). Sie kann aber nur für Maschinen bis Schutzart IP23 angewendet werden. In Stromwendermaschinen sorgt sie außerdem dafür, daß der durch den Bürstenverschleiß entstehende

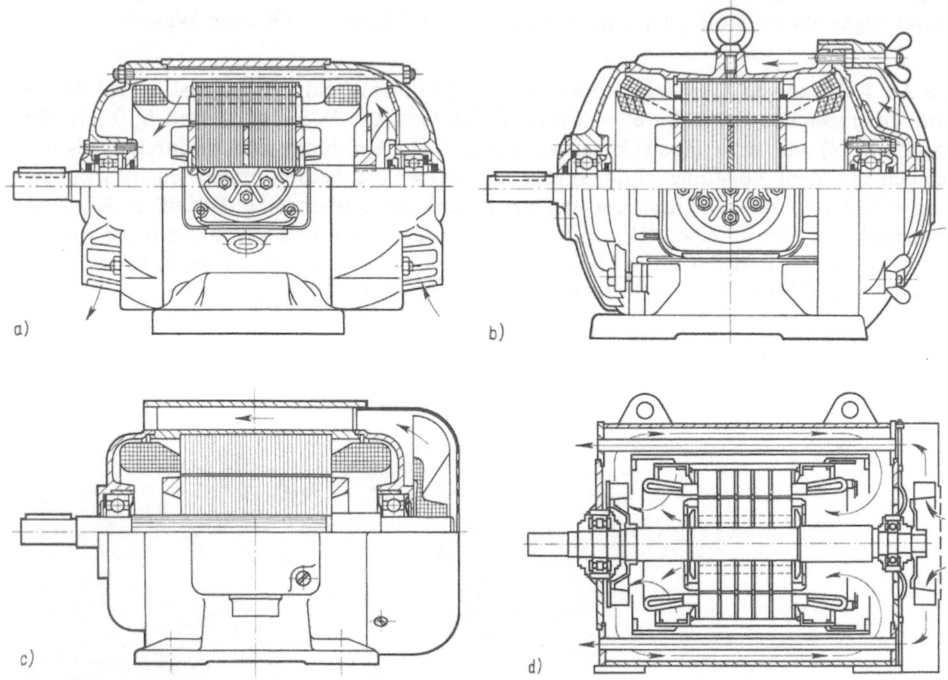

94.1 Belüftungsarten drehender   a) Durchzugsbelüftung IC01   c) Mantelkühlung IC 0141
     Maschinen (AEG)   b) Oberflächenkühlung IC 0141   d) Röhrenkühlung IC 0151

Kohlenstaub, der Kriechstrecken bilden kann, aus der Maschine entfernt wird. In staubhaltigen Betrieben werden dagegen geschlossene Maschinen in Schutzart IP44 bevorzugt. Sie können dann eine Oberflächenkühlung mit Kühlrippen (Bild **94**.1b), bei der der Luftstrom über die Maschine geblasen wird, haben. Bei der Mantelkühlung (Bild **94**.1c) sind die Kühlrippen nochmals durch einen Mantel abgedeckt, so daß eine besonders gute Luftführung entsteht. Große Maschinen haben häufig auch eine Röhrenkühlung (Bild **94**.1d). Hier wird die äußere Kühlluft durch Röhren des Ständergehäuses gedrückt, während die innere Kühlluft durch einen Innenlüfter meist in entgegengesetzter Richtung an diesen Röhren vorbeibewegt wird. Solche Maschinen können auch in explosionsgefährdeten und staubigen Betrieben eingesetzt werden, wenn die übrigen Sicherheitsforderungen erfüllt sind.

Die Kühlungsarten werden, wie bei Bild **94**.1 angegeben, heute mit Kennzeichen nach der IEC-Empfehlung 34–6 gekennzeichnet. Dieses Kurzzeichen beginnt mit den Buchstaben IC (von International Cooling) und bezeichnet mit der 1. Kennziffer die Art des Kühlmittelumlaufs sowie mit der 2. Kennziffer die Kühlmittelbewegungsart. Für die Art des Kühlmittels werden u.a. noch die Buchstaben H für Wasserstoff, W für Wasser und U für Öl benutzt. Das Zeichen A für Luft kann man fortlassen, wenn Luft das einzige Kühlmittel ist. Jeder Kühlkreislauf erhält eine Bezeichnung aus einem Buchstaben und zwei Kennziffern. Bei Eigenkühlung läßt man die 2. Kennziffer fort.

Selbstkühlung (2. Kennziffer 0) führt die Wärme allein durch Strahlung und natürliche Luftbewegung ab. Sie ist daher nicht allzu wirksam und wird nur für kleine Motoren angewandt. Die meisten Maschinen haben Eigenkühlung (2. Kennziffer 1), wobei ein Lüfter auf der Motorwelle das Kühlmittel bewegt.

Die Kühlung hängt dann stark von der Lüfterdrehzahl ab. Wird die Drehzahl einer Maschine mit Eigenkühlung von der Nenndrehzahl n_N auf n^* verkleinert, so muß die Nennleistung P_N ebenfalls im Verhältnis

$$\frac{P^*}{P_N} = \frac{n^*}{n_N} \sqrt{\frac{n^*}{n_N}} \qquad (95.1)$$

verringert werden. Bei Drehzahleinstellungen über die Nenndrehzahl hinaus (Stromwendermaschinen) setzt man jedoch die Leistung vorsichtshalber nur linear herauf. Motoren, die bei vollem Nennmoment oder in einem weiten Drehzahlbereich verstellt werden sollen, erhalten eine Fremdkühlung (2. Kennziffer 3, 5, 6 oder 7). Auch für Maschinengruppen, z.B. für Textilmaschinen, sieht man einen besonderen Lüftermotor mit Luftkanälen zu den einzelnen Motoren vor.

1.8.3.3 Kühlung größter Maschinen. Für die Kühlung sehr großer Maschinen, beispielsweise der Synchrongeneratoren, reichen die in Abschn. 1.8.3.2 angegebenen Kühlsysteme nicht mehr aus. Hier hat man zunächst das Kühlmittel Luft durch Wasserstoff ersetzt. Wasserstoff unter Druck hat z.B. etwa das 3fache Wärmeabfuhrvermögen von Luft, Öl das 21fache und Wasser das 50fache. In Zukunft wird man daher in steigendem Maße chemisch reines Wasser als Kühlmittel verwenden.

Darüber hinaus ist es wichtig, bei den dicken Hochspannungsisolationen mit dem Kühlmittel so nahe wie möglich an die Wärmequelle heranzukommen und hierdurch große Temperatursprünge zu vermeiden. Das Kühlmittel soll bei großen Maschinen gleichzeitig dafür sorgen, daß sich die Temperaturen von Leiter, Isolierung und Eisen möglichst wenig unterscheiden und ebensowenig ändern, da dann die Isolierung am wenigsten durch Wärmespannungen mechanisch beansprucht wird. Beides erreicht man mit einer direkten Leiterkühlung. Bild **95.1** zeigt ein Beispiel für diese Kühlungsart in Läufer und Ständer. Durch die Kanäle im Leiter wird das Kühlmittel geleitet. Hiermit kann man gegenüber den früheren Ausführungen die Leistung auf etwa das Zehnfache bei gleichem Maschinenvolumen steigern. Die direkte Wasserkühlung (Kurzzeichen ICW37) wird im Ständer etwa ab 500 MVA, im Läufer etwa ab 1000 MVA angewandt.

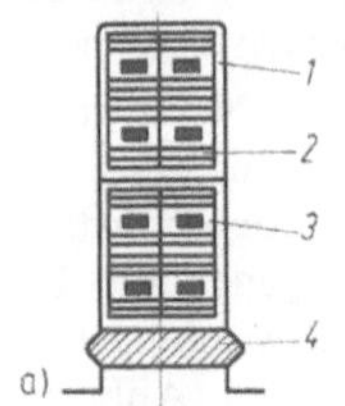

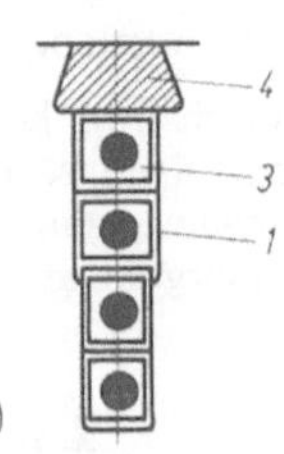

95.1
Ständernut (a) und Läufernut (b) eines Synchrongenerators mit direkter Leiterkühlung
1 Isolierhülse   *2* Teilleiter   *3* Hohlleiter   *4* Nutenkeil

2 Transformatoren

Die elektrische Energie hat ihre heutige Bedeutung erst erlangt, als es möglich wurde, sie im Rahmen einer Verbundwirtschaft über weite Strecken fortzuleiten und sie ohne merkbare Verzögerung an den augenblicklichen Verbrauchsort zu bringen. Eine solche Fernleitung ist erforderlich, da elektrische Energie nicht in größeren Mengen gespeichert werden kann. Die Verbundwirtschaft bietet auch den Vorteil, daß z. B. in wasserarmen Zeiten Energie, die in Wärmekraftwerken gewonnen wird, den sonst von Wasserkraftwerken belieferten Verbrauchern zur Verfügung gestellt werden kann, während der Spitzenverbrauch in den Industriegebieten wiederum günstig von den Wasserkraftwerken zu beziehen ist.

Diese Landesversorgung mit elektrischer Energie von wenigen großen Kraftwerken aus und über weite Entfernungen ist wirtschaftlich nur mit relativ kleinen Strömen möglich. Bei gleicher Leistung werden daher hohe Spannungen verlangt. Drehstromgeneratoren erzeugen heute Leistungen bis zu 2 GVA bei Spannungen bis zu 25 kV. Für die Fernübertragung mit kleinen Strömen sind Spannungen von 110, 220 oder 380 kV erwünscht. In den Kraftwerkstransformatoren wird daher die Generatorspannung auf die hohe Netzspannung herauftransformiert. In der Nähe des Verbrauchers setzt der Verteilungstransformator die Spannung wieder auf die Verbraucherspannung (z. B. 380 V) herab oder auf einen Wert, der für die Weiterleitung über kleinere Entfernungen besser geeignet ist.

Die Netztransformatoren übertragen Drehstrom, da man mit diesem Dreiphasensystem die Leitungen besonders gut ausnutzt und – über alle Phasen betrachtet – eine zeitlich konstante Leistung zum Verbraucher liefert. Bei Einphasen-Wechselstrom pulsiert dagegen die Leistung mit doppelter Netzfrequenz. Drehstrommaschinen haben einen schwingungsfreien Lauf und bauen infolge der guten Ausnutzung am kleinsten und billigsten. Außerdem sind Drehstrommotoren besonders einfach und betriebssicher aufgebaut; sie können mit geringstem Aufwand bei hohem Anzugsmoment in Betrieb genommen werden.

Gleichstrom läßt sich nicht in dieser Form transformieren. Die Grenzleistung der Gleichstrommaschinen ist mit etwa 10 MW auch erheblich kleiner, und ihre Spannungen können wegen der Stromwendung nicht wesentlich über 3 kV erhöht werden. Sie werden daher für die Energieversorgung größerer Gebiete nicht mehr herangezogen.

2.1 Aufbau

2.1.1 Begriffe, Schaltbild

Wirkungsweise und Aufbau des Transformators sind schon in Abschn. 1.1.2.1 und 1.2.4.1 behandelt worden. In Bild **11.**1 ist die allgemeine Anordnung eines Transformators dargestellt. Die bewickelten Teile des Eisenkerns heißen Schenkel; die sie verbindenden Teile sind die Joche. Für die Umspannung braucht man mindestens zwei Wicklungen oder Wicklungsteile, die i. allg. ineinander gewickelt sind. Jeder Schenkel trägt dabei konzentrische Teilspulen. Die Eingangswicklung – auch Primärwicklung genannt – nimmt aus dem vorhandenen Netz bei der Spannung U_1 die Energie auf, während in der Ausgangswicklung – der Sekundärwicklung – die Spannung U_2 erzeugt wird. Die Aufnahmewicklung ist also Energieverbraucher, die Abgabewicklung Energieerzeuger. Die Größen auf der Primärseite werden mit dem Index 1, die auf der Sekundärseite mit 2 gekennzeichnet.

Da die beiden Spannungen meist verschieden groß sind, ist auch eine Unterscheidung der beiden Wicklungen als Oberspannungs- und Unterspannungswicklung gebräuchlich. Aus isolationstechnischen Gründen ist die Unterspannungswicklung meist innen, nächst dem Eisen, und die Oberspannungswicklung außen angeordnet. Die Anschlußklemmen der Oberspannungsseite werden mit großen Buchstaben (U, V, W), die der Unterspannungsseite mit kleinen (u, v, w, x, y, z) versehen.

Durch diese Bezeichnung wird noch nichts über die Spannungshöhe an den betreffenden Klemmen ausgesagt. Insbesondere können beide Wicklungen Hochspannung führen, z.B. bei einem Großtransformator 220 kV/30 kV, der aus einem 220-kV-Höchstspannungsnetz in ein 30-kV-Mittelspannungsnetz arbeitet. Ebenso kommen auch Transformatoren mit Niederspannung auf beiden Seiten vor, z.B. Kleintransformatoren 220 V/8 V/5 V/3 V, die aus dem 220-V-Netz kleine Verbraucher mit 8 oder 5 oder 3 V speisen können. In beiden Fällen liegt primär die Oberspannungsseite und sekundär die Unterspannungsseite. Bei einem Transformator dagegen, der in einem Kraftwerk die Generatorspannung von 10 kV auf die Verteilungsspannung 30 kV heraufsetzt, ist die Oberspannungswicklung Sekundärseite.

Die Wicklungen sind für Nennspannung bemessen. Nennbetrieb ist durch Nennspannung U_{10} auf der Eingangsseite und Nennstrom I_{2N} auf der Ausgangsseite bei Nennfrequenz gekennzeichnet. Die Vollastspannung U_{2N} tritt bei Belastung des Transformators mit dem Nennstrom I_{2N} auf der Ausgangsseite auf; sie ist nach Abschn. 2.2.3.4 vom Leistungsfaktor $\cos\varphi$ abhängig. Das Leistungsschild gibt die Nennspannungen an, die sich stets auf den Leerlauf beziehen, bei Dreiphasen-Transformatoren Außenleiterwerte sind und auch das Nennübersetzungsverhältnis $ü_N = U_{10}/U_{20}$ bilden. Leistungstransformatoren sind für Dauerbetrieb mit der Nennscheinleistung $S_N = U_{10}I_{1N}$ bzw. bei Dreiphasen-Transformatoren $S_N = \sqrt{3}\,U_{10}I_{1N}$ bemessen.

Bild 97.1a zeigt das Schaltzeichen und das Schaltkurzzeichen eines Transformators mit zwei getrennten Wicklungen, eines sog. Volltransformators. Beim Spartransformator (s. Abschn. 2.3.2) benutzt man nur eine angezapfte Wicklung. Es sind

97.1
Schaltzeichen (links) und Schaltkurzzeichen (rechts)
a) Volltransformator mit zwei Wicklungen
b) Dreiwicklungstransformator

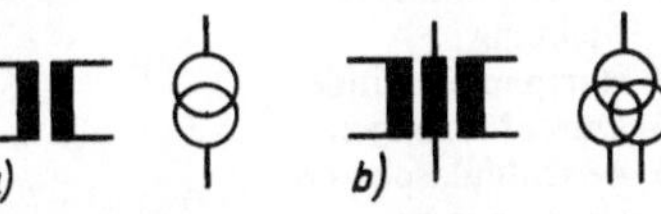

auch Ausführungen mit mehreren getrennten Wicklungen möglich. In Bild **97.1**b sind z.B. Schaltzeichen und Schaltkurzzeichen eines Dreiwicklungstransformators (s. Abschn. 2.2.4.4) dargestellt. (Für die wichtigsten Bestimmungen über Transformatoren s. Anhang.)

2.1.2 Eisenkern

Die beiden wesentlichsten Teile des Transformators sind der Eisenkern und die Wicklungen. Dem Kern – auch Eisengerüst genannt – kommt die Aufgabe zu, den Wechselfluß zu führen und die Wicklungen zu tragen. Er hält die Teile mechanisch zusammen, darf jedoch nicht massiv sein, da sonst die Wirbelstromverluste (s. Abschn. 1.2.3.3) unzulässig groß werden. Der Eisenkern wird heute durchweg aus 0,3 mm dicken, kaltgewalzten und kornorientierten Blechen aufgebaut. Nach Abschn. 1.1.2.5 sind hiermit Magnetisierungsbedarf und Eisenverluste besonders klein. Die Bleche sind gegeneinander isoliert. Für die sehr dünne Isolation geht etwas vom Querschnitt verloren, so daß man bei der Berechnung des wirksamen Eisenquerschnitts den Eisenfüllfaktor $k_{Fe} = 0{,}97$ berücksichtigen muß (s. Band II, Teil 2).

Der Eisenkern wird aus Teilblechen zusammengesetzt. Der Luftspalt zwischen den Blechen soll in Flußrichtung möglichst klein sein. Schenkel und Joch, wie auch längere Schenkel, werden daher mit einer Verzapfung ausgeführt. Für die kornorientierten Bleche muß man jedoch wegen ihrer Vorzugsrichtung Schrägschnitte – z.B. nach Bild **98**.1 – vorsehen. Am Übergang des Mittelschenkels in das Joch wechseln gerade und schräge Schnittstellen miteinander ab. Durch Verwendung verschiedener Blechbreiten sucht man den meist runden Querschnitt innerhalb der Wicklung möglichst weitgehend mit Eisen zu füllen. Der Schenkel ist daher abgesetzt, wie Bild **98**.2 zeigt. Bei

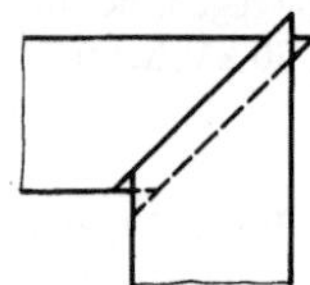

98.1
Schrägschnitt von Transformator-Kernblechen

98.2
Aufbau eines Drehstrom-Öltransformators für 1600 kVA, 10 kV + 5%/ 0,4 kV (Trafo-Union)
1 Kern
2 Oberspannungswicklung
3 Unterspannungswicklung
4 Hartpapierzylinder
5 Durchführungen
6 Anschlußlasche der Unterspannungsseite
7 Ölausdehnungsgefäß
8 Ölstandsanzeiger
9 Schutzrelais
10 Thermometertasche
11 Ölkessel

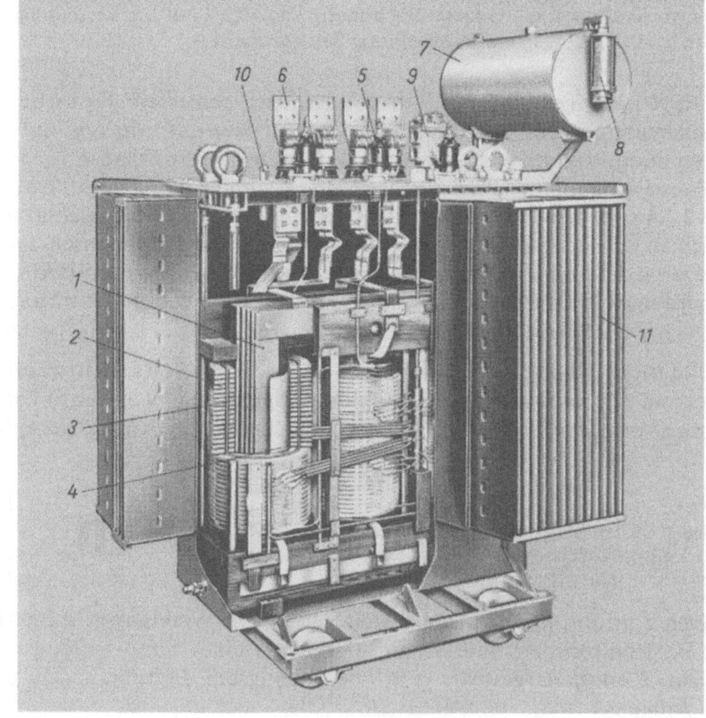

kleinen Transformatoren (bis etwa 1 MVA) werden die Schenkel durch Umbandelung oder durch die Unterspannungswicklung, bei größeren meist durch isolierte Bolzen aus hochfestem Stahl zusammengehalten. Die Joche werden stets durch Bolzen zusammengepreßt.

Einen aufgeschnittenen Dreiphasentransformator mittlerer Leistung zeigt Bild **98**.2. Neben Eisenkern und Wicklungen sind der Ölkessel mit den Kühltaschen und den Schutzeinrichtungen zu erkennen. In der Mitte der Wicklungen verlaufen Verbindungsleitungen von den Wicklungsanzapfungen (s. Abschn. 2.1.3.3) zum senkrecht stehenden Umschalter.

2.1.3 Wicklungen

Der Aufbau der Wicklungen wird weitgehend durch die geforderte Spannungsfestigkeit bestimmt. Nebeneinanderliegende Leiter e i n e r Spule dürfen keine zu hohe Spannung gegeneinander haben. Kritisch ist die L a g e n s p a n n u n g, die sich zwischen den benachbarten Windungen verschiedener Lagen ausbildet. Die Spannung zwischen zwei aufeinander folgenden Windungen einer Lage heißt W i n d u n g s s p a n n u n g. Mit besonderer Sorgfalt müssen die ersten und die letzten Windungen eines Stranges isoliert werden, da in ihnen beim Eindringen von Stoßspannungswellen mit steiler Spannungsstirn auch sehr hohe Windungsspannungen auftreten können. Aus diesen und anderen Gründen unterscheidet man eine Reihe von Wicklungsarten.

2.1.3.1 Zylinderwicklungen. Bei den meisten Transformatoren befinden sich auf jedem Schenkel Ober- und Unterspannungswicklung in konzentrischer, zylindrischer Anordnung. Kleintransformatoren für Niederspannung haben häufig eine in einen Spulenkasten eingelegte Wicklung. Die Runddrähte werden dann lagenweise, u. U. mit Papierzwischenlagen, eingewickelt. Eine ähnliche L a g e n w i c k l u n g findet man auch bei Großtransformatoren. Hierbei werden mehrere Lagen aus Profildraht fortlaufend übereinander auf einen Hartpapierzylinder gewickelt. Die Lagen sind gegeneinander besonders stark isoliert; sie sind stoßspannungsfest und können leicht zu- oder abgeschaltet werden. Kleine und mittlere Transformatoren weisen als Hochspannungswicklung fast immer S p u l e n - w i c k l u n g e n aus mehreren axial übereinander angeordneten Teilspulen auf. Für kleine Ströme verwendet man Runddrähte (bis etwa 3 mm Durchmesser) und stellt mit ihnen

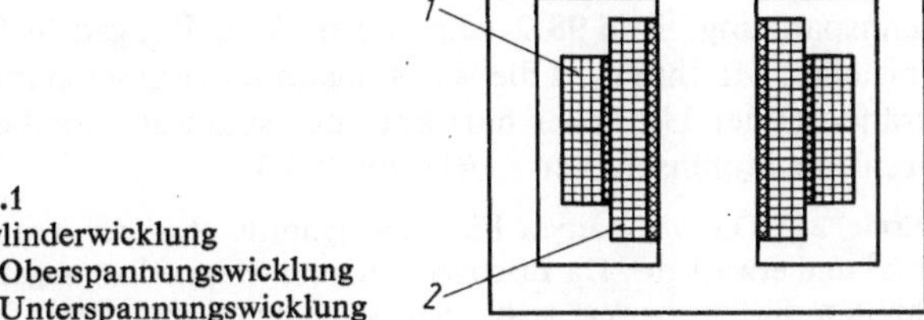

99.1
Zylinderwicklung
1 Oberspannungswicklung
2 Unterspannungswicklung

die R u n d d r a h t - D o p p e l s p u l e n - W i c k l u n g e n her, die aus lagenweise gewickelten Einzelspulen bestehen. Bild **99**.1 zeigt eine Anordnung mit Zylinderwicklungen. Die Oberspannungswicklung ist in mehrere Einzelspulen aufgeteilt.

Für große Ströme verwendet man rechteckige Profildrähte. Bei sehr großen Strömen schaltet man mehrere Drähte parallel. Um die Stromverdrängung klein zu halten, werden dann die parallelen Leiter im Zuge der Wicklung verdrillt. Es entsteht eine **Wendelwicklung**. Eine **Röhrenwicklung**, die meist aus Profildraht hergestellt wird und aus einer oder mehreren fortlaufenden Lagen besteht, hat den einfachsten Aufbau. Sie kann aber nur dann eingesetzt werden, wenn die Lagenspannung genügend klein bleibt oder eine einzige Lage ausreicht. Ihre Anwendung beschränkt sich daher auf Niederspannungswicklungen. Ausführliche Angaben enthält Band II, Teil 2.

2.1.3.2 Scheibenwicklung. Bei großen Transformatoren mit ihren großen Eisenquerschnitten ist bei großen Strömen die Zylinderwicklung wegen der erheblichen Windungsspannung oft unzweckmäßig. Besonders hier führt man die Scheibenwicklung nach Bild **100**.1 aus, bei der die Spulen beider Seiten ebenso wie die Isolierzwischenlagen Scheibenform haben. Die meist verwendeten Profildrähte werden dann spiralig aufgewickelt. Wenn viele Anzapfungen erforderlich sind, um sekundär verschieden große Spannungen entnehmen zu können, und wenn eine größere Streuung verlangt wird (z.B. Lokomotiv- und Schweißtransformatoren), hat die Scheibenwicklung besonders niedrige Herstellungskosten.

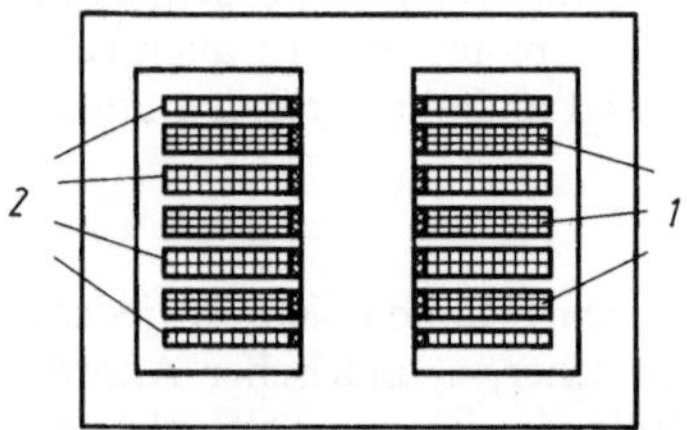

100.1
Scheibenwicklung
1 Oberspannungswicklung
2 Unterspannungswicklung

2.1.3.3 Wicklungsanzapfungen. Leistungstransformatoren haben fast immer eine Reihe von Anzapfungen. Hiermit kann man dem Verbraucher mehrere Spannungen zur Verfügung stellen oder, wenn eine gleichbleibende oder bestimmte Verbraucherspannung verlangt wird, durch Änderung der Windungszahl den Transformator den Netzverhältnissen auf der Primärseite anpassen. Beispielsweise wird die Eingangsspannung bei einem Transformator, der über lange Zuleitungen angeschlossen ist, i. allg. niedriger sein als bei einem solchen, der in unmittelbarer Nähe eines Kraftwerks steht. Bei den genormten **Verteilungstransformatoren** sind daher drei Stufen vorgesehen, von denen die mittlere als Normalstufe gilt. Zu ihr gehört die auf dem Leistungsschild angegebene Nennspannung. Bild **98**.2 zeigt einen Verteilungstransformator mit Anzapfungen und Umsteller. Mit ihm wird die Windungszahl der Oberspannungsseite um $\pm\,4\%$ oder $\pm\,5\%$ verändert; der Umsteller darf aber nur spannungslos betätigt werden. Für Transformatoren mit Stufenschalter s. Abschn. 2.3.3.

Beispiel 22: Die wirksamen Eisenquerschnitte A_{Fe} der Transformatoren liegen zwischen etwa $1\,cm^2$ und etwa $1\,m^2$. Da Eisenverluste und Magnetisierungsbedarf bestimmte Werte nicht überschreiten dürfen, bewegt sich auch der Scheitelwert der Induktion B im Eisen innerhalb fester Grenzen. So hat man bei normalen Kleintransformatoren etwa $B = 0,9\,T$ und geht bei Verwendung von kornorientierten Blechen in Großtransformatoren bis zu $B = 1,8\,T$. Somit kann nun die Größe der bei gebräuchlichen Transformatoren vorkommenden Windungsspannung U_W für die Frequenz $f = 50\,Hz$ ermittelt werden.

Hierzu benutzen wir die Spannungsgleichung (18.1) und formen sie mit dem Fluß $\Phi = BA_{\mathrm{Fe}}$ und der Windungszahl $N = 1$ um in

$$U_{\mathrm{W}} = 4{,}44\,NfBA_{\mathrm{Fe}} = 4{,}44 \cdot 1 \cdot 50\,\mathrm{Hz}\,BA_{\mathrm{Fe}}$$

Das Produkt BA_{Fe} liegt zwischen $0{,}9\,\mathrm{T} \cdot 1\,\mathrm{cm}^2$ und $1{,}8\,\mathrm{T} \cdot 10^4\,\mathrm{cm}^2$. Es kommen also Windungsspannungen von etwa 0,02 bis etwa 400 V vor.

Wegen der u. U. hohen Windungsspannungen ist eine feinfühlige Spannungsänderung nur auf der Oberspannungsseite möglich. Sie ist dort auch am günstigsten, da hier die kleineren Ströme vorkommen. Für Spannungsänderungen der Primärseite sollte ihre Windungszahl unter Beibehaltung der Induktion B verstellt werden. Wünscht man dagegen beim Verbraucher größere Spannungsänderungen, so ist die Sekundärseite unter Beibehaltung der optimalen Ausnutzung umzuschalten.

2.1.4 Bauarten

Für die möglichen Anordnungen der Wicklungen am Eisengerüst sind im Laufe der Zeit verschiedene Bauarten gebräuchlich geworden. Der augenfälligste Unterschied zwischen den in Bild **101**.1 und **102**.1 dargestellten Bauformen ergibt sich durch die Phasenzahl. Wir betrachten daher zunächst die Einphasen- und anschließend die Dreiphasen-Transformatoren. Für die Kühlung s. Abschn. 1.8.3.1.

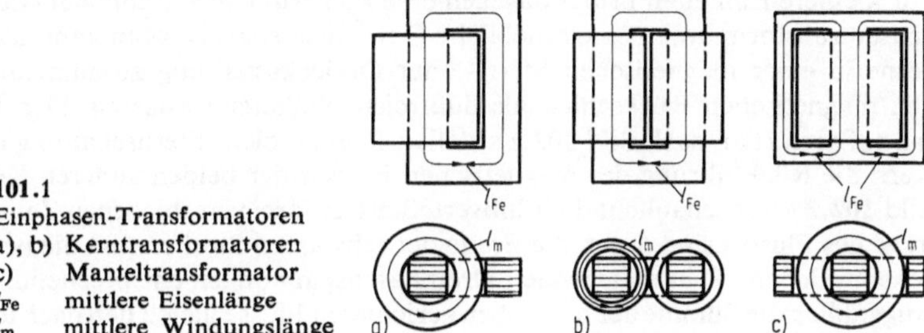

101.1
Einphasen-Transformatoren
a), b) Kerntransformatoren
c)   Manteltransformator
l_{Fe} mittlere Eisenlänge
l_{m} mittlere Windungslänge

2.1.4.1 Einphasen-Transformatoren. Die einfachste Anordnung nach Bild **101**.1 a, bei der beide Wicklungen auf einem Schenkel konzentrisch übereinander geschoben sind, wird nur noch selten angewandt, z.B. wenn die Isolation für höchste Spannungen zu bemessen ist. Man kommt nämlich durch eine gleichmäßige Aufteilung der Wicklung auf beide Schenkel nach Bild **101**.1 b mit einem geringeren Kupfergewicht aus. Hier wird die mittlere Windungslänge l_{m} kleiner, wie ein Vergleich in Bild **101**.1 sofort zeigt. Beide Transformatoren bezeichnet man als Kerntransformator. Er wird für größere Einphasentransformatoren bevorzugt. Beide Wicklungen werden je zur Hälfte auf den beiden Schenkeln untergebracht. Es scheint zwar einfacher zu sein, jeder der beiden Wicklungen bei der Ausführung nach Bild **101**.1 b einen Schenkel zu geben; das hätte aber eine zu große Streuung zur Folge.

Beim Manteltransformator nach Bild **101**.1 c befinden sich die Wicklungen auf dem Mittelschenkel. Sie werden von den Seitenschenkeln und Jochen mantelförmig umschlossen. Dadurch erhält man neben einer kleineren Bauhöhe eine geringere mittlere Eisenlänge l_{Fe}, so daß der Manteltransformator wegen des kleineren Leerlaufstroms für Kleintransformatoren (s. Abschn. 2.3.1) bevorzugt wird. Gelegentlich wird er auch, wenn viele

Anzapfungen größeren Querschnitts nötig sind (z. B. Regeltransformatoren für Schmelz-öfen oder Lokomotiven), für größere Leistungen verwendet.

2.1.4.2 Dreiphasen-Transformatoren. Durch das Zusammenschalten von drei Ein-phasentransformatoren in Stern oder Dreieck kann man auch im Dreiphasen-netz Spannungen und Ströme transformieren. Diese Anordnung wird für höchste Span-nungen und größte Leistungen (etwa ab 200 MVA) bevorzugt, da einmal die Baueinheit (z. B. für den Bahntransport) kleiner wird und zum anderen auch nur ein Einphasen-transformator als Reserve bereitzustehen braucht.

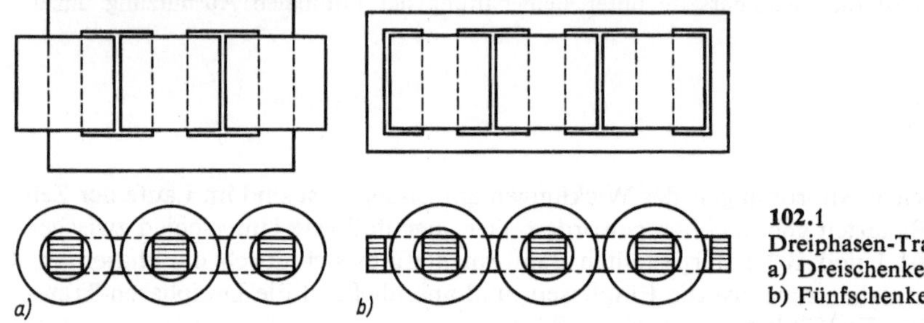

102.1
Dreiphasen-Transformatoren
a) Dreischenkeltransformator
b) Fünfschenkeltransformator

Für kleinere Einheiten bringt dagegen eine konstruktive Zusammenfassung der drei Ein-phasentransformatoren eine erhebliche Gewichtsersparnis. Man kann nämlich die Eisen-kerne in einer magnetischen Stern- oder Dreieckschaltung zusammenfassen und dann den magnetischen Rückschluß als flußfreien Nulleiter fortlassen. Der Dreischenkel-transformator nach Bild **102.**1 a stellt z. B. eine solche Sternschaltung dar, bei der jeder Kern die Rückführung des magnetischen Flusses der beiden anderen Kerne übernimmt. Bild **102.**2 veranschaulicht die Flußverteilung zu drei verschiedenen Zeitpunkten. Die Be-träge des Flusses sind durch die Breite der schwarzen Streifen und die beigefügten Zahlen gekennzeichnet. Den anliegenden Dreiphasenspannungen entsprechend, ist hier in jedem Augenblick die Summe der nach oben gerichteten Flüsse gleich den nach unten gerichteten. Der unterschiedliche magnetische Widerstand der verschiedenen Flußpfade wirkt sich nur auf die Größe des Magnetisierungsstroms aus.

102.2 Flußverlauf im Dreiphasen-Dreischenkeltransformator zu drei verschiedenen Zeit-werten der Strangspannungen

Aus dem Dreischenkeltransformator entsteht ein Fünfschenkeltransformator (Bild **102.**1 b), wenn – ähnlich wie beim Einphasen-Manteltransformator – noch zwei Rückschlußjoche neben den Schenkeln vorgesehen werden. Dann kann man durch Verändern der Jochhöhe die Bauhöhe und die mittlere Eisenweglänge verringern. Beide Vorteile werden in Großtransformatoren ausge-nutzt. Die kleinere Bauhöhe hat insbesondere für den Transport Bedeutung, da hierfür i. allg. das Bahnprofil eingehalten werden muß.

2.2 Betriebsverhalten

Wenn das Betriebsverhalten einer elektrischen Maschine untersucht werden soll, sieht man sich zweckmäßig zunächst solche Betriebszustände an, die gegenüber dem allgemeinen Belastungsfall leichter zu behandeln sind. Dazu gehören insbesondere Leerlauf und Kurzschluß oder Betriebspunkte, die diesem Verhalten ähnlich sind (z. B. Synchronlauf und Stillstand der Asynchronmaschinen – s. Abschn. 1.6.1). Bei Leerlauf und Kurzschluß verhalten sich die Wechselstrommaschinen weitgehend wie Drosseln; allerdings bestehen zwischen diesen beiden Betriebsfällen erhebliche Unterschiede. Aus der Betrachtung dieser Sonderfälle kann man aber verhältnismäßig leicht eine allgemeingültige Ersatzschaltung ableiten und somit das Betriebsverhalten berechnen.

2.2.1 Leerlauf

2.2.1.1 Magnetisierung des Einphasen- und Dreiphasen-Transformators. Die Sekundärwicklung eines leerlaufenden Transformator ist offen, also stromlos; sie kann somit für diese Untersuchung als nicht vorhanden angesehen werden. Die Primärwicklung wirkt dann als Wechsel- bzw. Dreiphasen-Drosselspule mit einfachem, eisengeschlossenem magnetischem Kreis. Da die Blechpakete miteinander nach Bild **98**.1 verschachtelt sind, bleiben die Stoßfugen zwischen Kern und Joch weitgehend unwirksam. Durch die Primärspannung ist nach Gl. (6.3) der Fluß Φ_t zeitlich sinusförmig vorgegeben. Er verlangt entsprechend der Magnetisierungskurve $B = f(H)$ des Bleches eine bestimmte Feldstärke H_t bzw. – summiert über die magnetische Weglänge – eine magnetische Spannung bzw. bei der Windungszahl N die Durchflutung $\Theta_t = i_\mu N$, die mit dem Magnetisierungsstrom i_μ stark von der zeitlichen Sinusform abweicht (s. Band I, Abschn. Drosselspulen). Beim Einphasentransformator erhält man daher den Magnetisierungsstrom nach Bild **103**.1 mit ausgeprägten Oberschwingungen ungerader Ordnungszahl. Infolge der Hysterese ist die Stromkurve stark verzerrt. Da in neuzeitlichen Transformatoren der Magnetisierungsstrom im Verhältnis zum Nennstrom infolge der Verwendung kornorientierter Bleche außerordentlich klein ist, fällt der Transformator jedoch gegenüber anderen Oberschwingungserzeugern (z. B. Stromrichter) kaum ins Gewicht.

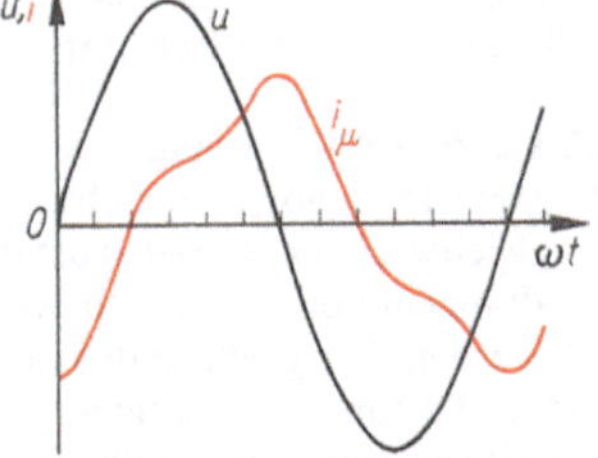

103.1
Verlauf des Magnetisierungsstroms i_μ eines Einphasentransformators bei sinusförmiger Spannung u

Beim Dreischenkel-Dreiphasentransformator sind die magnetischen Verhältnisse verwickelter. Sie werden durch die Schaltung beeinflußt. Wenn die Primärwicklung in Stern geschaltet ist, sind die Außenleiterspannungen vom Netz her sinusförmig vorgeschrieben, die Strangspannungen können jedoch von der Sinusform abweichen, wenn nur die Differenzen zweier Strangspannungen in jedem Augenblick einer Sinuskurve folgen. Wenn man allerdings voraussetzt, daß kein Flußanteil aus dem Joch austritt, müssen auch die Strangspannungen und die Kernflüsse sinusförmig sein. Von den Kernflüssen findet der mittlere Fluß kürzere Eisenwege vor, so daß er auch einen kleineren Magnetisierungsbedarf hat.

Wenn bei einer Zusammenschaltung von drei vollständigen Einphasentransformatoren gleiche Magnetisierungsverhältnisse in jedem Strang auftreten, wird auch der Magnetisierungsstrom in allen Zuleitungen gleich sein. Allerdings können bei Sternschaltung Oberströme mit dreifacher Frequenz nicht auftreten, da sie in den drei Strangwicklungen eine gleiche Phasenlage haben müssen, über den fehlenden Nulleiter aber nicht abfließen können. Daher sind hier die Kernflüsse und Strangspannungen nicht mehr sinusförmig. Im Dreischenkeltransformator fließen dagegen wegen des kleineren Magnetisierungsbedarfs des Mittelschenkels die gleich großen und gleichphasigen Oberströme dreifacher Frequenz der Außenstränge über einen doppelt so großen, gegenphasigen Strom des mittleren Stranges ab. Somit erhält man die Magnetisierungsströme nach Bild **104**.1 für einen Dreischenkel-Dreiphasentransformator mit primärer Sternschaltung ohne Nulleiter.

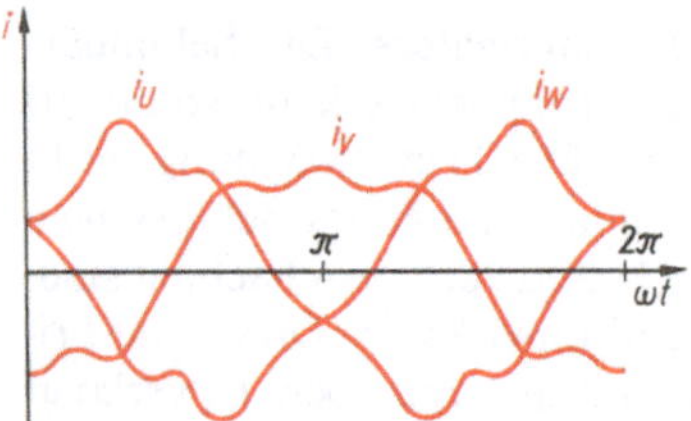

104.1
Verlauf der Magnetisierungsströme des Dreiphasen-Dreischenkeltransformators mit primärer Sternschaltung ohne Nulleiter
i_V Strom des Mittelschenkels

Die Magnetisierungsströme I_μ großer Dreiphasentransformatoren sind kleiner als 1 % des Nennstroms I_N. Jede Oberschwingung macht weniger als 0,002 I_N aus. Daher braucht auch nur äußerst selten der Oberschwingungsgehalt des Magnetisierungsstroms durch besondere Maßnahmen herabgesetzt zu werden, z.B. in „oberwellenfreien" Transformatoren[1]).

Beim Einphasentransformator kennzeichnet man den Magnetisierungsstrom durch seinen Effektivwert und rechnet mit ihm auch im Zeigerdiagramm, obwohl dies grundsätzlich nur für Wechselgrößen einer Frequenz gilt. Der Unterschied zwischen diesem Effektivwert und dem der Grundschwingung ist jedoch vernachlässigbar klein. Beim Dreiphasentransformator wird darüber hinaus aus den Effektivwerten der drei Magnetisierungsströme der quadratische Mittelwert gebildet und dieser stellvertretend für die tatsächlichen Ströme benutzt.

2.2.1.2 Einschaltvorgang des leerlaufenden Transformators. Das Einschalten einer gesättigten Drossel wird schon in Abschn. 1.3.1.4 ausführlich behandelt. Da im leerlaufenden Transformator ein gleichwertiger Betriebszustand vorliegt, genügt es, darauf hinzuweisen, daß im ungünstigsten Schaltaugenblick – nämlich wenn im Nulldurchgang der Spannung eingeschaltet wird – außerordentlich große Induktionen auftreten, die zu großen Einschaltstromstößen entsprechend Bild **41**.1 d führen. Besonders unangenehm sind diese Stromstöße bei Ringkerntransformatoren, da in ihnen wegen des vollständig geschlossenen Eisenkreises große Remanenzinduktionen nach dem Abschalten zurückbleiben können. Wenn ein solcher Transformator einen normalen Scheitelwert der Induktion $B = 1{,}5$ T hat, bewirkt der ungünstigste Schaltaugenblick bereits eine Induktionsamplitude $B = 2 \cdot 1{,}5$ T $= 3$ T. Sie kann infolge Remanenz mit $B_R = 0{,}5$ T auf $B = 3{,}5$ T ansteigen. Wie Bild **15**.1 erkennen läßt, ist hierfür eine außerordentlich große Feld-

---

[1]) Im Gegensatz hierzu sind „schwingungsfreie" Transformatoren besonders stoßspannungsfest.

stärke und somit ein sehr großer Magnetisierungsstrom erforderlich. Er kann so groß werden, daß die vorgeschalteten Sicherungen ansprechen.

2.2.1.3 Leerlaufstrom. Wenn man Strom- und Leistungsaufnahme eines leerlaufenden Transformators in einem Versuch mißt, findet man die Kennlinien in Bild **105**.1. Der Leerlaufstrom I_0 steigt nach einer Magnetisierungskennlinie und die Leerlaufleistung P_0 etwa quadratisch mit der Spannung U an. Bei Nennspannung erhält man das Zeigerdiagramm nach Bild **105**.2. Der Leerlaufstrom I_0 eilt um den Phasenwinkel $\varphi_0 < 90°$ gegenüber der Primärspannung U_1 nach. (Bei Großtransformatoren geht der Leerlauf-Phasenwinkel φ_0 sogar auf fast 50° zurück.) Seine Richtung ergibt sich aus dem Leerlauf-Leistungsfaktor

$$\cos \varphi_0 = \frac{P_0}{U_1 I_{10}} \tag{105.1}$$

Somit läßt sich der Leerlaufstrom in eine Wirk- und eine Blindkomponente zerlegen. Die Blindkomponente stellt den Magnetisierungsstrom I_μ dar. Die Wirkkomponente wird hauptsächlich durch die Eisenverluste V_{Fe} bestimmt. Die Kupferverluste V_{Cu} in der Primärwicklung sind im Leerlauf meist vernachlässigbar klein, so daß die Leistungsaufnahme Eisenverluste (s. Abschn. 1.2.3.3) darstellt.

Die Wirkkomponente wird daher gleich dem Eisenverluststrom $I_{Fe} = V_{Fe}/U_1 = P_0/U_1$ gesetzt. Für den Leerlaufstrom gilt nach Bild **105**.2

$$I_0 = \sqrt{I_\mu^2 + I_{Fe}^2} \tag{105.2}$$

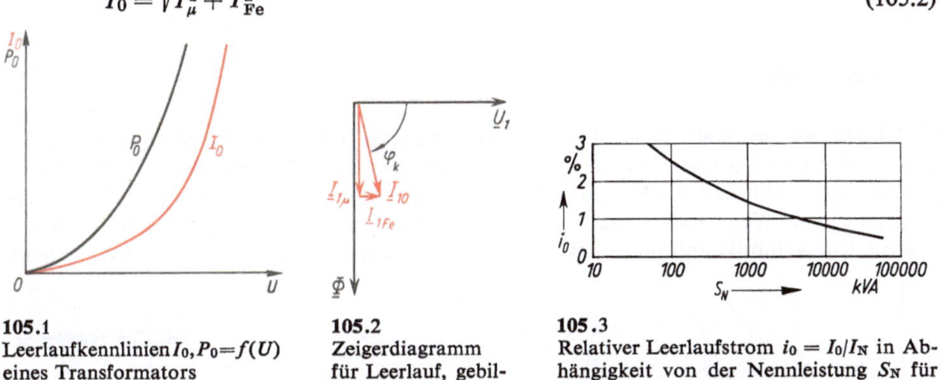

105.1
Leerlaufkennlinien $I_0, P_0 = f(U)$ eines Transformators

105.2
Zeigerdiagramm für Leerlauf, gebildet aus den Effektivwerten

105.3
Relativer Leerlaufstrom $i_0 = I_0/I_N$ in Abhängigkeit von der Nennleistung S_N für Dreiphasentransformatoren nach DIN 42503, 42504, 42508 und 42511

Für Transformatoren gibt man meist den relativen Leerlaufstrom $i_0 = I_0/I_N$[1] an, der das Verhältnis von Leerlaufstrom I_0 zu Nennstrom I_N bezeichnet. Er ist für viele Ausführungen genormt und in Bild **105**.3 in Abhängigkeit von der Scheinleistung dargestellt.

Beispiel 23: Ein Dreiphasentransformator, der primär und sekundär in Stern geschaltet ist, hat die Nennleistung $S_N = 500\,\text{kVA}$, die primäre Nennoberspannung $U_{1N} = 20\,\text{kV}$ und die sekundäre Nennunterspannung $U_{2N} = 0,525\,\text{kV}$. Er ist nach DIN 42511 ausgeführt und hat des-

---

[1] Hier wird mit dem kleinen Buchstaben i ein Stromverhältnis bezeichnet, während i.allg. die kleinen Buchstaben den Zeitwerten vorbehalten sind.

halb den relativen Leerlaufstrom $i_0 = 1,7\%$ und die Leerlaufverluste $V_0 = 1000$ W. Mit Anzapfungen kann die Windungszahl der Oberspannungsseite um $\pm 5\%$ geändert werden. Der Leerlaufstrom soll ermittelt und in seine Anteile zerlegt werden. Außerdem sind die mit den Anzapfungen zu verwirklichenden Leerlaufspannungs-Übersetzungsverhältnisse zu bestimmen.

Den primären Nennstrom errechnet man aus

$$I_{1N} = S_N/(\sqrt{3}\,U_{1N}) = 500\ \text{kVA}/(\sqrt{3} \cdot 20\ \text{kV}) = 14,43\ \text{A}$$

Für den Leerlaufstrom erhält man dann

$$I_{10} = i_0 I_{1N} = 0,017 \cdot 14,43\ \text{A} = 0,246\ \text{A}$$

Für den Eisenverluststrom darf man ansetzen

$$I_{1\,\text{Fe}} = V_0/(\sqrt{3}\,U_{1N}) = 1000\ \text{W}/(\sqrt{3} \cdot 20000\ \text{V}) = 0,0289\ \text{A}$$

Der Magnetisierungsstrom wird nach Gl. (105.2)

$$I_{1\mu} = \sqrt{I_{10}^2 - I_{1\text{Fe}}^2} = \sqrt{0,246^2\,\text{A}^2 - 0,0289^2\,\text{A}^2} = 0,244\ \text{A}$$

Leerlaufstrom und Magnetisierungsstrom unterscheiden sich also in diesem Fall nur unwesentlich. Es ist außerdem zu berücksichtigen, daß die in den Normen angegebenen Werte obere Grenzwerte darstellen, die an den ausgeführten Transformatoren meist unterschritten werden.

Eine Windungszahländerung verlangt nach Gl. (18.1) bei gleichbleibendem Fluß eine verhältnisgleiche Spannungsänderung. Mit den Anzapfungen der Oberspannungswicklung sind daher die drei Spannungsverhältnisse 21 kV/0,525 kV, 20 kV/0,525 kV und 19 kV/0,525 kV für Leerlauf möglich.

2.2.2 Kurzschluß

2.2.2.1 Dauerkurzschluß. Nach dem Leerlauf soll jetzt der andere Grenzfall untersucht werden: der Transformator im Kurzschluß. Dabei ist die Sekundärwicklung kurzgeschlossen, während die Primärwicklung an der vorgegebenen Spannung U_1 des Primärnetzes liegt. Wenn man diese Spannung von Null beginnend langsam erhöht, findet man die Kurzschlußkennlinien in Bild **106**.1. Der Dauerkurzschlußstrom I_k steigt linear

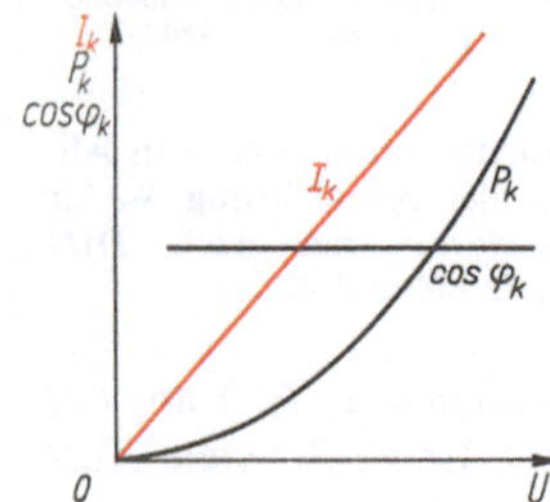

106.1
Kurzschlußkennlinien
I_k, P_k, $\cos\varphi_k = f(U)$
eines Transformators

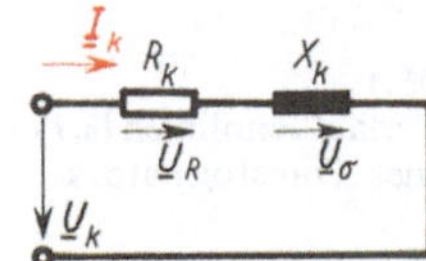

106.2
Ersatzschaltung des
Transformators für den
Kurzschluß

mit der Spannung an, die Kurzschluß-Leistungsaufnahme P_k dagegen quadratisch, während der Leistungsfaktor $\cos\varphi_k = P_k/(U_k I_k)$ konstant bleibt. Der Transformator verhält sich daher im Kurzschluß, wenn alle Schaltvorgänge abgeklungen sind, wie die Ersatzschaltung in Bild **106**.2, die auch die Ersatzschaltung einer Drosselspule darstellt. Es wird keine elektrische Leistung abgegeben. Daher wird die ganze Leistungsaufnahme in einem inneren Wirkwiderstand R_k verbraucht. Er kann sich, da die Eisenverluste gegenüber der großen Kurzschlußleistung vernachlässigbar klein bleiben, nur aus den Wicklungswiderständen R_1 und R_2 zusammensetzen. Außerdem ist noch der Blindwiderstand X_k bzw. eine sättigungsfreie Induktivität L wirksam, deren Herkunft nun näher zu untersuchen ist.

2.2.2.2 Größe des Dauerkurzschlußstroms. Wir vernachlässigen für die folgende Betrachtung zunächst die Wirkwiderstände R und den Magnetisierungsstrom I_μ. Dann muß in der kurzgeschlossenen Sekundärwicklung die Spannung

$$u_2 = R_2 i_2 = N_2 \ \mathrm{d}\Phi_2/\mathrm{d}t = 0 \ \text{ oder } \ \Phi_{2t} = \text{const} = 0 \tag{107.1}$$

und nach dem Induktionsgesetz auch der mit ihr verkettete sekundäre Fluß Φ_2 dauernd zu Null erzwungen werden. Beim Abspanntransformator nach Bild **107.**1a, der die Spannung herabsetzen soll und daher die Sekundärspule innen trägt, ist somit der Mittelschenkel im Kurzschluß dauernd flußfrei. Die Primärspule muß dagegen weiterhin wie im Leerlauf infolge der anliegenden Wechselspannungen U_1 den Fluß Φ_1 führen. Dieser kann jetzt nur noch über die Außenschenkel und den ringförmigen Luftraum zwischen Primär- und Sekundärwicklung – den Streuraum – verlaufen. Im Eisen tritt daher der gleiche Fluß wie im Leerlauf auf; gegenüber Leerlauf ist der Fluß lediglich aus dem Mittelschenkel heraus in den Streuraum verdrängt worden.

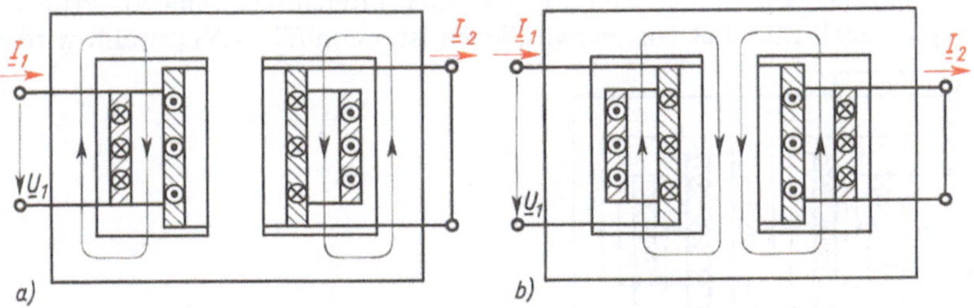

107.1 Feldverteilung im theoretischen Kurzschluß für Abspanntransformator (a) und Aufspanntransformator (b)

Der Aufspanntransformator nach Bild **107.**1b trägt die Sekundärspule außen. Da auch dort die Bedingung $\Phi_2 = 0$ erfüllt sein muß, schließt sich hier der Fluß Φ_1 der Primärspule über Mittelschenkel und Streuraum. Er ist nicht mit der Sekundärspule verkettet. Gegenüber Leerlauf ist nun der Fluß aus den Außenschenkeln in den Streuraum verdrängt worden. In jedem Fall haben wir also im Streuraum den zeitlich sinusförmig verlaufenden Wechselfluß Φ_{1t}. Die Durchflutungsrichtungen für diese Flußverteilung kann man sogleich eintragen. Für die idealisierende Betrachtung mit der Permeabilität $\mu_{Fe} = \infty$ und der magnetischen Feldstärke im Eisen $H_{Fe} = 0$ ist nach dem Durchflutungsgesetz im Eisen für einen Umlauf um das Fenster die Fensterdurchflutung $\Theta_F = 0$, d.h., es herrscht im Kurzschluß Durchflutungsgleichgewicht $\Theta_1 = -\Theta_2$. Die zugehörigen Stromrichtungen zeigt Bild **107.**1.

Die im Kurzschluß erforderliche Durchflutung Θ_{1k} kann man mit dem Durchflutungssatz Gl. (4.2) finden. Wenn wir zunächst dünnwandige, konzentrische Röhrenspulen voraussetzen, herrschen im ringförmigen Streuraum mit dem Querschnitt A_σ die Induktion $B_\sigma = \Phi_1/A_\sigma$ und die magnetische Feldstärke $H_\sigma = B_\sigma/\mu_0 = \Phi_1/(\mu_0 A_\sigma)$. Im

Eisen ist annahmegemäß H_{Fe} überall gleich Null. Für einen Umlauf um die Primär-
spulenseite über den Streuraum und das Eisen zurück, z.B. längs der eingetragenen Feldlinie, ergibt sich für die Flußamplitude Φ_1 die erforderliche **Durchflutungsamplitude**

$$\Theta_{1k} = H_\sigma\, l_\sigma + H_{Fe}\, l_{Fe} = H_\sigma\, l_\sigma + 0 = \frac{\Phi_1}{\mu_0\, A_\sigma / l_\sigma} = \frac{\Phi_1}{\Lambda_\sigma} \tag{108.1}$$

wobei l_σ die Höhe des Transformatorfensters und Λ_σ der magnetische Leitwert des
Streuraums sind.

Die zeitlich sich ändernde Kurzschlußdurchflutung Θ_{1kt} und somit auch der theoretische
Dauerkurzschlußstrom $i_k = \Theta_{1kt}/N_1$ verlaufen also proportional, d.h. in Phase mit Φ_{1t},
zeitlich sinusförmig. Nach Gl. (18.1) darf der Fluß Φ_1 durch den Effektivwert der Spannung U_1 mit $\Phi_1 = \sqrt{2}\,U_1/(\omega\,N_1)$ ersetzt werden. Dann ist der **Effektivwert des Dauerkurzschlußstroms**

$$I_k = \frac{i_{km}}{\sqrt{2}} = \frac{\Phi_1}{\sqrt{2}\,N_1 \Lambda_\sigma} = \frac{U_1}{\omega\,N_1^2\,\Lambda_\sigma} = \frac{U_1}{\omega\,L_\sigma} \tag{108.2}$$

Hierin sind nach Gl. (7.3) die Streuinduktivität $L_\sigma = N_1^2\,\Lambda_\sigma$ und der Streublindwiderstand des Transformators $\omega L_\sigma = X_\sigma$.

Mit den getroffenen Annahmen stellt der Transformator für das Netz eine **reine Induktivität** L_σ dar, die durch die im Streuraum gespeicherte magnetische Energie bestimmt werden kann und auch durch eine Gegenreihenschaltung von Primär- und Sekundärspule nach Bild **108.1** zu verwirklichen ist, wenn $N_2' = N_1$ gewählt wird. (Für andere

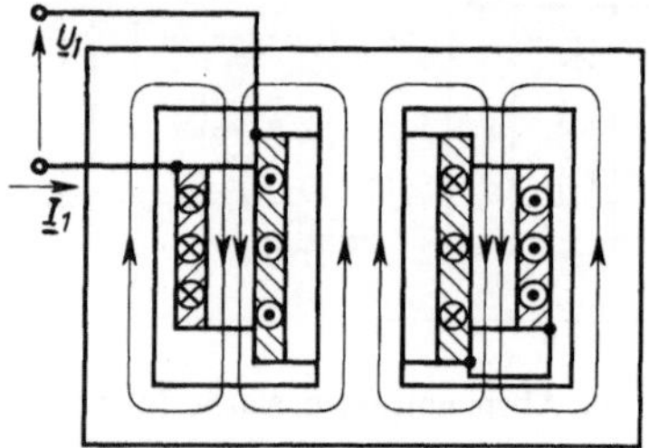

108.1
Ersatzdrosselspule für den Transformator im Kurzschluß

Windungszahlen s. Abschn. 2.2.3.2.) Da wegen $\mu_{Fe} = \infty$ das Eisen ohne magnetische
Energie bleibt, ist es belanglos, daß sich der Fluß im Eisen dieser Ersatzdrosselspule anders als bei dem kurzgeschlossenen Transformator verteilt. In diese **Ersatzdrosselspule** läßt sich nun auch der **Kurzschluß-Wirkwiderstand** $R_k = R_1 + R_2'$ der
beiden Spulen einführen. Er liegt in Reihe zum Kurzschluß-Blindwiderstand $X_k = X_\sigma$ der
Ersatzschaltung in Bild **106.2** und bildet mit ihm den komplexen **Kurzschluß-Wider-
stand** $\underline{Z}_k = R_k + jX_k$. Somit erhält man den komplexen **Dauerkurzschlußstrom**

$$\underline{I}_k = \underline{U}_N/\underline{Z}_k = \underline{U}_N/(R_k + jX_k) \tag{108.3}$$

Im Kurzschluß-Scheinwiderstand $Z_k = \sqrt{R_k^2 + X_k^2}$ liefert bei Kleintransformatoren (bis
etwa 5 kVA) der Wirkanteil R_k den größeren Anteil, während bei Großtransformatoren
der Blindwiderstand X_k bei weitem überwiegt (vgl. u_R und u_σ in Tafel **110.1**), so daß der
Kurzschlußstrom das 15- bis 30fache des Nennstroms betragen kann. Die kleineren Kurz-
schlußstrom-Verhältnisse I_k/I_N kommen i.allg. bei großen und die größeren bei kleinen
Transformatoren vor.

In der Praxis ermittelt man die Kurzschlußwerte durch einen **Kurzschlußversuch**. Dabei wird meist die Wicklung mit dem höheren Nennstrom kurzgeschlossen und auf der anderen Wicklungsseite die anliegende Spannung, von Null beginnend, so lange erhöht, bis der **Nennstrom als Kurzschlußstrom** fließt. Diese Nennkurzschlußspannung U_{kN} wird auf die Nennspannung U_N bezogen und als **relative Kurzschlußspannung**

$$u_k = U_{kN}/U_N = I_N/I_k \tag{109.1}$$

auf dem Leistungsschild in % angegeben (Richtwerte s. Tafel **110**.1). Mit dem kleinen Buchstaben u_k wird hier entsprechend VDE 0532 ein Spannungsverhältnis bezeichnet, während die kleinen Buchstaben sonst den Zeitwerten vorbehalten bleiben. Da der Transformator sich im Kurzschluß wie ein linearer Scheinwiderstand Z_k verhält, verkörpert die **Kurzschlußspannung** u_k gleichzeitig das Verhältnis von Nennstrom I_N zu Dauerkurzschlußstrom I_k. Sie läßt sich nach Bild **109**.1, wo die Spannungszeiger $\underline{U}_k$, $\underline{U}_R$,

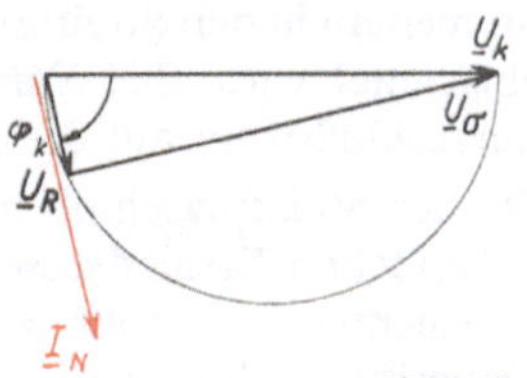

109.1
Kurzschlußdiagramm für relative Spannungen $u_k = 6\%$, $u_R = 1{,}56\%$ und $u_\sigma = 5{,}8\%$

$\underline{U}_\sigma$ selbst aufgetragen sind, in einen **Wirkanteil**

$$u_R = u_k \cos\varphi_k = U_R/U_N \tag{109.2}$$

und einen **Blindanteil**

$$u_\sigma = u_k \sin|\varphi_k| = U_\sigma/U_N \tag{109.3}$$

zerlegen. Der Kurzschluß-Leistungsfaktor $\cos\varphi_k$ stellt das Verhältnis der Kurzschluß-Leistungsaufnahme P_k zur Kurzschluß-Scheinleistung $S_k = U_{kN}I_N$ dar. Da gleichzeitig im Kurzschlußversuch die gesamte aufgenommene Wirkleistung P_k beim Nennstrom I_N als Nennkupferverluste V_{CuN} umgesetzt wird und mit Berücksichtigung von Gl. (109.1) $S_k = u_k S_N$ ist, gilt für den **Kurzschluß-Leistungsfaktor**

$$\cos\varphi_k = \frac{P_k}{U_{kN}I_N} = \frac{V_{CuN}}{u_k S_N} \tag{109.4}$$

Beispiel 24: Der schon in Beispiel 23, S. 105 behandelte Dreiphasentransformator für 500 kVA, 20 kV/0,525 kV hat nach DIN 42511 die Kurzschlußverluste $V_k = 7{,}8$ kW und die Kurzschlußspannung $u_k = 6\%$. Zu ermitteln sind die beim Kurzschlußversuch oberspannungsseitig anzulegende Spannung U_{kN} und ihre Komponenten U_{1R} und $U_{1\sigma}$. Wie groß wird bei einem Klemmenkurzschluß der Unterspannungsseite der dort fließende Kurzschlußstrom I_{2k}, wenn primär die Nennspannung anliegt?

Beim Kurzschlußversuch wird die Prüfspannung von Null beginnend so lange erhöht, bis der Nennstrom fließt. Nach Gl. (109.1) muß hierfür die **Kurzschlußspannung** $U_{kN} = u_k U_{1N} = 0{,}06 \cdot 20$ kV $= 1{,}2$ kV als Außenleiterspannung angelegt werden. Mit Gl. (109.4) erhält man den **Leistungsfaktor** $\cos\varphi_k = P_k/(u_k S_N) = 7{,}8$ kW$/(0{,}06 \cdot 500$ kVA$) = 0{,}26$.

Daraus ergeben sich die **Wirkspannung** $U_{1R} = U_{kN} \cos\varphi_k = 1{,}2$ kV $\cdot 0{,}26 = 0{,}312$ kV und die **Streuspannung** $U_{1\sigma} = U_{kN} \sin|\varphi_k| = 1{,}2$ kV $\cdot 0{,}966 = 1{,}16$ kV. Bezogen auf die Nennspannung $U_{1N} = 20$ kV, erhält man die Relativwerte $u_R = U_{1R}/U_{1N} = 0{,}312$ kV$/20$ kV $= 1{,}56\%$ und $u_\sigma = U_{1\sigma}/U_{1N} = 1{,}16$ kV$/20$ kV $= 5{,}8\%$. Bei diesem Transformator überwiegt daher der Streuspannungsanteil erheblich.

Um den sekundären Kurzschlußstrom ermitteln zu können, benötigen wir noch den zugehörigen Nennstrom $I_{2N} = S_N/(\sqrt{3}\,U_{2N}) = 500\ \text{kVA}/(\sqrt{3} \cdot 0{,}525\ \text{kV}) = 550\ \text{A}$. Dann ergibt sich mit Gl. (109.1) der Kurzschlußstrom auf der Unterspannungsseite $I_{2k} = I_{2N}/u_k = 550\ \text{A}/0{,}06 = 9170\ \text{A}$. Er stellt das $1/u_k = 1/0{,}06 = 16{,}7$fache des Nennstroms dar.

2.2.2.3 Stoßkurzschluß. Insbesondere bei großen Transformatoren ist der Stoßkurzschluß von noch größerer praktischer Bedeutung als der Dauerkurzschluß. Er ist ein Ausgleichsvorgang, dessen Ausbildung davon abhängt, in welchem Augenblick ein z.B. leerlaufender Transformator kurzgeschlossen wird. Der Kurzschluß verlangt augenblicklich den in Bild **107**.1 dargestellten magnetischen Zustand. Eine solche momentane Änderung der magnetischen Verhältnisse ist nicht möglich, so daß ein Einschaltvorgang abläuft, wie er in Abschn. 1.3.1.4 besprochen ist. Am ungünstigsten sind die Verhältnisse, wenn der Kurzschluß im Augenblick des Flußhöchstwerts, d.h. im Nulldurchgang der Spannung, eintritt. Beim Dreiphasentransformator ist im Augenblick des Kurzschließens immer in einem der drei Schenkel der Fluß nahezu ein Höchstwert. Er soll dann momentan in den Streuraum verdrängt werden, wobei ein Schaltvorgang nach Bild **41**.1 b eingeleitet wird. Bei Vernachlässigung des Wirkwiderstandes R kann dann der Stoßkurzschlußstrom auf die zweifache Amplitude des Dauerkurzschlußstroms ansteigen.

Da der Stoßkurzschluß nichts anderes als der Einschaltvorgang der in Abschn. 2.2.2.2 behandelten Ersatzdrosselspule ist, kann man auch den Wirkwiderstand R_k leicht berücksichtigen. Er führt zu einem raschen Abklingen des Kurzschlußstromes i_k auf den Dauerkurzschlußstrom $i_{k\sim}$. Daher ist es zweckmäßig, den Kurzschlußstrom in ein abklingendes Gleichstromglied i_{k-} und den gleichbleibenden Dauerkurzschlußstrom $i_{k\sim}$ entsprechend Bild **41**.2 zu zerlegen. Der Gleichstrom hat maximal den Anfangswert $i_{k-} = \sqrt{2}\,I_k$ und klingt nach einer Exponentialfunktion entsprechend Gl. (40.1) ab. Für die **Abkling-Zeitkonstante** gilt

$$\tau = \frac{L_\sigma}{R_k} \doteq \frac{\omega L_\sigma I_N}{\omega R_k I_N} = \frac{u_\sigma}{\omega u_R} \tag{110.1}$$

Sie läßt sich aus den Wirk- und Blindanteilen der Kurzschlußspannung ermitteln. In Tafel **110**.1 sind für einige Transformatoren die sich hieraus ergebenden Stoßkurzschlußströme I_S zusammengestellt. Nur bei großen Transformatoren erreicht der Stoßkurz-

Tafel **110**.1 Relativer Stoßkurzschlußstrom $I_S/(\sqrt{2}\,I_k)$ von Dreiphasentransformatoren

DIN	42 500	42 511		42 504		42 508
S_N in kVA	100	500	1000	5000	10 000	40 000
u_k in %	4	6	6	8	10	11
u_R in %	2,14	1,56	1,35	0,82	0,72	0,53
u_σ in %	3,38	5,8	5,95	7,96	9,98	10,99
τ in ms	5,0	11,8	14,0	30,9	44,1	65,9
$I_S/(\sqrt{2}\,I_k)$	1,16	1,43	1,49	1,72	1,8	1,86

schlußstrom etwa das 1,8fache der Amplitude des Dauerkurzschlußstroms, bei kleinen Transformatoren übersteigt er den Dauerkurzschlußstrom dagegen nur wenig, da das Verhältnis u_σ/u_R und somit die Zeitkonstante τ bei großen Einheiten viel größer ist als bei kleinen.

Der Stoßkurzschlußstrom I_S ist für den Transformator der größtmögliche Strom. Er verursacht daher auch die größten Stromkräfte in den Wicklungen. Eine Spule mit rundem Querschnitt ist den auftretenden mechanischen Beanspruchungen am besten gewachsen. Sie soll außerdem in axialer Richtung symmetrisch aufgebaut sein und wird zudem noch zusammengepreßt (s. Band II, Teil 2).

2.2.3 Belastung

2.2.3.1 Strom- und Spannungsrichtungen. Wir betrachten zunächst einen Spartransformator, der nur eine angezapfte Wicklung hat, die sich auf einem Eisenkern befindet. Der Spartransformator kann daher auch als „induktiver" Spannungsteiler aufgefaßt werden; seine Schaltung entspricht der Spannungsteilerschaltung in Band I. Den Strömen und Spannungen kann man daher die Zählrichtungen nach Bild **111.**1 zuordnen (Verbraucher-Zählpfeil-System).

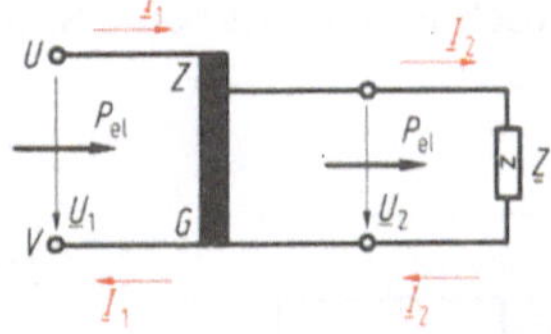

111.1
Strom- und Spannungsrichtungen im Spartransformator
G gemeinsame Wicklung
Z Zusatzwicklung

Im Spartransformator wird ein Teil der Unterspannungswicklung für die Oberspannungswicklung mitbenutzt. Es kann sich nun an den Strom- und Spannungsrichtungen nichts ändern, wenn die eine Wicklung des Spartransformators unter Beibehaltung des Wickelsinns in die beiden Wicklungen des normalen Volltransformators aufgeteilt wird. Primär- und Sekundärwicklung des Transformators haben daher die gleiche Richtung für die Klemmenspannung; die Ströme in den Wicklungen sind, wenn man den Magnetisierungsstrom vernachlässigt, in jedem Augenblick einander entgegengerichtet – für das Netz haben sie die gleiche Richtung. Die Anwendung des Induktionsgesetzes und des Durchflutungssatzes würde zu den gleichen Ergebnissen für die Richtungen der Spannungen und Ströme führen.

2.2.3.2 Ableitung der Ersatzschaltung. Nach Abschn. 2.2.1 und 2.2.2 verhält sich der Transformator im Leerlauf und Kurzschluß wie eine verlustbehaftete Drosselspule mit allerdings für beide Grenzfälle stark unterschiedlichen Scheinwiderständen.

Es soll nun darüber hinaus eine allgemein gültige Ersatzschaltung gefunden werden, die bei Anlegen der Primärspannung das Primärnetz in gleicher Weise wie der wirkliche Transformator belastet. Sie wird am Einphasentransformator schrittweise abgeleitet, damit Sicherheit über die Zulässigkeit einer solchen Widerstandskombination anstelle des wirklichen Transformators gewonnen wird.

Erster Schritt: Es wird zunächst ein Transformator betrachtet, der primär und sekundär die gleiche Windungszahl $N_1 = N_2'$ aufweist. Das Kennzeichen ´ soll (zunächst) auf diese Besonderheit hinweisen. Solche Transformatoren benutzt man z.B., um Netzteile gleicher Nennspannung galvanisch voneinander zu trennen (Trenn- und Schutztransformatoren).

Zweiter Schritt: Wir denken uns die beiden Wicklungs-Wirkwiderstände R_1 und R_2' aus den Transformatorwicklungen heraus und als Vorwiderstände in die Zuleitungen zu den Wicklungen hineinverlegt. Die Spulen haben dann keinen Wirkwiderstand mehr.

Dritter Schritt: Wie der Kurzschlußversuch zeigt, hat der Transformator eine Streuinduktivität L_σ, die ein Maß für den Streufluß Φ_σ darstellt. Diesen Streufluß teilen wir willkürlich in zwei Teile auf, so daß der eine Teil nach Bild **112**.1 mit der Primärspule, der andere Teil mit der Sekundärspule verkettet ist. Die beiden Teilflüsse nennt man Primärstreufluß $\Phi_{1\sigma}$ und Sekundärstreufluß $\Phi_{2\sigma}$, wobei $\Phi_{1\sigma} \sim I_1$ und $\Phi_{2\sigma} \sim I_2$ gesetzt werden. Diese Trennung ist gleichbedeutend mit der Aufteilung der Streuinduktivität L_σ auf eine primäre Streuinduktivität $L_{1\sigma}$ und eine sekundäre Streuinduktivität $L_{2\sigma}$. Da die Zerlegung willkürlich ist, setzt man meist

$$L_{1\sigma} = L_{2\sigma}' = L_\sigma/2 \tag{112.1}$$

Mit der Aufteilung des Streuflusses Φ_σ spalten wir außerdem einen dritten Teilfluß, den Hauptfluß Φ_h, vom Gesamtfluß ab. Der Hauptfluß verläuft nur durch das Eisen und umschlingt damit beide Spulen. Er wird proportional dem Magnetisierungsstrom I_μ gesetzt.

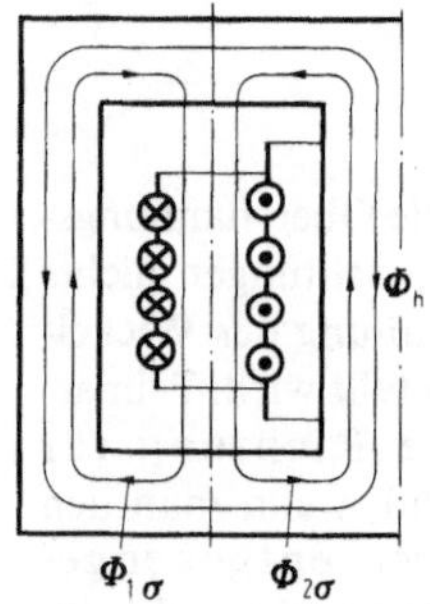

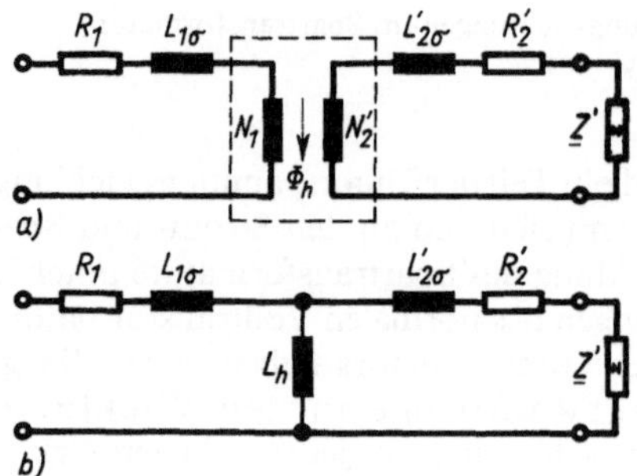

112.1
WillkürlicheAufteilung
der Flüsse im Transformator

112.2
Ersatzschaltung des Transformators mit getrennten Wicklungen (a) und gemeinsamer Wicklung (b)

Vierter Schritt: Wir nehmen nun die beiden Streuflüsse mit ihrer magnetischen Energie ebenfalls aus dem Transformator heraus und bringen sie in Vorspulen mit den Induktivitäten $L_{1\sigma}$ und $L_{2\sigma}'$. Hiermit ist weiterhin im Transformator der Streuraum entfallen. Übrig geblieben ist in dem gestrichelten Rechteck von Bild **112**.2a ein idealer Übertrager mit widerstandslosen Spulen, die sich in der ursprünglichen Streuflußscheidewand befinden und unmittelbar aufeinandergewickelt zu denken sind. Im Eisen verbleibt nur der Hauptfluß $\Phi_\mathrm{h} \sim I_\mu$. Der Hauptfluß Φ_h induziert in den beiden verbliebenen Spulen gleicher Windungszahl $N_1 = N_2'$ gleich große und gleich gerichtete Spannungen U_h, so daß nun die Wicklungsanfänge und -enden gefahrlos verbunden werden dürfen. Wir erhalten somit eine einzige Spule, die aus zwei parallelen Leitern besteht und den Magnetisierungsstrom $I_\mu = I_1 - I_2$ zu führen hat. Der Hauptfluß Φ_h verursacht in ihr infolge der magnetischen Energie im Eisen die Hauptinduktivität $L_\mathrm{h} =$

$U_h/(\omega I_\mu)$. So ergibt sich schließlich die Ersatzschaltung des Transformators nach Bild **112.2b**.

Fünfter Schritt: Im allgemeinen hat der Transformator auf der Sekundärseite eine andere Windungszahl als auf der Primärseite. Auch für diesen Fall ist es günstig, mit der soeben abgeleiteten Ersatzschaltung zu rechnen. Es ist lediglich noch zu überlegen, wie sich bei einer Umwicklung von $N_2' = N_1$ auf N_2 die sekundären Größen ändern. Bei der Wicklungsänderung bleiben gesamter Kupferdrahtquerschnitt $A_{Cug} = N A_{Cu}$, mittlere Windungslänge l_m und Leitfähigkeit γ gleich. Es gilt daher für den sekundären Wicklungswiderstand

$$R_2' = \frac{N_2'^2 l_m}{\gamma A_{Cu2}'} = \frac{N_1^2 l_m}{\gamma A_{Cug}} \quad \text{und mit} \quad R_2 = \frac{N_2^2 l_m}{\gamma A_{Cug}}$$

$$R_2' = R_2 \, (N_1/N_2)^2 \tag{113.1}$$

Die Induktivitäten sind nach Gl. (7.3) ebenfalls vom Quadrat der Windungszahl abhängig. Damit ist

$$L_{2\sigma}' = L_{2\sigma} \, (N_1/N_2)^2 \quad \text{oder auch} \quad X_{2\sigma}' = X_{2\sigma} \, (N_1/N_2)^2 \tag{113.2}$$

Gleichzeitig muß die Sekundärdurchflutung $I_2 N_2 = I_2' N_2' = I_2' N_1$ durch die Umwicklung unverändert bleiben. Daher gilt für den sekundären Strom

$$I_2' = I_2 N_2/N_1 \tag{113.3}$$

Aus der Transformator-Spannungsgleichung (18.1) ersieht man weiterhin, daß sich die sekundäre Leerlaufspannung proportional zur Windungszahl ändern muß

$$U_{20}' = U_{20} N_1/N_2 \tag{113.4}$$

Im Belastungswiderstand Z soll die unveränderte Leistung $S = U^2/Z$ umgesetzt werden. Der Scheinwiderstand Z muß sich daher quadratisch mit der Spannung U_{20} bzw. dem Quadrat des Leerlaufspannungs-Übersetzungsverhältnisses N_1/N_2 ändern in

$$\underline{Z}' = \underline{Z}(N_1/N_2)^2 \tag{113.5}$$

Wenn also $N_2 \neq N_1$ ist, sind alle Widerstände mit dem Quadrat des Übersetzungsverhältnisses $ü = N_1/N_2$, die Spannungen mit $ü$ und die Ströme mit $1/ü$ auf $N_2 = N_1$ in mit ′ gekennzeichnete und so auf die Primärseite bezogene Sekundärgrößen umzurechnen.

Sechster Schritt: Schließlich kann noch ein Ersatzwiderstand R_{Fe} für die Eisenverluste parallel zur Hauptinduktivität L_h eingeführt werden. Die vollständige Ersatzschaltung zeigt Bild **113.1a**. Sie gilt für den Einphasen-Transformator – aber auch für einen Strang des Dreiphasen-Transformators.

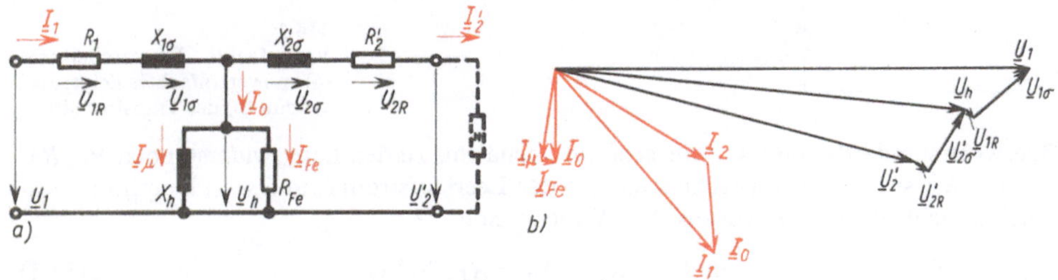

113.1 Vollständige Ersatzschaltung (a) und vollständiges Zeigerdiagramm (b) des Transformators

Beispiel 25: Für den in Beispiel 23 (S. 105) und 24 (S. 109) behandelten Dreiphasen-Transformator, der primär und sekundär in Stern geschaltet sein soll, sind die Widerstände der vollständigen Ersatzschaltung eines Stranges auf der Oberspannungsseite zu bestimmen.

Da ganz allgemein für den Scheinwiderstand je Strang im Leerlauf $Z_0 = U_{1\,\mathrm{Str}}/I_{10} = U_{1\,\mathrm{Str}}/(i_0 I_{1\mathrm{N}})$ und den Scheinwiderstand im Kurzschluß $Z_\mathrm{k} = U_{1\mathrm{k}\,\mathrm{Str}}/I_{1\mathrm{N}} = u_\mathrm{k} U_{1\,\mathrm{Str}}/I_{1\mathrm{N}}$ gilt, erhält man hier mit dem relativen Leerlaufstrom $i_0 = 0{,}017$ und der relativen Kurzschlußspannung $u_\mathrm{k} = 0{,}06$ für das Verhältnis dieser Widerstände $Z_\mathrm{k}/Z_0 = i_0 u_\mathrm{k} = 0{,}017 \cdot 0{,}06 = 0{,}00102$. In der Ersatzschaltung von Bild **113.**1a sind daher die im Kurzschlußversuch wirksamen Widerstände R_1 und X_1 gegenüber den Widerständen X_h und R_Fe vernachlässigbar klein. Dann finden wir mit den Werten aus dem Leerlaufversuch (Beispiel 23), nämlich Eisenverluststrom $I_{1\,\mathrm{Fe}} = 0{,}0289$ A und Magnetisierungsstrom $I_{1\mu} = 0{,}244$ A sowie der Strangspannung $U_{1\,\mathrm{Str}} = U_1/\sqrt{3} = 20\,\mathrm{kV}/\sqrt{3} = 11{,}55\,\mathrm{kV}$ den Eisenverlustwiderstand $R_\mathrm{Fe} = U_{1\,\mathrm{Str}}/I_{1\,\mathrm{Fe}} = 11{,}55\,\mathrm{kV}/0{,}0289\,\mathrm{A} = 400\,\mathrm{k\Omega}$ und den Hauptblindwiderstand $X_\mathrm{h} = U_{1\,\mathrm{Str}}/I_{1\mu} = 11{,}55\,\mathrm{kV}/0{,}244\,\mathrm{A} = 47{,}3\,\mathrm{k\Omega}$.

Im Kurzschlußversuch (Beispiel 24) sind nach Bild **106.**2 mit der Wirkspannung $U_{1\mathrm{R}} = 312$ V und der Streuspannung $U_{1\sigma} = 1160$ V bei dem Nennstrom $I_{1\mathrm{N}} = 14{,}43$ A der Wirkwiderstand $R_{1\mathrm{k}} = U_{1\mathrm{R}}/(\sqrt{3}I_{1\mathrm{N}}) = 312\,\mathrm{V}/(\sqrt{3} \cdot 14{,}43\,\mathrm{A}) = 12{,}48\,\Omega$ und der Blindwiderstand $X_{1\mathrm{k}} = U_{1\sigma}/(\sqrt{3}I_{1\mathrm{N}}) = 1160\,\mathrm{V}/(\sqrt{3} \cdot 14{,}43\,\mathrm{A}) = 46{,}4\,\Omega$. Wir dürfen, da für Unter- und Oberspannungswicklung etwa gleiche Wicklungsräume zur Verfügung stehen, für die Teilwiderstände in Bild **113.**1a noch ansetzen $R_1 = R_2' = R_{1\mathrm{k}}/2 = 12{,}48\,\Omega/2 = 6{,}24\,\Omega$ und $X_{1\sigma} = X_{2\sigma}' = X_{1\mathrm{k}}/2 = 46{,}4\,\Omega/2 = 23{,}2\,\Omega$.

2.2.3.3 Vollständiges Zeigerdiagramm. Das Zeigerdiagramm des belasteten Transformators bzw. seiner Ersatzschaltung ist in Bild **113.**1b dargestellt. Einphasige Ersatzschaltung und Zeigerdiagramm dürfen auch für die Außenleiterspannungen und -ströme oder die Strangspannungen und -ströme der Dreiphasentransformatoren benutzt werden, da sich die übrigen Phasen nur durch eine Phasenverschiebung um 120° von der betrachteten unterscheiden.

Das vollständige Zeigerdiagramm zeigt, daß Primär- und Sekundärspannung sich nur im Leerlauf bei vernachlässigbar kleinen inneren Spannungsabfällen wie die Windungszahlen verhalten. Das Windungszahlverhältnis N_1/N_2 ist daher nur gleich dem **Leerlaufspannungs-Übersetzungsverhältnis** U_{10}/U_{20}. Auch die Ströme werden nicht genau nach dem umgekehrten Verhältnis der Windungszahlen transformiert. Das **Stromübersetzungsverhältnis** I_1/I_2 ist nur bei vernachlässigbar kleinem Leerlaufstrom I_0 – also z.B. in der Nähe des Kurzschlusses – gleich dem umgekehrten Windungsverhältnis N_2/N_1.

2.2.3.4 Spannungsänderung. Für die Berechnung der Spannungsänderung begnügt man sich in der Praxis meist mit einer **vereinfachten Ersatzschaltung** und einem **vereinfachten Zeigerdiagramm** nach Bild **114.**1, da, wie Beispiel 25 nachweist, die

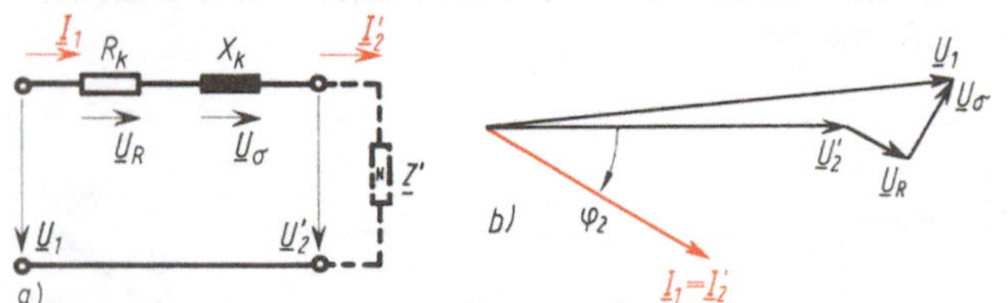

114.1
Vereinfachte Ersatzschaltung (a) und vereinfachtes Zeigerdiagramm (b) des Transformators

Querwiderstände R_Fe und X_h sehr groß im Verhältnis zu den Längswiderständen R_1, R_2', $X_{1\sigma}$ und $X_{2\sigma}'$ sind. Man vernachlässigt also den Leerlaufstrom I_0 und setzt Durchflutungsgleichgewicht mit $I_1 = I_2'$ voraus. Die Widerstände

$$R_\mathrm{k} = R_1 + R_2' \qquad \text{und} \qquad X_\mathrm{k} = X_\sigma = X_{1\sigma} + X_{2\sigma}' \qquad\qquad (114.1)$$

der vereinfachten Ersatzschaltung lassen sich in einfacher Weise durch den Kurzschluß-versuch (s. Abschn. 2.2.2.2) ermitteln. Einen besonders guten Überblick über das Spannungsverhalten erhält man mit dem **Kappschen Dreieck**, das die Teilspannungen im Transformator darstellt. Bild **115**.1 zeigt für drei charakteristische Belastungsfälle, wie

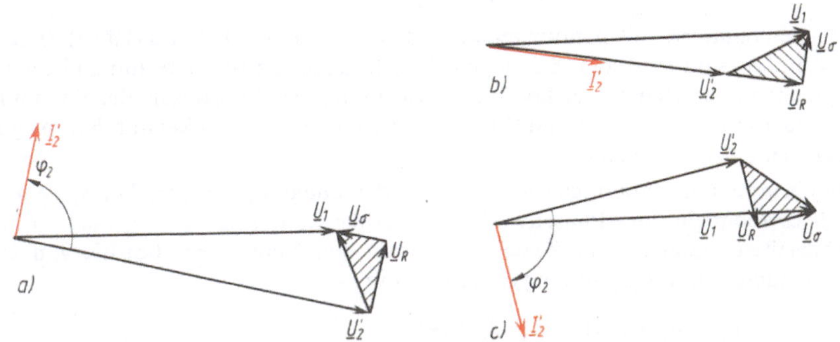

115.1 Vereinfachtes Zeigerdiagramm eines Transformators für rein kapazitive Last (a), reine Wirklast (b) und rein induktive Last (c) mit Kappschem Dreieck (schraffiert)

durch die Phasenlage des Laststroms I_2' das (schraffierte) Spannungsdreieck gedreht wird. Die Sekundärspannung U_2' wird bei induktiver Last und bei Wirklast gegenüber der Leerlaufspannung $U_{20}' = U_1$ abgesenkt; bei kapazitiver Last kann sie dagegen größer werden.

Nach VDE 0532 ist die Spannungsänderung eines Transformators der algebraische Spannungsunterschied zwischen **Leerlaufspannung** (= Nennspannung) und **Vollastspannung**, der auf der Abgabeseite bei Nennstrom für einen beliebigen Leistungsfaktor $\cos\varphi$ auftritt. Spannung und Frequenz der Aufnahmeseite sollen sich dabei nicht ändern. Die Spannungsänderung

$$U_{1\varphi} = U_1 - U_2' \qquad \text{oder} \qquad U_{2\varphi} = U_{20} - U_2 \tag{115.1}$$

wird dabei gern mit $u_\varphi = U_\varphi/U_N = U_{2\varphi}/U_{20}$ als auf die Nennspannung U_N bezogener Wert angegeben. Das Zeigerdiagramm von Bild **115**.2 gilt für diese bezogenen Größen

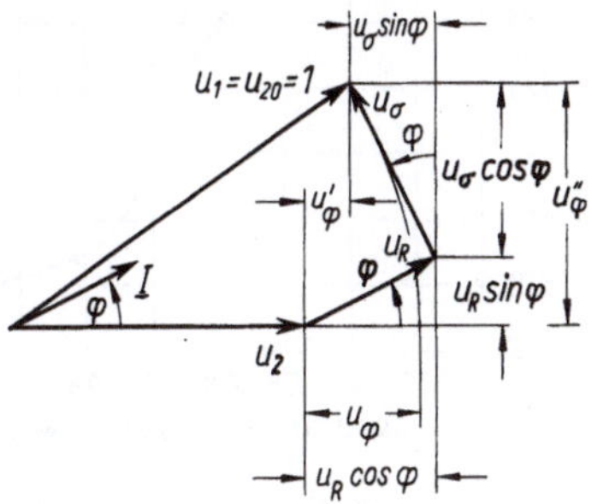

115.2
Spannungsänderung beim Transformator

und einen voreilenden Strom $\underline{I}$ (positiver Phasenwinkel φ). Aus den geometrischen Beziehungen lesen wir mit $u_1 = 1 = u_\varphi''^2 + (u_2 + u_\varphi')^2$ und $u_2 = \sqrt{1 - u_\varphi''^2} - u_\varphi'$ ab $u_\varphi = 1 - u_2 = 1 + u_\varphi' - \sqrt{1 - u_\varphi''^2}$. Mit der Näherung $\sqrt{1 - u_\varphi''^2} \approx 1 - u_\varphi''^2/2$ für $u_\varphi'' \ll 1$ ergibt sich die relative Spannungsänderung

$$u_\varphi = u_\varphi' + (u_\varphi''^2/2) \tag{116.1}$$

mit

$$u_\varphi' = u_R \cos\varphi - u_\sigma \sin\varphi \tag{116.2}$$

und

$$u_\varphi'' = u_R \sin\varphi + u_\sigma \cos\varphi \tag{116.3}$$

mit den relativen Teilspannungen u_R und u_σ nach Gl. (109.2) und (109.3). (Die Beträge von u_R und u_σ sind in Bild **115**.2 ungewöhnlich groß.) Es ist weiterhin zu beachten, daß entsprechend den Regeln der komplexen Rechnung bei Anordnung der Spannung $\underline{U}_2'$ in der Realachse in Gl. (116.2) und (116.3) **induktive** Phasenwinkel mit dem **negativen** Vorzeichen einzusetzen sind.

Bei Kurzschlußspannungen $u_k \leq 4\%$ ist das Glied $u_\varphi''^2/2$ gegenüber u_φ' sehr klein. Dann gilt unabhängig vom Phasenwinkel φ in guter Näherung $u_\varphi \approx u_\varphi'$ nach Gl. (116.2). Alle abgeleiteten Gleichungen beziehen sich auf den Nennstrom. Bei hiervon abweichender Belastung muß die Spannungsänderung mit

$$u_\varphi = u_\varphi' \; (I/I_N) + (u_\varphi''^2/2)(I/I_N)^2 \tag{116.4}$$

umgerechnet werden.

Beispiel 26: Der aus den Beispielen 23 bis 25 (S. 105, 109, 114) bekannte 500-kVA-Transformator hat die Nennsekundärspannung $U_2 = 525$ V und die relative Kurzschlußspannung $u_k = 6\%$. Es soll die Vollastspannung für $\cos\varphi = 1$ bestimmt werden.

Nach Beispiel 24 sind $u_R = 1{,}56\%$ und $u_\sigma = 5{,}8\%$. Da bei $\cos\varphi = 1$ der $\sin\varphi = 0$ ist, ergeben sich nach Gl. (116.2) und (116.3) $u_\varphi' = u_R = 0{,}0156$ und $u_\varphi'' = u_\sigma = 0{,}058$. Somit beträgt nach Gl. (116.1) die relative Spannungsänderung

$$u_\varphi = u_\varphi' + (u_\varphi''^2/2) = 0{,}0156 + (0{,}058^2/2) = 0{,}0173$$

oder bezogen auf $U_{20} = 525$ V die Spannungsänderung $U_{2\varphi} = 0{,}0173 \cdot 525$ V $= 9{,}08$ V.

Die Vollastspannung beträgt also für diesen Belastungsfall $U_2 = U_{20} - U_{2\varphi} = 525$ V $- 9{,}1$ V $= 515{,}9$ V. Ohne Berücksichtigung von u_φ'' ist $U_2 = 525$ V $- 8{,}2$ V $= 516{,}8$ V.

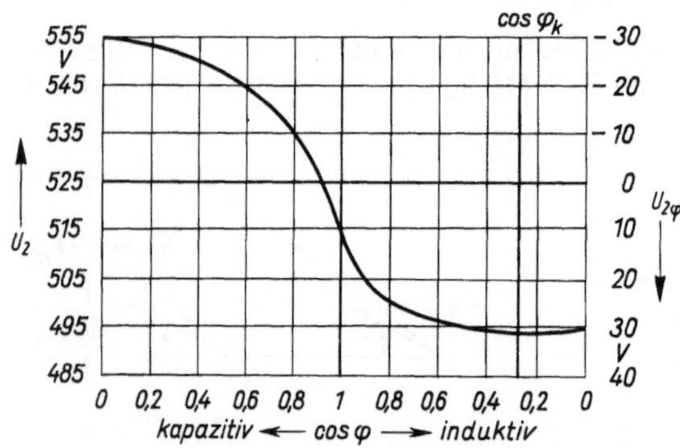

116.1
Vollastspannung U_2 und Spannungsänderung $U_{2\varphi} = f(\cos\varphi)$ des 500-kVA-Transformators aus Beispiel 26 bei Nennstrom

Bild **116**.1 zeigt die Spannungsänderung $U_{2\varphi}$ und die Vollastspannung U_2 dieses 500-kVA-Transformators in der Normalstufe für Nennstrom in Abhängigkeit vom Leistungsfaktor $\cos\varphi$, errechnet aus Gl. (116.1). Die größte Spannungsabsenkung hat man für $\cos\varphi = \cos\varphi_k = 0{,}26$. Bei den üblichen Leistungsfaktoren $\cos\varphi = 0{,}8$ bis 0,7 erhält man bereits so große Spannungsverringerungen, daß die sekundäre Nennspannung (Leerlaufspannung) der Transformatoren etwa 5% höher als die Nennspannung des Netzes sein muß.

2.2.3.5 Verluste und Wirkungsgrad. Der Transformator zeichnet sich durch einen so guten Wirkungsgrad aus, daß dieser stets nur nach dem Einzelverlustverfahren (s. Abschn. 1.2.3.4) bestimmt werden sollte. Die Verluste selbst werden im Leerlauf- und Kurzschlußversuch ermittelt. Der Leerlaufstrom I_0 beträgt nach Bild **105**.3 nur wenige Prozent des Nennstroms I_N. Da er außerdem nur in der Primärwicklung fließt, dürfen die durch ihn hervorgerufenen Kupferverluste $I_{10}^2 R_1$ meist vernachlässigt werden. Die Leistungsaufnahme P_0 des leerlaufenden Transformators ist daher gleich den Eisenverlusten V_{Fe}. Spannung und Frequenz müssen jedoch im Leerlaufversuch genau den Nennwerten entsprechen, da nach Gl. (30.2) und (30.3) die Eisenverluste von der Frequenz f und der Flußdichte B und somit nach Gl. (18.1) auch von der Klemmenspannung U abhängen. Für die Messung wählt man die meßtechnisch günstigste Seite als Primärwicklung aus; das ist meist die Unterspannungsseite.

Bei der Ermittlung der Kupferverluste V_{Cu} muß man hingegen dafür sorgen, daß die Eisenverluste vernachlässigbar klein bleiben. Im Kurzschlußversuch, wenn eine Wicklung kurzgeschlossen und an die andere die kleine Nennkurzschlußspannung U_{kN} angelegt wird, fließt der Nennstrom I_N, und der Magnetisierungsstrom darf vernachlässigt werden. Somit fließt auch sekundär der Nennstrom. Um noch gut meßbare Größen zu erhalten, wird meist die Unterspannungsseite kurzgeschlossen und der Oberspannungsseite die Kurzschlußspannung zugeführt. Die gemessene Leistungsaufnahme P_k stellt die Kupferverluste V_{CuN} bei Nennstrom dar. Sie müssen noch auf den betriebswarmen Zustand umgerechnet werden. Für andere Ströme ändern sie sich quadratisch mit dem Strom

$$V_{Cu} = V_{CuN}(I/I_N)^2 \qquad (117.1)$$

Der Wirkungsgrad $\eta = P_2/P_1$ stellt allgemein das Verhältnis von Leistungsabgabe P_2 zu Leistungsaufnahme P_1 dar (s. Abschn. 1.2.3.4). Da er beim Transformator aber nur wenig von 1 abweicht, sollte man ihn hier mit $P_1 = P_2 + V$ nur aus

$$\eta = 1 - \frac{V}{P_1} = 1 - \frac{V}{P_2 + V} \qquad (117.2)$$

bestimmen. Da die Eisenverluste bei Verwendung kornorientierter Bleche besonders klein sind, erreichen Transformatoren ihren höchsten Wirkungsgrad bei geringer Last. Das wirkt sich auch günstig auf den Jahreswirkungsgrad aus, der das Verhältnis der aus einem Transformator während der wechselnden Belastung eines Jahres abgegebenen Arbeit W_2 zur aufgenommenen Arbeit W_1 darstellt.

Beispiel 27: Der schon in den Beispielen 23 bis 26 (S. 105, 109, 114, 116) behandelte Transformator für 500 kVA hat nach Beispiel 23 die Leerverluste $V_0 = 1000$ W und nach Beispiel 24 die Kurzschlußverluste $V_k = 7800$ W. Es sind

a) der Wirkungsgrad für Nennlast bei $\cos\varphi = 1$ und Halblast bei $\cos\varphi = 0{,}8$,

b) die Leistungsabgabe mit dem höchsten Wirkungsgrad zu berechnen.

Nennbetrieb liegt vor, wenn auf der Primärseite mit Nennspannung eingespeist und auf der Sekundärseite Nennstrom abgegeben wird. Die Nennleistung ergibt sich daher erst, wenn wir auf der Sekundärseite die Vollastspannung einsetzen. Sie beträgt nach Beispiel 24 für den vorliegenden Fall $U_2 = 515{,}9$ V. Mit dem in Beispiel 24 errechneten Nennstrom erhalten wir daher die Nennlast $P_{2N} = \sqrt{3}\, U_2 I_{2N} = \sqrt{3} \cdot 515{,}9$ V $\cdot 550$ A $= 492$ kW. Gleichzeitig treten die Verluste $V_{Fe} = V_0 = 1{,}0$ kW und $V_{CuN} = V_k = 7{,}8$ kW, also insgesamt $V_N = V_{Fe} + V_{CuN} = 1{,}0$ kW $+ 7{,}8$

kW $= 8{,}8$ kW auf. Nach Gl. (76.2) gilt somit für den Wirkungsgrad

$$\eta_{\mathrm{N}} = 1 - \frac{V_{\mathrm{N}}}{P_{2\mathrm{N}} + V_{\mathrm{N}}} = 1 - \frac{8{,}8\ \mathrm{kW}}{492\ \mathrm{kW} + 8{,}8\ \mathrm{kW}} = 0{,}9825$$

Wir machen keinen großen Fehler, wenn wir bei Halblast und $\cos\varphi = 0{,}8$ mit $S = 250$ kVA und mit der Wirklast $P_2 = S\cos\varphi = 250$ kVA $\cdot$ 0,8 $= 200$ kW rechnen. Für die Verluste erhält man dann

$$V = V_{\mathrm{Fe}} + V_{\mathrm{CuN}}\left(\frac{S}{S_{\mathrm{N}}}\right)^2 = 1{,}0\ \mathrm{kW} + 7{,}8\ \mathrm{kW}\left(\frac{250\ \mathrm{kVA}}{500\ \mathrm{kVA}}\right)^2 = 2{,}95\ \mathrm{kW}$$

und daher für den Wirkungsgrad

$$\eta = 1 - \frac{V}{P_2 + V} = 1 - \frac{2{,}95\ \mathrm{kW}}{200\ \mathrm{kW} + 2{,}95\ \mathrm{kW}} = 0{,}9871$$

Ein optimaler Wirkungsgrad stellt sich ein für $V_{\mathrm{Fe}} = V_{\mathrm{Cu}} = V_{\mathrm{CuN}}(I/I_{\mathrm{N}})^2 = V_{\mathrm{CuN}}(S/S_{\mathrm{N}})^2$ oder für die Scheinleistung

$$S = S_{\mathrm{N}}\sqrt{V_{\mathrm{Fe}}/V_{\mathrm{CuN}}} = 500\ \mathrm{kVA}\sqrt{1{,}0\ \mathrm{kW}/7{,}8\ \mathrm{kW}} = 179\ \mathrm{kVA}.$$

2.2.4 Dreiphasenschaltungen

Die zwölf gebräuchlichen Dreiphasenschaltungen sind in VDE 0532 zusammengestellt. Tafel **119**.1 enthält die vier bevorzugten Schaltungen, deren hauptsächliche Verwendung ebenfalls angegeben ist. Links neben der Schaltung sind jedesmal die Zeigerdiagramme der Strangspannungen beider Seiten dargestellt, wobei immer die auf demselben Schenkel erzeugten, also auf beiden Seiten gleichphasigen Spannungen in gleicher Richtung gezeichnet sind. Diese Zeigerdiagramme sind ohne Pfeilspitzen auch auf den Leistungsschildern der Transformatoren angegeben.

Zur Kennzeichnung der Schaltung benutzt man außerdem Kurzzeichen für die Schaltgruppe. Das Kurzzeichen gibt an, in welcher Art die Wicklungen zusammengeschaltet sind (s. Abschn. 2.2.4.3) und welchen Phasenwinkel die Außenleiterspannungen von Primär- und Sekundärseite miteinander bilden. Oberspannungsseite (große Buchstaben) und Unterspannungsseite (kleine Buchstaben) können in Stern (Y, y) oder Dreieck (D, d) geschaltet werden. Eine Zickzackschaltung (z) wird dagegen meist nur auf der Sekundärseite verwendet. Die auf die beiden Kennbuchstaben folgende Kennzahl offenbart, um welches Vielfache von 30° der Zeiger der Unterspannung, bezogen auf die Außenleiterspannung, gegen den der Oberspannung gleicher Kennzeichnung nacheilt. Wenn der Sternpunkt herausgeführt ist, wird noch der Buchstabe N bzw. n hinzugefügt. Offene Wicklungen werden durch den Buchstaben I bzw. i gekennzeichnet. Die Angabe Dyn 5 bedeutet also, daß die Oberspannungswicklung in Dreieck und die Unterspannungswicklung in Stern mit zugänglichem Sternpunkt geschaltet sind, wobei sich eine Spannungsverschiebung um $5 \cdot (-30°) = -150°$ ergibt.

Zur Bestimmung der Spannungsänderung von Dreiphasen-Transformatoren benutzt man ebenfalls die vereinfachte einphasige Ersatzschaltung von Bild **114**.1a und das Zeigerdiagramm in Bild **115**.2 (s. Beispiel 26). Bei dem wirksamen komplexen Widerstand

$$\underline{Z}_{\mathrm{k}} = \underline{U}_{\mathrm{kN}}/(\sqrt{3}\,\underline{I}_{\mathrm{N}}) = R_{\mathrm{k}} + \mathrm{j}X_{\mathrm{k}} \tag{118.1}$$

Tafel **119**.1 Die wichtigsten Schaltungen der Dreiphasen-Transformatoren

Zeigerbild Ober- Unter- Spannung	Schaltung Ober- Unter- Spannung	Schalt- gruppe	Hauptsächlicher Verwendungszweck
		Yy0	Stern/Stern Transformatoren, die nicht der Niederspannungsverteilung dienen
		Yz5	Stern/Zickzack Kleine Verteilungstransformatoren mit sekundär voll belastbarem Mittelpunktsleiter
		Dy5	Dreieck/Stern Große Verteilungstransformatoren mit sekundär voll belastbarem Mittelpunktsleiter
		Yd5	Stern/Dreieck Maschinentransformatoren für Generatoren mit Sternschaltung; auch bei großen Strömen

der nach Abschn. 2.2.2.2 und 2.2.3.4 mit dem Kurzschlußversuch aus der Nennkurzschlußspannung U_{kN} und dem Nennstrom I_N bestimmt werden kann, setzt man primäre und sekundäre Sternschaltung mit den Strangwiderständen R_k und X_k voraus.

Es ist für das Verhalten des Dreiphasen-Transformators gleichgültig, welche Phasenfolge das primäre Spannungssystem hat. Daher gilt auch für die **komplexen Widerstände** von **Mit-** und **Gegensystem**

$$\underline{Z}_m = \underline{Z}_g = \underline{Z}_k \tag{119.1}$$

Die Nullimpedanz hängt dagegen stark von Schaltung und Aufbau des Transformators ab.

Für die Herstellung der Transformatoren würde es am günstigsten sein, wenn nur eine Dreiphasenschaltung üblich wäre. Wie Tafel **119**.1 zeigt, werden die verschiedenen Schaltungen jedoch für ganz bestimmte Anwendungsfälle bevorzugt. Mit ihren Eigenschaften müssen wir uns daher kurz befassen.

2.2.4.1 Stern-Stern-Schaltung. Die Strangwicklung einer Sternschaltung ist nur für die $1/\sqrt{3}$-fache Außenleiterspannung zu bemessen. Sie erfordert daher die kleinste Windungszahl, die geringste Isolation und somit bei nicht zu großen Strömen die **niedrigsten**

Herstellungskosten. Sie sorgt auch bei einer Schaltung nach Tafel **119.**1 in Schaltgruppe Yy0 dafür, daß die Phasenlage der Spannungen auf Primär- und Sekundärseite unverändert bleibt.

Die Stern-Stern-Schaltung zeigt die Mit- und Gegenimpedanzen von Gl. (118.1) und (119.1). Legt man dagegen an den sekundärseitig kurzgeschlossenen Transformator wie in Bild **120.**1 a ein Nullsystem, so fließen auf der Primärseite drei gleich große Ströme I_0, die auf

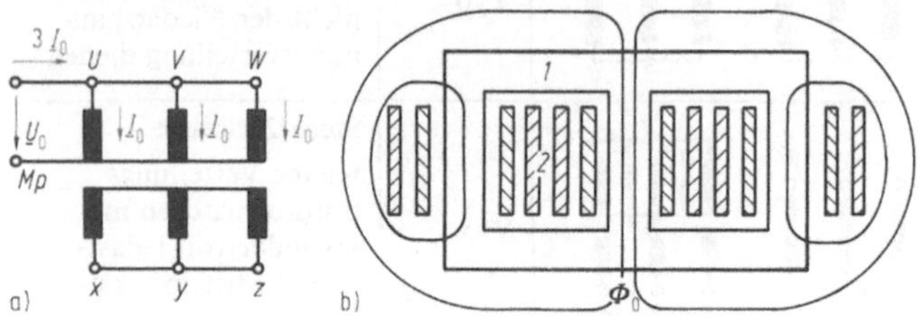

120.1
Stern-Stern-Schaltung am Spannungs-Nullsystem (a) mit zugehörigem Flußverlauf (b)
1 Kern, *2* Wicklungen

der Sekundärseite zwar Spannungen induzieren, aber ohne Mittelleiter keine Ströme erzeugen können und somit keine Gegendurchflutung vorfinden. Der erzeugte Fluß Φ_0 muß sich daher beim Dreischenkeltransformator (s. Abschn. 2.1.4.2) wie in Bild **120.**1 b durch die Luft und auch über den Ölkessel, die Haltebolzen u. ä. schließen. Die Nullimpedanz beinhaltet daher den Wirkwiderstand der Primärwicklung und einen Blindwiderstand $X = \omega L = \omega \Lambda N^2$, der sich aus dem Flußverlauf ergibt und nach Gl. (4.5) bei großem Flußquerschnitt und daher großem magnetischem Leitwert Λ recht groß ist. Daher gilt hier für die Nullimpedanz

$$Z_0 > Z_k \tag{120.1}$$

Beim Fünfschenkeltransformator (s. Abschn. 2.1.4.2) und bei Dreiphasen-Transformatorbänken, die aus Einphasentransformatoren mit Mantelkern zusammengestellt sind, kann sich der Fluß Φ_0 über die äußeren unbewickelten Schenkel schließen, so daß hier die Nullimpedanz der Leerlaufimpedanz entspricht.

Die Nullimpedanz verursacht daher bei unsymmetrischer Belastung einen **stark erhöhten Spannungsabfall** und **Spannungsunsymmetrie** auf der Sekundärseite. Zur Speisung eines Verteilungsnetzes mit Nulleiter dürfen Transformatoren in Stern-Stern-Schaltung daher nicht verwendet werden. Sie können nur etwa 10 % ihrer Nennleistung einsträngig übertragen; sie bleiben daher den Umspannstationen, die nicht der Verteilung dienen, vorbehalten.

Beispiel 28: Für den in den Beispielen 23 bis 27 (S. 105 bis 117) behandelten Dreiphasen-Transformator ist die Vergrößerung der Spannungsänderung für rein einphasige Belastung zu bestimmen, wenn bei Betrieb in der Schaltung von Bild **83.**1 a auf der Unterspannungsseite bei der Spannung $3\,U_0'' = 495$ V der Nennstrom fließt und hierbei die Leistung $3\,P_0'' = 4{,}0$ kW aufgenommen wird.

Wir müssen zunächst die Nullimpedanz für die Unterspannungsseite bestimmen. Sie hat nach Gl. (83.4) den Betrag

$$Z_0'' = U_0''/I_{2\mathrm{N}} = 495 \text{ V}/(3 \cdot 550 \text{ A}) = 0{,}3 \ \Omega$$

und mit dem Leistungsfaktor

$$\cos\varphi_0'' = \frac{3\,P_0''}{3\,U_0''\,I_{2\mathrm{N}}} = \frac{4000 \text{ W}}{495 \text{ V} \cdot 550 \text{ A}} = 0{,}0147$$

den Phasenwinkel $\varphi_0'' = -89{,}2°$ bzw. die Widerstandskomponenten $R_0'' = Z_0'' \cos\varphi_0'' = 0{,}3\,\Omega \times$
$0{,}0147 = 0{,}0044\,\Omega$ und $X_0'' = Z_0'' \sin|\varphi_0''| \approx Z_0'' = 0{,}3\,\Omega$. Wir dürfen also den Wirkanteil vernachlässigen.

Bild **121**.1a zeigt die Stern-Stern-Schaltung mit der einsträngigen Belastung der Unterspannungsseite und den zugehörigen Zählpfeilen für Ströme und Spannung. In Bild **121**.1c sind der Sekundärstrom I_{2z} und seine Komponenten dargestellt, wie sie z.B. in Beispiel 18, S. 79 bestimmt worden sind.

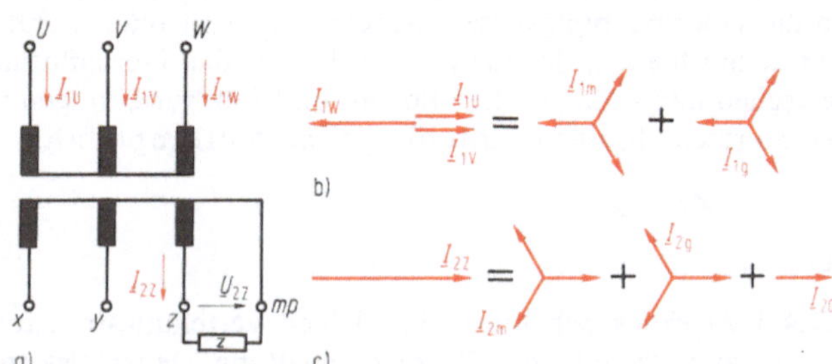

121.1
Einsträngige Belastung der Stern-Stern-Schaltung (a) mit primären (b) und sekundären Stromkomponenten (c)

Die Primärströme ergeben sich aus der Überlegung, daß in jedem Fenster des Dreischenkeltransformators die Durchflutung verschwinden muß, da sonst zusätzliche Flüsse und Spannungen entstehen würden. Der Primärstrom kann außerdem nur über die beiden freien Schenkel abfließen; der dem belasteten Sekundärstrang gegenüberliegende Primärstrang wird daher den Strom I_{1W} aufnehmen, der je zur Hälfte über die beiden anderen Stränge abfließt. Daher gilt das Zeigerdiagramm in Bild **121**.1b. Die Zerlegung in die Stromkomponenten I_m und I_g kann analog zu Abschn. 1.7.1.2 erfolgen; eine Überlagerung zeigt sofort, daß sich aus ihnen die tatsächlichen Ströme zusammensetzen lassen.

Beispiel 25, S. 114, liefert die Widerstände $\underline{Z}_m'' = \underline{Z}_g'' = \underline{Z}_k(U_{20}/U_{10})^2 = (12{,}48\,\Omega + \mathrm{j}46{,}4\,\Omega)$
$(525\,\mathrm{V}/20\,\mathrm{kV})^2 = 0{,}00862\,\Omega + \mathrm{j}0{,}032\,\Omega = R_k'' + \mathrm{j}X_k''$. Wir bezeichnen hier mit $''$ die auf die Unterspannungsseite bezogenen Größen und dürfen dann für den Spannungsunterschied ansetzen

$$\underline{U}_{1U}'' - \underline{U}_{2z} = -\underline{a}I_{1m}''\underline{Z}_m'' - \underline{a}^2 I_{1g}\underline{Z}_g'' + \underline{a}^2 I_{2m}\underline{Z}_m'' + \underline{a}^2 I_{2g}\underline{Z}_g'' + I_{20}\underline{Z}_0''$$

Da nach Bild **121**.1 $-\underline{a}I_{1m}'' = -\underline{a}^2 I_{1g} = \underline{a}^2 I_{2m} = \underline{a}^2 I_{2g} = I_{20} = I_{2z}/3$ ist, wird schließlich

$$\underline{U}_{1U}'' - \underline{U}_{2z} = \left(\frac{2}{3}\underline{Z}_k'' + \frac{1}{3}\underline{Z}_0''\right)I_{2z}$$

und es gilt, wenn wir in $U_{\varphi 1} = |\underline{U}_{1U}'' - \underline{U}_{2z}|$ den Wirkanteil der Widerstände vernachlässigen, für das Verhältnis der Spannungsänderung bei einsträngiger Belastung zu normaler dreisträngiger Belastung

$$\frac{U_{\varphi 1}}{U_{\varphi 3}} = \frac{\dfrac{2}{3}X_k'' + \dfrac{1}{3}X_0''}{\sqrt{R_k''^2 + X_k''^2}} = \frac{\dfrac{2}{3}\cdot 0{,}032\,\Omega + \dfrac{1}{3}\cdot 0{,}3\,\Omega}{\sqrt{(0{,}00862^2 + 0{,}032^2)\,\Omega^2}} = 3{,}67$$

Die Spannungsänderung wäre also bei rein einsträngiger Belastung fast viermal so groß.

2.2.4.2 Dreieck-Schaltung. Die Dreieckschaltung hat den Nachteil, daß Windungszahl und Isolation für die volle Netzspannung zu bemessen sind, aber den Vorteil, daß der Strangstrom auf das $1/\sqrt{3}$-fache des Außenleiterstroms zurückgeht. In Verbindung mit einer Sternschaltung verdreht sie außerdem das sekundäre Spannungssystem. Ein Transformator in Schaltgruppe Dy5 hat aber den Vorteil, daß er gefahrlos **einsträngig** belastet werden darf. Von einem Strom, der sekundär durch eine Strangwicklung der Sternschaltung fließt, wird auf der Primärseite nur die auf dem gleichen Schenkel befindliche Strangwicklung der Dreieckschaltung betroffen. Der primäre Strangstrom kann über zwei Außenleiter zu- und abfließen. Diese Schaltung wird daher für große Verteilungstransformatoren und bei sehr großen Strömen bevorzugt.

Wenn man bei einem Transformator der Schaltgruppe Dy5 die unterspannungsseitige Sternschaltung wie in Bild **83**.1 an ein Nullsystem anschließt, kann unabhängig davon, ob die Oberspannungsseite kurzgeschlossen ist oder nicht, in der Dreieckschaltung ein Ringstrom fließen, der für jeden Schenkel das Durchflutungsgleichgewicht herstellt. Es herrschen dann die gleichen Strom- und Flußverteilungen wie im normalen dreisträngigen Kurzschluß, und es tritt die gleiche Nullimpedanz

$$Z_0 = Z_\mathrm{k} \tag{122.1}$$

auf.

2.2.4.3 Zickzack-Schaltung.

Bei kleinen Verteilungstransformatoren findet man auf der Unterspannungsseite die Zickzackschaltung. Jeder Sekundärstrang besteht aus zwei Wicklungen, die auf zwei Schenkel verteilt und in Gegenreihenschaltung miteinander verbunden sind. In diesem Fall ist trotz der Sternschaltung auf der Primärseite stets Durchflutungsgleichgewicht vorhanden, da nach Bild **122**.1 jede der beiden Teilspulen des Sekundärstrangs auf der zugehörigen Primärspule die volle Gegendurchflutung finden kann.

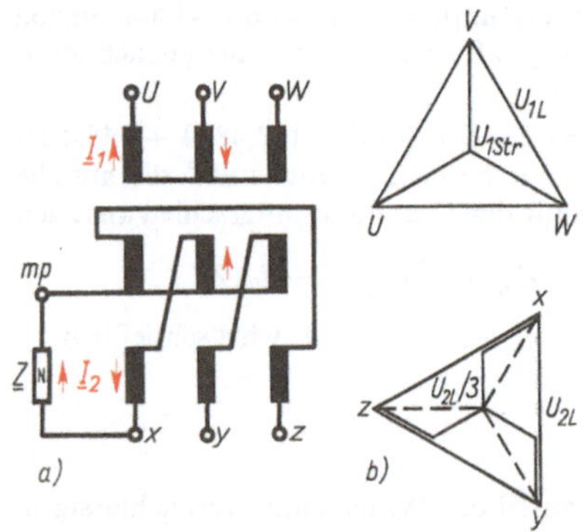

122.1
Dreiphasentransformator in Yz-Schaltung
a) Schaltung mit einphasiger Last
b) Spannungszeigerdiagramm

Legt man wie in Bild **123**.1a an die unterspannungsseitige Zickzackschaltung ein Spannungs-Nullsystem, so stellen schon die Nullströme I_0 für sich auf den Schenkeln das Durchflutungsgleichgewicht her; die Sternschaltung bleibt daher bei völliger Symmetrie stromlos. Der Fluß Φ_0 kann sich aber wie in Bild **123**.1b nur im Streuraum der beiden Unterspannungsspulen auf jedem Schenkel ausbilden, so daß dieser schmale Streuraum den magnetischen Leitwert Λ, die Induktivität L_0 und den Blindwiderstand X_0 festlegt. Es ist für die Nullimpedanz daher nur ein geringer Blindwiderstand X_0 und der Wirkwiderstand R_0 der Unterspannungswicklungen wirksam, so daß gilt

$$Z_0 < Z_\mathrm{k} \tag{122.2}$$

Die auf dem Leistungsschild eines Transformators angegebenen Nennspannungen beziehen sich immer auf die zulässige Außenleiterspannung. Die Strangwicklung der Sternschaltung ist somit

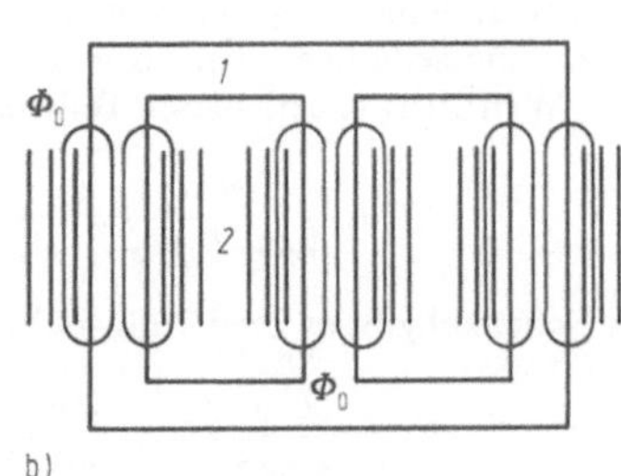

123.1
Stern-Zickzack-Schaltung am Spannungs-Nullsystem (a) mit zugehörigem Flußverlauf (b)
1 Kern, *2* Wicklungen

für die Spannung $U_1/\sqrt{3}$, die Teilspule einer Zickzackschaltung dagegen nach dem Spannungsdiagramm in Bild **122.**1 b für die Spannung $U_2/3$ auszulegen. Setzen wir für Primär- und Sekundärseite gleiche Spannungen U und Ströme I voraus, so ergibt sich die Bauleistung der Primärseite bei drei Strangwicklungen aus $S_1 = 3IU/\sqrt{3} = \sqrt{3}IU$ und die Bauleistung der Sekundärseite bei sechs Teilspulen aus $S_2 = 6IU/3 = 2IU$. Die sogenannte Bauleistung des in Zickzack geschalteten Transformators beträgt daher

$$S_\mathrm{B} = (S_1 + S_2)/2 = (\sqrt{3} + 2)IU/2 = (\sqrt{3} + 2)S/(2\sqrt{3}) = 1{,}075\,S$$

wenn $S = \sqrt{3}\,UI$ die Bauleistung des normalen Transformators ist. In Zickzackschaltung muß der Transformator also für eine um 7,5% größere Bauleistung bemessen und daher entsprechend größer sein. Die Zickzackschaltung wird daher meist nur für kleinere Verteilungstransformatoren (bis etwa 200 kVA) und für dreiphasige Gleichrichter eingesetzt.

Beispiel 29. Ein Dreiphasentransformator für 500 kVA, 20 kV/0,4 kV (mit anderer Schaltgruppe und anderer Unterspannung schon in den Beispielen 23 bis 28 behandelt) benötigt bei Verwendung kornorientierter Bleche den wirksamen Eisenquerschnitt $A_\mathrm{Fe} = 220$ cm² bei dem Scheitelwert der Induktion $B = 1{,}7$ T. Er ist nach Bild **123.**2 geschaltet. Es sind a) die Windungszahlen der Wicklungen und b) mit dem Zeigerdiagramm die Schaltgruppe zu bestimmen.

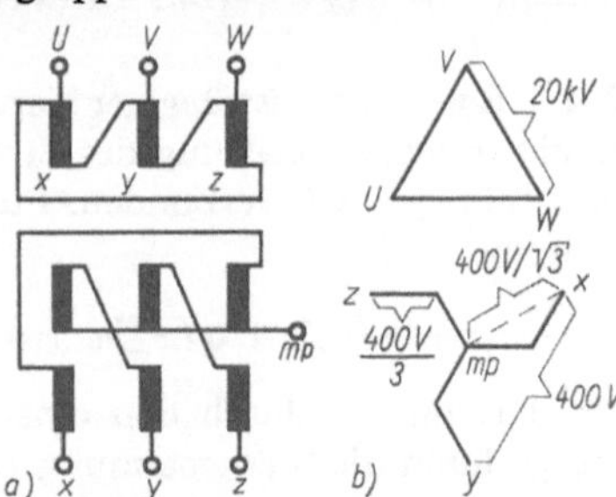

123.2
Dreiphasentransformator in Dz-Schaltung
a) Schaltung
b) Spannungszeigerdiagramm

Zur Berechnung der Windungszahlen bedienen wir uns der Spannungsgleichung (18.1), benötigen hierfür aber die Spannungen an den Teilwicklungen. Daher entwickeln wir zunächst das **Zeigerdiagramm** in Bild **123.**2. Das primäre Spannungsdreieck ist durch die Netzspannungen vorgegeben. Beim sekundären Spannungszeigerdiagramm müssen wir berücksichtigen, daß in den Sekundärwicklungen bei gleichem Wicklungssinn gleich gerichtete Spannungen entstehen. Wenn wir im Sternpunkt *mp* der Zickzackschaltung beginnen, durchlaufen wir eine sekundäre Teilwicklung in der Richtung *VU* der Primärwicklung. Wir dürfen daher diese Richtung in das sekundäre Zeigerdiagramm eintragen. Anschließend durchlaufen wir auf dem zweiten Schenkel eine weitere Teilspule in der Richtung *VW*, so daß eine entsprechend gerichtete, gleich große Spannung zu addieren ist; so gelangen wir zur sekundären Klemme *y*. Ihre Lage im Zeigerdiagramm ist um 180° gegenüber *V* phasenverschoben. Es handelt sich hier also um die Schaltgruppe Dz6.

Oberspannungsseitig sind Außenleiterspannung und Strangspannung gleich groß; auf der Unterspannungsseite liegt aber an **einer** Teilwicklung nur ein Drittel der Außenleiterspannung. Für die **Windungszahl** dieser Teilwicklung gilt daher nach Gl. (18.1)

$$N_2 = \frac{U_{20}/3}{4{,}44\,f B A_{\mathrm{Fe}}} = \frac{400\mathrm{V}/3}{4{,}44 \cdot 50\ \mathrm{s}^{-1} \cdot 1{,}7\ \mathrm{T} \cdot 220\ \mathrm{cm}^2} = 16$$

Je Schenkel gibt es zwei Teilwicklungen. Auf der Oberspannungsseite sind dann

$$N_1 = \frac{U_{10}}{U_{20}/3}\,N_2 = \frac{20000\ \mathrm{V}}{400\ \mathrm{V}/3} \cdot 16 = 2400\ \text{Windungen}$$

erforderlich.

2.2.4.4 Dreiwicklungstransformator. Eine weitere Möglichkeit, mit einem Stern-Stern geschalteten Transformator einphasige Belastungen zu übertragen, erhält man durch die Anordnung einer **Ausgleichswicklung** nach Bild **124**.1. Sie wird in Dreieck geschaltet und erzeugt bei reiner Einphasenlast ein Drittel der Durchflutung. Da ein Ausgleichsstrom in der Dreieckschaltung in den drei Strängen der Tertiärwicklung fließt, wird das Durchflutungsgleichgewicht auch auf den anderen Schenkeln hergestellt. Die Tertiär-

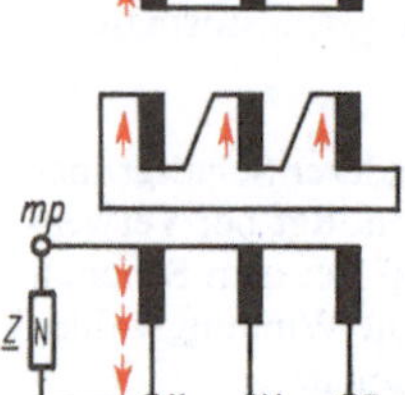

wicklung kann auch in ein zweites Netz, z.B. in die Eigenversorgung eines Kraftwerks, einspeisen. Wenn die Primärwicklung zwischen Sekundär- und Tertiärwicklung angeordnet wird, beeinflussen sich die Streublindwiderstände von Sekundär- und Tertiärwicklung nicht, und der Dreiwicklungstransformator kann für symmetrische Last wie zwei Einzeltransformatoren behandelt werden.

124.1 Dreiwicklungstransformator mit einphasiger Belastung

2.2.4.5 Ein- und zweisträngiger Kurzschluß. Nach Bild **79**.2 und Beispiel 18, S. 79 ist eine rein einsträngige Belastung des Stranges z mit den Stromkomponenten $\underline{I}_0 = \underline{I}_z/3$, $\underline{I}_{\mathrm{m}} = \underline{a}^2 \underline{I}_z/3$ und $\underline{I}_{\mathrm{g}} = \underline{a}\,\underline{I}_z$ verbunden. Für diesen Strang gilt dann gleichzeitig die Spannungsgleichung

$$\underline{U}_{\mathrm{z}} = \underline{I}_0 \underline{Z}_0 + \underline{a}\,\underline{I}_{\mathrm{m}}\underline{Z}_{\mathrm{m}} + \underline{a}^2 \underline{I}_{\mathrm{g}}\underline{Z}_{\mathrm{g}}$$

Man darf nun $\underline{I}_z$ durch den einsträngigen Kurzschlußstrom $\underline{I}_{\mathrm{kI}}$ und die Strangspannung $\underline{U}$ durch die Sternspannung $\underline{U}_\curlywedge$ ersetzen und erhält dann

$$\underline{U}_\curlywedge = (\underline{Z}_0 + \underline{Z}_{\mathrm{m}} + \underline{Z}_{\mathrm{g}})\,\underline{I}_{\mathrm{kI}}/3$$

Daher gilt allgemein für den **Strom bei einsträngigem Kurzschluß** im Dreiphasennetz

$$I_{\mathrm{kI}} = \frac{3\,U_\curlywedge}{\left|\underline{Z}_0 + \underline{Z}_{\mathrm{m}} + \underline{Z}_{\mathrm{g}}\right|} \tag{124.1}$$

Beim Dreiphasen-Transformator ist stets $\underline{Z}_{\mathrm{m}} = \underline{Z}_{\mathrm{g}} = \underline{Z}_{\mathrm{k}}$, so daß man hier setzen darf

$$I_{\mathrm{kI}} = \frac{3\,U_\curlywedge}{\left|\underline{Z}_0 + 2\underline{Z}_{\mathrm{k}}\right|} \tag{124.2}$$

Eine rein zweisträngige Belastung wird in Bild **79.**1 und Beispiel 18, S. 79, untersucht, und es werden dort die Stromkomponenten $I_0 = 0$, $I_m = -I_g = j\,I_y/3$ ermittelt. Für die aus den Strängen y und z gebildete Masche gilt dann die Spannungsgleichung

$$U_{yz} = a^2 I_m Z_m + a I_g Z_g - a I_m Z_m - a^2 I_g Z_g$$

Wenn wir jetzt I_y durch den zweisträngigen Kurzschlußstrom I_{kII} und die Außenleiterspannung U_{yz} durch $U = \sqrt{3}\,U_\perp$ ersetzen, finden wir mit $a^2 - a = -j\sqrt{3}$ (nach Beispiel 17f, S. 76) über

$$U = (a^2 - a)(I_m Z_m - I_g Z_g) = I_{kII}(Z_m + Z_g)$$

ganz allgemein den **Strom beim zweisträngigen Kurzschluß**

$$I_{kII} = \frac{U}{|Z_m + Z_g|} = \frac{\sqrt{3}\,U_\perp}{|Z_m + Z_g|} \tag{125.1}$$

Beim Dreiphasen-Transformator ist wegen $Z_m = Z_g = Z_k$ wieder einfacher

$$I_{kII} = U/(2\,Z_k) = (\sqrt{3}/2)\,U_\perp/Z_k \tag{125.2}$$

Beispiel 30. Drei Dreiphasen-Transformatoren mit den Schaltgruppen Yy0, Dy5 und Yz5 sollen sich wie folgt unterscheiden:

a) Stern-Stern-Schaltung: $Z_0 = 8\,Z_k$
b) Dreieck-Stern-Schaltung: $Z_0 = Z_k$
c) Stern-Zickzack-Schaltung: $Z_0 = 0{,}125\,Z_k$

Unter der Voraussetzung, daß diese Transformatoren die gleiche Kurzschlußimpedanz Z_k bei gleichem Leerlaufspannungs-Übersetzungsverhältnis haben, ist zu untersuchen, welche Schaltung den größten Kurzschlußstrom führt.

Die drei Transformatoren zeigen bei dem dreisträngigen Kurzschlußstrom $I_{kIII} = U_\perp/Z_k$ und dem zweisträngigen Kurzschlußstrom $I_{kII} = (\sqrt{3}/2)\,U_\perp/Z_k$ jeweils die gleichen Werte, wobei sich dreisträngiger zu zweisträngiger Kurzschlußstrom wie

$$I_{kIII} : I_{kII} = 1 : (\sqrt{3}/2) = 1 : 0{,}866$$

verhalten. Für das Verhältnis der einsträngigen Kurzschlußströme ergibt sich dagegen

$$I_{kIYy} : I_{kIDy} : I_{kIYz} = \frac{3}{2+8} : \frac{3}{2+1} : \frac{3}{2+0{,}125} = 0{,}3 : 1 : 1{,}41$$

In der Zickzackschaltung fließt also im Verhältnis zum dreisträngigen Kurzschluß der 1,41fache einsträngige Kurzschlußstrom, der die $1{,}41^2 = 2$fachen Stromkräfte hervorruft. Dies ist ein weiterer Grund, daß die Zickzackschaltung nur noch für kleine Leistungen eingesetzt wird.

2.2.5 Parallelbetrieb

Für die Erweiterung bestehender Anlagen hat der Parallelbetrieb von Transformatoren große praktische Bedeutung. Wenn Transformatoren sowohl primär- als auch sekundärseitig unmittelbar über die Sammelschienen parallelgeschaltet werden sollen, müssen die zusammengehörigen Sekundärklemmen zur Vermeidung von Ausgleichsströmen in jedem Augenblick das gleiche Potential haben. Die Transformatoren müssen daher zunächst das gleiche Leerlaufspannungs-Übersetzungsverhältnis U_{10}/U_{20} und Schaltgruppen mit gleicher Kennzahl aufweisen. Sie dürfen jedoch abweichende Nennleistungen haben. Damit die parallelgeschalteten Transformatoren mit der Summe ihrer Nennleistungen ohne Überlastung einer der Transformatoren belastet werden können, fordert man außerdem noch, daß sich die übertragene Leistung im Verhältnis der Nennleistungen S_N auf die Transformatoren verteilt.

2.2.5.1 Ermittlung der Leistungsverteilung. Wir benutzen wieder die vereinfachte Ersatzschaltung nach Bild **114.**1. Dann befinden sich die parallelliegenden Transformatoren entsprechend Bild **126.**1 mit ihren Scheinwiderständen $\underline{Z}_{kI}$ und $\underline{Z}_{kII}$ zwischen Primär- und Sekundärschiene. An dieser Parallelschaltung tritt die Spannung $\underline{U}_T$ auf. Die Beträge der Teilströme $\underline{I}_I$ und $\underline{I}_{II}$ verhalten sich daher wie die Kehrwerte der zugehörigen Scheinwiderstände, so daß nach Erweiterung gilt

$$\frac{I_I}{I_{II}} = \frac{Z_{kII}}{Z_{kI}} = \frac{Z_{kII} I_{NII}}{Z_{kI} I_{NI}} \cdot \frac{I_{NI}}{I_{NII}} = \frac{U_{kII}}{U_{kI}} \cdot \frac{I_{NI}}{I_{NII}} = \frac{u_{kII}}{u_{kI}} \cdot \frac{I_{NI}}{I_{NII}} \tag{126.1}$$

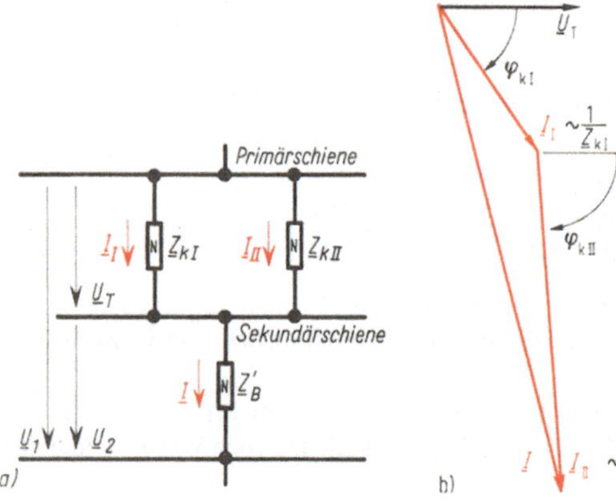

Wenn die Kurzschlußspannungen gleich sind ($u_{kI} = u_{kII}$), verhalten sich also die Teilströme in gewünschter Weise wie die Nennströme I_N oder – nach Erweiterung mit der Spannung U – die Teilleistungen wie die Nennleistungen

$$S_I : S_{II} = S_{NI} : S_{NII} \tag{126.2}$$

126.1
Ersatzschaltung (a) und Zeigerdiagramm (b) für Parallelbetrieb von Transformatoren

Neben der gleichen Spannungsübersetzung und der gleichen Schaltgruppenkennzahl muß man daher noch die gleiche Kurzschlußspannung u_k fordern.

Nach Bild **126.**1a gilt für die Ströme $\underline{I} = \underline{I}_I + \underline{I}_{II}$. Jedoch erst, wenn die Scheinwiderstände $\underline{Z}_{kI}$ und $\underline{Z}_{kII}$ auch nach ihren Wirk- und Blindanteilen verhältnisgleich sind, d.h. den gleichen Phasenwinkel φ_k aufweisen, ergeben sich gleichphasige Teilströme, die algebraisch zum Summenstrom I addiert werden dürfen. Für den allgemeinen Fall abweichender Phasenwinkel gilt für die Stromverteilung das Zeigerdiagramm in Bild **126.**1b. Die Teilstromzeiger $\underline{I}_I$ und $\underline{I}_{II}$ eilen um die Phasenwinkel φ_{kI} und φ_{kII} gegenüber der gemeinsamen Spannung $\underline{U}_T$ nach und sind proportional den Scheinleitwerten $1/Z_k$. Die geometrische Summe der Teilstromzeiger mit der Länge $1/Z_k$ ergibt den Gesamtstromzeiger $\underline{I}$. Wir brauchen nun in diesem Diagramm lediglich die Beträge der Teilstromzeiger abzugreifen und ins Verhältnis zur Länge des Gesamtstromzeigers zu bringen, um die gesuchte Strom- und Leistungsverteilung zu erhalten. Somit wird die Summe der Transformatorleistungen ebenfalls größer als die Abgabeleistung der Gruppe. Zuletzt ist daher ein gleicher Kurzschluß-Leistungsfaktor $\cos\varphi_k$ für parallele Transformatoren zu fordern. Eine Abweichung im Phasenwinkel von $\triangle\varphi_k \leq 20°$ bedeutet noch keine wesentliche Überlastung. Diese Forderung wird eingehalten, wenn die Nennleistungen paralleler Transformatoren zueinander höchstens im Verhältnis $1:3$ stehen.

Hiernach ist der Parallelbetrieb von zwei Transformatoren gleicher Leistung und gleicher Kurzschlußspannung mit den Schaltgruppen Yz5 und Dy5 ohne weiteres zulässig. Bei einphasiger Last führt jedoch die Zickzackschaltung den größeren Strom, da sie für eine solche Belastung die kleinere Nullimpedanz aufweist (s. Abschn. 2.2.4.3).

Beispiel 31: Zwei Dreiphasen-Öltransformatoren nach DIN 42505 mit der Kühlungsart ONAN für 50 Hz, Reihe 30N, Schaltung Yy0 haben die Kenndaten

Transformator	I	II
S_N in kVA	4000	5000
P_0 in kW	5,5	6,5
P_k in kW	33	38
u_k in %	6,0	7,0

a) Welche Leistung darf bei Parallelschaltung höchstens dauernd übertragen werden?

Wir bestimmen zunächst mit Gl. (109.4) die Leistungsfaktoren $\cos\varphi_{kI} = P_{kI}/(u_{kI}S_{NI}) = 33\,\mathrm{kW}/(0{,}06 \cdot 4000\,\mathrm{kVA}) = 0{,}138$ und $\cos\varphi_{kII} = P_{kII}/(u_{kII}S_{NII}) = 38\,\mathrm{kW}/(0{,}07 \cdot 5000\,\mathrm{kVA}) = 0{,}109$ und stellen mit $\varphi_{kI} = -82{,}1°$ und $\varphi_{kII} = -83{,}8°$ bzw. $\varphi_{kI} - \varphi_{kII} = -82{,}1° + 83{,}8° = 1{,}7° < 20°$ fest, daß wir Gl. (126.1) anwenden dürfen. Nach Gl. (126.1) wird der Transformator mit der kleinsten Kurzschlußspannung am ehesten überlastet; wir dürfen daher höchstens seine Nennleistung S_{NI} übertragen und erhalten dann die gleichzeitig auftretende Leistung des anderen Transformators $S_{II} = S_{NII}u_{kI}/u_{kII} = 5000\,\mathrm{kVA} \cdot 0{,}06/0{,}07 = 4285\,\mathrm{kVA}$ bzw. die übertragbare Summenleistung $S_{max} = S_{NI} + S_{II} = 4000\,\mathrm{kVA} + 4285\,\mathrm{kVA} = 8285\,\mathrm{kVA}$.

b) Es sollen im Jahr übertragen werden

$1/4$ Jahr $P_2 = 7000$ kW bei $\cos\varphi = 0{,}9$,
$1/4$ Jahr $P_2 = 5000$ kW bei $\cos\varphi = 0{,}8$,
$1/4$ Jahr $P_2 = 2000$ kW bei $\cos\varphi = 0{,}7$ und
$1/4$ Jahr Leerlauf.

Der Jahreswirkungsgrad ist zu bestimmen.

Wir setzen voraus, daß im Leerlauf wegen der geringen Eisenverluste nur der kleinere Transformator I eingeschaltet ist und erst bei $0{,}8I_{NI}$ der größere Transformator zugeschaltet wird. Bei $P_2 = 7000$ kW haben wir entsprechend der unter a) berechneten Lastverteilung im Verhältnis $S_I/S_{II} = 4000\,\mathrm{kVA}/4285\,\mathrm{kVA}$ die Kupferverluste

$$V_{Cu} = \left(\frac{P_2}{\cos\varphi\, S_{max}}\right)^2 \left[\left(\frac{S_I}{S_{NI}}\right)^2 P_{kI} + \left(\frac{S_{II}}{S_{NII}}\right)^2 P_{kII}\right]$$

$$= \left(\frac{7000\,\mathrm{kW}}{0{,}9 \cdot 8285\,\mathrm{kVA}}\right)^2 \left[33\,\mathrm{kW} + \left(\frac{4285\,\mathrm{kVA}}{5000\,\mathrm{kVA}}\right)^2 38\,\mathrm{kW}\right] = 53{,}68\,\mathrm{kW}$$

bzw. bei $P_2 = 5000$ kW

$$V_{Cu} = \left(\frac{5000\,\mathrm{kW}}{0{,}8 \cdot 8285\,\mathrm{kVA}}\right)^2 60{,}9\,\mathrm{kW} = 34{,}7\,\mathrm{kW}$$

sowie bei $P_2 = 3000$ kW

$$V_{Cu} = \left(\frac{2000\,\mathrm{kW}}{0{,}7 \cdot 4000\,\mathrm{kVA}}\right)^2 33\,\mathrm{kW} = 16{,}84\,\mathrm{kW}$$

Dann erhalten wir analog zu Gl. (117.2) für den **Jahreswirkungsgrad**

$$\eta_a = 1 - \frac{\Sigma V_i t_i}{\Sigma P_{2i} t_i + \Sigma V_i t_i}$$

$$= 1 - \frac{1a \cdot 5,5\,\text{kW} + (1/2)a \cdot 6,5\,\text{kW} + (1/4)a(53,68 + 34,7 + 16,84)\,\text{kW}}{(1/4)a(7000 + 5000 + 2000)\,\text{kW} + 35,06\,\text{kWa}}$$

$$= 0,9901$$

2.2.5.2 Messungen vor dem Parallelschalten. Vor dem Parallelschalten von Transformatoren sollte man sich – auch wenn alle im vorangegangenen Abschnitt besprochenen Forderungen erfüllt scheinen – stets durch Messungen davon überzeugen, daß die an den Klemmen angebrachten Bezeichnungen richtig sind, da die auftretenden Summenspannungen im gegebenen Falle sehr große Kurzschlußströme zur Folge haben könnten. Bei parallelen Dreiphasen-Transformatoren nach Bild **128**.1 ist vor dem ersten sekundären Zuschalten des zweiten Transformators die

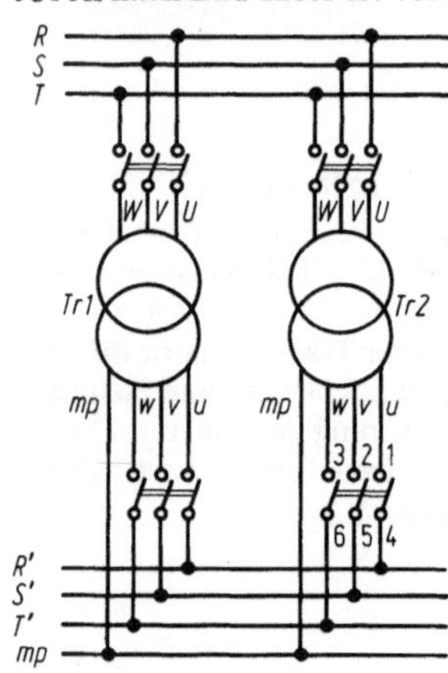

Spannung zwischen den einander gegenüberliegenden drei Schaltkontaktpaaren zu messen. Hierzu werden die beiden sekundären Nullpunkte verbunden oder, falls kein Nullpunkt vorhanden ist, zwei gegenüberliegende Schaltkontakte einer Phase von *Tr*2 überbrückt. Zeigt nach dem Einschalten der beiden Primärschalter und des Sekundärschalters von *Tr*1 ein nacheinander zwischen den Schalterklemmen 1–4, 2–5 und 3–6 angeschlossener Spannungsmesser keine Spannung an, so kann auch der zweite Sekundärschalter geschlossen werden. Gegebenenfalls müssen die spannungsgleichen Klemmen durch Versuch oder durch Aufzeichnen des Spannungsdiagramms ermittelt werden. Sinngemäß verfährt man auch bei Einphasentransformatoren oder anderen Mehrphasentransformatoren.

128.1
Zur Spannungsmessung vor dem Parallelschalten von Dreiphasentransformatoren

2.3 Besondere Ausführungen

Die bisherigen Betrachtungen berücksichtigen vorwiegend Leistungstransformatoren, die elektrische Energie mehr oder minder großer Leistung umspannen sollen. Wir haben daher für die Beispiele auch einen Verteilungstransformator nach DIN 42511 benutzt. Von den Sonderausführungen, die im Aufbau oder Verhalten hiervon wesentlich abweichen, sollen nun noch einige wichtige Typen wie Kleintransformatoren, Spartransformatoren, Regeltransformatoren und Transformatoren zur Phasenvervielfachung kurz besprochen werden.

2.3.1 Kleintransformator

2.3.1.1 Anwendung. Kleintransformatoren werden bis zu Leistungen von 16 kVA und Spannungen bis 1000 V meist in Großserien gefertigt und entsprechend vielseitig eingesetzt. Sie werden insbesondere in fast allen Anlagen und Geräten der Nachrichtentechnik als Netzanschlußtransformatoren verwendet und stellen dann den Röhren, Transistoren und anderen Schaltungselementen die gewünschten Spannungen zur

Verfügung. Trenntransformatoren sollen einzelne Verbraucher galvanisch vom Netz trennen. Steuertransformatoren speisen Steuerkreise (s. Band VIII und IX). Zündtransformatoren sollen Gas- oder Öl-Luft-Gemische durch Funken oder Lichtbogen zünden.

Da die Berührung spannungsführender Leitungen auch bei verhältnismäßig niedrigen Spannungen, z.B. in feuchten Räumen, lebensgefährend sein kann, setzt man in den Sicherheitstransformatoren die übliche Netzspannung gern auf ungefährliche Werte (genormt sind hierfür z.B. 24 und 42 V) herunter. Um den gewünschten Schutz in jeder Hinsicht zu gewährleisten, sind nach VDE 0551 für diese Transformatoren getrennte Wicklungen vorgeschrieben und außerdem besondere Vorschriften für die Spannungsfestigkeit und Kurzschlußsicherheit der Isolation wie auch für die Spannungsänderung zu beachten. Sie werden eingesetzt für ortsveränderliche Werkzeuge, Handleuchten, Heizkissen und -decken, Spielzeug sowie als Klingel- oder Auftautransformatoren.

2.3.1.2 Betriebsverhalten und Aufbau. Da der Kleintransformator meist unter Last ein- und ausgeschaltet wird, wählt man sein Verlustverhältnis $V_{Fe}/V_{CuN} \approx 1$. Wenn sein Wirkungsgrad η bekannt ist, kann man seine Spannungsänderung $u_\varphi \approx (1 - \eta)/2$ sofort angeben, da der halbe Verlust ja der Nennkupferverlust V_{CuN} und somit, bezogen auf die Nennleistung S_N, gleich der relativen Wirkspannung u_R ist. Um die Spannungsänderung erträglich klein zu halten, muß man die Baugröße so reichlich wählen, daß dann die Erwärmung bei Nennlast gering bleibt. Daher wird der Kleintransformator auch meist als Trockentransformator mit natürlicher Luftkühlung aufgebaut. Beim Einbau in geschlossene Geräte ist die höhere Lufttemperatur zu berücksichtigen. Da die Vorzugsrichtung der kornorientierten Bleche die Verwendung der genormten EI-Blechschnitte (DIN 41302) erschwert, werden die Eisenkerne der Kleintransformatoren auch heute noch vorzugsweise aus warmgewalzten Blechen hergestellt. Um den Magnetisierungsstrom nicht unnötig anwachsen zu lassen, bevorzugt man den gedrängten Mantelkern (Bild **101.**1 c) mit möglichst wenig Stoßfugen.

2.3.2 Spartransformator

2.3.2.1 Aufbau und Leistung. In Abschn. 2.2.3.1 wird der Spartransformator mit Bild **111.**1 schon kurz behandelt. Während der Widerstands-Spannungsteiler für Gleichstrom lediglich eine gegebene Spannung auf kleinere Werte herabzusetzen vermag, kann der Spartransformator als induktiver Spannungsteiler auch von einer Unterspannung auf Oberspannungen herauftransformieren. Bei ihm ist lediglich die getrennte Unterspannungswicklung fortgelassen, so daß die Unterspannung an einer entsprechenden Anzapfung der Oberspannungswicklung abgegriffen wird. Somit besteht der Spartransformator aus zwei in Reihe geschalteten Wicklungsteilen. Ein Wicklungsteil, auch gemeinsame Wicklung G oder Parallelwicklung genannt, ist für beide Spannungen gemeinsam, während der andere Wicklungsteil, der als Zusatzwicklung Z oder Reihenwicklung bezeichnet wird, den über die Unterspannung hinausgehenden Teil der Oberspannung erzeugt oder aufnimmt.

Die Zusatzwicklung ist entsprechend Bild **111.**1 für den Strom I_1 der Oberspannungsseite, die gemeinsame Wicklung dagegen für den Differenzstrom der Ober- und Unterspannungsseite $I_1 - I_2$ zu bemessen. Da zwischen Zusatz- und gemeinsamer Wicklung Durchflutungsgleichgewicht bestehen muß, darf der Spartransformator auch als Volltransformator mit zwei getrennten Wicklungen aufgefaßt werden. Mit dem Übersetzungsverhältnis $\ddot{u} = U_2/U_1$ und der **Durchgangsleistung** $S_\mathrm{D} = U_1 I_1 = U_2 I_2$ ergibt sich dann als Leistung einer der beiden Wicklungen, z. B. der Zusatzwicklung, die **Bauleistung**

$$S_\mathrm{B} = |U_1 - U_2| I_1 = |U_1 - \ddot{u}\, U_1| I_1 = S_\mathrm{D} |1 - \ddot{u}| \tag{130.1}$$

Das heißt, je mehr sich das Übersetzungsverhältnis $\ddot{u}$ dem Wert 1 nähert, desto weniger Bauleistung bzw. Baugröße erfordert die Durchgangsleistung S_D. Der Spartransformator ermöglicht daher eine Umspannung mit geringstem Aufwand.

Da der Spartransformator Primär- und Sekundärseite leitend verbindet, kann jedoch bei Störungen, z. B. Unterbrechung in der gemeinsamen Wicklung G, die Oberspannung in das Unterspannungsnetz eindringen. Im Falle eines Erdschlusses des Oberspannungsnetzes wird die Spannung im Netz der Unterspannungsseite unzulässig angehoben, so daß der normale Isolationspegel nicht mehr ausreicht. Der Anwendungsbereich ist daher aus Sicherheitsgründen begrenzt. In Stromkreisen mit mehr als 250 V gegen Erde und allgemein bei Hochspannung sollen sich Ober- und Unterspannung um nicht mehr als 25 % unterscheiden. Man verwendet Spartransformatoren daher besonders, um Spannungen um kleinere Beträge herauf- oder herunterzusetzen. Auch für die Kopplung der Höchstspannungsnetze (380 kV/220 kV) mit starrer Erdung, für Anlaßtransformatoren (s. Abschn. 3.3.2.6) und auf Lokomotiven wird die Sparschaltung eingesetzt. Stelltransformatoren haben einen veränderbaren Abgriff.

2.3.2.2 Dauerkurzschluß. Der Spartransformator unterscheidet sich vom Zweiwicklungstransformator noch durch seinen Kurzschlußstrom I_k, der erheblich größer ist. Bild **130**.1 soll das deutlich machen. Man kann einen Spartransformator nämlich auch als Zweiwicklungstransformator nach Bild **130**.1a schalten. Er führt dann bei Anliegen der pri-

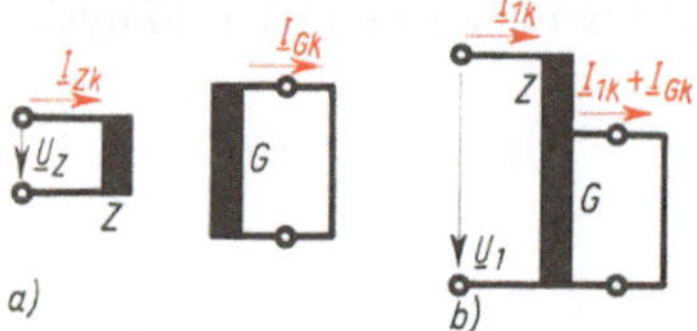

130.1
Kurzschluß des Spartransformators
a) geschaltet als Zweiwicklungstransformator
b) geschaltet als Spartransformator

mären Nennspannung U_Z an der Zusatzwicklung Z und der kurgeschlossenen Sekundärwicklung G die Kurzschlußströme I_Zk und I_Gk, die sich entsprechend Gl. (109.1) aus der Kurzschlußspannung u_Zk des Zweiwicklungstransformators errechnen lassen. Im Spartransformator nach Bild **130**.1b, der hier als Abspanntransformator geschaltet ist, fließen nun die gleichen Kurzschlußströme, wenn primär die Spannung $U_\mathrm{Z} = U_1$ angelegt wird. Tatsächlich ist aber $U_1 = U_\mathrm{Z} + U_2$, so daß in diesem Verhältnis die Kurzschlußströme herauf- und entsprechend reziprok die **Kurzschlußspannung** des Spartransformators herabgesetzt werden auf

$$u_\mathrm{Sk} = \frac{I_\mathrm{N}}{I_\mathrm{k}} = u_\mathrm{Zk}\, \frac{U_\mathrm{Z}}{U_\mathrm{Z} + U_2} = u_\mathrm{Zk}\, \frac{U_1 - U_2}{U_1} = u_\mathrm{Zk}(1 - \ddot{u}) \tag{130.2}$$

Die Kurzschlußspannung geht also im gleichen Verhältnis wie die Bauleistung S_B zurück. Das gilt in gleicher Weise für den Aufspanntransformator. Dieses Verhalten ist für Großtransformatoren recht günstig, da mit der Baugröße die Kurzschlußspannung anwächst und für den Zweiwicklungstransformator schon zu groß werden kann. Durch

Übergang auf eine Sparschaltung kann man die Kurzschlußspannung dann wieder ausreichend herabsetzen. Da sich der Kurzschlußleistungsfaktor $\cos\varphi_k$ hierdurch nicht ändert, gelten auch weiterhin Gl. (109.2), (109.3), (110.1) sowie (116.1) und (116.4).

Wie Bild **130.**1b noch zeigt, liegt im Kurzschlußfall die volle Primärspannung an der Zusatzwicklung Z, so daß der Fluß im Verhältnis $U_1/U_Z = 1/(1 - \ddot{u})$ heraufgesetzt wird. Wenn die Kerninduktion hierdurch in die Sättigung kommt, steigt auch der Magnetisierungsstrom stark an und darf nicht mehr vernachlässigt werden. Er erhöht den Kurzschlußstrom über den durch Gl. (130.2) festgelegten Wert hinaus. Auch aus diesem Grund soll das Übersetzungsverhältnis U_1/U_2 nicht größer als 2,5 sein.

Beispiel 32: Ein Zweiwicklungstransformator für 220 kV/110 kV hat die Typenleistung $S_B = 100$ MVA und die Kurzschlußspannung $u_{Zk} = 22\%$. Welche Durchgangsleistung und welche Kurzschlußspannung würde er haben, wenn er bei gleicher Baugröße und sonst gleichen Abmessungen als Spartransformator ausgeführt worden wäre?

Nach Gl. (130.1) gilt für die Durchgangsleistung

$$S_D = S_B/(1 - \ddot{u}) = S_B/[1 - (U_2/U_1)] = 100\ \mathrm{MVA}/[1 - (110\,\mathrm{kV}/220\,\mathrm{kV})] = 200\ \mathrm{MVA}$$

Die Durchgangsleistung kann also mit der Sparschaltung auf das Doppelte erhöht werden. Gleichzeitig erhält man nach Gl. (130.2) für die relative Kurzschlußspannung

$$u_{Sk} = u_{Zk}\,[1 - (U_2/U_1)] = 0{,}22\,[1 - (110\,\mathrm{kV}/220\,\mathrm{kV})] = 0{,}11$$

Sie wird daher auf die Hälfte, nämlich auf 11 % herabgesetzt.

2.3.3 Transformator mit Stufenschalter

Durch Regelung der Generatoren allein kann man heute nicht mehr die Verbraucherspannung ausreichend konstant halten und die gewünschte Lastverteilung einstellen. Für diese Aufgaben werden daher auch Transformatoren mit einem über Stufenschalter veränderbarem Übersetzungsverhältnis (früher Regeltransformator genannt) eingesetzt. In ihnen werden durch die Stufenschalter Wicklungsteile unter Last zu-, ab- oder gegengeschaltet. Die Wicklung besteht nach Bild **131.**1 aus einer Stammwicklung 1 und einer Stufenwicklung 2, deren Teile über den Stufenschalter 3 zu- und abgeschaltet werden können. Mit dem Wendeschalter 4 kann die Stufenwicklung auch gegensinnig zugeschaltet werden, so daß dann die Spannung abnimmt. Die Stufenwicklung stellt meist eine besondere Schaltspule dar; die Windungen jeder Stufe sind gleichmäßig über die Schenkellänge verteilt, so daß Stromkräfte durch Unsymmetrie vermieden werden.

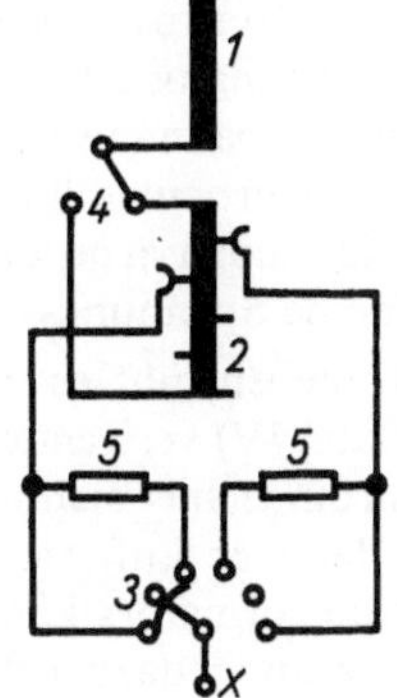

131.1
Schaltbild eines Transformators mit Stufenschalter
1 Stammwicklung
2 Stufenwicklung
3 Lastumschalter
4 Wendeschalter
5 Widerstände

Beim Umschalten von einer Stufe auf die andere soll der Laststrom nicht unterbrochen werden. Dann ist aber die kurzzeitige, leitende Verbindung zweier Anzapfungen nicht zu vermeiden. Sie würde zu einem Kurzschluß von einer oder mehreren Windungen führen, wenn man zwischen die Anzapfungen nicht einen strombegrenzenden Widerstand, also Wirkwiderstand oder Drossel, schaltete. Der Jansen-Schalter zerlegt die Umschaltung in zwei Vorgänge, die stromlos vorgenommene Stufenvorwahl und die eigentliche Lastumschaltung. Es wird zunächst ein Widerstand in den Leitungszug eingeschaltet, dann geht man über einen weiteren Widerstand zur nächsten, vorgewählten Anzapfung über, so daß der Kurzschlußstrom in dieser, nur sehr kurz andauernden Schalterstellung über zwei Widerstände 5 begrenzt wird. Schließlich wird mit dem ersten Widerstand die alte Anzapfung abgeschaltet und dann der zweite Widerstand herausgenommen.

2.3.4 Phasenvervielfachung

Gleichrichter verhalten sich an einem 6-, 12- oder 24-Phasen-Netz günstiger als an den üblichen Dreiphasennetzen. Mehrphasensysteme können mit Transformatoren aus dem Dreiphasensystem erzeugt werden. Bild **132.**1 zeigt mit Doppelstern- und Gabelschaltung Beispiele für Phasenvervielfachungen.

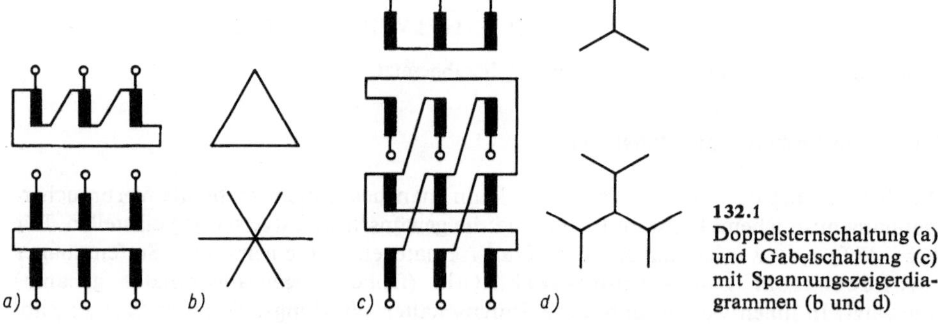

132.1
Doppelsternschaltung (a) und Gabelschaltung (c) mit Spannungszeigerdiagrammen (b und d)

2.3.5 Einteilung der elektrischen Maschinen in Spannungs- und Stromtransformatoren

Der Spannungstransformator liegt an einer praktisch gleichbleibenden Klemmenspannung und führt daher einen konstanten Fluß. Im weiteren Sinne rechnet man daher zum Spannungstransformator die üblichen Netztransformatoren, Spannungswandler, Asynchronmaschinen sowie Dreiphasen- und Gleichstrom-Nebenschlußmaschinen. Diese Maschinen arbeiten mit geringen Flußänderungen und weisen somit bei Belastung nur kleine Spannungs- oder Drehzahländerungen (Nebenschlußverhalten) auf.

Daneben gibt es Stromtransformatoren, die beispielsweise als Stromwandler (s. Band IV) verwendet werden. Sie liegen mit dem Verbraucher in Reihe; ihr Durchgangsstrom richtet sich nach dem Verbraucher, ist also veränderlich, mit ihm auch die an den Klemmen auftretende Spannung und der Fluß. In den erweiterten Begriff des Stromtransformators kann man alle Maschinen mit im Betrieb stark veränderlichem Feld einbeziehen; dazu gehören die Dreiphasen-, Einphasen- und Gleichstrom-Reihenschlußmotoren. Bei diesen Maschinen bewirkt das veränderliche Feld eine stark lastabhängige, hyperbelartige Drehmoment-Drehzahl-Kennlinie (Reihenschlußverhalten). Als Spannungserzeuger sind diese Maschinen nicht geeignet.

3 Dreiphasen-Asynchronmaschine

Während der Gleichstrommotor seinerzeit die Entwicklung des elektrischen Antriebs eingeleitet hat, sind heute über 95% aller Elektromotoren Asynchronmotoren. Der Asynchrongenerator bleibt auf wenige Sonderfälle beschränkt.

Der Asynchronmotor wird von Leistungen ab etwa 0,1 W eingesetzt und hat bis zu einer Leistungsabgabe von 500 W meist einen einphasigen Ständerwicklungsanschluß für 220 V (s. Abschn. 4.2). In diesem Bereich fallen auch die größten Fertigungsmengen. Von 0,5 kW bis etwa 15000 kW herrscht der Dreiphasen-Asynchronmotor für die Nennspannungen 380, 500, 3000 oder 6000 V vor. Hochspannung wählt man gern für Leistungen ab etwa 200 kW. Obwohl der Asynchronmotor noch bis etwa 30 MW gebaut werden kann, bevorzugt man für die höchsten Leistungen Synchronmotoren (s. Abschn. 5.2.5). Die Drehfeldmaschinen haben den Nachteil, daß sie in der üblichen Ausführung an die Drehfelddrehzahl (bei der Frequenz 50 Hz ist die Drehzahl $n \leq 3000 \, \mathrm{min}^{-1}$) gebunden sind, daß höhere Drehzahlen daher nur mit Sonderausführungen erzielt werden können und die Drehzahlverstellung mit einem erheblichen Aufwand an Schaltmitteln oder Verlustenergie verbunden ist. Der Asynchronmotor ist wegen seines einfachen Aufbaus ungemein betriebssicher und wirtschaftlich und wird für den normalen, ungeregelten Antrieb bevorzugt.

3.1 Aufbau

3.1.1 Ständer

Der Aufbau der Asynchronmaschine mit genutetem Ständer, Volltrommelläufer und verteilten Wicklungen in Ständer und Läufer ist schon aus Abschn. 1.1.2.2 bekannt. Bild **134**.1 zeigt einen ausgeführten Dreiphasenmotor üblicher Bauart. Das Gehäuse *1* aus Gußeisen ist zur besseren Wärmeabgabe mit Kühlrippen versehen. Der Lüfter *7* sorgt für wirksame Oberflächenkühlung, so daß der Motor in der Schutzart IP44 ganz geschlossen ausgeführt werden kann. Im Ständergehäuse ist das Ständerblechpaket *3* befestigt. Es hat hier insgesamt 36 Nuten, in denen sich die vierpolige Ständerwicklung *2* befindet. Abgeschlossen wird das Ständergehäuse durch die beiden Lagerschilde *6*. Die Welle läuft in Wälzlagern *11*, und der Motor ist mit den unten angebrachten Motorfüßen für Betrieb in waagerechter Lage nach Bauart B3 vorgesehen (s. a. Bild **94**.1).

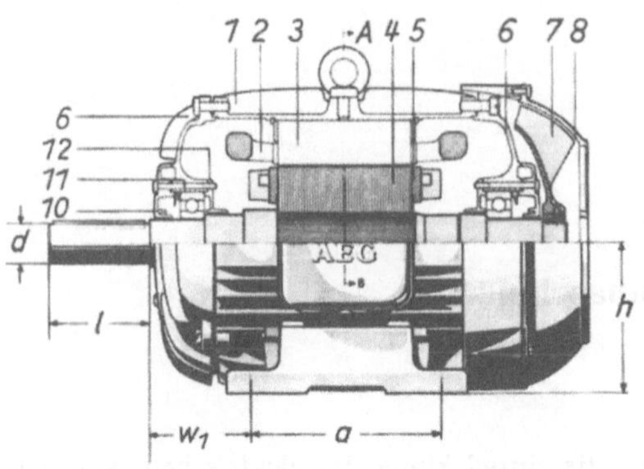
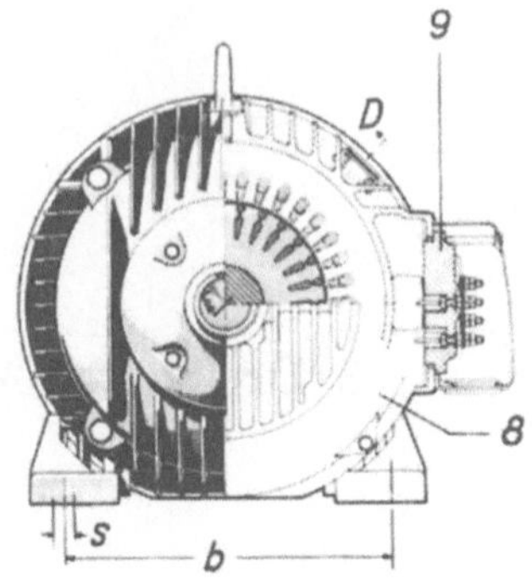

134.1 Dreiphasen-Asynchronmotor mit Doppelkäfigläufer (s. Abschn. 3.3.2.4) und Oberflächenkühlung IC 0141, Bauart B 3 (IM B 3), Schutzart IP 44 (AEG)

1 Gehäuse	4 Läufer	7 Lüfter	10, 12 Lagerdeckel
2 Ständerwicklung	5 Läuferkäfig	8 Lüfterhaube	11 Wälzlager
3 Ständerblechpaket	6 Lagerschild	9 Klemmenbrett	

(a, b, d, h, l, s, w_1 bezeichnen die genormten Maße; A, B, D sind Schnittlinien.)

3.1.2 Läufer

Nach Abschn. 1.6.1 kann die Phasenzahl des Läufers von der des Ständers beliebig abweichen – lediglich die Polzahlen von Ständer und Läufer müssen gleich sein. Der Schleifringläufer (s. Bild 64.1) hat fast immer die gleiche Strangzahl wie der Ständer, d.h. eine Dreiphasenwicklung, die meist in Stern geschaltet ist. Die drei Wicklungsanfänge u, v, w sind dann an die Schleifringe geführt und über Bürsten zugänglich. Auf diese Weise können beim Periodenumformer die im Läufer erzeugten Spannungen ausgenutzt, es können in Kaskadenschaltungen äußere Spannungen dem Läufer zugeführt oder für andere Zwecke Widerstände in den Läuferkreis eingeschaltet werden (s. Abschn. 3.3).

Wesentlich einfacher aufgebaut ist der Käfigläufer mit einem Kurzschlußkäfig entsprechend Bild 135.1. Man kann ihn aus einer vielphasigen, in sich kurzgeschlossenen Läuferwicklung (Bild 135.2) ableiten. Die im Läufereisen liegenden Spulenseiten werden zu Läuferstäben 1, die Wickelköpfe zu Läuferendringen 2 vereinigt. In den Endringabschnitten fließen daher weiterhin die Strangströme; in den Stäben überlagern sich zwei Strangströme zu einem Stabstrom. Stabzahl bzw. Läufernutenzahl oder -zähnezahl sind daher gleich der Phasenzahl des Läufers. Motoren bis etwa 100 kW haben meist einen im Druckgußverfahren in die Läufernuten eingespritzten Läuferkäfig aus Aluminium, der gleichzeitig, wie Bild 135.1a zeigt, mit Lüfterflügeln 3 versehen werden kann. Bei größeren Motoren wird der Käfig aus Kupfer, Messing oder Bronze zusammengelötet oder -geschweißt. Bild 134.1 läßt im Läufer 28 tropfenförmige Nuten (genau genommen eines Doppelkäfigs – s. Abschn. 3.3.2.4) erkennen, die mit Aluminium ausgegossen sind. Stromverdrängungsläufer (s. Abschn. 3.3.2.4) weisen auch andere Nut- und Stabformen auf (s. Bild 160.1).

Der Kurzschlußläufer ermöglicht eine Maschine mit denkbar einfachstem Aufbau. Wegen der mit ihm zu erreichenden großen Betriebssicherheit und der geringen Herstellungskosten hat der Wechselstrommotor mit Käfigläufer die höchsten Fertigungsziffern aller Elektromotoren.

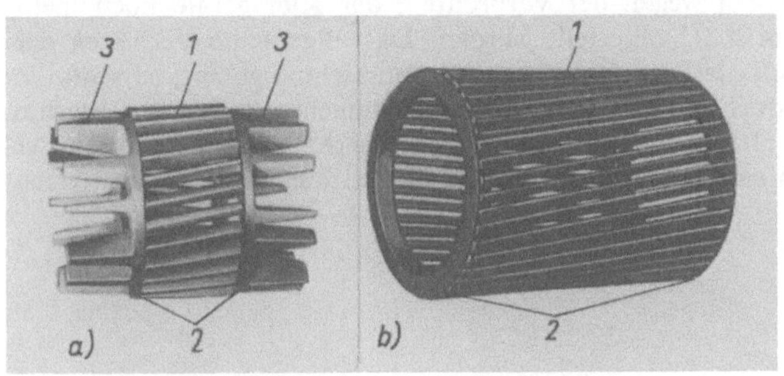

135.1 Kurzschlußkäfig (AEG)
    a) aus Aluminium-Druckguß
    b) aus Kupfer hart gelötet

1 Läuferstäbe
2 Läuferendringe
3 Lüfterflügel

135.2 Zur Entstehung
    des Käfigläufers

Eine Maschine mit massivem Eisenläufer ohne jede Wicklung oder mit einem Hohlzylinder aus Aluminium oder Kupfer (Wirbelstromläufer) ermöglicht eine weitere Vereinfachung. Diese Läufer haben jedoch einen relativ großen Widerstand bei starkem Stromverdrängungseffekt (s. Abschn. 3.2.3.2) und lassen die Oberfelder (s. Abschn. 3.2.3.3) besonders wirksam werden. Daher werden sie nur für Sonderfälle – z.B. wenn eine weiche Drehmoment-Drehzahl-Kennlinie erwünscht ist – verwendet.

Um den Magnetisierungsstrom klein zu halten, soll der Luftspalt δ zwischen Ständer und Läufer so klein sein, wie es die mechanischen Toleranzen (z.B. Lagerzentrierung, Lagerspiel, Rundlauf, Wärmedehnung) zulassen. Asynchronmaschinen für 0,1 kW haben z.B. einen Luftspalt von etwa 0,25 mm, solche für 100 kW Leistungsabgabe von etwa 1 mm. Wegen der starken Verbreitung der Drehstrommotoren sind ihre Anschlußmaße, wie Fußabmessungen, Wellenhöhe, Wellenzapfen, einer genormten Leistungsreihe zugeordnet. Auch die übrigen, in ihnen verarbeiteten Teile sind weitgehend genormt (für wichtige Normen und Vorschriften s. Anhang).

3.1.3 Asynchroner Linearmotor

Die Mehrphasen-Ständerwicklung kann auch wie in Bild **12**.2 in einem langgestreckten Blechpaket *1*, dem genuteten Induktorkamm, dem eine Kurzschlußschiene *2* gegenübersteht, untergebracht sein. Diese Anordnung erzeugt ein Wanderfeld und führt daher Längsbewegungen aus. Meist wird die Schiene *2* fest aufgestellt (z.B. in Fördermitteln, bei elektrischen Bahnen u.ä.), und der kürzere Induktorkamm *1* befindet sich auf dem zu bewegenden Teil.

Aus mechanischen Gründen muß der Luftspalt δ dann meist relativ groß gemacht werden; die Kurzschlußschiene enthält auch keine Stäbe, sondern besteht aus massivem Kupfer, Aluminium oder Eisen mit einer Kupferschicht. Der asynchrone Linearmotor zeigt daher schlechtere Eigenschaften als ein normaler Asynchronmotor, hat jedoch den Vorteil, daß die drehende Bewegung nicht mehr mit Verlusten in die gewünschte Längsbewegung umgesetzt zu werden braucht.

3.2 Kreisdiagramm der Dreiphasen-Asynchronmaschine

Unter den Mehrphasenmaschinen hat die Dreiphasen-Asynchronmaschine die größte wirtschaftliche Bedeutung, wobei wegen der Verbreitung der Kleingeräte noch mehr Einphasenmotoren (s. Abschn. 4.2) hergestellt werden. Das allgemeine Verhalten der Drehfeldmaschine, zu der auch die Dreiphasen-Asynchronmaschine gehört, ist schon in Abschn. 1.6 dargestellt. Die dort getroffenen Vernachlässigungen sollen aber weiterhin nicht mehr unberücksichtigt bleiben. Wir müssen daher unsere Vorstellungen von der Drehfeldmaschine jetzt durch eine Ersatzschaltung und ein hieraus abzuleitendes Kreisdiagramm erweitern.

3.2.1 Ersatzschaltung

Der Dreiphasentransformator wird in Abschn. 2.2.3 mit einer einphasigen Ersatzschaltung behandelt, die für jeweils einen Primär- und Sekundärstrang gilt. Die anderen Stränge brauchen nicht gesondert dargestellt zu werden, da sie sich genauso verhalten und ihre Spannungen und Ströme lediglich um 120° phasenverschoben sind. Wir wollen bei der Dreiphasen-Asynchronmaschine ähnlich verfahren, also zunächst Strom und Spannung je Strang, jedoch Leistung und Verluste für die ganze Maschine betrachten. Dann sind wir von der Schaltungsart unabhängig. Nach Abschn. 1.6.1.4 verhält sich die Drehfeldmaschine im Synchronlauf genauso wie ein Transformator im Leerlauf. Sie benötigt nur eine Magnetisierungsdurchflutung Θ_μ, d.h., es fließt infolge der Strangspannung $U_{1\,\mathrm{Str}}$ der Magnetisierungsstrom I_μ durch die Ständerwicklung. Von den Eisenverlusten sehen wir zunächst ab. Die Ständerwicklung hat den Wirkwiderstand R_1 und – infolge der verschiedenen Streuflüsse (z.B. über die Nut und die Wicklungsköpfe) – den Streublindwiderstand $X_{1\sigma} = \omega_1 L_{1\sigma}$. Wir dürfen daher für den Synchronlauf die Ersatzschaltung des Transformators nach Bild **112.**2b anwenden und hierfür den Hauptblindwiderstand

$$X_\mathrm{h} = U_\mathrm{h}/I_\mu \tag{136.1}$$

einführen. Im Stillstand stellt die Asynchronmaschine dagegen einen Transformator mit kurzgeschlossener Sekundärwicklung dar. In der Ersatzschaltung nach Bild **112.**2b sind die Sekundärklemmen also widerstandslos zu überbrücken. In diesem Fall werden im Läuferkreis Wirkwiderstand R_2 und Streublindwiderstand $X_{2\sigma} = \omega_2 L_{2\sigma}$ (z.B. ebenfalls u.a. infolge von Nut- und Stirnstreuflüssen) wirksam. In der Ersatzschaltung müssen diese Widerstände wieder auf die wirksame Ständerwindungszahl umgerechnet werden. Alle so auf den Ständer bezogenen Größen erhalten als Kennzeichen den Strich ′. Hiermit können sowohl Synchronlauf (Schlupf $s = 0$) als auch (Stillstand $(s = 1)$ der Asynchronmaschine mit der Ersatzschaltung des Transformators behandelt werden.

Wie in Bild **68.**1 vereinfachend dargestellt, gilt für die im Läufer induzierte Quellenspannung $U_{\mathrm{q}2} = s\,U_{20}$, wenn U_{20} die Läufer-Quellenspannung im Stillstand bezeichnet. Gleichzeitig ändert sich bei der Ständerfrequenz f_1 mit der Läuferfrequenz $f_2 = sf_1$ bzw. der zugehörigen Läufer-Kreisfrequenz $\omega_2 = s\,\omega_1$ auch der Läuferstreublindwiderstand $X_{2\sigma} =$

$\omega_2 L_{2\sigma} = s\,\omega_1 L_{2\sigma}$. Der Läuferstrom ist daher allgemein

$$\underline{I}_2 = \frac{\underline{U}_{\mathrm{q}2}}{R_2 + \mathrm{j}\,X_{2\sigma}} = \frac{s\,\underline{U}_{20}}{R_2 + \mathrm{j}\,s\,\omega_1 L_{2\sigma}} \tag{137.1}$$

Wenn wir diese Gleichung mit $1/s$ erweitern, alle Werte auf den Ständer beziehen und für den konstanten Streublindwiderstand $\omega_1 L_{2\sigma}$ den bezogenen Wert $X_{2\sigma}'$ einführen, erhalten wir endgültig den komplexen Läuferstrom

$$\underline{I}_2' = \frac{\underline{U}_{20}'}{(R_2'/s) + \mathrm{j}\,X_{2\sigma}'} \tag{137.2}$$

Die Spannung U_{20}' entspricht im Transformatordiagramm U_{h} und ist in gleicher Weise lastabhängig. Wir dürfen daher die Ersatzschaltung des Transformators für die Asynchronmaschine verwenden, wenn wir wie in Bild **137.1** den Widerstand R_2' durch den mit dem Schlupf s veränderlichen Läuferwirkwiderstand R_2'/s ersetzen.

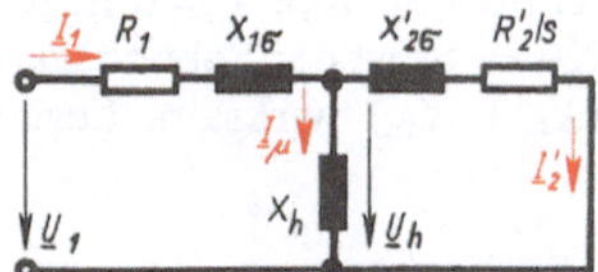

137.1 Ersatzschaltung der Asynchronmaschine

Für den Schlupf $s = 0$ erhalten wir den wirksamen Läuferwirkwiderstand $R_2'/s = \infty$, der Läuferkreis bleibt also stromlos. Für $s = 1$ wird dagegen $R_2'/s = R_2'$. Somit ist die Ersatzschaltung auch für die zuerst betrachteten Grenzfälle Synchronlauf und Stillstand gültig. Sie beschreibt für alle Schlupfwerte s bzw. Drehzahlen n und Spannungen U das Stromverhalten der Asynchronmaschine. Meist interessiert nur der Ständerstrom I_1.

Bei einem Schleifringläufer kann man die Spannung U_{20} im Stillstand bei offener Läuferwicklung messen und hieraus das Übersetzungsverhältnis

$$\ddot{u} = I_2/I_2' = U_1/U_{20} \tag{137.3}$$

berechnen, mit dem dann auch der Läuferstrom I_2 überschläglich (Einschränkungen s. Abschn. 2.2.3.3) bestimmt werden kann. (Für die Ströme des Käfigläufers s. Band II, Teil 2.)

Ähnlich wie beim Transformator kann man auch die Eisenverluste V_{Fe} durch einen Eisenverlustwiderstand R_{Fe} parallel zu X_{h} oder direkt an den Eingangsklemmen der Ersatzschaltung berücksichtigen. Hierauf wird aber wegen des geringen Anteils der Eisenverluste an der Leistungsaufnahme meist verzichtet.

3.2.2 Kreisdiagramm

In der Ersatzschaltung nach Bild **137.1** tritt bei fester Ständerstrangspannung U_1, gleichbleibender Netzfrequenz f und konstanten Widerständen R_1, R_2', X_{h}, $X_{1\sigma}$ und $X_{2\sigma}'$ als einzige Veränderliche der Schlupf s bzw. die Drehzahl n auf. Sie ändert den Wirkwiderstand R_2'/s und somit alle Ströme. Die Abhängigkeit der Ströme vom Schlupf s läßt sich durch Ortskurven beschreiben, denen auch noch andere wichtige Maschinenkenngrößen entnommen werden können.

3.2.2.1 Ortskurve der Ströme. Für den Ständerstrangstrom gilt bei der festen Strangspannung U_1 mit der in Bild **137**.1 vorliegenden Reihen-Parallelschaltung

$$I_1 = \cfrac{U_1}{R_1 + \mathrm{j}X_{1\sigma} + \cfrac{\mathrm{j}X_\mathrm{h}[(R_2'/s) + \mathrm{j}X_{2\sigma}']}{(R_2'/s) + \mathrm{j}X_{2\sigma}' + \mathrm{j}X_\mathrm{h}}} \tag{138.1}$$

Gl. (138.1) läßt sich mit

$$\underline{A} = R_2' \qquad \underline{B} = \mathrm{j}(X_\mathrm{h} + X_{2\sigma}') \qquad \underline{C} = R_1 R_2' + \mathrm{j}(X_\mathrm{h} + X_{1\sigma})R_2'$$
$$\underline{D} = -X_\mathrm{h}(X_{1\sigma} + X_{2\sigma}') - X_{1\sigma}X_{2\sigma}' + \mathrm{j}R_1(X_\mathrm{h} + X_{2\sigma}')$$

überführen in die Kreisgleichung

$$I_1 = \frac{\underline{A} + s\underline{B}}{\underline{C} + s\underline{D}}\,U_1 \tag{138.2}$$

Die Spitze des Stromzeigers I_1 folgt somit nach der Ortskurventheorie (s. Band I) einem Kreis allgemeiner Lage. Um ihn zu bestimmen, betrachten wir zwei Grenzwerte des Schlupfes s.

Bei dem Schlupf $s = 0$ liegt Synchronlauf vor; mit dem Läuferkreiswirkwiderstand $R_2'/s = \infty$ ist der Sekundärkreis offen und stromlos. Es sind nur die Widerstände R_1 und $\mathrm{j}(X_\mathrm{h} + X_{1\sigma})$ wirksam. Legen wir nun in eine Schaltung nach Bild **138**.1a den Wirk-

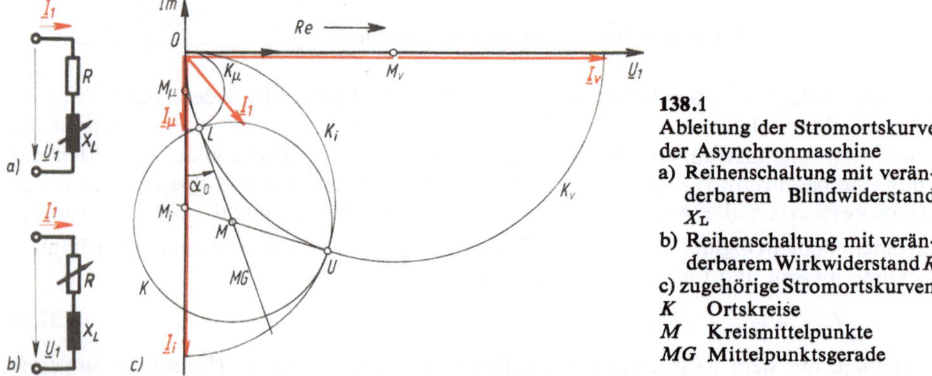

widerstand $R_1 = R$ in Reihe mit einem veränderbaren Blindwiderstand X_L, so durchläuft bei konstanter Klemmenspannung U_1 und Änderung von X_L der Stromzeiger I_1 den Ortskreis K_v in Bild **138**.1c mit dem Mittelpunkt M_v, und sein Durchmesser tritt bei $X_\mathrm{L} = 0$ als ideeller Verluststrom

$$I_\mathrm{v} = U_1/R_1 \tag{138.3}$$

auf.

Schalten wir nun die Blindwiderstände $X_\mathrm{h} + X_{1\sigma} = X_\mathrm{L}$ nach Bild **137**.1b in Reihe mit einem veränderbaren Wirkwiderstand R, so beschreibt der Strom I_1 bei Änderung des Wirkwiderstandes R den Ortskreis K_μ in Bild **138**.1c. Er hat den Mittelpunkt M_μ und als Durchmesser den ideellen Magnetisierungsstrom

$$I_\mu = U_1/(X_\mathrm{h} + X_{1\sigma}) \tag{138.4}$$

Für den Schlupf $s = 0$, also $R = R_1$ und $X_\mathrm{L} = X_\mathrm{h} + X_{1\sigma}$, erhalten wir daher den Schnittpunkt L der beiden Kreise K_v und K_μ als Endpunkt des Stromzeigers I_1.

Bei dem Schlupf $s = \infty$ (ideeller Kurzschluß) wird der wirksame Läuferkreis-Wirkwiderstand $R'_2/s = 0$, so daß keine Läuferverluste auftreten können. Der zugehörige Ortskurvenpunkt U muß daher wieder auf dem Ortskreis K_{v} liegen. Gleichzeitig sind noch die Blindwiderstände $X_{1\sigma} + X_{\mathrm{h}} \parallel X'_{2\sigma}$[1] wirksam, die nach Bild **138.**1b in Reihe mit dem veränderbaren Widerstand R liegen. Der zugehörige Ortskreis K_{i} mit dem Mittelpunkt M_{i} hat somit den ideellen Kurzschlußstrom

$$I_{\mathrm{i}} = U_1/(X_{1\sigma} + X_{\mathrm{h}} \parallel X'_{2\sigma}) \tag{139.1}$$

als Durchmesser. Für $s = \infty$, d.h. $R = R_1$ und $X_{\mathrm{L}} = X_{1\sigma} + X_{\mathrm{h}} \parallel X'_{2\sigma}$, ergibt sich daher der Schnittpunkt U der Kreis K_{v} und K_{i} als Spitze des Stromzeigers $\underline{I}_1$. Nunmehr haben wir zwei Punkte der Stromortskurve, die Gl. (138.1) erfüllt.

In der Nähe der Punkte L und U ändert sich hauptsächlich der Wirkwiderstand der Ersatzschaltung. Daher muß der gesuchte Ortskreis K hier die gleiche Steigung wie die Kreise K_μ und K_{i} haben. Sein **Mittelpunkt** M kann somit nur auf den Geraden $M_\mu L$ und $M_{\mathrm{i}}U$ liegen. Der **Ortskreis** K des **Ständerstrangstroms** $\underline{I}_1$ läßt sich auf diese Weise aus den Widerstandswerten der Ersatzschaltung bestimmen. Das ist für die Vorausberechnung der Maschinendaten von Bedeutung (s. Band II, Teil 2, Abschn. Drehstrom-Asynchronmotor).

Bild **138.**1c zeigt, daß mit kleiner werdendem Ständerwicklungswiderstand R_1 der Mittelpunkt M des Ortskreises K zur Imaginärachse wandert bzw. der Winkel α_0 kleiner wird. Bei großen Maschinen (über 100 kW), die einen vernachlässigbar kleinen Ständerwiderstand R_1 haben, liegt der Mittelpunkt M daher auf der Imaginärachse. Wegen des Magnetisierungsbedarfs (Kreis K_μ) ist der Ständerstrom $\underline{I}_1$ stets induktiv und der Leistungsfaktor $\cos\varphi_1$ immer kleiner als Eins. Eine **Frequenzänderung** wirkt sich insbesondere in den Streublindwiderständen $X_{1\sigma}$ und $X_{2\sigma}$, also im Kreis K_{i} aus. Eine höhere Netzfrequenz vergrößert die Streublindwiderstände, verkleinert somit den Kreisdurchmesser I_{i} und läßt dadurch den Ortskreis K stärker in den Zipfel zwischen K_μ und K_{i} wandern. Die Ströme $\underline{I}_1$ werden hierdurch kleiner. Dieser Einfluß darf bei größeren Frequenzänderungen nicht unberücksichtigt bleiben (s. Abschn. 3.3.3.2).

3.2.2.2 Leerlauf- und Kurzschlußversuch. Bei den meisten Asynchronmaschinen sind die Widerstände in der Ersatzschaltung unbekannt oder nicht unmittelbar zu bestimmen. dagegen kann man bei diesen Maschinen fast immer relativ leicht einen Leerlauf- und einen Kurzschlußversuch machen.

Im **Leerlaufversuch** wird die Dreiphasen-Asynchronmaschine als Motor ohne Belastung betrieben. Bei Nennspannung $U_{1\mathrm{N}}$ und Nennfrequenz f werden Leerlaufstrom I_{10} und Leerlauf-Leistungsaufnahme P_0 gemessen. Diese setzt sich aus den Kupferverlusten V_{Cu1} der Ständerwicklung, den Eisenverlusten V_{Fe} im Ständer und den Reibungsverlusten V_{R} zusammen. Die Läuferverluste sind wegen des geringen Schlupfes vernachlässigbar klein. Die Ständer-Kupferverluste $V_{\mathrm{Cu10}} = 3I_{10\,\mathrm{Str}}^2 R_1$ kann man aus dem Leerlauf-Strangstrom $I_{10\,\mathrm{Str}}$ und dem Ständerstrangwiderstand R_1 berechnen. Durch Änderung der Leerlaufspannung läßt sich auch der Anteil der Leistungsaufnahme $P_0 - V_{\mathrm{Cu10}}$ in die spannungsabhängigen Eisenverluste V_{Fe} und die drehzahlabhängigen Reibungsverluste V_{R} aufteilen. Wenn nun die Reibungsverluste V_{R} von der Leerlauf-Leistungsaufnahme P_0 abgezogen werden, gelten Leerlauf-Außenleiterstrom I_{10} und Leistungsfaktor

---

[1] Das Zeichen $\parallel$ soll hier die Parallelschaltung der Widerstände X_{h} und $X'_{2\sigma}$ wiedergeben.

$$\cos\varphi_0 = \frac{P_0 - V_\mathrm{R}}{\sqrt{3}\,U_1 I_{10}} \qquad (140.1)$$

auch für den Synchronlauf mit $s = 0$, d.h. für den Leerlaufpunkt L. Wegen $I_1 = \sqrt{3}\,I_{1\,\mathrm{Str}}$ kann das Kreisdiagramm zweckmäßig für die Außenleiterwerte gezeichnet werden.

Der Kurzschlußversuch liefert für den Schlupf $s = 1$ den Stillstandstrom $I_{1\mathrm{kN}}$ und mit der Leistungsaufnahme P_{kN} im Stillstand den Leistungsfaktor

$$\cos\varphi_\mathrm{k} = \frac{P_{\mathrm{kN}}}{\sqrt{3}\,U_{1\mathrm{N}}\,I_{1\mathrm{kN}}} = \frac{P_\mathrm{k}}{\sqrt{3}\,U_{1\mathrm{k}}I_{1\mathrm{N}}} \qquad (140.2)$$

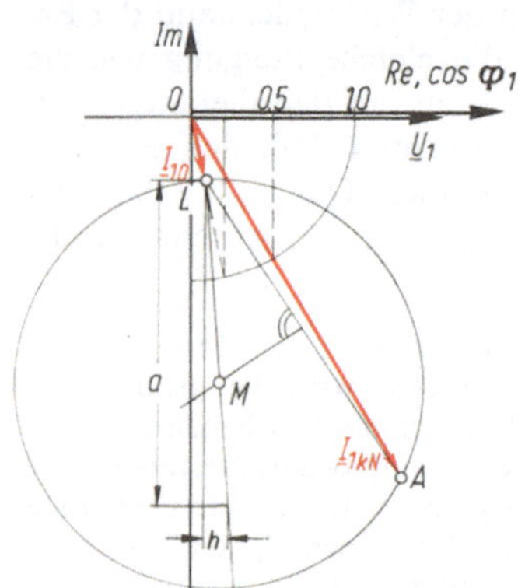

Er wird meist mit einer so weit herabgesetzten Spannung $U_{1\mathrm{k}}$ gemessen, daß nur der Nennstrom $I_{1\mathrm{N}}$ als Stillstandstrom fließt. Für den Stillstandstrom bei Nennspannung gilt dann $I_{1\mathrm{kN}} = I_{1\mathrm{N}}\,U_{1\mathrm{N}}/U_{1\mathrm{k}}$. Jetzt liegt für den Ortskreis K ein zweiter Punkt, der Anlaufpunkt A, fest. Die Stromzeiger $\underline{I}_{10}$ und $\underline{I}_{1\mathrm{kN}}$ zeichnet man am einfachsten mit Hilfe des Einheitskreises, der – entsprechend Bild **140.1** mit linearer Teilung auf der Realachse – auch cos φ-Kreis genannt wird.

140.1
Stromortskurve mit cos φ-Kreis, ermittelt aus Leerlauf- und Kurzschlußversuch

Der Kreismittelpunkt M muß auf der Mittelsenkrechten der Kreissehne $\overline{LA}$ liegen. Weiterhin ist mit Bild **138.1** die Steigung der Mittelpunktsgeraden MG durch den Winkel $\alpha_0 = 2(90° - |\varphi_0|)$ festgelegt. Da dieser Winkel stets sehr klein ist, dürfen wir mit $\tan(90° - |\varphi_0|) = R_1/X_1$ und $X_1 = \sin|\varphi_0|\,U_{1\,\mathrm{Str}}/I_{10\,\mathrm{Str}}$ auch setzen

$$\tan\alpha_0 = 2R_1/X_1 = 2R_1 I_{10\,\mathrm{Str}}/(U_{1\,\mathrm{Str}}\sin|\varphi_0|) = h/a$$

Bei Wahl der Strecke a (z.B. $= 100$ mm) finden wir entsprechend Bild **140.1** die Strecke

$$h = 2a R_1 I_{10\,\mathrm{Str}}/(U_{1\,\mathrm{Str}}\sin|\varphi_0|) \qquad (140.3)$$

Hiermit kann die Mittelpunktsgerade MG gezeichnet werden. Sie schneidet die Mittelsenkrechte auf $\overline{LA}$ im Mittelpunkt M, um den dann der Ortskreis K mit dem Radius $\overline{ML}$ geschlagen wird.

3.2.2.3 Verlustaufteilung. Jeder Betriebspunkt B der Stromortskurve stellt als Endpunkt der Strecke $\overline{OB}$ die Spitze eines Stromzeigers $\underline{I}_1$ dar. Dieser Strom darf in einen Wirkanteil $I_{1\mathrm{w}} \triangleq \overline{B_0 B}$ und einen Blindanteil $I_{1\mathrm{b}} \triangleq \overline{OB_0}$ zerlegt werden (Bild **141.1**). Für die Leistungsaufnahme P_1 gilt aber

$$P_1 = \sqrt{3}\,I_1 U_1 \cos\varphi_1 = \sqrt{3}\,U_1 I_{1\mathrm{w}} \qquad (140.4)$$

d.h., die Strecke $\overline{B_0 B}$ ist ein Maß für die Leistungsaufnahme P_1, wenn man den Leistungsmaßstab

$$m_\mathrm{P} = \sqrt{3}\,U_1 m_\mathrm{I} \tag{141.1}$$

aus dem Strommaßstab m_I berechnet. Die Leistung P_1 teilt sich nach Bild **141.2** auf in die Leistungsabgabe P_2 und die Verluste V bzw. die Drehfeldleistung P_d.

In den Punkten L und A verschwindet die Leistungsabgabe P_2, da weder im Synchronlauf (wegen des verschwindenden inneren Drehmoments $M_\mathrm{i} = 0$) noch im Stillstand (wegen der verschwindenden Drehzahl $n = 0$) mechanische Leistung $P_\mathrm{mech} = 2\pi n M_\mathrm{i}$ abgegeben werden kann. Es gibt daher eine die Punkte L und A verbindende Kurve, die die Leistungsaufnahme $P_1 \triangleq \overline{B_0 B}$ in mechanische Leistungsabgabe $P_2 \triangleq \overline{BB_2}$ und Verluste $V \triangleq \overline{B_0 B_2}$ aufteilt. Bei üblichen Maschinen darf mit ausreichender Genauigkeit eine Gerade angenommen werden. Bei kleinen Maschinen (unter 1 kW) stellt die genannte Kurve eine flache Ellipse dar. Sie wird als Leistungslinie LL bezeichnet (Bild **141.3**).

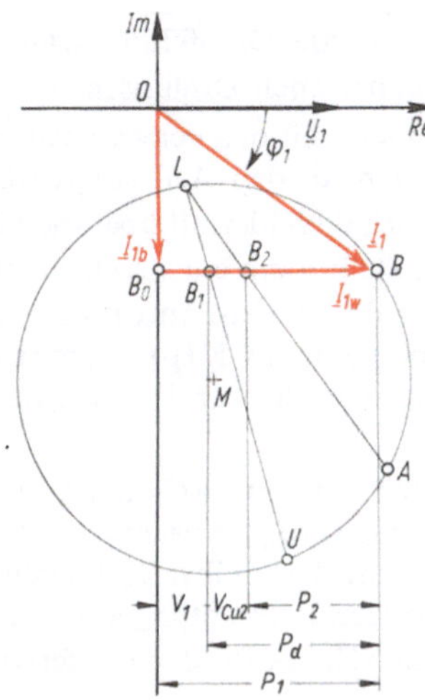

141.1
Verlustaufteilung im Kreisdiagramm

141.3
Kreisdiagramm mit Leistungs- und Drehmomentlinie
A Anlaufpunkt
B Betriebspunkt
K Kippunkt
L Leerlaufpunkt
U Unendlichpunkt
LL Leistungslinie
DL Drehmomentlinie

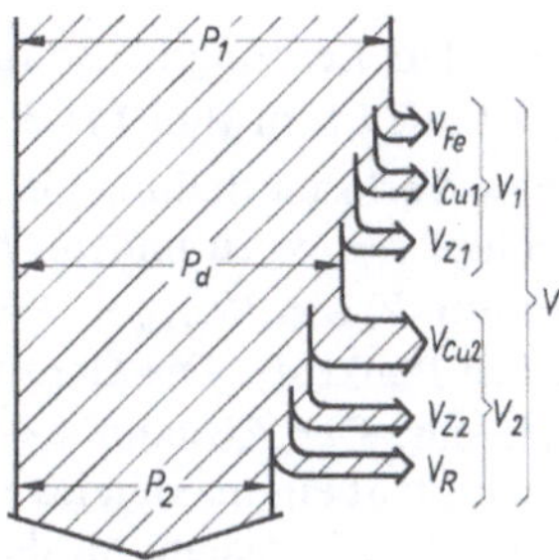

141.2
Leistungsfluß des Asynchronmotors

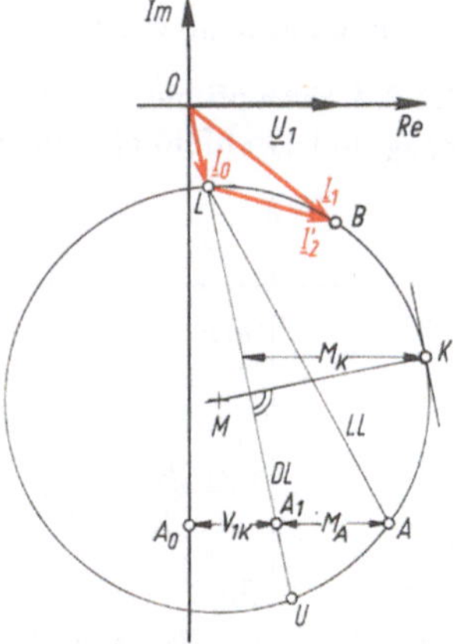

In den Punkten L (wegen $R_2'/s = \infty$) und U (wegen $R_2'/s = 0$) treten keine Läuferkupferverluste $V_{\mathrm{Cu}2}$ auf. Es muß daher eine Verbindungslinie $\overline{LU}$ geben, die die gesamten Verluste V in Ständerverluste V_1 und Läuferverluste V_2 aufteilt. Das ist bei größeren Maschinen wieder eine Gerade und bei kleinen Maschinen eine Ellipse. Die Ständerverluste setzen sich aus den Ständerkupferverlusten $V_{\mathrm{Cu}1}$, den Eisenverlusten $V_{\mathrm{Fe}1}$ und den Zusatzverlusten $V_{\mathrm{Z}1}$ zusammen. Letztere vernachlässigen wir. Im Läufer treten gleichzeitig Läuferkupferverluste $V_{\mathrm{Cu}2}$, Läufereisenverluste $V_{\mathrm{Fe}2}$, Läuferzusatzverluste $V_{\mathrm{Z}2}$ und Reibungsverluste V_R auf, von denen meist nur die Läuferkupferverluste $V_{\mathrm{Cu}2}$ einen bemerkenswerten Anteil liefern. Somit dürfen wir im Kreisdiagramm die Verluste entsprechend Bild **141.1** eintragen: $\overline{B_0 B_1}$ entspricht den Ständerverlusten $V_1 = V_{\mathrm{Cu}1} + V_{\mathrm{Fe}1}$, $\overline{B_1 B_2}$ den Läuferverlusten $V_{\mathrm{Cu}2}$ und $\overline{B_2 B}$ der Leistungsabgabe P_2, alles gemessen im Leistungsmaßstab von Gl. (141.1). Gleichzeitig erhalten wir nach Gl. (69.1) mit der

Strecke $\overline{B_1B}$ die **Drehfeldleistung** $P_\mathrm{d} = P_2 + V_\mathrm{Cu2} = \Omega_\mathrm{d}M_1$. Sie ist daher mit der Drehfeld-Winkelgeschwindigkeit $\Omega_\mathrm{d} = 2\pi n_\mathrm{d}$ ein Maß für das innere **Drehmoment** M_1, das mit dem **Drehmomentmaßstab**

$$m_\mathrm{M} = m_\mathrm{P}/\Omega_\mathrm{d} = m_\mathrm{P}/(2\pi n_\mathrm{d}) \tag{142.1}$$

über den **Leistungsmaßstab** m_P und die **Drehfelddrehzahl** n_d bestimmt werden kann. Die Linie $\overline{LU}$ in Bild **141**.3 wird daher auch Drehmomentlinie DL genannt.

Diese Verlustaufteilung hilft uns auch, mit den gemessenen Werten den Punkt U für den Schlupf $s = \infty$ zu finden. Wir bilden für den **Anlaufpunkt** A die Stillstands-Ständerverluste $V_{1\mathrm{k}} = V_{\mathrm{Cu}1\mathrm{k}} + V_\mathrm{Fe}$ und erhalten hiermit über die Linie $\overline{A_0A_1}$ waagerecht neben A den Punkt A_1. Die Gerade $\overline{LA_1}$ stellt dann entsprechend Bild **141**.3 die Drehmomentlinie dar. Der Abstand $\overline{AA_1}$ ergibt das **Anzugsmoment** M_A. Wie Bild **141**.3 deutlich macht, tritt ein maximales Drehmoment, das **Kippmoment** M_K, im Punkt K auf. Dort ergibt eine Tangente an den Kreis parallel zur Drehmomentlinie DL den größten Abstand zur Geraden $\overline{LU}$.

Der Ständerstrom $\underline{I}_1$ setzt sich nach der Ersatzschaltung in Bild **137**.1 aus dem Läuferstrom $\underline{I}_2'$ und dem Magnetisierungsstrom $\underline{I}_\mu$ zusammen. Dieser ändert sich mit dem Schlupf s, da der Spannungsabfall an den Teilwiderständen R_1 und $X_{1\sigma}$ ebenfalls vom Schlupf s abhängig ist. Für die meisten Betrachtungen ist es jedoch zulässig, $\underline{I}_\mu = \underline{I}_{10}$ zu setzen. Dann stellt die Strecke $\overline{LB}$ den Zeiger für den Läuferstrom $\underline{I}_2'$ dar (s. Abschn. 3.2.1).

3.2.2.4 Schlupflinie. Nach Abschn. 1.6.2.1 und Bild **142**.1 gilt mit Läuferkupferverlust V_Cu2 und Drehfeldleistung P_d für den Schlupf

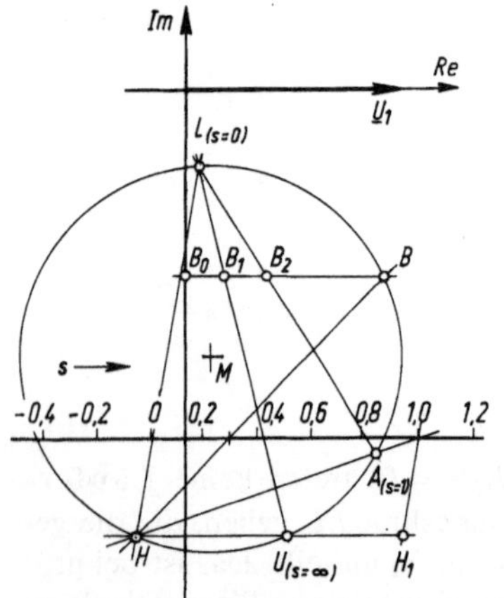

$$s = V_\mathrm{Cu2}/P_\mathrm{d} = \overline{B_1B_2}/\overline{BB_1} \tag{142.2}$$

Man kann daher aus dem Kreisdiagramm auch den zu den einzelnen Betriebspunkten B gehörenden Schlupf s ermitteln. Meist bedient man sich jedoch eines Satzes aus der **Ortskurventheorie**: Zu jedem Ortskreis gibt es eine unendliche Anzahl von Geradenscharen, die parallel zu einer Sekante $\overline{UH}$ liegen und auf denen Strahlen von einem beliebig auf dem Kreis gewählten Hilfspunkt H zu den Betriebspunkten B die Veränderliche s mit einem linearen Maßstab angeben.

142.1 Konstruktion der Schlupflinie

Um die Schlupflinie leicht mit einem bequemen Maßstab versehen zu können, wählen wir den **Hilfspunkt** H entsprechend Bild **142**.1 links waagerecht neben U auf dem Kreis, tragen von H über U hinaus die Strecke $\overline{HH_1}$ (z. B. $= 10$ cm) ab, legen von H aus Strahlen durch L und A und ziehen durch H_1 die Parallele zu $\overline{LH}$. Der Schnittpunkt dieser Parallelen mit dem Strahl $\overline{HA}$ ist dann der Punkt für $s = 1$. Durch ihn ist waagerecht die Schlupflinie zu ziehen; sie markiert auf dem Strahl HL den Punkt $s = 0$ und kann linear (hier $s = 1 \mathrel{\widehat{=}} 2{,}5$ cm) unterteilt werden. Weitere Strahlen durch H zu den Betriebspunkten B markieren auf der Schlupflinie die zu B gehörenden Schlupfwerte s.

Beispiel 33. Ein vierpoliger (also Polpaarzahl $p = 2$) Dreiphasen-Asynchronmotor für 380 V, 50 Hz, 5,5 kW und Dreieckschaltung zeigt im Leerlaufversuch die Kennwerte $I_{10} = 5{,}4$ A, $P_0 = 400$ W, $V_{Fe} = 280$ W, $V_R = 50$ W und im Kurzschlußversuch $I_{1kN} = 68$ A, $P_{kN} = 20$ kW bei dem Strangwiderstand $R_1 = 2{,}4\ \Omega$. Das Kreisdiagramm ist zu zeichnen. Aus ihm sind die übrigen Nennwerte zu ermitteln.

Der vierpolige Motor hat nach Tafel **44**.2 die synchrone Drehzahl $n_d = 1500$ min^{-1}. Wir wählen den Strommaßstab $m_I = 10$ A/cm, also 1 cm $\triangleq$ 10 A (in der Praxis benutzt man meist, um eine höhere Genauigkeit zu erzielen, kleinere Maßstäbe). Dann gilt für den **Leistungsmaßstab** $m_P = \sqrt{3}\ U_1 m_I = \sqrt{3} \cdot 380\ \text{V} \cdot 10\ \text{A/cm} = 6{,}58$ kW/cm und mit der Drehfeld-Winkelgeschwindigkeit $\Omega_d = 2\pi f/p = 2\pi \cdot 50\ \text{s}^{-1}/2 = 157\ \text{s}^{-1}$ für den **Drehmomentmaßstab** $m_M = m_P/\Omega_d = (6{,}58\ \text{kW/cm})/157\ \text{s}^{-1} = 42$ Nm/cm.

Wir erhalten für den **Leerlaufpunkt** L mit Gl. (140.1) den Leistungsfaktor

$$\cos\varphi_0 = \frac{P_0 - V_R}{\sqrt{3}\ U_1 I_{10}} = \frac{400\ \text{W} - 50\ \text{W}}{\sqrt{3} \cdot 380\ \text{V} \cdot 5{,}4\ \text{A}} = 0{,}0985$$

und für den **Stillstandspunkt** A mit Gl. (140.2)

$$\cos\varphi_k = \frac{P_{kN}}{\sqrt{3}\ U_{1N} I_{1kN}} = \frac{20000\ \text{W}}{\sqrt{3} \cdot 380\ \text{V} \cdot 68\ \text{A}} = 0{,}448$$

Weiterhin ist bei Wahl der Strecke $a = 50$ mm nach Gl. (140.3) die Strecke

$$h = \frac{2a R_1 I_{10}}{\sqrt{3}\ U_1 \sin|\varphi_0|} = \frac{2 \cdot 50\ \text{mm} \cdot 2{,}4\ \Omega \cdot 5{,}4\ \text{A}}{\sqrt{3} \cdot 380\ \text{V} \cdot 0{,}996} = 1{,}98\ \text{mm}$$

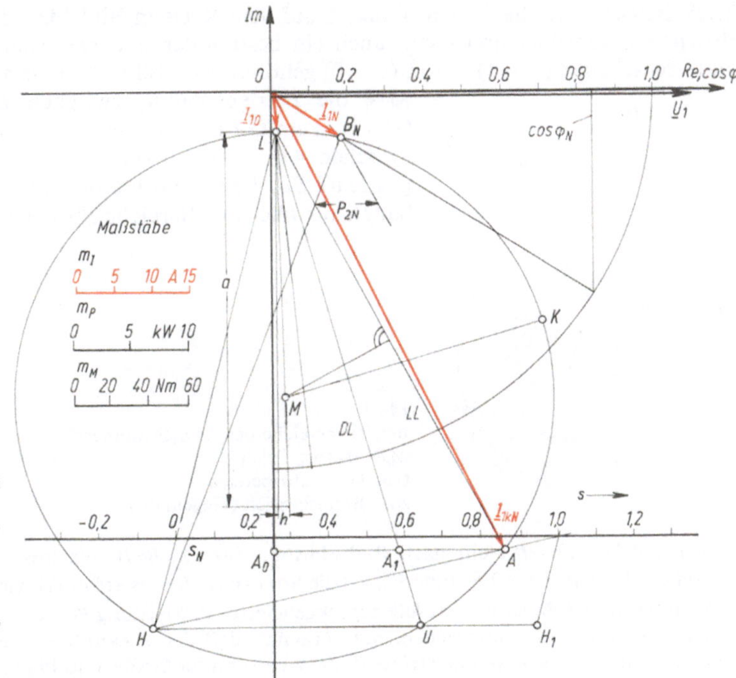

143.1
Kreisdiagramm eines Dreiphasen-Asynchronmotors für P_{2N} = 5,5 kW, $n_d = 1500$ min^{-1}, $U_{1N} = 380$ V, f = 50 Hz, $I_{1N} = 11{,}5$ A, $\cos\varphi_N = 0{,}83$, $\eta_N = 0{,}875$ (Beispiel 33)

Somit können wir den Ortskreis K von Bild **143**.1 mit den Punkten L und A sowie der Leistungslinie zeichnen. Für die Ständerkupferverluste gilt im Stillstand bei Dreieckschaltung $V_{\mathrm{Cu\,1\,k}} = 3\,I_{1\,\mathrm{kN\,Str}}^2\,R_1 = I_{1\,\mathrm{kN}}^2\,R_1 = 68^2\,\mathrm{A}^2 \cdot 2{,}4\,\Omega = 11{,}1\,\mathrm{kW}$. Die im Leerlaufversuch ermittelten Eisenverluste V_{Fe} haben im Stillstand einen anderen Wert; sie dürfen aber gegenüber den großen Ständerkupferverlusten vernachlässigt werden.

Die Strecke $\overline{A_0A_1}$ muß daher $11{,}1\,\mathrm{kW}/(6{,}58\,\mathrm{kW/cm}) = 1{,}68\,\mathrm{cm}$ betragen. Mit dem Punkt A_1 sind auch der Kreispunkt U und die Drehmomentlinie DL gegeben. Anschließend wird die Schlupflinie, wie in Abschn. 3.2.2.4 erläutert, eingetragen und mit einer linearen Teilung versehen. Den Nennpunkt B_{N} erhalten wir, indem wir die Nennleistung $P_{2\,\mathrm{N}} = 5{,}5\,\mathrm{kW} \triangleq 0{,}835\,\mathrm{cm}$ (waagerechter Abstand $\overline{BB_2}$, s. Bild **141**.1) parallel zur Leistungslinie LL eintragen. Hierfür ergibt sich aus dem Diagramm der Ständernennstrom $I_{1\mathrm{N}} = 1{,}15\,\mathrm{cm} \cdot 10\,\mathrm{A/cm} = 11{,}5\,\mathrm{A}$, der Nennleistungsfaktor $\cos\varphi_{\mathrm{N}} = 0{,}83$, die Nennleistungsaufnahme

$$P_{1\,\mathrm{N}} = \sqrt{3}\,I_{1\,\mathrm{N}}\,U_1\cos\varphi_{\mathrm{N}} = \sqrt{3} \cdot 11{,}5\,\mathrm{A} \cdot 380\,\mathrm{V} \cdot 0{,}83 = 6{,}28\,\mathrm{kW}$$

und somit der Nennwirkungsgrad $\eta_{\mathrm{N}} = P_{2\,\mathrm{N}}/P_{1\,\mathrm{N}} = 5{,}5\,\mathrm{kW}/6{,}28\,\mathrm{kW} = 0{,}875$. Mit der Schlupflinie findet man den Nennschlupf $s_{\mathrm{N}} = 0{,}035$ und daher die Nenndrehzahl $n_{\mathrm{N}} = n_{\mathrm{d}} - s_{\mathrm{N}}n_{\mathrm{d}} = 1500\,\mathrm{min}^{-1} - 0{,}035 \cdot 1500\,\mathrm{min}^{-1} = 1447\,\mathrm{min}^{-1}$. Schließlich erhält man mit Gl. (26.2) das Nennmoment

$$M_{\mathrm{N}} = \frac{P_{2\,\mathrm{N}}}{2\pi n_{\mathrm{N}}} = \frac{5{,}5\,\mathrm{kW} \cdot 60\,\mathrm{s/min}}{2\pi \cdot 1447\,\mathrm{min}^{-1}} = 36{,}2\,\mathrm{Nm}$$

Das Kreisdiagramm liefert noch das Anzugsmoment $M_{\mathrm{A}} = 1{,}37\,\mathrm{cm} \cdot 42\,\mathrm{Nm/cm} = 57{,}6\,\mathrm{Nm}$ und das Kippmoment $M_{\mathrm{K}} = 2{,}75\,\mathrm{cm} \cdot 42\,\mathrm{Nm/cm} = 115{,}5\,\mathrm{Nm}$, also das Anzugsverhältnis $M_{\mathrm{A}}/M_{\mathrm{N}} = 57{,}6\,\mathrm{Nm}/36{,}2\,\mathrm{Nm} = 1{,}59$ und das Überlastungsverhältnis $M_{\mathrm{K}}/M_{\mathrm{N}} = 115{,}5\,\mathrm{Nm}/36{,}2\,\mathrm{Nm} = 3{,}19$.

3.2.2.5 Betriebsbereiche. Jedem Punkt B auf dem Kreis in Bild **142**.1 ist ein bestimmter Schlupf s zugeordnet und somit auch ein bestimmter Betriebszustand. Alle Betriebspunkte zwischen A ($s = 1$) und L ($s = 0$) gehören nach Bild **144**.1 zum Motorbereich MB, die Betriebspunkte zwischen L ($s = 0$) und U ($s = \infty$) zum Generatorbereich GB, und im Bereich zwischen A ($s = 1$) und U ($s = \infty$) finden wir den Gegenlauf BB. Leistungslinie und Drehmomentlinie behalten für alle drei Bereiche ihre Bedeutung.

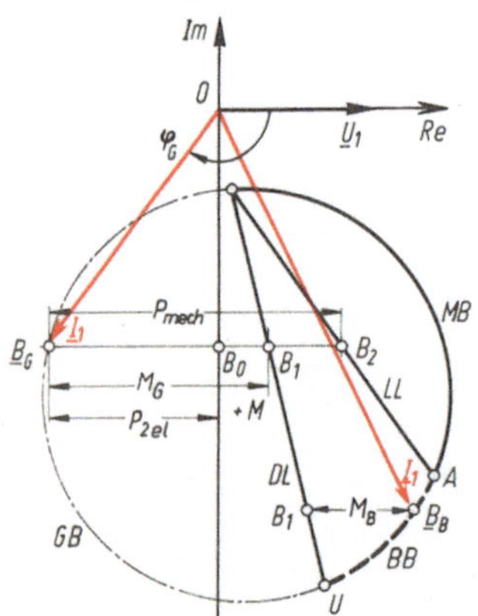

144.1
Betriebsbereiche der Asynchronmaschine
MB Motorbereich
GB Generatorbereich
BB Bremsbereich (Gegenlauf)

Bei Generatorbetrieb GB stellt nach Bild **144**.1 die Strecke $\overline{B_GB_2}$ die mechanisch an der Antriebswelle aufzubringende Leistung P_{mech}, die Strecke $\overline{B_GB_1}$ das erforderliche Drehmoment M_{G} und $\overline{B_GB_0}$ die vom Ständer in das Netz zurückgelieferte Wirkleistung $P_{2\,\mathrm{el}}$ dar. Nur für $|\varphi_{\mathrm{G}}| > 90°$ wird elektrische Leistung abgegeben. Man erkennt, daß der Asynchrongenerator entsprechend seiner Stromortskurve nur Ströme I_1 ganz bestimmter Größe und Phasenlage führen kann.

Er verhält sich stets wie eine Drossel, die dem Netz induktive Blindleistung entnimmt bzw. nur kapazitive Blindleistung abgeben kann. Man benötigt zu seinem Betrieb daher entweder ein taktgebendes Netz, das die erforderliche Blindleistung zur Verfügung stellt und die Frequenz vorschreibt, oder eine Kondensatorbatterie, die die induktive Erregerleistung liefern kann. Der Asynchrongenerator wird daher gern für kleine, bedienungslose, ferngesteuerte Kraftwerke eingesetzt. Er liefert z.B. je nach Anfall von Wasserkraft oder Windenergie mit veränderlicher übersynchroner Drehzahl, also ohne eine Drehzahlregelung, elektrische Energie in das Netz, das die Netzfrequenz selbst „festhält". Der Blindleistungsbedarf beträgt etwa das 0,5- bis 0,8fache der Generatornennleistung; er ist abhängig von der Maschinengröße und von der Belastung. Bei Notstromaggregaten oder kleinen Kraftwerken für den Eigenbedarf wird die Blindleistung aus Kondensatoren gedeckt. Mit einem zusätzlichen spannungsbeeinflußten Drehzahlregler kann man bei fester Kondensatorgröße sogar die Spannung konstant halten; dann schwankt die Frequenz allerdings um etwa 10%. Solche Anlagen sind nur bis etwa 100 kW wirtschaftlich.

Bei Gegenlauf BB wirkt die Asynchronmaschine als Bremse. Sie nimmt dann einen großen Strom aus dem Netz auf; mechanische und elektrisch zugeführte Leistungen werden im Läufer in Stromwärmeverluste umgesetzt. Bremsbetrieb ist daher nur kurzzeitig zulässig. Er wird z.B. in Werkzeugmaschinen beim Gegenstrombremsen ausgenutzt. Das Bremsmoment M_B läßt sich als Strecke $\overline{B_1 B_\mathrm{B}}$ wieder dem Kreisdiagramm entnehmen (Bild **144**.1). Durch Schlupfwiderstände im Läuferkreis kann man den Punkt A auf dem Kreis verschieben und auf diese Weise Motor- und Gegenlaufbereich verändern (s. Abschn. 3.3).

Beispiel 34. Für die schon in Beispiel 33 (S. 143) behandelte Dreiphasen-Asynchronmaschine sind die Nenndaten für den Generatorbetrieb dem Kreisdiagramm zu entnehmen.

Die Nennleistung einer elektrischen Maschine wird i.allg. durch die höchstzulässige Erwärmung (s. Abschn. 1.8.1) bestimmt. Bei einem Käfigläufer ist hierfür in erster Linie die Ständerwicklung maßgebend, deren Nennkupferverluste bzw. Nennstrom daher nicht überschritten werden dürfen. Nach Beispiel 33 beträgt der zulässige Nennstrom $I_\mathrm{1N} = 11,5$ A. Im Generatorbereich findet man hierfür den Leistungsfaktor $\cos\varphi_\mathrm{N} = -0{,}775$ und die in das Netz gelieferte **Nennleistung** $P_\mathrm{2N} = P_\mathrm{el} = \sqrt{3}\,U_1 I_\mathrm{1N}\cos\varphi_\mathrm{N} = \sqrt{3}\cdot 380\,\mathrm{V}\cdot 11{,}5\,\mathrm{A}\,(-0{,}775) = -5{,}86\,\mathrm{kW}$. Die generatorische Nennleistung ist daher fast 7% größer als die motorische (i.allg. rechnet man mit 5%). Der zugehörige Schlupf beträgt $s_\mathrm{N} = -0{,}03$ und die **Drehzahl** $n = n_\mathrm{d} - s_\mathrm{N} n_\mathrm{d} = 1500\,\mathrm{min}^{-1} - (-0{,}03)\cdot 1500\,\mathrm{min}^{-1} = 1545\,\mathrm{min}^{-1}$. Hierfür benötigt man das **Drehmoment** $M_\mathrm{N} = 0{,}89\,\mathrm{cm}\cdot 42\,\mathrm{Nm/cm} = 40{,}3\,\mathrm{Nm}$, so daß die mechanische **Antriebsleistung** $P_1 = P_\mathrm{mech} = 2\pi n M_\mathrm{N} = 2\pi(1545\,\mathrm{min}^{-1}/60\,\mathrm{s\,min}^{-1})\,40{,}3\,\mathrm{Nm} = 6{,}52\,\mathrm{kW}$ aufzubringen ist. Gleichzeitig muß das Netz mit $\sin|\varphi_\mathrm{N}| = 0{,}632$ noch die **Blindleistung** $Q_1 = \sqrt{3}\,U_1 I_\mathrm{1N}\sin|\varphi_\mathrm{N}| = \sqrt{3}\cdot 11{,}5\,\mathrm{A}\cdot 0{,}632 = 4{,}78\,\mathrm{kVA}$ zur Verfügung stellen.

3.2.2.6 Drehmoment-Drehzahl-Kennlinie. Das mit Hilfe von Leerlauf- und Kurzschlußversuch konstruierte Kreisdiagramm ermöglicht, die Kenngrößen der Asynchronmaschine als Funktionskurven darzustellen. Für die gleichzeitige Darstellung aller Betriebsbereiche ist es zweckmäßig, alle Größen als Drehmoment-Drehzahl-Kennlinien über der Drehzahl n aufzutragen. Hierfür wird Beispiel 33 (S. 143) herangezogen. Bild **146**.1 zeigt, daß das **Drehmoment** M nur bei Schlupfwerten in der Nähe von $s = 0$ einen geradlinigen Verlauf entsprechend Abschn. 1.6.2 hat. Da der Streublindwiderstand $X_\mathrm{2\sigma}$ des Läufers ein lineares Ansteigen des Läuferstroms I_2 mit wachsendem Schlupf s verhindert und gleichzeitig eine Phasenverschiebung zwischen Drehfluß $\varPhi_\mathrm{d}$ und Strom I_2 bewirkt, fällt das Drehmoment nach Erreichen des **Kippmoments** M_K wieder ab. Weil bei Generatorbetrieb die Verluste in Form mechanischer Leistung aufzubringen sind, ist das generatorische Kippmoment größer als das motorische. Wenn wir

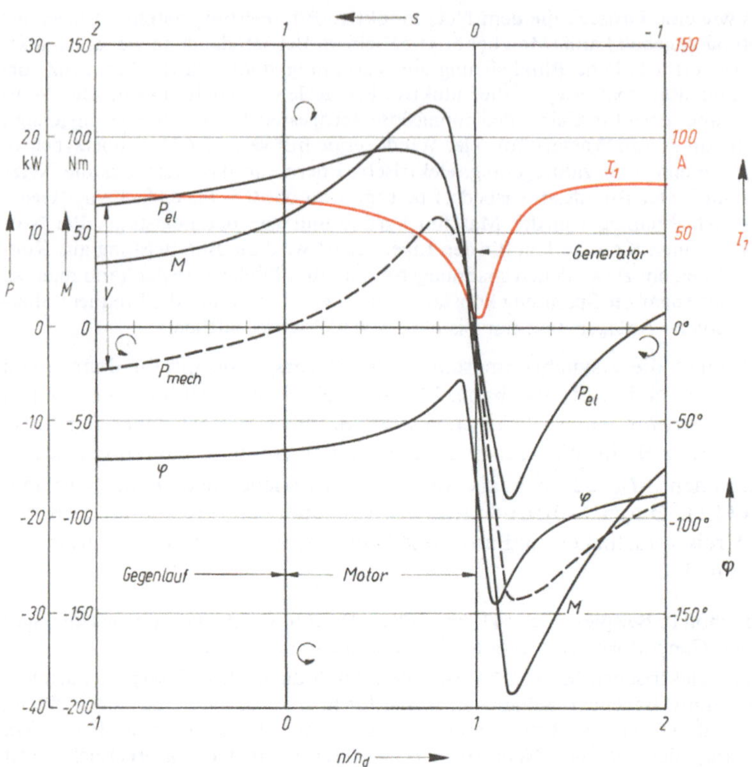

146.1 Drehmoment-Drehzahl-Kennlinie der Asynchronmaschine (Beispiel 33)

das im Motorbereich im Drehsinn wirkende Drehmoment als positiv bezeichnen, treten im Generatorbereich negative Drehmomente auf. Sie müssen von der Antriebsmaschine aufgebracht werden.

Außerdem werden elektrische Leistungsaufnahme und mechanische Leistungsabgabe im Motorbereich i. allg. positiv gewertet. Im Bremsbereich müssen mechanische und elektrische Leistung zugeführt werden. Die mechanische Leistung im Bremsbereich erscheint daher mit negativem Vorzeichen. Im Generatorbereich wird elektrische Wirkleistung abgegeben und mechanische Leistung aufgenommen. Beide sind daher mit negativem Vorzeichen anzusetzen. Die Differenz zwischen elektrischer und mechanischer Leistung ergibt stets die Verluste V der Maschine. Sie werden im Bremsbereich und bei Generatorbetrieb besonders groß. Der Ständerstrom I_1 kann sinnvoll nur mit seinem Betrag aufgetragen werden. Beim Phasenwinkel φ_1 treten ausschließlich induktive (d. h. negative) Werte auf. Der Leistungsfaktor $\cos \varphi_1$ erreicht seine besten Werte in der Nähe des Nennbetriebs.

Um zu einer einfachen Berechnungsgleichung für das innere Drehmoment zu kommen, vernachlässigen wir jetzt in der Ersatzschaltung Bild **137.1** den Ständerwicklungs-Wirkwiderstand R_1 und setzen den Hauptblindwiderstand $X_\mathrm{h} = \infty$. Hierdurch entartet diese

Schaltung in die Ersatzschaltung von Bild **138.**1b mit dem festen Blindwiderstand $X_\mathrm{L} = X_{1\sigma} + X'_{2\sigma}$ und dem schlupfabhängigen Wirkwiderstand $R = R'_2/s$. Wir vernachlässigen also die Ständerverluste, so daß mit dem Läuferstrom I'_2 nach Gl. (137.2) die gesamte aufgenommene Wirkleistung, also die Drehfeldleistung

$$P_\mathrm{d} = 3 I'^2_{2\mathrm{Str}} \frac{R'_2}{s} = \frac{3\,U^2_{1\,\mathrm{Str}}}{(R'_2/s)^2 + (X_{1\sigma} + X'_{2\sigma})^2} \cdot \frac{R'_2}{s} \tag{147.1}$$

als Stromwärme im Widerstand R'_2/s umgesetzt wird. Für das innere Drehmoment gilt daher, wenn wir Gl. (147.1) durch die Drehfeld-Winkelgeschwindigkeit $\Omega_\mathrm{d} = 2\pi n_\mathrm{d}$ dividieren und mit $s(X_{1\sigma} + X'_{2\sigma})/R'_2$ erweitern,

$$M_\mathrm{i} = \frac{P_\mathrm{d}}{\Omega_\mathrm{d}} = \frac{3}{\Omega_\mathrm{d}} \cdot \frac{U^2_{1\,\mathrm{Str}}}{\dfrac{R'_2}{s(X_{1\sigma} + X'_{2\sigma})} + \dfrac{s(X_{1\sigma} + X'_{2\sigma})}{R'_2}} \cdot \frac{1}{X_{1\sigma} + X'_{2\sigma}} \tag{147.2}$$

Nach Bild **146.**1 ist ein maximales Drehmoment, das Kippmoment M_iK, vorhanden. Es ist verbunden mit dem Höchstwert der Drehfeldleistung, die nach der Ortskurventheorie auftritt, wenn Wirk- und Blindwiderstand gleich groß sind, also für $R'_2/s_\mathrm{K} = X_{1\sigma} + X'_{2\sigma}$, d.h. bei dem **Kippschlupf**

$$s_\mathrm{K} = \pm\, R'_2/(X_{1\sigma} + X'_{2\sigma}) \tag{147.3}$$

Durch Einsetzen in Gl. (147.2) erhält man daher das **Kippmoment**

$$M_\mathrm{iK} = \frac{3}{2\Omega_\mathrm{d}} \cdot \frac{U^2_{1\,\mathrm{Str}}}{X_{1\sigma} + X'_{2\sigma}} \tag{147.4}$$

sowie schließlich aus Gl. (147.2) und (147.4) die **Kloß**sche Gleichung der **Drehmoment-Drehzahl-Kennlinie**

$$\frac{M_\mathrm{i}}{M_\mathrm{iK}} = \frac{2}{(s/s_\mathrm{K}) + (s_\mathrm{K}/s)} \tag{147.5}$$

Sie ist in Bild **147.**1 dargestellt. Für $s/s_\mathrm{K} \ll 1$, d.h. in der Nähe der Drehfelddrehzahl n_d, folgt das Drehmoment angenähert der Geraden $M_\mathrm{i}/M_\mathrm{iK} = 2s/s_\mathrm{K}$. Im Nennlastbereich

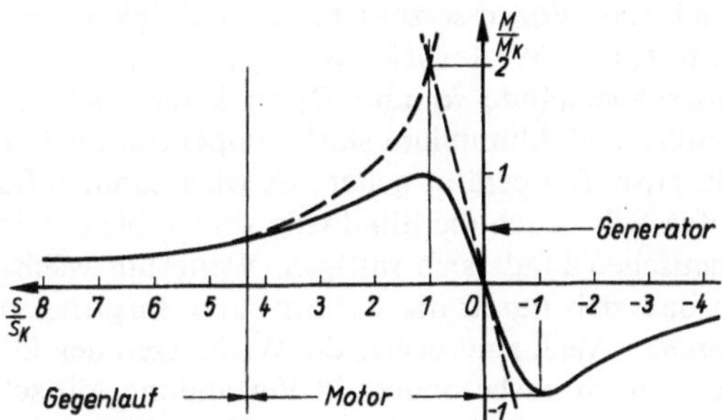

147.1
Kloß sche Form der Drehmoment-Drehzahl-Kennlinie

darf man mit diesem Nebenschlußverhalten rechnen. Für $s/s_\mathrm{K} \ll 1$ schmiegt sich dagegen die Drehmomentkurve der Hyperbel $M_\mathrm{i}/M_\mathrm{iK} = 2s_\mathrm{K}/s$ an. Gl. (147.5) ist für überschlägliche Betrachtungen wichtig.

Beispiel 35. Für den Dreiphasen-Asynchronmotor in den Beispielen 33 und 34 (S. 143, 145) sind Kippmoment M_K und Anzugsmoment M_A aus Nennmoment $M_N = 36,2$ Nm, Nennschlupf $s_N = 0,035$ und Kippschlupf $s_K = 0,23$ zu berechnen.
Nach Gl. (147.5) erhält man für das **Kippmoment**

$$M_K = \frac{M_N}{2}\left(\frac{s_N}{s_k} + \frac{s_k}{s_N}\right) = \frac{36,2\,\text{Nm}}{2}\left(\frac{0,035}{0,23} + \frac{0,23}{0,035}\right) = 121,5\,\text{Nm}$$

und das **Anzugsmoment**

$$M_A = \frac{2 M_k}{(1/s_k) + s_k} = \frac{2 \cdot 121,5\,\text{Nm}}{(1/0,23) + 0,23} = 53\,\text{Nm}$$

Aus dem Kreisdiagramm ergibt sich für das motorische Kippmoment $M_K = 115,5$ Nm und für das Anzugsmoment $M_A = 57,6$ Nm. Die Abweichungen sind für die überschlägliche Bestimmung des Überlastungsverhältnisses M_K/M_N und des Anzugsverhältnisses M_A/M_N zulässig. Das generatorische Kippmoment weicht noch stärker ab, wie Bild **146.**1 deutlich macht. Mit wachsender Maschinengröße wird die Abweichung kleiner.

3.2.3 Einschränkungen für die Anwendung des Kreisdiagramms

Das Kreisdiagramm wird in seinen verschiedenen Ausführungen auch als **Heyland**-**kreis** oder **Osannakreis** bezeichnet. Es erlaubt eine umfassende Darstellung des Betriebsverhaltens der Mehrphasen-Asynchronmaschine, wenn die zu Anfang getroffenen Voraussetzungen erfüllt sind. Es kann in gleicher Weise für Zwei-, Drei- und andere Mehrphasenmaschinen verwendet werden. Die für seine Ableitung festgelegten Annahmen bedingen jedoch erhebliche Einschränkungen. Schon bei der **Verlustaufteilung** in Abschn. 3.2.2.3 mußten wir einige Verluste vernachlässigen. Diese Aufteilung ist daher mit Fehlern behaftet; dies wirkt sich insbesondere auf die ermittelten Drehmomente aus. Sie werden wegen der Reibungsmomente im motorischen Bereich zu groß, für den Brems- und Generatorbetrieb dagegen zu klein bestimmt.

Wenn jedoch die Verluste für die einzelnen Betriebspunkte genauer ermittelt und somit bessere Leistungs- und Drehmomentlinien festgelegt werden, kann man die Fehler meist ausreichend klein halten. Für Maschinen unter 1 kW ist wegen des verhältnismäßig großen Ständerwicklungswiderstandes R_1 stets so zu verfahren.

Wichtigste Voraussetzung für die Gültigkeit des Kreisdiagramms sind jedoch im Betrieb **konstante Widerstände** R_1, R_2', X_h, $X_{1\sigma}$ und $X_{2\sigma}'$ der Ersatzschaltung. Die Wicklungswiderstände R_1 und R_2 sind aber bei den gewöhnlich verwendeten Werkstoffen Kupfer und Aluminium stark temperaturabhängig. Das Kreisdiagramm kann daher nur für **eine** Temperatur gelten. Es wird nämlich für die **normale Betriebstemperatur** aufgestellt. Auch die Blindwiderstände bleiben im Betrieb nicht konstant, wenn die magnetischen Pfade sich sättigen. Weiterhin wächst mit dem Schlupf die Läuferfrequenz, so daß sich durch die **Stromverdrängung** die Widerstände im Läuferkreis ändern können. Auch sind bisher die Wirkungen der **Oberfelder** noch vernachlässigt worden. Sie können, insbesondere in Verbindung mit schlechter Läuferisolation, erhebliche Abweichungen von den erwarteten Kennlinien bewirken.

3.2.3.1 Eisensättigung. Die Induktivitäten $L = \Psi/i = N^2/R_m$ und somit auch die induktiven Blindwiderstände $X_L = \omega L$ ändern sich abhängig vom magnetischen Widerstand R_m, wenn die Permeabilität μ_{Fe} des Eisens durch Anwachsen der Induktion B verändert wird. Somit beeinflußt die Spannung U über die Magnetisierungskennlinie den Magnetisierungsstrom I_μ. Man muß daher auch mit erheblichen Änderungen des Hauptblindwiderstandes $X_h = U_h/I_\mu$ rechnen, wenn die Spannung U_h mit steigendem Strom I_1 infolge des Spannungsabfalls an R_1 und $X_{1\sigma}$ kleiner wird. Dieser Einfluß macht sich insbesondere in der Nähe von $s = 0$ bemerkbar, da hier die Hauptinduktivität noch wesentlich den Ständerstrom I_1 bestimmt. Die zu erwartenden Abweichungen zeigt Bild **149**.1.

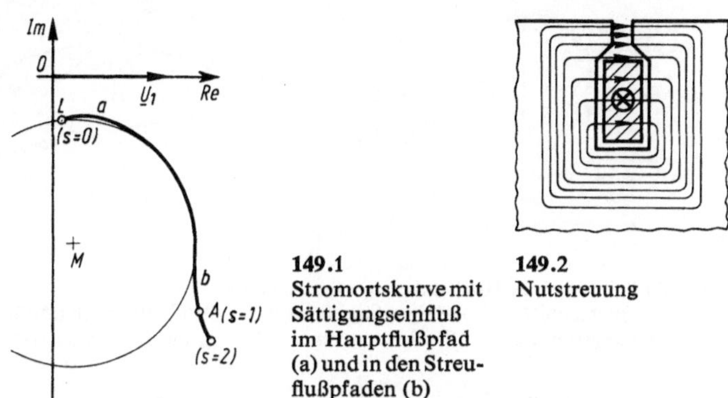

149.1
Stromortskurve mit
Sättigungseinfluß
im Hauptflußpfad
(a) und in den Streuflußpfaden (b)

149.2
Nutstreuung

Die Streublindwiderstände $X_{1\sigma}$ und $X_{2\sigma}$ verkörpern die verschiedenen Streuflüsse, u.a. auch den Nutstreufluß, der in Bild **149**.2 dargestellt ist. Der größte Teil dieses Streuflusses verläuft über die Zahnspitzen, da hier die ganze Nutdurchflutung auf den kleinen magnetischen Widerstand des Nutschlitzes einwirkt. Im Stillstand treten deshalb bei großen Strömen I_1 und I_2 so große Nutdurchflutungen auf, daß die Induktion in der Zahnspitze bis auf 4 T ansteigen kann. Das Eisen befindet sich dann so weit im Sättigungsgebiet, daß sein magnetischer Widerstand stark anwächst und somit die Streuinduktivität L_σ wie auch der Streublindwiderstand X_σ erheblich abgesenkt werden. Gleichzeitig wird die doppeltverkettete Streuung kleiner. Solche Änderungen des Streublindwiderstandes wirken sich bei großen Strömen, d.h. in der Nähe des Stillstands und im Bremsbereich, aus. (Im Generatorbereich werden diese großen Ströme praktisch nie erreicht.) Demzufolge wird nach Bild **149**.1 die Stromortskurve in der Nähe des Schlupfs $s = 1$ angehoben. Wenn man, wie üblich, das Kreisdiagramm aus einem Leerlaufversuch mit Nennspannung und einem Kurzschlußversuch mit Nennstrom, der die Sättigungserscheinungen beim tatsächlich wesentlich größeren Kurzschlußstrom noch nicht in Erscheinung treten läßt, entwickelt, muß man daher bei modernen, stark ausgenutzten Maschinen mit erheblichen Abweichungen für den Anlaufbereich rechnen.

3.2.3.2 Stromverdrängung. Bei den Käfigläufern haben die Stäbe verhältnismäßig große Abmessungen (z.B. eine Höhe von 5 bis 60 mm). Wir haben bisher angenommen, daß sich der Stabstrom gleichmäßig über den großen Querschnitt verteilt. Dies trifft aber bei der Läuferfrequenz $f_2 = 50$ Hz (also im Stillstand) nur noch für Stäbe unter 10 mm Höhe mit guter Annäherung zu. Bei größeren Stabhöhen macht sich die Stromverdrängung (Wirkwiderstand s. Band I) stärker bemerkbar. Sie ist sowieso bei Leitern, die in Eisen eingebettet sind, wesentlich größer als bei Leitern in Luft.

Wir betrachten einen Hochstab, der sich in einer Rechtecknut befindet. Er wird für die folgende Überlegung nach Bild **150**.1a in der Nut horizontal in vier gleiche, voneinander isolierte, unendlich dünne Teilleiter mit dem Teilleiterwiderstand R_t unterteilt. Die

Käfigendringe sollen dagegen unverändert massiv sein. Die Nut wird vom Stabstrom $\underline{I}$, einem Wechselstrom mit der Kreisfrequenz ω, durchflossen. Wir suchen zunächst die vier Teilleiterströme $\underline{I}_\mathrm{a}$ bis $\underline{I}_\mathrm{d}$. Die Teilleiter bilden Teilleiterschleifen, die von Teilnutflüssen Φ_a bis Φ_c durchsetzt werden. Jeder Teilnutfluß findet in der Nut und im Läufereisen (bei Annahme von $\mu_\mathrm{Fe} = \infty$) den gleichen magnetischen Widerstand und somit die

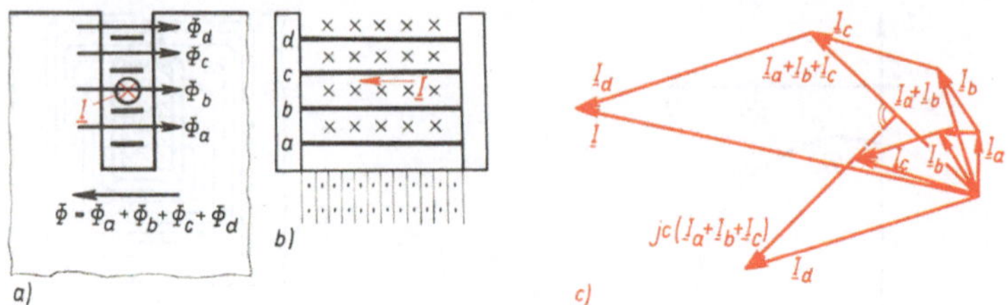

150.1 Aufteilung eines Hochstabes in vier Teilleiter
    a) Querschnitt   c) Zeigerdiagramm der Φ_a bis Φ_d Nutstreuflüsse
    b) Längsschnitt   Teilleiterströme $\underline{I}_\mathrm{a}$ bis $\underline{I}_\mathrm{d}$ Teilleiterströme

gleiche Teilinduktivität L_t vor. Er wird von der wirksamen Nutdurchflutung, d.h. von den mit ihm verketteten Strömen, erzeugt. So führt z.B. die aus den Leitern b und c gebildete Teilleiterschleife den Fluß Φ_b, der wiederum mit den Teilströmen $\underline{I}_\mathrm{a}$ und $\underline{I}_\mathrm{b}$ verkettet ist und daher die induzierte Spannung $\omega L_\mathrm{t}(\underline{I}_\mathrm{a} + \underline{I}_\mathrm{b})$ verursacht. Dann dürfen wir mit den in Bild **150**.1 eingetragenen Zählpfeilen für die Teilleiterschleifen die komplexen Spannungsgleichungen

$$R_\mathrm{t}\underline{I}_\mathrm{a} - R_\mathrm{t}\underline{I}_\mathrm{b} + \mathrm{j}\omega L_\mathrm{t}\underline{I}_\mathrm{a} = 0 \qquad\qquad (150.1)$$
$$R_\mathrm{t}\underline{I}_\mathrm{b} - R_\mathrm{t}\underline{I}_\mathrm{c} + \mathrm{j}\omega L_\mathrm{t}(\underline{I}_\mathrm{a} + \underline{I}_\mathrm{b}) = 0 \;\; \text{usw.}$$

aufstellen und erhalten so mit $c = \omega L_\mathrm{t}/R_\mathrm{t}$ die komplexen Teilleiterströme

$$\underline{I}_\mathrm{b} = \underline{I}_\mathrm{a} + \mathrm{j}c\underline{I}_\mathrm{a}$$
$$\underline{I}_\mathrm{c} = \underline{I}_\mathrm{b} + \mathrm{j}c(\underline{I}_\mathrm{a} + \underline{I}_\mathrm{b}) \qquad\qquad (150.2)$$
$$\underline{I}_\mathrm{d} = \underline{I}_\mathrm{c} + \mathrm{j}c(\underline{I}_\mathrm{a} + \underline{I}_\mathrm{b} + \underline{I}_\mathrm{c})$$

und den komplexen Gesamtstrom

$$\underline{I} = \underline{I}_\mathrm{a} + \underline{I}_\mathrm{b} + \underline{I}_\mathrm{c} + \underline{I}_\mathrm{d} \qquad\qquad (150.3)$$

Hiermit läßt sich, ausgehend von einem gewählten Teilleiterstrom $\underline{I}_\mathrm{a}$, das Stromzeigerdiagramm in Bild **150**.1 c konstruieren. Es zeigt, daß die Teilleiterströme vom Inneren der Nut zum Nutschlitz hin immer größere Werte annehmen. Die Teilleiter am Nutschlitz müssen also einen größeren Strom führen, als er bei überall gleicher Stromdichte auftreten würde. Infolge des Nutstreuflusses wird daher der Stabstrom zur Nutöffnung hin verdrängt. Aus diesem Grunde ist die algebraische Summe der n Teilleiterströme I_n größer als der wirksame Stabstrom I. Gleichzeitig steigen die Stromwärmeverluste $\Sigma I_\mathrm{n}^2 R_\mathrm{t}$ mit dem Quadrat des Stromes gegenüber den Stromwärmeverlusten $I^2 R_\mathrm{t}/n$ bei Gleichstrom. Dies kommt einer scheinbaren Widerstandserhöhung um den Faktor

$$K_{\mathrm{W}} = \frac{R_\sim}{R_-} = \frac{I_{\mathrm{a}}^2 + I_{\mathrm{b}}^2 + \cdots + I_{\mathrm{n}}^2}{n(I/n)^2} = \frac{n\sum\limits_{t=1}^{t=n} I_t^2}{I^2} \tag{151.1}$$

gleich. Zudem hat die veränderte Stromverteilung auch noch eine andere Streufluß-verteilung bzw. -verkettung zur Folge. Sie ist also mit einer **Induktivitätsverminde-rung** verbunden, die sich aus dem Verhältnis der magnetischen Energie im Nutraum bei Wechselstrom zu derjenigen bei Gleichstrom ergibt. Die Teilenergien sind proportional dem Quadrat der verketteten Teilströme, so daß man hierfür den Faktor

$$K_{\mathrm{L}} = \frac{L_\sim}{L_-} = \frac{I_{\mathrm{a}}^2 + |I_{\mathrm{a}} + I_{\mathrm{b}}|^2 + \cdots + I^2/2}{(I/n)^2 + (2I/n)^2 + \cdots + I^2/2} = \left(\frac{n}{I}\right)^2 \frac{I_{\mathrm{a}}^2 + |I_{\mathrm{a}} + I_{\mathrm{b}}|^2 + \cdots + I^2/2}{1^2 + 2^2 + \cdots + n^2/2} \tag{151.2}$$

erhält. Beim letzten Glied in Zähler und Nenner erscheint die Zahl $1/2$, da bei dem be-trachteten Hochstab der Teilraum über dem letzten Teilleiter nur halb so groß wie bei den übrigen Teilleitern ist. Diese endliche Unterteilung liefert für K_{W} etwas kleinere und für K_{L} etwas größere Werte, als sie ein homogener, nicht unterteilter Leiter aufweist. Bei der Frequenz $f = 50$ Hz ist K_{W} zahlenmäßig etwa gleich der Stabhöhe in cm (s. Band II, Teil 2, Abschn. Hochstabläufer).

Bei Gleichstrom wird mit der Kreisfrequenz $\omega = 0$ keine Spannung $\omega L_{\mathrm{t}} I_{\mathrm{n}}$ in den Teil-leiterschleifen erzeugt. Die Stromverdrängung ist somit frequenzabhängig bzw. – bei den Asynchronmaschinen – **schlupfabhängig.** Für Werte in der Nähe des Schlupfes $s = 0$, also auch für den meist kleinen Nennschlupf, ist die Stromverdrängung noch vernach-lässigbar; in der Nähe von $s = 1$ und im Bremsbereich kann sie dagegen von Belang sein. Man muß daher bei Läuferstabhöhen über 10 mm für größere Schlupfwerte mit ver-größerten Läuferwiderständen R_2 und verringerten Streublindwiderständen $X_{2\sigma}$ rech-nen. Die Stromortskurve verläuft dann ähnlich wie in Bild **149.**1b. Dieser Effekt wird in den **Stromverdrängungsläufern** (s. Abschn. 3.3.2.4) ausgenutzt.

3.2.3.3 Oberfelder. Bisher hatten wir vorausgesetzt, daß der Ständer ein rein sinusför-miges Luftspaltfeld erzeugt und daß nur dieses auf den Läufer einwirkt, somit im Läufer-kreis rein sinusförmige Ströme mit rein sinusförmiger Strombelagsverteilung verursacht und infolgedessen ein Drehmoment nur vom **Ständer-Grundfeld** und der **Läufer-Strombelags-Grundwelle** erzeugt wird. Das Luftspaltfeld enthält aber stets noch eine Reihe von Oberfeldern, und die Läuferströme verursachen viele Strombelags-Teil-wellen (s. Abschn. 1.5.1).

Schleifringläufer und deren Ständer sind für die gleiche Polzahl gewickelt. Das νte Teilfeld des Ständers erzeugt einen Läuferstrom mit der Läuferfrequenz $s_\nu f_1 = f_1[1 - \nu(1 - s)]$, der eine Läuferstrombelagswelle mit der Polpaarzahl p aufbaut, die aber mit dem Oberfeld der Polpaarzahl νp des Ständers zusammen kein Drehmoment zu bilden vermag. Erst die νte Harmonische des Läuferstrombelags ist dazu in der Lage. Sie bleibt jedoch so klein, daß das erzeugte Drehmoment vernachlässigt werden darf. Zusätzliche Drehmomente durch Oberfelder sind daher bei üblichen Schleifringläufern nicht zu er-warten.

Die **Käfigwicklung** eines Kurzschlußläufers ist **nicht** für eine einzige Polzahl einge-richtet. Sie ist nur für solche Oberfelder unwirksam, die in allen Stäben gleichgerichtete Spannungen erzeugen (Polteilung $\tau_{\mathrm{p}\nu} = \tau_{\mathrm{n}2}/2$) oder deren Spannungen sich in einem Stab infolge Schrägstellung der Läufernuten (s. Bild **135.**1) aufheben (Schrägung um

$2\tau_{pv}$). Daher kann i.allg. ein Oberfeld des Ständers im Läufer eine Strombelagswelle mit gleicher Polpaarzahl $v_2 p = v_1 p$ erzeugen. Beide wirken wie in einem Motor mit $v$facher Polzahl zusammen, so daß die Oberfeld-Drehfelddrehzahl $n_{dv} = n_d/v$ beträgt. Dem Grundfeld-Drehmoment wird so nach Bild **152**.1 ein asynchrones Oberfeld-Drehmoment überlagert, das mit seinem generatorischen Kippmoment zu einer erheblichen Drehmomenteinsattelung führen kann. Im übrigen verhält sich der betrachtete Oberfeldmotor anders als der zugehörige Grundfeldmotor, da ihm der Ständerstrom I_1 aufgeprägt wird, während beim Grundfeldmotor nur eine konstante Klemmenspannung vorgegeben ist.

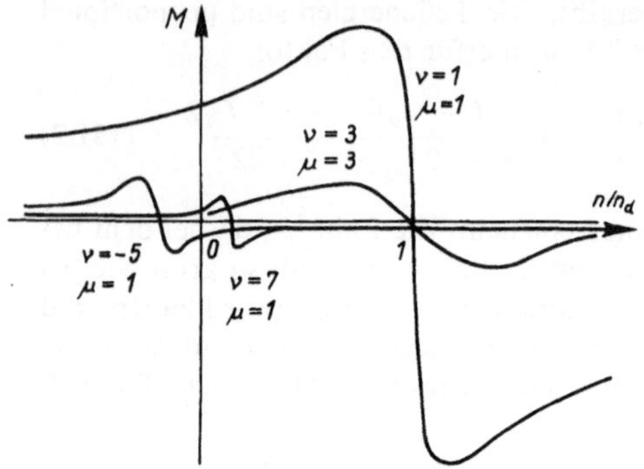

152.1
Asynchrone Drehmomente des Käfigläufers
v Ordnungszahl der Drehfelder
μ Ordnungszahl der Erregerströme

Das Läufer-Grundfeld übt auf das Ständer-Grundfeld eine Ankerrückwirkung aus, so daß trotz der erhöhten Durchflutungen resultierende Magnetisierungsdurchflutung und somit Gesamtfluß Φ konstant bleiben (s. Abschn. 1.6). Auch die Läufer-Oberfelder mit der Polpaarzahl $v_1 p$ wirken auf ihre erzeugenden Ständer-Oberfelder zurück und dämpfen sie ab. Nur auf diese Weise können asynchrone Drehmomente entstehen. Die nicht abgedämpften Restfelder machen die doppeltverkettete Streuung aus. Oberfelder können, wenn Ständer- und Läuferfelder gleicher Polzahl und gleicher Umlaufgeschwindigkeit bei einer bestimmten Läuferdrehzahl zusammentreffen, auch synchrone Drehmomente bilden, die zu sehr scharfen Drehmomenteinsattelungen führen. Durch günstige Wahl von Ständer- und Läufernutenzahl werden sie heute vermieden. Daneben sind die Oberfelder Ursache für den magnetischen Lärm, der durch Verformung des Ständerpakets oder des Läufers (Rüttelkräfte) erzeugt wird.

Neben den durch die Wicklungsverteilung hervorgerufenen Felder können nach Gl. (44.1) noch Leitwertswellen (z.B. infolge der Nuten, der magnetischen Sättigung in den Zähnen, infolge eines ungleichmäßigen Luftspalts oder anderer Unsymmetrien) Oberfelder hervorrufen. Sie sind aber meist nur für die Geräuschbildung von Bedeutung (s. Band II, Teil 2, Abschn. Magnetischer Lärm).

Beim Dreiphasenmotor tritt nach Abschn. 1.5.2.3 ein Wicklungsoberfeld mit dreifacher Polpaarzahl nicht auf. Das 5. Teilfeld hat die entgegengesetzte Richtung wie das Grundfeld; es führt daher zu einem Sattelmoment im Bremsbereich. Erst das 7. Teilfeld bewirkt einen meist kleinen Sattel etwas oberhalb von $n_d/7$. Alle übrigen Sattelmomente liegen bei kleineren Drehzahlen. Man kann ein bestimmtes Oberfeld unwirksam machen, wenn man den zugehörigen Wicklungsfaktor ξ_v zum Verschwinden bringt. Das tritt z.B. für das 7. Teilfeld bei der Wicklungssehnung $W/\tau_p = 0{,}866$ ein. Außerdem kann sich das Luftspaltfeld infolge der Eisensättigung in den Zähnen noch nicht, wie in Bild **62**.2 dargestellt, ausbilden. Die Eisensättigung verursacht eine Abflachung der Feldkurve, die sich als Oberfeld dreifacher Polzahl ($v = 3$) und dreifacher Erregerfrequenz ($\mu = 3$) auswirkt. Es hat daher die gleiche Drehfelddrehzahl wie das Grundfeld und unterstützt somit das Grundfeld-Drehmoment.

3.2.3.4 Läuferzusatzverluste. Die in Abschn. 3.2.3.3 betrachteten Oberfeld-Drehmomente wirken nur in ihrem motorischen Bereich, d.h. bei einer kleineren Drehzahl als n_d/ν in derselben Richtung wie das motorische Grundfeld-Drehmoment. Bei allen anderen Drehzahlen stellen sie Bremsmomente dar. Hier verkleinern sie daher nicht nur das Grundfeld-Drehmoment im Nennbereich, sondern erhöhen auch die Läuferverluste. Solche Läuferzusatzverluste treten insbesondere bei Käfigläufern mit geschrägten Stäben auf, deren Kurzschlußkäfig im Druckgußverfahren aus Aluminium eingespritzt ist und eine schlechte Isolation gegenüber dem Läuferblechpaket aufweist; in diesen Läufern können Ströme auch unmittelbar über das Eisen fließen. Wie Bild **153**.1 zeigt, werden die Drehmomente hierdurch im Nennbereich verkleinert, im Stillstand meist angehoben und im Bremsbereich wesentlich erhöht (s.a. Bild **180**.1).

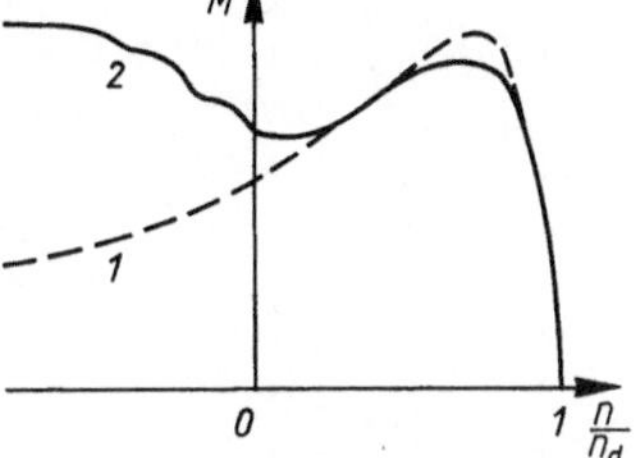

153.1
Drehmoment-Drehzahl-Kennlinie $M = f(n)$ ohne (*1*) und mit (*2*)
Läufer-Zusatzverlusten

Zusammenfassend kann man daher feststellen, daß das Kreisdiagramm genau nur für sättigungs- und stromverdrängungsfreie Maschinen mit vernachlässigbar kleinen Oberfeld-Drehmomenten gilt. Für Schleifringläufermotoren, insbesondere mit großer Leistung, liefert es meist für alle Betriebszustände ausreichende Werte. Bei Kurzschlußläufermotoren mit Aluminiumkäfig ist es zwischen Leerlauf und Kippdrehzahl gut zu verwenden; im Anlaufbereich ergibt es jedoch zu geringe Ströme und Drehmomente. Auch Stromverdrängungsläufer (s. Abschn. 3.3.2.4) haben im Nennlastbereich eine kreisbogenförmige Stromortskurve, deren Stillstandspunkt aber nicht mehr aus einem Kurzschlußversuch gewonnen werden kann. Wegen dieser Abweichungen der tatsächlichen Betriebskennlinien von den Werten des Kreisdiagramms ist eine Verfeinerung des Diagramms wenig sinnvoll. Es liefert aber einen guten Überblick über das Betriebsverhalten der Asynchronmaschinen und ist wichtig für die Berechnung (s. Band II, Teil 2, Abschn. Auswertung der Stromortskurve). Für weitere Einzelheiten s. [1], [11], [13], [20], [26], [30], [34].

3.3 Betriebsverhalten des Dreiphasen-Asynchronmotors

Wir wollen uns nun der wichtigsten Anwendung der Dreiphasen-Asynchronmaschine, dem asynchronen Dreiphasenmotor, zuwenden und sein Betriebsverhalten eingehender betrachten. Einige Eigenschaften und Schaltungen können sinngemäß auch auf andere Asynchronmaschinen übertragen werden.

3.3.1 Belastungskennlinien

Mit den in Bild **146**.1 dargestellten Drehmoment-Drehzahl-Kennlinien wird das Betriebsverhalten der Asynchronmaschine vollständig beschrieben. Diese Kennlinien lassen sich beim Motor jedoch in dem wichtigen Betriebsbereich zwischen Kippmoment und

Leerlauf schlecht auswerten. Da außerdem das Lastmoment die unabhängig veränderliche Größe ist, werden die Motoreigenschaften auch gern in Abhängigkeit vom Drehmoment M als Belastungskennlinien aufgetragen. Sie sind in Bild **154**.1 für den in den Beispielen 33 bis 36 (S. 143, 145, 148, 155) behandelten Dreiphasen-Asynchronmotor angegeben.

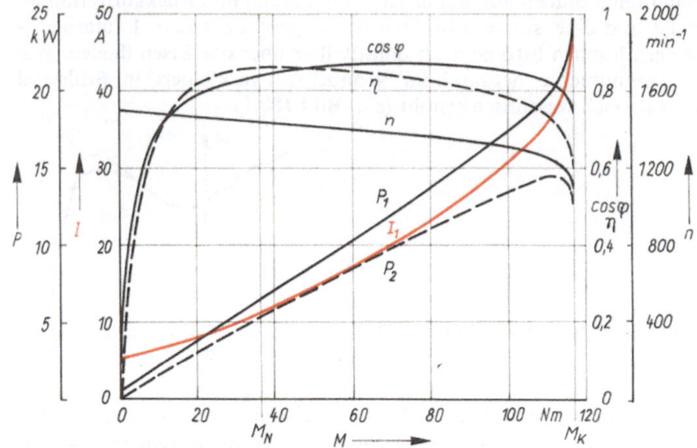

154.1
Belastungskennlinien n, I_1, P_1, P_2, $\cos\varphi, \eta = f(M)$ des Dreiphasen-Asynchronmotors der Beispiele 33 bis 36
M_N Nennmoment
M_K Kippmoment

Hier zeigt sich besonders gut das starre **Nebenschlußverhalten** der Drehzahl n. Der Ständerstrom I_1 sinkt bei Entlastung nicht linear ab, sondern bleibt auch im Leerlauf wegen des großen Magnetisierungsstroms verhältnismäßig groß. Der Wirkungsgrad η ist auch bei Teillast noch gut. Ähnliche Kennlinien gelten für andere Dreiphasen-Asynchronmotoren im Leistungsbereich von 2 bis 10 kW. Bei größeren Nennleistungen ist der Drehzahlabfall noch geringer und der Wirkungsgrad noch besser (Bild **154**.2).

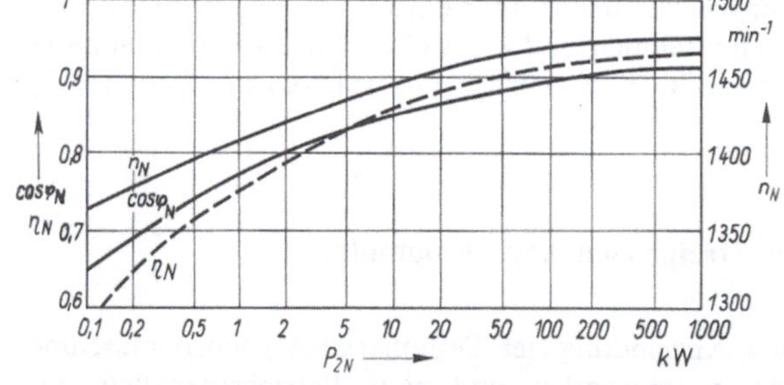

154.2
Mittlere Werte von Nenndrehzahl n_N, Nennleistungsfaktor $\cos\varphi_N$ und Nennwirkungsgrad η_N vierpoliger Dreiphasen-Asynchronmotoren mit Käfigläufer für 50 Hz in Abhängigkeit von der Nennleistung P_{2N}

Kleinere Motoren haben eine entsprechend weichere Drehzahlkennlinie und einen schlechteren Wirkungsgrad bei meist auch relativ größerem Magnetisierungsstrom. Größere Polzahlen sind mit einem schlechteren Leistungsfaktor $\cos\varphi$ verbunden.

Wechselstrommotoren kennzeichnet man außerdem durch das **Überlastungsverhältnis** M_K/M_N, das das Verhältnis von Kippmoment M_K zu Nennmoment M_N darstellt, das **Anzugsverhältnis** M_A/M_N als Verhältnis von Anzugsmoment M_A zu Nennmoment M_N, und durch das **Anlaufstromverhältnis** I_k/I_N als Verhältnis von Stillstandsstrom I_k zu Nennstrom I_N. Das Überlastungsverhältnis ist bei üblichen Dreiphasen-Asynchronmotoren meist $M_K/M_N = 2$ bis 3. Das Anzugsverhältnis kann dagegen je nach den Anforderungen sehr unterschiedlich sein (s. Abschn. 3.3.2), während das Anlaufstromverhältnis meist $I_k/I_N = 4$ bis 8 beträgt. Genauere Werte enthalten die Motorlisten der Hersteller.

Schon bei geringer Entlastung verschlechtert sich nach Bild **154**.1 der Leistungsfaktor $\cos\varphi_1$ erheblich. Man soll daher Dreiphasen-Asynchronmotoren nicht zu reichlich wählen. Die meisten Maschinen werden sowieso überwiegend mit wechselnder Last betrieben, so daß die Nennleistung nicht dauernd abgegeben werden muß. Wegen der hohen Überlastungsfähigkeit können sie auch kurzzeitig mehr als ihr Nennmoment liefern.

Die Elektrizitätstarife begünstigen eine Verbesserung des Netzleistungsfaktors durch die in Band I besprochene Blindstromkompensierung. Dreiphasen-Asynchronmotoren, die häufig mit Teillast laufen, versieht man daher gelegentlich unmittelbar hinter dem Schalter mit parallelgeschalteten Kondensatoren, die für die betreffende Leerlauf-Blindleistung bemessen sind. Die restliche Blindleistung wird dann meist in einer zentralen Kondensatorbatterie oder durch Phasenschieber (s. Abschn. 5.2.5) kompensiert.

Beispiel 36. Der in den Beispielen 33 bis 35 (S. 143, 145, 148) behandelte Dreiphasen-Asynchronmotor soll unter Benutzung der Werte in Bild **154**.1 mit einer Kondensatorbatterie für die Kompensierung der Leerlauf-Blindleistung versehen werden. Wie groß wird dann der Leistungsfaktor im Netz für Nennlast?

Bei dem Leistungsfaktor $\cos\varphi_0 = 0{,}0985$ ergibt sich $\sin|\varphi_0| = 0{,}995 \approx 1$ und somit die Blindleistung $Q_0 = \sqrt{3}\, U_1 I_{10} \sin|\varphi_0| = \sqrt{3} \cdot 380\,\text{V} \cdot 5{,}4\,\text{A} \cdot 0{,}995 = 3{,}53\,\text{kVA}$. Diese Blindleistung muß von der Kondensatorbatterie aufgebracht werden. Sie wird auf drei Kondensatoren verteilt, die man zweckmäßig in Dreieckschaltung an das Netz legt, da dann die Kapazität den kleinsten Wert annimmt. Die Kapazität ist dann bei $f = 50\,\text{Hz}$ (also $\omega = 2\pi f = 2\pi \cdot 50\,\text{Hz} = 314\,\text{s}^{-1}$)

$$C = \frac{1}{\omega} \cdot \frac{Q_0}{3\,U_1^2} = \frac{3530\,\text{VA}}{314\,s^{-1} \cdot 3 \cdot 380^2\,\text{V}^2} = 26\,\mu\text{F}$$

Gewählt werden genormte Kondensatoren für 25 μF, 380 V. Sie liefern insgesamt die Blindleistung $Q_C = 3\,U^2 C\omega = 3 \cdot 380^2\,\text{V}^2 \cdot 25 \cdot 10^{-6}\,\text{F} \cdot 314\,\text{s}^{-1} = 3{,}4\,\text{kVA}$. Bei Nennbetrieb ohne Kompensation muß das Netz die Wirkleistung $P_{1N} = 6{,}28\,\text{kW}$ und mit $\sin|\varphi_N| = 0{,}558$ die induktive Blindleistung $Q_N = \sqrt{3}\,I_{1N} U_1 \sin|\varphi_N| = \sqrt{3} \cdot 380\,\text{V} \cdot 11{,}5\,\text{A} \cdot 0{,}558 = 4{,}21\,\text{kVA}$ aufbringen. Bei der vorgesehenen Blindstromkompensation braucht es nur noch die Blindleistung $Q = Q_N - Q_C = 4{,}21\,\text{kVA} - 3{,}4\,\text{kVA} = 0{,}81\,\text{kVA}$ und somit die Scheinleistung

$$S = \sqrt{P_{1N}^2 + Q^2} = \sqrt{6{,}28^2\,\text{kW}^2 + 0{,}81^2\,\text{kVA}^2} = 6{,}42\,\text{kVA}$$

zur Verfügung zu stellen. Der Leistungsfaktor wird dadurch auf $\cos\varphi = P_{1N}/S = 6{,}28\,\text{kW}/6{,}42\,\text{kVA} = 0{,}978$ erhöht. Meist reicht eine Verbesserung auf $\cos\varphi = 0{,}9$, also ein kleinerer Kondensator, aus.

3.3.2 Anlauf und Anlassen

Der Stillstandsstrom I_{1k} des Drehstrommotors beträgt mit den Anlaufstromverhältnissen $I_{1k}/I_{1N} = 4$ bis 8 ein Mehrfaches des Nennstroms I_{1N}. Dabei treten die kleineren Werte bei großen Polzahlen und kleinen Leistungen auf; sie können gelegentlich sogar noch geringer werden. Beim Hochlauf ändert sich der Strom bis zum Erreichen des Kippmoments nur wenig. Große Anlaufströme verursachen dann – insbesondere bei langsamem Hochlauf – störende Spannungsschwankungen im Netz, so daß die Energieversorgungsunternehmen nur Motoren bis zu einer bestimmten Grenzleistung (z.B. bis zur Nennscheinleistung 12 kVA) zum direkten Einschalten an das Netz zulassen. Bei größeren Motoren muß man besondere Anlaßverfahren vorsehen.

Gelegentlich entspricht das Anzugsmoment des Dreiphasen-Asynchronmotors auch nicht optimal den Bedingungen des Antriebs. Bei Schweranlauf soll z.B. das Anzugsmoment so groß wie möglich gemacht werden, um für den Hochlauf das maximale Beschleunigungsmoment zur Verfügung zu haben; u.U. muß das Motormoment sogar während des Hochlaufs auf diesen Höchstwert nachgestellt werden. Daneben gibt es Antriebe, für die nur ein kleines Anzugsmoment und keine stoßförmigen Beschleunigungen zugelassen werden können, z.B. Antriebe für Textilmaschinen (Gefahr von Betriebsstörungen, wenn ein Faden reißt).

3.3.2.1 Läuferanlasser. Im Stillstand stellt der Asynchronmotor einen sekundär kurzgeschlossenen und primär an voller Spannung liegenden Transformator dar. Durch den momentanen Kurzschluß des Läuferkreises entsteht daher ein großer Anlaufstromstoß. Vergrößert man nun den **Widerstand des Läuferkreises**, so wird der Läuferstrom und somit auch der Ständerstrom kleiner. Bei einem Schleifringläufer nach Abschn. 3.1.2 schaltet man deshalb über die Läuferanschlußklemmen u, v, w einen **Anlaßwiderstand** in den Läuferkreis ein (Bild **156.1**).

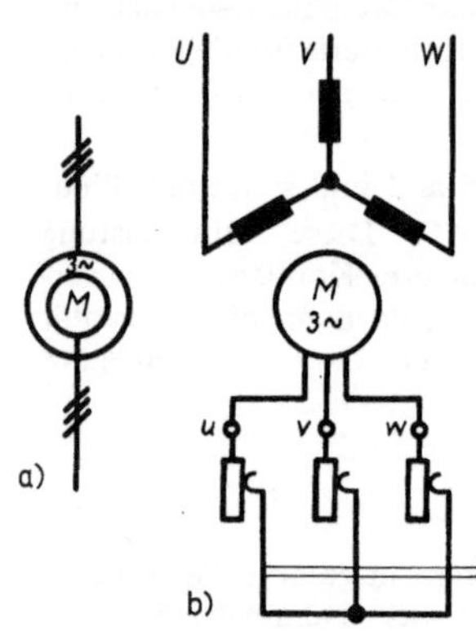

156.1
Schaltkurzzeichen (a) und Schaltzeichen (b) eines Dreiphasen-Asynchronmotors mit Schleifringläufer und handbetätigtem Läuferanlasser

Der Läuferanlasser besteht aus drei Widerständen, die durch den verschiebbaren, dreiarmigen Kontaktbügel in Stern geschaltet sind. Jeder Widerstand setzt sich aus Teilwiderständen zusammen, die an Kontakte angeschlossen sind, so daß der Anlaßwiderstand stufenweise aus dem Läuferkreis herausgenommen werden kann.

Hierbei darf der Läuferkreis nicht geöffnet werden. Bei offenem Läuferkreis und einem am Netz liegenden Ständer käme der Motor wegen des fehlenden Läuferstroms zwar zum Stillstand, es würde aber weiterhin der Magnetisierungsstrom fließen, der zusammen mit den Eisenverlusten infolge der fehlenden Kühlung die Wicklungen zu sehr erwärmte.

Eine Betrachtung der Ersatzschaltung in Bild **137**.1 zeigt, daß sich an den Strömen und somit auch am Drehmoment der Asynchronmaschine nichts ändert, wenn man nach dem Einschalten eines Vorwiderstandes R_{2V} in den Läuferkreis (zusätzlich zum Läuferkreiswiderstand R_2) den Schlupf s auf den neuen Wert s^* bringt und dabei die **Bedingung**

$$R_2/s = (R_2 + R_{2V})/s^* \tag{156.1}$$

einhält. Durch den Vorwiderstand R_{2V} werden daher auch die Ortskurven und Kennlinien für Ströme und Drehmoment nicht beeinflußt. Es wird ihnen lediglich ein anderer

Schlupf s^* bzw. eine neue Drehzahl n^* zugeordnet. Es gilt daher auch

$$s^*/s = (R_2 + R_2\text{v})/R_2 \tag{157.1}$$

d.h., bei gleichbleibenden Strömen und Drehmomenten verhalten sich die Schlupfwerte wie die Läuferwiderstände. Die neuen Kennlinien entstehen daher durch eine einfache, proportionale Verschiebung über dem Schlupf s oder der Drehzahl n. Man braucht nur den zum gewünschten Anlaufstrom, bzw. Anzugsmoment gehörenden Schlupf s aus dem Kreisdiagramm (Bild **143.**1) oder den Belastungskennlinien (Bild **154.**1) zu entnehmen und kann dann durch Einsetzen von $s^* = 1$ in Gl. (157.1) den erforderlichen Anlaßwiderstand

$$R_2\text{v} = R_2[(1/s) - 1] \tag{157.2}$$

bestimmen. Bild **157.**1 zeigt, wie auf diese Weise Strom- und Drehmoment-Drehzahl-Kennlinien verändert werden können. Es ist besonders vorteilhaft, daß mit diesem Anlaßverfahren gleichzeitig der Anlaufstrom herabgesetzt und das Anzugsmoment erhöht wird. Durch Wahl des Schlupfes $s = s_\text{K}$ kann man sogar das Anzugsmoment M_A gleich dem Kippmoment M_K machen. Hierfür braucht nur der Kippschlupf s_K bekannt zu sein.

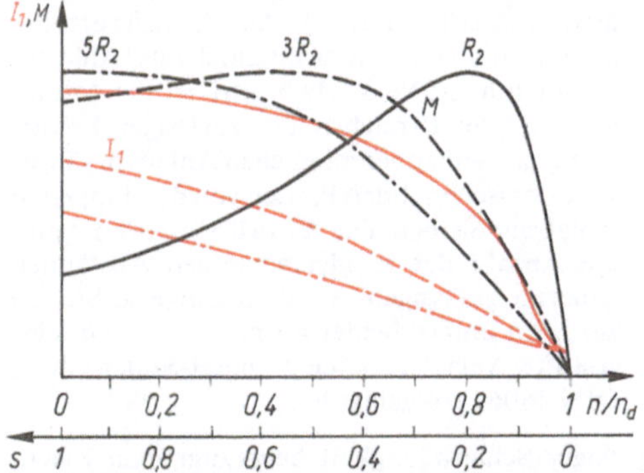

157.1 Strom- und Drehmoment-Drehzahl-Kennlinien eines Dreiphasen-Asynchronmotors für verschiedene Läuferkreiswiderstände R_2 (—), $3\,R_2$ (———) und $5\,R_2$ (—·—)

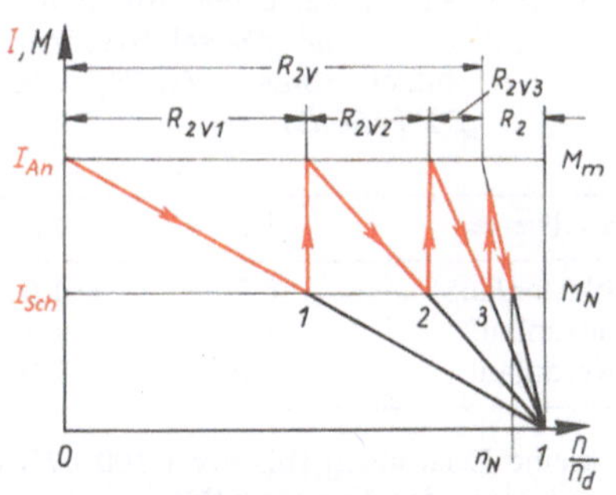

157.2 Anlaßvorgang eines Dreiphasenmotors mit Läuferanlasser
M_m Höchstwert des Hochlaufmoments
M_N Nennmoment

3.3.2.2 Bemessung des Läuferanlassers. Beim Einschalten des Motors wird durch den voll eingeschalteten Anlasser der Läuferstrom auf den vorgeschriebenen Wert I_An begrenzt (Bild **157.**2). Anschließend läuft der Motor hoch, und Strom sowie Drehmoment sinken mit steigender Drehzahl nach Bild **157.**2 bis Punkt *1* ab, wenn man, wie angenommen, im linearen Bereich der Strom- und Drehmoment-Kennlinien arbeitet. Diese Vereinfachung ist bei Betrieb in der Nähe des Nennmoments zulässig. Wenn wir weiterhin voraussetzen, daß der Motor eine Arbeitsmaschine mit konstantem Lastmoment $M_\text{L} = M_\text{N}$ anzutreiben hat, wird der Maschinensatz bis zum Punkt *1* beschleunigt. Hier muß dann ein Teilwiderstand $R_{2\text{V}1}$ des Anlassers abgeschaltet werden. Wird dieser Widerstand so gewählt, daß sich nun der zulässige Anlaßspitzenstrom I_An einstellt, so springt auch das Drehmoment erneut auf den Höchstwert und beschleunigt den Motor bis zum Punkt *2*. Hier wird wieder vom Schaltstrom I_{Sch} auf den Anlaufspitzenstrom I_{An} umgeschaltet. Im betrachteten Fall benötigt man insgesamt drei Anlasser-Teilwiderstände $R_{2\mathrm{V}1}$ bis $R_{2\mathrm{V}3}$. Da nach Gl. (69.1) für die Läuferkreisverluste $V_{\mathrm{Cu}2} = 3\,I_{2\,\mathrm{Str}}^2$ $(R_2 + R_{2\mathrm{V}}) = P_{\mathrm{d}}s = 2\pi M_{\mathrm{i}} n_{\mathrm{d}} s$ gilt, besteht für konstanten Schlupfstrom $I_{2\,\mathrm{Str}}$ und konstantes Drehmoment M_{i} Proportionalität zwischen Schlupf s und Läuferkreiswiderstand $R_2 + R_{2\mathrm{V}}$, so daß in Bild **157**.2 auch die Einzelwiderstände aufgetragen werden dürfen. Die Anlasserstufung kann somit durch eine einfache geometrische Konstruktion ermittelt werden.

Für die Auswahl bzw. Bemessung des Anlassers ist nach VDE 0660 und DIN 46062 die Anlasserkennzahl

$$k_{\mathrm{a}} \approx 1{,}4\,\frac{I_{2\,\mathrm{N}}}{I_{2\,\mathrm{mi}}} \cdot \frac{U_{20}}{\sqrt{3}\,I_{2\,\mathrm{N}}} \tag{158.1}$$

mit dem mittleren Anlaßstrom

$$I_{2\,\mathrm{mi}} = (I_{\mathrm{An}} + I_{\mathrm{Sch}})/2, \tag{158.2}$$

der Läufer-Stillstandsspannung U_{20} und dem Läufer-Nennstrom $I_{2\,\mathrm{N}}$ maßgebend[1]). Sie wird auf Zahlenwerte der Normzahlenreihe R 5 abgerundet. Das Verhältnis $I_{2\,\mathrm{mi}}/I_{2\,\mathrm{N}}$ wird auch Anlaßschwere genannt und hat die Normalwerte von Tafel **158**.1 (für die Begriffe Halblastanlauf usw. s. Abschn. 1.2.2.2). Als Anlaßzeit bezeichnet man die Zeit, während der der Anlasser Strom führt. Die Anlaßzahl ist die Anzahl der bis zum Erreichen der zulässigen Erwärmung nacheinander möglichen Anlaßvorgänge, wenn zwischen ihnen Pausen von der doppelten Anlaßzeit bleiben. Die Anlaßhäufigkeit gibt die Anzahl der in gleichmäßigen Abständen dauernd zulässigen Anlaßvorgänge je Stunde an. Man unterscheidet normal, grob und feingestufte Anlasser, deren Mindest-Stufenzahl in DIN 46062 festgelegt ist.

Tafel **158**.1 Normalwerte der Anlaßschwere $I_{\mathrm{mi}}/I_{\mathrm{N}}$ und des relativen Anlaßspitzenstroms $I_{\mathrm{An}}/I_{\mathrm{N}}$ (nach DIN 46062)

Normalwerte	$I_{\mathrm{mi}}/I_{\mathrm{N}}$	$I_{\mathrm{An}}/I_{\mathrm{N}}$
Halblastanlauf	0,7	1,0
Vollastanlauf	1,4	1,8
Schweranlauf	2,0	2,5

Für kleine Leistungen (bis etwa 100 kW) bei geringer Schalthäufigkeit bevorzugt man Flachbahnanlasser oder Trommelbahnanlasser, deren Kontakte sich auf einem Zylinder befinden. Mittlere Leistungen (bis etwa 800 kW) lassen sich bei geringer Anlaßhäufigkeit mit Walzenbahnanlassern (Kontroller) beherrschen. Hier bestehen die festen Kontakte aus mehreren Einzelfingern; die Kontaktflächen werden durch Ringsegmente auf einem drehbaren Zylinder gebildet.

Normale Anlasser mit Luftkühlung erlauben wegen ihrer geringeren Wärmekapazität bei schnellerer Wärmeabgabe eine größere Anlaßhäufigkeit, aber eine geringere Anlaßzahl als Anlasser mit Ölkühlung, die besonders für staubige Betriebe geeignet sind. Bei mittlerer Anlaßhäufigkeit verwendet man Steuerschalter, die durch Nocken und Kurvenscheiben ausgelöst werden und Einzelschalter betätigen. Große Anlaßhäufigkeit erfordert Schützensteuerung mit Druckknopfbedienung oder Betätigung durch Programmschaltwerke. Große Motorleistungen werden häufig mit Flüssigkeitsanlassern eingeschaltet, mit denen man durch Eintauchen von Elektroden in eine Sodalösung den Läuferkreiswiderstand stufenlos verändern kann. Für weitere Einzelheiten s. Band VIII, Abschn. Anlasser.

---

[1]) In VDE 0660 noch mit u und i bezeichnet.

Beispiel 37. Ein Dreiphasen-Asynchronmotor mit Schleifringläufer und der Nennleistungsabgabe $P_{2N} = 50\,\text{kW}$ für 380 V Dreieckschaltung hat die Nenndrehzahl $n_N = 1480\,\text{min}^{-1}$, das Überlastungsverhältnis $M_K/M_N = 3$, den Kippschlupf $s_K = 0{,}08$, die Läufer-Stillstandsspannung $U_{20} = 455\,\text{V}$ und den Läufer-Nennstrom $I_{2N} = 70\,\text{A}$. Er soll für Schweranlauf mit dem Kippmoment als Anzugsmoment anlaufen. Der erforderliche Anlaßwiderstand R_{2V} und die Anlasserkennzahl sind zu berechnen.

Zunächst müssen wir den Strangwiderstand der in Stern geschalteten Läuferwicklung bestimmen. Wir setzen voraus, daß für die Streublindwiderstände gilt $X_{1\sigma} = X'_{2\sigma}$. Dann ist nach Gl. (147.3) der Kippschlupf $s_K = R'_2/(2\,X'_{2\sigma})$, und es gilt für den Nennphasenwinkel des Läuferstroms

$$\varphi_{2N} = -\arctan(s_N X'_{2\sigma}/R'_2) = -\arctan[s_N/(2s_K)] \tag{159.1}$$

Mit dem Nennschlupf nach Gl. (66.1)

$$s_N = \frac{n_d - n_N}{n_N} = \frac{1500\,\text{min}^{-1} - 1480\,\text{min}^{-1}}{1500\,\text{min}^{-1}} = 0{,}0133$$

ist daher der Läufer-Phasenwinkel $\varphi_{2N} = -\arctan(0{,}0133/2 \cdot 0{,}08) = -4{,}76°$ und der zugehörige Leistungsfaktor $\cos\varphi_{2N} = 0{,}9965$ (also ≈ 1). Bei Nennlast liegt am Läuferwiderstand R_2 die Strangspannung $s_N U_{20}\cos\varphi_{2N}/\sqrt{3}$. Daher beträgt der **Läuferwiderstand**

$$R_2 = \frac{s_N U_{20}\cos\varphi_{2N}}{\sqrt{3}\,I_{2N}} = \frac{0{,}0133 \cdot 455\,\text{V} \cdot 0{,}9965}{\sqrt{3} \cdot 70\,\text{A}} = 0{,}498\,\Omega$$

Mit dem Schlupf $s = s_K$ benötigt man somit nach Gl. (157.2) den **Läufer-Anlaßwiderstand**

$$R_{2V} = R_2\left(\frac{1}{s_K} - 1\right) = 0{,}498\,\Omega\left(\frac{1}{0{,}08} - 1\right) = 5{,}73\,\Omega$$

Nach Tafel **158**.1 ist hier $I_{2\text{mi}}/I_{2N} = 2{,}0$. Somit ergibt sich nach Gl. (158.1) die **Anlasserkennzahl**

$$k_a = 1{,}4\,\frac{I_{2N}}{I_{2\text{mi}}} \cdot \frac{U_{20}}{\sqrt{3}\,I_{2N}} = \frac{1{,}4}{2{,}0} \cdot \frac{455\,\text{V}}{\sqrt{3} \cdot 70\,\text{A}} = 2{,}62\,\Omega$$

Daher wäre z.B. ein „Anlasser DIN 46062 DLg für 70 kW Schweranlauf, $k_a = 2{,}5\,\Omega$" (L für Luftkühlung, g grob gestuft) mit den Mindestwerten für Anlaßzeit $t_a = 19\,\text{s}$, Anlaßzahl $z = 2$, Anlaßhäufigkeit $h = 2\,\text{h}^{-1}$ bei mindestens 3 Anlaßstufen zu wählen.

3.3.2.3 Pulssteuerung. Ein Anlasser nach Abschn. 3.3.2.2. erfordert dem Verschleiß unterliegende Schaltkontakte oder eine aufwendige Schützensteuerung für die einzelnen Widerstandsstufen. Für Kransteuerungen oder ähnlich häufig betätigte Anlaßschaltungen setzt man daher gern kontaktlose Anordnungen ein.

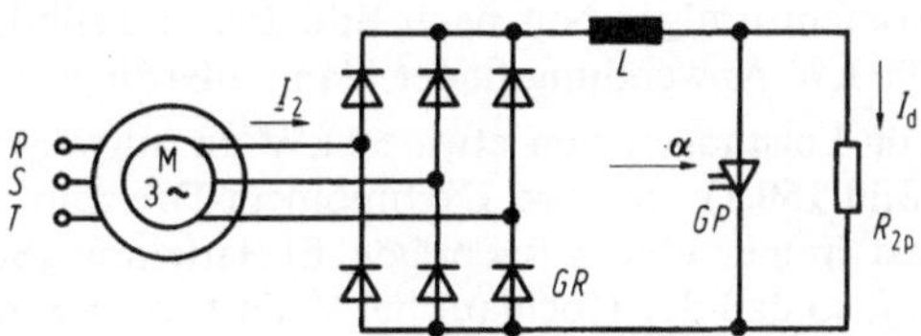

159.1
Dreiphasen-Schleifringläufermotor mit Pulssteuerung

Bild **159**.1 zeigt die Schaltung einer solchen kontaktlosen Pulssteuerung. Die Läuferströme werden dort in der Brückenschaltung GR gleichgerichtet und dann über die Drossel L

dem Pulswandler GP und dem Widerstand R_{2P} zugeführt. Der Pulswandler (s. Abschn. 6.1.4.4) kann über einen Steuersatz mit dem Steuerwinkel α verstellt werden. Für weitere Einzelheiten s. [9].

Während in dem dreiphasigen Anlaßwiderstand R_{2v} bei dem Läuferstrom I_2 die Leistung $P_{2v} = 3\,R_{2v}\,I_2^2$ umgesetzt wird, muß ein gleichwertiger Widerstand R_{2p} mit dem Strom I_d bei voller Sperrung des Pulswandlers die ebenso große Leistung $P_{2p} = P_{2v} = R_{2p}\,I_d^2$ verarbeiten. Für einen Gleichrichter GR in Dreiphasen-Brückenschaltung gilt nach [9] das Stromverhältnis $I_2/I_d = \sqrt{2/3}$, so daß in diesem Fall der Pulssteuerungswidertand mit

$$R_{2p} = 3\,(I_2/I_d)^2\,R_{2v} = 2\,R_{2v} \tag{160.1}$$

einfach nur doppelt so groß wie der Anlaßwiderstand R_{2v} nach Gl. (157.2) zu wählen ist.

3.3.2.4 Stromverdrängungsläufer.

3.3.2.4 Stromverdrängungsläufer. Die Vorteile des Schleifringläufers wirken sich nur bei großen Motoren und Schweranlauf voll aus. Für normale Antriebsfälle ist dagegen der Käfigläufer wesentlich billiger und betriebssicherer. Er weist außerdem bei geringem Drehzahlabfall den höchsten Wirkungsgrad aller Elektromotoren (mit Ausnahme der großen Synchronmotoren) auf. Sein Nachteil ist der große Anlaufstrom und das bei größeren Motoren relativ geringe Anzugsmoment. Durch Ausnutzung der Stromverdrängung (s. Abschn. 3.2.3.2) kann man ähnlich wie beim Schleifringläufer – allerdings sozusagen automatisch über die Läuferfrequenz – die Läuferwiderstände schlupfabhängig verändern und somit das Anlaufverhalten verbessern.

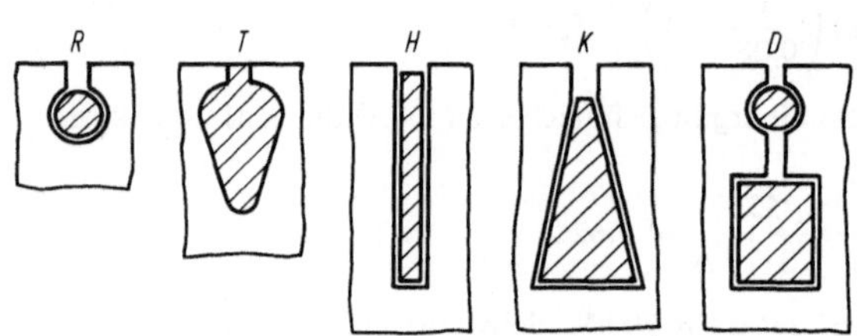

160.1
Nut- und Stabformen von Käfigläufern
R Rundstab
H Hochstab
T Tropfennut mit Aluminiumverguß
K Keilstab
D Doppelkäfig

Bild **160.1** zeigt die bei Käfigläufern üblichen Nutformen. Ein Rundstab R aus Kupfer wird nur noch gelegentlich bei kleinen Motoren eingesetzt. Bei größeren Leistungen hat er die Kennlinie R in Bild **161.1** und ist daher nicht gut brauchbar. Kleinmotoren bis etwa 1 kW haben dagegen auch ohne Ausnutzung der Stromverdrängung (hauptsächlich infolge des relativ großen Läuferwiderstandes) ein ausreichendes Anzugsmoment (Kennlinie T in Bild **161.1**) und einen genügend kleinen Einschaltstrom, so daß hier besondere Maßnahmen entfallen können. Sie haben meist einen Aluminiumkäfig mit tropfenförmiger Nut nach Bild **160.1**, Teilbild T, die auch noch bis zu Leistungen von 100 kW Anwendung findet, dann allerdings kleinere Anzugsmomente liefert.

Für Leistungen von etwa 50 kW an aufwärts wendet man meist Hochstabläufer H (Bild **160.1**) an. Ihre Drehmoment-Drehzahl-Kennlinie (Bild **161.1**, Kennlinie H) weist fast immer eine ausgeprägte Einsattelung (Sattelmoment M_H) kurz nach dem Anlauf auf, so daß der Hochlauf bei Vollast- oder Schweranlauf behindert wird. Für Leistungen über 400 kW wird der Hochstab gelegentlich durch den Keilstab K (Bild **160.1**) ersetzt, da er eine kleinere Stabhöhe ermöglicht. Die Motoreigenschaften ändern sich dadurch nur wenig.

Besonders große Anzugsmomente bei kleinem Anlaufstrom liefert der Doppelkäfigläufer D. In seinen Nuten befinden sich Unter- und Oberstäbe, die einen inneren und
einen äußeren Käfig bilden (Bild **160**.1, Teilbild D). Der Oberstab ist meist ein Rundstab aus Kupfer oder Messing; er hat wegen des großen Streublindwiderstandes des
Unterstabs während des Anlaufs den Läuferstrom fast allein zu führen und erwärmt sich
dann stark infolge seines großen Widerstandes. Bei Nennlast bestimmt dagegen wegen
der geringen Läuferfrequenz der innere Käfig den Läuferwiderstand und garantiert gute
Nennwerte. Für Leistungen unter 100 kW kann der Doppelkäfig auch aus Aluminium
hergestellt werden. Der untere Teil der Nut hat dann meist die Form T in Bild **160**.1.

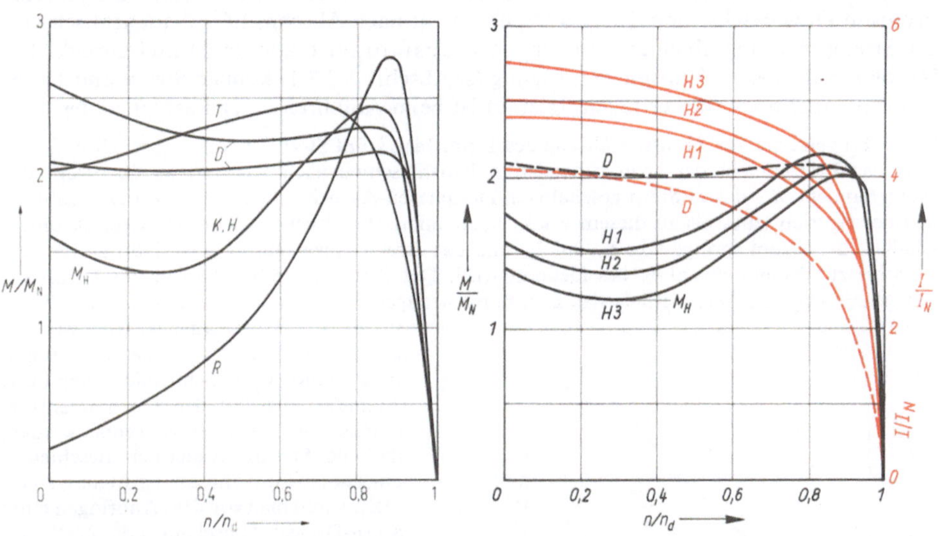

161.1 Mittlere Drehmoment-Drehzahl-Kennlinien   **161**.2 Strom- und Drehmoment-Drehzahl-Kenn-
von Dreiphasen-Asynchronmotoren   linien von Dreiphasen-Asynchronmotoren mit
  R Schleifringläufer oder Rundstab für   Hochstabläufern (H) für 30 kW (H 1), 75 kW
      Leistungen über 50 kW   (H 2) und 200 kW (H 3) sowie von Doppel-
  K Keilstab   käfigläufern (D) für 200 kW
  H Hochstab
  D Doppelkäfigläufer
  T Kleinmotoren bis 1 kW mit Tropfennut

Die in Bild **161**.1 dargestellten Kennlinien können nur Mittelwerte darstellen, da die Motoren-
hersteller die Motoreigenschaften in weiten Grenzen ändern können. Genaue Werte sind den
Motorenlisten der Hersteller zu entnehmen. Auch die Motorgröße wirkt sich bei optimaler
Auslegung auf die Strom- und Drehmoment-Kennlinien aus, wie Bild **161**.2 zeigt. Kleinere Motoren dürfen für größere Anlaufströme bemessen werden; dann ist gleichzeitig auch das Anzugsmoment größer. Größere Motoren haben stets einen geringeren Nennschlupf, also eine
größere Nenndrehzahl. Bild **161**.2 läßt auch den Unterschied zwischen Hochstab- und Doppelkäfigläufer bei gleicher Leistung besonders gut erkennen. Es muß aber darauf hingewiesen werden, daß mit wachsender Ausnutzung der Stromverdrängung der Nennleistungsfaktor $\cos\varphi_N$
wegen der größeren Läuferstreuung schlechter und somit die Ständerkupferverluste größer werden. Gleichzeitig bedingt die Erhöhung des Anzugsmoments bei unverändertem Anlaufstrom

fast immer eine Verkleinerung des Kippmoments. Man sollte daher für alle Antriebe einen Leeranlauf anstreben.

3.3.2.5 Stern-Dreieck-Umschaltung.

Für viele Antriebsfälle reicht die durch Stromverdrängung erzielte Verkleinerung des Anlaufstroms noch nicht aus. Dann muß man durch Herabsetzen der Ständerstrangspannungen den wirksamen Fluß verkleinern. Wenn der Dreiphasen-Asynchronmotor für eine betriebsmäßige Dreieckschaltung vorgesehen ist, kann man ihn für den Anlauf in Stern schalten und so jede Strangwicklung mit dem $1/\sqrt{3}$-fachen der normalen Strangspannung betreiben. Dadurch sinkt der Strangstrom auf $1/\sqrt{3}$ und der Außenleiterstrom auf ein Drittel des Anlaufstroms in Dreieckschaltung. Da das Drehmoment nach Abschn. 1.6.2.2 quadratisch von der Strangspannung abhängt, geht das Anzugsmoment auf ein Drittel zurück. Bei Motoren mit starker Zahnspitzensättigung (s. Abschn. 3.2.3.1) können Strom und Drehmoment sogar noch stärker fallen. Hierauf ist beim Anfahren unter Last zu achten.

Bild **162**.1 zeigt die Verhältnisse während des Hochlaufs mit Stern-Dreieck-Umschaltung. Verläuft das Lastmoment der anzutreibenden Arbeitsmaschine nach Kurve 1, so überwiegt das Motormoment $M_\curlywedge$ des in Stern geschalteten Dreiphasen-Asynchronmotors bis zur Drehzahl $n_\curlywedge$ und der Antrieb kann bis zu diesem Punkt hochlaufen. Anschließend wird auf Dreieck umgeschaltet; der Strom springt von $I_\curlywedge$ auf $I_\triangle$ und das Drehmoment auf $M_\triangle$, so daß nun der Antrieb bis zur Nenndrehzahl n_N beschleunigt wird. Der Strom erreicht während des Hochlaufs den Maximalwert $2{,}7\,I_N$. Verliefe das Lastmoment dagegen nach Kurve 2, so würde der Netzstrom beim Umschalten so groß werden, daß hierfür die Stern-Dreieck-Umschaltung sinnlos wäre. Schließlich kann diese Anlaufart auch für den Lastmomentverlauf nach Kurve 3 nicht verwendet werden, da in der Sternschaltung kein Beschleunigungsmoment mehr zur Verfügung steht. Daher muß man vor dem Anbringen eines Stern-Dreieck-Umschalters die Lastkennlinie der anzutreibenden Arbeitsmaschine und die Drehmoment-Drehzahl-Kennlinie des Motors miteinander vergleichen.

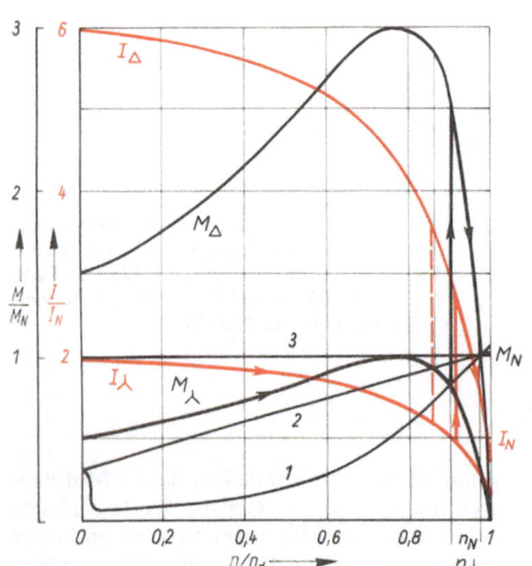

162.1

Strom I und Drehmoment M eines Dreiphasen-Asynchronmotors in Abhängigkeit von der Drehzahl n für Sternschaltung ($\curlywedge$) und Dreieckschaltung ($\triangle$)
1 bis 3 Lastkennlinien

Beispiel 38. Ein Dreiphasen-Asynchronmotor, Baugröße 225 M nach DIN 42 673 für die Nennleistung $P_{2N} = 45$ kW bei $n_N = 1470$ min^{-1}, $\eta_N = 0{,}93$, $U_N = 380/660$ V $\triangle/\curlywedge$, $f = 50$ Hz und $I_k/I_N = 6$ (bei Stern-Dreieck-Umschaltung $I_k/I_N = 1{,}9$) kann in Ausführung A bzw. B mit den Kennwerten nach Tafel **163**.1 und den Betriebskennlinien in Bild **163**.2 geliefert werden. Die Anlaufverhältnisse für zwei Arbeitsmaschinen 1 und 2 (Lastkennlinien 1 und 2) sind zu untersuchen.

a) Die Arbeitsmaschine mit der Lastkenn-linie _1_ benötigt ein außerordentlich großes Losreißmoment, denn es ist $M_{LA}/M_N = 1,4$. Wenn wir verlangen, daß der Motor auch noch bei 0,85facher Nennspannung sicher anläuft, kann die Motorausführung A in diesem Fall entsprechend Gl. (72.3) nur das Anzugsverhält-nis $M_A^*/M_N = 0,85^2 \cdot 1,8 = 1,3$ zur Verfügung stellen, während die Ausführung B rechnerisch $M_A^*/M_N = 0,85^2 \cdot 2,6 = 1,88$ liefert. Wegen des Sättigungseinflusses muß man jedoch bei Absenkung der Strangspannung noch mit einem etwas kleineren Anzugsmoment rechnen. Für den Antriebsfall 1 kommt daher nur der Motor

Tafel **163.**1 Kennwerte des Motors im Bei-spiel 38

		Ausführung	
		A	B
M_A/M_N	normal	1,8	2,6
	⅄/△-Umschaltung	0,55	0,8
I_N in A		84	85
$\cos\varphi_N$		0,88	0,87

B mit den etwas schlechteren Werten eines Stromverdrängungsläufers für Nennstrom I_N und Nennleistungsfaktor $\cos\varphi_N$ in Frage.

b) Der Lüfterantrieb mit der Lastkennlinie _2_ benötigt mit $M_{LA}/M_N = 0,38$ nur ein geringes Anzugsmoment. Setzen wir auch hier einen Anlauf bei $0,85\,U_N$ voraus, so kann der Motor A bei Stern-Dreieck-Umschaltung das Anzugsverhältnis $M_A^*/M_N = 0,85^2 \cdot 0,55 = 0,4$ zur Verfügung stellen, so daß es gerade ausreicht. Rechnerisch würde das Anzugsmoment bei dieser Anlaßart auf $M_A^*/M_N = 1,8/3 = 0,6$ absinken; in dem Wert 0,55 ist daher der Sättigungseinfluß schon be-rücksichtigt. Das Anlaufstromverhältnis geht rechnerisch auf $I_k/I_N = 6/3 = 2$ zurück (nach An-gabe des Herstellers infolge Eisensättigung jedoch auf $I_k/I_N = 1,9$). Beim Umschalten von Stern-auf Dreieckschaltung tritt nach Bild **163.**2 aber noch eine Stromspitze mit dem Stromverhältnis $I/I_N = 3,2$ auf.

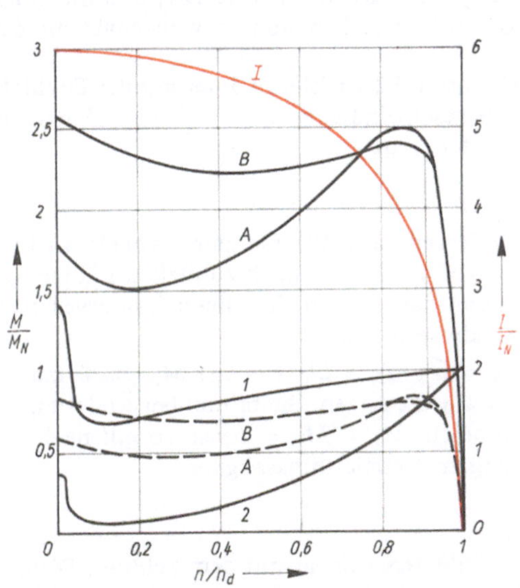

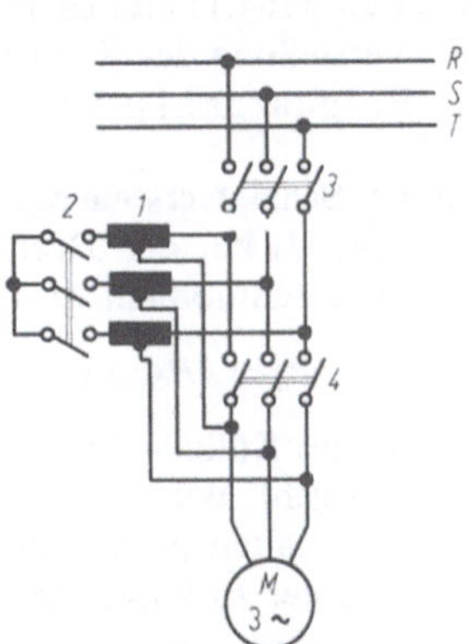

163.3 Schaltung eines Dreiphasenmotors mit
_1_ Anlaßtransformator
_2_ Sternpunktschalter
_3_ Hauptschalter
_4_ Überbrückungs-
schalter

163.2 Untersuchung der Anlaufverhältnisse mit den Drehmoment-Drehzahl-Kennlinien _A_, _B_ für Dreieckschaltung (——) und Sternschaltung (– – –) der Dreiphasen-Asynchron-motoren _A_ und _B_, den Lastkennlinien _1, 2_ von zwei Arbeitsmaschinen und der Stromkennlinie _I_ für Dreieckschaltung (Beispiel 38)

3.3.2.6 Anlaßtransformator. Von etwa 500 kW an werden Kurzschlußläufermotoren (ebenso wie Synchronmotoren) für Leeranlauf auch mit einem Anlaßtransformator hochgefahren. Dabei sinken Anlaufstrom und Anzugsmoment quadratisch mit der Motorspannung. Der Anlaßtransformator hat eine Sparschaltung nach Bild **163**.3. Beim Einschalten wird zunächst der Sternpunktschalter *2* und dann der Hauptschalter *3* eingelegt: Der Motor läuft mit der vom Transformator *1* gelieferten Sekundärspannung hoch. Danach wird der Sternpunktschalter *2* geöffnet, ein Teil des Transformators wirkt als Drossel, so daß der Motor eine erhöhte Spannung erhält. Zum Schluß wird der Überbrückungsschalter *4* eingeschaltet, und der Motor liegt an der vollen Netzspannung.

3.3.3 Drehzahlverstellung

Bei der Ständerfrequenz f_1 und der Polpaarzahl p hat nach Gl. (44.3) eine Drehfeldmaschine die Drehfelddrehzahl $n_\mathrm{d} = f_1/p$, und es gilt nach Gl. (66.2) mit dem Schlupf s für die Drehzahl

$$n = (1 - s)n_\mathrm{d} = (1 - s)f_1/p \tag{164.1}$$

Sie bleibt im normalen Betrieb nur um eine kleine Schlupfdrehzahl n_s gegenüber der festen Drehfelddrehzahl n_d zurück. Dreiphasen-Asynchronmotoren haben daher ein starres Nebenschlußverhalten, und die Drehzahl ändert sich nur wenig bei Lastschwankungen.

Nach Gl. (164.1) gibt es aber auch drei Möglichkeiten für die Verstellung der Drehzahl: Die Verstellung des Schlupfes s oder der Ständerfrequenz f_1 und die Umschaltung der Polpaarzahl p. Die hierfür gebräuchlichen Schaltungen wollen wir nun betrachten.

3.3.3.1 Schlupfverstellung. Nach Abschn. 1.6.2.1 tritt im Läufer mit der Drehfeldleistung $P_\mathrm{d} = \Omega_\mathrm{d} M_\mathrm{i}$ bei der Drehfeld-Winkelgeschwindigkeit $\Omega_\mathrm{d} = 2\pi n_\mathrm{d}$ und dem erzeugten inneren Drehmoment M_i die Schlupfleistung

$$P_\mathrm{s} = s P_\mathrm{d} = s \Omega_\mathrm{d} M_\mathrm{i} \tag{164.2}$$

auf, die im Käfigläufer als Läuferkupferverlust in Wärme umgewandelt wird und daher verloren geht. Beim Schleifringläufer kann man noch zusätzlich Läuferwiderstände $R_{2\mathrm{v}}$ einschalten (s. Abschn. 3.3.2.1) und daher einen Teil dieser Läuferverluste in diese u. U. leichter zu kühlenden Widerstände verlegen.

Für die Nennleistungsabgabe $P_{2\mathrm{N}} = \Omega_\mathrm{N} M_\mathrm{N} = \Omega_\mathrm{d}(1 - s_\mathrm{N})\, M_\mathrm{N}$ darf man bei sehr kleinem Nennschlupf s_N auch $P_{2\mathrm{N}} \approx \Omega_\mathrm{d} M_\mathrm{N}$ setzen. Bleibt nun bei Änderung der Drehzahl bzw. des Schlupfes s das Lastmoment $M_\mathrm{L} = M_\mathrm{N} = \mathrm{const}$, so gilt nach Gl. (164.2) für das Verhältnis von Schlupfleistung zu Nennleistungsabgabe

$$P_\mathrm{s}/P_{2\mathrm{N}} \approx s \tag{164.3}$$

und die Schlupfleistung steigt wie in Bild **165**.1 linear mit dem Schlupf. Wenn man mit $M_\mathrm{L} = M_\mathrm{N} n/n_\mathrm{d} = M_\mathrm{N} \Omega/\Omega_\mathrm{d} = M_\mathrm{N}(1 - s)$ ein linear mit der Drehzahl anwachsendes Lastmoment voraussetzt, erhält man das Verhältnis von Schlupfleistung zu Nennleistungsabgabe

$$P_\mathrm{s}/P_{2\mathrm{N}} \approx s(1 - s) \tag{164.4}$$

bzw. den Verlauf in Bild **165**.1. Bei einem quadratisch ansteigenden Lastmoment $M_\mathrm{L} = M_\mathrm{N}(n/n_\mathrm{d})^2 = M_\mathrm{N}(\Omega/\Omega_\mathrm{d})^2 = M_\mathrm{N}(1-s)^2$ ergibt sich analog das Verhältnis

$$P_\mathrm{s}/P_{2\mathrm{N}} \approx s\,(1-s)^2 \tag{165.1}$$

das wieder in Bild **165**.1 dargestellt ist. Entsprechend erhält man für ein reziprok mit der Drehzahl sich änderndes Lastmoment $M_\mathrm{L} = M_\mathrm{N}n_\mathrm{d}/n = M_\mathrm{N}\Omega_\mathrm{d}/\Omega = M_\mathrm{N}/(1-s)$ das Verhältnis

$$P_\mathrm{s}/P_{2\mathrm{N}} \approx s/(1-s) \tag{165.2}$$

das ebenfalls in Bild **165**.1 eingetragen ist. Die Schlupfleistung P_s ist daher für Schlupfwerte $s > 0{,}1$ stark vom Lastmomentverlauf abhängig. Eine größere Schlupfverstellung von Antrieben, deren Lastmoment $M_\mathrm{L} \sim 1/n$ oder konstant ist, wird deshalb unwirtschaftlich, wenn es nicht gelingt, die Schlupfleistung ins Netz zurückzuliefern.

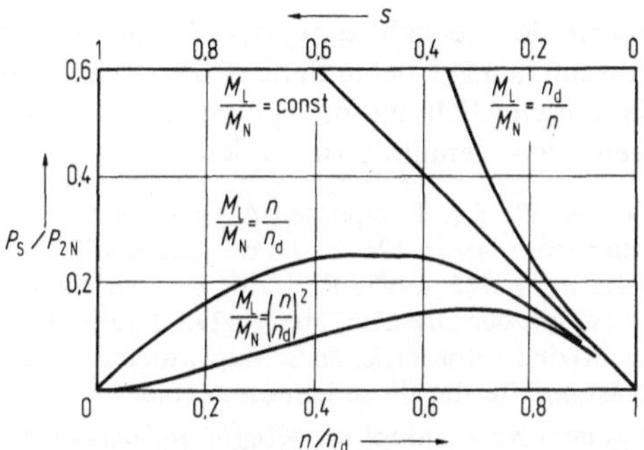

165.1
Abhängigkeit der relativen Schlupfleistung $P_\mathrm{s}/P_{2\mathrm{N}}$ von der relativen Drehzahl n/n_d für verschiedene Lastmomentverläufe $M_\mathrm{L}/M_\mathrm{N}$

Gl. (164.3) bis (165.2) zeigen, daß bei Verstellung der Drehzahl durch Vergrößerung des Schlupfes s die im Läuferkreis umgesetzte Schlupfleistung entsprechend vergrößert wird, so daß eine Verschlechterung des Wirkungsgrades in Kauf genommen werden muß, wenn es nicht gelingt, diese Läuferverluste zu vermeiden. Es ist jedoch möglich, diesen Anteil in einem Frequenzumrichter so umzuformen, daß er in das Dreiphasennetz zurückgeliefert werden kann. Wir wollen jetzt die verschiedenen Verfahren der Schlupfverstellung betrachten.

Schlupfwiderstand. Beim Schleifringläufer kann man nach Bild **157**.1 durch Einschalten von Schlupfwiderständen in den Läuferkreis die Strom- und Drehmoment-Kennlinien zu größeren Schlupfwerten hin verschieben. Die Drehmoment-Drehzahl-Kennlinie wird dadurch weicher, d.h. Laständerungen führen zu größeren Drehzahländerungen; nach der Entlastung läuft der Motor stets wieder mit der ursprünglichen Leerlaufdrehzahl. Für die Bemessung des Schlupfwiderstandes gilt weiterhin Gl. (157.1). Der Steueranlasser kann also als Schlupfwiderstand $R_{2\mathrm{V}}$ auch für die Drehzahlverstellung benutzt werden, wenn er für die während seiner längeren Einschaltung auftretenden Stromwärmeverluste bemessen ist.

Die im Läuferkreis bei der Strangzahl m auftretenden, größeren Verluste $V_{\mathrm{Cu}2} = sP_\mathrm{d} = mI_2^2(R_2 + R_{2\mathrm{V}})$ verteilen sich im Verhältnis der Widerstände auf Läuferwicklung und Schlupfwiderstand $R_{2\mathrm{V}}$. Diese Art der Drehzahlverstellung ist deshalb nur wirtschaftlich für einzelne Motoren kleiner Leistung oder für eine kurzzeitige Einstellung niedriger Drehzahlen. Drehzahlsteuerung bei gleichbleibendem Drehmoment ist außerdem nur kurzzeitig zulässig, weil sonst bei konstanten Verlusten in der Läuferwicklung wegen der schlechteren Kühlung (kleinere Drehzahl!) die Wicklungserwärmung zu groß werden würde. Für Dauerbetrieb mit niedrigerer Drehzahl muß die Leistungsabgabe deshalb entsprechend Gl. (95.1) herabgesetzt werden.

Anwendung findet diese Drehzahlverstellung hauptsächlich, wenn die Drehzahl nur kurzzeitig und geringfügig herabgesetzt werden soll und die Umformung von Drehstrom in Gleichstrom, der den Einsatz der gut und fast verlustfrei verstellbaren Gleichstrommotoren (s. Abschn. 6) gestattet, noch größere Kosten als die Energieverluste bei Schlupfvergrößerung verursachen würde. Außerdem erhalten Motoren für Antriebe mit stoßartig einsetzender Last (z. B. Metallscheren und Walzenstraßen) Schlupfwiderstände, die eine weichere Drehzahlkennlinie bewirken. Diese Antriebe haben gleichzeitig eine große Schwungmasse. Bei Belastung wird die Schwungmassenenergie wirksam und fängt bei nur leicht absinkender Drehzahl den Laststoß auf, ohne daß Antriebsmotor und Netz durch große Ströme unzulässig belastet werden. In den Lastpausen wird das Schwungrad wieder beschleunigt und mit neuer Energie versehen.

Wenn die Drehzahl stetig oder in mehreren Stufen verstellt werden soll, wird auch die in Abschn. 3.3.2.3 behandelte Pulssteuerung eingesetzt, die Schaltkontakte vermeidet. In diesem Fall ist der Pulssteuerungswiderstand R_{2p} entsprechend der gewünschten weichsten Kennlinie zu wählen.

Beispiel 39. Ein Dreiphasen-Asynchronmotor mit Schleifringläufer für 80 kW hat den Läufernennstrom $I_{2N} = 128$ A und die Läuferstillstandsspannung $U_{20} = 380$ V. Die Nenndrehzahl beträgt $n_N = 735$ min^{-1}. Er treibt eine Arbeitsmaschine an, deren Lastmoment M_L sich proportional mit der Drehzahl ändert. Die Drehzahl soll auf $n^* = 600$ min^{-1} herabgesetzt werden. Gesucht sind erforderlicher Schlupfwiderstand R_{2V} und Pulssteuerungswiderstand R_{2p} sowie die Leistung, für die sie zu bemessen sind.

Mit dem Nennschlupf $s_N = (n_d - n_N)/n_d = (750$ min$^{-1} - 735$ min$^{-1})/750$ min$^{-1} = 0,02$ ergibt sich bei Nennlast die Läuferspannung $U_{2N} = s_N U_{20} = 0,02 \cdot 380$ V $= 7,6$ V. Bei der kleinen Läuferfrequenz $f_{2N} = s_N f_1 = 0,02 \cdot 50$ Hz $= 1$ Hz darf der Läuferstreublindwiderstand $X_{2\sigma}$ vernachlässigt werden. Die ganze Läuferspannung wird daher im Läuferwirkwiderstand, für den hier eine Sternschaltung der Läuferwicklungen vorausgesetzt wird, $R_2 = U_{2N}/(\sqrt{3} I_{2N}) = 7,6$ V$/$ ($\sqrt{3} \cdot 128$ A) $= 0,0342$ Ω verbraucht. Wenn die Drehzahl im Verhältnis $n^*/n_N = 600$ min$^{-1}/$ (735 min^{-1}) vermindert wird, ändert sich nach Bild **166**.1 im gleichen Verhältnis das Drehmoment M^*/M_N. Während beim Nennmoment M_N der Schlupf s_N herrscht, stellt sich für das verringerte Drehmoment M^* ohne Schlupfwiderstand der etwas geringere Schlupf s ein, der mit ausreichender Genauigkeit aus $s = s_N M^*/M_N = s_N n^*/n_N = 0,02 \cdot 600$ min$^{-1}/735$ min$^{-1} = 0,0163$ errechnet werden darf. Dieser Schlupf soll nun bei gleichbleibendem Drehmoment M^* auf

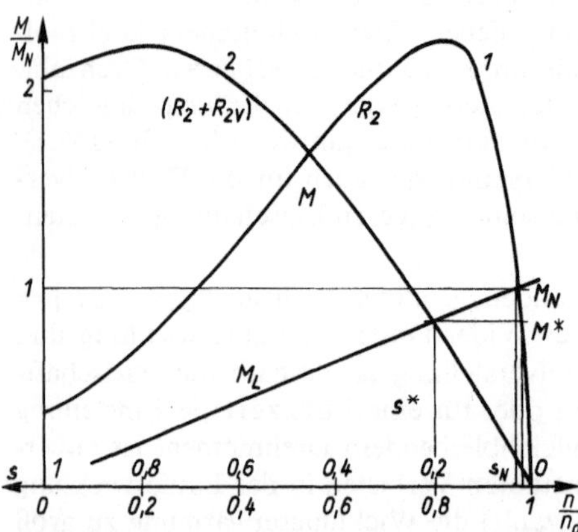

$s^* = (n_d - n^*)/n_d = (750$ min$^{-1} - 600$ min$^{-1})/$ 750 min$^{-1} = 0,2$ vergrößert werden. Nach Gl. (157.1) benötigt man hierfür den Schlupfwiderstand $R_{2V} = R_2 [(s^*/s) - 1] = 0,0342$ Ω $[(0,2/0,0163) - 1] = 0,386$ Ω, nach Gl. (160.1) also in einer Dreiphasen-Brückenschaltung auch den Pulssteuerungswiderstand $R_{2p} = 2 R_{2V} = 2 \cdot 0,386$ Ω $= 0,772$ Ω.

166.1
Drehzahlsteuerung durch Schlupfwiderstand
1 Drehmoment-Drehzahl-Kennlinie ohne Schlupfwiderstand
2 desgleichen mit Schlupfwiderstand

In gleicher Weise wie das Drehmoment geht auch der Läuferstrom zurück, so daß der Schlupf-widerstand für den Strom $I_2^* = I_{2N} n^*/n_N = 128\,\text{A} \cdot 600\,\text{min}^{-1}/735\,\text{min}^{-1} = 104{,}3\,\text{A}$ und beide Widerstände für die Leistung $P_{2V} = 3\,R_{2V}I_2^2 = 3 \cdot 0{,}386\,\Omega \cdot 104{,}3^2\,\text{A}^2 = 12{,}6\,\text{kW}$ zu be-messen sind.

Stromrichterkaskade. Nach Bild **68.**1 wächst die Läufer-Quellenspannung $U_{q2} = s\,U_{20}$ linear mit dem Schlupf s, wobei U_{20} die Läufer-Quellenspannung im Stillstand bezeich-net. Wenn man unter Leerlaufbedingungen (also Läuferstrom $I_2 = 0$) dem Läuferkreis eine entsprechende Spannung U_{q2} der zugehörigen Frequenz $f_2 = f_1 U_{q2}/U_{20}$ zuführt, muß sich auch ein neuer Leerlaufschlupf $s_0 = U_{20}/U_{q2}$ einstellen. Bei Belastung wird die zugeführte Läuferspannung analog einen Teil der induzierten Läuferspannung kompen-sieren und den Schlupf solange ändern, bis sich der zur Belastung gehörende Läufer-strom I_2 eingestellt hat. Die gesamte Drehmoment-Drehzahl-Kennlinie wird daher, wie in Bild **167.**1b dargestellt, parallel verschoben.

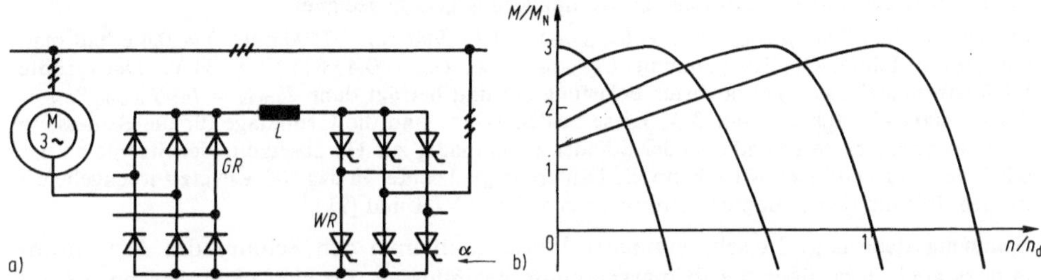

167.1 Schaltung (a) und Drehmoment-Drehzahl-Kennlinien (b) der Stromrichterkaskade

Während früher dieses Verhalten mit drehenden Hintermaschinen erreicht wurde, be-nutzt man heute hierfür Stromrichterkaskaden nach Bild **167.**1a. Der Läuferstrom mit der von der Netzfrequenz f_1 abweichenden Läuferfrequenz f_2 wird hier in der Brücken-schaltung GR gleichgerichtet und nach Durchfließen der Drossel L im netzgeführten Wechselrichter WR umgerichtet. Die dem Läuferkreis zugeführte zusätzliche Spannung kann über den Steuerwinkel α verändert und so der gewünschte Leerlaufschlupf s_0 ein-gestellt werden. Zu Einzelheiten der Schaltung und ihrer Bemessung s. [9].

Die Stromrichterkaskade eignet sich für Antriebe mit einem Drehzahlstellbereich von etwa 1 : 0,5, wobei Drehrichtungsumkehr und Betrieb in der Nähe des Schlupfes $s = 0$ wegen des dann bei sehr kleiner Frequenz schlecht arbeitenden Gleichrichters ausge-schlossen sind. Sie wird meist als untersynchrone Stromrichterkaskade, d.h. also im Motorbereich, eingesetzt. Ein übersynchroner Betrieb ist nach Bild **167.**1b grundsätz-lich möglich; er erfordert jedoch einen unwirtschaftlichen Mehraufwand und wird daher selten angewandt.

Wegen der zusätzlich in den Läuferkreis eingeschalteten Blind- und Wirkwiderstände ist das Kippmoment gegenüber dem normalen Betrieb etwas verringert und der Schlupf ebenfalls etwas größer. Da die Schlupfleistung in das Netz zurückgeliefert wird, bleibt der Wirkungsgrad auch bei Drehzahlverstellung gut, während er mit Schlupfwider-ständen und Pulssteuerung ganz erheblich absinkt. Der Wechselrichter benötigt eine große Blindleistung, so daß der Leistungsfaktor nicht allzu gut ist. Bei größeren Stell-bereichen kann man zwischen Läufer und Gleichrichter noch einen Transformator schalten, der mit seinen Stufen eine bessere Anpassung und somit bessere Wirkungsgrade und Leistungsfaktoren ermöglicht.

Anwendung findet die untersynchrone Stromrichterkaskade in großen Kraftwerks- und Industrieanlagen, z.B. Pumpen, Gebläse, Verdichtern, Mühlen u.ä., wobei Leistungen bis zu 30 MW auftreten.

Beispiel 40. Ein Industriebetrieb hat zwei Dreiphasen-Versorgungsnetze für 6 kV und 500 V. Ein Antrieb erfordert bei der höchsten Drehzahl des Stellbereichs 1480 bis 900 min^{-1} die mechanische Leistung $P_{mech} = 600$ kW, wobei das Lastmoment mit $M_L = k\,n^2$ dem Quadrat der Drehzahl n proportional ist. Es ist ein geeigneter Schleifringläufermotor für Drehzahlverstellung mit Stromrichterkaskade auszuwählen.

Nach einer Herstellerliste hat der nächstgrößere vierpolige Dreiphasen-Asynchronmotor bei der Ständerfrequenz $f_1 = 50$ Hz und der Drehfelddrehzahl $n_d = 1500$ min^{-1} die Nenndaten P_{2N} $= 650$ kW, $n_N = 1482$ min^{-1} bei $U_{1N} = 6$ kV, $I_{1N} = 75$ A, $\eta_N = 0{,}947$, $\cos\varphi_N = 0{,}88$ und die Läuferkennwerte $U_{20} = 835$ V, $I_{2N} = 477$ A bei dem Überlastungsverhältnis $M_K/M_N = 2$. Er ist also trotz der notwendigen Leistungsverminderung gerade geeignet.

Für den größten Schlupf $s_{max} = 1 - (n_{min}/n_d) = 1 - (900\ \text{min}^{-1}/1500\ \text{min}^{-1}) = 0{,}4$ erhält man die größte Läufer-Quellenspannung $U_{q2max} = s_{max} U_{20} = 0{,}4 \cdot 835$ V $= 334$ V. Der größte Läuferstrom stellt sich bei höchster Belastung ein und beträgt dann $I_{2max} = I_{2N} P_{mech}/P_{2N} =$ 477 A $\cdot$ 600 kW/650 kW $= 440{,}3$ A. Diese beiden Werte sind die Grundlage für die Bemessung des Gleichrichters. Während also der Ständer zweckmäßig zur Herabsetzung der Ströme an das 6-kV-Netz angeschlossen wird, kann die Läuferenergie leichter in das 500-V-Netz zurückgeliefert werden. Für die Bemessung der Stromrichter s. Band VIII und [9].

Spannungssteuerung. In sehr einfacher Weise kann man den Schlupf des Asynchronmotors auch noch über die Primärspannung beeinflussen. Da sich nach Abschn. 1.6.2.2 das Drehmoment quadratisch mit der Klemmenspannung ändert, erhält man die in Bild **168.**1 dargestellten Drehmoment-Drehzahl-Kennlinien. Die Motorspannung kann man durch Vorwiderstände herabsetzen, z.B. bei Lüftern. Bei Antrieb eines Lüfters mit dem Lastmoment M_L stellen sich die Betriebspunkte *1* bis *4* ein; in diesem Fall ist also auch ein Betrieb unterhalb der Kippdrehzahl möglich.

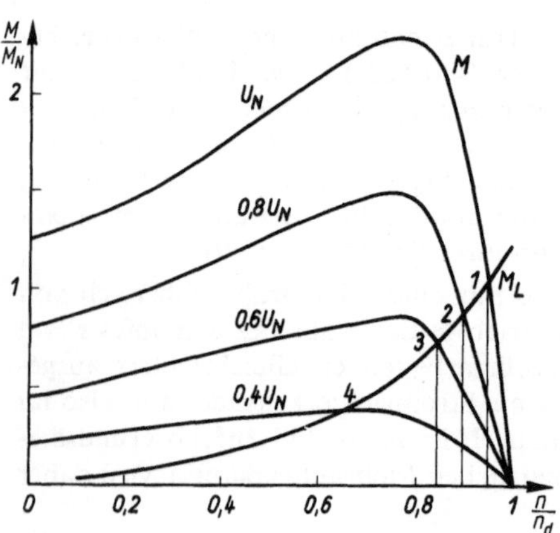

168.1
Drehzahlsteuerung durch Spannungsänderung
M Motormoment
M_L Lastmoment
1 bis *4* Betriebspunkte

Wegen der Verluste läßt sich die Drehzahl nur mit Widerständen bei sehr kleinen Leistungen verstellen. Für mittelgroße Motoren (bis etwa 50 kW) setzt man hierfür auch Drehstromsteller ein, die meist aus 6 anschnittgesteuerten, antiparallelen Thyristoren bestehen [9]. Wenn man diese Schaltung für Schleifringläufermotoren mit Schlupfwiderstand oder Sonderläufer verwendet, erhält man bei vergrößertem Läuferkreiswiderstand, z.B. mit der Kennlinie *2* in Bild **166.**1, eine wirtschaftliche Drehzahlverstellung.

3.3.3.2 Frequenzverstellung. Nach Abschn. 1.6.3 kann man Asynchronmaschinen als Frequenzumformer benutzen, was aber fast nur in Laboratorien und zur Erzeugung fester Frequenzen (z.B. $\approx$ 100 Hz für Holzbearbeitungsmaschinen) angewendet wird. Für Schnellfrequenzwerkzeuge, die mit den Frequenzen 150 bis 300 Hz betrieben werden, kann man mit drehenden Umformern ein eigenes Netz versorgen; das Bordnetz von Flugzeugen hat die Netzfrequenz 400 Hz.

Für die Frequenzverstellung arbeitet man heute mit steuerbaren Thyristor-Frequenzumrichtern, deren wichtigste Schaltungen wir hier betrachten wollen. Anschließend soll der Spannungsbedarf und das Betriebsverhalten der Asynchronmaschine bei Frequenzänderung untersucht werden.

Frequenzumrichter. Bild **169**.1 zeigt die beiden wichtigsten Schaltungen der heute gebräuchlichen Thyristor-Frequenzumrichter. Der Steuerumrichter enthält nach Bild **169**.1a je Strang zwei antiparallele Stromrichter, wobei jeweils einer als Gleichrichter und der andere als Wechselrichter arbeiten kann. Durch schnelles Umsteuern entsteht auf der Ausgangsseite eine Wechselspannung der Frequenz f_1, die allerdings höchstens etwa die halbe Netzfrequenz f erreichen kann. Der angeschlossene Dreiphasenmotor kann in der Drehrichtung umgekehrt und auch z.B. übersynchron gebremst werden. Wegen der natürlichen Stromrichterkommutierung ist diese Schaltung recht einfach aufgebaut. Für weitere Einzelheiten s. Band VIII und [9].

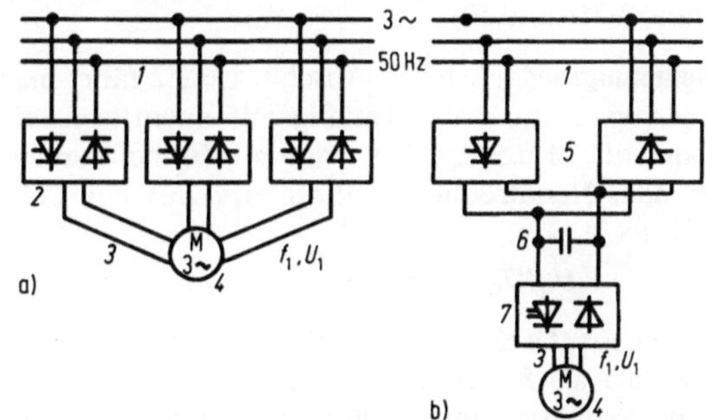

169.1
Frequenzumrichter
a) Steuerumrichter
b) Umrichter mit Gleichstromzwischenkreis *6*
1 Primärnetz
2 primärnetzgeführte antiparallele
   Stromrichter
3 Sekundärnetz
4 Dreiphasen-Käfigläufermotor
5 primärnetzgeführte Stromrichter
7 selbstgeführte Wechselrichter

In der Schaltung nach Bild **169**.1b wird der Dreiphasen-Wechselstrom zunächst in den primärnetzgeführten Stromrichtern *5* gleichgerichtet, wobei mit den Thyristoren der Spannungswert eingestellt werden kann. Der Gleichrichter wird dem selbstgeführten Wechselrichter *7* zugeführt, der die erforderliche Blindleistung aus den Kondensatoren des Gleichstromzwischenkreises *6* bezieht. Die hier notwendige Zwangskommutierung verlangt einen erheblichen Steuerungsaufwand; man kann Frequenzen bis zu einigen kHz erzeugen, geht jedoch für Dreiphasenmotoren normalerweise nur bis etwa 200 Hz.

Der Wechselrichter *7* kann auch, wie in Bild **170**.1 dargestellt, nach dem Unterschwingungsverfahren mit einem Vielfachen der gewünschten Ausgangsfrequenz gesteuert werden. Hierbei wird das Tastverhältnis zwischen den positiven und negativen Spannungswerten u so gewählt, daß sich als Mittelwert u_{mi} eine Sinusfunktion ergibt. Außer der Frequenz f_1 kann man mit dem Tastverhältnis auch die Motor-Klemmenspannung U_1 verstellen, so daß in diesem Fall die Spannung des Gleichstromzwischenkreises *6* nicht nachgestellt zu werden braucht. Während die übrigen Frequenzumrichterschaltungen meist mit größeren Stromoberschwingungen und einem schlechten Lei-

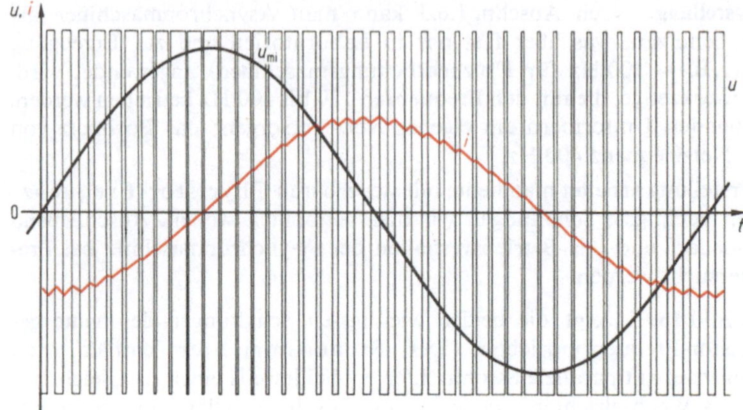

170.1 Zeitlicher Verlauf der Spannung u, ihres Mittelwerts u_{mi} und des Stromes i beim Unterschwingungsverfahren für Leerlauf des Motors

stungsfaktor für das speisende Dreiphasennetz verbunden sind, werden hier Oberschwingungen und Blindleistungsbedarf kleingehalten. Für weitere Einzelheiten s. Band VIII und [9].

Spannungsbedarf. Nach Abschn. 1.6.2.2 fährt man eine Drehfeldmaschine auch bei Frequenzverstellung zweckmäßig mit einem konstanten Fluß Φ. Nach Gl. (70.1) muß sich dann die Motor-Quellenspannung U_{q} bei der Nenn-Quellenspannung U_{qN}, die bei der Ständer-Nennfrequenz $f_{1\mathrm{N}}$ auftritt, mit der Ständerfrequenz f_1 linear ändern im Verhältnis

$$U_{\mathrm{q}}/U_{\mathrm{qN}} = f_1/f_{1\mathrm{N}} \tag{170.1}$$

In der Ersatzschaltung von Bild **137**.1 bestimmt die Spannung $U_{\mathrm{h}} = U_{\mathrm{q}} = I_\mu X_{\mathrm{h}}$ den Fluß. Sie darf als Sekundärspannung eines Transformators aufgefaßt werden. Die erforderliche Primärspannung kann dann unter Anwendung von Bild **114**.2 und **115**.2 mit Gl. (115.1) und (116.1) bestimmt werden. Wenn man hierfür die auf die Nennwerte bezogenen relativen Größen $f_{1\mathrm{r}} = f_1/f_{1\mathrm{N}}$, $U_{\mathrm{r}} = U_1/U_{1\mathrm{N}}$, $I_{\mathrm{r}} = I_1/I_{1\mathrm{N}}$, $U_{\mathrm{hr}} = U_{\mathrm{h}}/U_{1\mathrm{N}} = f_{1\mathrm{r}} U_{\mathrm{hN}}/U_{1\mathrm{N}}$ sowie die relativen Widerstände $R_{1\mathrm{r}} = R_1 I_{1\mathrm{N}}/U_{1\mathrm{N}}$ und $X_{1\sigma\mathrm{r}} = 2\pi f_{1\mathrm{N}} L_{1\sigma} I_{1\mathrm{N}}/U_{1\mathrm{N}}$ bei der als fest geforderten Spannung $U_{\mathrm{hN}} = I_\mu \cdot 2\pi f_{1\mathrm{N}} L_{\mathrm{h}}$ einführt, den Anteil u_φ'' in Gl. (116.3) vernachlässigt und die Größen von Gl. (116.1) und (116.2) entsprechend ersetzt, erhält man für die relative Spannungsänderung

$$\begin{aligned}
U_{1\varphi}/U_{1\mathrm{N}} &= U_{\mathrm{r}} - U_{\mathrm{hr}} = u_\varphi' = u_{\mathrm{R}}\cos\varphi - u_\sigma\sin\varphi \\
&= I_{\mathrm{r}}(R_{1\mathrm{r}}\cos\varphi - f_{1\mathrm{r}}X_{1\sigma\mathrm{r}}\sin\varphi)
\end{aligned}$$

bzw. für die erforderliche relative Ständerstrangspannung

$$U_{\mathrm{r}} = U_1/U_{1\mathrm{N}} = I_{\mathrm{r}}(R_{1\mathrm{r}}\cos\varphi - f_{1\mathrm{r}}X_{1\sigma\mathrm{r}}\sin\varphi) + f_{1\mathrm{r}}(U_{\mathrm{hN}}/U_{1\mathrm{N}}) \tag{170.2}$$

Bei festen Werten $R_{1\mathrm{r}}$, $X_{1\sigma\mathrm{r}}$ und U_{hN} hängt also die im Frequenzumrichter einzustellende Ständerstrangspannung U_1 nicht nur von der relativen Ständerfrequenz $f_{1\mathrm{r}}$, sondern auch von dem relativen Ständerstrom I_{r} ab; sie ist für $I_{\mathrm{r}} = 0$ unmittelbar der Ständerfrequenz proportional, muß aber mit wachsendem Ständerstrom I_1 vergrößert werden.

Beispiel 41: Für einen Drehfeldmotor mit den Kennwerten $R_{1r} = 0,04$, $X_{1\sigma r} = 0,2$ und $U_{hN}/U_{1N} = 0,88$ ist für $I_r = 0$, $I_r = 1$ bei $\cos\varphi = 0,85$ sowie $I_r = 2$ bei $\cos\varphi = 0,88$ die Kennlinie $U_r = f(f_{1r})$ für konstanten Fluß zu berechnen.

Für $I_r = 0$ erhalten wir aus Gl. (170.2) die relative Spannung

$$U_r = f_{1r} U_{hN}/U_{1N} = 0,88 f_{1r}.$$

Dies ist die Gleichung einer Geraden durch den Koordinaten-Nullpunkt, die außerdem für $f_{1r} = 1$ durch $U_r = 0,88$ verläuft.

Für $I_r = 1$ ergibt sich die Gerade

$$U_r = I_r R_{1r}\cos\varphi + (- I_r X_{1\sigma r}\sin\varphi + U_{hN}/U_{1N}) f_{1r} =$$
$$= 1 \cdot 0,04 \cdot 0,85 + (1 \cdot 0,2 \cdot 0,53 + 0,88) f_{1r} = 0,034 + 0,986 f_{1r}$$

und für $I_r = 2$ entsprechend

$$U_r = 2 \cdot 0,04 \cdot 0,88 + (2 \cdot 0,2 \cdot 0,475 + 0,88) f_{1r} = 0,0703 + 1,07 f_{1r}.$$

Diese Kennlinien sind in Bild **171.1** eingetragen; im gestrichelten Bereich lassen sie sich nicht verwirklichen. (Man beachte, daß sich im praktischen Betrieb noch bei $I_r = $ const der Leistungsfaktor $\cos\varphi$ mit der Frequenz – besonders bei kleiner Frequenz – verändert.)

Betriebsverhalten. Wenn man, wie in Bild **171.1** für $I_r = 1$, bei festem Nennmoment M_N den Nennfluß konstant hält, muß also mit abnehmender Ständerfrequenz f_{1r} auch die Motor-Klemmenspannung U_1 linear kleiner werden.

Wir betrachten nun zunächst mit Abschn. 3.2.2.1, wie sich das Kreisdiagramm mit der Ständerfrequenz f_1 verändert. Da sich mit der Frequenz f_1 auch die Kreisfrequenz $\omega_1 = 2\pi f_1$ und somit in Gl. (138.4) und (139.1) die Blindwiderstände $X = \omega_1 L$ und die Klemmenspannung U_1 im gleichen Verhältnis ändern, behalten die ideellen Ströme I_μ und I_i feste Werte. In Bild **138.1** bleiben also die Kreise K_μ und K_i unverändert. Mit sinkender Frequenz f_1 wird bei entsprechend abnehmender Klemmenspannung U_1 auch der ideelle Verluststrom I_v und somit der Kreis K_v im gleichen Verhältnis kleiner. Daher rücken die Punkte L und U näher zusammen, der Kreis K wird kleiner und weiter in den Zwickel zwischen den Kreisen K_μ und K_i hineingeschoben.

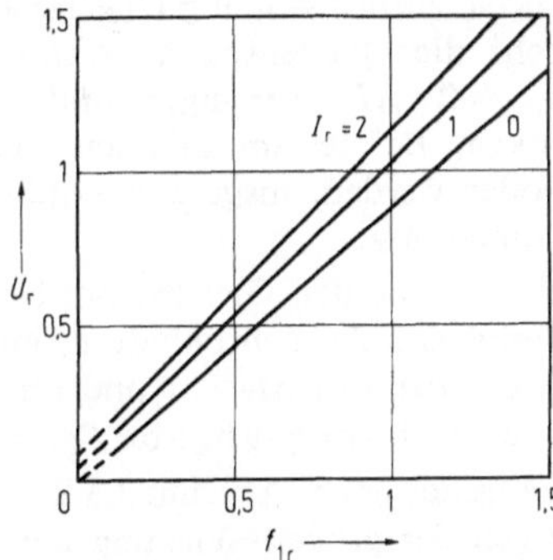

171.1
Relativer Spannungsbedarf $U_r = f(f_{1r})$ bei konstantem Fluß für Beispiel 41

Der Kreismittelpunkt M wandert nach oben, und der Einfluß des Ständerwirkwiderstandes R_1 wird größer. Während der Strommaßstab m_I unverändert bleibt, ändert sich der Leistungsmaßstab m_P nach Gl. (141.1) proportional zur Ständerfrequenz f_1, und der Drehmomentmaßstab m_M nach Gl. (142.1) bleibt wieder konstant. Leistungs- und Drehmomentlinien wandern mit sinkender Frequenz nach oben, so daß das Anzugsmoment M_A ein Optimum überschreitet. Man darf aber annehmen, daß nach Gl. (147.4) das Kippmoment M_K und bei festem Nennstrom I_{1N} auch das Nennmoment M_N und somit das Überlastungsverhältnis M_K/M_N unverändert bleiben. Die Drehmoment-Drehzahl-

Kennlinien werden also durch die geänderte Ständerfrequenz analog zu Bild **167.**1 b
bei fester Überlastungsfähigkeit parallel verschoben. Dies gilt herunter bis zu etwa 10 Hz.

Normalerweise wird man einen Dreiphasenmotor verwenden, der bei Nennetzspannung
und Nennetzfrequenz seine Nennleistung liefern kann. Dann darf man mit den Relativwerten $U_{qr} = U_q/U_{qN}$, $\Phi_r = \Phi/\Phi_N$, $M_r = M/M_N$ im Ständerfrequenzbereich $f_{r1} \leqq 1$
dauernd bei $\Phi_r = U_{qr} = M_r = 1$ fahren, und es wird sich auch die relative Läuferfrequenz $f_{2r} = f_2/f_{2N} = 1$ einstellen. Hierbei wächst dann der Schlupf

$$s = \frac{f_2}{f_1} = \frac{f_2}{f_{2N}} \cdot \frac{f_{2N}}{f_{1N}} \cdot \frac{f_{1N}}{f_1} = \frac{f_{2r}}{f_{1r}} \cdot \frac{f_{2N}}{f_{1N}} = \frac{k}{f_{1r}}$$

mit fallender Ständerfrequenz nach einer Hyperbel an (Bild **172.**1).

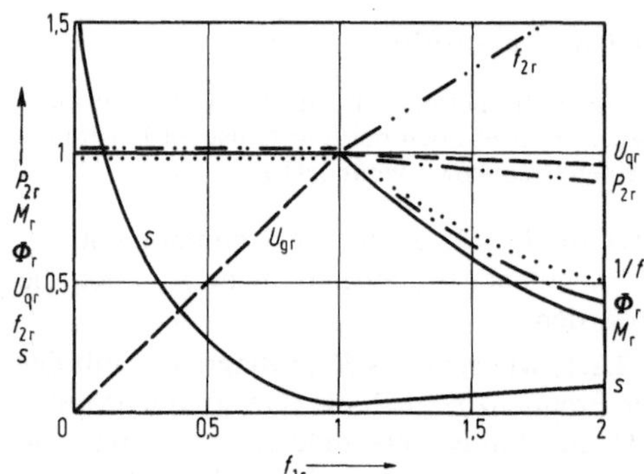

172.1
Zulässige und zugeordnete relative Werte von
Drehmoment M_r, Fluß Φ_r, Quellenspannung U_{qr},
Leistungsabgabe P_{2r}, Läuferfrequenz f_{2r} und
Schlupf s in Abhängigkeit von der relativen Stän-
derfrequenz f_{1r} bei festen Nennwerten von Span-
nung U_{1N} und Strom I_{1N}

In den Schaltungen von Bild **169.**1 kann man die Motor-Klemmenspannung nicht über
die Netznennspannung U_{1N} hinaus erhöhen. Bei steigender Frequenz $f_{1r} > 1$ wird vielmehr die Quellenspannung U_{qr} sogar wegen des wachsenden Blindspannungsabfalls
$U_{1\sigma} = 2\pi f_1 L_{1\sigma}$ verringert und daher der relative Fluß Φ_r stärker als hyperbolisch absinken. Bei festem Ständerstrom I_{1N} dürfen Schlupf s und Läuferfrequenz f_2 etwas
größer werden, insgesamt ergibt sich aber noch ein etwas kleineres zulässiges Drehmoment M_r.

Ähnlich wie den Gleichstrom-Nebenschlußmotor (s. Abschn. 6.2.3) kann man also den
Dreiphasen-Asynchronmotor im Ständerfrequenzbereich $f_{1r} \leqq 1$ mit **konstantem
Drehmoment** $M_r = 1$ und im Bereich $f_{1r} > 1$ mit nur **gering abfallender rela-
tiver Leistungsabgabe** $P_{2r} = P_2/P_{2N}$ betreiben.

Während nach Abschn. 3.3.2 bei Betrieb mit Netzfrequenz das **Anzugsmoment**
wegen der großen Wirkung der Blindwiderstände meist nur das 1,5- bis 2,5fache des
Nennmoments bei 5- bis 8fachem Nennstrom beträgt, kann man bei herabgesetzter
Ständerfrequenz diese Anzugsmomente entweder bei viel geringerem Strom oder bei
gleichem Strom sehr viel größere Anzugsmomente erzielen – s. [9]. Weitere Anlaßhilfsmittel nach Abschn. 3.3.2 kann man hier also vermeiden.

Die vom Frequenzumrichter gelieferten Spannungen sind mit Oberschwingungen behaftet, wobei
insbesondere die 5. und 7. Teilschwingung den Effektivwert des Stromes erhöhen und daher auch
zu größeren Kupfer- und Eisenverlusten führen, die um mehr als 50 % die normalen Verluste übersteigen können. Die Motoren müssen daher entweder für diese **zusätzlichen Verluste**, die
eine entsprechend größere Wicklungserwärmung bewirken, ausgelegt sein oder mit einer kleine-

ren Leistungsabgabe betrieben werden. Hinzu kommen Pendelmomente, wenn Oberströme des Läufers mit der Grundwelle des Flusses zusammenwirken. Bei sechspulsigen Schaltungen (z.B. Dreiphasen-Brückenschaltung) bringen diese Pendelmomente beispielsweise Ständer und Läufer mit sechsfacher Ständerfrequenz gegeneinander zum Schwingen. Durch geeignete Dämpfungsmaßnahmen muß man verhindern, daß diese Schwingungen sich schadenbringend auswirken (z.B. in Körperschall, Lärm, Rattermarken). Für weitere Einzelheiten s. [9].

3.3.3.3 Polumschaltung. Durch Änderung der Polzahl kann die Drehzahl in Stufen verstellt werden. Käfigläufer sind i. allg. für alle Polzahlen geeignet, während Schleifringläufer für eine ganz bestimmte Polzahl gewickelt werden. Polumschaltung kommt daher nur bei Motoren mit Käfigläufer vor. Man kann für jede Polzahl eine eigene Ständerwicklung vorsehen und die Wicklungen in den Nuten übereinander anordnen. Je nach Motorgröße und Polzahl beträgt die bei zwei Drehzahlstufen erzielbare Leistung etwa die Hälfte bis zwei Drittel der Bauleistung normaler Motoren mit einer Polzahl.

Die Motorleistung kann etwa auf das 0,8fache der normalen Bauleistung erhöht werden, wenn man für die beiden Polzahlen die gleiche Wicklung ausnutzt. Die bekannteste dieser Einwicklungsschaltungen ist die Dahlanderschaltung, deren Wirkungsweise Bild **173**.1 zeigt. Sie ermöglicht nur Polumschaltungen im Verhältnis 1 : 2, also z.B. von 4 auf 8 Pole. Werden beide Spulen der Wicklung gleichsinnig vom Strom durchflossen, so erhält man die größere Polzahl (kleinere Drehzahl). Fließen dagegen die Ströme gegensinnig durch die Spulen, so stellt sich die kleinere Polzahl (größere Drehzahl) ein. Die Luftspaltfelder enthalten starke Oberfelder, so daß meist besondere wicklungstechnische Maßnahmen (z.B. Zweischichtwicklung mit Sehnung) zur Erzielung großer Leistungen und einwandfreien Betriebsverhaltens notwendig sind. Die Strangwicklungen selbst müssen aus zwei Hälften bestehen. In der meist ausgeführten Dahlanderschaltung nach Bild **173**.2 liefert die Dreieckschaltung die kleine und die Doppelsternschaltung die große Drehzahl. Da das Nennmoment etwa gleich bleibt, sinkt die Leistungsabgabe bei der kleinen Drehzahl auf die Hälfte. Mit anderen Wicklungsumschaltungen kann man auch andere Leistungs- und Drehmomentverhältnisse verwirklichen.

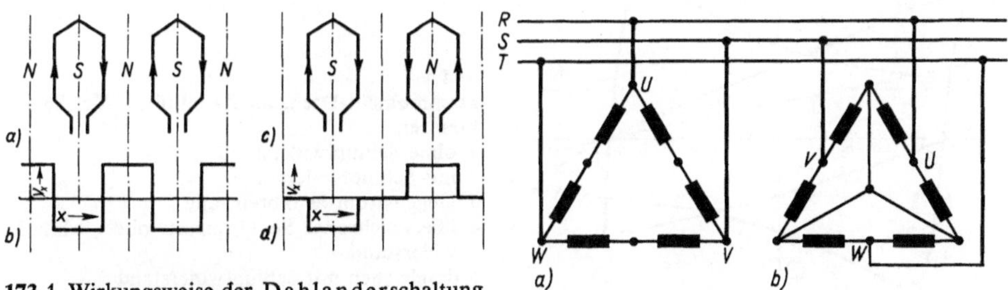

173.1 Wirkungsweise der Dahlanderschaltung
  a), b) große Polzahl
  c), d) kleine Polzahl
  a), c) Wicklungsschema
  b), d) Felderregerkurve V_x

173.2 Übliche Dahlanderschaltung
  a) kleine Drehzahl
  b) große Drehzahl

Es ist besonders darauf zu achten, daß beim Umschalten von einer Polzahl auf die andere die Klemmenfolge vertauscht werden muß, da sonst das Drehfeld und mit ihm der Läufer die entgegengesetzte Drehrichtung annimmt.

Motoren mit mehr als zwei Drehzahlen erhält man, wenn man bei zwei getrennten Ständerwicklungen eine oder auch beide Wicklungen mit Dahlanderschaltung ausführt. Daneben gibt es

Schaltungen, die eine Drehzahländerung im Verhältnis 1 : 3 oder 2 : 3 erlauben. Durch eine Polumschaltung werden die Anlaufverluste erheblich verkleinert (für weitere Einzelheiten s. Band VIII).

3.3.4 Bremsschaltungen

In Werkzeugmaschinen und Hebezeugen wird der Dreiphasen-Asynchronmotor auch zum schnellen Stillsetzen des Antriebs oder zum Abbremsen der abzusenkenden Last herangezogen. Die hierfür üblichen Schaltungen unterscheiden sich hauptsächlich durch Schaltungsaufwand und Verluste.

3.3.4.1 Gegenstrombremsung. Die Drehrichtung des Drehfeldes und somit den Drehwillen kann man beim Dreiphasen-Asynchronmotor in einfacher Weise durch Vertauschen von zwei der drei Zuleitungen umkehren (z.B. anstelle von V an S und W an T Anschluß von V an T und W an S). Von dieser Möglichkeit wird sehr häufig Gebrauch gemacht, z.B. mit Hilfe einer Schützensteuerung in Werkzeugmaschinen. Erhält das Drehfeld nun während des Laufs die entgegengesetzte Drehrichtung, so gerät die Asynchronmaschine sofort in den Gegenlaufbereich, in dem nach Bild **146.**1 starke Bremsmomente wirksam sind. Diese bringen die Maschine zum Stillstand; anschließend beschleunigen die motorischen Drehmomente die Maschine wieder in entgegengesetzter Drehrichtung, wenn sie nicht vorher vom Netz getrennt wird. Dies besorgen besondere „Drehzahlwächter", das sind drehzahlabhängige Schalter, die mit dem Antrieb gekuppelt sind. Das Bremsmoment ist bei Käfigläufern stets groß, so daß bei mäßigen Trägheitsmomenten die entstehende Bremswärme (s. Abschn. 1.6.2.1 und Band VIII) nur kurzzeitig wirksam wird.

3.3.4.2 Senkbremsung. In Hebezeugen müssen beim Absenken von Lasten zu große Senkgeschwindigkeiten verhindert werden. Wenn Schleifringläufer verwendet werden, ist nach Bild **174.**1 ohne Schlupfwiderstand die Kennlinie *1* und beim Nennmoment M_N die Nenndrehzahl n_N gegeben. Man kann durch einen Schlupfwiderstand auch die Kurve *2* und somit eine geringere

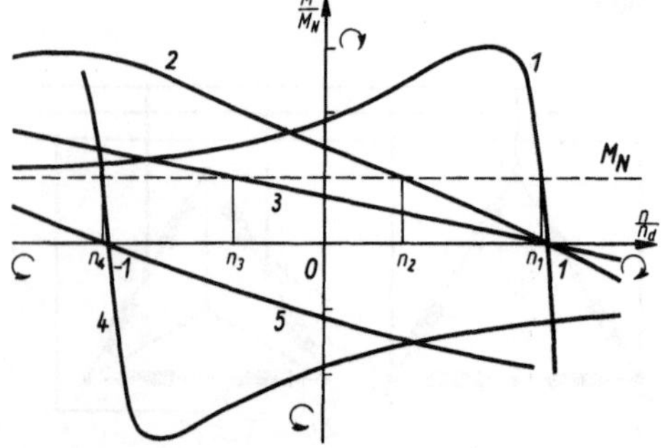

174.1
Drehmoment-Drehzahl-Kennlinien für Senkbremsen
1 ohne Schlupfwiderstand
2 mit Schlupfwiderstand
3 Gegenstrom-Senkbremsung
4 übersynchrones Senkbremsen ohne Schlupfwiderstand
5 desgleichen mit Schlupfwiderstand

Drehzahl n_2 einstellen. Wird der Schlupfwiderstand vergrößert, so fällt die Drehzahl weiter ab, bis der Motor zum Stillstand kommt und schließlich entsprechend Kennlinie *3* in die entgegengesetzte Drehrichtung auf die Drehzahl n_3 beschleunigt wird: Gegenstrom-Senkbremsschaltung. Die Senkgeschwindigkeit kann durch Wahl des Schlupfwiderstandes in einem großen Bereich verändert werden.

Eine übersynchrone Senkbremsschaltung liegt bei der Kennlinie *4* in Bild **174.**1 vor. Hierfür müssen beim Senken zwei Wicklungsanschlüsse im Ständer, bezogen auf den Anschluß bei Heben, vertauscht werden, so daß die Drehfeldrichtung umgekehrt wird. Eine Asynchronmaschine wird nach Abschn. 1.6.1.6 zum Generator, wenn sie – wie hier durch die zu senkende

Last – über die Drehfelddrehzahl n_d hinaus angetrieben wird. Sie entwickelt dann starke Bremsmomente, die in Bild **174**.1 beim Nennmoment M_N die Drehzahl n_4 zur Folge haben. Es ist nachteilig, daß man die Maschine beim Absenken zunächst mit einem großen Schlupfwiderstand auf die Kurve 5 fahren muß, um eine zu große Anfangsbeschleunigung zu vermeiden; von Nachteil ist weiterhin, daß keine Senkgeschwindigkeit unterhalb der Drehfelddrehzahl eingestellt werden kann. Es wird jedoch Energie in das Netz zurückgeliefert.

3.3.4.3 Gleichstrombremsung. Wenn die mit Gleichstrom gespeiste Ständerwicklung ein sinusförmiges Feld aufbaut, erhält man bei angetriebenem Läufer ähnliche Verhältnisse wie beim Umlaufen des Drehfeldes. Allerdings ist das Verhalten für Stillstand und Synchronlauf jetzt gegeneinander vertauscht. Im Stillstand wird daher kein Drehmoment erzeugt. Die Drehmoment-Drehzahl-Kennlinie folgt wieder Bild **146**.1, wenn der Schlupf s einfach durch die relative Drehzahl n/n_d ersetzt wird. Beim Käfigläufer erhält man auch für große Drehzahlen meist ausreichende Drehmomente. Beim Schleifringläufer muß man jedoch bei Nenndrehzahl Schlupfwiderstände zuschalten und diese bis zum Stillstand wieder herausnehmen, wenn man optimale Bremswirkungen erzielen will. Für die Ständererregung genügt meist der 1- bis 1,5fache Nennstrom und entsprechend dem geringen Ständerwicklungs-Wirkwiderstand eine kleine Gleichspannung. Um für Strom und Spannung günstige Werte zu erhalten, wird der Ständer in Stern geschaltet. Eine Erregung von zwei Strangwicklungen reicht aus. Für Einzelheiten s. Band VIII.

Beim Hochlaufen eines Antriebs mit dem Dreiphasen-Asynchronmotor wird die den Massen mitgeteilte kinetische Energie $J\Omega_\text{d}^2/2$ im Läuferkreis in Stromwärme umgewandelt (Anlaufwärme, s. Band VIII). Die gleiche Energie wird auch beim Gleichstrombremsen umgesetzt, während vergleichsweise beim Gegenstrombremsen die dreifache und beim unmittelbaren Umsteuern sogar die vierfache Verlustarbeit aufzuwenden ist.

3.3.5 Dynamisches Verhalten

Ersatzschaltung (s. Abschn. 3.2.1) und Kreisdiagramm (s. Abschn. 3.2.2) der Dreiphasen-Asynchronmaschine und die aus ihnen abgeleiteten Kennlinien in Abschn. 3.2.2.6 und 3.3.1 gelten nur für den stationären Betrieb. Für Drehzahlregelungen (z. B. mit der Frequenzverstellung nach Abschn. 3.3.3.2), Einschalt- und Umschaltvorgänge (z. B. Anlauf nach Abschn. 3.3.2) sowie Laststöße u. ä. möchte man daneben wissen, wie sich die Maschine während dieser Übergangszustände verhält, welche größten Ströme und Drehmomente auftreten, unter welchen Bedingungen sie selbsterregte Schwingungen ausführt und wie sie auf erzwungene Pendelungen antwortet.

Ganz allgemein muß man zur Lösung eines solchen Problems für jeden Wicklungsstrang eine Spannungs-Differentialgleichung und für das ganze Antriebssystem zusätzlich eine Bewegungs-Differentialgleichung aufstellen, wie dies in Abschn. 6.2.5 für den Gleichstrom-Nebenschlußmotor gezeigt wird. Bei den Asynchronmaschinen sind die in diesen Gleichungen auftretenden Gegeninduktivitäten vom Drehwinkel abhängig. Für eine Dreiphasen-Asynchronmaschine mit Schleifringläufer gibt es daher sechs Spannungsgleichungen und eine Bewegungsgleichung. Durch geeignete Transformationen (z. B. Ansatz symmetrischer Komponenten nach Abschn. 1.7) kann man die je drei Gleichungen für die Ständer- und Läuferstränge in je eine Gleichung mit konstanten Induktivitäten überführen. Die Lösung dieses nichtlinearen Differentialgleichungssystems erfordert aber immer noch einen so großen mathematischen Aufwand (z. B. Laplace-Transformation, Matrizenrechnung, Methode der kleinen Änderungen), daß wir hier auf eine eingehende Betrachtung verzichten und nur die Ergebnisse solcher Untersuchungen kurz mitteilen. Eine ausführliche Ableitung findet man z. B. in [1], [15], [18], [22], [35], [39].

Beim Einschalten des Dreiphasen-Asynchronmotors laufen analog zu Abschn.1.3.1.4 Schaltvorgänge mit erhöhten Strömen ab, deren Stromspitze wegen der gekoppelten Kreise von Ständer und Läufer nicht in der ersten Halbperiode nach dem Einschalten auftreten müssen, die etwa 20% über dem Scheitelwert des Stillstandsstroms I_{1k} liegen können und entsprechend den auftretenden Zeitkonstanten nach wenigen Spannungsperioden praktisch abgeklungen sind. Dagegen können die Drehmomente mehr als doppelt so große Beträge wie im stationären Betrieb und sogar negative Werte annehmen. Beim Hochlauf werden hierdurch Welle und Kupplung mechanisch stark beansprucht. Bei kleinen Trägheitsmomenten des Antriebs können während des Hochlaufs übersynchrone Drehzahlen erreicht werden. Die Drehmomentschwingungen klingen sehr viel langsamer als die Stromschwingungen ab; von großem Einfluß ist hierbei, ob alle drei Außenleiter gleichzeitig zugeschaltet werden. Bei einem schnellen Hochlauf mit geringem Trägheitsmoment ist das Kippmoment erheblich kleiner als im stationären Betrieb (s. Band VIII). Für weitere Einzelheiten s. [18], [22], [35].

Übliche Asynchronmotoren sind im normalen Betrieb stabil; d.h., Last- und Spannungsänderungen führen zu einer zügig sich einstellenden neuen Drehzahl, und Drehzahlpendelungen treten nicht auf. Bei kleinen Frequenzen oder durch Vergrößern des Ständerstrang-Wirkwiderstands R_1 kann es jedoch dazu kommen, daß der Läufer seine Drehzahl schwingend verändert, was man schon als Instabilität bezeichnet [35]. Im Nennbetriebsbereich darf man für kleine Änderungen vereinfachende Betrachtungen benutzen (s. Band VIII). Da die Asynchronmaschine für den Betrieb über einen großen Frequenzbereich stark sich ändernde Eigenschaften zeigt, wird ihre Regelung erheblich erschwert [18], [22].

4 Unsymmetrischer Betrieb von Asynchronmotoren

In Abschn. 3 wird für die Untersuchung des Betriebsverhaltens der Dreiphasen-Asynchronmaschinen vorausgesetzt, daß sie an ein symmetrisches Dreiphasennetz mit den drei gleich großen und um jeweils 120° gegeneinander phasenverschobenen Spannungen $\underline{U}$, $\underline{a}^2\underline{U}$, $\underline{a}\,\underline{U}$ angeschlossen sind. Daher entstehen in ihnen nach Abschn. 1.5.2 nur reine Drehfelder, und Drehfelder der Polpaarzahl $3np$ (mit $n = 1, 2, 3, \ldots$) können nicht auftreten.

In einem Dreileiternetz verschwindet zwar die Summe der drei Außenleiterspannungen, diese sind aber nur selten völlig gleich groß, so daß dann auch die gegenseitigen Phasenwinkel von 120° abweichen müssen. Gelegentlich kann eine Zuleitung zum Dreileiternetz unterbrochen sein, z. B. wegen des vorzeitigen Ansprechens eines Sicherungselements, und es können sogar Wicklungsstränge unterbrochen werden. Diese Fälle des unsymmetrischen Betriebs von Dreiphasen-Asynchronmotoren wollen wir hier untersuchen.

Daneben sind Einphasen-Asynchronmotoren ganz allgemein als unsymmetrische Anschlüsse von Drehfeldmaschinen anzusprechen. Sie werden heute in außerordentlich großer Menge gefertigt, so daß wir hier die verschiedenen wichtigen Spielarten einzeln betrachten müssen.

4.1 Unsymmetrische Anschlüsse des Dreiphasen-Asynchronmotors

Zunächst wollen wir darstellen, wie die symmetrischen Komponenten auf die Berechnung unsymmetrischer Schaltungen von Drehfeldmaschinen angewendet werden können. Anschließend werden wir das Betriebsverhalten des Dreiphasen-Asynchronmotors bei Anschluß an ein unsymmetrisches Dreileiternetz und die Störungsfälle einer unterbrochenen Zuleitung bzw. Ständerstrangwicklung betrachten.

4.1.1 Anwendung der symmetrischen Komponenten

In Abschn. 1.7. ist das Verfahren, wie man mit symmetrischen Komponenten die Verhältnisse in unsymmetrischen Mehrphasensystemen untersuchen kann, allgemein dargestellt. Wir müssen jetzt die Besonderheiten bei der Anwendung auf Asynchronmotoren behandeln.

4.1.1.1 Motorkennlinien. In Abschn. 3.2 ist das Kreisdiagramm der Dreiphasen-Asynchronmaschine abgeleitet worden, und in Abschn. 3.2.2.6 sind die sich hieraus ergebenden Drehmoment-Drehzahl-Kennlinien dargestellt. Abschn. 3.2.3 weist jedoch nach, daß hiermit einige Erscheinungen nicht voll erfaßt werden. Wir verlassen daher die hier notwendigen Einschränkungen und gehen nun von den gemessenen Kennlinien, wie sie z. B. Bild **178.**1 in Abhängigkeit von der relativen Drehzahl n/n_d zeigt, aus. Dort weicht insbesondere der Drehmomentverlauf $M = f(n/n_\mathrm{d})$ von Bild **146.**1 ab.

Der in Bild **178.**1 dargestellte, gemessene Strangstrom I_Str hat den Phasenwinkel

$$\varphi = \arccos \frac{P_1}{3\,U_\mathrm{NStr}\,I_\mathrm{Str}} \qquad (178.1)$$

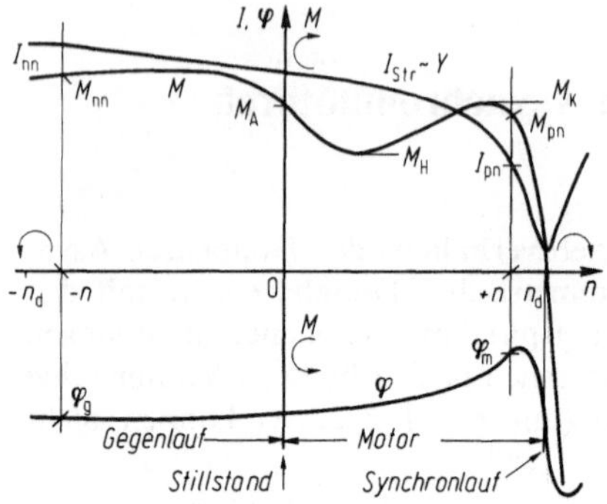

178.1
Strom-, Phasenwinkel- und Drehmoment-Drehzahl-Kennlinien einer Asynchronmaschine für feste Nennspannung U_N

Mit dem komplexen Strangstrom $\underline{I}_\mathrm{Str} = I_\mathrm{Str}\underline{/\varphi}$ gilt dann für den komplexen Strangleitwert

$$\underline{Y} = \frac{\underline{U}_\mathrm{NStr}}{\underline{I}_\mathrm{Str}} = \frac{U_\mathrm{NStr}}{I_\mathrm{Str}}\,\underline{/\varphi} = Y\,\underline{/\varphi} = \frac{1}{\underline{Z}} = \frac{1}{Z}\,\underline{/\varphi} \qquad (178.2)$$

Daher gibt die Stromkennlinie $I_\mathrm{Str} = f(n/n_\mathrm{d})$ gleichzeitig den Verlauf des fiktiven Strangleitwerts $Y = f(n/n_\mathrm{d})$ wieder, und der Phasenwinkel φ gilt sowohl für Strom $\underline{I}$ als auch Strangleitwert $\underline{Y}$, während der Strangwiderstand $\underline{Z}$ den Phasenwinkel $-\varphi$ aufweist.

Mit dem **Drehmoment** M kann bei der **Drehzahl** n bzw. der Winkelgeschwindigkeit $\Omega = 2\pi n$ die **mechanische Leistung**

$$P_\mathrm{mech} = P_2 = \Omega M = 2\pi n M \qquad (178.3)$$

bestimmt werden, so daß sich auch die **Verluste** $V = P_1 - P_2$ und der **Wirkungsgrad** $\eta = P_\mathrm{Ab}/P_\mathrm{Zu} = P_2/P_1$ berechnen lassen. (Man beachte, daß die mechanische Leistung bei negativen Drehmomenten M oder negativen Drehzahlen n auch negative Werte annimmt, sie also eine zugeführte Leistung P_Zu darstellt und dann bei verschwindender Leistungsabgabe der Wirkungsgrad $\eta = 0$ wird.)

Wenn man nun bei fester Frequenz und **fester Drehzahl** n die Klemmenspannung von ihrem Nennwert U_N auf die Spannung U^* **ändert**, bleiben unter der Voraussetzung linearer Verhältnisse, also bei Vernachlässigung des Einflusses der Eisensättigung (s. Abschn. 3.2.3.1), komplexer Strangleitwert $\underline{Y}$ und komplexer Strangwiderstand $\underline{Z} = 1/\underline{Y}$, also auch der Phasenwinkel φ, unverändert. Nach Abschn. 1.6.2.2 sind jedoch der **Strom** I linear mit der Spannung auf seinen neuen Wert

$$I^* = I U^*/U_\mathrm{N} \qquad (178.4)$$

und die **Leistungsaufnahme** quadratisch mit der Spannung auf ihren neuen Wert

$$P_1^* = P_1(U^*/U_\mathrm{N})^2 \qquad (178.5)$$

sowie das innere Drehmoment wieder quadratisch mit der Spannung auf seinen neuen Wert

$$M_i^* = M_i(U^*/U_N)^2 \tag{179.1}$$

umzurechnen. Dieses innere Drehmoment darf meist bei Vernachlässigung des Reibungsmomentes M_R mit dem Wellenmoment M in Bild **178.**1 gleichgesetzt werden.

Bei fester Drehzahl n ändern sich dann auch die Leistungsabgabe nach Gl. (178.3) und die Verluste quadratisch mit dem Spannungsverhältnis U^*/U_N.

4.1.1.2 Leitwerte, Phasenwinkel und Drehmomente der symmetrischen Komponenten. Nach Abschn. 1.5.2.3 und 1.7.2.2 erzeugen Mitsystem und Gegensystem einander entgegengerichtete Drehfelder. Wenn nun beide Drehfelder in einer unsymmetrischen Schaltung auf den Läufer einer Asynchronmaschine einwirken, will dieser im Drehsinn des stärkeren Drehfeldes umlaufen. Daher ordnen wir stets dem stärkeren das Mitsystem zu. In Bild **178.**1 will es z.B. rechtsherum drehen.

Wenn nur ein Mitsystem auf eine Dreiphasen-Asynchronmaschine einwirkt, wird es bestrebt sein, eine Arbeitsmaschine im Motorbereich anzutreiben. Es wird sich nach Abschn. 1.2.2.2 eine Drehzahl einstellen, bei der Lastmoment M_L und Motormoment M gleich sind. Dies trifft in Bild **178.**1 beispielsweise für den positiven Drehzahlwert $+n$ zu. Dieser Betriebspunkt ist dann durch das Drehmoment M_{pn}, den Strangstrom I_{pn} für Nennspannung U_N und den Leitwert $Y_m = Y_{pn}$ des Mitsystems bzw. den Widerstand $Z_m = 1/Y_{pn}$ mit dem Phasenwinkel $\varphi_{pn} = \varphi_m$ gekennzeichnet. Ist in diesem Fall $U_m \neq U_{N\,Str}$, so kann man diese Werte mit Gl. (178.4) bis (179.1) auf die Spannung des Mitsystems U_m umrechnen. Für den Leitwert des Mitsystems bei einer festen Drehzahl n gilt daher

$$Y_m = Y_{pn} = I_{pn}/U_{D\,Str} = 1/Z_m \tag{179.2}$$

Der Index pn soll hier darauf hinweisen, daß die so gekennzeichneten Größen für den positiven Drehzahlwert $+n$ den Kennlinien entnommen werden müssen. Der Index D deutet den normalen Anschluß an ein symmetrisches Dreiphasennetz an. Zur Bestimmung des Leitwerts Y_m muß daher der Strangstrom I_{pn} bei der Strangspannung $U_{D\,Str}$ genommen werden.

Wenn Gegen- und stärkeres Mitsystem gleichzeitig in einer Asynchronmaschine auftreten, dreht der Läufer im Drehsinn des Mitsystems, was für das schwächere Gegensystem ein Betrieb im Gegenlaufbereich bedeutet. Daher müssen jetzt Drehmoment M_{nn}, Strangstrom I_{nn} für Nennspannung U_N und der Leitwert des Gegensystems $Y_g = Y_{nn}$ bzw. der Widerstand $Z_g = 1/Y_{nn}$ mit dem Phasenwinkel $\varphi_g = \varphi_{nn}$ den Kennlinien in Bild **178.**1 für den negativen Drehzahlwert $-n$ entnommen werden, worauf hier der Index nn hinweisen soll. Auf von der Nennspannung $U_{N\,Str}$ abweichende Spannungen des Gegensystems U_g kann man wieder mit Gl. (178.4) bis (179.1) umrechnen. Ferner ist analog zu Gl. (179.2) der Leitwert des Gegensystems

$$Y_g = Y_{nn} = I_{nn}/U_{D\,Str} = 1/Z_g \tag{179.3}$$

Das Nullsystem erzeugt in einer dreiphasigen Ständerwicklung die in Bild **85.**1 dargestellte Wechseldurchflutung und daher nach Abschn. 1.7.2.2 Wechselfelder der Polpaarzahl $3np$ (mit $n = 1, 2, 3, \ldots$), die sonst in symmetrischen Dreiphasenmaschinen nicht auftreten. Auch in diesem Fall empfiehlt es sich, die Kenngrößen in der Schaltung von Bild **83.**1a oder b zu messen. Bild **180.**1 zeigt die gemessenen Kennlinien eines Dreiphasen-Asynchronmotors für symmetrischen Netzanschluß und Bild **180.**2 die für das Nullsystem gemessenen Kennlinien des gleichen Motors, wobei die Strangspannung U_{D0} allerdings auf $U_N/3$ abgesenkt ist. (Drehmoment M_{D0} und Strom I_{D0} beziehen sich also auf diese Spannung.)

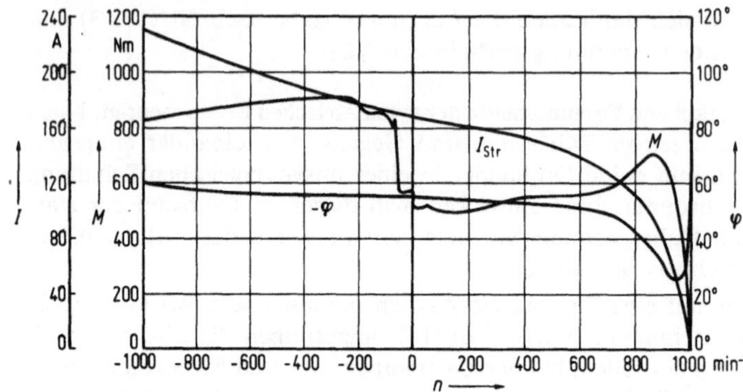

180.1
Kennlinien M, I_{Str}, $\varphi = f(n)$ für einen sechspoligen Dreiphasen-Asynchronmotor mit Doppelkäfigläufer und den Nenndaten $P_{2N} = 30$ kW, $n_N = 980$ min⁻¹, $I_N = 57$ A, $\cos\varphi_N = 0,88$, $M_N = 293$ Nm in Dreieckschaltung bei der Nennspannung $U_N = 380$ V, $f = 50$ Hz

Da das Wechselfeld des Nullsystems die dreifache Polzahl des Grundfeldes, also von Mit- und Gegensystem, aufweist, beträgt die Drehfelddrehzahl des Nullsystems mit $n_d/3$ nur ein Drittel der des Grundfeldes. Auch kann das Wechselfeld kein Anzugsmoment erzeugen. Der Strom wird in der Nähe der Drehfelddrehzahl nur wenig abgesenkt, und der Phasenwinkel φ_0 ändert sich dort auch nur geringfügig.

Die Kennwerte des Nullsystems sind von der Drehrichtung unabhängig, also für die Drehzahlwerte $+n$ und $-n$ gleich. Sie können wieder mit Gl. (178.4) bis (179.1) auf andere Spannungswerte umgerechnet werden. Analog zu Gl. (179.2) und (179.3) gilt für den **Leitwert des Nullsystems**

$$Y_0 = I_{D0}/U_{D0} = 1/Z_0 \tag{180.1}$$

Wenn Schleifringläufer – wie fast immer in der Läuferwicklung – in Stern geschaltet sind, kann bei Anschluß des Ständers an ein Nullsystem kein Strom fließen und daher kein Drehmoment M_{D0} entstehen. Im Ständer fließt jedoch ein von der Drehzahl unabhängiger Strom I_{D0}, der mit Gl. (180.1) einen Leitwert Y_0 bzw. Widerstand Z_0 ergibt.

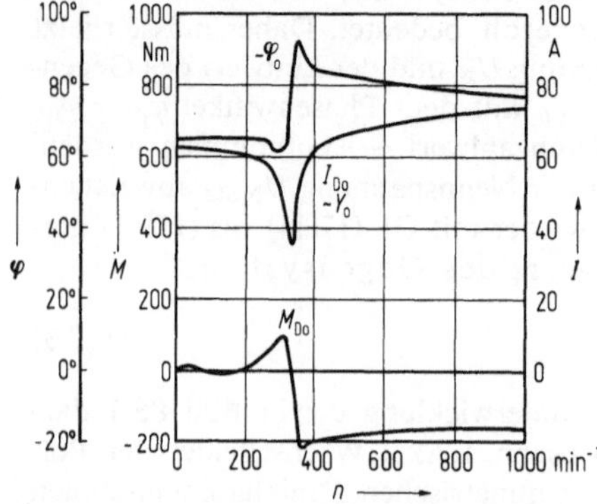

180.2
Kennlinien M_{D0}, I_{D0}, $\varphi_0 = f(n)$ des Nullsystems für den sechspoligen Dreiphasen-Asynchronmotor von Bild **180.**1 bei Anschluß eines Nullsystems mit der Spannung $U_{D0} = 380 \text{ V}/3 = 127$ V

4.1.1.3 Resultierende Wirkungen. Wird ein Dreiphasen-Asynchronmotor an ein beliebig unsymmetrisches Spannungssystem $\underline{U}_a$, $\underline{U}_b$, $\underline{U}_c$ angeschlossen, so läßt sich dieses Spannungssystem über Gl. (77.9), (78.1) und (78.3) in seine Spannungskomponenten zerlegen. Wenn diese Spannungen nicht bekannt sind, lassen sich meist Stromgleichungen analog zu Gl. (77.6) bis (77.8) aufstellen, mit denen man schließlich die Spannungskomponenten bestimmen kann. Dies wird in den folgenden Abschnitten gezeigt. Für weitere Einzelheiten und Beispiele sowie Regeln für das zweckmäßige Vorgehen s. [38].

Die so bestimmten Spannungskomponenten verursachen dann die Stromkomponenten, die man durch Anwendung von Gl. (178.4), (179.2) bis (180.1) ermitteln kann, nämlich den Strom des Mitsystems

$$\underline{I}_m = \underline{Y}_m \underline{U}_m = (U_m/U_{D\,Str})I_{pn}\underline{/\varphi_m} \tag{181.1}$$

des Gegensystems

$$\underline{I}_g = \underline{Y}_g \underline{U}_g = (U_g/U_{D\,Str})I_{nn}\underline{/\varphi_g} \tag{181.2}$$

und des Nullsystems

$$\underline{I}_0 = \underline{Y}_0 \underline{U}_0 = (U_0/U_{D\,Str})I_{D0}\underline{/\varphi_0} \tag{181.3}$$

so daß man mit ihnen die resultierenden Strangstöme

$$\underline{I}_a = \underline{I}_m + \underline{I}_g + \underline{I}_0 \tag{181.4}$$

$$\underline{I}_b = \underline{a}^2\underline{I}_m + \underline{a}\,\underline{I}_g + \underline{I}_0 \tag{181.5}$$

$$\underline{I}_c = \underline{a}\,\underline{I}_m + \underline{a}^2\underline{I}_g + \underline{I}_0 \tag{181.6}$$

durch Überlagerung berechnen kann. Die resultierende elektrische Leistungsaufnahme ist mit Gl. (84.6) und Gl. (178.5)

$$P_{1res} = P_m + P_g + P_0$$

$$= P_{pn}\left(\frac{U_m}{U_{D\,Str}}\right)^2 + P_{nn}\left(\frac{U_g}{U_{D\,Str}}\right)^2 + P_{D0}\left(\frac{U_0}{U_{D0}}\right)^2 \tag{181.7}$$

Analog gilt mit Gl. (84.10) und (179.1), wenn man noch berücksichtigt, daß das Drehmoment des Gegensystems stets dem des Mitsystems entgegengerichtet ist, das Drehmoment des Nullsystems aber je nach Drehzahl positive und negative Werte annehmen kann, was wir im Formelzeichen M_{D0} einschließen wollen, bei Vernachlässigung der Reibungsmomente für das resultierende Drehmoment

$$M_{res} = M_m + M_g + M_0$$

$$= M_{pn}\left(\frac{U_m}{U_{D\,Str}}\right)^2 - M_{nn}\left(\frac{U_g}{U_{D\,Str}}\right)^2 + M_{D0}\left(\frac{U_0}{U_{D0}}\right)^2 \tag{181.8}$$

Für die mechanische Leistung gilt weiterhin Gl. (178.3). Mit- und Gegensystem erzeugen auch noch Pendelmomente (s. Abschn. 4.2.1.1 und [14]), die hier nicht näher untersucht werden können. Für die Erwärmung unsymmetrisch betriebener Maschinen s. [14], [38].

Zur Bestimmung der resultierenden Wirkungen müssen wir also zunächst in einer Analyse die Spannungskomponenten bestimmen, die mit den Leitwert- oder Widerstandskomponenten zu den Stromkomponenten führen. Mit den Spannungskomponenten kann man auch die Leistungs-, Verlust- und Drehmomentkomponenten berechnen. Schließlich muß man in einer Synthese die komplexen Stromkomponenten zu den resultierenden Strömen überlagern. Während man die Leistungs- und Verlustkomponenten einfach addieren darf, muß man die Drehmomentkomponenten unter Beachtung ihrer Vorzeichen summieren.

4.1.2 Unsymmetrisches Dreileiternetz

Nach Gl. (181.4) bis (181.6) können einzelne Strangströme bei Anschluß des Dreiphasen-Asynchronmotors an ein unsymmetrisches Spannungssystem kleiner werden und so auch die Kupferverluste in diesem Strang herabsetzen. In einem Dreileiternetz ist stets $\underline{U}_a + \underline{U}_b + \underline{U}_c = 0$, so daß kein Nullsystem und somit auch nicht die Komponenten I_0, P_0 und M_0 auftreten können. Resultierendes Drehmoment und mechanische Leistung sind daher beim Auftreten eines Gegensystems stets kleiner, die elektrische Leistung ist dagegen größer als ohne Gegensystem, so daß auch die Verluste durch das Gegensystem insgesamt größer werden.

Größere Kupferverluste führen zu einer größeren Wicklungserwärmung. Daher sieht VDE 0530 vor, daß die Netzspannung „praktisch symmetrisch" sein soll, d.h., daß weder Gegensystem noch Nullsystem der Netzspannung Ströme verursachen, die mehr als 5 % der Mitkomponente ausmachen.

Beispiel 42. Ein Dreiphasen-Asynchronmotor mit den Nenndaten und Kennlinien von Bild **180**.1 liegt an einem Dreileiternetz, dessen Außenleiterspannungen $U_{RS} = 350$ V, $U_{ST} = 375$ V und $U_{TR} = 405$ V betragen. Für die Nenndrehzahl sind die resultierenden Drehmomente und Leistungen und die Erhöhung der Kupferverluste in der am meisten belasteten Strangwicklung zu bestimmen.

In Beispiel 19, S. 80 sind die Spannungskomponenten $\underline{U}_m = 376$ V $\underline{/2,9°}$ und $\underline{U}_g = 32,3$ V $\underline{/-143°}$ bestimmt worden. Wir entnehmen außerdem Bild **180**.1 die Kennwerte

$$
\begin{aligned}
n_N &= 980 \text{ min}^{-1} & n &= -980 \text{ min}^{-1} \\
I_{pn} &= I_{1N}/\sqrt{3} = 57 \text{ A}/\sqrt{3} = 32,9 \text{ A} & I_{nn} &= 225 \text{ A} \\
\varphi_m &= \varphi_N = -28,3° & \varphi_g &= -59,5° \\
M_{pn} &= M_N = 293 \text{ Nm} & M_{nn} &= 835 \text{ Nm} \\
P_{pn} &= P_{1N} = \sqrt{3}\,U_N I_{1N}\cos\varphi_N & P_{nn} &= 3\,U_N I_{nn}\cos\varphi_g \\
&= \sqrt{3}\cdot 380 \text{ V}\cdot 57 \text{ A}\cdot\cos(-28,3°) & &= 3\cdot 380 \text{ V}\cdot 225 \text{ A}\cdot\cos(-59,5°) \\
&= 33,03 \text{ kW} & &= 130,2 \text{ kW}
\end{aligned}
$$

Daher beträgt nach Gl. (181.8) die resultierende elektrische Leistung

$$
P_{1\,res} = P_{pn}\left(\frac{U_m}{U_{D\,Str}}\right)^2 + P_{nn}\left(\frac{U_g}{U_{D\,Str}}\right)^2 = 33,03 \text{ kW}\left(\frac{376 \text{ V}}{380 \text{ V}}\right)^2
$$

$$
+ 130,2 \text{ kW}\left(\frac{32,3 \text{ V}}{380 \text{ V}}\right)^2 = 32,34 \text{ kW} + 0,94 \text{ kW} = 33,28 \text{ kW}.
$$

Weiterhin ist nach Gl. (181.8) das resultierende Drehmoment

$$
M_{res} = M_{pn}\left(\frac{U_m}{U_{D\,Str}}\right)^2 - M_{nn}\left(\frac{U_g}{U_{D\,Str}}\right)^2 = 293 \text{ Nm}\left(\frac{376 \text{ V}}{380 \text{ V}}\right)^2
$$

$$
- 835 \text{ Nm}\left(\frac{32,3 \text{ V}}{380 \text{ V}}\right)^2 = 286,9 \text{ Nm} - 6,03 \text{ Nm} = 280,9 \text{ Nm}
$$

sowie nach Gl. (178.3) die mechanische Leistung $P_{2\text{res}} = 2\pi n_\text{N} M_\text{res} = 2\pi \cdot 980 \text{ min}^{-1}(\text{min}/60\text{ s})$ 280,9 Nm = 28,83 kW. Gegenüber den Nennverlusten $P_{1\text{N}} - P_{2\text{N}} = 33,1 \text{ kW} - 30 \text{ kW} =$ 3,1 kW sind die Verluste auf $P_{1\text{res}} - P_{2\text{res}} = 33,28 \text{ kW} - 28,83 \text{ kW} = 4,45 \text{ kW}$ gestiegen.

Wir dürfen voraussetzen, daß in dem Strang mit der größten Strangspannung $U_\text{TR} = 405$ V der größte Strangstrom fließt. Um ihn bestimmen zu können, berechnen wir zunächst die komplexen Stromkomponenten

$$I_\text{m} = \frac{U_\text{m}}{U_{\text{D Str}}}\, I_\text{pn}\,\underline{/\varphi_\text{m}} = \frac{376 \text{ V}\,\underline{/2,9°}}{380 \text{ V}} \cdot 32,9 \text{ A}\,\underline{/-28,3°} = 32,55 \text{ A}\,\underline{/-25,4°}$$

$$I_\text{g} = \frac{U_\text{g}}{U_{\text{D Str}}}\, I_\text{nn}\underline{/\varphi_\text{g}} = \frac{32,3 \text{ V}\,\underline{/-143°}}{380 \text{ V}} \cdot 225 \text{ A}\,\underline{/-59,5°}$$

$$= 19,13 \text{ A}\,\underline{/157,5°}$$

und bilden dann die komplexe Stromsumme

$$
\begin{aligned}
\underline{a}\,I_\text{m} &= 32,55 \text{ A}\,\underline{/120° - 25,4°} &&= (-2,61 + \text{j}32,45)\text{ A}\\
\underline{a}^2\,I_\text{g} &= 19,13 \text{ A}\,\underline{/-120° + 157,5°} &&= (15,18\ \ + \text{j}11,65)\text{ A}\\
\hline
I_\text{WZ} = \underline{a}\,I_\text{m} + \underline{a}^2\,I_\text{g} &= 36,7 \text{ A}\,\underline{/68,3°} &&= (13,57\ \ + \text{j}34,1)\text{ A}
\end{aligned}
$$

Gegenüber dem Nennbetrieb sind die Kupferverluste $R I_\text{WZ}^2$ in dieser Strangwicklung im Verhältnis $(I_\text{WZ}/I_\text{pn})^2 = (36,9 \text{ A}/32,7 \text{ A})^2 = 1,24$ gestiegen. Da die Wärme in gut getränkten Maschinen über mehrere Wege abgegeben wird und daher ein Temperaturausgleich eintritt, wird die Wicklungstemperatur nicht im gleichen Verhältnis anwachsen, jedoch dürfte dieser Betrieb mit dem Unsymmetriegrad $U_\text{g}/U_\text{m} = 32,3 \text{ V}/376 \text{ V} = 0,09$ nicht mehr zulässig sein.

4.1.3 Unterbrechung einer Zuleitung

In Bild **183**.1 ist ein in Stern geschalteter Dreiphasen-Asynchronmotor mit Unterbrechung einer der drei Zuleitungen dargestellt. Es soll jetzt das Betriebsverhalten dieses Störungsfalls, der z.B. durch vorzeitigen Ausfall einer Schmelzsicherung entstehen kann, berechnet werden.

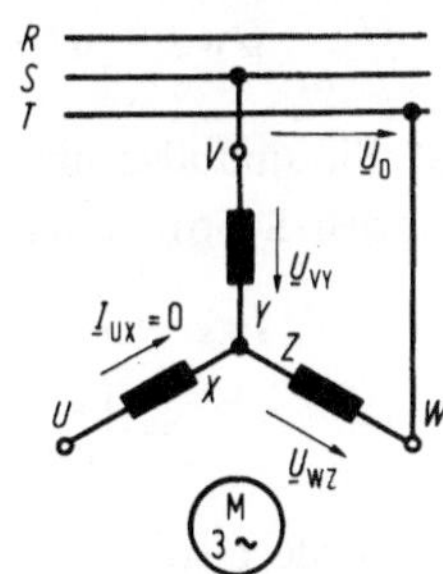

183.1 Zuleitungsunterbrechung einer Sternschaltung

4.1.3.1 Spannungskomponenten der Sternschaltung. Mit einem Ansatz analog zu Gl. (77.3) bis (77.5) gilt für die Strangspannungen $\underline{U}_{VY} = \underline{a}^2 \underline{U}_\text{m} + \underline{a}\,\underline{U}_\text{g}$ und $\underline{U}_{WZ} = \underline{a}\,\underline{U}_\text{m} + \underline{a}^2 \underline{U}_\text{g}$, und wir erhalten anhand von Bild **183**.1 die Spannungsgleichung

$$\underline{U}_\text{D} = \underline{U}_{VY} - \underline{U}_{WZ} = \underline{a}^2 \underline{U}_\text{m} + \underline{a}\underline{U}_\text{g} - \underline{a}\underline{U}_\text{m} - \underline{a}^2 \underline{U}_\text{g} = (\underline{a}^2 - \underline{a})(\underline{U}_\text{m} - \underline{U}_\text{g}) \qquad (183.1)$$

Nach Gl. (77.6), (83.2) und (83.3) gibt es außerdem die Stromgleichung

$$I_{UX} = I_\text{m} + I_\text{g} = \underline{Y}_\text{m}\underline{U}_\text{m} + \underline{Y}_\text{g}\underline{U}_\text{g} = 0 \qquad (183.2)$$

Hieraus erhält man

$$\underline{U}_g = - \underline{U}_m(\underline{Y}_m/\underline{Y}_g) \tag{184.1}$$

so daß man nach Einsetzen von Gl. (184.1) in Gl. (183.1) zunächst

$$\underline{U}_D = \left((a^2 - a)(\underline{U}_m + \frac{\underline{Y}_m}{\underline{Y}_g}\, \underline{U}_m)\right) = \underline{U}_m(a^2 - a)\frac{\underline{Y}_m + \underline{Y}_g}{\underline{Y}_g}$$

und mit dem Ergebnis von Beispiel 17f, S. 76 $(a^2 - a) = -\mathrm{j}\sqrt{3}$ sowie $\underline{Z}_m = 1/\underline{Y}_m$ und $\underline{Z}_g = 1/\underline{Y}_g$ die Spannungskomponenten

$$\underline{U}_m = \frac{\underline{U}_D}{a^2 - a} \cdot \frac{\underline{Y}_g}{\underline{Y}_m + \underline{Y}_g} = \frac{\mathrm{j}\,\underline{U}_D}{\sqrt{3}} \cdot \frac{\underline{Y}_g}{\underline{Y}_m + \underline{Y}_g} = \frac{\mathrm{j}\,\underline{U}_D}{\sqrt{3}} \cdot \frac{\underline{Z}_m}{\underline{Z}_m + \underline{Z}_g} \tag{184.2}$$

$$\underline{U}_g = \frac{-\mathrm{j}\,\underline{U}_D}{\sqrt{3}} \cdot \frac{\underline{Y}_m}{\underline{Y}_m + \underline{Y}_g} = \frac{-\mathrm{j}\,\underline{U}_D}{\sqrt{3}} \cdot \frac{\underline{Z}_g}{\underline{Z}_m + \underline{Z}_g} \tag{184.3}$$

findet.

4.1.3.2 Strangspannungen und Strom. Nach Gl. (77.3) ist die Strangspannung

$$\underline{U}_{WZ} = \underline{U}_m + \underline{U}_g = \frac{\mathrm{j}\,\underline{U}_D}{\sqrt{3}} \cdot \frac{\underline{Y}_g - \underline{Y}_m}{\underline{Y}_g + \underline{Y}_m} \tag{184.4}$$

die im Stillstand wegen $I_{pnk} = I_{nnk}$, also $Y_{mk} = Y_{gk}$, verschwindet, aber mit steigender Drehzahl anwächst.

Nach Gl. (77.4) und (77.5) treten außerdem die Strangspannungen

$$\underline{U}_{VY} = a^2 \underline{U}_m + a \underline{U}_g = \frac{\mathrm{j}\,\underline{U}_D}{\sqrt{3}} \cdot \frac{a^2 \underline{Y}_g - a \underline{Y}_m}{\underline{Y}_m + \underline{Y}_g} \tag{184.5}$$

und

$$\underline{U}_{WZ} = a \underline{U}_m + a^2 \underline{U}_g = \frac{\mathrm{j}\,\underline{U}_D}{\sqrt{3}} \cdot \frac{a \underline{Y}_g - a^2 \underline{Y}_m}{\underline{Y}_m + \underline{Y}_g} \tag{184.6}$$

auf. Sie sind also im allgemeinen Fall nicht gleich.

Für den Strom gilt nach Gl. (77.7), (77.8) sowie Gl. (83.2), (83.3)

$$\underline{I}_{VY} = a^2 \underline{I}_m + a \underline{I}_g = - \underline{I}_{WZ} = - a \underline{I}_m - a^2 \underline{I}_g = a^2 \underline{Y}_m \underline{U}_m + a \underline{Y}_g \underline{U}_g$$

$$= \frac{\mathrm{j}\,\underline{U}_D}{\sqrt{3}} \cdot \frac{(a^2 - a) \underline{Y}_m \underline{Y}_g}{\underline{Y}_m + \underline{Y}_g} = \underline{U}_D \frac{\underline{Y}_m \underline{Y}_g}{\underline{Y}_m + \underline{Y}_g} = \frac{\underline{U}_D}{\underline{Z}_m + \underline{Z}_g} \tag{184.7}$$

Er würde also auch in einer Reihenschaltung aus den komplexen Widerständen $\underline{Z}_m$ und $\underline{Z}_g$ fließen, die an der Spannung $\underline{U}_D$ liegt. Für den Betrag gilt nach Anwendung des Kosinussatzes bzw. Berücksichtigung von Gl. (179.2) und (179.3) sowie $U_D = \sqrt{3}\,U_{D\,Str}$

$$I_{VY} = \frac{U_D}{\sqrt{Z_m^2 + Z_g^2 + 2 Z_m Z_g \cos(\varphi_m - \varphi_g)}}$$

$$= \frac{\sqrt{3}\,I_{pn}}{\sqrt{1 + (I_{pn}/I_{nn})^2 + 2(I_{pn}/I_{nn})\cos(\varphi_m - \varphi_g)}} \tag{184.8}$$

Im Stillstand ist $I_{\mathrm{pnk}} = I_{\mathrm{nnk}}$, und der Strom geht im Verhältnis $I_{\mathrm{VYk}}/I_{\mathrm{pnk}} = \sqrt{3}/2$ = 0,866 zurück.

4.1.3.3 Drehmoment. Gl. (181.8) vereinfacht sich wegen des nicht auftretenden Nullsystems für das resultierende Drehmoment auf

$$M_{\mathrm{res}} = M_{\mathrm{pn}}(U_{\mathrm{m}}/U_{\mathrm{D\,Str}})^2 - M_{\mathrm{nn}}(U_{\mathrm{g}}/U_{\mathrm{D\,Str}})^2$$

Wir dividieren diese Gl. durch das bei Dreiphasenanschluß gemessene Drehmoment $M_{\mathrm{D}} = M_{\mathrm{pn}}$, führen die Beträge von Gl. (184.2) und (184.3) ein, wobei wir beachten, daß in der Sternschaltung $U_{\mathrm{D}} = \sqrt{3}\,U_{\mathrm{D\,Str}}$ ist, und erhalten daher das **Drehmomentverhältnis**

$$\frac{M_{\mathrm{res}}}{M_{\mathrm{D}}} = \frac{Y_{\mathrm{g}}^2 - Y_{\mathrm{m}}^2\,M_{\mathrm{nn}}/M_{\mathrm{pn}}}{|\underline{Y}_{\mathrm{m}} + \underline{Y}_{\mathrm{g}}|^2} \tag{185.1}$$

Mit Gl. (179.2) und (179.3) wird hieraus unter Anwendung des Kosinussatzes

$$\frac{M_{\mathrm{res}}}{M_{\mathrm{D}}} = \frac{1 - (I_{\mathrm{pn}}/I_{\mathrm{nn}})^2\,M_{\mathrm{nn}}/M_{\mathrm{pn}}}{1 + (I_{\mathrm{pn}}/I_{\mathrm{nn}})^2 + 2(I_{\mathrm{pn}}/I_{\mathrm{nn}})\cos(\varphi_{\mathrm{m}} - \varphi_{\mathrm{g}})} \tag{185.2}$$

Das Drehmoment wird daher im Motorbereich stets verkleinert. Im **Stillstand** gilt $M_{\mathrm{nn}} = M_{\mathrm{pn}} = M_{\mathrm{AD}}$ und $I_{\mathrm{nn}} = I_{\mathrm{pn}}$; daher wird $M_{\mathrm{Ares}}/M_{\mathrm{AD}} = 0$. Bei unterbrochener Zuleitung kann also kein Anzugsmoment entwickelt werden.

4.1.3.4 Dreieckschaltung. Diese Schaltung nach Bild **185**.1 zeigt mit der unterbrochenen Zuleitung die gleiche, in Gl. (184.2) und (184.3) angegebene Abhängigkeit der Spannungskomponenten $\underline{U}_{\mathrm{m}}$ und $\underline{U}_{\mathrm{g}}$ von den Leitwertkomponenten $\underline{Y}_{\mathrm{m}}$ und $\underline{Y}_{\mathrm{g}}$. Für den Netzstrom I_{V} gilt ebenso Gl. (184.8) bzw. für das Drehmoment Gl. (185.2). Die Ströme verhalten sich wie $I_{\mathrm{UX}}:I_{\mathrm{VY}}:I_{\mathrm{V}} = 1:2:3$, so daß die Kupferverluste in der Strangwicklung VY viermal so groß sind wie in den Strangwicklungen UX und WZ. Man muß daher in dieser Schaltung bei größerem Strom als bei normalem Dreiphasenanschluß mit noch größerer Wicklungserwärmung als in der Sternschaltung rechnen. Für weitere Einzelheiten s. [14], [38].

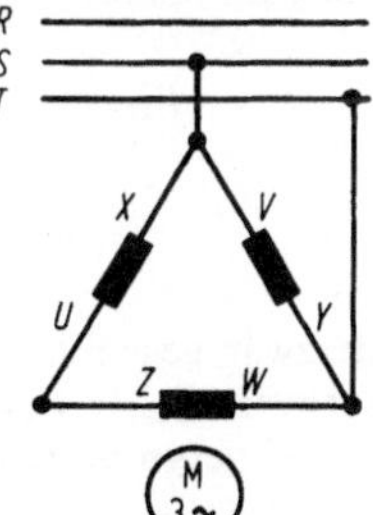

185.1 Zuleitungsunterbrechung einer Dreieckschaltung

Bei Zuleitungsunterbrechung geht stets das Drehmoment zurück, während die Strangströme und die Wicklungserwärmung gleichzeitig größer werden. Um unzulässige Erwärmungen zu vermeiden, sollte man daher Thermoschutzeinrichtungen vor jede Strangwicklung schalten. Ein Überstromschutz in den Zuleitungen würde bei der Dreieckschaltung keinen ausreichenden Überlastschutz gewährleisten.

Beispiel 43: Für den durch die Kennlinien in Bild **180**.1 charakterisierten Dreiphasen-Asynchronmotor für $P_{2\mathrm{N}} = 30\,\mathrm{kW}$ sind die Ströme von Stern- und Dreieckschaltung bei unterbrochener Zuleitung sowie das resultierende Drehmoment und die Verluste bei Nenndrehzahl zu bestimmen.

Wir entnehmen Beispiel 42, S. 182 die Kennwerte der Sternschaltung

$$\begin{aligned}
I_{\mathrm{pn}} &= 57\,\mathrm{A} & I_{\mathrm{nn}} &= \sqrt{3}\cdot 225\,\mathrm{A} = 390\,\mathrm{A}\\
\varphi_{\mathrm{m}} &= -\,28{,}3° & \varphi_{\mathrm{g}} &= -\,59{,}5°\\
M_{\mathrm{pn}} &= 293\,\mathrm{Nm} & M_{\mathrm{nn}} &= 835\,\mathrm{Nm}\\
P_{\mathrm{pn}} &= 33{,}1\,\mathrm{kW} & P_{\mathrm{nn}} &= 130{,}3\,\mathrm{kW}
\end{aligned}$$

und berechnen zunächst

$$1 + (I_{\mathrm{pn}}/I_{\mathrm{nn}})^2 + 2(I_{\mathrm{pn}}/I_{\mathrm{nn}})\cos(\varphi_{\mathrm{m}} - \varphi_{\mathrm{g}}) =$$
$$= 1 + (57\,\mathrm{A}/390\,\mathrm{A})^2 + 2(57\,\mathrm{A}/390\,\mathrm{A})\cos(-\,28{,}3° + 59{,}5°) = 1{,}272.$$

Mit Gl. (184.8) bestimmen wir den Außenleiterstrom

$$I_{\mathrm{VY}} = \frac{\sqrt{3}\,I_{\mathrm{pn}}}{\sqrt{1 + (I_{\mathrm{pn}}/I_{\mathrm{nn}})^2 + 2(I_{\mathrm{pn}}/I_{\mathrm{nn}})\cos(\varphi_{\mathrm{m}} - \varphi_{\mathrm{g}})}} = \frac{\sqrt{3}\cdot 57\,\mathrm{A}}{\sqrt{1{,}272}} = 87{,}5\,\mathrm{A}$$

der für Stern- und Dreieckschaltung gleich groß ist. In den Strangwicklungen der Dreieckschaltung fließen außerdem die Ströme 87,5 A/3 = 29,2 A und 2 · 29,2 A = 58,4 A. In den beiden betroffenen Strangwicklungen der Sternschaltung wachsen daher die Kupferverluste um den Faktor $(87{,}5\,\mathrm{A}/57\,\mathrm{A})^2 = 2{,}36$ und in der einen Strangwicklung der Dreieckschaltung um den Faktor $(58{,}4\,\mathrm{A}/32{,}9\,\mathrm{A})^2 = 3{,}15$, was ganz sicher nicht zulässig ist.

Gleichzeitig findet man mit Gl. (185.2) das resultierende Drehmoment

$$M_{\mathrm{res}} = \frac{M_{\mathrm{pn}} - (I_{\mathrm{pn}}/I_{\mathrm{nn}})^2 M_{\mathrm{nn}}}{1 + (I_{\mathrm{pn}}/I_{\mathrm{nn}})^2 + 2(I_{\mathrm{pn}}/I_{\mathrm{nn}})\cos(\varphi_{\mathrm{m}} - \varphi_{\mathrm{g}})}$$
$$= \frac{293\,\mathrm{Nm} - (57\,\mathrm{A}/390\,\mathrm{A})^2 835\,\mathrm{Nm}}{1{,}272} = 216\,\mathrm{Nm}$$

und schließlich die Leistungsabgabe $P_{2\,\mathrm{res}} = P_{2\mathrm{N}} M_{\mathrm{res}}/M_{\mathrm{N}} = 30\,\mathrm{kW}\cdot 216\,\mathrm{Nm}/293\,\mathrm{Nm} = 22{,}1\,\mathrm{kW}$.

Wir formen noch Gl. (181.7) analog zu Gl. (185.2) um und erhalten so die resultierende Leistungsaufnahme

$$P_{1\mathrm{res}} = \frac{P_{\mathrm{pn}} + (I_{\mathrm{pn}}/I_{\mathrm{nn}})^2 P_{\mathrm{nn}}}{1 + (I_{\mathrm{pn}}/I_{\mathrm{nn}})^2 + 2(I_{\mathrm{pn}}/I_{\mathrm{nn}})\cos(\varphi_{\mathrm{m}} - \varphi_{\mathrm{g}})}$$
$$= \frac{33{,}1\,\mathrm{kW} + (57\,\mathrm{A}/390\,\mathrm{A})^2 130{,}3\,\mathrm{kW}}{1{,}272} = 28{,}2\,\mathrm{kW}$$

die zwar gegenüber der ursprünglichen Leistungsaufnahme verringert ist, während jedoch die Verluste $V_{\mathrm{res}} = P_{1\,\mathrm{res}} - P_{2\,\mathrm{res}} = 28{,}2\,\mathrm{kW} - 22{,}1\,\mathrm{kW} = 6{,}1\,\mathrm{kW}$ um den Faktor 6,1 kW/3,1 kW = 1,97 vergrößert, also fast verdoppelt sind, was sich in einer entsprechend größeren Erwärmung auswirkt.

4.1.4 Rein einsträngiger Anschluß

Neben einer Zuleitung kann auch eine Strangwicklung unterbrochen werden, was in der Sternschaltung die gleichen Wirkungen zeitigt wie eine Zuleitungsunterbrechung, in der Dreieckschaltung jedoch zu einer V-Schaltung mit zwei belasteten Strangwicklungen führt. In dieser Schaltung wird ein vermindertes Anzugsmoment erzeugt, und ein Betrieb mit Teillast kann noch zugelassen werden. Für Einzelheiten s. [11], [14], [38].

Wir wollen hier kurz das Betriebsverhalten des Dreiphasen-Asynchronmotors unter-suchen, wenn wie in Bild **187**.1 neben einer Zuleitung noch eine Strangwicklung unter-brochen ist, also eine **einzige Strangwicklung am Netz** liegt. Wir bestimmen

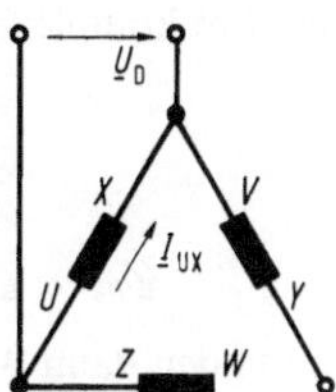

187.1 Zuleitungs- und Strangunterbrechung einer Dreieckschaltung

zunächst mit den Ansätzen

$$\underline{U}_D = \underline{U}_m + \underline{U}_g + \underline{U}_0$$
$$\underline{I}_{VY} = a^2 \underline{I}_m + a\underline{I}_g + \underline{I}_0 = a^2 \underline{Y}_m \underline{U}_m + a \underline{Y}_g \underline{U}_g + \underline{Y}_0 \underline{U}_0 = 0$$
$$\underline{I}_{WZ} = a \underline{I}_m + a^2 \underline{I}_g + \underline{I}_0 = a \underline{Y}_m \underline{U}_m + a^2 \underline{Y}_g \underline{U}_g + \underline{Y}_0 \underline{U}_0 = 0$$

die **Spannungskomponenten**

$$\underline{U}_m = \frac{\underline{U}_D \underline{Z}_m}{\underline{Z}_m + \underline{Z}_g + \underline{Z}_0} \tag{187.1}$$

$$\underline{U}_g = \frac{\underline{U}_D \underline{Z}_g}{\underline{Z}_m + \underline{Z}_g + \underline{Z}_0} \tag{187.2}$$

$$\underline{U}_0 = \frac{\underline{U}_D \underline{Z}_0}{\underline{Z}_m + \underline{Z}_g + \underline{Z}_0} \tag{187.3}$$

sowie mit dem Ansatz $\underline{I}_{UX} = \underline{I}_m + \underline{I}_g + \underline{I}_0 = \underline{Y}_m \underline{U}_m + \underline{Y}_g \underline{U}_g + \underline{U}_0 \underline{Y}_0$ den **Strom**

$$\underline{I}_{UX} = \frac{3\,\underline{U}_D}{\underline{Z}_m + \underline{Z}_g + \underline{Z}_0} \tag{187.4}$$

Wenn man voraussetzt, daß das Drehmoment M_{D0} bei der Spannung $U_{D0} = U_D/3$ gemessen ist, liefert Gl. (181.8) mit Gl. (187.1) bis (187.3) das resultierende **Drehmo-ment**

$$M_{res} = \frac{M_{pn} Z_m^2 - M_{nn} Z_g^2 + 9\,M_{D0} Z_0^2}{|\underline{Z}_m + \underline{Z}_g + \underline{Z}_0|^2} \tag{187.5}$$

das wieder im Stillstand verschwindet.

Beispiel 44: Für den in Beispiel 42, S. 182 behandelten Dreiphasen-Asynchronmotor sind Strom und Drehmoment in der Schaltung von Bild **187**.1 für Nenndrehzahl zu bestimmen.

Neben den Kennwerten der Dreieckschaltung aus Beispiel 42, S. 182

$$I_{pn} = 32{,}9\,\text{A} \qquad\qquad I_{nn} = 225\,\text{A}$$
$$\varphi_m = -28{,}3° \qquad\qquad \varphi_g = -59{,}5°$$
$$M_{pn} = 293\,\text{Nm} \qquad\qquad M_{nn} = 835\,\text{Nm}$$

benötigen wir noch die Kennwerte des Nullsystems, die wir für $n_N = 980\,\text{min}^{-1}$ und $U_{D0} = U_D/3 = 380\,\text{V}/3 = 127\,\text{V}$ Bild **180**.2 mit $I_{D0} = 73{,}5\,\text{A}$, $\varphi_0 = -76{,}5°$ und $M_{D0} = -160\,\text{Nm}$ entnehmen. Wir bilden zunächst die Scheinwiderstände

$$Z_\mathrm{m} = U_\mathrm{D}/I_\mathrm{pn} = 380\ \mathrm{V}/32{,}9\ \mathrm{A} = 11{,}58\ \Omega$$
$$Z_\mathrm{g} = U_\mathrm{D}/I_\mathrm{nn} = 380\ \mathrm{V}/225\ \mathrm{A} = 1{,}69\ \Omega$$
$$Z_0 = U_\mathrm{Do}/I_\mathrm{Do} = 127\ \mathrm{V}/73{,}5\ \mathrm{A} = 1{,}73\ \Omega$$

und ihre komplexe Summe

$$
\begin{aligned}
\underline{Z}_\mathrm{m} &= 11{,}58\ \Omega\,\underline{/28{,}3^\circ} = (10{,}2\ \pm\ \mathrm{j}5{,}49)\ \Omega\\
\underline{Z}_\mathrm{g} &= 1{,}69\ \Omega\,\underline{/59{,}5^\circ} = (\ 0{,}86 + \mathrm{j}1{,}46)\ \Omega\\
\underline{Z}_0 &= 1{,}73\ \Omega\,\underline{/76{,}5^\circ} = (\ 0{,}4\ \ + \mathrm{j}1{,}69)\ \Omega\\
\hline
\underline{Z}_\mathrm{m} + \underline{Z}_\mathrm{g} + \underline{Z}_0 &= 14{,}35\ \Omega\,\underline{/37^\circ}\ \ = (11{,}46 + \mathrm{j}8{,}63)\ \Omega
\end{aligned}
$$

und finden dann über Gl. (187.4) den Strom

$$
\underline{I}_\mathrm{UX} = \frac{3\,\underline{U}_\mathrm{D}}{\underline{Z}_\mathrm{m} + \underline{Z}_\mathrm{g} + \underline{Z}_0} = \frac{3\cdot 380\ \mathrm{V}}{14{,}35\ \Omega\,\underline{/37^\circ}} = 79{,}44\ \mathrm{A}\,\underline{/-37^\circ}
$$

sowie mit Gl. (187.5) das resultierende Drehmoment

$$
\begin{aligned}
M_\mathrm{res} &= \frac{M_\mathrm{pn}Z_\mathrm{m}^2 - M_\mathrm{nn}Z_\mathrm{g}^2 + 9M_\mathrm{Do}Z_0^2}{|\underline{Z}_\mathrm{m} + \underline{Z}_\mathrm{g} + \underline{Z}_0|^2}\\[2mm]
&= \frac{293\ \mathrm{Nm}\cdot 11{,}58^2\ \Omega^2 - 835\ \mathrm{Nm}\cdot 1{,}69^2\ \Omega^2 - 9\cdot 160\ \mathrm{Nm}\cdot 1{,}73^2\ \Omega^2}{14{,}35^2\ \Omega^2}\\[2mm]
&= 158{,}3\ \mathrm{Nm}
\end{aligned}
$$

4.2 Einphasen-Asynchronmotoren

Der elektromotorische Antrieb hat besonders für Kleingeräte erhebliche Vorteile; er ist wartungsfrei und geräuscharm und kann ohne Vorbereitungen in Betrieb genommen werden. Die eingesetzten K l e i n m o t o r e n mit Leistungen bis zu etwa 1 kW werden heute in Großserien gefertigt. Man benutzt sie für Wasch- und Reinigungsgeräte, in Küchenmaschinen, Kühl- und Heizgeräten, in Lüftern, Tongeräten, Büromaschinen, Kraftwagen, Flugzeugen und Elektrowerkzeugen. Auf sie entfällt rund die Hälfte des Umsatzes an Elektromotoren. Für Geräte, deren Antriebsmotoren mit mehr als 3000 min^{-1} laufen sollen, verwendet man Universalmotoren, das sind für den Anschluß an Wechselspannung hergerichtete Gleichstrom-Reihenschlußmotoren (s. Abschn. 6.3.1.2 – auch Fahrzeuge und batteriebetriebene Geräte benutzen Gleichstrommotoren). Für alle anderen Anwendungsfälle hat sich aber bis auf wenige Ausnahmen der Einphasen-Asynchronmotor mit Käfigläufer durchgesetzt. Für kleine Synchronmotoren s. Abschn. 5.2.5.2 und 5.2.5.3.

Ständerpaket und Läufer des Einphasen-Asynchronmotors haben den gleichen A u f b a u wie der Dreiphasen-Asynchronmotor. (Lediglich der Ständer des Spaltpolmotors weicht mit seinen ausgeprägten Polen hiervon ab.) Die Läufer enthalten meist einen Kurzschlußkäfig aus Aluminium, wobei man Stromverdrängungseffekte vermeidet, da sonst die Verluste zu groß werden. Der Einphasenmotor entwickelt mit seiner A r b e i t s w i c k l u n g allein kein Anzugsmoment und liefert wesentlich kleinere Drehmomente als die normalen Zwei- und Dreiphasenmotoren. Für den Anlauf des Motors ist daher eine räumlich versetzte zweite Ständerwicklung, die H i l f s w i c k l u n g, erforderlich, die eine zeitlich phasenverschobene Durchflutung aufbringt, so daß aus dem Zusammenwirken zweier Wechselfelder ein Drehfeld entsteht (s. Abschn. 1.5.2.2). Die erforderliche Phasenverschiebung läßt sich durch Wirkwiderstände, Induktivitäten oder Kapazitäten erreichen. Aufwendige Drosseln werden heute nicht mehr eingesetzt, vielmehr läßt sich mit Widerstandshilfsphase oder Kondensatoren das gewünschte Betriebsverhalten wirtschaftlicher erzielen.

Diese Anlaßhilfsmittel bewirken gleichzeitig verschiedenartige Kennlinien. Die Drehmoment-Drehzahl-Kennlinien der Motoren in den üblichen Schaltungen sind in Bild **189**.1 a für Maschinen mit gleichem Nennmoment dargestellt. Da es den idealen, alle Wünsche erfüllenden Einphasenmotor nicht gibt, ist die Schaltung den Anforderungen des Antriebs anzupassen. Hierbei ist zu beachten, daß die Leistungsfähigkeiten der verschiedenen Ausführungen bei gleicher Motorgröße stark voneinander abweichen (Bild **189**.1 b). Alle Drehmomente sind hier auf das Nennmoment M_{ND} der normalen Drehfeldmaschine bezogen.

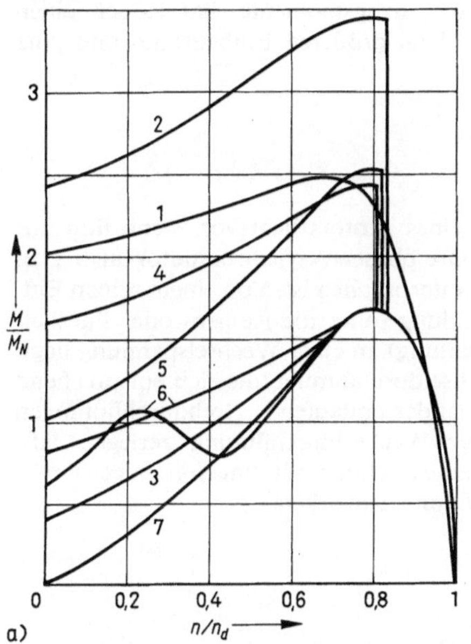

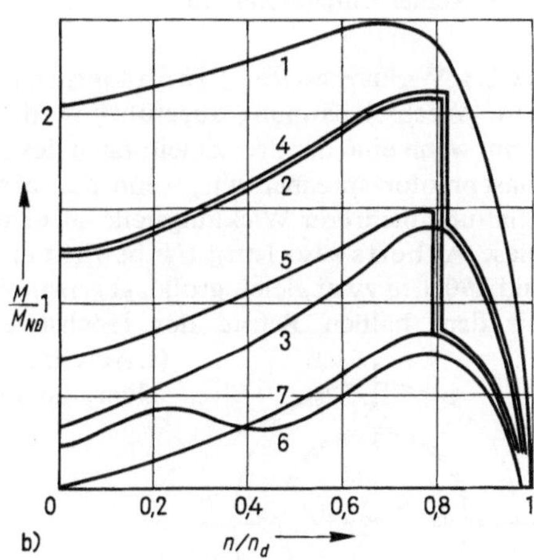

189.1 Drehmoment-Drehzahl-Kennlinien bei gleichem Nennmoment (a) und gleicher Motorgröße (b)

1 Zweiphasen- und Dreiphasenmotor
2 Einphasenmotor mit Anlaufkondensator
3 Einphasenmotor mit Betriebskondensator
4 Einphasenmotor mit Doppelkondensator
5 Widerstandshilfsphasenmotor
6 Spaltpolmotor
7 reiner Einphasenmotor

Die höchste Leistung bei größtem Anzugs- und Überlastungsverhältnis und somit die beste Ausnutzung liefert die normale Dreiphasen- oder Zweiphasenmaschine (Kennlinien *1*). Mit einem dauernd eingeschaltet bleibenden Betriebskondensator (Kennlinien *3*) kann man fast die gleiche Nennleistung erreichen, Anzugs- und Kippmoment sinken jedoch wesentlich ab. Das geringe Anzugsmoment beschränkt die Einsatzmöglichkeiten dieses sonst vorteilhaften Einphasenmotors.

Mit einem zusätzlichen Anlaufkondensator kann man beim Doppelkondensator-motor das Anzugsmoment erheblich vergrößern (Kennlinien 4). Der Anlaufkondensator führt aber zu unzulässig großen Motorströmen im Nennbetrieb, so daß er nach dem Hochlauf mit strom-, drehzahl- oder zeitabhängigen Schaltgliedern abzuschalten ist. Mit dem Abschalten der Hilfsphase bei der Drehzahl $n \approx 0{,}8\,n_d$ fällt auch das Drehmoment nach Bild **189**.1 plötzlich auf die Werte bei Verwendung eines Betriebskondensators ab. Verwendet man nur einen Anlaufkondensator (Kennlinien 2), so verhält sich der Motor nach dem Abtrennen der Hilfsphase vom Netz wie ein reiner Einphasenmotor und liefert eine entsprechend kleinere Nennleistung.

Die Widerstandshilfsphase, die einen gegenüber der Arbeitswicklung wesentlich vergrößerten Wirkwiderstand aufweist, erfordert einen geringen Aufwand und erzeugt – allerdings bei großen Einschaltströmen – ein großes Anzugsmoment (Kennlinien 5). Auch hier ist die Hilfswicklung nach dem Hochlauf vom Netz zu trennen, so daß die danach verfügbare Leistung wieder geringer ist. Der Spaltpolmotor (Kennlinien 6) liefert bei geringsten Herstellungskosten mittlere Anzugsmomente, hat jedoch einen schlechten Wirkungsgrad und verlangt deshalb einen größeren Einbauraum und gute Kühlung.

4.2.1 Reiner Einphasenmotor

4.2.1.1 Wirkungsweise.
Einphasenanschluß eines Motors liegt vor, wenn ihm nur eine Wechselspannung zugeführt wird, beim Dreiphasen-Asynchronmotor also z.B. dann, wenn eine der drei Zuleitungen des Netzes unterbrochen ist. Von einem reinen Einphasenmotor sprechen wir, wenn nur eine Wicklung (oder die Reihen- oder Parallelschaltung mehrerer Wicklungsteile zu einer Wicklung) an einer Wechselspannung liegt. Diese Arbeitswicklung UV bewirkt eine Wechseldurchflutung, die sich entsprechend Bild **190**.1 in zwei gleich große, gegensinnig zueinander umlaufende Drehdurchflutungen mit dem halben Betrag des Höchstwertes der Wechseldurchflutung zerlegen läßt (s. Abschn. 1.5.2). Beide Drehdurchflutungen erzeugen Drehfelder, die auf den Läufer einwirken.

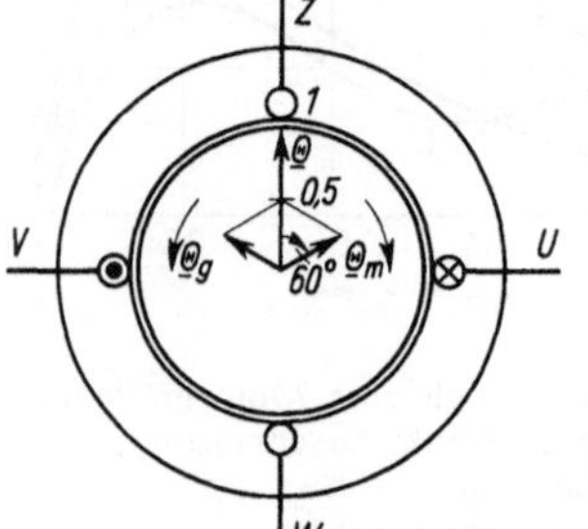

190.1
Zerlegung der (stehenden) Wechseldurchflutung Θ in zwei räumlich entgegengesetzt umlaufende Drehdurchflutungen Θ_m (mitlaufend) und Θ_g (gegenlaufend)

Im Stillstand versucht ihn das eine Drehfeld nach links und das andere mit gleichem Drehmoment nach rechts zu drehen, so daß das resultierende Anzugsmoment Null ist; der reine Einphasenmotor vermag daher nicht von selbst anzulaufen. Die beiden Ständer-Drehdurchflutungen bewirken bei Stillstand des Läufers außerdem zwei gleich große, zueinander gegensinnige Ständer-Drehflüsse Φ_{1m} und Φ_{1g}, die zusammen einen Wechselfluß in der Wicklungsachse ergeben. Dabei induzieren Φ_{1m} und Φ_{1g} in der Arbeitswicklung zwei gleichphasige und gleich große Spannungen U_m und U_g, die somit je 50 % der angelegten Spannung ausmachen.

Im Betrieb erzeugt der Ständer ebenfalls zwei gleich große Drehdurchflutungen, die aber mit verschiedenem Schlupf auf den Läufer einwirken. Während nämlich die mitläufige Durchflutung relativ zum Läufer fast stillsteht und somit, wenig behindert durch eine Läuferdurchflutung, den mitlaufenden Drehfluß Φ_{1m} aufbauen kann, dreht sich die gegenläufige Drehdurchflutung zum Läufer mit fast doppelter Drehfeldgeschwindigkeit und erzeugt große Läuferspannungen und -ströme, die zu einer beträchtlichen Gegendurchflutung führen und die somit nur einen kleinen, gegenlaufenden Drehfluß Φ_{1g} zulassen. Der mitlaufende Ständerfluß Φ_{1m} induziert nahezu die volle Ständerspannung $U_m \approx U_E$, während Φ_{1g} mit $U_g \approx 0$ kaum einen Beitrag liefert.

Das Oszillogramm des Läuferstroms in Bild **191**.1 zeigt, daß im Läufer bei Einphasenanschluß infolge der beiden gegenlaufenden Drehfelder nicht nur Ströme mit der Schlupffrequenz sf_1, sondern auch solche mit $f_2 = (2 - s)f_1$ fließen. Diese Läuferströme führen zu Bremsmomenten und zusätzlichen Verlusten, so daß der Wirkungsgrad verschlechtert wird. Durch das Zusammenwirken von entgegengesetzt umlaufenden Drehfeldern und Läuferdurchflutungen entstehen außerdem **Pendelmomente**, die das mechanische System Ständer–Läufer mit doppelter Netzfrequenz zu Schwingungen anregen.

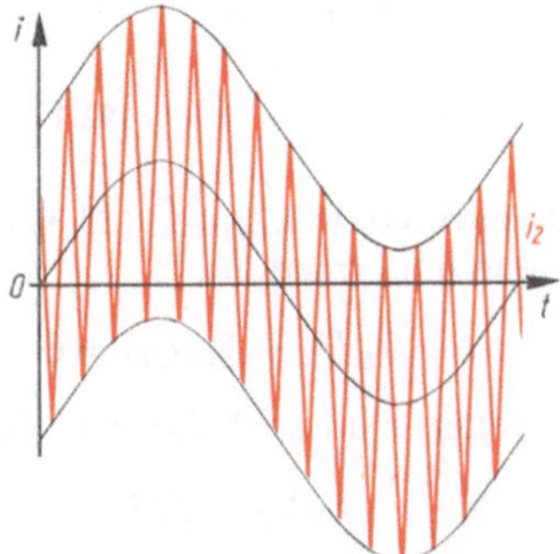

191.1 Oszillogramm des Läuferstroms i_2 eines Einphasenmotors

4.2.1.2 Bestimmung des Betriebsverhaltens. Eine rechnerische Behandlung des Einphasenmotors mit den Drehflüssen Φ_{1m} und Φ_{1g} ist unübersichtlich. Wir wenden vielmehr wieder die in Abschn. 1.7.1.3 betrachteten **zweiphasigen symmetrischen Komponenten** mit den in Abschn. 1.7.2 erläuterten Regeln an und benutzen die allgemeingültigen Kennlinien von Strom I_Z, Phasenwinkel φ_Z und Drehmoment M_Z in Bild **191**.2.

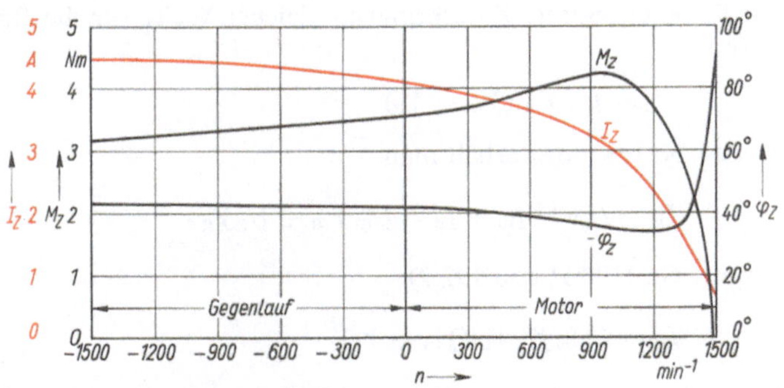

191.2 Kennlinien eines Zweiphasenmotors für $U_N = 220\,V$, $P_{2N} = 250\,W$, $f = 50\,Hz$, $n_N = 1390\,min^{-1}$ ($\Omega_N = 145{,}6\,s^{-1}$), $I_N = 1{,}2\,A$, $\cos\varphi_N = 0{,}76$, $M_N = 1{,}72\,Nm$

Diese Kennlinien gelten bei $U_m = U_g = U_N$ in gleicher Weise für Mit- und Gegensystem. Grundsätzlich hat ein Zweiphasenmotor die gleichen Eigenschaften wie ein Dreiphasenmotor; die stärkeren Oberfelder bewirken bei gleicher Baugröße lediglich eine um etwa 10% geringere Nennleistung.

Zur Ermittlung der Ströme und Drehmomente bei Einphasenanschluß des Zweiphasenmotors betrachten wir die Schaltung in Bild **192.**1. Die Spannung $\underline{U}_{UV}$ am Strang UV
ist gleich der Netzspannung $\underline{U}_E$. Die Strangspannung $\underline{U}_{WZ}$ ist zunächst unbekannt. Eine
Messung zeigt, daß sie mit der Drehzahl ansteigt. Ein Strom $\underline{I}_{WZ}$ kann wegen des offenen
Stranges WZ nicht auftreten. Die Spannungen und Ströme setzen
sich aus den Komponenten $\underline{U}_m$, $\underline{U}_g$ und $\underline{I}_m$, $\underline{I}_g$ des Mit- und
Gegensystems zusammen. Die Anwendung der Kirchhoffschen
Gesetze auf Bild **192.**1 liefert dann die beiden komplexen
Gleichungen

$$\underline{U}_{UV} = \underline{U}_E = \underline{U}_m + \underline{U}_g \qquad \text{und} \qquad \underline{I}_{WZ} = 0 = j\underline{I}_g - j\underline{I}_m$$

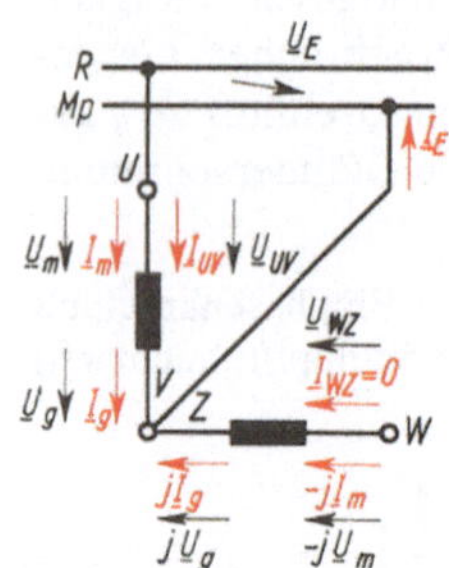

192.1 Einphasenanschluß des Zweiphasenmotors

Da nach Gl. (83.2) und (83.3) $\underline{I}_m = \underline{Y}_m \underline{U}_m$ und $\underline{I}_g = \underline{Y}_g \underline{U}_g$ ist, darf man die letzte Gleichung umformen in

$$\underline{Y}_g \underline{U}_g - \underline{Y}_m \underline{U}_m = 0$$

Erweitert man noch die erste Gleichung mit $-\underline{Y}_g$, so ergibt sich

$$-\underline{Y}_g \underline{U}_g - \underline{Y}_g \underline{U}_m = -\underline{Y}_g \underline{U}_E$$

Die Addition der beiden letzten Gleichungen liefert somit über

$$-\underline{U}_m(\underline{Y}_m + \underline{Y}_g) = -\underline{U}_E \underline{Y}_g$$

die **Spannung des Mitsystems**

$$\underline{U}_m = \underline{U}_E \underline{Y}_g/(\underline{Y}_m + \underline{Y}_g) \tag{192.1}$$

Eine Erweiterung mit $\underline{Y}_m$ erbringt in gleicher Weise für die **Spannung des Gegensystems**

$$\underline{U}_g = \underline{U}_E \underline{Y}_m/(\underline{Y}_m + \underline{Y}_g) \tag{192.2}$$

Für den **Netzstrom** erhält man

$$\underline{I}_E = \underline{I}_{UV} = \underline{I}_m + \underline{I}_g = \underline{U}_m \underline{Y}_m + \underline{U}_g \underline{Y}_g$$

oder mit Gl. (192.1) und 192.2)

$$\underline{I}_E = 2\underline{U}_E \underline{Y}_m \underline{Y}_g/(\underline{Y}_m + \underline{Y}_g) \tag{192.3}$$

Man darf wieder mit Gl. (179.2) und (179.3) sowie $U_E = U_{D\,Str}$ die Ströme I_{pn} und I_{nn}
einführen und findet dann analog zu Gl. (184.8) für den **Betrag des Netzstroms**

$$I_E = \frac{2I_{pn}}{\sqrt{1 + (I_{pn}/I_{nn})^2 + 2(I_{pn}/I_{nn})\cos(\varphi_m - \varphi_g)}} \tag{192.4}$$

Für das Drehmoment gelten wieder Gl. (181.8) und (184.7).

Im Stillstand ist $I_{pnk} = I_{nnk}$ sowie $\underline{Y}_{mk} = \underline{Y}_{gk}$, und es wird $\underline{U}_{mk} = \underline{U}_{gk} = \underline{U}_E/2$. Das stimmt mit den ersten Überlegungen überein. Gleichzeitig wird $\underline{I}_{Ek} = \underline{U}_E \underline{Y}_{mk} = \underline{I}_{zk}$, so daß die Stillstands-Strangströme für Ein- und Zweiphasenanschluß gleich groß sind. Mit $M_{pn} = M_{nn}$ und $U_m = U_g$ verschwindet auch das Anzugsmoment.

Für den mit den Kennlinien in Bild **191**.2 gekennzeichneten Zweiphasenmotor sind in Bild **193**.1 die Ströme und Drehmomente bei Einphasenanschluß dargestellt. Das Drehmoment M_E sinkt demnach erheblich ab, während der Strangstrom I_E im Betriebsbereich ansteigt. Der Motor darf somit einphasig nur mit Teillast betrieben werden, wenn die Wicklungstemperatur nicht unzulässig groß werden soll.

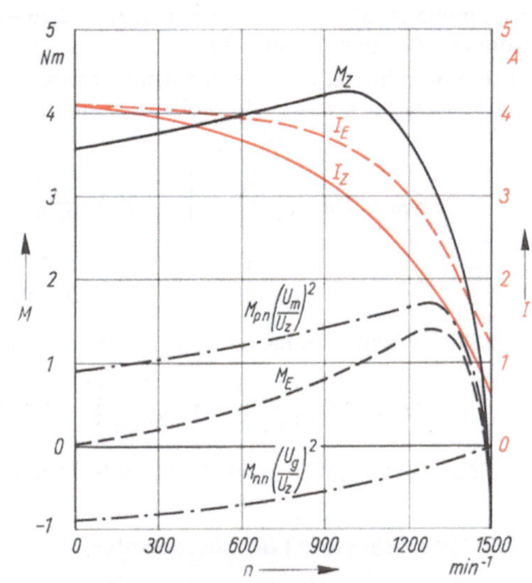

193.1
Kennlinien des Zweiphasenmotors von Bild
191.2 bei Einphasenanschluß
Index E Einphasenanschluß,
Z Zweiphasenanschluß

Ein ähnliches Verhalten zeigt nach Abschn. 4.1.3 ein **Dreiphasen-Asynchronmotor** in Sternschaltung, wenn **eine Zuleitung unterbrochen** wird. Die Leistung sinkt allerdings weniger stark ab als beim Zweiphasenmotor; der Strom ist im Stillstand kleiner und wird bei größeren Drehzahlen weniger stark über die Normalwerte erhöht. Deshalb bevorzugt man für Einphasenmotoren, die dauernd eingeschaltet bleiben sollen, eine von diesem Einphasenanschluß abgeleitete Arbeitswicklung, die sich über zwei Drittel der Nuten erstreckt.

Beispiel 45: Betrachtet wird ein Zweiphasenmotor für $U = 220$ V, $f = 50$ Hz, $P_{2N} = 250$ W, $n_N = 1390\,\text{min}^{-1}$ mit den Kennlinien in Bild **191**.2. Für Einphasenanschluß und Schlupf $s = 0{,}1$ sollen Strom $\underline{I}_E$ und Drehmoment M_E berechnet werden.

Für $s = 0{,}1$ ist mit Gl. (66.2) $n = (1 - s)n_d = (1 - 0{,}1)1500\,\text{min}^{-1} = 1350\,\text{min}^{-1}$, und wir entnehmen den Kennlinien in Bild **191**.2 für das Mitsystem die Werte $I_{pn} = 1{,}42$ A, $\varphi_m = -36{,}3°$, $M_{pn} = 2{,}48$ Nm. Wir benötigen sodann noch die Werte für das Gegensystem. Im Gegenlaufbereich erhalten wir für die Drehzahl $n = -1350\,\text{min}^{-1}$ hier $I_{nn} = 4{,}47$ A, $\varphi_g = -42{,}5°$ und $M_{nn} = 3{,}13$ Nm.

Hiermit kann man berechnen

$$\underline{Y}_m = I_{pn}/U = 1{,}42\,\text{A}/220\,\text{V} = 6{,}45\,\text{mS}, \qquad \text{also} \qquad \underline{Y}_m = 6{,}45\,\text{mS}\,\underline{/-36{,}3°}$$
$$\underline{Y}_g = I_{nn}/U = 4{,}47\,\text{A}/220\,\text{V} = 20{,}3\,\text{mS}, \qquad \text{also} \qquad \underline{Y}_g = 20{,}3\,\text{mS}\,\underline{/-42{,}5°}$$

Der **Netzstrom** ergibt sich nach Gl. (192.3) aus

$$\underline{I}_E = 2\,\underline{U}_E\,\frac{\underline{Y}_m\underline{Y}_g}{\underline{Y}_m + \underline{Y}_g} = 2\cdot 220\,\text{V}\,\frac{6{,}45\,\text{mS}\,\underline{/-36{,}3°}\cdot 20{,}3\,\text{mS}\,\underline{/-42{,}5°}}{6{,}45\,\text{mS}\,\underline{/-36{,}3°} + 20{,}3\,\text{mS}\,\underline{/-42{,}5°}}$$

Man rechnet am einfachsten zunächst

$$\underline{Y}_m \quad = 6{,}45\,\text{mS}\,\underline{/-36{,}3°} = (5{,}2 \;-\; \text{j}\,3{,}82)\,\text{mS}$$
$$\underline{Y}_g \quad = 20{,}3\,\text{mS}\,\underline{/-42{,}5°} = (14{,}87 - \text{j}\,13{,}77)\,\text{mS}$$
$$\overline{\underline{Y}_m + \underline{Y}_g = 26{,}7\,\text{mS}\,\underline{/-41{,}1°} = (20{,}07 - \text{j}\,17{,}59)\,\text{mS}}$$

und erhält somit

$$I_\mathrm{E} = 2 \cdot 220\,\mathrm{V}\,\frac{6{,}45\,\mathrm{mS} \cdot 20{,}3\,\mathrm{mS}\,\underline{/-36{,}3° - 42{,}5° + 41{,}1°}}{26{,}7\,\mathrm{mS}} = 2{,}16\,\mathrm{A}\,\underline{/-37{,}7°}$$

Der Einphasen-Strangstrom ist mit $I_\mathrm{E}/I_\mathrm{Z} = 2{,}16\,\mathrm{A}/1{,}42\,\mathrm{A} = 1{,}52$ um 52% größer als der Strangstrom bei Zweiphasenanschluß.

Für die Berechnung des Drehmoments nach Gl. (181.8) benötigen wir noch die Spannungskomponenten U_m und U_g, wobei wir uns hier mit den Beträgen begnügen können. Nach Gl. (192.1) und (192.2) ist

$$U_\mathrm{m} = U_\mathrm{E}\left|\frac{\underline{Y}_\mathrm{g}}{\underline{Y}_\mathrm{m} + \underline{Y}_\mathrm{g}}\right| = 220\,\mathrm{V}\,\frac{20{,}3\,\mathrm{mS}}{26{,}7\,\mathrm{mS}} = 167{,}3\,\mathrm{V}$$

$$U_\mathrm{g} = U_\mathrm{E}\left|\frac{\underline{Y}_\mathrm{m}}{\underline{Y}_\mathrm{m} + \underline{Y}_\mathrm{g}}\right| = 220\,\mathrm{V}\,\frac{6{,}45\,\mathrm{mS}}{26{,}7\,\mathrm{mS}} = 53{,}1\,\mathrm{V}$$

Schließlich erhält man nach Gl. (181.8) das Drehmoment

$$M_\mathrm{E} = M_\mathrm{pn}\left(\frac{U_\mathrm{m}}{U_\mathrm{E}}\right)^2 - M_\mathrm{nn}\left(\frac{U_\mathrm{g}}{U_\mathrm{E}}\right)^2 = 2{,}48\,\mathrm{Nm}\left(\frac{167{,}3\,\mathrm{V}}{220\,\mathrm{V}}\right)^2 - 3{,}13\,\mathrm{Nm}\left(\frac{53{,}1\,\mathrm{V}}{220\,\mathrm{V}}\right)^2 = 1{,}25\,\mathrm{Nm}$$

Mit $M_\mathrm{E}/M_\mathrm{pn} = 1{,}25\,\mathrm{Nm}/2{,}48\,\mathrm{Nm} = 0{,}504$ sinkt das Drehmoment auf 50,4%.

4.2.2 Zweisträngiger Hilfsphasenmotor

Zweisträngige Hilfsphasenmotoren haben den Aufbau von Zweiphasen-Asynchronmotoren. Ihre Wicklungen sind also um 90° elektrisch gegeneinander versetzt angeordnet, und sie haben einen normalen Käfigläufer. Die Arbeitswicklung (Index A) mit der Windungszahl $N_\mathrm{A} = N_\mathrm{Z}$ ist vom Zweiphasenmotor (Index Z) übernommen; die Hilfswicklung (Index H) hat jedoch normalerweise eine abweichende Windungszahl N_H, so daß das Übersetzungsverhältnis

$$ü = N_\mathrm{H}/N_\mathrm{A} \tag{194.1}$$

zu beachten ist. Der Hilfswicklung ist in der heute fast nur noch üblichen Schaltung eine Hilfsimpedanz $\underline{Z} = 1/\underline{Y} = Z\underline{/-\varphi}$ vorgeschaltet, und Hilfsphase und Arbeitswicklung liegen parallel an der Netzspannung $\underline{U}_\mathrm{E}$ (Index E für einphasig).

Die Hilfsimpedanz stellt beim Kondensatormotor eine Kapazität C dar; sie ist beim Widerstandshilfsphasenmotor durch einen vergrößerten Wirkwiderstand R und eine u.U. veränderte Induktivität L der Hilfswicklung gegeben. Eine Anlaufhilfsphase ist nur während des Hochlaufs eingeschaltet; der Betrieb allein mit der Arbeitswicklung entspricht dann dem reinen Einphasenmotor nach Abschn. 4.2.1. Wir betrachten hier jetzt das Verhalten, wenn Arbeits- und Hilfsphase eingeschaltet sind.

4.2.2.1 Spannungskomponenten. In der in Bild **195**.1 dargestellten Schaltung wird der Hilfswicklungsstrom $\underline{I}_\mathrm{H}$ bei Vorschalten von Kapazität C oder Wirkwiderstand R dem Arbeitswicklungsstrom $\underline{I}_\mathrm{A}$ voreilen und im Sinne eines Mitsystems $\underline{U}_\mathrm{m}$, $\mathrm{j}\,\underline{U}_\mathrm{m}$ drehen, so daß wir hier im Gegensatz zu Abschn. 1.7.1.3 auch mit dem Gegensystem $\underline{U}_\mathrm{g}$, $-\mathrm{j}\,\underline{U}_\mathrm{g}$ arbeiten müssen. Nach Bild **195**.1 gilt dann für die Arbeitswicklung die Spannungsgleichung

$$\underline{U}_\mathrm{UV} = \underline{U}_\mathrm{m} + \underline{U}_\mathrm{g} = \underline{U}_\mathrm{E} \qquad \text{bzw.} \qquad \underline{U}_\mathrm{g} = \underline{U}_\mathrm{E} - \underline{U}_\mathrm{m} \tag{194.2}$$

Wegen der abweichenden Windungszahl der Hilfswicklung können hier nur die Spannungskomponenten $\ddot{u}\,\underline{U}_\mathrm{m}$ und $\ddot{u}\,\underline{U}_\mathrm{g}$ die gleichen Flüsse wie in der Arbeitswicklung aufbauen, und man hat für die Spannung an der Hilfswicklung

$$\underline{U}_\mathrm{WZ} = \mathrm{j}\,\ddot{u}\,(\underline{U}_\mathrm{m} - \underline{U}_\mathrm{g}) \tag{195.1}$$

anzusetzen. Wenn in der Hilfswicklung gleiche Durchflutungen erzeugt werden sollen, müssen die Stromkomponenten $\underline{I}_\mathrm{m}/\ddot{u}$ und $\underline{I}_\mathrm{g}/\ddot{u}$ fließen. Daher gilt gleichzeitig mit den Leitwerten $\underline{Y}_\mathrm{m} = (I_\mathrm{pn}/U_\mathrm{Z})/\underline{\varphi_\mathrm{m}}$ und $\underline{Y}_\mathrm{g} = (I_\mathrm{nn}/U_\mathrm{Z})/\underline{\varphi_\mathrm{g}}$ nach Gl. (179.2) und 179.3) für den Hilfswicklungsstrom

$$\underline{I}_\mathrm{H} = \underline{I}_\mathrm{WZ} = \mathrm{j}\,(\underline{I}_\mathrm{m} - \underline{I}_\mathrm{g})/\ddot{u} = \mathrm{j}\,(\underline{Y}_\mathrm{m}\underline{U}_\mathrm{m} - \underline{Y}_\mathrm{g}\underline{U}_\mathrm{g})/\ddot{u} \tag{195.2}$$

Wir erhalten nach Einsetzen von Gl. (195.2) und Erweitern mit $-\mathrm{j}\,\ddot{u}$ für die Hilfsphase die Spannungsgleichungen

$$\underline{Z}\underline{I}_\mathrm{H} + \underline{U}_\mathrm{WZ} = \underline{U}_\mathrm{E}$$
$$[\mathrm{j}\,\underline{Z}(\underline{Y}_\mathrm{m}\underline{U}_\mathrm{m} - \underline{Y}_\mathrm{g}\underline{U}_\mathrm{g})/\ddot{u}] + \mathrm{j}\,\ddot{u}\,(\underline{U}_\mathrm{m} - \underline{U}_\mathrm{g}) = \underline{U}_\mathrm{E}$$
$$\underline{U}_\mathrm{m}(\underline{Z}\,\underline{Y}_\mathrm{m} + \ddot{u}^2) - \underline{U}_\mathrm{g}(\underline{Z}\,\underline{Y}_\mathrm{g} + \ddot{u}^2) = -\mathrm{j}\,\ddot{u}\,\underline{U}_\mathrm{E}$$

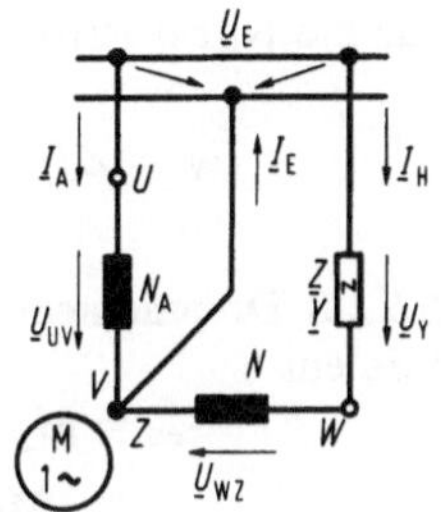

195.1 Schaltung des zweisträngigen Hilfsphasenmotors

Wir setzen hier Gl. (194.2) ein und finden so über

$$\underline{U}_\mathrm{m}(\underline{Z}\,\underline{Y}_\mathrm{m} + \ddot{u}^2 + \underline{Z}\,\underline{Y}_\mathrm{g} + \ddot{u}^2) = \underline{U}_\mathrm{E}(-\mathrm{j}\,\ddot{u} + \underline{Z}\,\underline{Y}_\mathrm{g} + \ddot{u}^2)$$

die **Spannungskomponente des Mitsystems**

$$\underline{U}_\mathrm{m} = \underline{U}_\mathrm{E}\,\frac{\ddot{u}(\ddot{u}-\mathrm{j}) + \underline{Z}\,\underline{Y}_\mathrm{g}}{2\ddot{u}^2 + \underline{Z}(\underline{Y}_\mathrm{m} + \underline{Y}_\mathrm{g})} = \underline{U}_\mathrm{E}\,\frac{\ddot{u}\,\underline{Y}(\ddot{u}-\mathrm{j}) + \underline{Y}_\mathrm{g}}{2\ddot{u}^2\underline{Y} + \underline{Y}_\mathrm{m} + \underline{Y}_\mathrm{g}} \tag{195.3}$$

Ferner erhält man über Gl. (194.2)

$$\underline{U}_\mathrm{g} = \underline{U}_\mathrm{E} - \underline{U}_\mathrm{m} = \underline{U}_\mathrm{E}\,\frac{2\ddot{u}^2\underline{Y} + \underline{Y}_\mathrm{m} + \underline{Y}_\mathrm{g} - \ddot{u}\,\underline{Y}(\ddot{u}-\mathrm{j}) - \underline{Y}_\mathrm{g}}{2\ddot{u}^2\underline{Y} + \underline{Y}_\mathrm{m} + \underline{Y}_\mathrm{g}}$$

also die **Spannungskomponente des Gegensystems**

$$\underline{U}_\mathrm{g} = \underline{U}_\mathrm{E}\,\frac{\ddot{u}\,\underline{Y}(\ddot{u}+\mathrm{j}) + \underline{Y}_\mathrm{m}}{2\ddot{u}^2\underline{Y} + \underline{Y}_\mathrm{m} + \underline{Y}_\mathrm{g}} \tag{195.4}$$

4.2.2.2 Ströme und Spannungen. Mit den Spannungskomponenten von Gl. (195.3) und (195.4) finden wir für den **Strom in der Arbeitswicklung**

$$\underline{I}_\mathrm{A} = \underline{I}_\mathrm{UV} = \underline{I}_\mathrm{m} + \underline{I}_\mathrm{g} = \underline{Y}_\mathrm{m}\underline{U}_\mathrm{m} + \underline{Y}_\mathrm{g}\underline{U}_\mathrm{g}$$
$$= \underline{U}_\mathrm{E}\,\frac{\ddot{u}\,\underline{Y}[\ddot{u}(\underline{Y}_\mathrm{m} + \underline{Y}_\mathrm{g}) - \mathrm{j}(\underline{Y}_\mathrm{m} - \underline{Y}_\mathrm{g})] + 2\underline{Y}_\mathrm{m}\underline{Y}_\mathrm{g}}{2\ddot{u}^2\underline{Y} + \underline{Y}_\mathrm{m} + \underline{Y}_\mathrm{g}} \tag{195.5}$$

und mit Gl. (195.2) den **Strom in der Hilfswicklung**

$$\underline{I}_\mathrm{H} = \mathrm{j}\,\underline{Y}\underline{U}_\mathrm{E}\,\frac{\ddot{u}(\underline{Y}_\mathrm{m} - \underline{Y}_\mathrm{g}) - \mathrm{j}(\underline{Y}_\mathrm{m} + \underline{Y}_\mathrm{g})}{2\ddot{u}^2\underline{Y} + \underline{Y}_\mathrm{m} + \underline{Y}_\mathrm{g}} \tag{195.6}$$

Nach Bild **195**.1 ist dann der Netzstrom

$$I_\mathrm{E} = I_\mathrm{A} + I_\mathrm{H} = U_\mathrm{E}\,\frac{Y(Y_\mathrm{m} + Y_\mathrm{g})(1 + \ddot{u}^2) + 2\,Y_\mathrm{m}\,Y_\mathrm{g}}{2\,\ddot{u}^2\,Y + Y_\mathrm{m} + Y_\mathrm{g}} \tag{196.1}$$

Da in Gl. (196.1) die Leitwerte Y_m und Y_g gegeneinander vertauscht werden können, ohne daß sich der Netzstrom ändert, ist dieser auch für positive und negative Drehzahlwerte gleich. Der Netzstrom zeigt daher im Motor- und Gegenlaufbereich den gleichen Verlauf; er unterscheidet sich somit ganz wesentlich vom Stromverlauf der Mehrphasenmaschinen (s. Bild **146**.1 und **180**.1). Dies gilt stets für die Netzströme von Einphasen-Asynchronmotoren und einphasig angeschlossenen Mehrphasenmaschinen (s. Abschn. 4.1.3 und 4.1.4) – auch für beliebige Hilfsimpedanzen.

Für die Spannung an der Hilfsimpedanz Z findet man noch

$$U_\mathrm{Y} = Z\,I_\mathrm{H} = \mathrm{j}\,U_\mathrm{E}\,\frac{\ddot{u}(Y_\mathrm{m} - Y_\mathrm{g}) - \mathrm{j}(Y_\mathrm{m} + Y_\mathrm{g})}{2\,\ddot{u}^2\,Y + Y_\mathrm{m} + Y_\mathrm{g}} \tag{196.2}$$

4.2.2.3 Drehmoment. Nach Gl. (181.8) gilt mit Gl. (195.3) und (195.4) für das Drehmoment

$$M_\mathrm{res} = M_\mathrm{pn}(U_\mathrm{m}/U_\mathrm{E})^2 - M_\mathrm{nn}(U_\mathrm{g}/U_\mathrm{E})^2 =$$

$$= \frac{M_\mathrm{pn}\,|\,\ddot{u}\,Y(\ddot{u} - \mathrm{j}) + Y_\mathrm{g}\,|^2 - M_\mathrm{nn}\,|\,\ddot{u}\,Y(\ddot{u} + \mathrm{j}) + Y_\mathrm{m}\,|^2}{|\,2\,\ddot{u}^2\,Y + Y_\mathrm{m} + Y_\mathrm{g}\,|^2} \tag{196.3}$$

Im Stillstand wirkt der Stillstands-Leitwert $Y_\mathrm{mk} = Y_\mathrm{gk} = Y_\mathrm{k}$ bei dem Anzugsmoment $M_\mathrm{pnA} = M_\mathrm{nnA} = M_\mathrm{AZ}$, so daß man für das Verhältnis des Anzugsmoments des zweisträngigen Hilfsphasenmotors zum Anzugsmoment des Zweiphasenmotors mit Anwendung des Kosinussatzes erhält

$$\frac{M_\mathrm{AE}}{M_\mathrm{AZ}} = \frac{|\,\ddot{u}\,Y(\ddot{u} - \mathrm{j}) + Y_\mathrm{k}\,|^2 - |\,\ddot{u}\,Y(\ddot{u} + Y_\mathrm{k})\,|^2}{|\,2\,\ddot{u}^2\,Y + 2\,Y_\mathrm{k}\,|^2}$$

$$= \frac{-\,\ddot{u}\,Y_\mathrm{k}\,Y\cos(\varphi - \varphi_\mathrm{k} - 90°)}{\ddot{u}^4\,Y^2 + Y_\mathrm{k}^2 + 2\,\ddot{u}^2\,Y\,Y_\mathrm{k}\cos(\varphi - \varphi_\mathrm{k})}$$

$$= \frac{\ddot{u}(Y_\mathrm{k}/Y)\sin(\varphi - \varphi_\mathrm{k})}{\ddot{u}^4 + (Y_\mathrm{k}/Y)^2 + 2\,\ddot{u}^2(Y_\mathrm{k}/Y)\cos(\varphi - \varphi_\mathrm{k})} \tag{196.4}$$

Wenn man bei der unabhängigen Veränderlichen $x = Y_\mathrm{k}/Y$ für die abhängige Veränderliche $y = M_\mathrm{AE}/M_\mathrm{AZ}$ das Optimum finden will, muß man für die Funktion

$$y = \frac{A\,x}{B + x^2 + C\,x}$$

mit $A = \ddot{u}\sin(\varphi - \varphi_\mathrm{k})$, $B = \ddot{u}^4$ und $C = 2\,\ddot{u}^2\cos(\varphi - \varphi_\mathrm{k})$ den Differentialquotienten

$$\frac{\mathrm{d}y}{dx} = \frac{A(B + x^2 + C\,x) - A\,x(2x + C)}{(B + x^2 + C\,x)^2}$$

bilden und den Nenner gleich Null setzen. Es ist also $B + x^2 + C\,x - 2x^2 - C\,x = 0$ oder $B - x^2 = 0$ bzw. $(Y_\mathrm{k}/Y)^2 = \ddot{u}^4$. Somit erhält man mit dem Stillstandsleitwert Y_k und dem Übersetzungsverhältnis $\ddot{u}$ ein optimales Anzugsmoment für den Hilfsleitwert

$$Y = Y_\mathrm{k}/\ddot{u}^2 \tag{197.1}$$

bzw. die Hilfsimpedanz $Z = \ddot{u}^2 Z_\mathrm{k}$. Wir setzen die Bedingung von Gl. (197.1) in Gl. (196.4) ein und finden so das optimale Anzugsmomentverhältnis

$$\frac{M_{\mathrm{A\,Em}}}{M_{\mathrm{A\,Z}}} = \frac{1}{2\ddot{u}} \cdot \frac{\sin(\varphi - \varphi_\mathrm{k})}{1 + \cos(\varphi - \varphi_\mathrm{k})} \tag{197.2}$$

4.2.3 Zweisträngiger Kondensatormotor

Da Kondensatoren betriebssicher und preiswert herzustellen sind, wird häufig mit einem in Reihe zur Hilfswicklung liegenden Kondensator die für den Anlauf notwendige Phasenverschiebung zwischen den Strömen in Hilfs- und Arbeitsphase vorgenommen. Zu unterscheiden ist zwischen dem **Betriebskondensator**, der dauernd eingeschaltet bleibt, und dem **Anlaufkondensator**, der nur für den Hochlauf benutzt wird.

4.2.3.1 Symmetrierung. Mit dem Betriebskondensator will man sowohl den **Anlauf** ermöglichen, als auch die **gleiche Nennleistung** wie mit dem normalen Zweiphasenmotor erzielen. Die Arbeitswicklung UV, die vom Zweiphasenmotor übernommen wird, muß dann an derselben Spannung $\underline{U}_\mathrm{E} = \underline{U}_\mathrm{Z}$ liegen (Bild **197.1**) und somit auch den

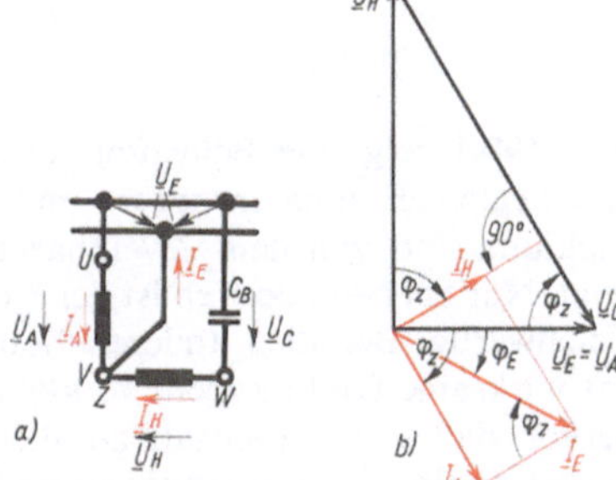

197.1
Einphasenmotor mit Betriebskondensator C_B
a) Schaltung
b) Zeigerdiagramm

gleichen Strom $\underline{I}_\mathrm{A} = \underline{I}_\mathrm{Z}$ führen. Die Hilfswicklung WZ muß somit eine um 90° phasenverschobene Spannung $\underline{U}_\mathrm{H}$ aufweisen und, um ein reines Drehfeld bilden zu können, mit ihrem Strom $\underline{I}_\mathrm{H}$ bei gleichem Phasenwinkel $\varphi_\mathrm{H} = \varphi_\mathrm{A} = \varphi_\mathrm{Z}$ die gleiche Durchflutung $I_\mathrm{H} N_\mathrm{H} = I_\mathrm{A} N_\mathrm{A}$ erzeugen.

Die Hilfswicklung WZ liegt mit der Kapazität C_B in Reihe an der Netzspannung $\underline{U}_\mathrm{E}$. Der Hilfsphasenstrom $\underline{I}_\mathrm{H}$ eilt daher um 90° gegenüber der Kondensatorspannung $\underline{U}_\mathrm{C}$ vor. Mit diesen Bedingungen erhält man das Zeigerdiagramm in Bild **197.1**b. Somit unterscheiden sich i. allg. die Spannungen $\underline{U}_\mathrm{H}$ und $\underline{U}_\mathrm{A}$. Mit der Spannungsgleichung (19.1) erhält man dann bei gleichem Wicklungsfaktor für die beiden Wicklungen und der angegebenen Durchflutungsbedingung aus Bild **197.1** das **Übersetzungsverhältnis**

$$\ddot{u} = N_\mathrm{H}/N_\mathrm{A} = U_\mathrm{H}/U_\mathrm{A} = I_\mathrm{A}/I_\mathrm{H} = -\tan\varphi_\mathrm{Z} \tag{197.3}$$

Diese Symmetriebedingung schließt die Forderung $\underline{Y}_\mathrm{H} = \underline{Y}_\mathrm{A}/\ddot{u}^2$ ein; sie wird automatisch erfüllt, wenn man für Arbeits- und Hilfswicklung das gleiche Kupfervolumen verwendet und die gleiche Streuung, d.h. die gleiche Wicklungsanordnung, vorsieht.

Am Kondensator liegt nach dem Zeigerdiagramm in Bild **197.1**b die Spannung

$$U_\mathrm{C} = U_\mathrm{E}/\cos\varphi_\mathrm{Z} \tag{197.4}$$

Er hat mit der Kreisfrequenz $\omega = 2\pi f$ den Leitwert

$$Y_C = \omega C_B = I_H/U_C = - I_A \cos\varphi_Z/(U_E \tan\varphi_Z)$$

bzw. die **Kapazität**

$$C_B = \frac{- I_A \cos\varphi_Z}{\omega\, U_E \tan\varphi_Z} \tag{198.1}$$

Für den **Netzstrom** erhält man schließlich

$$I_E = - I_A/\sin\varphi_Z \qquad \text{und} \qquad \cos\varphi_E = - \sin 2\varphi_Z \tag{198.2}$$

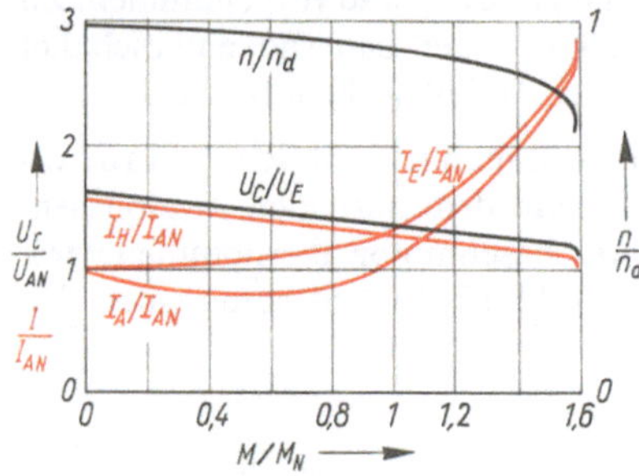

Die Kondensatorspannung U_C ist also stets größer als die Netzspannung U_E. Der Netzstrom I_E hat aber eine geringere Nacheilung als der Strom I_Z des Zweiphasenmotors. Für $\varphi_Z = -45°$ wird der Leistungsfaktor sogar $\cos\varphi_E = 1$. Die Ergebnisse von Gl. (197.3) bis (198.2) erhält man auch, wenn man Gl. (195.4) Null setzt und so die Bedingungen für das Verschwinden des Gegensystems ermittelt [38].

198.1
Belastungskennlinien eines Einphasen-Asynchronmotors mit Betriebskondensator

Bild **198**.1 zeigt die Belastungskennlinien eines nach den vorstehenden Überlegungen ausgelegten Einphasenmotors mit Betriebskondensator. Motoraufbau und Arbeitswicklung sind von dem Zweiphasenmotor übernommen, dessen Kennlinien Bild **191**.2 zeigt. Nur bei Nennbetrieb ist der Kondensatormotor dem Zweiphasenmotor vollkommen gleichwertig. Bei allen anderen Betriebszuständen werden Gegendrehfelder erzeugt, die das wirksame Drehmoment verkleinern und die Ströme vergrößern. Aus Bild **198**.1 geht hervor, daß – im Gegensatz zu allen anderen Asynchronmotoren – die Strangströme zum Leerlauf hin ansteigen und teilweise größer als bei Nennbetrieb sind. Daher wird auch die Wicklungserwärmung – wenn schon bei Nennbetrieb die in VDE 0530 angegebenen Grenztemperaturen erreicht werden – bei länger andauerndem Leerlauf unzulässig hoch. Für den Leerlauf geeignete Kondensatormotoren müssen daher in Arbeits- und Hilfswicklung größere Windungszahlen erhalten. Hierdurch werden die Verluste auf das zulässige Maß herabgesetzt; gleichzeitig sinkt aber auch die Nennleistung.

Für die Drehzahlverstellung wird heute meist eine Spannungssteuerung analog zu Abschn. 3.3.3.1 herangezogen und hierfür dann ein Wechselstromsteller nach Bild **273**.2 eingesetzt.

Das Zeigerdiagramm in Bild **197**.1b gilt natürlich nur für eine vollständige Symmetrierung bei einer bestimmten Drehzahl. Da die Kapazitäten genormt sind und meist ein größeres Anzugsmoment verlangt wird, können die Bedingungen von Gl. (197.3) bis (198.1) in der Praxis häufig nicht eingehalten werden. Das Betriebsverhalten kann man jedoch stets mit Gl. (195.3) bis (196.4) berechnen.

Beispiel 46. Der Zweiphasenmotor aus Beispiel 45 (S. 193), dessen Kennlinien Bild **191**.2 wiedergibt, hat die Leistungsschildangaben 220 V, 50 Hz, 250 W, 1,2 A, $\cos\varphi = 0{,}76$, 1390 min^{-1}. Die Ständerstrangwicklungen bestehen aus $z_{n1} = 127$ Leitern je Nut mit dem Drahtdurchmesser $d_0 = 0{,}55$ mm. Der Motor soll für einen Lüfterantrieb bei einphasigem Netzanschluß umgewikkelt werden. Er kann daher nicht entlastet werden und hat nur ein kleines Anzugsmoment zu liefern. Die zweisträngige Parallelschaltung mit Betriebskondensator ist somit für diesen Antriebsfall gut geeignet. Während als Arbeitswicklung eine der vorhandenen Zweiphasen-Strangwicklungen beibehalten wird, sind Hilfswicklung und Kondensator sowie der Netzstrom zu berechnen.

Für $\cos\varphi_Z = 0{,}76$ ist $\varphi_Z = -40{,}5°$ und damit nach Gl. (197.9) das Übersetzungsverhältnis $\ddot{u} = N_H/N_A = -\tan\varphi_Z = -\tan(-40{,}5°) = 0{,}8541$. Man benötigt für die Hilfswicklung daher $z_{nH} = z_{nA}\ddot{u} = 127 \cdot 0{,}8541 \approx 108$ Leiter je Nut mit dem Drahtdurchmesser nach Gl. (72.2)

$$d_{0H} = d_{0A}\sqrt{z_{nA}/z_{nH}} = 0{,}55\,\text{mm}\,\sqrt{127/108} = 0{,}596\,\text{mm}$$

Gewählt wird der genormte Drahtdurchmesser $d_{0H} = 0{,}6\,\text{mm}$. Die erforderliche Kapazität erhält man mit Gl. (198.1)

$$C_B = \frac{-I_A\cos\varphi_Z}{\omega\,U_E\tan\varphi_Z} = \frac{-1{,}2\,\text{A}\cdot 0{,}76}{314\,\text{s}^{-1}\cdot 220\,\text{V}\,(-0{,}854)} = 15{,}42\,\mu\text{F}$$

und die Kondensatorspannung nach Gl. (197.4) $U_C = U_E/\cos\varphi_Z = 220\,\text{V}/0{,}76 = 289\,\text{V}$. Die berechnete Kapazität sollte möglichst genau verwirklicht werden. Betriebskondensatoren für 16 μF und 320 V sind in DIN 48501 genormt; außerdem ist VDE 0560, Teil 8 zu beachten. Schließlich ergibt sich aus Gl. (198.2) noch der Netzstrom $I_E = -I_A/\sin\varphi_Z = -1{,}2\,\text{A}/(-0{,}65) = 1{,}85\,\text{A}$.

4.2.3.2 Anzugsmoment und Anlaufkondensator. Wie die Kennlinien in Bild **189**.1 zeigen, ist beim Einphasenmotor mit Betriebskondensator das Anzugsmoment erheblich kleiner als beim normalen Mehrphasen-Asynchronmotor. Es läßt sich mit Gl. (196.4) berechnen, wobei noch der Hilfsleitwert $Y = \omega C$ mit dem Phasenwinkel $\varphi = 90°$ einzuführen ist. Dann ist das Verhältnis des Anzugsmoments M_{EA} bei Einphasenanschluß zum Anzugsmoment M_{ZA} bei Zweiphasenanschluß

$$\frac{M_{EA}}{M_{ZA}} = \frac{1}{\ddot{u}} \cdot \frac{\cos\varphi_k}{(\ddot{u}^2\,\omega\,C/Y_k) + (Y_k/\ddot{u}^2\,\omega\,C) + 2\sin\varphi_k} \tag{199.1}$$

Das Anzugsmoment erreicht nach Gl. (197.2) den Höchstwert für den Leitwert $Y = \omega C_k = Y_k/\ddot{u}^2$ oder die Kapazität

$$C_k = I_{Zk}/(\omega\,\ddot{u}^2\,U_E) \tag{199.2}$$

Hiermit vereinfacht sich Gl. (199.1), und wir erhalten

$$\frac{M_{EAm}}{M_{ZA}} = \frac{1}{2\ddot{u}} \cdot \frac{\cos\varphi_k}{1 + \sin\varphi_k} \tag{199.3}$$

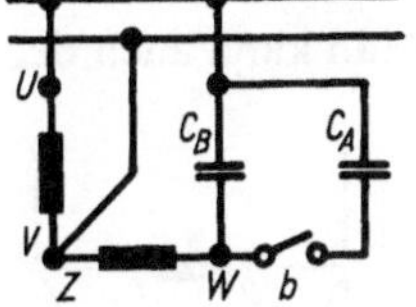

199.1
Einphasenmotor mit Doppelkondensator
b Hilfsphasenschalter

Man darf die große Kapazität C_k für das größte Anzugsmoment nicht dauernd eingeschaltet lassen, sondern muß sie nach Bild **199**.1 in die Betriebskapazität C_B und die Anlaufkapazität C_A aufteilen. Der Anlaufkondensator wird dann nach dem Hochlauf abgeschaltet; er kann daher ein Elektrolytkondensator sein. Für die Betriebskapazität werden vorzugsweise Papier- oder Metallpapierkondensatoren verwendet (VDE 0560, Teil 8 und DIN 48 501).

Es gibt auch Einphasenmotoren, die nur einen Anlaufkondensator aufweisen. Die Hilfswicklung wird dann meist wesentlich schwächer als die Arbeitswicklung bemessen, so daß die Voraussetzung $Y_{Hk} = Y_{Ak}/\ddot{u}^2$ nicht mehr erfüllt ist. Dann gelten Gl. (199.2) und (199.3) nur noch angenähert. Nach dem Abschalten der Hilfsphase geht die Leistung auf die kleineren Werte des reinen Einphasenmotors zurück.

Beispiel 47: Für den in Beispiel 46 (S. 198) behandelten Einphasenmotor mit Betriebskondensator ist a) das Anzugsmoment zu berechnen und b) ein zusätzlicher Anlaufkondensator für ein optimales Anzugsmoment zu bestimmen. Bild **191**.2 entnimmt man für den Stillstand $I_{Zk} = 4{,}1$ A und $\varphi_k = -41{,}5°$; bekannt sind bereits die Größen $\ddot{u} = 0{,}854$ und $C_B = 16\ \mu$F.

Zu a): Für die Berechnung des Anzugsmomentes nach Gl. (199.1) benötigt man

$$\frac{\ddot{u}^2\,\omega\,C}{Y_k} = \frac{\ddot{u}^2\,\omega\,C\,U_E}{I_{Zk}} = \frac{0{,}854^2 \cdot 314\,\text{s}^{-1} \cdot 16 \cdot 10^{-6}\,\text{F} \cdot 220\,\text{V}}{4{,}1\,\text{A}} = 0{,}1967$$

und erhält das Anzugsmomentverhältnis

$$\frac{M_{EA}}{M_{ZA}} = \frac{\cos\varphi_k}{\ddot{u}\,[(\ddot{u}^2\,\omega\,C/Y_k) + (Y_k/\ddot{u}^2\,\omega\,C) + 2\sin\varphi_k]}$$

$$= \frac{0{,}749}{0{,}854\,[0{,}1967 + (1/0{,}1967) + 2\sin(-41{,}5°)]} = 0{,}222$$

Mit $M_{ZA} = 3{,}53$ Nm ergibt sich das Anzugsmoment $M_{EA} = 0{,}222 \cdot 3{,}53$ Nm $= 0{,}783$ Nm. Bei dem Nennmoment $M_{EN} = 1{,}72$ Nm beträgt dann das Anzugsverhältnis $M_{EA}/M_{EN} = 0{,}783$ Nm$/1{,}72$ Nm $= 0{,}455$. Es ist relativ klein, reicht aber für viele Antriebsfälle aus.

Zu b): Nach Gl. (199.3) ist optimal das Anzugsmoment

$$M_{E\,Am} = \frac{M_{ZA}}{2\ddot{u}} \cdot \frac{\cos\varphi_k}{1 + \sin\varphi_k} = \frac{3{,}53\,\text{Nm} \cdot 0{,}749}{2 \cdot 0{,}854\,(1 - 0{,}663)} = 4{,}89\,\text{Nm}$$

zu erreichen. Es ist größer als beim symmetrischen Zweiphasenbetrieb. Es benötigt nach Gl. (199.2) allerdings auch die relativ große Kapazität $C_k = I_{Zk}/(\omega\,\ddot{u}^2\,U_E) = 4{,}1$ A$/(314\,\text{s}^{-1} \cdot 0{,}854^2 \cdot 220$ V$) = 81{,}5\ \mu$F. Somit muß entsprechend Bild **199**.1 ein Anlaufkondensator mit der Kapazität $C_A = C_k - C_B = 81{,}5\ \mu$F $- 16\ \mu$F $= 61{,}5\ \mu$F während des Hochlaufs parallel geschaltet werden. Genormt ist nach DIN 48 501 ein Anlaufkondensator von 60 μF der Betriebsart AB 1,7 % ED für einen länger dauernden Hochlauf. Meist wird das hier berechnete große Anzugsmoment nicht benötigt, so daß man mit kleineren Anlaufkapazitäten auskommt.

4.2.4 Steinmetzschaltungen

Man kann auch den Dreiphasen-Asynchronmotor bei recht gutem Betriebsverhalten mit einem Kondensator an das Einphasennetz anschließen. Aus diesem Grund werden kleine Dreiphasenmotoren meist für 220 V/380 V ausgelegt. Sie können dann in Sternschaltung am normalen Dreiphasennetz mit 380 V Außenleiterspannung betrieben oder in Dreieck-Steinmetzschaltung nach Bild **200**.1 an ein Einphasennetz mit 220 V gelegt werden.

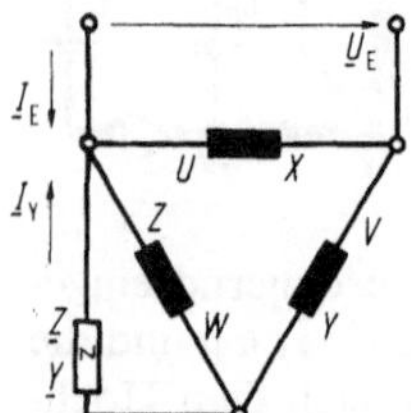

200.1 Dreieck-Steinmetzschaltung

Wir wollen nun zunächst die Gleichungen für die Steinmetzschaltung mit einer beliebigen Hilfsimpedanz $\underline{Z} = 1/\underline{Y} = Z\underline{/-\varphi}$ ableiten und anschließend die Symmetriebedingungen für einige Sonderfälle betrachten. Für weitere Einphasenschaltungen von Dreiphasen-Asynchronmotoren s. [38].

4.2.4.1 Spannungskomponenten. Die geschlossene Dreieckschaltung in Bild **200**.1 verhindert das Auftreten eines Nullsystems. Daher findet man die Spannungsgleichung

$$\underline{U}_{UX} = \underline{U}_m + \underline{U}_g = \underline{U}_E \qquad \text{oder} \qquad \underline{U}_g = \underline{U}_E - \underline{U}_m \tag{201.1}$$

Mit der Maschengleichung $\underline{Z}\underline{I}_Y = \underline{U}_{WZ} = a\,\underline{U}_m + a^2\,\underline{U}_g$ erhält man den Strom

$$\underline{I}_Y = \underline{Y}(a\,\underline{U}_m + a^2\,\underline{U}) \tag{201.2}$$

so daß man für den Knotenpunkt WY die Stromgleichung $-\underline{I}_Y + \underline{I}_{VY} - \underline{I}_{WZ} = 0$ aufstellen kann. Mit $\underline{I}_{VY} = a^2\underline{I}_m + a\underline{I}_g$ und $\underline{I}_{WZ} = a\underline{I}_m + a^2\underline{I}_g$ sowie $\underline{I}_m = \underline{Y}_m\underline{U}_m$ und $\underline{I}_g = \underline{Y}_g\underline{U}_g$ bzw. Gl. (201.2) ist dann

$$-\underline{Y}(a\,\underline{U}_m + a^2\,\underline{U}_g) + a^2\,\underline{Y}_m\underline{U}_m + a\,\underline{Y}_g\underline{U}_g - a\,\underline{Y}_m\underline{U}_m - a^2\,\underline{Y}_g\underline{U}_g = 0$$

oder nach Einsetzen von Gl. (201.1) und Ordnen

$$[-\underline{Y}(a - a^2) + \underline{Y}_m(a^2 - a) + \underline{Y}_g(a^2 - a)]\underline{U}_m = [a^2\underline{Y} - \underline{Y}_g(a^2 - a)]\underline{U}_E$$

Man erhält daher die **Spannungskomponente des Mitsystems**

$$\underline{U}_m = \frac{\underline{U}_E}{a^2 - a} \cdot \frac{a^2\,\underline{Y} + (a^2 - a)\,\underline{Y}_g}{\underline{Y} + \underline{Y}_m + \underline{Y}_g} \tag{201.3}$$

und mit Gl. (201.1) die **Spannungskomponente des Gegensystems**

$$\underline{U}_g = \frac{\underline{U}_E}{a^2 - a} \cdot \frac{-a\,\underline{Y} - (a^2 - a)\,\underline{Y}_m}{\underline{Y} + \underline{Y}_m + \underline{Y}_g} \tag{201.4}$$

Hiermit können auch alle **Ströme**

$$\underline{I}_{UX} = \underline{I}_m + \underline{I}_g = \underline{Y}_m\underline{U}_m + \underline{Y}_g\underline{U}_g \tag{201.5}$$

$$\underline{I}_{VY} = a^2\underline{I}_m + a\underline{I}_g = a^2\,\underline{Y}_m\underline{U}_m + a\,\underline{Y}_g\underline{U}_g \tag{201.6}$$

$$\underline{I}_{WZ} = a\underline{I}_m + a^2\underline{I}_g = a\,\underline{Y}_m\underline{U}_m + a^2\,\underline{Y}_g\underline{U}_g \tag{201.7}$$

sowie der Strom $\underline{I}_Y$ nach Gl. (201.2) berechnet werden.

4.2.4.2 Symmetrierung. Man erhält bei Einphasenanschluß das gleiche Verhalten wie bei Dreiphasenanschluß, wenn die Strangspannungen und Strangströme gleich sind oder die Spannungskomponente des Gegensystems nach Gl. (201.4) Null wird. Es muß also $-a\underline{Y} + (a^2 - a)\,\underline{Y}_m = 0$ oder mit $a - 1 = \sqrt{3}\underline{/150°}$ (nach Beispiel 17d, S. 76) die Hilfsimpedanz

$$\underline{Y} = (a - 1)\,\underline{Y}_m = \sqrt{3}\underline{/150°}\,\underline{Y}_m \tag{201.8}$$

sein. Die **Betragsbedingung**

$$Y = \sqrt{3}\,Y_m = \sqrt{3}\,I_{pn}/U_D \tag{201.9}$$

läßt sich mit der Kapazität $C = Y/\omega = \sqrt{3}\,I_{\mathrm{pn}}/(\omega\,U_{\mathrm{E}})$ erfüllen, während die Phasenbedingung

$$\varphi = 150° + \varphi_{\mathrm{m}} \tag{202.1}$$

mit einer Kapazität bei $\varphi = 90°$ nur für den Phasenwinkel $\varphi_{\mathrm{m}} = -60°$ eingehalten werden kann. Bild **202**.1 zeigt die zugehörige Schaltung und das Zeigerdiagramm. Mit dem Außenleiter-Nennstrom I_{DLN} gilt dann für die erforderliche **Kapazität**

$$C_{\mathrm{B}} = I_{\mathrm{DLN}}/(\omega\,U_{\mathrm{E}}) \tag{202.2}$$

und es wird $I_{\mathrm{E}} = I_{\mathrm{DLN}}$ und $U_{\mathrm{C}} = U_{\mathrm{E}}$.

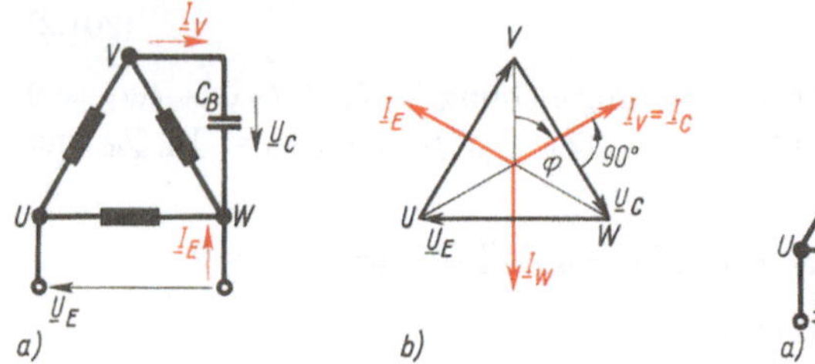

202.1
Dreieck-Steinmetzschaltung mit Betriebskondensator C_{B}
a) Schaltung
b) Zeigerdiagramm

202.2
Dreieck-Steinmetzschaltung mit Betriebskondensator C_{B} und Reihenwiderstand R
a) Schaltung
b) Zeigerdiagramm

Im Bereich $\varphi_{\mathrm{m}} < -60°$ kann man die Phasenbedingung von Gl. (202.1) durch die Reihenschaltung von Kapazität

$$C_{\mathrm{B}} = \frac{I_{\mathrm{DLN}}}{\omega\,U_{\mathrm{E}}\sin(-\varphi_{\mathrm{m}} + 30°)} \tag{202.3}$$

und Wirkwiderstand

$$R = -U_{\mathrm{E}}\cos(-\varphi_{\mathrm{m}} + 30°)/I_{\mathrm{DLN}} \tag{202.4}$$

in Bild **202**.2 verwirklichen. Für weitere Schaltungen s. [38].

Da der Leitwert $\underline{Y}_{\mathrm{m}}$ nach Bild **191**.2 von der Drehzahl abhängt, läßt sich ein dem Dreiphasenanschluß völlig gleichwertiges Betriebsverhalten nur für eine bestimmte Drehzahl einstellen. Daher gibt man sich auch für den Fall $\varphi_{\mathrm{m}} \neq -60°$ meist mit der vereinfachten Dreieck-Steinmetzschaltung nach Bild **202**.1 zufrieden, für dann die optimale **Kapazität**

$$C_{\mathrm{B}} = I_{\mathrm{DLN}}\sin(-\varphi_{\mathrm{m}} + 30°)/(\omega\,U_{\mathrm{E}}) \tag{202.5}$$

einzusetzen ist. Für kleine Motoren bis zu einer Leistungsabgabe von 1 kW benötigt man bei der Spannung $U_{\mathrm{E}} = 220$ V und der Frequenz $f = 50$ Hz etwa 75 μF/kW.

Die Steinmetzschaltung hat den Vorteil, daß man einen vorhandenen, normalen Dreiphasen-Asynchronmotor für Einphasenanschluß verwenden kann. Die Kondensatorspannung U_{C} weicht nur unwesentlich von der Netzspannung ab; allerdings steigt sie zum Leerlauf hin gering an, so daß man meist $U_{\mathrm{C}} \approx 1{,}2\,U_{\mathrm{E}}$ wählt. Die Strangströme sind nur bei Nennlast etwa gleich groß. Sie wachsen teilweise zum Leerlauf hin; man sollte daher auch die Steinmetzschaltung nur kurzzeitig leerlaufen lassen. Das Kippmoment sinkt gegenüber dem Betrieb bei Dreiphasenanschluß. Um ein ausreichendes Überlastungsverhältnis zu bekommen und zu große Verluste durch Unsymmetrie zu vermeiden, ist daher die Nennleistung bei Einphasenanschluß um etwa 20 bis 25% kleiner zu wählen.

4.2.4.3 Anzugsmoment. Für das Drehmoment gilt hier nach Gl. (181.8) wieder allgemein

$$M_{\mathrm{E}} = M_{\mathrm{pn}}(U_{\mathrm{m}}/U_{\mathrm{D}})^2 - M_{\mathrm{nn}}(U_{\mathrm{g}}/U_{\mathrm{D}})^2 \tag{203.1}$$

Im Stillstand erhalten wir mit den Leitwerten $\underline{Y}_{\mathrm{mk}} = \underline{Y}_{\mathrm{gk}} = Y_{\mathrm{k}}\underline{/\varphi_{\mathrm{k}}}$ und $\underline{Y} = Y\underline{/90°}$, den Drehmomenten $M_{\mathrm{pn}} = M_{\mathrm{nn}} = M_{\mathrm{AD}}$, den Spannungskomponenten von Gl. (201.3) und (201.4) sowie mit $\underline{a}^2 - \underline{a} = \sqrt{3}\underline{/-90°}$ bei Anwendung des Kosinussatzes das Verhältnis der Anzugsmomente

$$\frac{M_{\mathrm{AE}}}{M_{\mathrm{AZ}}} = \frac{|\underline{a}^2\underline{Y} + \sqrt{3}\,\underline{Y}_{\mathrm{k}}\underline{/-90°}|^2 - |-\underline{a}\,\underline{Y} + \sqrt{3}\,\underline{Y}_{\mathrm{k}}\underline{/-90°}|^2}{3|\underline{Y} + 2\underline{Y}_{\mathrm{k}}|^2}$$

$$= \frac{2}{\sqrt{3}} \cdot \frac{YY_{\mathrm{k}}\cos(\varphi_{\mathrm{k}} - 60°) - \cos(\varphi_{\mathrm{k}} + 120°)}{Y^2 + 4Y_{\mathrm{k}}^2 + 4YY_{\mathrm{k}}\cos(\varphi_{\mathrm{k}} - 90°)}$$

Hierbei sind

$$\cos(\varphi_{\mathrm{k}} - 60°) = \frac{1}{2}\cos\varphi_{\mathrm{k}} - \frac{\sqrt{3}}{2}\sin\varphi_{\mathrm{k}}$$

$$\cos(\varphi_{\mathrm{k}} + 120°) = -\frac{1}{2}\cos\varphi_{\mathrm{k}} - \frac{\sqrt{3}}{2}\sin\varphi_{\mathrm{k}}$$

also

$$\cos(\varphi_{\mathrm{k}} - 60°) - \cos(\varphi_{\mathrm{k}} + 120°) = \cos\varphi_{\mathrm{k}}$$

Daher gilt nach Erweiterung mit $1/(YY_{\mathrm{k}})$ für das Verhältnis der Anzugsmomente

$$\frac{M_{\mathrm{AE}}}{M_{\mathrm{AD}}} = \frac{2}{\sqrt{3}} \cdot \frac{\cos\varphi_{\mathrm{k}}}{(Y/Y_{\mathrm{k}}) + (4Y_{\mathrm{k}}/Y) + 4\sin\varphi_{\mathrm{k}}} \tag{203.2}$$

Das optimale Anzugsmoment finden wir wieder, wenn wir mit $y = M_{\mathrm{AE}}/M_{\mathrm{AD}}$ und $x = Y/Y_{\mathrm{k}}$ sowie $A = (2/\sqrt{3})\cos\varphi_{\mathrm{k}}$ und $B = 4\sin\varphi_{\mathrm{k}}$ für die Funktion

$$Y = \frac{A}{x + (4/x) + B} = \frac{Ax}{x^2 + Bx + 4}$$

den Differentialquotienten

$$\frac{\mathrm{d}y}{\mathrm{d}x} = A\frac{x^2 + Bx + 4 - x(2x + B)}{(x^2 + Bx + 4)^2} = A\frac{-x^2 + 4}{(x^2 + Bx + 4)^2}$$

bilden und seinen Nenner $-x^2 + 4 = 0$ setzen. Somit erhält man das optimale Anzugsmoment für $x^2 = 4$ bzw. $x = 2$ oder $Y/Y_{\mathrm{k}} = 2$ bzw. bei dem Außenleiterstrom I_{DLk} bei Dreiphasenanschluß im Stillstand für die erforderliche Kapazität

$$C_{\mathrm{k}} = 2I_{\mathrm{DLk}}/(\sqrt{3}\,\omega\,U_{\mathrm{E}}) \tag{203.3}$$

Als optimales Anzugsmoment kann man erreichen

$$M_{\mathrm{AEm}} = \frac{M_{\mathrm{AD}}}{2\sqrt{3}} \cdot \frac{\cos\varphi_{\mathrm{k}}}{1 + \sin\varphi_{\mathrm{k}}} \tag{203.4}$$

Beispiel 48. Ein Dreiphasen-Asynchronmotor für 220 V/380 V, 1,4 A/0,8 A, 50 Hz, 250 W, $\cos\varphi_\mathrm{N}$ = 0,76, 1390 min^{-1} soll in einer Steinmetzschaltung betrieben werden. Es sind zu berechnen

a) die Betriebskapazität C_B für Nennbetrieb und das hiermit zu erzielende Anzugsmoment und

b) das maximal zu erreichende Anzugsmoment und die hierfür erforderliche Kapazität C_k.

Es wird vorausgesetzt, daß der zu betrachtende Dreiphasen-Asynchronmotor die gleichen Kennlinien wie der Zweiphasenmotor nach Bild **191**.2 hat und daß lediglich die Außenleiterströme auf das $2/\sqrt{3}$fache steigen.

Zu a): Für den Nennbetriebspunkt ist I_DLN = 1,39 A, $\cos\varphi_\mathrm{N}$ = 0,76, φ_N = $-40{,}5°$ und im Stillstand I_DLk = 4,73 A, $\cos\varphi_\mathrm{k}$ = 0,749, φ_k = $-41{,}5°$, M_DA = 3,53 Nm. Man erhält dann mit Gl. (202.5) für die **Betriebskapazität**

$$C_\mathrm{B} = \frac{I_\mathrm{DLN}\,\sin(-\varphi_\mathrm{N} + 30°)}{\omega\,U_\mathrm{E}} = \frac{1{,}39\ \mathrm{A}\,\sin\,(40{,}5 + 30)°}{314\ \mathrm{s}^{-1}\cdot 220\ \mathrm{V}} = 18{,}95\ \mu\mathrm{F}$$

Genormt ist nach DIN 48501 ein Betriebskondensator für 18 μF bei 260 V. Um nach Gl. (203.2) das Anzugsmoment berechnen zu können, benötigt man noch

$$\frac{Y}{Y_\mathrm{k}} = \frac{\omega\,C\sqrt{3}\,U_\mathrm{E}}{I_\mathrm{DLk}} = \frac{314\,\mathrm{s}^{-1}\cdot 18\cdot 10^{-6}\,\mathrm{F}\cdot\sqrt{3}\cdot 220\ \mathrm{V}}{4{,}73\ \mathrm{A}} = 0{,}455$$

und erhält das Verhältnis der Anzugsmomente

$$\frac{M_\mathrm{AE}}{M_\mathrm{AD}} = \frac{2}{\sqrt{3}}\cdot\frac{\cos\varphi_\mathrm{k}}{(Y/Y_\mathrm{k}) + (4\,Y_\mathrm{k}/Y) + 4\sin\varphi_\mathrm{k}} = \frac{2}{\sqrt{3}}\cdot\frac{0{,}749}{0{,}455 + (4/0{,}455) - 4\cdot 0{,}663}$$
$$= 0{,}133$$

Die Steinmetzschaltung liefert hier ein kleineres Anzugsmoment als die zweisträngige Parallelschaltung.

Zu b): Maximal läßt sich nach Gl. (203.4) das Anzugsmoment

$$M_\mathrm{AEm} = \frac{M_\mathrm{DA}}{2\sqrt{3}}\cdot\frac{\cos\varphi_\mathrm{k}}{1 + \sin\varphi_\mathrm{k}} = \frac{3{,}53\ \mathrm{Nm}}{2\sqrt{3}}\cdot\frac{0{,}749}{1 - 0{,}663} = 2{,}26\ \mathrm{Nm}$$

erreichen. Das ist ebenfalls weniger als bei der vorher betrachteten zweisträngigen Parallelschaltung. Für das maximale Anzugsmoment benötigt man nach Gl. (203.3) die Kapazität

$$C_\mathrm{k} = \frac{2 I_\mathrm{DLk}}{\sqrt{3}\,\omega\,U_\mathrm{E}} = \frac{2\cdot 4{,}73\ \mathrm{A}}{\sqrt{3}\cdot 314\ \mathrm{s}^{-1}\cdot 220\ \mathrm{V}} = 79\ \mu\mathrm{F}$$

Da schon ein Betriebskondensator von 18 μF vorhanden ist, muß unter Beachtung von DIN 48501 noch ein Anlaufkondensator mit 60 μF parallelgeschaltet werden.

4.2.5 Widerstandshilfsphasenmotor

Beim Einphasenmotor mit Widerstandshilfsphase hat die Hilfswicklung einen gegenüber der Arbeitswicklung erhöhten Wirkwiderstandsanteil und meist eine geringere Windungszahl. Den erhöhten Widerstand kann man durch Verwendung eines anderen Leiterwerkstoffes (z.B. Bronze) oder durch geringere Drahtquerschnitte erreichen. Häufig wird auch ein Teil der Wicklung bifilar gewickelt, um so bei kleiner wirksamer Windungszahl eine große Wärmekapazität zu erzielen. Sie ist nötig, da beim Anlauf große Stromwärmeverluste in der Hilfswicklung auftreten, die sonst die Wicklung zu stark erwärmen würden. Außerdem muß die Hilfswicklung wegen dieser Verluste nach dem Hochlauf abgeschaltet werden.

Das Hilfsphasenrelais b (Bild **205**.1) spricht auf die Stromänderungen während des Hochlaufs an. Zunächst schließt im Stillstand der Kurzschlußstrom I_{Ak} in der Arbeitswicklung UV den Kontakt b. Dann erhält auch die Hilfswicklung WZ Spannung; die beiden phasenverschobenen Strangströme erzeugen ein Anzugsmoment, und der Motor läuft mit den in Bild **205**.2 dargestellten Kennlinien, die für einen Motor mit besonders großem Anzugs- und Überlastungsverhältnis gelten, hoch. Dabei wird mit steigender Drehzahl der Strom I_A der Arbeitswicklung kleiner; er unterschreitet in der Nähe des Kippmoments den Haltewert des Relais, so daß es abfällt und die Hilfswicklung wieder vom Netz trennt. Man kann die Hilfsphase auch über ein Zeitrelais oder durch drehzahlabhängige Fliehkraftschalter abschalten.

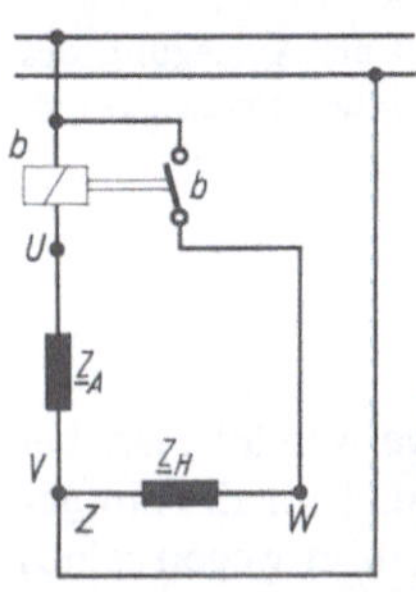

205.1
Einphasenmotor mit
Widerstandshilfsphase
b Hilfsphasenrelais
Z Wicklungswiderstand

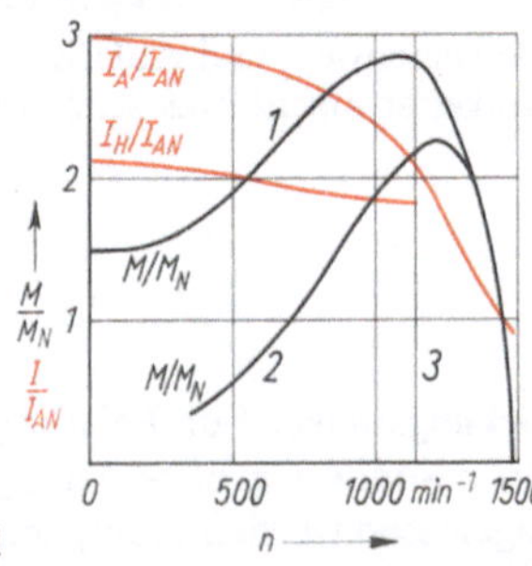

205.2
Kennlinien eines Widerstandshilfsphasenmotors
1 Anlauf mit Hilfsphase
2 Betrieb ohne Hilfsphase
3 Abschaltung der Hilfsphase
I_A Arbeitsphasenstrom
I_H Hilfsphasenstrom
M Drehmoment

Mit der Widerstandshilfsphase erreicht man nicht so große Anzugsmomente wie mit einem Anlaufkondensator. Außerdem ist der Einschaltstrom erheblich größer. Analog zu Gl. (197.1) erhält man das optimale Anzugsmoment, wenn der Wirkwiderstand

$$R = Z_{Ak}\ddot{u}^2 \tag{205.1}$$

vor den Hilfsphasenwiderstand $Z_{Hk} = Z_{Ak}\ddot{u}^2$ geschaltet wird. Für das optimale Anzugsmoment gilt wieder Gl. (197.2), wobei meist mit $\varphi = 0$ gearbeitet werden darf. Die Windungszahl N_H der Hilfswicklung errechnet man zweckmäßig mit dem verlangten Anzugsmoment M_{AE} aus dem Übersetzungsverhältnis

$$\ddot{u} = N_H/N_A = (M_{Az}/2M_{AE})\tan(-\varphi_k/2) \tag{205.2}$$

Wenn man den in Bild **191**.2 mit seinen Kennlinien wiedergegebenen Motor als Widerstandshilfsphasenmotor verwenden wollte, müßte außer der Hilfswicklung auch die Arbeitswicklung geändert werden, da sonst nach Bild **193**.1 im reinen Einphasenbetrieb der Strom zu groß und die zulässige Grenzerwärmung überschritten würde. Dann erreicht man aber nicht einmal 40% der Leistung des Zweiphasenmotors. Man vergrößert daher das Kupfervolumen der Arbeitswicklung auf Kosten der nur für den Anlauf benötigten Hilfswicklung und sieht für diese Motoren besondere Ständerbleche mit vergrößerten Nuten für die Arbeitswicklung und kleineren Nuten für die Hilfswicklung vor. Außerdem sorgt man durch Staffelung der Leiterzahl in den Spulen für eine annähernd sinusförmige Felderregerkurve (oberfeldarme Wicklung). Man erzielt dann im günstigsten Fall bei einem Einphasenmotor mit Widerstandshilfsphase (oder Anlaufkondensator) etwa 60% der Leistung eines Zwei- oder Dreiphasenmotors.

Das Betriebsverhalten kann man grundsätzlich mit den in Abschn. 4.2.2 abgeleiteten Gleichungen berechnen, wobei allerdings die unterschiedlichen Wicklungsfaktoren beim Übersetzungsverhältnis nach Gl. (194.1) und abweichende Wicklungsinduktivitäten in der Hilfsimpedanz Z zu berücksichtigen sind. Widerstandshilfsphasenmotoren werden heute praktisch nur noch in Kühlschränken eingesetzt.

Beispiel 49. Ein Widerstandshilfsphasenmotor hat die Kennlinien von Bild **205**.2. Es sind die Daten für ein stromabhängiges Hilfsphasenrelais zu bestimmen.

Nach VDE 0730 muß das Gerät im Bereich 0,85 U_N bis 1,1 U_N betrieben werden können. Im Stillstand nimmt die Arbeitswicklung bei Nennspannung den Strom $I_{Ak} = 3\,I_{AN}$ auf. Bei 0,85-facher Spannung sinkt der Kurzschlußstrom auf $I_{An} = 0,85\,I_{Ak} = 2,65\,I_{AN}$. Bei diesem Strom muß daher das Relais schon ansprechen. Es soll dann kurz nach Durchlaufen des Kippmoments, also bei etwa 1100 bis 1200 min^{-1} wieder abfallen. Bei Nennspannung und eingeschalteter Hilfsphase fließt hier nach Bild **205**.2 in Arbeitswicklung und Relais der Strom $I_A = 2\,I_{AN}$. Das Relais soll auch noch bei 1,1facher Spannung abschalten[1]. Daher ist als Abschaltstrom $I_{Ab} = 1,1\,I_A = 2,2\,I_{AN}$ zu nehmen. Dann muß das Relais folgende Werte haben

Ansprechstrom $\qquad\qquad\qquad\quad I_{An} = 2,65\,I_{AN}$

Abfallstrom $\qquad\qquad\qquad\qquad I_{Ab} = 2,2\,I_{AN}$ mit $I_{An}/I_{Ab} = 2,65/2,2 = 1,2$

Die Differenz zwischen Ansprechwert und Abfallwert ist nicht groß, so daß die Auslegung des Relais manchmal Schwierigkeiten macht. Das Ansprechverhältnis muß mindestens $I_{An}/I_{Ab} = 1,05$ betragen.

4.2.6 Spaltpolmotor

4.2.6.1 Aufbau und Wirkungsweise. Für Leistungen bis etwa 200 W verwendet man bei Kleinantrieben, die kein besonders großes Anzugsmoment verlangen und für die ein geringer Wirkungsgrad zugelassen werden kann, gern den Spaltpolmotor, da er wegen seines einfachen Aufbaus sehr betriebssicher und preiswert ist. Der Kurzschlußkäfig im Läufer besteht wie bei den übrigen Asynchronmotoren aus Kupfer oder Aluminium. Der Ständer hat dagegen meist, ähnlich wie die Gleichstrommaschine, ausgeprägte Pole mit konzentrierten Wicklungen. Für die Ständerbleche gibt es verschiedene Ausführungen; Bild **206**.1 zeigt eine Spielart, die häufig bei sehr kleinen Motoren anzutreffen ist. In einem

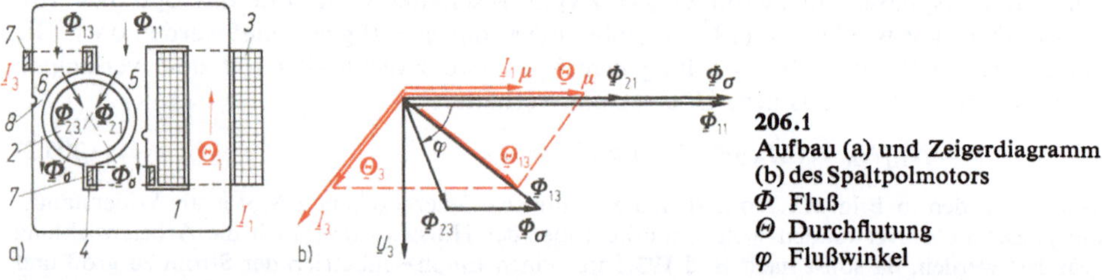

206.1
Aufbau (a) und Zeigerdiagramm (b) des Spaltpolmotors
Φ Fluß
Θ Durchflutung
φ Flußwinkel

rechteckigen Ständerpaket *1* ist der Kurzschlußkäfigläufer *2* unsymmetrisch untergebracht. Auf der gegenüberliegenden Seite befindet sich in einem Spulenkasten die Hauptwicklung *3*. Der ausgeprägte Pol wird durch die Spaltpolnut *4* in Hauptpol *5* und Spaltpol *6* aufgeteilt. Der Spaltpol trägt die in sich kurzgeschlossene Spaltpolwicklung *7*, das sind meist ein oder zwei blanke Kupferringe. Spaltpol und Hauptpol sind durch den magnetisch stark gesättigten Streusteg *8* miteinander verbunden.

---

[1] Strenggenommen muß auch das unterschiedliche Verhalten von kalter und warmer Maschine beachtet werden.

Die Wirkungsweise läßt sich bei stromlosem Läufer leicht übersehen. Die an das Einphasennetz angeschlossene Hauptwicklung erzeugt mit dem Strom $\underline{I}_{1\mu}$ die Magnetisierungsdurchflutung $\underline{\Theta}_{1\mu}$, die den Fluß Φ_{11} im Hauptpol 5 verursacht. Er teilt sich auf in den primären Streufluß Φ_σ und der Läuferfluß Φ_{21}. Gleichzeitig erzeugt der den Spaltpol 6 durchsetzende Fluß in der Spaltpolwicklung 7 die Spannung $\underline{U}_3$, die entsprechend dem dort wirksamen komplexen Widerstand einen nacheilenden Strom $\underline{I}_3$ zum Fließen bringt, der dabei die Durchflutung $\underline{\Theta}_3$ aufbaut. Die Durchflutungen $\underline{\Theta}_{1\mu}$ und $\underline{\Theta}_3$ bilden eine resultierende Durchflutung $\underline{\Theta}_{13}$, die den Fluß Φ_{13} erzeugt. Dieser spaltet sich auf in den Streufluß Φ_σ und den Läuferfluß Φ_{23}, so daß zwei um den Polwinkel ε gegeneinander versetzte und zeitlich um den Winkel φ phasenverschobene Läuferflüsse entstehen, die nach Abschn. 1.5.2.2 ein elliptisches Drehfeld verursachen. Der Fluß im Spaltpol eilt gegenüber dem Fluß im Hauptpol nach, so daß auch der Läufer 2 stets vom Hauptpol 5 zum Spaltpol 6 drehen will.

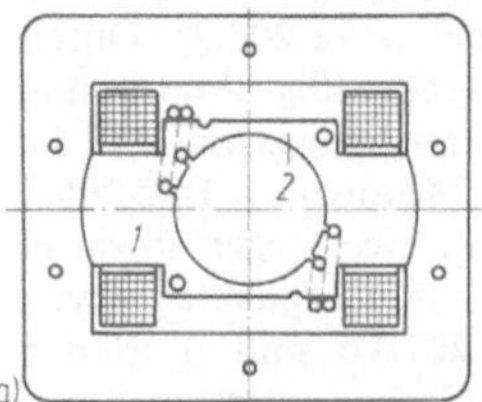 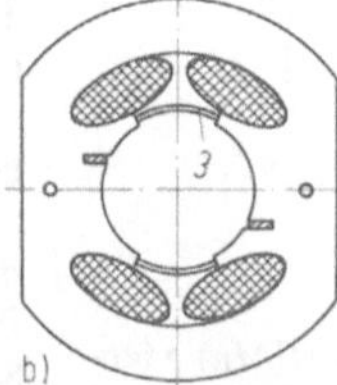 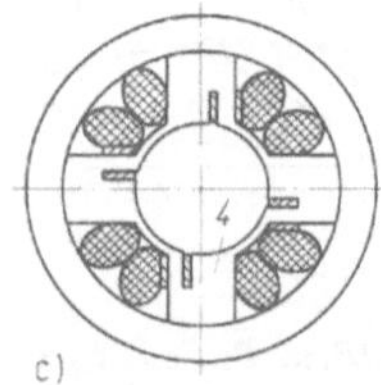 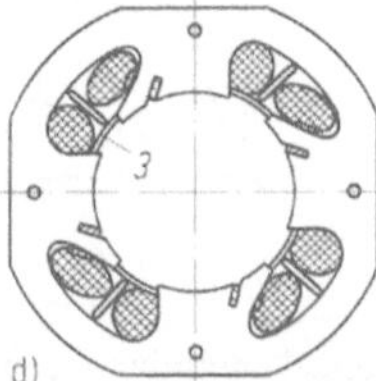

207.1 Ständer des Spaltpolmotors
a) zweipolig mit eingesetztem Polpaket *1*, angestanztem Streusteg *2* und je 2 Spaltpolwindungen
b zweipolig mit Streublech *3*
c) vierpolig mit eingesetzten Polstern *4*
d) vierpolig mit Streublech *3*
e) vierpolig, streublechlos

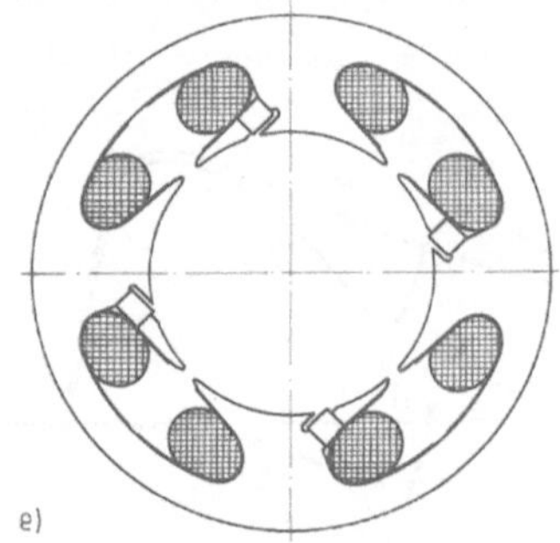

Die Streustege *8* führen einen Streufluß Φ_σ, der einen größeren Phasenwinkel φ zwischen den beiden Läuferflüssen bewirkt und daher ein besseres Drehfeld zur Folge hat. Streupfade verbessern somit das Betriebsverhalten. Die verschiedenen Ausführungen von Bild **207**.1 haben deshalb i. allg. derartige Streustege oder Streubleche. Angestanzte Streustege wie in Bild **207**.1a und c kann man jedoch nur für geringe Leistungen einsetzen, da die in das Joch eingedrückten Polpakete die Blechlamellierung überbrücken, so Kurzschlußwindungen schaffen und zusätzliche Verluste verursachen. Ähnliche Wirkungen zeigen Ausführungen mit Streublechen nach Bild **207**.1b und d erst bei größeren Leistungen. Die größten Leistungen können nur mit streublechlosen Ständern nach Bild **207**.1e beherrscht werden.

4.2.6.2 Betriebsverhalten. Die beiden Läuferflüsse Φ_{21} und Φ_{23} von Bild **206**.1 können im Stillstand nur ein geringes Anzugsmoment liefern. Da die in sich kurzgeschlossene Spaltpolwicklung dauernd eingeschaltet bleibt, entstehen große Verluste, und der Wirkungsgrad η ist schlecht. In Bild **208**.1 sind die Belastungskennlinien mittelgroßer Spaltpolmotoren dargestellt. Die Drehzahl n zeigt ein gutes Nebenschlußverhalten. Die Verluste steigen zwischen Leerlauf und Nennlast nur geringfügig an; eine Entlastung senkt daher auch nur wenig die Wicklungserwärmung.

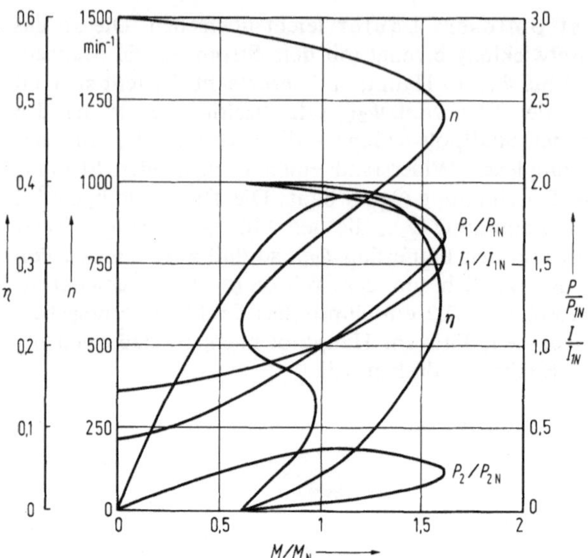

208.1
Belastungskennlinien n, η, P_1/P_{1N}, P_2/P_{2N}, $I_1/I_{1N} = f(M/M_N)$ vierpoliger Spaltpolmotoren für Leistungsbereich 100 bis 150 W

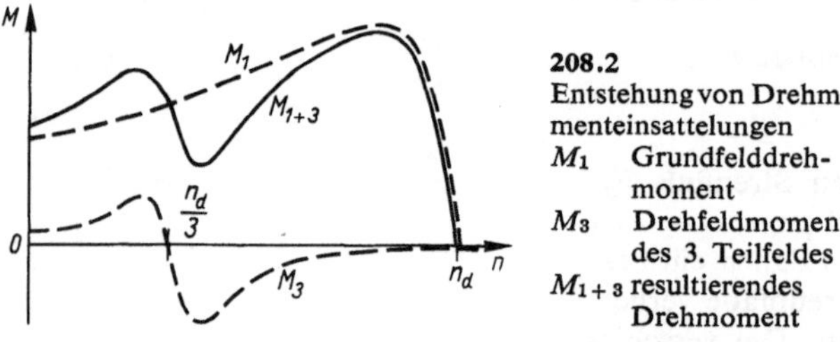

208.2
Entstehung von Drehmomenteinsattelungen
M_1 Grundfelddrehmoment
M_3 Drehfeldmoment des 3. Teilfeldes
M_{1+3} resultierendes Drehmoment

Außer den betrachteten Grundfeldern wirken bei rechteckiger Feldverteilung im Luftspalt auch noch beachtliche O b e r f e l d e r (s.Abschn. 1.4.2.2). Sie erzeugen in gleicher Weise wie Drehfeldmaschinen größerer Polzahl asynchrone Drehmomente. Das generatorische Kippmoment dieser Oberfeldmotoren kann zu Einsattelungen in der Drehmoment-Drehzahl-Kennlinie führen (s. Abschn. 3.2.3.3). Besonders unangenehm ist das 3. Teilfeld (Bild **208.2**). Durch die zweckmäßige Anordnung von Sättigungszonen, die beim Motor nach Bild **206.1** z. B. in Streustegen sowie in den Ständerpaketen von Bild **207.1** b und d in den Streublechen auftreten, durch einen zu den Polspitzen hin größer werdenden Luftspalt (s. Bild **207.1** e) oder durch verteilte Wicklungen kann man sich aber einer sinusförmigen Feldverteilung nähern.

Spaltpolmotoren werden heute im Leistungsbereich von etwa 0,1 W (z. B. in Schaltuhren) bis 200 W (z. B. in Wäscheschleudern) eingesetzt in Lüftern, Plattenspielern, Tonbandgeräten, Schreibmaschinen, Waschmaschinen, Küchengeräten u. ä. Sie lassen sich mit Hystereseläufern (s. Abschn. 5.2.5.3) zum Synchronlauf zwingen (z. B. für Synchronuhren).

Beispiel 50. Für den Antrieb eines Plattenspielers stehen zur Auswahl ein Spaltpolmotor mit der Leistungsabgabe $P_2 = 1$ W und der Leistungsaufnahme $P_1 = 10$ W sowie ein Kondensatormotor mit $P_2 = 1$ W und $P_1 = 5$ W. Für den Verbraucher würde sich der Gerätepreis um $K_G = 20$ DM bei Einbau des Kondensatormotors verteuern. Es ist zu untersuchen, von welcher Betriebsstundenzahl t ab die Verwendung des Kondensatormotors bei dem Energiepreis $K_A = 0,1$ DM/kWh wirtschaftlicher ist.

Die Wirkungsgrade sind beim Spaltpolmotor $\eta = P_2/P_1 = 1\,W/10\,W = 0,1$ und beim Kondensatormotor $\eta = 1\,W/5\,W = 0,2$. Der Spaltpolmotor benötigt die Verluste $V = 10\,W - 5\,W = 5\,W$ mehr als der Kondensatormotor. Die erhöhten Anschaffungskosten werden daher verbraucht in der Zeit $t = K_G/(V K_A) = 20\,DM/(0,005\,kW \cdot 0,1\,DM/kWh) = 40000\,h$. Bei einem fünfstündigen Betrieb je Tag würde das erst nach rund 22 Jahren eintreten. Daher wird für einen solchen Antrieb der Spaltpolmotor bevorzugt.

5 Synchronmaschine

Elektrische Energie wird vorzugsweise in Dreiphasengeneratoren erzeugt. Diese Wechselstromgeneratoren (auch für Einphasen-Wechselstrom) sind fast immer Synchrongeneratoren. Sie können heute bis zu Leistungen von etwa 2 GVA = 2 · 10^9 VA gebaut werden. Synchronmotoren werden dagegen nur selten eingesetzt, z.B. wenn eine gleichbleibende, feste Drehzahl gewünscht wird, der Synchronmotor gleichzeitig zur Blindleistungserzeugung herangezogen werden soll oder wenn bei großen Leistungen der gute Wirkungsgrad wichtig ist. Bei den Motoren werden i. allg. nur Leistungen bis zu etwa 10 MVA = 10^7 VA benötigt.

5.1 Aufbau

5.1.1 Ständer

Nach Abschn. 1.1.2.2 ist der Ständeraufbau von Synchron- und Asynchronmaschinen gleich. Das Ständerpaket ist also aus Elektroblechen zusammengeschichtet, die zur Kleinhaltung der Verluste eine niedrige Eisenverlustziffer aufweisen. Die Strangwicklungen sind auf mehrere Nuten verteilt. Bei großen Leistungen ergeben sich große Leiterquerschnitte mit großer Stabhöhe (z.B. 60 mm). Um dann die Zusatzverluste durch Stromverdrängung (s. Abschn. 3.2.3.2) einzuschränken, unterteilt man die Leiterstäbe und führt die isolierten Teilleiter entsprechend Bild **209**.1 wendelförmig so durch die Nut,

209.1 Gitterstab a) Wendelung einer Hälfte der isolierten Teilleiter
b) Querschnitt

daß alle Teilleiter mit dem gleichen Nutstreufluß verkettet sind, hierdurch den gleichen Scheinwiderstand erhalten und so den gleichen Strom führen. Diese Gitterstäbe werden auch nach ihrem Erfinder als Roebelstäbe bezeichnet.

Die Ständerwicklung besteht meist aus einer gesehnten und in offene Nuten gelegten Zweischichtwicklung (s. Abschn. 1.4.2) – bei einer hochpoligen Maschine auch aus einer Bruchlochwicklung (s. Band II, Teil 2). Außerdem wird zur Verminderung der Oberspannungen bei Dreiphasengeneratoren stets die Sternschaltung angewandt. Der Wicklungskopf wird im Stoßkurzschluß (s. Abschn. 5.2.2.2) sehr großen Stromkräften ausge-

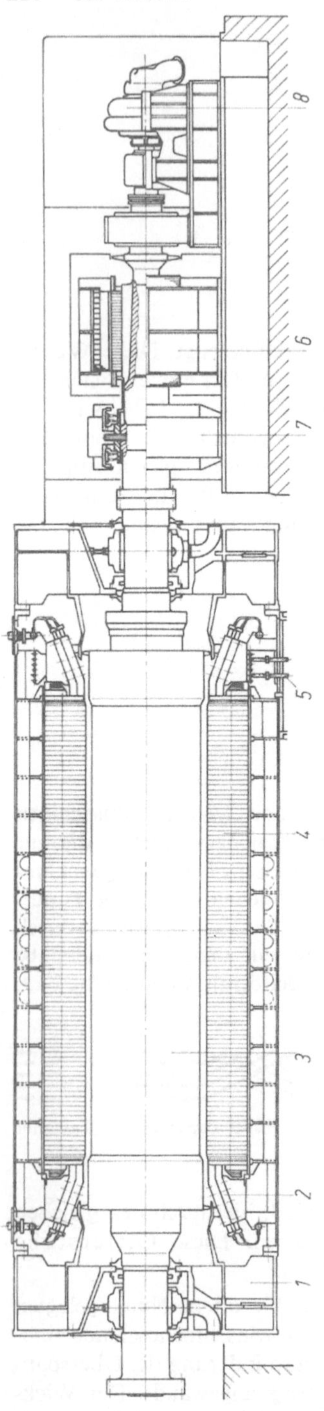

setzt. Er muß daher durch besondere konstruktive Maßnahmen gegen Beschädigungen geschützt werden (Bild **210.**1). Für Leistungen bis 1 MVA benutzt man als Betriebsspannung noch 400 V; bei den Generatoren bis etwa 200 MVA herrscht die Nennspannung 10,5 kV vor, und für noch größere Leistungen verwendet man auch höhere Spannungen. Die Leiter müssen gegen diese Spannungen sehr sorgfältig isoliert werden (s. Abschn. 1.1.2.5). Als Kühlmittel benutzt man für Maschinen mit Leistungen bis zu 50 MVA meist Luft, für größere Leistungen Wasserstoff und ab 500 MVA für die direkte Leiterkühlung Wasser (s. Abschn. 1.8.3.3). Bild **210.**1 zeigt einen Turbogenerator, dessen Ständer- und Läuferwicklung mit Wasser gekühlt werden und der mit einer bürstenlosen Erregermaschine (s. Abschn. 5.1.3) direkt gekuppelt ist.

5.1.2 Läufer

Während bei der Asynchronmaschine der Luftspalt nur wenige Millimeter beträgt, findet man bei der Synchronmaschine Luftspalte zwischen 5 und 150 mm. Diese großen Luftspalte sind zulässig, weil das Drehfeld vom Polrad mit Gleichstrom aufgebaut wird und die Magnetisierungsdurchflutung daher das Netz nicht belastet. So große Luftspalte sind aber auch notwendig, da sonst die Kurzschlußströme zu große Werte annehmen würden (s. Abschn. 5.2.2). Während bei der Gleichstrommaschine (s. Abschn. 6.1) das Magnetfeld von feststehenden Polen erzeugt wird, bevorzugt man bei den Synchronmaschinen umlaufende Pole, da hier die geringe Erregerleistung leichter über zwei Schleifringe geleitet werden kann als die große Drehstromleistung, die außerdem drei Anschlüsse benötigt. Das Polrad darf wegen der Gleichstromerregung aus massiven Teilen aufgebaut werden.

210.1
Wassergekühlter, vierpoliger Turbogenerator (etwa 1500 MVA) mit Erregersatz (KWU)
1 Ständergehäuse
2 wassergekühlte Ständerwicklung
3 wassergekühlter Läufer
4 Ständerblechpaket
5 Stromableitung
6 bürstenlose Dreiphasenerregermaschine mit Gleichrichter *7*
8 Kühlwasserkopf

5.1.2.1 Vollpolläufer. Synchrongeneratoren, die von Dampfturbinen angetrieben werden, sollen aus wirtschaftlichen Gründen mit der höchstmöglichen Drehzahl laufen. Sie beträgt bei der Netzfrequenz $f = 50$ Hz nach Tafel **44**.2 bei zweipoliger Ausführung $n_\mathrm{d} = 3000$ min⁻¹ (bei $f = 60$ Hz, $n_\mathrm{d} = 3600$ min⁻¹). Da bei diesen Drehzahlen sehr große Fliehkräfte auftreten, werden die Läufer dieser Turbogeneratoren als massive Stahlkörper geschmiedet. Aus Festigkeitsgründen ist bei der zulässigen Umfangsgeschwindigkeit von 180 m/s ein Ballendurchmesser von höchstens etwa 1200 mm ausführbar. Bahngeneratoren für $16^2/_3$ Hz haben bei zweipoliger Ausführung die Drehfelddrehzahl 1000 min⁻¹ und einen entsprechend größeren Läuferdurchmesser. Wenn sie von Dampfturbinen angetrieben werden sollen, wird meist ein Getriebe zwischengeschaltet. Außer diesen Turbogeneratoren erhalten auch die zweipoligen (gelegentlich auch vierpolige) Synchronmotoren und die in Verbindung mit Siedewasserreaktoren eingesetzten vierpoligen Synchrongeneratoren Vollpolläufer.

In den Läuferzylinder sind Nuten eingefräst, die sich über $^2/_3$ einer Polteilung erstrecken und in die die Erregerwicklung eingelegt ist (Bild **211**.1). Die Wicklungsköpfe werden durch Kappen aus unmagnetischem Stahl gegen die Fliehkräfte festgehalten. Häufig befindet sich in den Läufernuten und in weiteren kleineren Nuten noch ein Dämpferkäfig, der im Prinzip wie der Kurzschlußkäfig eines Asynchronmotors aufgebaut ist (über seine Aufgaben s. Abschn. 5.2). Die Läuferwicklungen werden durch Nutenverschlußkeile gegen die Fliehkräfte gesichert. Läuferzähne und -stäbe sind bei großen Maschinen mit Kühlkanälen versehen, durch die das Kühlmittel gepreßt wird (s. Abschn. 1.8.3.3).

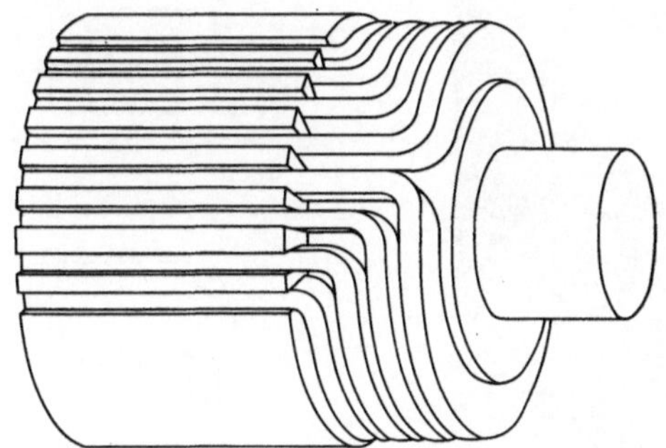

211.1 Zweipolige Läuferwicklung eines Vollpolläufers

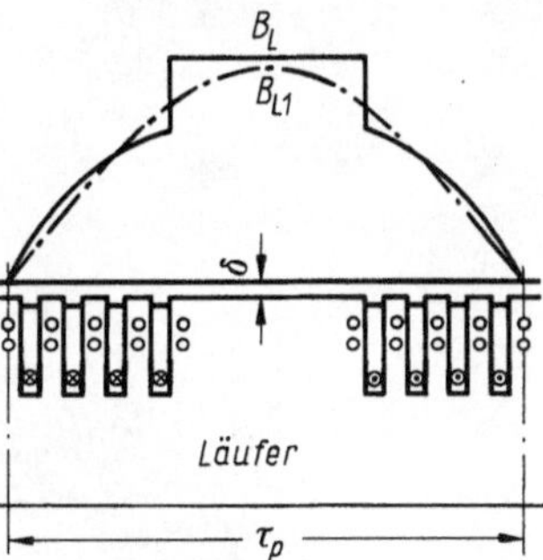

211.2 Luftspaltfeld B_{Lx} der Wicklung eines Vollpolläufers im Leerlauf
τ_p Polteilung,
δ Luftspaltlänge

Die Läuferwicklung wird entsprechend Bild **211**.2 vom Gleichstrom durchflossen und bildet dann das Luftspaltfeld B_{Lx} aus. Die langen und am Zahnfuß sehr schmalen Läuferzähne verursachen in Verbindung mit den axialen Kühlbohrungen infolge der Eisensättigung eine so große Erhöhung des magnetischen Widerstandes, daß die Luftspaltinduktion im Bereich der Läuferzähne kaum über die Werte $B_{\mathrm{Lx}} = 0{,}5$ bis $0{,}6$ T zu bringen ist. In der Polmitte kann man dagegen leicht die Induktionen $B_{\mathrm{Lx}} = 0{,}8$ bis $1{,}0$ T erreichen. Für die Spannungserzeugung ist nach Abschn. 1.4.2.2 das Grundfeld B_{L1} mit dem Fluß Φ_1 maßgebend. Meist kann bei Vollpolläufer $B_{\mathrm{Lx}} = 0{,}93\, B_\mathrm{L}$ und $\Phi_1 = \Phi$ gesetzt werden.

5.1.2.2 Schenkelpolläufer. Die von Wasserturbinen angetriebenen Synchrongeneratoren haben meist die Drehzahlen 60 bis 750 min^{-1}, die von Dieselmotoren angetriebenen 250 bis 1500 min^{-1}. Die gleichen Drehzahlen findet man auch bei den Synchronmotoren. Bei größerer Polzahl werden wegen der einfacheren Fertigung Läufer mit ausgeprägten Polen verwirklicht. Man erhält dann den Schenkelpolläufer, der die Verwandtschaft der Synchronmaschine mit der Gleichstrommaschine verdeutlicht. Allerdings laufen bei der Synchronmaschine die mit Gleichstrom erregten Pole als Polrad um. Die Maschinenpolzahl $2p$ ist am Polrad unmittelbar abzulesen. Der Polkörper kann z.B. aus einem massiven, sternförmigen Joch bestehen, auf dessen Polschäfte zunächst die Erregerwicklung und dann die Polschuhe aufgesetzt werden. Größere Schenkelpolläufer nach Bild **212.**1 enthalten einen meist in Kastenbauweise geschweißten Radkranz, auf den der ganze Pol (einschließlich Polschaft, Polschuh und Erregerwicklung) aufgeschraubt oder in Schwalbenschwanznuten eingeschoben wird. Meist werden nur die Polschuhe aus Blechen zusammengesetzt und dann auch häufig mit Dämpferkäfigen oder Polgittern versehen. Mit sinkender Drehzahl steigen bei gleicher Leistung Polzahl und Polraddurchmesser. Bei den Wasserkraftgeneratoren kommen Läuferdurchmesser bis zu 16 m und Leistungen bis etwa 800 MVA vor.

212.1
Polrad eines 18poligen Dreiphasengenerators für 230 MVA bei 333 min^{-1} (BBC)
(Es sind erst 6 massive Pole montiert.)

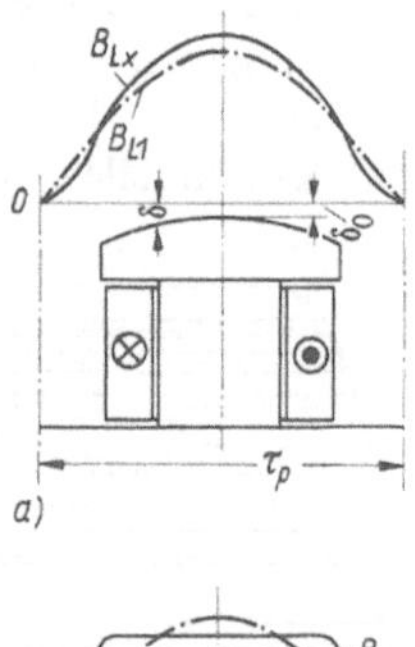

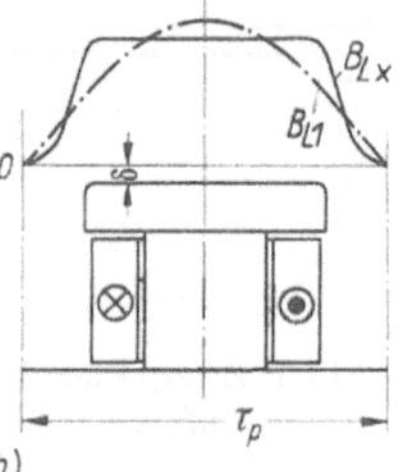

212.2
Luftspaltfeld B_{Lx} von Schenkelpolläufern im Leerlauf
a) Polschuh mit Sinusfeldpol, $B_{L1}/B_L = 0{,}98$
b) Polschuh mit Rechteckfeldpol $B_{L1}/B_L = 1{,}1$
τ_p Polteilung
δ Luftspaltlänge

Der Polschuh ist bei den Generatoren stets als Sinusfeldpol ausgeführt, d.h., der Luftspalt erweitert sich von der Polmitte aus zur Polschuhkante hin derart, daß das Luftspaltfeld sich im Leerlauf annähernd sinusförmig über den Pol verteilt (Bild **212.**2a).

Die Pollücken schließen allerdings eine vollkommene Sinusform aus. Bei den Synchron-
motoren verwendet man dagegen meist einen Rechteckfeldpol mit konstantem
Luftspalt im Polschuhbereich. Hiermit erhält man eine trapezförmige Feldverteilung
(Bild **212.2b**). Wie aus Bild **212.2** hervorgeht, benötigt man für das gleiche Grundfeld
B_{L1} dann nur den $0{,}98/1{,}1 = 0{,}89$fachen Scheitelwert der Luftspaltinduktion B_L. Der
Rechteckfeldpol erfordert somit entsprechend weniger Erregerdurchflutung.

5.1.3 Erregung

Nach Abschn. 1.6.3 stellt die Synchronmaschine den Fall des synchronen Laufs der allgemeinen Drehfeldmaschine dar. Läufer und Drehfeld haben die gleiche Drehzahl, so daß
in der Läuferwicklung keine Spannungen und Ströme induziert werden. Der Läufer wird
mit Gleichstrom gespeist und dieser Erregerstrom dem Polrad meist über Schleifringe und
Bürsten zugeführt. Entnimmt man den Erregerstrom einer fremden, unabhängigen
Stromquelle, so spricht man von **Fremderregung**. Ist jedoch eine mit der Synchronmaschine direkt gekuppelte **Erregermaschine** (Bild **210.**1) oder ein anderer von der
Synchronmaschine gespeister Erregersatz vorhanden, so liegt **Eigenerregung** vor.
Aus Sicherheitsgründen wird die Eigenerregung bevorzugt.

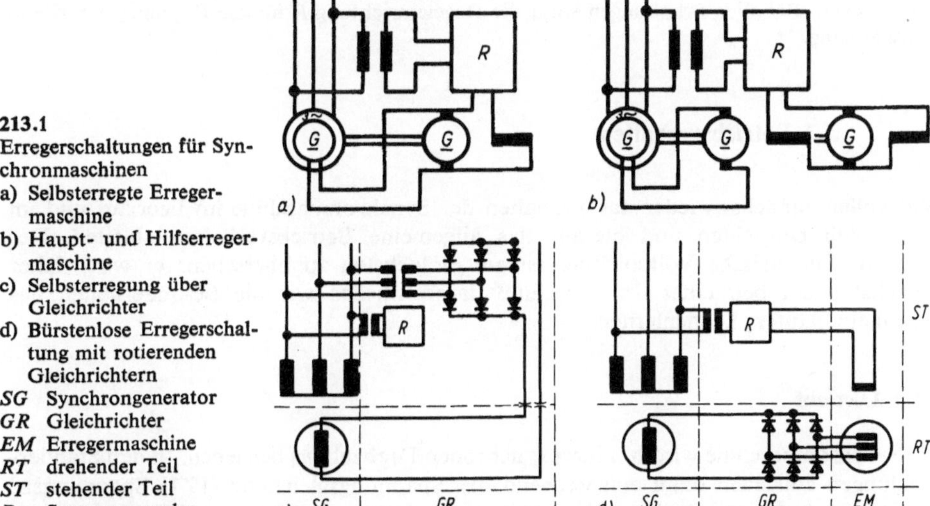

213.1
Erregerschaltungen für Syn-
chronmaschinen
a) Selbsterregte Erreger-
   maschine
b) Haupt- und Hilfserreger-
   maschine
c) Selbsterregung über
   Gleichrichter
d) Bürstenlose Erregerschal-
   tung mit rotierenden
   Gleichrichtern
SG Synchrongenerator
GR Gleichrichter
EM Erregermaschine
RT drehender Teil
ST stehender Teil
R   Spannungsregler

Bild **213.**1 zeigt einige übliche Erregerschaltungen. Für geringe Anforderungen genügt ein
selbsterregter Gleichstromgenerator (s. Abschn. 6.2.1) nach Bild **213.**1a. Über den Spannungsregler R kann die Erregerspannung und somit der Erregerstrom verändert werden.
Die Selbsterregung ermöglicht nur relativ langsame Spannungsänderungen. Die Güte
eines Erregersatzes wird mit der **Deckenspannung** der Erregerstromquelle U_{ED} (d.i.
die höchste Spannung, die sie liefern kann), der Nenn-Erregerspannung U_{EN} und der
Zeit t_E, in der die Erregerspannung von U_{EN} auf $U_{EN} + 0{,}632\,(U_{ED} - U_{EN})$ ansteigt,
durch den Anfangswert der **Erregungsgeschwindigkeit**

$$v_E = (U_{ED} - U_{EN})/(U_{EN}\,t_E) \tag{213.1}$$

bestimmt. Er beträgt für die Anordnung nach Bild **213.**1a etwa 0,1 bis 0,4 s^{-1}, d.h., in 1 s kann die Erregerspannung um 10 bis 40% ansteigen. Mit einer Reihenschaltung von Haupt- und Hilfserregermaschine nach Bild **213.**1b bekommt man dagegen Erregungsgeschwindigkeiten von $v_E = 0,5$ bis $1,2$ s^{-1}.

Die Erregermaschinen nach Bild **213.**1a und b sind meist unmittelbar mit der Generatorwelle gekuppelt, bei Erregerleistungen über 500 kW können sie jedoch nicht mehr mit 3000 min^{-1} betrieben werden. Die Drehzahl der Gleichstrommaschine muß dann durch ein Getriebe herabgesetzt werden. Auch bei Wasserkraftgeneratoren paßt die Turbinendrehzahl häufig nicht optimal für die Erregermaschinen. Dann können diese von einem eigenen Drehstrommotor angetrieben werden.

Unabhängig von der Drehzahl ist man bei Stromrichtererregung nach Bild **213.**1c, die außerdem noch größte Erregungsgeschwindigkeiten und unbegrenzte Erregerleistungen ermöglicht. Es müssen jedoch Maßnahmen getroffen werden, daß auch im Störungsfall die Erregung aufrechterhalten bleibt (s. Band IX, Abschn. Generatoren).

Bei sehr großen Synchronmaschinen können die großen Erregerströme nicht mehr über Schleifringe dem drehenden Polrad zugeführt werden. Hier setzt man daher schleifringlose Ausführungen nach Bild **213.**1d mit einer Wechselstrom-Erregermaschine ein, deren Polrad stillsteht und deren Anker mit dem Polrad der Synchronmaschine direkt gekuppelt ist (s. Bild **210.**1), so daß der in einer mitrotierenden Brückenschaltung gleichgerichtete Erregerstrom unmittelbar in die Erregerwicklung fließen kann. Nachteilig ist jedoch, daß hier der Erregerstrom nicht umgepolt werden kann. Bei allen Schaltungen sorgt die Regeleinrichtung R für die Regelung der Klemmenspannung.

5.2 Betriebsverhalten

Wir wollen zunächst wieder das Verhalten der Synchronmaschine im Leerlauf und im Kurzschluß betrachten und hieraus das allgemeine Betriebsverhalten ableiten. Der rotationssymmetrische Vollpolläufer ist am einfachsten zu übersehen; er wird daher zunächst allein betrachtet. Im Anschluß daran werden wir die Besonderheiten des Schenkelpolläufers kennenlernen.

5.2.1 Leerlauf

Die Synchronmaschine wird mit ihrer synchronen Drehzahl n_d betrieben. In den Ständerwicklungen entstehen dann entsprechend der Spannungsgleichung (19.1) Spannungen, die dem Fluß Φ und mit der Polpaarzahl p der Frequenz $f = n_d p$ proportional sind. Der Fluß Φ wird vom Erregerstrom I_E aufgebaut. Die Leerlaufspannung $U_0 = U_q$ ist daher vom Erregerstrom I_E abhängig, und die Leerlaufkennlinie $U_0 = f(I_E)$ folgt der Magnetisierungskennlinie. Sie beschreibt eine Hystereseschleife, die aber wegen des großen Luftspalts sehr schmal und stark geschert ist. Die Hystereseschleife darf durch eine Linie ersetzt werden (Bild **215.**1). Der Leerlauf-Nennerregerstrom I_{E0} liefert im Leerlauf die Nennspannung U_N.

Daneben ist noch ein anderer, dem Leerlauf der Asynchronmaschine entsprechender Betriebsfall denkbar: Wenn bei Synchrondrehzahl n_d und Erregerstrom $I_E = 0$ die Ständerwicklung an die Nennspannung U_N gelegt wird, muß der gleiche Fluß Φ erzeugt werden, so daß der Generator einen Magnetisierungsstrom I_μ aufnimmt. Er beträgt wegen des großen Luftspalts etwa das 0,4- bis 0,65fache des Nennstroms I_N. Die Synchronmaschine verhält sich dann wie ein induktiver Blindwiderstand, der **Ankerblindwiderstand** X_d genannt wird.

215.1
Leerlauf-Kennlinie $U_0 = f(I_E)$ und Kurzschluß-Kennlinie $I_k = f(I_E)$ der Synchronmaschine

5.2.2 Kurzschluß

5.2.2.1 Dauerkurzschluß. Wenn der Ständer beim Leerlauf-Nennerregerstrom I_{E0} an seinen Klemmen dreisträngig kurzgeschlossen wird, verschwindet die Klemmenspannung U_1. Daher muß bei vernachlässigbar kleinem Wicklungs-Wirkwiderstand der zugehörige Fluß ebenfalls verschwinden und die ihn erzeugende Polraddurchflutung $I_E N_E$ durch eine gleich große Ständerdurchflutung kompensiert werden; es muß also nach Abschn. 5.2.1 der Magnetisierungsstrom I_μ als Dauerkurzschlußstrom I_{k0} im Ständer fließen. In der üblichen Sternschaltung ist dann der **Ankerblindwiderstand**

$$X_d = U_N(\sqrt{3}\,I_{k0}) \tag{215.1}$$

wirksam. Er wird auch **synchrone Reaktanz** genannt und meist bei 0,3facher Nennspannung U_N, also im ungesättigten Zustand, bestimmt. Mit dem **Nennscheinwiderstand**

$$Z_N = U_N/(\sqrt{3}\,I_N) \tag{215.2}$$

gibt man ihn gern als **relativen** Ankerblindwiderstand $x_d = X_d/Z_N$ an. Das Verhältnis des Dauerkurzschlußstroms I_{k0} bei dreisträngigem Klemmenkurzschluß zum Nennstrom I_N nennt man **Kurzschlußstromverhältnis**. Es stellt bei Beachtung von Bild **215.1** sowie Gl. (215.1) und (215.2) mit

$$\frac{I_{k0}}{I_N} = \frac{Z_N}{X_d} = \frac{1}{x_d} \tag{215.3}$$

den reziproken, relativen Ankerblindwiderstand x_d dar. Er liegt bei Vollполläufern in dem engen Bereich $I_{k0}/I_N = 0{,}4$ bis 0,65. Der Dauerkurzschlußstrom I_k erreicht bei Vollpolmaschinen mithin nicht einmal den Nennstrom I_N.

5.2.2.2 Stoßkurzschluß. Wird eine im Betrieb befindliche Synchronmaschine an ihren Klemmen plötzlich kurzgeschlossen, so läuft wie beim Transformator (s. Abschn. 2.2.2.3) vor Erreichen des Dauerkurzschlußstroms ein Stoßkurzschlußvorgang ab. Dabei wird auch jeder erregte Synchronmotor zum Generator, der in die Kurzschlußstelle einspeist. Wir betrachten eine Synchronmaschine, die vor dem Kurzschluß im Leerlauf auf Nennspannung erregt ist und dessen Wirkwiderstände R_1 und R_2 zunächst vernachlässigt werden können. Die Erregerwicklung ist dann über den Anker der Erregermaschine für Wechselströme kurzgeschlossen. Kurzgeschlossen sind auch die dreiphasige Ständerwicklung und u. U. noch ein Dämpferkäfig, der sich ja ebenso wie der massive Läuferkörper für alle Wechselflüsse wie eine kurzgeschlossene Wicklung verhält.

Ebenso wie beim Transformator bleibt bei $R_1 = 0$ vom Augenblick des Kurzschlusses an für jeden Ständerstrang der verkettete Fluß mit seinem Augenblickswert erhalten; d. h., von Beginn des Kurzschlusses an steht der Fluß Φ_1 im Ständer still. In gleicher Weise muß der mit den kurzgeschlossenen Läuferwicklungen verkettete Drehfluß Φ_2 erhalten bleiben. Der Läufer dreht sich infolge des Antriebs durch die Kraftmaschine bzw. seiner Massenträgheit weiter und somit auch der Fluß Φ_2. Man erhält dann die vier aufeinanderfolgenden Feldverteilungen in Bild **216.1**. Bild **216.1**a zeigt die Ausgangs-Feldverteilung bei Eintritt des Kurzschlusses, d. h. das Leerlauffeld.

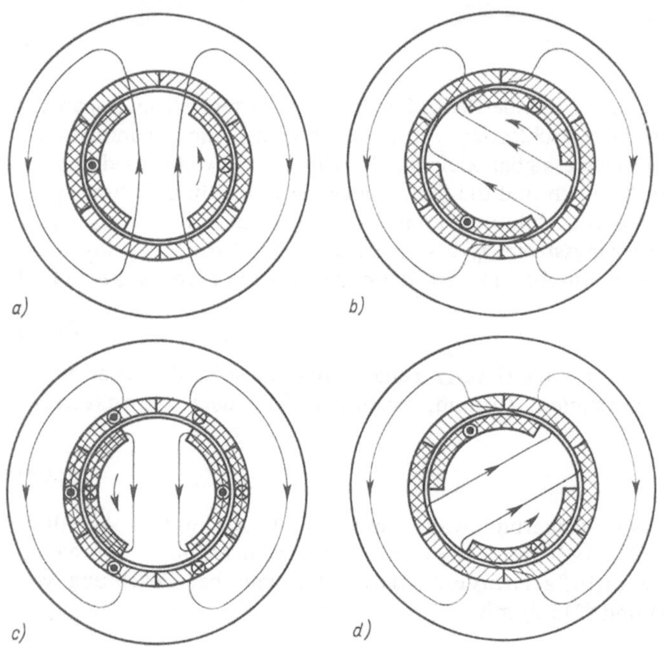

216.1
Feldverteilung bei Stoß-
kurzschluß eines Turbo-
generators im Augenblick
des Kurzschlußbeginns (a)
und eine sechstel (b), halbe
(c) und fünfsechstel (d)
Umdrehung später

Nach einer halben Umdrehung (Bild **216.1**c) sind der Fluß Φ_2 im Läuferkern und der stillstehende Fluß Φ_1 im Ständer entgegengesetzt gerichtet. Die Flüsse $\Phi_1 + \Phi_2$ können sich daher nur über den Luftspalt schließen; für sie sind mit der eingetragenen Durchflutungsverteilung ein sehr großer Ständerstrom i_k, wie auch ein großer Erregerstrom i_E erforderlich. Mit einem großen Luftspalt δ kann man aber den Flußquerschnitt vergrößern, also den Magnetisierungsbedarf und somit die Kurzschlußströme klein halten. Im horizontal liegenden Ständerstrang von Bild **216.1** steigt dieser Stoßkurzschlußstrom während der ersten Halbperiode nach Beginn des Kurzschlusses von Null auf seinen Höchstwert I_S und fällt dann in der folgenden Halbperiode wieder auf Null ab (s. Bild **41.2**).

Der Stoßkurzschlußstrom der Synchronmaschine läßt sich nicht so einfach wie beim Transformator in Gleich- und Wechselstromanteil zerlegen, da in der Synchronmaschine eine Reihe von in sich kurzgeschlossenen Wicklungen wirksam werden. Nach VDE 0530 sind die in Bild **217**.1 angegebenen Bezeichnungen festgelegt. Wir unterscheiden auch hier ein **Wechselstromglied**, das von einem sehr großen Anfangswert auf den kleinen Dauerkurzschlußstrom I_k abklingt, und ein **Gleichstromglied**, das einen vom Schaltaugenblick abhängigen und rasch wieder verschwindenden Ausgleichsstrom darstellt. Da der Kurzschlußstrom zur Zeit $t = 0$ nur mit dem Wert Null beginnen kann (s. Abschn. 1.3.1.4), muß bei Kurzschlußbeginn ein Gleichstromglied i_- mit gleichem Betrag wie der Zeitwert des Wechselstromglieds, aber entgegengesetzter Richtung erscheinen. Der höchste Anfangswert des Gleichstromglieds tritt daher bei einem Kurzschlußbeginn im Spannungsnulldurchgang auf (s. Abschn. 1.3.1.4). Das Gleichstromglied klingt mit der Zeitkonstanten τ_- nach einer Exponentialfunktion ab.

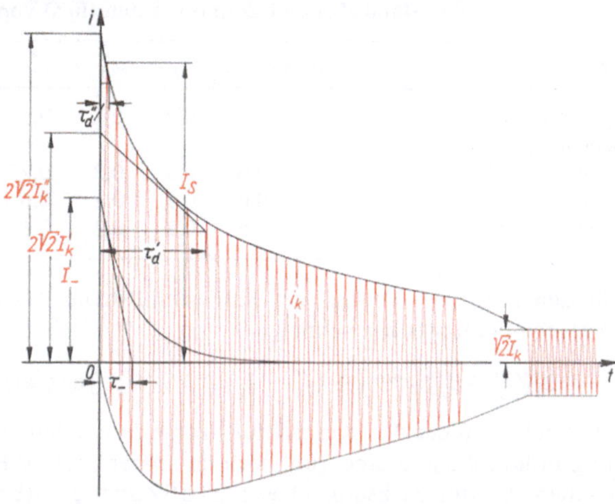

217.1
Kurzschlußstromverlauf $i_\mathrm{k} = f(t)$ mit Stoßkurzschlußstrom I_S

Beim Wechselstromglied unterscheidet man den schnell abklingenden **Anfangskurzschluß-Wechselstrom** I_k'' und den langsamer verschwindenden **Übergangskurzschluß-Wechselstrom** I_k'. Wegen der Ausgleichsvorgänge im massiven Läufer und der Dämpferwicklung kann sich im ersten Augenblick nach Kurzschlußbeginn das Streufeld zwischen Ständer- und Erregerwicklung noch nicht voll ausbilden, so daß der wirksame Kurzschlußblindwiderstand dann seinen kleinsten Wert annimmt und den Kurzschlußstrom sehr hoch treibt. Dabei fließen Ausgleichsströme im massiven Läufer und in der Dämpferwicklung, die aber wegen der im Verhältnis zu den Induktivitäten großen Wirkwiderstände dieser Bauteile rasch mit der kleinen Zeitkonstanten τ_d'' abklingen. Bei diesem sog. subtransienten Vorgang bestimmt der **Anfangsblindwiderstand (subtransiente Reaktanz)** X_d'' in der Sternschaltung den Anfangskurzschluß-Wechselstrom

$$I_\mathrm{k}'' = U_\mathrm{N}/(\sqrt{3}\,X_\mathrm{d}'') \tag{217.1}$$

Der Anfangsblindwiderstand ergibt sich daher, wenn im Ankerblindwiderstand X_d die Streublindwiderstände von Erregerwicklung und Dämpferkäfig zum Hauptblindwiderstand parallel geschaltet werden (s. Bd. II, Teil 2, Abschn. Blindwiderstände).

Die Ausgleichsströme in der Erregerwicklung klingen erheblich langsamer ab, so daß schließlich beim Übergang zum Dauerkurzschlußstrom (hier als **transienter Vorgang** bezeichnet) die Parallelschaltung von Hauptblindwiderstand und Streublindwiderstand der Erregerwicklung in Reihe zum Ständer-Streublindwiderstand (s. Bd. II, Teil 2, Abschn. Blindwiderstände) den Kurzschlußstrom festlegt. Somit ergibt sich wieder in der Sternschaltung mit diesem **Übergangsblindwiderstand (transiente Reaktanz)**

X_d' der Übergangskurzschluß-Wechselstrom

$$I_\mathrm{k}' = U_\mathrm{N}/(\sqrt{3}\,X_\mathrm{d}') \tag{218.1}$$

Seine Amplitude folgt einer Exponentialfunktion mit der Zeitkonstanten τ_d'. Richtwerte für die betrachteten Größen enthält Tafel **218.1**.

Tafel **218.1** Mittlere Werte der relativen Blindwiderstände (bezogen auf den Nennscheinwiderstand Z_N) und Zeitkonstanten (in s) von Synchronmaschinen

Bauart	x_d	$x_\mathrm{q} = x_\mathrm{q}'$	x_d'	x_d''	x_q''	x_2	x_0	τ_d'	τ_d''	τ_-
Vollpolmaschinen	1,6	1,5	0,2	0,1	0,1	0,1	0,04	1,3	0,06	0,2
Schenkelpolmaschinen										
mit Dämpferkäfig	1	0,6	0,3	0,2	0,2	0,2	0,06	1,5	0,06	0,2
ohne Dämpferkäfig	1	0,6	0,3	0,3	0,6	0,5	0,06	1,5	0,02	0,2
mit Polgitter	1	0,6	0,3	0,2	0,6	0,3	0,06	1,5	0,06	0,2

Für den zeitlichen Verlauf des Kurzschlußstromes i_k gilt, wenn α den Augenblick des Kurzschlußeintritts bezeichnet,

$$i_\mathrm{k} = \sqrt{2}\{[(I_\mathrm{k}'' - I_\mathrm{k}')\,\mathrm{e}^{-t/\tau_\mathrm{d}''} + (I_\mathrm{k}' - I_\mathrm{k})\,\mathrm{e}^{-t/\tau_\mathrm{d}'} + I_\mathrm{k}]\cos(\omega t + \alpha) - I_\mathrm{k}''\,\mathrm{e}^{-t/\tau_-}\cos\alpha\} \tag{218.2}$$

Der höchste Wert des Kurzschlußstroms I_S entsteht nach Kurzschlußbeginn im Spannungsnulldurchgang eine Halbperiode später (bei 50 Hz also nach 0,01 s); er wird nur in einem Strang wirksam. Dieser **Stoßkurzschlußstrom** I_S ist nach VDE 0530 der größte Zeitwert des Kurzschlußstroms, der bei plötzlichem Klemmenkurzschluß der mit Nenndrehzahl leerlaufenden, auf Nennspannung erregten Maschine im ungünstigsten Schaltaugenblick auftritt. Er entwickelt die größten Stromkräfte, so daß hierfür die Wicklungsbandagen und Versteifungen an den Wicklungsköpfen zu bemessen sind.

Beispiel 51. Nach Tafel **218.**1 haben Turbogeneratoren (Vollpolmaschinen) folgende Kenngrößen (Richtwerte): $x_\mathrm{d} = 1,6$; $x_\mathrm{d}' = 0,2$; $x_\mathrm{d}'' = 0,1$; $\tau_- = 0,2$ s; $\tau_\mathrm{d}' = 1,3$ s; $\tau_\mathrm{d}'' = 0,06$ s. Das Stoßkurzschlußstromverhältnis $I_\mathrm{S}/I_\mathrm{N}$ ist zu berechnen.

Nach Gl. (218.2) gilt dann mit dem Schaltwinkel $\alpha = 0$ und der Zeit $t = 0,01$ s unter Berücksichtigung von Gl. (215.1), (215.3), (217.1) und (218.1)

$$\frac{I_\mathrm{S}}{I_\mathrm{N}} = \sqrt{2}\left[\left(\frac{1}{x_\mathrm{d}''} - \frac{1}{x_\mathrm{d}'}\right)\mathrm{e}^{-t/\tau_\mathrm{d}''} + \left(\frac{1}{x_\mathrm{d}'} - \frac{1}{x_\mathrm{d}}\right)\mathrm{e}^{-t/\tau_\mathrm{d}'} + \frac{1}{x_\mathrm{d}} + \frac{1}{x_\mathrm{d}''}\mathrm{e}^{-t/\tau_-}\right]$$

$$= \sqrt{2}\left[\left(\frac{1}{0,1} - \frac{1}{0,2}\right)\mathrm{e}^{-\frac{0,01\,\mathrm{s}}{0,06\,\mathrm{s}}} + \left(\frac{1}{0,2} - \frac{1}{1,6}\right)\mathrm{e}^{-\frac{0,01\,\mathrm{s}}{1,3\,\mathrm{s}}} + \frac{1}{1,6} + \frac{1}{0,1}\mathrm{e}^{-\frac{0,01\,\mathrm{s}}{0,2\,\mathrm{s}}}\right]$$

$$= \sqrt{2}(4,23 + 4,375 + 0,625 + 9,513) = 26,5$$

Aus dieser Rechnung ist der Einfluß der verschiedenen Anteile gut zu erkennen. Das errechnete Stromverhältnis übersteigt allerdings das zulässige Verhältnis $I_\mathrm{S}/I_\mathrm{N} = 25$, da die eingesetzten Werte nur Mittelwerte darstellen, die im Einzelfall aufeinander abgestimmt werden müssen.

5.2.2.3 Ein- und zweisträngiger Kurzschluß. Häufiger als der in Abschn. 5.2.2.1 behandelte dreisträngige Kurzschluß treten in den Netzen ein- oder zweisträngige Kurzschlüsse auf (z.B. als Erdschluß oder Doppelerdschluß – s. Bd. IX). Wir wollen hier nur die Klemmenkurzschlüsse betrachten. Für die Berücksichtigung der Netzverhältnisse s. Band IX, Abschn. Kurzschluß und Erdschluß.

Da bei der Synchronmaschine die Wirkwiderstände gegenüber den Blindwiderständen vernachlässigbar klein sind, vereinfacht sich hier mit der Sternspannung $U_\curlywedge$, der synchronen Reaktanz X_d, der Gegenreaktanz X_2 und der Nullreaktanz X_0 Gl. (124.1) für den Strom bei einsträngigem Kurzschluß

$$I_{\mathrm{k\,I}} = 3\,U_\curlywedge/(X_\mathrm{d} + X_2 + X_0) \tag{219.1}$$

und Gl. (125.1) für den Strom bei zweisträngigem Kurzschluß

$$I_{\mathrm{k\,II}} = \sqrt{3}\,U_\curlywedge/(X_\mathrm{d} + X_2) \tag{219.2}$$

Das Gegensystem erzeugt ein Ankerrückwirkungsfeld, das das Polrad mit doppelter Drehfelddrehzahl überläuft und daher auch im Erregerkreis Wechselströme doppelter Netzfrequenz induziert. Die zugehörige Gegenreaktanz X_2 ist daher nach Tafel **218.**1 auch erheblich kleiner als die synchrone Reaktanz X_d. Noch kleiner ist nach Tafel **218.**1 die Nullreaktanz, die zum Nullsystem gehört, das nach Abschn. 4.1.1 die dreifache Polzahl des Grundfeldes aufweist und nach Abschn. 1.5.2.1 in jeweils ein synchron mit dem Polrad drehendes und ein das Polrad mit doppelter Drehfelddrehzahl überlaufendes Drehfeld zerlegt werden darf. In der Erregerwicklung entstehen daher beim ein- und zweisträngigen Kurzschluß Wechselströme von doppelter Netzfrequenz, und die zugehörigen Kurzschlußströme sind erheblich größer als beim dreisträngigen Kurzschluß.

Neben diesen Dauerkurzschlußströmen treten im einsträngigen oder zweisträngigen Kurzschluß noch Stoßkurzschlußströme auf. Zur Berechnung der Anfangs- und Übergangsanteile sind dann in Gl. (219.1) und (219.2) anstelle von X_d die Größen X_d'' und X_d' nach Tafel **218.**1 einzusetzen.

Beispiel 52. In Fortführung von Beispiel 51 (S. 218) soll noch das Verhältnis der verschiedenen Dauerkurzschlußströme für große Turbomaschinen berechnet werden.

Nach Tafel **218.**1 gelten hier die Richtwerte: $x_\mathrm{d} = 1{,}6$; $x_2 = 0{,}1$; $x_0 = 0{,}04$. Mit Berücksichtigung von Gl. (215.3), (219.1) und (219.2) erhält man daher für das Verhältnis der Kurzschlußströme

$$I_{\mathrm{k\,III}} : I_{\mathrm{k\,II}} : I_{\mathrm{k\,I}} = 1 : \frac{\sqrt{3}\,x_\mathrm{d}}{x_\mathrm{d} + x_2} : \frac{3\,x_\mathrm{d}}{x_\mathrm{d} + x_2 + x_0} = 1 : \frac{\sqrt{3}\cdot 1{,}6}{1{,}6 + 0{,}1} : \frac{3\cdot 1{,}6}{1{,}6 + 0{,}1 + 0{,}04}$$

$$= 1 : 1{,}63 : 2{,}76$$

Der einsträngige Dauerkurzschlußstrom ist daher am größten. Wenn ein Kurzschluß nicht unmittelbar an den Maschinenklemmen auftritt, mildern die Leitungswiderstände den Kurzschlußstrom. Auch hier können Mit-, Gegen- und Nullimpedanzen wirksam werden (s. Bd. IX, Abschn. Unsymmetrische Fehler).

5.2.3 Belastung

Wir wollen zunächst eine sättigungsfreie Synchronmaschine mit Raumzeigerdiagrammen betrachten und anschließend ihre Zeiger- und Leistungsdiagramme ableiten. Dann soll der Erregerstrom unter Beachtung der Eisensättigung bestimmt und der Verlauf des Drehmoments untersucht werden.

5.2.3.1 Raumzeigerdiagramm. Eine anschauliche Betrachtung des inneren Verhaltens der Synchronmaschine ermöglichen die Raumzeigerdiagramme in Bild **220.**1. Alle eingetragenen Zeiger sollen wieder wie in Abschn. 1.6.1.1 sinusförmig verteilte und mit der Drehfelddrehzahl n_d umlaufende Größen symbolisieren. Der Vollpolläufer bewegt sich mit gleicher Drehzahl n_d im Gegenuhrzeigersinn. Er baut mit seinem Erregerstrom I_E die Erregerdurchflutung $\Theta_\mathrm{E} = I_\mathrm{E} N_\mathrm{E}$ auf und erzeugt hiermit im Leerlauf den Drehfluß Φ_d0, der Ständer und Läufer durchsetzt. Diese Erregerdurchflutung würde im Leerlauf die Quellenspannung U_q0 zur Folge haben.

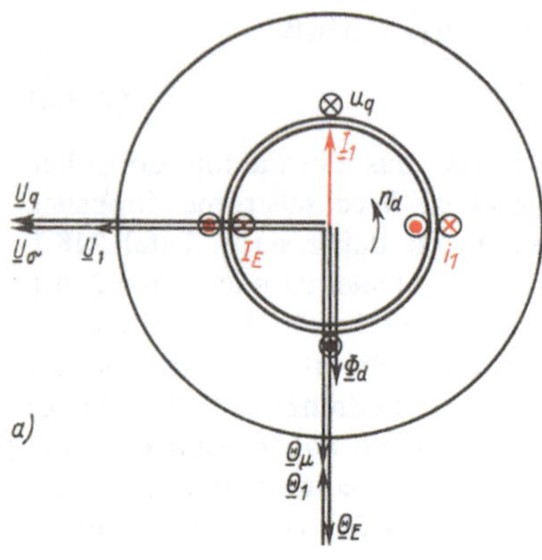

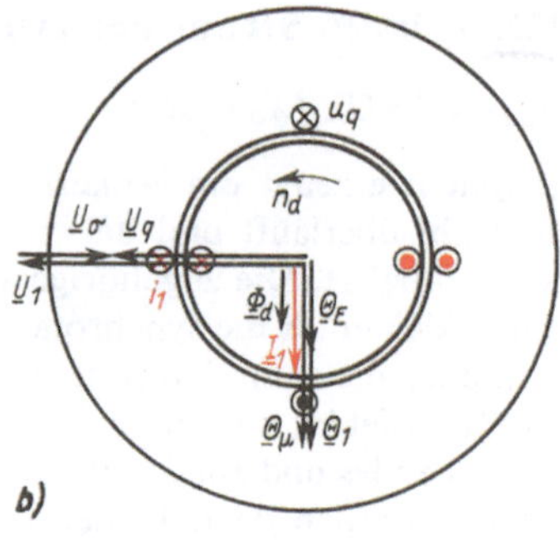

220.1
Raumzeigerdiagramme der Synchronmaschine für $\cos\varphi = 0$ induktiv (a), $\cos\varphi = 0$ kapazitiv (b) und $\cos\varphi = 1$ (c)

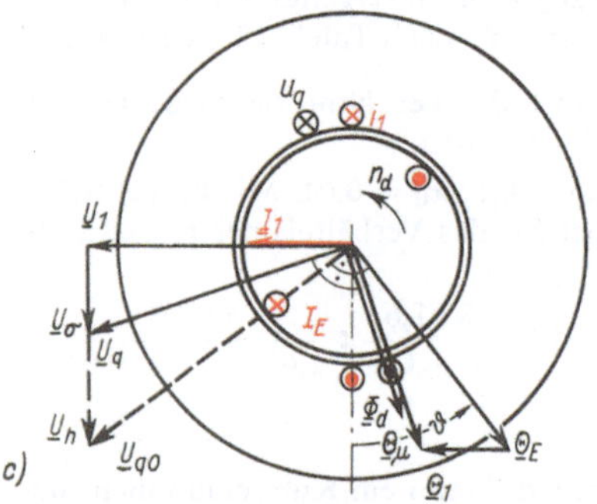

Mit Bild **220.1** a betrachten wir nun den Fall, daß an den Synchrongenerator **rein induktive** Verbraucher angeschlossen sind, der Ständerstrom I_1 also gegenüber der Klemmenspannung U_1 um $\varphi = -90°$ phasenverschoben ist. Im Ständer-Streublindwiderstand $X_{1\sigma}$ ruft der Ständerstrom I_1 die Streuspannung $U_\sigma = \mathrm{j} X_{1\sigma}\, I_1$ hervor, die also gegenüber I_1 um $90°$ voreilt und daher in Phase mit der Ständerspannung U_1 liegt, so daß im Synchrongenerator die Quellenspannung U_q erzeugt werden muß.

Wenn der Erregerstrom I_E in der angegebenen Richtung fließt, wird eine nach unten gerichtete Erregerdurchflutung Θ_E aufgebaut, die wiederum in einer senkrecht stehenden Ständerspule eine Quellenspannung erzeugen kann. Man stellt sie durch einen nach links weisenden Spannungszeiger U_q dar. Gleichzeitig verursacht der Ständerstrom I_1, der zu einem Dreiphasen-Stromsystem gehört, nach Abschn. 1.5.2.3 eine Ständer-Drehdurchflutung Θ_1, die die gleiche Phasenlage wie der erzeugende Ständerstrom I_1 hat und als **Ankerrückwirkung** bezeichnet wird. Sie wirkt der Erregerdurchflutung Θ_E entgegen, so daß die Magnetisierungsdurchflutung Θ_μ übrig bleibt, die aber so groß sein muß, daß sie die Quellenspannung U_q hervorrufen kann. Gegenüber Leerlauf muß daher der Erregerstrom I_E wegen der notwendigen Vergrößerung der Quellenspannung U_q und der durch die Ankerrückwirkung eintretenden Verkleinerung der wirksamen Durchflutung vergrößert werden (**Übererregung**).

Man kann den Synchrongenerator auch wie in Bild **220.1** b mit **rein kapazitiven** Verbrauchern belasten. Bei einer derartigen Last kann die erforderliche Quellenspannung U_q wegen der gegenphasigen Spannungen $\underline{U}_1$ und $\underline{U}_\sigma$ erheblich kleiner sein, und die Ständerdurchflutung $\underline{\Theta}_1$ verstärkt die Erregerdurchflutung. Daher benötigt man nur einen geringen Erregerstrom I_E (**Untererregung**).

Bei **reiner Wirklast** des Synchrongenerators nach Bild **220.**1c eilt die Streuspannung $\underline{U}_{1\sigma}$ der Netzspannung $\underline{U}_1$ um den Phasenwinkel 90° vor, so daß auch die Quellenspannung $\underline{U}_q$ voreilend erzeugt werden muß. Außer der für $\underline{U}_q$ erforderlichen und um weitere 90° voreilenden Magnetisierungsdurchflutung $\underline{\Theta}_\mu$ tritt noch die Ständerdurchflutung $\underline{\Theta}_1$ auf, so daß insgesamt die Erregerdurchflutung $\underline{\Theta}_E$ aufzubringen ist. Sie muß gegenüber ihrer Lage bei reiner Blindlast um den Winkel ϑ verdreht sein. Daher muß zur Wirkleistungsaufnahme das Polrad zunächst **mechanisch beschleunigt** werden (z.B. durch weiteres Öffnen des Dampfventils beim Turbogenerator), um die Voreilung um den **Polradwinkel** ϑ zu erzwingen.

5.2.3.2. Zeigerdiagramm. In Bild **220.**1c ist außer der durch die Magnetisierungsdurchflutung $\underline{\Theta}_\mu$ erzeugten Quellenspannung $\underline{U}_q$ noch der Zeiger $\underline{U}_{q0}$ der im Leerlauf durch die Erregerdurchflutung Θ_E erzeugbaren Quellenspannung eingetragen. Es tritt außerdem die Spannung $\underline{U}_h$ auf, die nach Bild **221.**1b einem Hauptblindwiderstand X_h zugeordnet werden kann. Man beachte, daß in Bild **220.**1 Strom $\underline{I}_1$ und Spannung $\underline{U}_1$ einander im Erzeuger-Zählpfeil-System zugeordnet sind. Mit Bild **221.**1 wollen wir nun jedoch wieder auf das Verbraucher-Zählpfeil-System (s. Abschn. 1.1.1.4) übergehen.

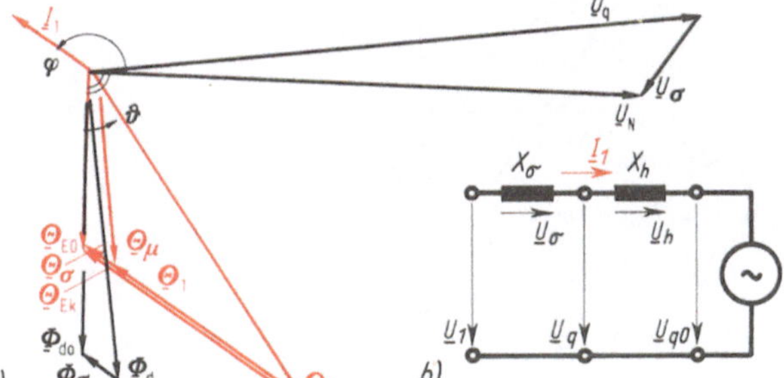

221.1
Zeigerdiagramm (a) und Ersatzschaltung (b) des ungesättigten Synchrongenerators im Verbraucher-Zählpfeil-System

In Bild **221.**1a ist das Zeigerdiagramm eines Synchrongenerators für einen üblichen Belastungsfall dargestellt; es ergibt sich aus dem Raumzeigerdiagramm in Bild **220.**1. Bei der Nennspannung U_N soll der Ständerstrom $\underline{I}_1$ fließen, dessen Zeiger sich nach Abschn. 1.1.1.4 bei Anwendung des Verbraucher-Zählpfeil-Systems im Quadranten IV befindet, wenn, wie meist verlangt, induktive Verbraucher gespeist werden sollen. Der Streublindwiderstand $X_{1\sigma}$ verursacht mit dem Ständerstrom $\underline{I}_1$ die Streuspannung $\underline{U}_\sigma = \mathrm{j}X_{1\sigma}\underline{I}_1$. Im Generator muß daher mit den gewählten Zählpfeilrichtungen die Quellenspannung $\underline{U}_q = \underline{U}_N - \underline{U}_\sigma$ erzeugt werden.

Für die Spannung U_N muß im Leerlauf der Fluß Φ_{d0} vorhanden sein, für die Quellenspannung U_q dagegen der um den Streufluß Φ_σ größere Fluß Φ_d. Während im Leerlauf der Leerlauf-Nennerregerstrom I_{E0} mit der Polraddurchflutung Θ_{E0} den Fluß Φ_{d0} aufbaut, muß bei Belastung zur Erzeugung des Flusses Φ_d die Magnetisierungsdurchflutung Θ_μ wirksam sein, und es gilt nach Bild **221.**1a $\underline{\Theta}_\mu = \underline{\Theta}_{E0} - \underline{\Theta}_\sigma$.

Daneben baut der Ständerstrom I_1 nach Abschn. 5.2.3.1 die Drehdurchflutung $\underline{\Theta}_1$ auf. Insgesamt erzeugt der Ständerstrom I_1 also eine Durchflutung Θ_{Ek}, die bei gleichem

Ständerstrom I_1 auch im Dauerkurzschluß als $\underline{\Theta}_{Ek} = \underline{\Theta}_1 + \underline{\Theta}_\sigma$ auftritt, so daß nach dem Zeigerdiagramm in Bild **220**.1a insgesamt die Erregerdurchflutung $\underline{\Theta}_E = \underline{\Theta}_{E0} - \underline{\Theta}_{Ek}$ aufzubringen ist. Sie kann nur in der Polradachse bei der Windungszahl N_E mit dem Erregerstrom $I_E = \Theta_E / N_E$ erzeugt werden. Daher muß auch das Polrad gegenüber der ursprünglichen Lage im Leerlauf um den Polradwinkel ϑ voreilen.

5.2.3.3 Leistungsdiagramm. Man kann die in Bild **221**.1 abgeleiteten Verhältnisse auf Bild **222**.1 übertragen. Hierbei wird die Leerlauf-Durchflutung Θ_{E0} durch den Leerlauf-Nennerregerstrom I_{E0}, die Erregerdurchflutung Θ_E durch den Erregerstrom I_E und die Ständerdurchflutung Θ_{Ek} durch den Ständerstrom I_1 bzw. den Erregerstrom I_{E1k} ersetzt. Der Zeiger der Nennspannung U_N liegt als Bezugsgröße in der reellen Achse, und den Koordinaten sind enstprechend Bild **10**.1 die Wechselstrom-Zweipole Wirkwiderstand R, Kapazität C, Induktivität L und Spannungsquelle G zugeordnet. Der Einheitskreis erleichtert die Bestimmung des Leistungsfaktors $\cos\varphi$.

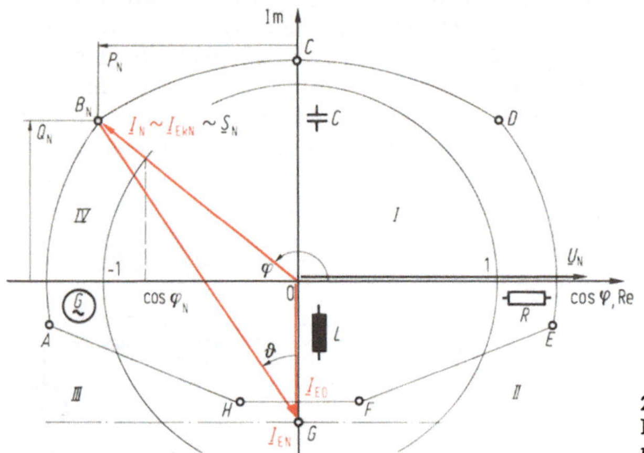

222.1
Leistungsdiagramm der Synchronmaschine

Wir betrachten einen Synchrongenerator, dessen Nennbetriebspunkt B_N mit dem Nennleistungsfaktor $\cos\varphi_N = -0{,}8$ im Quadranten IV liegt. Ständer-Nennstrom I_N und Kurzschluß-Erregerstrom I_{Ek} sind einander proportional, so daß sich mit dem Leerlauf-Nennerregerstrom I_{E0} der Nennerregerstrom I_{EN} ergibt. Gleichzeitig sind in diesem Diagramm Nennblindleistung Q_N und Nennwirkleistung P_N abzulesen.

Aus Erwärmungsgründen dürfen weder Nennerregerstrom I_{EN} noch Nennstrom I_N überschritten werden. Daher begrenzen die Kreisteile $A B_N$, $B_N\,CD$ und DE die elektrische Leistung $\underline{S}$. Theoretisch kippt die Synchronmaschine, wenn der Polradwinkel $|\delta| > 90°$ wird, also die Kipplinie K erreicht ist; aus Sicherheitsgründen bleibt man jedoch mit den Linien $\overline{AH}$ und $\overline{FE}$ bei einem Polradwinkel $|\delta| \leqq 70°$. Außerdem soll der Erregerstrom I_E aus Sicherheitsgründen einen bestimmten Kleinstwert nicht unterschreiten, so daß noch die Begrenzung durch die Linie $\overline{HF}$ zu beachten ist.

Im Bereich oberhalb der reellen Achse Re, also in den Quadranten I und IV, verhält sich die Synchronmaschine wie eine Kapazität C, die kapazitive Blindleistung aufnimmt bzw. induktive Blindleistung (also Magnetisierungsleistung) an induktive Verbraucher abgibt. Dies wird durch Erhöhung des Erregerstroms über den Leerlauf-Nennerregerstrom hinaus, d.h durch Übererregung, erreicht. Im Bereich unterhalb der reellen Achse, also in den Quadranten II und III, verhält sich die Synchronmaschine wie eine Induktivität L, die induktive Blindleistung aufnimmt und daher weniger Erregerstrom benötigt (Untererregung).

Man darf jedoch in den Quadranten III und IV nur eine erheblich kleinere Blindleistung Q als in den Quadranten I und IV einstellen. Bei Betrieb auf der Imaginärachse Im ist die Synchronmaschine reiner Blindleistungserzeuger; sie wird in diesem Fall als Phasenschieber benutzt und erreicht im Punkt C die höchste erzeugbare Blindleistung. Insgesamt kann man also die Blindleistung durch den Erregerstrom I_E einstellen.

Wirkleistungsaufnahme als Motor rechts von der Imaginärachse in den Quadranten I und II und Wirkleistungsabgabe als Generator links von der Imaginärachse in den Quadranten III und IV von Bild **222.**1 erfordert stets den Polradwinkel $|\vartheta| > 0°$. Im Generatorbereich erreicht man die notwendige Voreilung des Polrads durch Zufuhr von mechanischer Energie, also z. B. bei Turbogeneratoren durch Öffnen des Dampfventils, und im Motorbereich eine Nacheilung des Polrads durch die mechanische Belastung, also z. B. durch Einkuppeln der anzutreibenden Arbeitsmaschine.

5.2.3.4 Berücksichtigung der Eisensättigung. Für sättigungsfreie Synchronmaschinen kann der erforderliche Erregerstrom Bild **221.**1 oder **222.**1 entnommen werden, wenn Streublindwiderstand $X_{1\sigma}$ und Ankerrückwirkungs-Erregerstrom I_{E1} bekannt sind. Wir wollen zunächst untersuchen, wie diese beiden Größen bestimmt werden können.

Wenn die Ersatzschaltung von Bild **221.**1b links kurzgeschlossen wird, verschwindet die Spannung $U_1 = 0$, und es wird $\underline{U}_\sigma + \underline{U}_{qk} = 0$ bzw. $U_\sigma = U_{qk}$. Da der Dauerkurzschlußstrom ein rein induktiver Strom ist, entartet das Zeigerdiagramm von Bild **221.**1a, wenn man den Nennstrom I_N als Kurzschlußstrom fließen läßt, zu dem in Bild **223.**1 unten eingetragenen Potier-Dreieck, das die Erregerdurchflutung Θ_{EkN} erfordert.

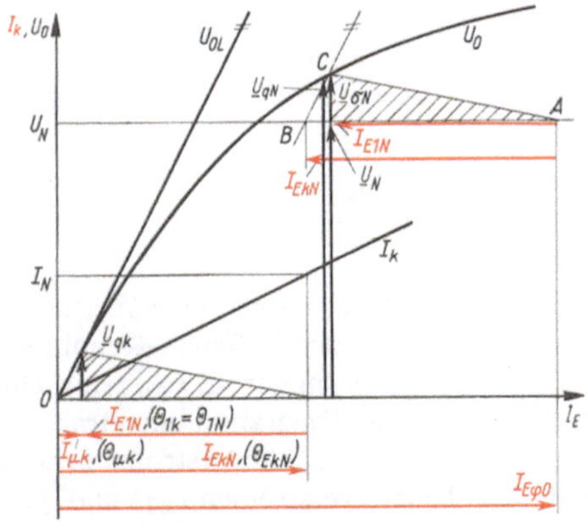

223.1
Leerlauf-Kennlinie $U_0 = f(I_E)$, Luftspalt-Kennlinie $U_{0L} = f(I_E)$, Kurzschluß-Kennlinie $I_k = f(I_E)$ und Potiersches Dreieck (schraffiert) bei rein induktivem Nennstrom I_N

Erhöht man nun, ausgehend vom dreisträngigen Dauerkurzschluß, mit steigendem Erregerstrom I_E die Klemmenspannung U_1 bei weiterhin rein induktiver Belastung, so wandert das in Bild **223.**1 schraffierte Potier-Dreieck an der Leerlauf-Kennlinie $U_0 = f(I_E)$ hoch. Die kleinere Kathete dieses Dreiecks entspricht der konstant bleibenden Streuspannung $U_{\sigma N}$, die andere der ebenfalls gleichbleibenden Ständerdurchflutung Θ_{1N}. Beide Größen findet man, wenn auf einer Horizontalen durch den Punkt A nach links der Erregerstrom I_{EkN} abgetragen und durch B dann eine Parallele zur Luftspalt-Kennlinie $U_{0L} = f(I_E)$ gelegt wird. Sie liefert den gesuchten Punkt C des Potierschen

Dreiecks. Den für Nennstrom I_N ermittelten fiktiven **Ankerrückwirkungs**-Erregerstrom I_E1N darf man, da für ihn lineare Verhältnisse vorliegen, auch mit

$$I_\mathrm{E1} = I_\mathrm{E1N} I_1 / I_\mathrm{N} \tag{224.1}$$

auf andere Ständerströme I_1 umrechnen. Ferner ist bei einer Sternschaltung mit der in Bild **223**.1 bestimmten Nennstreuspannung $U_{\sigma\mathrm{N}}$ der **Ständer-Streublindwiderstand**

$$X_{1\sigma} = U_{\sigma\mathrm{N}} / (\sqrt{3} I_\mathrm{N}) \tag{224.2}$$

Den Erregerstrom der gesättigten Synchronmaschine erhält man mit Bild **224**.1. Das Zeigerdiagramm entspricht der Ersatzschaltung in Bild **220**.1 b. Vorgegeben sind Leerlaufkennlinie $U_0 = f(I_\mathrm{E})$, Nennspannung U_N und Laststrom I_1 mit Leistungsfaktor

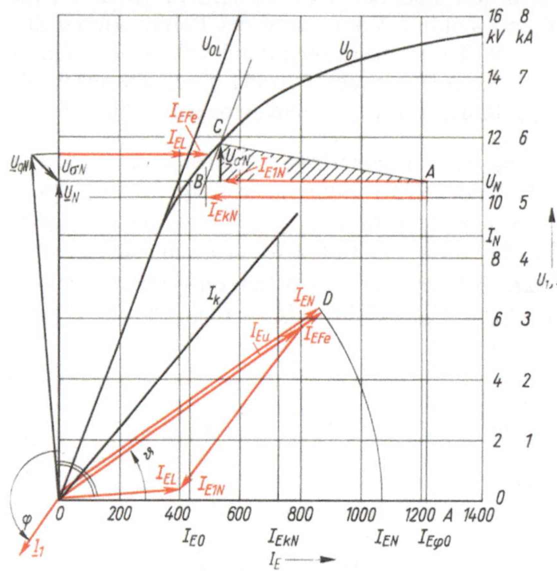

224.1
Ermittlung des Vollast-Erregerstromes I_EN eines Vollpolgenerators für 10,5 kV, 80 MVA, $\cos\varphi = -0,8$ induktiv mit Leerlauf-Kennlinie $U_0 = f(I_\mathrm{E})$, Luftspalt-Kennlinie $U_{0L} = f(I_\mathrm{E})$, Kurzschluß-Kennlinie $I_\mathrm{k} = f(I_\mathrm{E})$, Potierschem Dreieck und Zeigerdiagramm

$\cos\varphi$. Man kann das Spannungsdiagramm zeichnen und mit der erforderlichen Quellenspannung U_q aus der Luftspalt-Kennlinie $U_{0L} = f(I_\mathrm{E})$ den für den Luftspalt erforderlichen Magnetisierungsstrom I_EL ermitteln. Er ist nach Bild **224**.1 um 90° gegenüber $\underline{U}_\mathrm{q}$ nacheilend in das Diagramm einzutragen. Gleichzeitig ist noch der fiktive Erregerstrom I_E1 in Richtung des Ständerstroms $\underline{I}_1$ wirksam. Sein Betrag ergibt sich mit Gl. (224.1). Mit den Teilerregerströmen $\underline{I}_\mathrm{EL}$ und $\underline{I}_\mathrm{E1}$ erhält man den Last-Erregerstrom $\underline{I}_\mathrm{Eu}$ bei Vernachlässigung der Eisensättigung. Man muß ihn noch um den Eisenanteil I_EFe vergrößern, so daß die Strecke $\overline{OD}$ endgültig den Erregerstrom I_E wiedergibt.

Beispiel 53. Wir betrachten einen zweipoligen Vollpol-Dreiphasen-Synchrongenerator mit der Drehfelddrehzahl $n_\mathrm{d} = 3000$ min^{-1} und den Nenndaten $U_\mathrm{N} = 10,5$ kV, $S_\mathrm{N} = 80$ MVA bei $\cos\varphi_\mathrm{N} = -0,8$ induktiv und $I_\mathrm{N} = 4400$ A. Bild **224**.1 zeigt die Leerlauf- und Kurzschluß-Kennlinien. Für $I_\mathrm{k} = I_\mathrm{N}$ bei $\cos\varphi = 0$ induktiv benötigt die Maschine den Erregerstrom $I_{\mathrm{E}\varphi0} = 1220$ A. Gesucht ist der Vollast-Erregerstrom I_EN.

Mit $U_\mathrm{N} = 10,5$ kV und $I_{\mathrm{E}\varphi0} = 1220$ A finden wir in Bild **224**.1 den Punkt A. Aus der Kurzschluß-Kennlinie $I_\mathrm{k} = f(I_\mathrm{E})$ erhält man für $I_\mathrm{k} = I_\mathrm{N} = 4400$ A den Erregerstrom $I_\mathrm{EkN} = 730$ A.

Hiermit ergibt sich auch Punkt B, durch den eine Parallele zur Luftspalt-Kennlinie $U_{0L} = f(I_E)$ gezogen wird. Nun ist das Potiersche Dreieck mit der Streuspannung $U_{\sigma N} = 1300$ V und dem Ankerrückwirkungs-Erregerstrom $I_{E1N} = 670$ A konstruiert. Der Streublindwiderstand eines Stranges beträgt dann für Sternschaltung

$$X_{1\sigma} = U_{\sigma N}/(\sqrt{3}\,I_N) = 1300\ \text{V}/(\sqrt{3} \cdot 4400\ \text{A}) = 0{,}1707\ \Omega$$

Die Streuspannung $\underline{U}_{\sigma N}$ wird mit der durch $\cos\varphi_N = -0{,}8$ induktiv gegebenen Phasenlage an den Spannungszeiger $\underline{U}_N$ angetragen. Dann erhält man die Quellenspannung $U_q = 11{,}32$ kV, für die die Erregerströme $I_{EL} = 420$ A und $I_{EFe} = 70$ A erforderlich sind. Der Erregerstromzeiger $\underline{I}_{EL}$ wird mit 90°-Nacheilung gegenüber $\underline{U}_q$ in das Diagramm eingetragen. Er ergibt zusammen mit dem mit $\underline{I}_1$ in Phase liegenden Ankerrückwirkungs-Erregerstrom $\underline{I}_{E1N}$ den Erregerstrom $\underline{I}_{Eu}$ der ungesättigten Maschine, zu dem noch der Eisenanteil $\underline{I}_{EFe}$ hinzuzuzählen ist. Endgültig wird somit der **Vollast-Erregerstrom** $I_{EN} = 1070$ A erforderlich. Bei einer Entlastung steigt hiermit die Spannung auf $14{,}7$ kV $= 1{,}4\,U_N$ an. Nach VDE 0530 darf in einem solchen Fall die Nennspannung um höchstens 50 % überschritten werden. Der Polradwinkel wird $\vartheta = 36°$.

5.2.3.5 Bestimmung des Erregerstroms nach VDE 0530. In den VDE-Bestimmungen 0530/ Teil 4 ist neben anderen Verfahren auch eine Ermittlung des Nennerregerstroms I_{EN} beschrieben, die mit dem in Abschn. 5.2.3.4 angewandten Vorgehen weitgehend übereinstimmt. Hier wird jedoch mit **Relativwerten** für Spannung und Strom gearbeitet. Mit $u_1 = U_1/U_N$ werden alle Spannungen auf die Nennspannung U_N, mit $i_1 = I_1/I_N$ die Ständerströme I_1 auf ihren Nennwert I_N und mit $i_E = I_E/I_{E0}$ die Erregerströme I_E auf den Leerlauf-Nennerregerstrom I_{E0} bezogen. Auf diese Weise geht Bild **223.**1 in Bild **225.**1a über, wobei allerdings VDE 0530 die Streuspannung U_σ nicht kennt, sondern stattdessen mit der relativen Potier-Reaktanz $x_p = x_{1\sigma} = X_{1\sigma}/Z_N$ arbeitet.

In nicht ganz so durchsichtiger Weise entspricht die Bestimmung des Erregerstroms in Bild **224.**1 der Ermittlung in Bild **225.**1b. Mit dem $\cos\varphi$-Kreis (s. Abschn. 5.2.3.3)

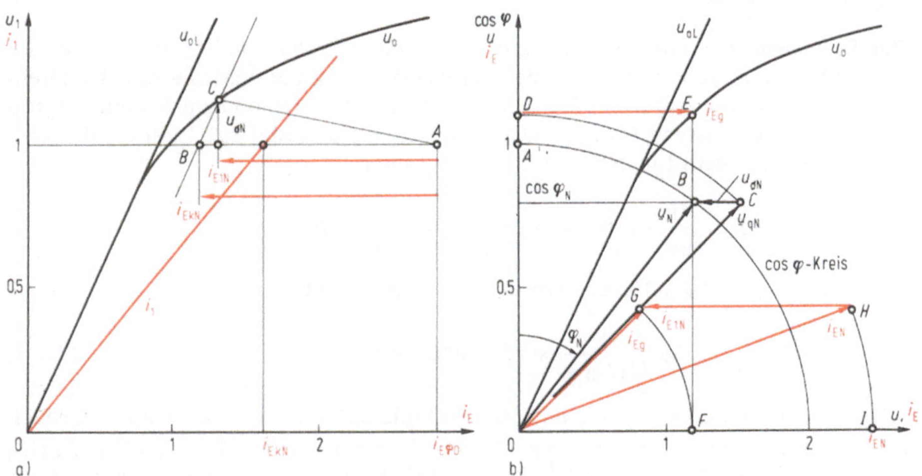

225.1 Ermittlung des relativen Nennerregerstroms i_{EN} mit Potierschem Dreieck (a) und nach dem VDE-Verfahren (b)

wird die relative Spannung $u_N = 1$ hier um den Phasenwinkel φ_N gedreht, so daß die relative Streuspannung $u_{\sigma N}$ aus Bild **225.1**a in Bild **225.1**b waagerecht zu liegen kommt und analog die relative Quellenspannung u_{qN} liefert. Das VDE-Verfahren unterscheidet nicht mehr die Erregerströme I_{EL} und I_{EFe}, sondern bestimmt sofort den relativen Erregerstrom für Sättigung $i_{Eg} = i_{EL} + i_{EFe}$, der eigentlich um $90°$ gegenüber der Quellenspannung u_{qN} nacheilend eingetragen werden müßte. Da er jedoch in Bild **225.1**b in Phase mit u_{qN} gezeichnet wird, muß auch der relative fiktive Ankerrückwirkungs-Erregerstrom i_{E1N} aus Bild **225.1**a um $90°$ vorgedreht, also waagerecht gelegt werden. So erhält man schließlich den Nennerregerstrom $i_{EN} = i_{E1N} - i_{Eg}$. Man kann ihn in Bild **225.1**b leicht durch Fortschreiten von A nach J mit dem Zirkel konstruieren. Dieses Diagramm gilt natürlich nur für eine induktive Generatorleistung, also Übererregung.

Beispiel 54. Die Lösung für Beispiel 53, S. 224 soll nun mit dem VDE-Verfahren gefunden werden.

Bild **225.1** enthält oder liefert den relativen Kurzschluß-Nennerregerstrom $i_{EkN} = I_{EkN}/I_{E0} = 730\,\text{A}/430\,\text{A} = 1,62$, den relativen Erregerstrom für den $\cos\varphi = 0$-Punkt $i_{E\varphi 0} = I_{E\varphi 0}/I_{E0} = 1220\,\text{A}/430\,\text{A} = 2,84$, den relativen Ankerrückwirkungs-Erregerstrom $i_{E1N} = I_{E1N}/I_{E0} = 670\,\text{A}/430\,\text{A} = 1,56$ und die relative Nennstreuspannung $u_{\sigma N} = U_{\sigma N}/U_N = 1300\,\text{V}/10,5\,\text{kV} = 0,124$.

In Bild **225.1**b zieht man von $u_N = 1$, also dem Punkt A, den $\cos\varphi$-Kreis, geht bei $\cos\varphi_N = 0,8$ in ihn hinein und findet so den Punkt B. Waagerecht nach rechts an B wird die Strecke $u_{\sigma N}$ aus Bild **225.1**a angetragen und so der Punkt C erhalten. Ein Kreis um den Koordinatennullpunkt O mit dem Radius $\overline{OC}$ ergibt den Punkt D, zu dem der relative Erregerstrom $i_{Eg} = (I_{EL} + I_{EFe})/I_{E0} = (420\,\text{A} + 70\,\text{A})/430\,\text{A} = 1,14$ mit dem Punkt E auf der normierten Leerlaufkennlinie $u_0 = U_0/U_N = f\,(i_E)$ gehört. Man findet nun senkrecht unter E den Punkt F und schlägt um O mit dem Radius $\overline{OF}$ einen Kreis, der die Gerade $\overline{OC}$ im Punkt G schneidet. Schließlich wird waagerecht nach rechts an G der relative fiktive Ankerrückwirkungs-Erregerstrom i_{E1N} angetragen, so daß mit den Strecken $\overline{OH} = \overline{OJ}$ der relative Nennerregerstrom $i_{EN} = 2,42$ ermittelt ist. Der Nennerregerstrom ist mit $I_{EN} = i_{EN}I_{E0} = 2,42 \cdot 430\,\text{A} = 1040\,\text{A}$ unwesentlich kleiner als der in Beispiel 53 bestimmte.

5.2.3.6 Drehmoment. Wenn der Generator elektrische Wirkleistung P_{el} abgibt oder der Motor Wirkleistung aufnimmt, muß bei Vernachlässigung der Verluste mit der Drehfeld-Winkelgeschwindigkeit $\Omega_d = 2\pi n_d$ und dem inneren Drehmoment M_i eine ebenso große mechanische Leistung $P_{mech} = \Omega_d M_i$ auftreten. Nach Bild **222.1** gilt für die elektrische Leistung auf dem Linienzug DE ganz allgemein

$$P_{el} = -\,S_N\,\frac{I_E}{I_{EkN}}\,\sin\vartheta = -\,\sqrt{3}\,U_1 I_E\,\frac{I_N}{I_{EkN}}\,\sin\vartheta$$

und somit bei $P_{el} = P_{mech}$ für das **innere Drehmoment**

$$M_i = -\,\sqrt{3}\,U_1 I_E\,\frac{I_N}{\Omega_d I_{EkN}}\,\sin\vartheta = M_K\,\sin\vartheta \tag{226.1}$$

Das Drehmoment ändert sich somit entsprechend Bild **227.1** bei sonst konstanten Größen sinusförmig mit dem **Polradwinkel** ϑ. Das **Kippmoment** $M_K = \sqrt{3}\,U_1 I_E I_N/(\Omega_d I_{EkN})$ tritt bei dem Polradwinkel $|\vartheta| = 90°$ auf. Es ist bei den konstanten Größen Nennstrom I_N, Drehfeld-Winkelgeschwindigkeit Ω_d und Kurzschluß-Nennerregerstrom I_{EkN} linear von der Klemmenspannung U_1 und dem Erregerstrom I_E abhängig.

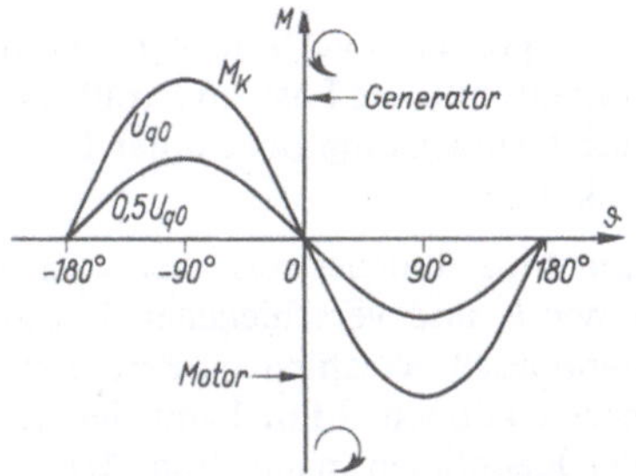

227.1 Drehmoment $M = f(\vartheta)$ der Synchronmaschine für Generator- und Motorbereich bei konstanter Spannung und zwei verschiedenen Quellenspannungen U_{q0}

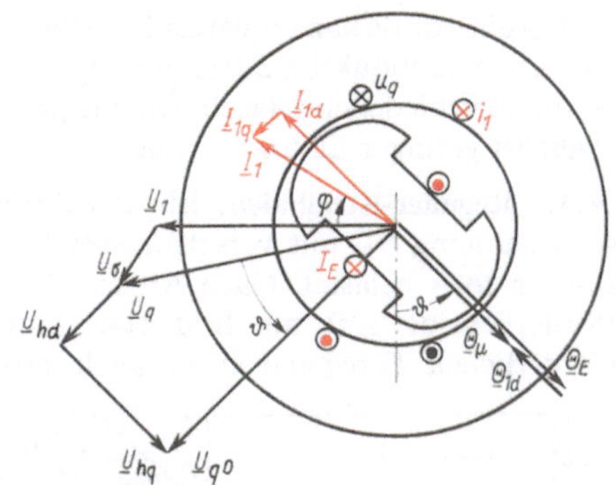

227.2 Raumzeigerdiagramm des Schenkelpolgenerators für induktive Last

5.2.3.7 Besonderheiten des Schenkelpolläufers. Nach Abschn. 5.2.2 wird der Ankerblindwiderstand $X_{\mathrm{d}} = U_{1\,\mathrm{Str}}/I_\mu$ durch den Magnetisierungsstrom I_μ der unerregten Synchronmaschine bestimmt. Bei einem größeren Luftspalt δ benötigt man einen größeren Magnetisierungsstrom I_μ, so daß man dann den kleineren Ankerblindwiderstand erhält. Beim Schenkelpolläufer ist der Luftspalt nun nicht überall gleich groß: Der Ankerblindwiderstand ist beim Flußübertritt in der Mitte des Poles am größten, dort aber mit Rücksicht auf den sich zu den Polschuhkanten hin erweiternden Luftspalt schon kleiner als beim Vollpolläufer. Noch kleinere Werte nimmt er beim Flußübergang in der Pollücke an. Wir unterscheiden daher den Ankerlängsblindwiderstand X_{d} und den Ankerquerblindwiderstand X_{q}. Das gleiche gilt für die Anfangs- und Übergangsblindwiderstände (s. Tafel **218.**1).

Im Raumzeigerdiagramm Bild **227.**2, das der Darstellung in Bild **220.**1 entspricht, tritt wie oben die Streuspannung $U_{1\sigma}$ mit 90° Voreilung zum Ständerstrom I_1 auf. Für die Betrachtung der Ankerrückwirkung ist dieser Strom in die Längskomponente $I_{1\,\mathrm{d}}$ und die Querkomponente $I_{1\,\mathrm{q}}$ zu zerlegen. Nur die Längskomponente wirkt mit der Ankerdurchflutungskomponente $\Theta_{1\,\mathrm{d}}$ auf die Polraddurchflutung ein. Sie darf bei den Spannungen durch die Längskomponente $U_{\mathrm{h\,d}} = \mathrm{j}(X_{\mathrm{d}} - X_{1\sigma})I_{1\,\mathrm{d}}$ und durch die Querkomponente $U_{\mathrm{h\,q}} = \mathrm{j}(X_{\mathrm{q}} - X_{1\sigma})I_{1\,\mathrm{q}}$ berücksichtigt werden. Der Einfluß der Ankerrückwirkung ist somit beim Schenkelpolläufer wesentlich geringer als beim Vollpolläufer. Der Erregerstrom I_{E} braucht daher auch bei Belastung nicht so stark erhöht zu werden, und der Polradwinkel ϑ bleibt kleiner. Für Einzelheiten s. Bd. II, Teil 2, Abschn. Drehstrom-Synchronmaschinen.

Wegen der magnetischen Sättigung in den Zähnen des Vollpolläufers zeigt dieser eine ähnliche Wirkung wie der Schenkelpolläufer, so daß für genaue Betrachtungen auch dort mit dem Ankerquerblindwiderstand X_{q} zu rechnen ist (s. Tafel **218.**1).

5.2.4 Generatorbetrieb

Der Synchrongenerator wird selten allein (z. B. in Notstromaggregaten) sondern meist im Parallelbetrieb (Landesversorgung) eingesetzt. Er soll die von den Verbrauchern geforderte Leistung zur Verfügung stellen. So erfordert z. B. eine lange, leerlaufende

Leitung eine große kapazitive Ladeleistung, während die größeren Verbraucher (Asynchronmotoren) eine induktive Belastung darstellen. Außerdem muß die Last im Parallelbetrieb auf die verschiedenen Maschinen entsprechend ihrer Nennleistung oder unter Erzielung möglichst geringer Leitungsverluste verteilt werden können.

5.2.4.1 Regulier-Kennlinien. Ein Synchrongenerator wird üblicherweise bei konstanter Nennspannung U_N mit verschiedenen Ständerströmen I_1 und verschiedenen Leistungsfaktoren $\cos\varphi$ belastet. Nach Abschn. 5.2.3 sind dann auch verschiedene Erregerströme erforderlich, die z.B. mit Bild **224**.1 ermittelt werden können. Man kann den jeweils erforderlichen Erregerstrom I_E auch den Regulier-Kennlinien nach Bild **228**.1 ent-

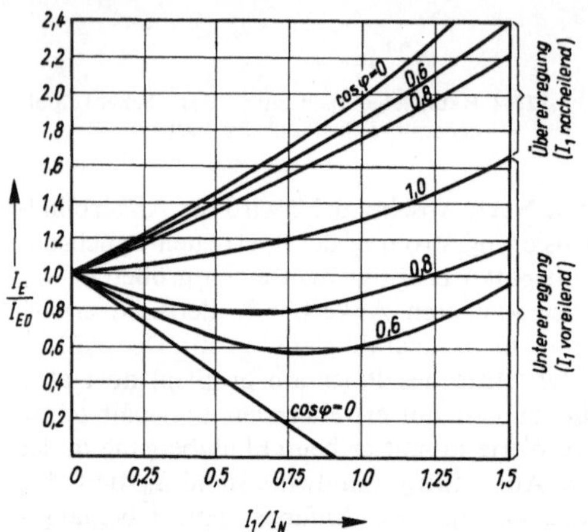

228.1 Erreger-Regulier-Kennlinien

nehmen. Sie sind dort für Voll- und Schenkelpolläufer mit mittleren Kennwerten als Relativwerte $I_E/I_{E0} = f(I_1/I_N)$ mit dem Parameter $\cos\varphi$ dargestellt. Man benötigt nach Abschn. 5.2.3 mit zunehmender induktiver Belastung einen steigenden Erregerstrom, während er bei wachsender kapazitiver Last abnehmen muß. Die volle, rein kapazitive Nennleistung darf nicht auftreten.

Mit dem Erregerstrom kann man mithin auch bei Parallelbetrieb mehrerer Generatoren die Phasenlage der Ständerströme einstellen. Um den Generator zur Wirkleistungsabgabe zu zwingen, muß man das Polrad um den Polradwinkel ϑ voreilen lassen, die Antriebsmaschine also beschleunigen. Generatorsätze haben daher eine **Leistungsregelung** für die antreibende Kraftmaschine (z.B. Dampfturbine) und eine **Spannungsregelung** mit Eingriff in den Erregerkreis für den Generator (s. Bild **213**.1).

Für Notstromaggregate und kleinere Eigenversorgungsanlagen werden auch Synchrongeneratoren mit **Kompoundierung** eingesetzt. Hier wird, ähnlich wie beim Gleichstrom-Doppelschlußgenerator, der Laststrom für die Erhöhung der Erregerdurchflutung herangezogen.

5.2.4.2 Parallelbetrieb. Für den unmittelbaren Parallelbetrieb über Sammelschienen müssen die Generatoren die gleiche Kurvenform der Spannung aufweisen, da jede Potentialdifferenz einen Ausgleichsstrom und somit zusätzliche Verluste verursacht. Für **die Spannung** ist daher die **Sinusform** festgelegt. Nach VDE 0530 darf zu keiner Zeit die oberschwingungbehaftete Spannung um mehr als 5% des Scheitelwerts der Grundschwingung vom Zeitwert der Grundschwingung abweichen. Deshalb muß man sowohl für ein annähernd sinusförmiges Luftspaltfeld sorgen, wie auch durch die Wicklungsanordnung die Oberfeld-Wicklungsfaktoren klein halten (s. Abschn. 1.4.2.2). Bei der Sternschaltung ohne Nulleiter können Oberschwingungen mit $3(2\nu + 1)$-facher Netzfrequenz ($\nu = 0, 1, 2, \ldots$) in der Außenleiterspannung nicht auftreten, da diese Oberspannungen in den Strangwicklungen die gleiche Phasenlage haben und sich somit bei der hier gegebenen Gegenreihenschaltung auslöschen. Für Generatoren wird daher die **Sternschaltung** allgemein bevorzugt.

Ähnlich wie beim ersten Anschließen eines Transformators muß man auch bei jedem Einschalten eines Generators die Spannungsgleichheit prüfen. Dazu schaltet man z.B. nach Bild **229.**1a zwischen die miteinander zu verbindenden Schalterkontakte je eine Glühlampe oder auch einen Spannungsmesser (Nullvoltmeter) für die doppelte Strangspannung. Wenn die Glühlampen alle verlöschen oder die Spannungsmesser Null anzeigen, kann zugeschaltet werden. Da Glühlampen bei kleinen Spannungen noch nicht leuchten, zieht man statt dieser Dunkelschaltung nach Bild **229.**1a häufig andere Schaltungen vor. Bei Einphasenstrom kann die Hellschaltung (wie an den beiden Kontakten rechts in Bild **229.**1b) verwendet werden. Zuzuschalten ist in dem Augenblick, in dem die Lampen am hellsten brennen. Bei Drehstrom braucht beim hellsten Brennen der Lampen kein Synchronismus vorhanden zu sein. Man kann hier etwa die in Bild **229.**1b dargestellte gemischte Schaltung verwenden. Hier ist zuzuschalten, wenn die linke Lampe dunkel ist und die beiden rechten Lampen gleich hell brennen. Kann dieser Zustand nicht erreicht werden, so sind zwei Anschlüsse zu vertauschen.

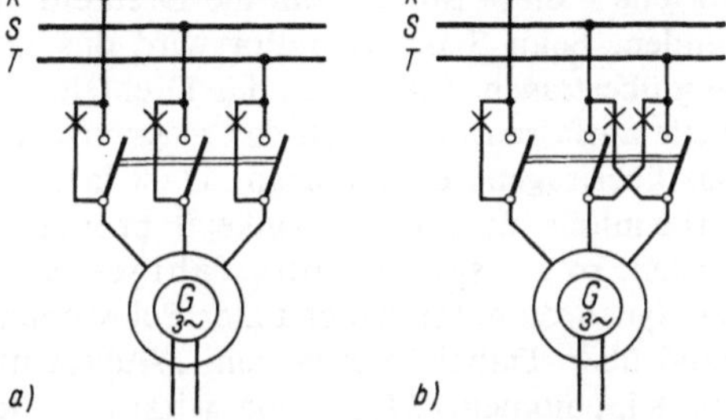

229.1
Parallelschalten durch Glühlampen in Dunkelschaltung (a) und gemischter Schaltung (b)   a)   b)

Zum Parallelschalten wird die zuzuschaltende Maschine zunächst auf ihre Nenndrehzahl hochgefahren und dann bis zur Netzspannung erregt. Die Lampen brennen und verlöschen mit der Schwebungsfrequenz zwischen Netz- und Maschinenfrequenz. Durch Verändern der Drehzahl der zuzuschaltenden Maschine stellt man eine hinreichend langsame Schwebung ein, so daß man im Augenblick des Verlöschens bequem den Schalter einlegen kann. Ordnet man die drei Lampen der Schaltung in Bild **229.**1b im Kreise an, so ist an dem Umlaufsinn des Hellwerdens der Lampen zu erkennen, ob die Maschine zu schnell oder zu langsam läuft. Das Parallelschalten erfordert eine gewisse Übung und Sorgfalt, da ein Zuschalten im falschen Augenblick schwere kurzschlußartige Ströme zur Folge hat. Es wird deshalb heute weitgehend automatisierten Synchronisiereinrichtungen überlassen.

5.2.5 Motorbetrieb

5.2.5.1 Synchronmotor. Die am Dreiphasennetz liegende, leerlaufende Synchronmaschine wird zum Generator, wenn durch die Antriebsmaschine ein voreilender Polradwinkel erzwungen wird; sie wird zum Motor, wenn sie durch eine Arbeitsmaschine mechanisch belastet wird. Das Polrad bleibt beim Motorbetrieb gegenüber der Phasenlage der Klemmenspannung um den Polradwinkel ϑ zurück. Es gilt wieder das Zeigerdiagramm in Bild **221.**1a mit entsprechender Phasenlage des Ständerstroms I_1, die gleichfalls mit dem Erregerstrom I_E eingestellt werden kann. Der Polradwinkel wächst entsprechend Bild **227.**1 mit dem Drehmoment. Um ein großes Kippmoment M_K nach Gl. (226.1) zur Verfügung zu haben, muß man eine starke Erregung vorsehen. Das Drehmoment sinkt bei konstantem Erregerstrom I_E nur linear mit der Ständerspannung U_1, während es bei der Asynchronmaschine nach Abschn. 1.6.2.2 quadratisch von der Spannung abhängt. Das ist ein besonderer Vorteil des Synchronmotors.

Während beim Asynchronmotor stets Läuferkupferverluste $V_{Cu2} = sP_d$ proportional zum Schlupf s auftreten und der Magnetisierungsstrom auch im Ständer Kupferverluste verursacht, kann man solche Verluste beim Synchronmotor vermeiden und auch die Erregungsverluste (z.B. mit Dauermagneten) beliebig klein machen. Vorteilhaft ist auch, daß die Phasenlage des Ständerstroms I_1 durch den Erregerstrom I_E in weiten Grenzen eingestellt werden, daß man so durch Übererregung den Blindstrom der Asynchronmotoren erzeugen und somit den Leistungsfaktor $\cos\varphi$ des Netzes verbessern kann (s. Abschn. 3.3.1). Darüber hinaus werden in den Versorgungsnetzen an Orten großen Verbrauchs leerlaufende Synchronmotoren als **Phasenschieber** für die Lieferung der benötigten Blindleistung eingesetzt.

Der Synchronlauf bringt für einige Antriebe (z.B Gleichlaufantriebe, Synchronuhren) Vorteile – diese Bindung an die Drehfelddrehzahl n_d ist aber auch mit Nachteilen verbunden. Beim Synchronmotor wird das Drehmoment wie in einer elastischen Kupplung übertragen. Man kann das Drehfeld als treibende und das Polrad als angetriebene Welle auffassen, die durch das magnetische Feld elastisch miteinander verbunden sind. Das übertragene Drehmoment M ist in einem weiten Bereich ähnlich wie bei einer Federkennlinie dem Polradwinkel ϑ proportional. In Verbindung mit der Läufermasse entsteht so ein **schwingungsfähiges System**: Bei plötzlichen Laständerungen geht der Synchronmotor daher unter Schwingungen des Winkels ϑ in den neuen Dauerzustand über. Dabei kann es zum „Außertrittfallen" kommen (auch beim Überschreiten des Kippmoments M_K). Eine wirksame Schwingungsdämpfung erreicht man wieder mit dem schon in Abschn. 5.1.2.1 besprochenen **Dämpferkäfig**. Der Asynchronmotor ändert demgegenüber Drehmoment und Drehzahl aperiodisch; er ist nur in seltenen Fällen (s. Abschn. 3.3.5) zum Schwingen zu bringen.

Außerhalb des Synchronismus schwankt das Drehmoment der Synchronmaschine periodisch. Es ist daher i. allg. nicht möglich, den Synchronmotor **asynchron hochlaufen** zu lassen, wenn kein Dämpferkäfig vorhanden ist. Dieser wirkt aber für den Anlauf wie ein Kurzschlußkäfig. Somit sind auch alle beim Kurzschlußläufermotor gebräuchlichen Anlaßverfahren möglich: unmittelbares Einschalten des Ständers bei kleinen Motoren, Anlassen über Stern-Dreieck-Umschalter bei mittleren und über Anlaßtransformatoren bei großen Motoren. Die Gleichstromerregung des Polrads wird erst nach dem Erreichen der höchsten asynchronen Drehzahl eingeschaltet. Das schnelle Überlaufen von dieser Schlupfdrehzahl auf die synchrone Drehzahl gelingt bei geringem Schlupf und mittleren Trägheitsmomenten mit dem **Intrittfallmoment** meist ohne Schwierigkeiten. Sehr große Trägheitsmomente verlangen einen Anwurfmotor, der bis zur synchronen Drehzahl beschleunigt.

5.2.5.2 Reaktionsmotor. Ein Schenkelpolläufer ohne Erregung läuft bei mäßiger Last noch synchron weiter. Er hat am Dreiphasennetz mit Ständerspannung U_1 und Ständerstrom I_1 die elektrische Leistungsaufnahme $P_{el} = \sqrt{3}\,U_1 I_1 \cos\varphi_1$. Wir nehmen an, daß diese elektrische Leistung in die mechanische Leistung $P_{mech} = 2\pi n_d M$ überführt wird. Dann gilt für das **Reaktionsmoment**

$$M = \frac{P_{mech}}{2\pi n_d} = \frac{\sqrt{3}}{4\pi} \cdot \frac{U_1^2}{n_d}\left(\frac{1}{X_q} - \frac{1}{X_d}\right)\sin 2\vartheta \qquad (230.1)$$

Es ist daher um so größer, je kleiner der Ankerquerwiderstand X_q gegenüber dem Ankerlängsblindwiderstand X_d ist, d.h., desto unterschiedlicher der Luftspalt zwischen Pol und Pollücke ist. Das Drehmoment ändert sich sinusförmig mit dem doppelten Polradwinkel 2ϑ.

Ein Reaktionsmoment tritt bei allen Drehfeldmaschinen auf, die eine über den Umfang ungleichförmige, mit der Polzahl periodisch sich ändernde Leitwertsverteilung aufweisen. Bei den
Schenkelpolläufern kann es das synchrone Drehmoment erheblich erhöhen. Mehrphasenmotoren
mit Käfigläufer, die Ausfräsungen nach Bild **231.**1a am Läufer aufweisen, die auch mit Aluminium ausgefüllt sein dürfen, laufen als Reluktanzmotor wie ein Asynchronmotor hoch
und werden dann durch das Reaktionsmoment in den Synchronismus gezogen. Sie zeigen im
Stillstand meist ein stark von der Läuferstellung abhängiges Anzugsmoment. Das Intrittfallmoment sinkt stark mit dem Trägheitsmoment der drehenden Massen. Der Reluktanzmotor kann
bis zu großen Leistungen gebaut werden – man findet ihn aber fast nur für Leistungen unter 10 kW.

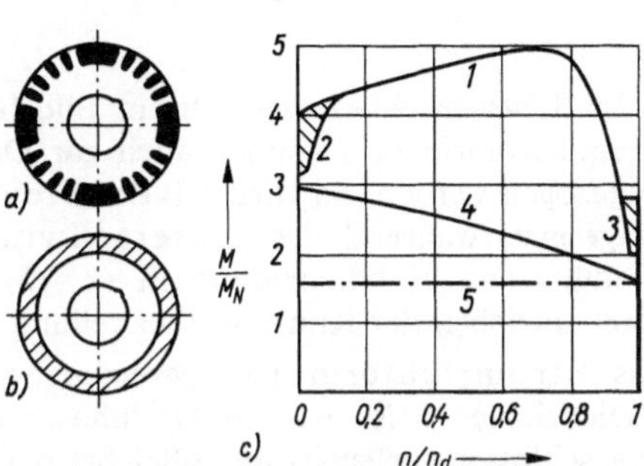

231.1
Querschnitt durch einen Reluktanzläufer (a) und
einen Hystereseläufer (b) sowie Drehmoment-Drehzahl-Kennlinien (c) des Reluktanzmotors (*1*) mit
starker Nutung beim Anlauf (*2*) und vom Trägheitsmoment abhängigen Intrittfallmoment (*3*) und des
Hysteresemotors (*4*) mit Hysteresemoment des
Grundfeldes (*5*)

5.2.5.3 Hysteresemotor. Der Ständer hat eine normale Mehrphasenwicklung. Der Läufer trägt
dagegen eine ringförmige Schicht, die große Hystereseverluste infolge einer breiten Hystereseschleife aufweist. Sie müssen als Drehfeldleistung P_d aus dem Ständer zugeführt werden. Diese
wird ebenso wie bei der Asynchronmaschine durch den Schlupf s aufgespalten in die Verluste sP_d
und die mechanische Leistung $P_\mathrm{mech} = 2\pi n M = (1 - s)P_\mathrm{d}$. Somit gilt mit der Drehzahl
$n = (1 - s)n_\mathrm{d}$ für das Hysteresemoment

$$M = \frac{(1 - s)P_\mathrm{d}}{2\pi n} = \frac{P_\mathrm{d}}{2\pi n_\mathrm{d}} \tag{231.1}$$

Es muß daher für das Grundfeld, wie im Bild **231.**1c dargestellt, unabhängig von der Drehzahl
bis zum Synchronismus hin konstant bleiben, springt dann allerdings im übersynchronen Betrieb
(Generator) auf einen negativen Wert. Hierdurch wird der Läufer bei der Drehfelddrehzahl n_d
festgehalten. Im Hystereseläufer können auch Wirbelströme fließen, die für ein Anheben des
Drehmoments mit zunehmendem Schlupf sorgen (s. Bild **231.**1c). Der Hysteresemotor kann im
Gegensatz zum Reluktanzmotor das größte Trägheitsmoment in den Synchronismus ziehen; er
hat jedoch einen erheblich größeren Magnetisierungsbedarf. Er verlangt daher einen Ständer mit
besonders großen Nuten. Baugrößen bis etwa 20 kW sind möglich; vorzugsweise eingesetzt wird
er in Kleinmotoren (z.B. Synchronuhren). Auch normale Asynchronmotoren zeigen bei Synchronlauf einen kleinen Hysteresesprung im Drehmoment.

5.2.5.4 Synchroner Linearmotor. Bild **232.**1 zeigt einen für spurgebundene Bahnen vorgesehenen
synchronen Linearmotor. Das (hier zum bewegten Fahrzeug gehörende) Primärblechpaket *1*
trägt die doppelt angeordnete Dreiphasenwicklung *2*. Über das Joch *3* und seine Erregerwicklung *4* werden Luftspalt und in ihm befindliche Eisenteile *5* von einem Gleichfluß durchsetzt.
Dieses Reaktionssystem *5* ist in einer Führungsschiene befestigt.

Gleichfluß der Erregerwicklung *4* und Wanderfluß der Dreiphasenwicklung *2* finden im Luftspalt Zonen unterschiedlicher magnetischer Leitfähigkeit vor. Hierdurch ergibt sich insgesamt
die Wirkungsweise des Reaktionsmotors (s. Abschn. 5.2.5.2). Gegenüber dem asynchronen
Linearmotor (s. Abschn. 1.1.2.3 und 3.1.3) kann man etwa die doppelte Leistung bei besserem
Wirkungsgrad und Leistungsfaktor erzielen und u.U. die Gleichstromerregung zum magnetischen Schweben heranziehen.

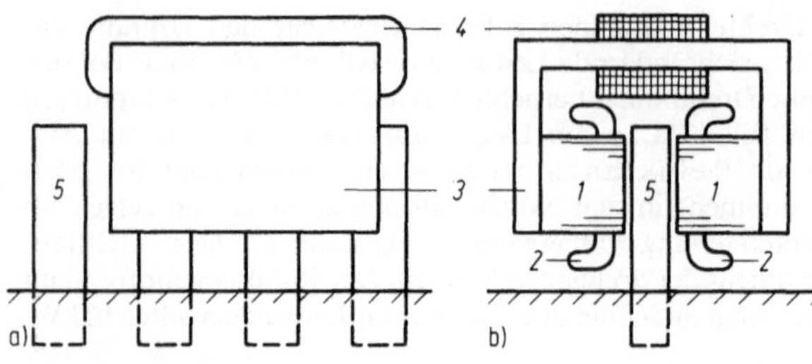

232.1
Synchroner Linearmotor
a) Seitenansicht
b) Querschnitt
1 Primärblechpaket
2 Dreiphasenwicklung
3 Joch
4 Gleichstrom-Erregerwicklung
5 feststehendes Reaktionssystem

5.2.5.5 Stromrichtermotor. Die in Bild **169**.1 dargestellten Schaltungen von Thyristor-Frequenzumrichtern können auch zur Drehzahlverstellung von Synchronmotoren herangezogen werden. So wird z. B der **Steuerumrichter** für große Gebläse und Mühlen eingesetzt, während das **Unterschwingungsverfahren** nach Bild **170**.1 in Verbindung mit Reluktanzmotoren (s. Abschn. 5.2.5.2) in drehzahlgeregelten Mehrmotorenantrieben der Kunstfaserherstellung Anwendung findet.

Als **Stromrichtermotor** bezeichnet man eine Anordnung nach Bild **232**.2. Der Gleichrichter *1* ist z. B. in Dreiphasen-Brückenschaltung [9] an das Dreiphasennetz angeschlossen; er speist den Gleichstromzwischenkreis *2*. Der Wechselrichter *3* bezieht die Wirkleistung aus dem Gleichstromzwischenkreis *2*, die erforderliche Kommutierungs-Blindleistung jedoch aus der übererregten Synchronmaschine *4*, die ihren Erregerstrom I_E aus dem Gleichrichter *5* erhält.

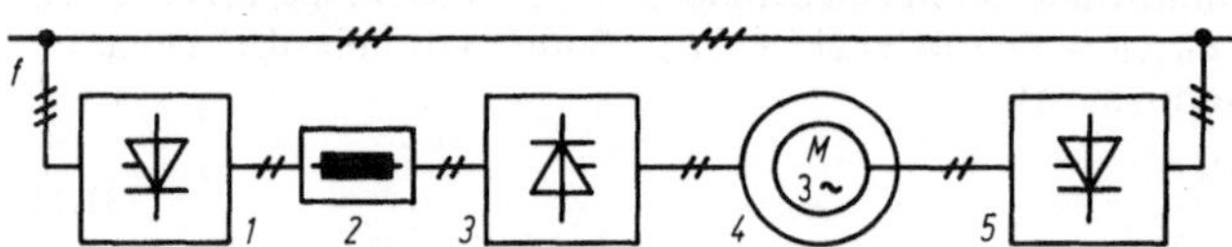

232.2 Schaltung des Stromrichtermotors
1 Netzgeführter Gleichrichter
2 Gleichstromzwischenkreis mit
   Glättungsdrossel
3 maschinengeführter Wechselrichter
4 Synchronmotor
5 Erregerkreis-Stromrichter

Im **Leerlauf** bestimmt dieser Erregerstrom I_E den Fluß Φ. Wenn beim Wechselrichter *3* ein fester Zündwinkel eingestellt ist, hat dieser auch ein festes Verhältnis von Gleichspannung U_d und Wechselspannung U_1 an der Synchronmaschine, für die nach Gl. (19.1) $U_1 = 4{,}44 f_1 N_1 \Phi \xi_1$ gilt. Es wird sich daher bei festen Werten für Windungszahl N_1 und Wicklungsfaktor ξ_1 eine durch die Gleichspannung U_d und den Fluß Φ bzw. den Erregerstrom I_E gesteuerte Ständerfrequenz $f_1 \sim U_1/\Phi$ bzw. Leerlaufdrehzahl $n_0 = f_1/p = k\,U_1/\Phi$ einstellen. Der leerlaufende Stromrichtermotor ist demnach wie ein Gleichstrom-Nebenschlußmotor (s. Abschn. 6.2.3) in der Drehzahl verstellbar.

Bei dem **fremdgesteuerten** Stromrichtermotor wird die Wechselrichterfrequenz **unabhängig von der Maschinendrehzahl** vorgeschrieben; bei dem **selbstgesteuerten** Stromrichtermotor dagegen durch ein Rückführglied **proportional zur Motordrehzahl** vorgegeben. Optimale Betriebsverhältnisse ergeben sich, wenn Ständerstrom I_1 bzw. die von ihm verursachte Ankerdurchflutung $\underline{\Theta}_1$ und die Erregerdurchflutung $\underline{\Theta}_E$ aufeinander senkrecht stehen, bzw. im Raumzeigerdiagramm von Bild **220**.1 c Ständerstrom I_1 und Drehfluß Φ_d in Phase liegen, da dann das größte Drehmoment erzeugt wird. Dies kann man durch entsprechende Steuerungen einstellen und somit die Zuordnung von Anker- und Erregerdurchflutung wie bei den Gleichstrommaschinen erreichen. Daher bezeichnet man den Stromrichtermotor auch als kommutatorlose Gleichstrommaschine. Er wird u.a. für Verdichter, Gebläse und Pumpen großer Leistung bei großen Drehzahlstellbereichen eingesetzt.

6 Stromwendermaschinen

Es gibt Stromwendermaschinen für Gleich- und für Wechselstrom. Da Gleichstrommotoren am wichtigsten sind, sollen sie zuerst und eingehender behandelt werden.

Trotz des etwa 1890 beginnenden Vordringens des Drehstroms hat der Gleichstrom seine Bedeutung für wichtige Verbraucher, z.B. in der Elektrochemie, bei Fahrzeug- und anderen Schwerantrieben (Hebezeuge, Walzenstraßen), für drehzahlgesteuerte und geregelte Antriebe, in der Nachrichtentechnik und für andere Kleinverbraucher (z.B. Lichtmaschine, Fahrzeuganlasser, Scheibenwischer u.ä in großen Mengen hergestellte Maschinen) behalten. Nach Vervollkommnung der Stromrichtertechnik werden Gleichstrommotoren in wachsendem Maß für elektrische Antriebe gewählt.

Ausgeführt sind Gleichstrommotoren bis zu Spannungen von etwa 3000 V, bis zu Leistungen von etwa 10 MW und (bei kleinen Leistungen) bis zu Drehzahlen von einigen 10000 min^{-1}. Im Gegensatz zu den 50-Hz-Dreiphasenmotoren sind also größere Drehzahlen als 3000 min^{-1} möglich. In batteriebetriebenen Geräten werden heute große Mengen von Gleichstrommotoren für wenige W benutzt.

Ganz allgemein besteht der Wunsch, mit möglichst wenigen Maschinenarten und einfach aufgebauten, in Serie gefertigten und daher preisgünstigen Maschinen alle Forderungen zu erfüllen. Von den vielen möglichen Sonderbauarten elektrischer Maschinen haben daher heute nur noch wenige eine wirtschaftliche Bedeutung. Dennoch sollen hier auch die Wechselstrom-Kommutatormotoren kurz betrachtet werden. Sie ermöglichen ebenfalls Drehzahlen, die größer als die Drehfelddrehzahl $n_\mathrm{d} = f/p$ sind, und verlustarme Drehzahlverstellungen über einen großen Bereich. Von den Wechselstrom-Reihenschlußmotoren wird der Bahnmotor in Mitteleuropa in den Fernbahnen und der hochtourige Universalmotor in großer Menge in den Kleingeräten für Haushalt und Büro eingesetzt.

6.1 Aufbau, Wirkungsweise und Schaltungen der Gleichstrommaschine

Nach Abschn. 1.2 arbeiten Generator und Motor grundsätzlich nach den gleichen Gesetzen. Aufbau, Wirkungsweise und Schaltungen der Gleichstrommaschinen können daher für beide Aufgaben gleich sein. Zu ihrer Behandlung gehört auch eine Betrachtung der erzeugten magnetischen Felder.

6.1.1 Aufbau

Gleichstrommaschinen sind wegen des nach Abschn. 1.1.2.2 erforderlichen Stromwenders stets Außenpolmaschinen nach Bild **12.1**. Ausgeführte Maschinen sind in Bild

235.1 und **236**.1 dargestellt. In Bauform und Schutzart (s. Abschn. 1.1.2.4) sowie Lagerung und Kühlung (s. Abschn. 1.8.3) unterscheiden sich Gleichstrommaschinen grundsätzlich nicht von anderen Maschinen.

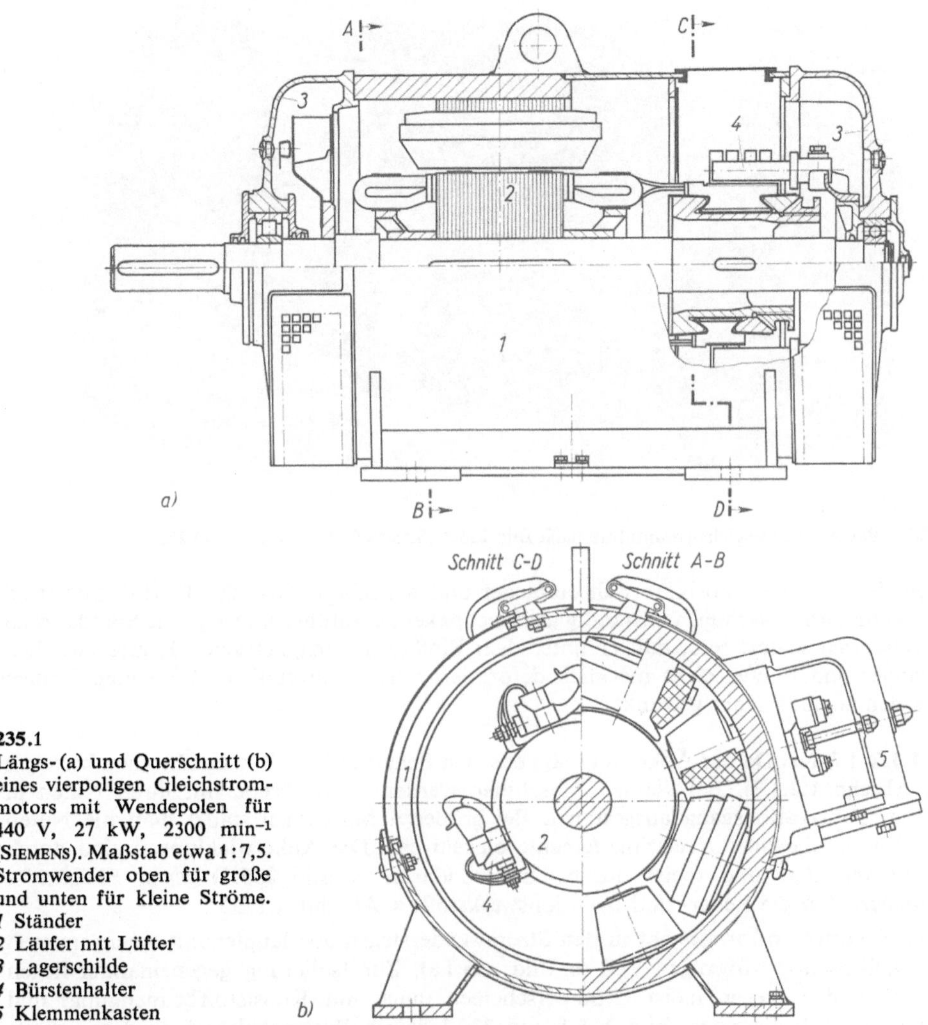

235.1
Längs- (a) und Querschnitt (b) eines vierpoligen Gleichstrommotors mit Wendepolen für 440 V, 27 kW, 2300 min^{-1} (SIEMENS). Maßstab etwa 1 : 7,5. Stromwender oben für große und unten für kleine Ströme.
1 Ständer
2 Läufer mit Lüfter
3 Lagerschilde
4 Bürstenhalter
5 Klemmenkasten

6.1.1.1 Ständer. Im Gegensatz zu den Wechselstrommaschinen ist das J o c h (der Ständerrücken) der Gleichstrommaschinen im Regelfall massiv ausgeführt (Walzstahl geschweißt, seltener Gußeisen oder Stahlguß), da hier ja – außer bei schnell zu regelnden oder umzusteuernden Maschinen – ein praktisch konstanter magnetischer Fluß herrscht. In dem am Luftspalt verbreiterten Teil der Erregerpole, dem P o l s c h u h, tritt durch das Vorbeilaufen der Nuten und Zähne des Läufers (Ankers) ein örtlich schneller Flußwechsel auf, so daß die Polschuhe eigentlich immer aus Blechen zusammengesetzt wer-

236.1 Bauteile des Gleichstrommotors nach Bild 235.1 (SIEMENS), *1* bis *5* wie Bild 235.1

den. Häufig ist es fabrikatorisch einfacher und wirtschaftlicher, die Polkörper (also Polkern und Polschuh) vollständig als Blechpaket auszuführen. Der ganze Ständer muß mechanisch so fest sein, daß er unter dem Einfluß der magnetischen Kräfte zwischen Ständer und Läufer nicht merklich deformiert wird. Hauptpol- und Wendepolspulen werden heute in Harz getränkt.

6.1.1.2 Läufer. Da der Anker im magnetischen Feld dreht, muß er aus Blechen bestehen (s. Abschn. 1.2.3.3). Bei kleinen Maschinen werden diese Bleche mit ihren Nuten in einem Fabrikationsgang ausgestanzt. Bei größeren Maschinen stanzt man die Nuten in Rundbleche oder Kreisringsegmente einzeln ein. Die Ankerwicklungen sind durch Harz verfestigt und meist durch Drahtbandagen (s. Bild **236.**1) gegen Fliehkräfte gesichert. Für die Leiter- und Isolationswerkstoffe s. Abschn. 1.1.2.5.

Der Stromwender besteht in den Stromwenderstegen aus Kupfer mit einem unteren schwalbenschwanzförmigen Teil (s. Bild **235.**1a). Zur Isolierung gegeneinander liegen zwischen den Stegen meist Glimmerscheiben (auch mit Kunststoffbeimengung) und unter ihnen Isolierringe. Bild **235.**1 und **236.**1 zeigen Bürstenhalter *4*, in denen meist elektrografitierte Edelkohlen mit gleichbleibendem Druck auf dem Stromwender schleifen. Für Einzelheiten zu den Ankerwicklungen s. Abschn. 1.4.1.

6.1.2 Wirkungsweise

Wenn eine Spule nach Bild **237.**1a im magnetischen Feld dreht, entsteht zunächst eine Wechselspannung. Daher benötigen Gleichstrommaschinen zur Gleichrichtung der

Wechselgrößen einen **Stromwender**, der auch als **Kommutator** bezeichnet wird. Im einfachen Fall von Bild **237**.1 besteht er aus zwei Schleifringhälften *7*, die sich mit dem Anker *3* drehen und auf denen die am Ständer befestigten, also feststehenden Bürsten *4* schleifen. Der Stromwender weist hier zwei Stege (oder Segmente bzw. Lamellen) auf. Während in der Spule eine Wechselspannung *u* nach Bild **237**.1b entsteht (dort abhängig vom Drehwinkel α des Ankers aufgetragen), herrscht zwischen den Klemmen der Maschine die pulsierende Gleichspannung u_- nach Bild **237**.1c.

In den Nuten liegen die **Spulenseiten** *1* und *2*, die in Bild **237**.1a aus je zwei Leitern bestehen. In dem Zeitpunkt, in dem die drehenden Spulenseiten sich im Feld mit der Induktion $B = 0$ (also in der **neutralen Zone** *8, 10* beim Drehwinkel $\alpha = 0$) befinden, ist die induzierte Spannung *u* ebenfalls Null, und es wechseln die Bürsten den Stromwendersteg. Praktisch ausgeführte Gleichstrommaschinen haben mehrere, gleichmäßig über den Umfang verteilte Spulen, wodurch die Welligkeit der Gleichspannung herabgesetzt wird (s. Abschn. 1.4.1).

Soll die Gleichstrommaschine als **Motor** laufen, so werden Erreger- und Ankerwicklung Strom zugeführt. Bei Gleichstrom ist wieder der Stromwender erforderlich, da sich die Spulenseiten sonst nur bis zur neutralen Zone bewegen könnten. Durch die Umschaltung am Stromwender wird eine einmal angeregte Drehbewegung aufrechterhalten.

In Abschn. 1.3.2.4 wird mit Bild **47**.1 gezeigt, daß außer dem **Erregerfeld** (Hauptfeld) noch das **Ankerquerfeld** auftritt. Beide zusammen ergeben das in seiner Achse um den Winkel β gedrehte und in seinem Verlauf verzerrte Feld nach Bild **47**.1c, das somit durch die **Rückwirkung des Ankers** auf das Erregerfeld entsteht. Diese Verhältnisse müssen wir jetzt näher untersuchen.

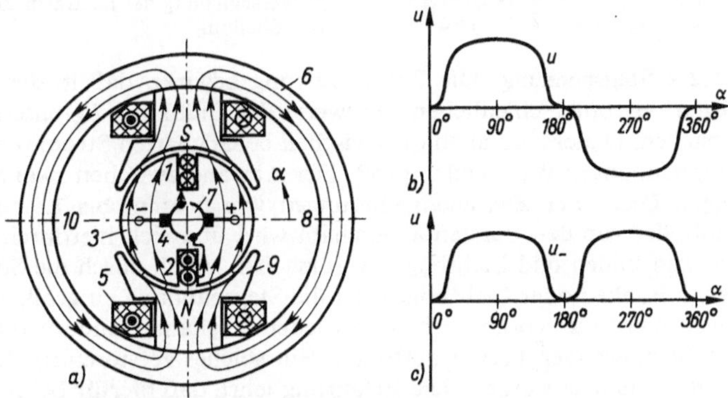

237.1 Zweipolige Gleichstrommaschine
  a) Aufbau
  b) in der Ankerspule induzierte Spannung *u*
  c) kommutierte Spannung u_- an den Maschinenklemmen, beide
     in Abhängigkeit vom Drehwinkel α

1, 2 Spulenseiten	*5* Erregerspulen	*8, 10* Neutrale Zone
3 Anker	*6* Joch	*9* Polschuh
4 Bürsten	*7* Stromwender	*N, S* Pole

6.1.2.1 Gesamtfeld. Die im Luftspalt bzw. am Ankerumfang vorhandene Induktion B_x bestimmt nach Abschn. 1.2 induzierte Spannung und entstehendes Drehmoment. Um die Verteilung der Induktion B_x am Ankerumfang bei belasteter Maschine, also stromdurchflossener Ankerwicklung, ermitteln zu können, müssen Erreger- und Ankerquerfeld überlagert werden. Das Erregerfeld entnehmen wir Bild **19**.1 und tragen es als Kurve *2* in Bild **238**.1 ein. Der Feldverlauf des Ankerquerfeldes (nach Bild **47**.1b) ist in Bild **238**.1 als Kurve *1* angegeben. Bei beiden Kurven *1* und *2* ist der Einfluß der Nutung auf den Feldverlauf nach Bild **43**.1 unberücksichtigt geblieben.

Die Überlagerung der auf dem Ankerumfang senkrecht stehenden Feldanteile ergibt das stark verzerrte Gesamtfeld nach Kurve *3* in Bild **238**.1. Dabei ist zu beachten, daß eine lineare Überlagerung der Induktionen streng nur bei Vernachlässigung der Eisensättigung, also für konstante Permeabilität, zulässig ist. Die Maxima der Kurve *3* sind daher etwas kleiner gezeichnet, als der Summe aus den Kurven *1* und *2* entsprechen würde. Daher ist auch der Mittelwert der Kurve *3* und der zugehörige magnetische Fluß kleiner als bei Kurve *2*. Die Ankerrückwirkung verursacht also neben der Feldverzerrung eine **Flußschwächung**.

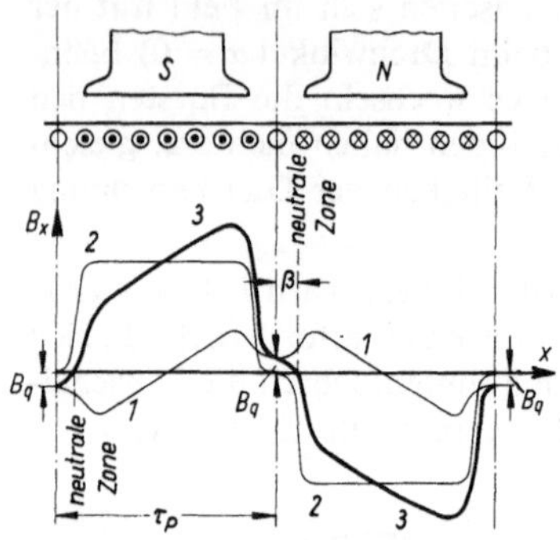

238.1
Feldverlauf B_x am Ankerumfang bei normaler Bürstenstellung (Ankerumfang in die Ebene abgewickelt)
1 Ankerquerfeld
2 Hauptfeld
3 Gesamtfeld
β Verschiebung der neutralen Zone
τ_p Polteilung

6.1.2.2 Stegspannung. Die Feldverzerrung bewirkt, daß in den einzelnen Ankerspulen wegen der unterschiedlichen Ortswerte der Induktion B_x unterschiedliche Spannungen entstehen. Daher sind auch die zwischen benachbarten Stromwenderstegen herrschenden Stegspannungen verschieden groß. Der Abstand zwischen zwei Stegen ist wegen der geringen Dicke der Zwischenisolierungen von 0,5 mm bis 1,5 mm nur gering. Kohlenstaub, der von den Bürsten abgeschabt wird und sich hierdurch anlagert, kann leitende Brücken bilden und Lichtbögen verursachen. Auch durch die Stromwendung selbst entstehen Funken oder Lichtbögen. Ist die Stegspannung zu groß, so kann sogar ein Lichtbogen nicht nur vorübergehend an jeder Stegkante sondern für längere Zeit rund um den Stromwender herum auftreten. Ein solches zerstörendes **Rundfeuer** muß unbedingt verhindert werden. Die Erfahrung lehrt, daß hierfür bei mittleren und großen Maschinen die zwischen irgend zwei Stromwenderstegen vorkommende höchste Stegspannung etwa 30 V nicht merklich überschreiten darf. Die mittlere Stegspannung (gerechnet über eine Polteilung τ_p) muß um so kleiner gehalten werden, je stärker die Feldverzerrung ist. Als Grenze wählt man meist ungefähr 16 V (bei kompensierten Maschinen, s. Abschn. 6.1.2.4, etwa 20 V) womit auch die **Spannungsgrenze** von Gleichstrommaschinen bei etwa 3000 V liegt; Maschinen mit dieser Spannung werden aber nur selten ausgeführt.

Wie Bild **238**.1 weiter zeigt, verursacht das Querfeld wegen der in der Mitte der Pollücke vorhandenen Induktionen B_q eine **Verschiebung der neutralen Zone**, also jener Stelle, an der die magnetische Induktion B_x am Ankerumfang Null ist, um den Winkel β. Dadurch befinden sich die Ankerleiter, in denen gerade die Stromumkehr stattfindet, nicht mehr im Feld Null. Wir wollen daher nun untersuchen, wie der Strom in den Ankerspulen umgekehrt werden kann.

6.1.2.3 Stromwendung. Beim Überwechseln der Bürste von einem Steg zum nächsten wechselt die zwischen beiden Stegen liegende Spule von dem einen Ankerzweig zum nächsten über. Dabei kehrt sich in ihr die Stromrichtung um, wie Bild **239**.1 für die

Spule *1–13'* einer Wicklung zeigt. In Bild **239.**1a fließt der Strom beider Ankerzweige über Steg *1*, in Bild **239.**1c über Steg *2* zur Bürste. In der Zwischenzeit geht die Stromabnahme von Steg *1* zu *2* über, und der Strom kehrt sich in Spule *1–13'* von $+I_S$ auf $-I_S$ um. In

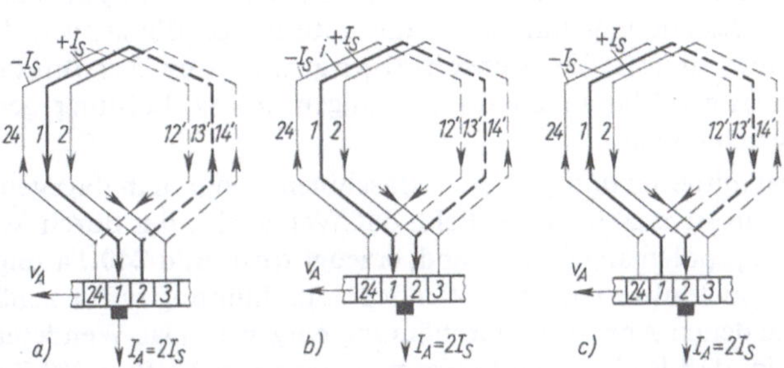

239.1
Stromwendung in einer Schleifenwicklung mit dem Wicklungsschritt $y_1 = 12$. Dargestellt ist Spule *1–13'* vor (a), während (b) und nach (c) der Stromwendung

der Stromwendezeit T nimmt der Strom i in der durch die Bürste kurzgeschlossenen Spule *1–13'* zunächst auf Null ab und steigt dann wieder an. Bild **239.**2 zeigt einige mögliche Stromverläufe i während der Stromwendezeit T. Wenn für den Übergang des Stromes von Steg *1* auf *2* nur die Übergangswiderstände zwischen den beiden Stegen und der Bürste maßgebend sind, erhält man die geradlinige **Widerstandskommutierung** nach Kurve *1* in Bild **239.**2. Der Spulenstrom erreicht den Wert $i = 0$ gerade nach Ablauf der halben Stromwendezeit. Ein nur wenig abweichender Stromverlauf nach Kurve *1'* · ergibt sich bei kleinen Bürsten-Übergangswiderständen, wenn die übrigen Widerstände in der kurzgeschlossenen Spule nicht vernachlässigbar sind.

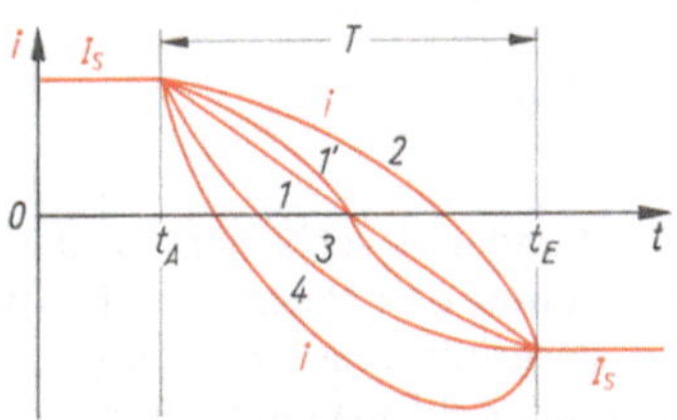

239.2
Stromverlauf der Widerstands- (*1*), Unter- (*2*) und Überkommutierung (*3, 4*)
T Stromwendezeit
I_S Spulenstrom vor und nach der Stromwendung
i Spulenstrom während der Stromwendung
t_A, t_E Anfang und Ende der Stromwendung

Der Strom wird nur in der beschriebenen Weise gewendet, wenn in der kurzgeschlossenen Spule keine Spannungen induziert werden. Da aber die Umkehr des Spulenstroms eine Flußänderung verursacht, wird nach dem Induktionsgesetz die **Stromwendespannung** erzeugt, die wegen der stets kurzen Stromwendezeit immerhin einige Volt beträgt.

Da die Stromwendespannung die Stromänderung verzögert, verläuft der Strom nach Kurve *2* in Bild **239.**2: **Unterkommutierung**. Am Ende der Stromwendezeit T muß die Stromwendung beendet sein. Hierdurch entsteht an der den vorherigen Steg verlassenen Bürstenkante eine beträchtliche Stromdichte, die in dem Zeitpunkt, in dem Steg und Bürste sich trennen, zwischen den beiden Kanten **Funken** verursacht, wenn zu diesem Zeitpunkt die Stromwendung noch nicht beendet ist. Bei längerem Betrieb führen diese Funken zu Abbrand an den Kupferstegen; sie zerstören Stromwender und Bürsten, so daß anzustreben ist, daß Gleichstrommaschinen **funkenfrei** laufen.

6.1.2.4 Wendepole und Kompensation. Die Funkenbildung durch die Stromwendespannung läßt sich dadurch verhindern, daß man die Stromwendespannung selbst durch eine
. gleich große, entgegengesetzte Spannung unschädlich macht. Diese zusätzliche Spannung

muß von außen her in der kommutierenden Spule induziert werden. Hierzu bringt man sie in ein magnetisches Feld entsprechender Größe und Richtung. Bei kleinen Maschinen werden daher die Bürsten aus der neutralen Zone verschoben, und zwar bei Generatorbetrieb in Drehrichtung, bei Motorbetrieb entgegen der Drehrichtung. Da die Stromwendespannung und somit die notwendige Bürstenverschiebung vom Ankerstrom abhängt, müßte die Verschiebung mit der Stromstärke geändert werden. Bei kleinen Maschinen bis zu einigen 100 W Leistung genügt eine mittlere Bürstenverschiebung.

Bei mittleren und größeren Maschinen bringt man dagegen die kurzgeschlossenen Spulen in ein stromabhängiges Feld, das Wendefeld, das durch Wendepole, die zwischen den Hauptpolen angebracht sind, erzeugt wird. Bild **240.**1a zeigt eine Wendepolmaschine mit ihrem Flußverlauf. Die Wendepoldurchflutung wirkt zunächst der an dieser Stelle vorhandenen Ankerquerdurchflutung entgegen. Das Wendefeld soll darüber hinaus so groß sein, daß leichte Überkommutierung nach Bild **239.**2 auftritt.

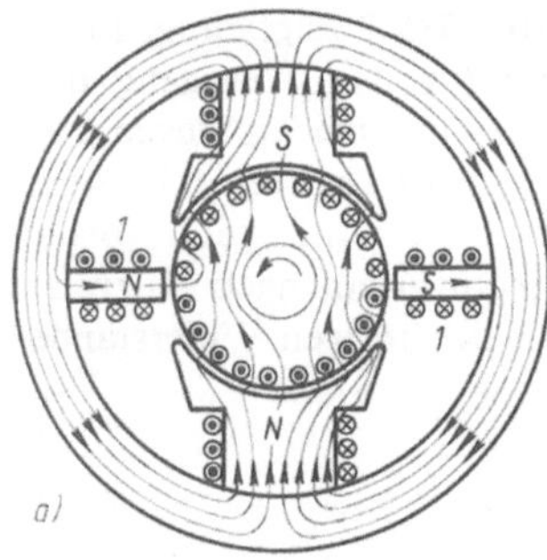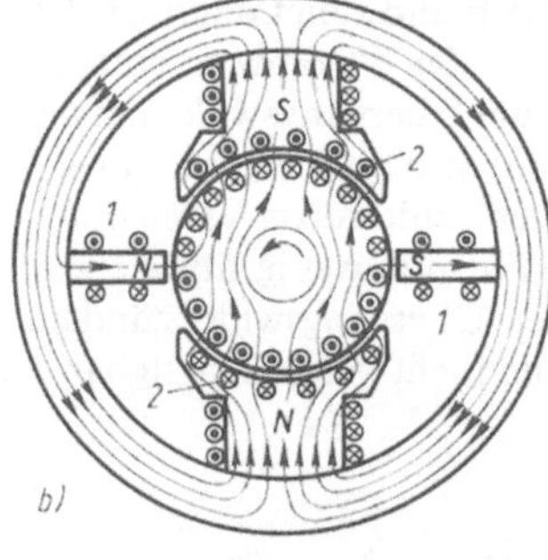

240.1
Zweipolige Gleichstrommaschine mit Strom- und Drehrichtungen für Generatorbetrieb
a) mit Wendepolen *1* und
b) zusätzlich mit Kompensationswicklung *2*

Der Wendepol verbessert zwar das Feld in der Pollücke, die Feldverzerrung nach Bild **238.**1 unter den Polen und die hiermit verbundene Flußschwächung (s. Abschn. 6.1.2.1) und Vergrößerung der Stegspannung (s. Abschn. 6.1.2.2) werden jedoch nicht behoben. Um auch bei Last eine Feldverteilung nach Kurve *2* in Bild **238.**1 zu erhalten, sieht man besonders bei größeren und stärker ausgenutzten Maschinen sowie solchen für schnelle Ankerstromänderungen noch eine wie die Wendepolwicklung vom Ankerstrom durchflossene Kompensationswicklung vor. Sie besteht nach Bild **240.**1b aus Windungen in den Polschuhen unmittelbar am Luftspalt. Stromrichtung und Windungszahl sind so gewählt, daß der gegenüberliegende Strombelag des Ankers nahezu aufgehoben wird.

6.1.2.5 Transformatorische Spannung. Gleichstrommotoren werden heute durchweg aus dem Wechselstromnetz über Stromrichter (s. Abschn. 6.1.4.3) gespeist. Bei der einpulsigen Einweggleichrichtung ist der Gleichstrom von einem sehr großen Wechselstrom überlagert, der allgemein mit der Pulszahl abnimmt. Während die zweipulsigen Brückenschaltungen noch ein größeres Wechselstromglied liefern, sind die aufwendigeren drei- bzw. sechspulsigen Dreiphasenmittelpunkt- bzw. -brückenschaltungen wegen des geringeren Wechselstromanteils zu bevorzugen. Nur gering ausgesteuerte Thyristoren erhöhen den Wechselstromanteil – s. Abschn. 6.2.2.3 und [9].

Wird das Hauptfeld der Gleichstrommaschine von einem Wechselstrom erregt, entsteht ein Wechselfeld, das z.B. die in Bild **239.**1b durch die Bürsten kurzgeschlossene Spule *1–13'* durchsetzt und dann dort wie in der Sekundärwicklung eines Transformators eine transformatorische Spannung u_{qt} induziert. Sie darf erfahrungsgemäß nicht größer als 3 V sein, wenn ein zu starkes Bürstenfeuer vermieden werden soll.

6.1.3 Schaltzeichen und Klemmenbezeichnungen

Gleichstrommaschinen haben Anker-, Erreger-, Wendepol- und Kompensationswicklungen, die in Schaltbildern folgendermaßen symbolisch dargestellt werden (s.a. Bild **241**.1 und **244**.1):

Ankerwicklung als Kreis mit G für Generator oder M für Motor, ferner Symbol — für Gleichstrom (gegebenenfalls noch Pfeil für Drehrichtung).

Wicklungen im Ständer als schwarze Rechtecke, bei denen nach DIN 40715 das Seitenverhältnis für Erregerwicklungen 1:6 bis 1:3, für Kompensationswicklungen 1:2 und für Wendepolwicklungen 1:1 betragen soll. Außerdem ist es üblich, die den Ankerstrom führenden Leitungen dicker als die im Nebenschluß liegenden zu zeichnen.

An den Klemmenbrettern der Maschinen (auch der Anlasser und Feldsteller) werden die angeschlossenen Wicklungen durch folgende Klemmenbezeichnungen gekennzeichnet (Auswahl aus VDE 0570):

A-B	Anker
C-D	Nebenschlußwicklung (bei Generatoren für Selbsterregung, Anschluß an die Klemmenspannung der Maschine)
E-F	Reihenschlußwicklung für Erregung mit eigenem Ankerstrom
G-H	Wendepol- und gegebenenfalls Kompensationswicklung
GA-HA	auf der Seite der Ankerklemme *A* liegender Teil einer gleichmäßig auf beide Seiten verteilten Wendepol- und Kompensationswicklung
GB-HB	desgl. auf der Seite der Ankerklemme *B*
I-K	fremderregte Erregerwicklung (Erregerspannung braucht nicht mit Ankerklemmenspannung übereinzustimmen)
L, R, M	Anlasser (s. Abschn. 6.1.4.1)
s, t, q	Feldsteller (s. Abschn. 6.1.4.2)

I. allg. wird den Maschinen bei der Lieferung ein Schaltbild beigegeben, nach dem sie zu schalten sind.

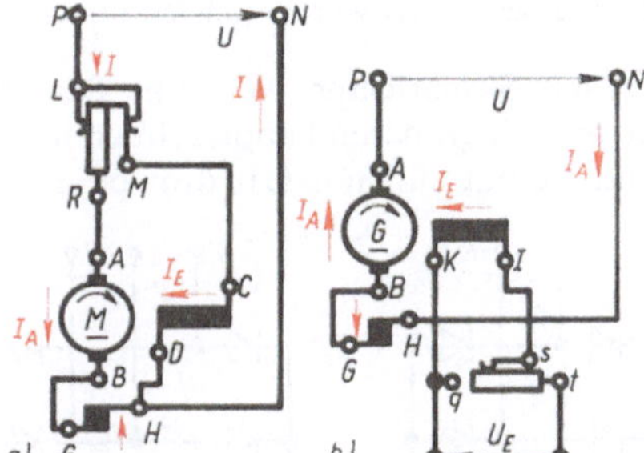

241.1
Schaltungen für Gleichstrommaschinen mit Wendepolen für Rechtslauf
a) Nebenschlußmotor mit $I = I_A + I_E$
b) fremderregter Generator mit $I = I_A$

Für die Entwicklung von Maschinenschaltbildern entsprechend den Bildern **241**.1 und **244**.1 gilt allgemein, daß die Bedienungsgeräte Anlasser und Feldsteller in die positive Zuleitung geschaltet werden sollen, und daß ferner der Strompfeil I_E des Erregerstroms stets auf den Anker zu gerichtet sein soll. Den Drehwillen, d.h. die Drehrichtung des inneren Drehmoments der Maschine, beim Motor also dessen Drehrichtung (s. Abschn. 1.1.1.3 und 1.2.3.2) erhält man aus dem Schaltbild, wenn man sich den Strompfeil I_A des Ankerstroms auf kürzestem Wege in die Richtung des Erregerstrompfeils gedreht denkt.

6.1.4 Bedienungsgeräte

Zur Bedienung der Gleichstrommaschine benötigt man zwei Geräte: den Anlasser für den Motor und den Feldsteller zur Einstellung der Spannung beim Generator bzw. der Drehzahl beim Motor. Außerdem werden heute in zunehmendem Maß Stromrichter und Gleichstrompulswandler zur Speisung und Steuerung eingesetzt.

6.1.4.1 Anlasser. Wird der zunächst stillstehende Motor zur Inbetriebnahme an das Netz mit der Spannung U geschaltet, so ist die Quellenspannung U_q im Anker nach Gl. (20.1) zunächst **Null**. Die Spannungsgleichung (24.3) ergibt dann nur $U = I_A R_i$. Wegen des kleinen inneren Widerstands R_i würde ein großer Strom I_A entstehen. Bei sehr kleinen Motoren bis zu einigen 100 W für Hausgeräte und Elektrowerkzeuge sind solche Stromstöße beim Einschalten unbedenklich. Bei größeren Motoren von etwa 1 kW an aufwärts muß man zur Verringerung des Einschaltstroms aber einen stufenweise abschaltbaren Widerstand, den Anlasser mit den Anschlußklemmen L, M, R, vor den Motor schalten, wie Bild **241**.1 zeigt. Vor dem Einschalten muß man sich stets überzeugen, ob der **Anlasser auch vorgeschaltet ist.** Ferner muß der Erregerkreis wie in Bild **241**.1 **vor** dem Anlasser angeschlossen sein, so daß er beim Einschalten sofort an der vollen Spannung liegt.

6.1.4.2 Feldsteller. Diese einstellbaren Widerstandsgeräte dienen dazu, den Erregerstrom und somit bei Generatoren die Spannung oder bei Motoren die Drehzahl einzustellen. Bild **241**.1 b zeigt die Schaltung eines Generators für Fremderregung (s. Abschn. 6.1.5). Über die Klemme q wird die Erregerwicklung beim Abschalten kurzgeschlossen, um das Auftreten von Überspannungen beim Öffnen des Erregerkreises mit seiner großen Induktivität zu vermeiden (s. Abschn. 1.3.1.4).

Wegen des Ausschaltkontakts q ist es besonders wichtig, **genau nach dem Schaltplan** anzuschließen. Insbesondere würde ein Verwechseln der Klemmen s und t zur Folge haben, daß nicht die Erregerwicklung sondern die Netzspannung beim Abschalten kurzgeschlossen würde. Feldsteller für Motoren weisen keinen **Kontakt** q auf, da Erregerwicklungen laufender Motoren nicht abgeschaltet werden dürfen (s. Abschn. 6.2.3.3).

6.1.4.3 Stromrichter. Wichtige Schaltungsglieder für Gleichstrommotoren sind heute Stromrichter, deren hauptsächlich angewandte Schaltungen in Bild **242**.1 angegeben sind und die mit Silizium-**Dioden** oder -**Thyristoren** (s. Band I) verwirklicht werden.

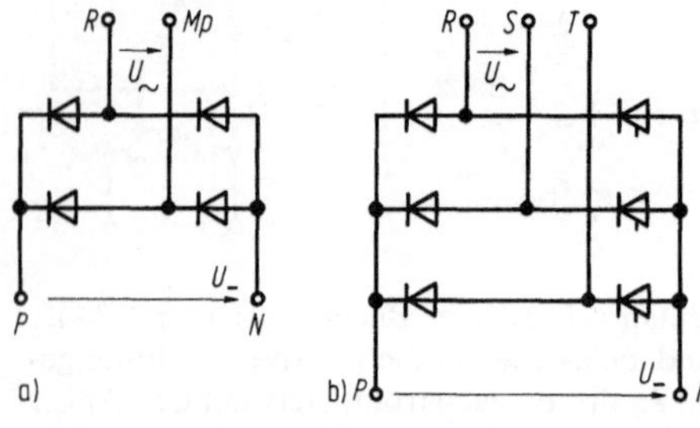

242.1
Stromrichter in ungesteuerter Einphasen-Brückenschaltung (a) und halbgesteuerter Dreiphasenbrückenschaltung (b). (In der vollgesteuerten Brückenschaltung sind alle Dioden durch Thyristoren ersetzt.)

Im Leerlauf (und bei voller Aussteuerung) gilt in der dargestellten Einphasen-Brückenschaltung für das Verhältnis von Gleichspannung zu Wechselspannung $U_-/U_\sim = 0{,}9$ bei der Welligkeit $w = 0{,}483$, während in der Dreiphasen-Brückenschaltung $U_-/U_\sim =$

1,35 und $w = 0,042$ sind. Die Einphasen-Brückenschaltung wird für Einspeisung mit $U_{\sim} = 220$ V bei kleineren Motoren (unter 1 kW) und für Erregerkreise eingesetzt; die Gleichspannungsseite wird dann wegen des Spannungsabfalls im Gleichrichter für die Nennspannung $U_N = 190$ V (oder bei $U_{\sim} = 380$ V für $U_N = 260$ V) ausgelegt. Für größere Leistungen wird die Dreiphasen-Brückenschaltung bei $U_{\sim} = 380$ V mit der für die Gleichspannungsseite genormten Nennspannung $U_N = 440$ V verwendet. Die Welligkeit des Stromes wird durch die in der Gleichstrommaschine vorhandenen Induktivitäten noch vermindert. Trotzdem ist Abschn. 6.2.2.3 zu beachten.

Mit der halbgesteuerten Brücke nach Bild **242.1**a kann die Gleichspannung U_- bis auf Null herab verstellt und in einer vollgesteuerten Brückenschaltung sogar umgekehrt, also im Wechselrichterbetrieb gefahren werden. (Die Stromrichtung kann man jedoch nicht umkehren – hierfür s. Band VIII und [9].) Mit dem Steuerwinkel α gilt für den Verschiebungsfaktor im Dreiphasennetz der vollgesteuerten Brücke

$$\cos\varphi = \cos\alpha \tag{243.1}$$

Er ist also bei geringer Aussteuerung, d.h. geringer Gleichspannung, schlecht. Durch die halbgesteuerte Brückenschaltung kann er beträchtlich verbessert werden. Für weitere Einzelheiten s. [9].

6.1.4.4 Gleichstrompulswandler. Mit Thyristoren kann man auch bei fest vorgegebener Gleichspannung (z.B. durch Akkumulatoren) den Energiewirkungsgrad bei Anlassen oder Bremsen (s. Abschn. 6.2.4) sowie bei Drehzahlverstellung (s. Abschn. 6.2.3) erheblich verbessern, indem man Verluste in Widerständen vermeidet und Bremsenergie in den Akkumulator zurückliefert. Bild **243.1**a zeigt die Schaltung eines solchen Gleichstrompulswandlers.

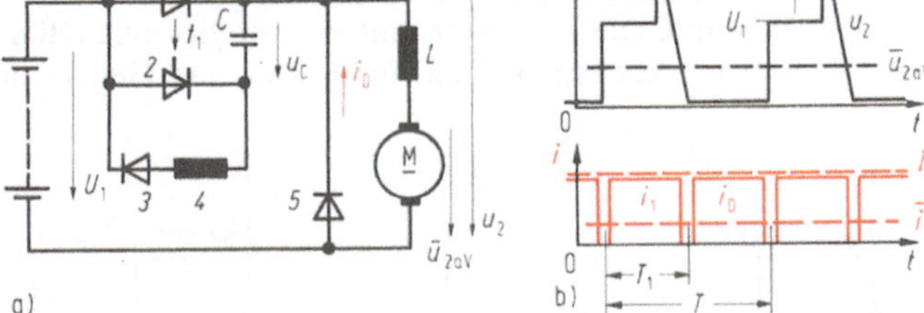

243.1
Gleichstrompulswandler
a) Schaltung
b) grundsätzlicher Verlauf der
   Spannungen und Ströme

Das Gleichspannungsnetz hat die feste Spannung U_1. Wird der Thyristor *1* zur Zeit t_0 gezündet, so liegt an dem Motorkreis die Spannung $u_2 = U_1$. Gleichzeitig wird über die Diode *3* und die Induktivität *4* die Kapazität C aufgeladen. Wird anschließend zur Zeit t_1 der Thyristor *2* gezündet, so kann sich die Kondensatorspannung u_C über den Motorkreis entladen; die Motorspannung springt auf den Wert $2U_1$, wie das in Bild **243.1**b dargestellt ist. Für den linearen Mittelwert der Spannung gilt dann

$$\bar{u}_2 = \frac{1}{T}\int\limits_0^T u_2\,\mathrm{d}t = \frac{T_1}{T}\,U_1 \tag{243.2}$$

Während so bei sehr groß angenommener Induktivität L im stationären Zustand während der Einschaltzeit T_1 der Blockstrom i_1 als Motorstrom I_2 fließt, hält während der übrigen

Zeit $T - T_1$ die Induktivität L diesen Strom $I_2 = i_D$ über die Freilaufdiode 5 aufrecht. (Bei kleiner Induktivität L wird der Strom I_2 nicht mehr konstant bleiben, sondern während der Zeit T_1 anwachsen und anschließend wieder etwas absinken.) Wenn man alle Verluste vernachlässigt, muß die vom Erzeuger gelieferte Leistung $i\,U_1$ voll in die Motorleistung $I_2\bar{u}_2$ überführt werden, und man erhält nach Einsetzen von Gl. (243.2) für den Strom

$$I_2 = \bar{i}_1 T/T_1 \tag{244.1}$$

Mit dem Einschaltverhältnis T_1/T verhält sich daher der Gleichstrompulswandler für die Transformation der Spannungen und Ströme ebenso wie der Transformator in Abschn. 2. Das Einschaltverhältnis läßt sich stufenlos verstellen, so daß man den Spannungsbereich $0 \le \bar{u}_2 \le U_1$ praktisch leistungslos aussteuern kann. Für die Energierückgewinnung oder einen Vierquadrantenbetrieb (s. Abschn. 6.2.4) mit beliebiger Wahl von Spannungs- und Stromrichtung muß die Schaltung von Bild **243.**2a etwas abgewandelt werden. Für weitere Einzelheiten s. [9].

6.1.5 Erregungsarten

Fremderregung. Diese in Bild **241.**1b dargestellte Erregungsart wird benutzt, wenn man auf Speisung aus einer unabhängigen Stromquelle Wert legt, etwa weil die Generatorspannung betriebsmäßig stark verändert werden muß. Motoren werden meist aus dem gleichen Netz erregt (z.B. wie in Bild **241.**1a); Fremderregung wird hier fast nur bei Leonardschaltung (s. Abschn. 6.2.3 und Bild **255.**1) angewandt.

Bei großen Maschinen kommt gelegentlich Eigenerregung vor, wobei ein Erregergenerator mit der Hauptmaschine gekuppelt ist (s. Abschn. 5.1.3).

Nebenschlußerregung. Sie liegt vor, wenn beim Motor Anker- und Erregerwicklung (Bild **241.**1a) und beim Generator Netz und Erregerwicklung (Bild **244.**1a) parallel geschaltet sind. Die sich hieraus ergebenden, für Motor und Generator unterschiedlichen Stromsummen sind in den Bildunterschriften angegeben. Beim Generator besteht dann Selbsterregung, das heißt, die Maschine erzeugt ihren Erregerstrom mit der eigenen Spannung (s. Abschn. 6.2.1)

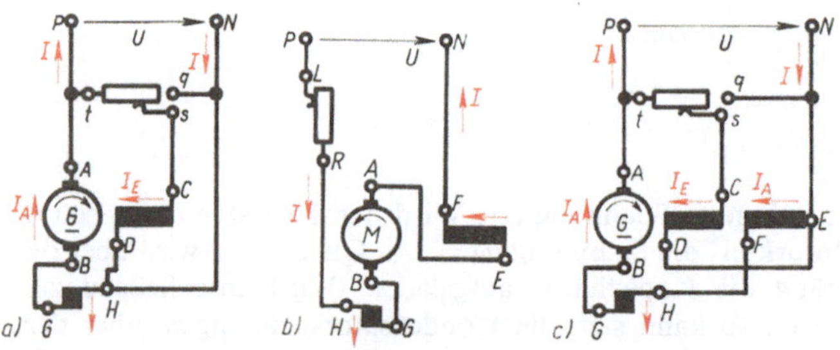

244.1 Schaltungen für Gleichstrommaschinen mit Wendepolen
a) Nebenschlußgenerator für Rechtslauf mit $I = I_A - I_E$,
b) Reihenschlußmotor für Linkslauf mit $I = I_A = I_E$,
c) Doppelschlußgenerator für Rechtslauf mit $I = I_A - I_E$

Reihenschlußerregung. Diese, auch als Hauptschlußerregung bezeichnete Schaltung kommt fast nur bei Motoren vor (Bild **244.**1b). Es fließt derselbe Strom in Anker- und Erregerwicklung, die hier im Gegensatz zur Nebenschlußwicklung aus relativ wenigen Windungen besteht.

Doppelschlußerregung. Um die Eigenschaften der Nebenschluß- und Reihenschlußmaschinen zu vereinigen und hiermit bestimmte Betriebseigenschaften zu erhalten, rüstet man Gleichstrommaschinen auch mit Neben- und Reihenschlußwicklungen aus; sie heißen dann Kompound-, Verbund- oder Doppelschlußmaschinen. Bild **244.**1 c zeigt die Schaltung für Generatorbetrieb. Das Hauptfeld der Maschine wird von beiden Wicklungen gemeinsam erzeugt. Gering wirkende Reihenschlußwicklungen werden als Hilfs-Reihenschlußwicklungen bezeichnet. Bei gleicher Stromrichtung in beiden Wicklungen nach Bild **244.**1 c wirken die Durchflutungen in gleicher Richtung flußerzeugend, und die Reihenschlußwicklung verstärkt das Nebenschlußfeld. Sind Strom- und Durchflutungsrichtungen hingegen verschieden, so wird das von der Nebenschlußwicklung erzeugte Feld geschwächt. Man bezeichnet diese Reihenschlußwicklung als Gegenreihenschlußwicklung.

6.2 Betriebsverhalten der Gleichstrommaschine

Gleichstromgenerator und -motor unterscheiden sich nach Abschn. 6.1 weder im Aufbau noch in den Schaltungen. In beiden wird auch nach Abschn. 1.2 mit den Maschinenkonstanten c_u und c_m, Drehzahl n, Winkelgeschwindigkeit Ω, magnetischer Fluß Φ und Ankerstrom I_A nach den gleichen Gesetzen, nämlich nach Gl. (20.1), eine Quellenspannung

$$U_q = c_u n \Phi = c_m \Omega \Phi \tag{245.1}$$

und nach Gl. (25.3) ein inneres Drehmoment

$$M_i = c_m I_A \Phi \tag{245.2}$$

erzeugt. Hiermit können wir nun, wenn wir das Spannungs-, Leistungs- und Drehmomentgleichgewicht beachten, das Betriebsverhalten der Generatoren und Motoren ableiten.

6.2.1 Betrieb der Generatoren

Außer der mit Gl. (20.1) berechenbaren Quellenspannung U_q entsteht in jeder Gleichstrommaschine noch ein innerer Spannungsabfall

$$U_i = R_i I_A \tag{245.3}$$

der durch den Ankerstrom I_A am inneren Widerstand R_i, der die im Ankerkreis liegenden Widerstände von Anker-, Wendepol-, Kompensations- und Reihenschlußwicklung enthält, verursacht wird. Außerdem tritt ein vom Ankerstrom fast unabhängiger, also konstanter Bürstenspannungsabfall $U_{Bü}$, auf, für den man bei normalen Gleichstrommaschinen $U_{Bü} = 2$ V setzt. (Gleichstrommaschinen für kleine Spannungen – z.B. 6 und 12 V für Kraftwagen – haben kupferhaltige Bürsten mit $U_{Bü} = 0{,}6$ V.) Für die Klemmenspannung des Generators gilt daher unter Last

$$U = U_q - R_i I_A - U_{Bü} \tag{245.4}$$

Wir betrachten nun Leerlauf und Belastung der wichtigsten Schaltungen.

6.2.1.1 Leerlauf. Der Ankerstrom ist $I_A = 0$, so daß nach Gl. (245.4) bei Vernachlässigung der Bürstenübergangsspannung $U_{Bü}$ Quellenspannung U_q und Klemmenspannung U gleich sind. Wenn Generatoren, wie meist, mit konstanter Drehzahl angetrieben werden, hängt die abgegebene Spannung nach Gl. (245.1) nur vom magnetischen Fluß, also von der Erregung, ab. Ausnahmen mit veränderlicher Drehzahl bilden Fahrzeuggeneratoren, wo die gewünschte Spannung durch Regeleinrichtungen gewährleistet wird.

Fremderregung. Da einerseits Quellenspannung U_q und somit im Leerlauf auch Klemmenspannung U dem Fluß Φ und andererseits der Erregerstrom I_E der Erregerdurchflutung Θ_E proportional sind, folgt bei fester Drehzahl n die Leerlaufkennlinie $U_0 = f(I_E)$ in Bild **246.**1 der Magnetisierungs-Kennlinie $\Phi = f(\Theta_E)$ von Ständer und Anker.

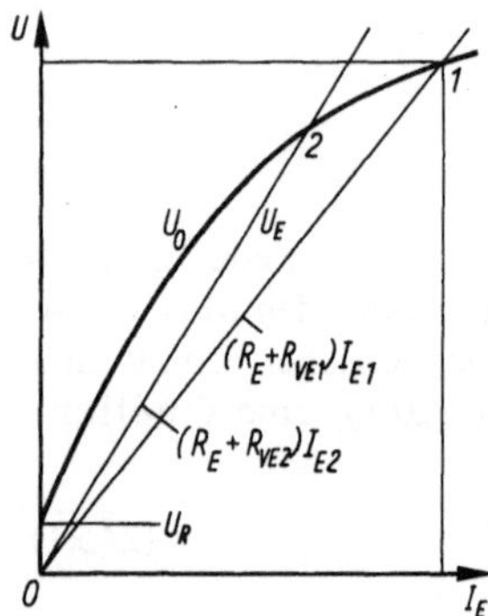

246.1
Leerlaufkennlinie $U_0 = f(I_E)$ und Widerstandsgerade $U_E = f(I_E)$ eines selbsterregten Gleichstrom-Nebenschlußgenerators

Nach dem Abschalten der Erregung ($I_E = 0$) behält das Eisen die Remanenzinduktion. Entsprechend wird noch eine kleine Spannung, die Remanenzspannung U_R, erzeugt, so daß ein einmal erregter Generator im Betrieb nie ganz spannungslos ist (es sei denn, man hat ihn entgegengesetzt erregt und so entmagnetisiert).

Selbsterregung. Bei Selbsterregung wird der Erregerstrom dem Anker des Generators entnommen, wie dies für Nebenschluß-Erregung aus Bild **244.**1a hervorgeht. Die kleine Remanenzspannung läßt beim Einschalten des Erregerkreises zunächst einen kleinen Erregerstrom fließen, der bei richtiger Schaltung der Erregerwicklung das magnetische Feld verstärkt, wodurch die Spannung vergrößert wird und so allmählich Erregerstrom und Spannung ihre vollen Werte erreichen.

Die erzielte Spannung U_0 wird durch den Widerstand des Erregerkreises bestimmt. Mit dem Erregerwicklungswiderstand R_E und dem Feldstellerwiderstand R_{VE} muß gelten $U_0 = (R_E + R_{VE})I_E$. Man erhält also die Betriebspunkte _1_ und _2_ in Bild **246.**1 als Schnittpunkte der Leerlaufkennlinie $U_0 = f(I_E)$ mit der Widerstandsgeraden $U_E = f(I_E)$. Bei dem gegenüber R_{VE1} größeren Widerstand R_{VE2} ergibt sich eine kleinere Spannung (Betriebspunkt _2_) und ein kleinerer Erregerstrom I_{E2}. Mit dem Feldsteller kann so die Spannung eingestellt werden. Dabei gibt es eine untere Grenze dort, wo sich Leerlaufkennlinie und Widerstandsgerade unter so spitzem Winkel schneiden, daß geringfügige Änderungen der Drehzahl wegen der Verschiebung der Leerlaufkennlinie große Spannungsänderungen verursachen würden.

Das Prinzip der Selbsterregung, das als **dynamoelektrisches Prinzip** die Entwicklung der elektrischen Energietechnik entscheidend gefördert hat, wirkt seinem Wesen nach nur, wenn der entstehende Erregerstrom das magnetische Feld verstärkt. Bei umgekehrter Richtung würde er das Remanenzfeld schwächen und die Maschine entmagnetisieren.

6.2.1.2 Belastung. Wenn an den Generator ein Verbraucher angeschlossen wird, fließt ein Ankerstrom I_A, wodurch nach Gl. (245.4) die Klemmenspannung U beeinflußt wird. Außerdem werden nach Abschn. 6.1.2.1 Fluß und Quellenspannung durch die Ankerrückwirkung geschwächt.

Fremderregter Generator. Bild **247**.1 zeigt die Spannungskennlinien eines fremderregten Generators bei festem Erregerstrom. Nach Gl. (245.1) und (245.4) ist die Maschine um so nachgiebiger, je größer Ankerrückwirkung und innerer Widerstand R_i sind.

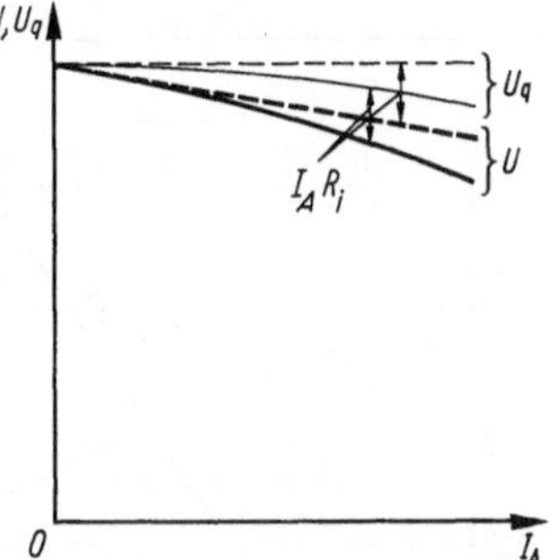

247.1
Belastungskennlinien $U = f(I_A)$ fremderregter Gleichstromgeneratoren ohne (– – –) und mit (——) Ankerrückwirkung bei fester Drehzahl

Nebenschlußgenerator. Noch weicher sind die Spannungskennlinien selbsterregter Generatoren. Beim Nebenschlußgenerator ist der Erregerstrom nicht mehr konstant, sondern er nimmt mit der fallenden Klemmenspannung U auch ab, wie in Abschn. 6.2.1.1 erläutert wird. Bei dem Höchststrom I_h in Bild **247**.2 wird die Spannung dann so gering, daß keine Steigerung des Ankerstroms mehr möglich ist. Wird der äußere Widerstand R_a

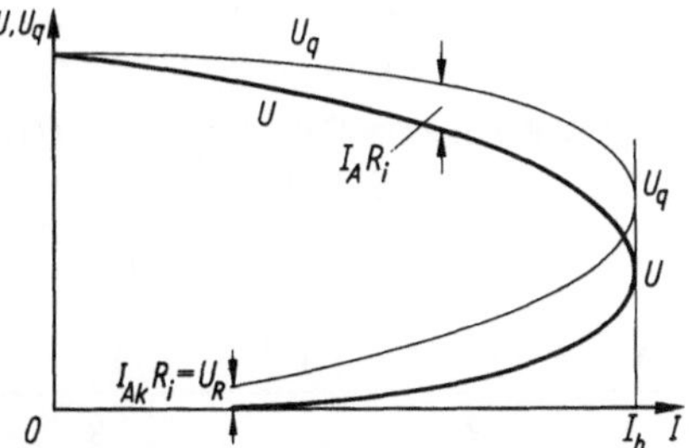

247.2
Belastungskennlinie $U = f(I_A)$ des selbsterregten Nebenschlußgenerators bei fester Drehzahl

noch kleiner, so nimmt auch der Netzstrom ab, bis die bei $R_a = 0$ (Klemmenkurzschluß) nur mehr erzeugte Remanenzspannung U_R gleich dem inneren Spannungsabfall $R_i I_{Ak}$ wird. Bei normalen Maschinen beträgt der Strom I_h ein Mehrfaches des Nennstroms, so daß es wegen der vorhandenen Schutzeinrichtungen kaum bis zu dieser Belastung kommt.

Doppelschlußgenerator. Wenn die von der Belastung abhängige Spannungsverminderung beim Nebenschlußgenerator zu groß würde, kann man eine zusätzliche Reihenschlußwicklung vorsehen. Diese liefert mit zunehmendem Strom eine Zusatzerregung (feldverstärkende Reihenschlußwicklung nach Bild **244**.1c), so daß die Klemmenspannung weniger abnimmt oder sogar ansteigt. Umgekehrt ist es auch möglich, durch eine Gegenreihenschlußwicklung den Generator noch weicher zu machen (z. B. in Schweißgeneratoren). Bild **248**.1 zeigt neben der Belastungskennlinie *4* eines reinen Nebenschlußgenerators mehrere unterschiedliche Kennlinien von Doppelschlußmaschinen.

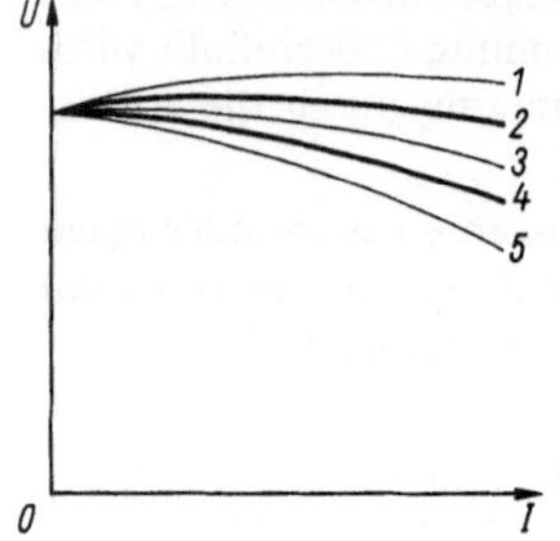

248.1
Belastungskennlinien $U=f(I_A)$ von Doppelschlußgeneratoren bei fester Drehzahl
1 überkompoundiert
2 kompoundiert
3 unterkompoundiert
4 ohne Reihenschlußwicklung
5 gegenkompoundiert

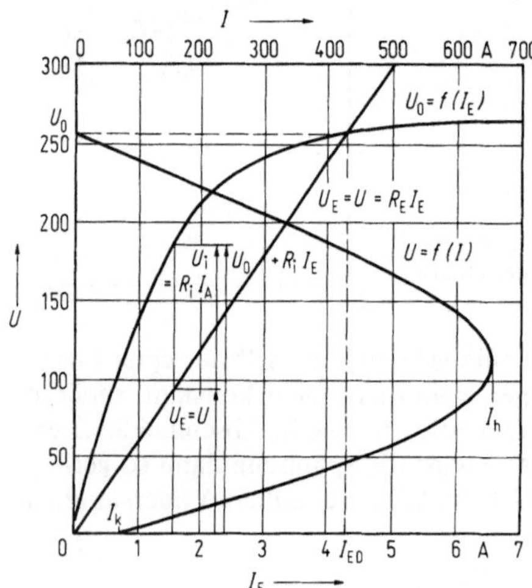

248.2
Leerlaufkennlinie $U_0 = f(I_E)$, Erregerkennlinie $U_E =f(I_E)$ und Belastungskennlinie $U=f(I)$ für Beispiel 55

Beispiel 55. Ein selbsterregter Gleichstrom-Nebenschlußgenerator mit Kompensationswicklung und den Nennwerten $U_N = 230$ V bei $I_N = 150$ A hat die Schaltung von Bild **244**.1a, den inneren Widerstand $R_i = 0{,}14\ \Omega$ und die in Bild **248**.2 und Tafel **248**.3 angegebene Leerlaufkennlinie $U_0 = f(I_E)$. Für den Erregerkreiswiderstand $R_E + R_{VE} = 60\ \Omega$ ist die Belastungskennlinie $U = f(I)$ zu bestimmen.

Tafel **248**.3 Leerlaufkennlinie $U_0 = f(I_E)$ und Berechnung der Belastungskennlinie $U=f(I)$ für Beispiel 55

I_E	U_0	$R_i I_E$	$U_0 + R_i I_E$	$U_E = U$ $= R_E I_E$	$U_i = U_0 +$ $R_i I_E - U_E$	$I_A =$ U_i/R_i	$I =$ $I_A - I_E$
in A	in V	in V	in V	in V	in V	in A	in A
0	8		8	0	8	71,5	0
0,5	74		74	30	44	314	313,5
1	132	0,1	132,1	60	72,1	515	514
1,5	179	0,2	179,2	90	89,2	637	635,5
2	211	0,3	211,3	120	91,3	653	651
2,5	230	0,4	230,4	150	80,4	574	571,5
3,5	248	0,5	248,5	210	38,5	275	271,5
4,6	257	0,7	257,7	276			
6,0	261	0,8	261,8				
4,25	255	0,6	255,6	255	0,6	4,28	0

Da die Leerlaufkennlinie bei Selbsterregung mit dem Erregerstrom I_E im Anker gemessen ist, werden in ihr Bürstenspannungsabfall $U_{Bü}$ und innerer Spannungsabfall $R_i I_E$ berücksichtigt. Für die Quellenspannung gilt daher streng $U_q = U_0 + R_i I_E + U_{Bü}$.

Wenn man die Widerstandsgerade $U_E = U = (R_E + R_{VE})I_E = 60\,\Omega\,I_E$ z.B. mit den Punkten $I_E = 0$, $U_E = 0$ und $I_E = 5\,A$, $U_E = 60\,\Omega \cdot 5\,A = 300\,V$ in Bild **248**.2 einträgt, findet man im Schnittpunkt von Widerstandsgerade und Leerlaufkennlinie für den Erregerstrom $I_{E0} = 4{,}25\,A$ die Leerlaufspannung $U_0 = 255\,V$, für die auch der Netzstrom $I = 0$ ist.

Weitere Punkte der Belastungskennlinie erhält man mit Tafel **248**.3, wenn man, wie in Bild **248**.2 für einen Punkt angedeutet, nach Gl. (245.4) den inneren Spannungsabfall $U_i = R_i I_A = U_q - U - U_{Bü} = U_0 + R_i I_E - U_E$ bildet und hieraus den Ankerstrom $I_A = U_i/R_i$ berechnet. (Die Kennlinien $U_0 = f(I_E)$ und $U_0 + R_i I_E = f(I_E)$ können in Bild **248**.2 nicht voneinander unterschieden werden.) Für den Netzstrom gilt $I = I_A - I_E$, so daß die Belastungskennlinie $U = f(I)$, wie in Bild **248**.2 eingetragen, dargestellt werden kann. Der Höchststrom ist also auf $I_h = 660\,A = 4{,}4 I_N$ und der Kurzschlußstrom sogar auf $I_k = 71{,}5\,A = 0{,}477\,I_N$ begrenzt.

6.2.2 Betriebskennlinien der Motoren

Da beim Motor die Klemmenspannung U größer als die im Anker induzierte Quellenspannung U_q ist, gilt hier im Gegensatz zu Gl. (245.4) mit dem inneren Spannungsabfall $U_i = R_i I_A$ nach Gl. (245.3) bei Vernachlässigung des Bürstenspannungsabfalls $U_{Bü}$ für die **Klemmenspannung**

$$U = U_q + R_i I_A \tag{249.1}$$

Gl. (245.1) und (245.2) sind jedoch weiterhin gültig. Wir wollen mit diesen Gleichungen nun zunächst die normalen Betriebskennlinien ableiten.

6.2.2.1 Nebenschlußmotor. Je nach dem Lastmoment M_L, das die angetriebene Arbeitsmaschine gerade im stationären Zustand bei der vorliegenden, festen Drehzahl n verlangt, muß der Motor nach Gl. (245.2) das innere Drehmoment

$$M_i = M_L + M_v \tag{249.2}$$

einschließlich des Verlustmoments M_v (Luft-, Lager-, Bürstenreibung) erzeugen. Es stellt sich dann bei dem Fluß Φ hierfür der **Ankerstrom**

$$I_A = M_i/(c_m \Phi) \tag{249.3}$$

ein. Mit dem Nennfluß Φ_N, der durch den Nennerregerstrom I_{EN} erzeugt wird, dem inneren Nennmoment M_{iN} und dem Nennankerstrom $I_{AN} = M_{iN}/(c_m \Phi_N)$ erhält man daher die **Stromkennlinie**

$$\frac{I_A}{I_{AN}} = \frac{\Phi_N}{\Phi} \cdot \frac{M_i}{M_{iN}} \tag{249.4}$$

die mit den normierten Größen relativer Ankerstrom $I_{Ar} = I_A/I_{AN}$, relatives Drehmoment $M_r = M_i/M_{iN}$ und relativer Fluß $\Phi_r = \Phi/\Phi_N$ auch einfacher in der Form

$$I_{Ar} = M_r/\Phi_r \tag{249.5}$$

angegeben werden kann. Dies ist für einen konstanten Fluß die Gleichung einer Geraden und in Bild **250**.1 als rote Kurve *1* eingetragen. Sie gilt aber nur in Verbindung mit dem inneren Drehmoment (oder bei Vernachlässigung des Verlustmoments) und für einen Motor mit Kompensationswicklung, die die Ankerrückwirkung voll aufhebt.

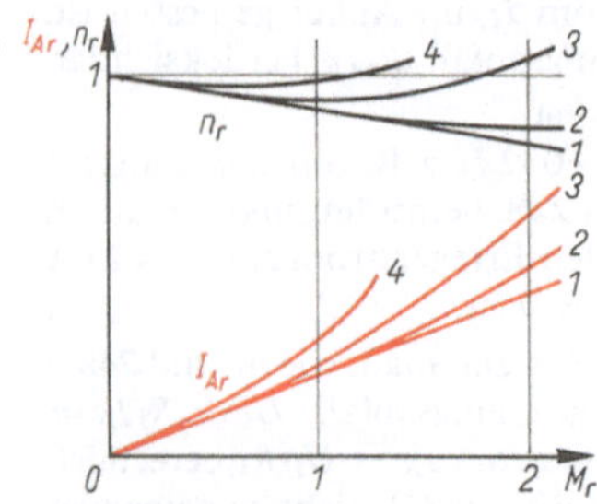

Die Ankerrückwirkung verringert mit steigendem Ankerstrom, also auch wachsendem Drehmoment, den wirksamen Fluß Φ, so daß dann der Ankerstrom wie in den roten Kurven *2* bis *4* von Bild **250**.1 mit dem Drehmoment stärker als linear anwächst.

250.1
Drehzahlkennlinien n_r (schwarz) und Stromkennlinien I_{Ar} (rot)
des Gleichstrom-Nebenschlußmotors
1 ohne Ankerrückwirkung
2, 3, 4 mit Ankerrückwirkung verschiedener Stärke

Drehzahlkennlinie. Für die Ableitung der Drehzahlkennlinie setzen wir voraus, daß in einem idealisierten Leerlauf die ideelle Leerlaufdrehzahl n_d bzw. Leerlauf-Winkelgeschwindigkeit Ω_d auftritt, im Anker kein Strom fließt, daher bei Vernachlässigung der Bürstenübergangsspannung $U_{Bü}$ die Nennspannung

$$U_N = c_u n_d \Phi_N = c_m \Omega_d \Phi_N \tag{250.1}$$

gleich der bei dieser Drehzahl n_d durch den Nennfluß Φ_N erzeugten Quellenspannung ist. Wenn wir nun Gl. (245.1) durch Gl. (250.1) dividieren, finden wir für das Spannungsverhältnis

$$\frac{U_q}{U_N} = \frac{n}{n_d} \cdot \frac{\Phi}{\Phi_N} = \frac{\Omega}{\Omega_d} \cdot \frac{\Phi}{\Phi_N} \tag{250.2}$$

Wir wollen außerdem berücksichtigen, daß außer dem inneren Widerstand R_i noch ein Vorwiderstand R_{VA} in den Ankerkreis eingeschaltet sein kann, so daß dort insgesamt der Spannungsabfall $(R_i + R_{VA})I_A$ entsteht. Wird nun Gl. (249.1) entsprechend erweitert, durch die Nennspannung U_N dividiert und nach U_q/U_N aufgelöst, erhält man mit der grundsätzlich veränderbaren Ankerkreisspannung U das Spannungsverhältnis

$$\frac{U_q}{U_N} = \frac{U}{U_N} - \frac{(R_i + R_{VA})I_A}{U_N} \tag{250.3}$$

Wenn man Gl. (250.2) und (250.3) gleichsetzt, diese Gleichung mit dem Flußverhältnis Φ/Φ_N erweitert und für den Ankerstrom Gl. (249.4) einführt, ergibt sich die **Drehzahlkennlinie**

$$\frac{n}{n_d} = \frac{\Omega}{\Omega_d} = \frac{U}{U_N} \cdot \frac{\Phi_N}{\Phi} - \frac{I_{AN}(R_i + R_{VA})}{U_N} \cdot \frac{M_i}{M_{iN}} \left(\frac{\Phi_N}{\Phi}\right)^2 \tag{250.4}$$

die in Bild **250**.1 als Kurve *1* eingetragen ist. Neben den vor Gl. (249.5) definierten normierten Größen arbeiten wir hier noch mit der relativen Drehzahl $n_r = n/n_d$, der relativen Winkelgeschwindigkeit $\Omega_r = \Omega/\Omega_d$ und der relativen Ankerkreisspannung $U_r = U/U_N$. Mit dem Nennwiderstand $R_N = U_N/I_{AN}$ kann man ferner den **relativen Ankerkreiswiderstand**

$$R_r = (R_i + R_{VA})/R_N = I_{AN}(R_i + R_{VA})/U_N \tag{250.5}$$

einführen, so daß man schließlich die einfachere Form der Drehzahlkennlinie

$$n_r = \Omega_r = \frac{U_r}{\Phi_r} - \frac{R_r}{\Phi_r^2} M_r \tag{250.6}$$

findet. Für feste Werte U_r, Φ_r und R_r ist dies die Gleichung einer Geraden, die im Leerlauf ($M_r = 0$) den Wert U_r/Φ_r annimmt, so daß sich bei Nennspannung und Nennerregung, also $U_r = \Phi_r = 1$, mit $n_r = \Omega_r = 1$ die ideelle Leerlaufdrehzahl n_d einstellt und sich bei dem relativen Ankerkreiswiderstand $R_{ir} = I_{AN} R_i / U_N$ die normale Drehzahlkennlinie

$$n_r = \Phi_r = 1 - R_{ir} M_r \tag{251.1}$$

ergibt. Die Kennlinie $n_r = f(M_r)$ hat die negative Steigung $- R_r/\Phi_r^2$, zeigt also mit wachsender Last einen linearen Drehzahlabfall, der unter Nennbetriebsbedingungen, also $U_r = \Phi_r = M_r = 1$ gerade gleich dem relativen Ankerkreiswiderstand R_{ir} ist. Der innere Widerstand R_i bestimmt somit die Drehzahlabsenkung bei Nennlast. Daher haben auch kleine Gleichstrom-Nebenschlußmotoren wegen des relativ größeren inneren Widerstands eine weichere Drehzahlkennlinie als große Motoren.

Nur ein Nebenschlußmotor, dessen Ankerrückwirkung – z.B. durch eine Kompensationswicklung – vernachlässigbar klein gemacht ist, hat die lineare Drehzahlkennlinie *1* in Bild **250**.1. Wenn aber der Fluß Φ mit zunehmender Belastung kleiner wird (z.B. infolge Ankerrückwirkung), fällt die Drehzahl wie in Kennlinie *2* weniger stark ab oder steigt sogar wie bei Kennlinie *3* und *4* in Bild **250**.1 mit wachsender Last über die Leerlaufdrehzahl hinaus. Je nach Verhalten der angetriebenen Arbeitsmaschine kann sich dann der Antrieb in die Belastung „hineinziehen" und hierbei immer größere Drehzahlen annehmen, was man als Durchgehen bezeichnet. In diesem Fall muß eine Schutzeinrichtung, z.B. ein stromabhängiger Motorschutzschalter oder ein Drehzahlwächter, den Motor abschalten. Dieser Ankerrückwirkung kann auch mit dem Doppelschlußmotor (s. Abschn. 6.2.2.2) begegnet werden.

Beispiel 56. Ein Gleichstrom-Nebenschlußmotor mit Kompensationswicklung hat die Nenndaten $U_N = 220$ V, $I_{AN} = 150$ A, $P_{2N} = 30$ kW, $n_N = 1450$ min^{-1}. Er weist außerdem den inneren Widerstand $R_i = 0{,}0835\,\Omega$ und den Erregerwicklungswiderstand $R_E = 175\,\Omega$ (jeweils bei betriebswarmer Maschine bestimmt) auf und führt im Leerlauf den Ankerstrom $I_{A0} = 2{,}0$ A.

a) Es sind Nennmoment, Nennleistungsaufnahme und Nennwirkungsgrad zu berechnen.

Wir finden mit Gl. (25.1) das Nennmoment

$$M_N = \frac{P_{2N}}{2\pi n_N} = \frac{30\ \text{kW} \cdot 60\ \text{s/min}}{2\pi \cdot 1450\ \text{min}^{-1}} = 197{,}6\ \text{Nm}$$

Zur Bestimmung der Leistungsaufnahme müssen wir zunächst den Nennerregerstrom $I_{EN} = U_N/R_E = 220$ V$/175\,\Omega = 1{,}26$ A berechnen und mit ihm den Nennstrom $I_N = I_{AN} + I_{EN} = 150$ A $+ 1{,}26$ A $= 151{,}3$ A bilden. Somit ergeben sich Nennleistungsaufnahme $P_{1N} = U_N I_{AN} = 220$ V $\cdot 151{,}3$ A $= 33{,}3$ kW und Nennwirkungsgrad $\eta_N = P_{2N}/P_{1N} = 30$ kW$/33{,}3$ kW $= 0{,}901 = 90{,}1\%$.

b) Wie groß ist der relative Drehzahlabfall bei Nennlast, und welche ideelle bzw. tatsächliche Leerlaufdrehzahl hat diese Maschine?

Als relativen Drehzahlabfall zwischen ideellem Leerlauf und Nennlast erhält man mit Gl. (250.5) $\Delta n_{rN} = R_{ir} = I_{AN} R_i / U_N = 150$ A $\cdot 0{,}0835\,\Omega/220$ V $= 0{,}0569 = 5{,}69\%$. Angewandt auf Nennlast, also $U_r = \Phi_r = M_r = 1$, liefert Gl. (251.1) mit $n_{rN} = n_N/n_d = 1 - R_r$ die ideelle Leerlaufdrehzahl

$$n_d = \frac{n_N}{1 - R_r} = \frac{1450\ \text{min}^{-1}}{1 - 0{,}0569} = 1538\ \text{min}^{-1}$$

Da bei Ankerstrom und Drehzahl lineare Verhältnisse vorliegen, muß auch das Verhältnis $(n_\mathrm{d} - n_0)/(n_\mathrm{d} - n_\mathrm{N}) = I_{\mathrm{A}0}/I_{\mathrm{A}\mathrm{N}}$ gelten, und man erhält für die tatsächliche Leerlaufdrehzahl

$$n_0 = n_\mathrm{d} - (n_\mathrm{d} - n_\mathrm{N})I_{\mathrm{A}0}/I_{\mathrm{A}\mathrm{N}} = 1538\ \mathrm{min^{-1}} - (1538\ \mathrm{min^{-1}} - 1450\ \mathrm{min^{-1}})2\ \mathrm{A}/150\ \mathrm{A} =$$
$$= 1537\ \mathrm{min^{-1}}$$

die sich also unwesentlich von der ideellen Leerlaufdrehzahl unterscheidet.

6.2.2.2 Reihenschluß- und Doppelschlußmotor. Beim Reihenschlußmotor liegen nach Bild **244.**1 b Ankerkreis und Erregerwicklung in Reihe, so daß der Fluß Φ durch den Ankerstrom I_A erzeugt wird. Die Magnetisierungskennlinie entspricht der Leerlaufkennlinie $U_0 = f(I_\mathrm{E})$ in Bild **246.**1. Daher gelten auch weiterhin Gl. (249.5) und (250.6).

Wenn wir für einen Teil der Magnetisierungskennlinie mit dem Faktor k einen linearen Verlauf $\Phi_\mathrm{r} = k I_{\mathrm{A}\mathrm{r}}$ voraussetzen[1]), finden wir durch Einsetzen für die Stromkennlinie

$$I_{\mathrm{A}\mathrm{r}} = \sqrt{M_\mathrm{r}/k} \tag{252.1}$$

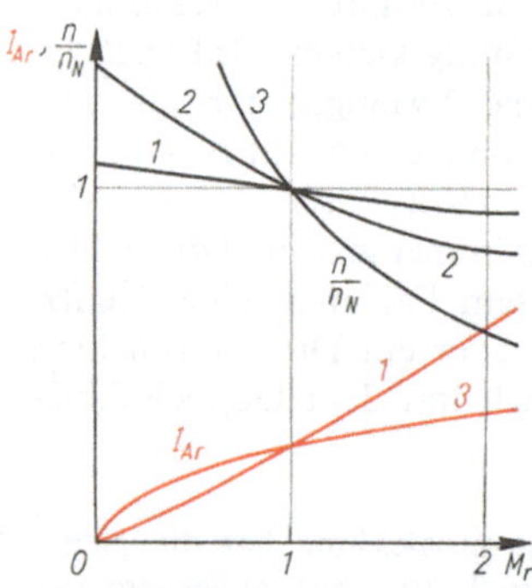

was etwa dem Verlauf der roten Kurve *3* in Bild **252.**1 entspricht. Der Ankerstrom des Reihenschlußmotors ist also bei Teillast größer, bei Überlast jedoch kleiner als beim Nebenschlußmotor. Da mit dem Ankerstrom auch der Fluß vergrößert wird, kann man mit dem Reihenschlußmotor besonders große Anzugsmomente erzielen, was auch für seinen Einsatz in Fahrzeugen, Hebezeugen, Elektrowerkzeugen u. ä. ausschlaggebend ist.

252.1
Drehzahlkennlinien n/n_N (schwarz) und Stromkennlinien $I_{\mathrm{A}\mathrm{r}}$ (rot) von Gleichstrom-Nebenschluß- *(1)*, -Doppelschluß- *(2)* und -Reihenschlußmotor *(3)*

Setzen wir nun auch in Gl. (250.6) $\Phi_\mathrm{r} = k I_{\mathrm{A}\mathrm{r}}$, so erhalten wir die Drehzahlkennlinie

$$n_\mathrm{r} = \Omega_\mathrm{r} = \frac{U_\mathrm{r}}{k I_{\mathrm{A}\mathrm{r}}} - \frac{R_\mathrm{r}}{k^2 I_{\mathrm{A}\mathrm{r}}^2} M_\mathrm{r} = \frac{U_\mathrm{r}}{\sqrt{k M_\mathrm{r}}} - \frac{R_\mathrm{r}}{k} \tag{252.2}$$

Das 1. Glied stellt eine Hyperbel dar, das 2. Glied ergibt einen festen Drehzahlabfall, also eine Drehzahlkennlinie entsprechend der schwarzen Kurve *3* in Bild **252.**1, die man mit ihrer starken Lastabhängigkeit allgemein als Reihenschlußverhalten bezeichnet.

Wegen der sehr großen Leerlaufdrehzahl kann dieser Betrieb, wie auch schon eine weitgehende Entlastung, für Reihenschlußmotoren normalerweise nicht zugelassen werden, da die hierbei auftretenden Fliehkräfte den Anker auseinanderreißen können. Die zulässige Höchstdrehzahl soll auf dem Leistungsschild angegeben sein, wobei der Anker dem 1,2fachen dieser Höchstdrehzahl standhalten muß. Riementriebe oder andere lösbare Verbindungen zwischen Motor und Arbeitsmaschine dürfen daher nicht zugelassen werden. Lediglich kleine, schnellaufende Reihenschlußmotoren vertragen die vollständige Entlastung, da die Reibungsverluste die Leerlaufdrehzahl ausreichend begrenzen.

---

[1]) Für den Kennlinienteil mit Eisensättigung ist der Faktor k nicht mehr konstant – in Bild **248.**2 ändert sich z. B. $k \approx 1,5$ im linearen Bereich auf $k \approx 0,03$ im gesättigten Kennlinienbereich.

Während der Gleichstrom-Nebenschlußmotor auch bei größeren Laständerungen nur wenig in der Drehzahl nachgibt, also eine harte Drehzahlkennlinie hat, ist der Reihenschlußmotor weich. Wünscht man – etwa bei Schwungradantrieben — eine nachgiebige Drehzahl, so sieht man Nebenschluß- und Reihenschlußerregung nach Bild **244.**1c vor. Wie die schwarze Drehzahlkennlinie *2* in Bild **252.**1 zeigt, ergibt sich ein zwischen den Kennlinien *1* und *3* liegendes Verbund- oder Doppelschlußverhalten der Drehzahl. Auch die zugehörige (rote) Stromkennlinie liegt zwischen den Stromkennlinien *1* und *3*. Man kann auch beim Nebenschlußmotor durch eine schwache Reihenschlußwicklung das Anzugsmoment erhöhen oder die Folgen der Ankerrückwirkung ausgleichen und beim Reihenschlußmotor durch eine schwache Nebenschlußwicklung als Haltewicklung das Durchgehen verhindern.

6.2.2.3 Betrieb mit Mischstrom. Heute werden Gleichstrommotoren bis auf die Kleinspannungsmaschinen der Kraftfahrzeuge und der Batteriegeräte über Stromrichter aus dem Wechselstromnetz mit Mischstrom gespeist, wobei das Wechselstromglied mit der Pulszahl der verwendeten Stromrichterschaltung abnimmt. Dieser Mischstrom hat einen Effektivwert, der die Stromwärmeverluste und somit die Wicklungserwärmung bestimmt (s. Abschn. 1.2.3.3), der je nach der Pulszahl erheblich größer als das für die Drehmomenterzeugung maßgebende Gleichstromglied sein kann. Das Drehmoment muß dann entsprechend Tafel **253.**1 herabgesetzt werden. Dort ist unter a) der reine Gleichrichterbetrieb angegeben und unter b) ein Thyristorbetrieb, wenn die Ankerspannung nach Abschn. 6.3.3.2 durch Anschnittsteuerung so verringert wird, daß die Drehzahl auf $^1/_4$ sinkt.

Tafel **253.**1 Verminderung des Drehmoments M^*/M_N durch Stromrichter mit der Pulszahl m bei a) reinem Gleichrichterbetrieb sowie b) Thyristorbetrieb mit Drehzahlabsenkung auf $n_r^* = 0{,}25$.

Pulszahl m		1	2	3	6
Drehmomentverhältnis M^*/M_N	a)	0,52	0,65	0,97	1,0
	b)	0,44	0,58	0,85	0,97

6.2.3 Drehzahlverstellung

Während die Drehzahlverstellung von Asynchronmotoren nach Abschn. 3.3.3 einen großen Aufwand entweder an Verlustleistung oder an Schaltungselementen erfordert, kann die Drehzahl von Gleichstrommotoren mit relativ einfachen Mitteln und u.U. nur geringen zusätzlichen Verlusten verändert werden. Dies ist der hauptsächliche Grund für den weiteren Einsatz von Gleichstrommotoren, die erheblich teurer als Dreiphasen-Asynchronmaschinen sind.

Die Möglichkeiten zur Drehzahlverstellung lassen sich unmittelbar an Gl. (250.4) und (250.6) ablesen. Hiernach kann man durch Änderung des Ankerkreiswiderstands $R_i + R_{VA}$ bzw. des Ankervorwiderstands R_{VA}, der Ankerkreisspannung U und des Flusses Φ, also des Erregerstroms I_E, die Drehzahl n verändern. Wir wollen diese 3 Fälle nun einzeln untersuchen, beschränken uns hierbei aber weitgehend auf das Betriebsverhalten. Für Einzelheiten zu Schaltungen u.a. s. Band VIII.

Eine Drehzahlverstellung geht von der **Grunddrehzahl** n_g aus. Sie stellt sich beim Nebenschlußmotor mit der höchstmöglichen Ankerspannung und dem höchstzulässigen Erregerstrom ohne Einschalten von Ankervorwiderstand im Leerlauf ein. Grundsätzlich kann die Drehzahl sowohl zu größeren Werten, die durch die für den Anker zulässigen Fliehkräfte begrenzt sind, und bis zu sehr kleinen Schleichdrehzahlen herunter verstellt werden, was jedoch wegen der endlichen Anzahl der Ankernuten und Stromwenderstege u. U. keinen gleichmäßigen Lauf zuläßt.

6.2.3.1 Nebenschlußmotor mit Anlaßsteller. Mit dem veränderbaren Vorwiderstand R_{VA}, der auch **Anlaßsteller** genannt wird, wenn er gleichzeitig für das Anlassen (s. Abschn. 6.2.4.1) und eine dauernde Drehzahlverstellung benutzt werden kann, und wie in Bild **241.**1a und **244.**1b vor den Anker geschaltet wird, erhält man den veränderbaren relativen Ankerkreiswiderstand $R_r^* = (R_i + R_{VA}^*)/R_N$. Gleichzeitig halten wir mit $U_r = \Phi_r = 1$ Klemmenspannung U_N und Erregerstrom I_{EN} fest auf den Nennwerten.

Unter diesen Voraussetzungen geht Gl. (250.6) für die relative **Drehzahl** über in

$$n_r^* = \Omega_r^* = 1 - R_r^* M_r \tag{254.1}$$

Die ideelle Leerlaufdrehzahl n_d bleibt somit gegenüber der normalen Drehzahlkennlinie unverändert; mit größer gewordenem relativen Ankerkreiswiderstand R_r, also nach Einschalten des Vorwiderstands R_{VA}, wird jedoch der Drehzahlabfall größer, wie dies in Bild **254.**1a dargestellt ist. Ebenso gilt weiterhin die ursprüngliche Stromkennlinie nach Gl. (249.5).

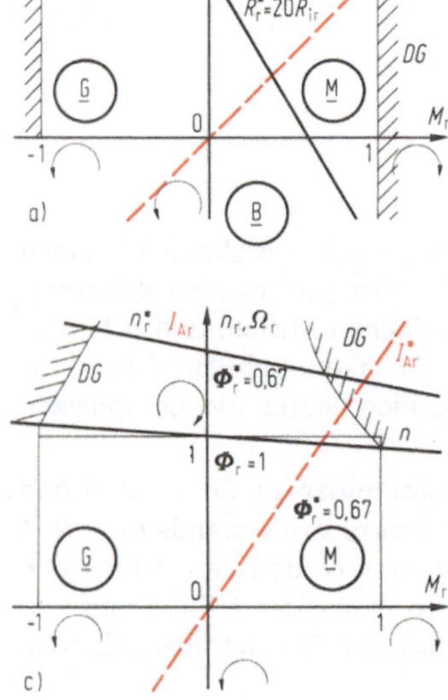

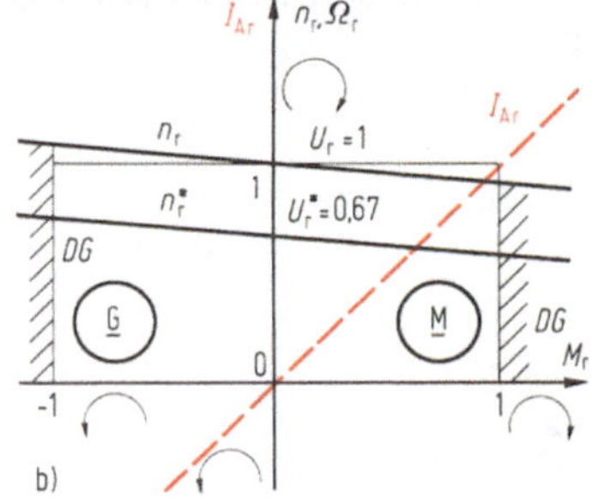

254.1
Drehzahl- (———) n_r und Strom-Kennlinien (– – –) I_{Ar} des Gleichstrom-Nebenschlußmotors für
a) Ankerverstellung mit Vorwiderstand R_{VA}
b) Ankerverstellung mit Leonardschaltung
c) Feldverstellung
Veränderte Werte sind durch * gekennzeichnet.
M   Motor-,
G   Generator-,
B   Bremsbereich
DG Grenze des Dauerlastbereichs bei Fremdbelüftung

In Bild **254**.1 sind auch noch Motor-, Generator- und Bremsbereich bezeichnet. Wird nämlich die Gleichstrom-Nebenschlußmaschine über ihre Leerlaufdrehzahl n_d hinaus beschleunigt, so kehrt sich die Richtung des Ankerstroms um, und die Maschine wird zum Generator. Bei sehr großem Ankerwiderstand kann bei einer aktiven Arbeitsmaschine, z.B. einem Hebezeug, der Motor auch in den Gegenlaufbereich gezogen werden, wo er wegen seines in die entgegengesetzte Richtung wirkenden Drehwillens als Bremse arbeitet (s. Abschn. 6.2.4.3).

Ferner ist in Bild **254**.1 noch eine Grenzlinie für den Dauerlastbereich eingetragen. Würde nämlich der zulässige Ankernennstrom für längere Zeit überschritten, so würden Ankerkupferverluste und Wicklungserwärmung zu groß. Unzulässige Motorerwärmungen können auch mit dem Ankernennstrom bei Eigenbelüftung und stark herabgesetzter Drehzahl auftreten. Die eingetragene Grenzlinie DG gilt daher für gleichbleibende Fremdbelüftung, die man für Motoren, deren Drehzahl in einem größeren Bereich längere Zeit verstellt werden soll, stets vorsehen sollte.

6.2.3.2 Nebenschlußmotor mit Ankerspannungsverstellung. Auch ein Gleichstromnetz soll eine konstante Verbraucherspannung zur Verfügung stellen. Um veränderbare Gleichspannungen zu erhalten, benötigt man besondere Maschinensätze oder steuerbare Gleichrichterschaltungen. Bild **255**.1a zeigt die Schaltung eines Leonardsatzes, wie er

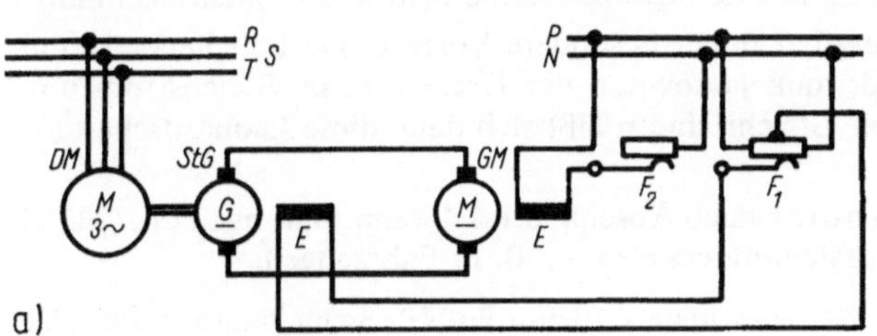
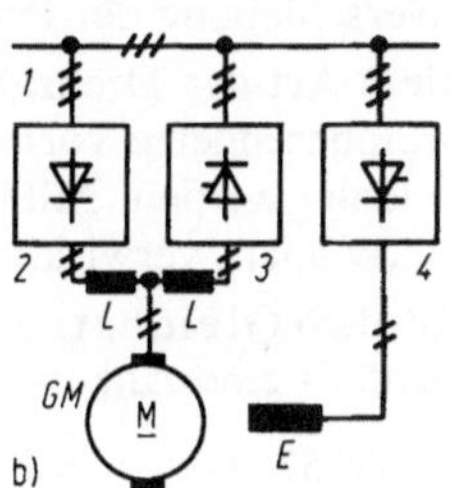

255.1 Leonardschaltung
    a) drehender Leonardsatz
    b) Stromrichterschaltung
  DM   Dreiphasenmotor zum Antrieb des Steuergenerators *StG*
  GM   Gleichstrom-Nebenschlußmotor
  R, S, T Dreiphasennetz
  P, N   Gleichstromnetz
  F   Feldsteller
  E   Erregerwicklung
  1   Dreiphasennetz
  2, 3   netzgeführter, steuerbarer Umkehrstromrichter mit antiparallelen Thyristoren
  4   steuerbarer Erregerkreisgleichrichter

heute noch in Laboratorien eingesetzt wird. Die Dreiphasen-Asynchronmaschine *DM* treibt den Steuergenerator *StG* an, der im Ankerkreis unmittelbar mit dem fremderregten Nebenschlußmotor *GM* zusammengeschaltet ist, der die Arbeitsmaschine antreibt. Die beiden Erregerwicklungen *E* sind mit einem Gleichstromnetz *PN* verbunden, das meist durch eine mit dem Dreiphasenmotor *DM* gekuppelte Erregermaschine gespeist wird.

Für Industrieantriebe wird heute die Stromrichterschaltung in Bild **255**.1b eingesetzt. Die z.B. nach Bild **242**.2b geschalteten, netzgeführten steuerbaren Stromrichter *2, 3* erlauben eine stufenlose Verstellung der Ankerspannung und mit ihren antiparallelen

Thyristoren *2* und *3* auch eine Energierücklieferung ins Netz (z. B. im Bremsbetrieb). Der Erregerkreis wird über den z. B. nach Bild **242.**2 a oder b geschalteten Gleichrichter *4* versorgt, wobei man mit Thyristoren auch eine Feldverstellung vorsehen kann. Die Schaltungen in Bild **255.**1 sind weitgehend gleichwertig, wobei der Stromrichter allerdings nach Tafel **253.**1 eine Verminderung des zulässigen Drehmoments bedingt und auch dem Dreiphasennetz eine größere Blindleistung zumutet, jedoch einen besseren Wirkungsgrad aufweist.

Die Schaltung in Bild **255.**1 a enthält einen Doppelfeldsteller F_1, mit dem die Klemmenspannung des Steuergenerators *StG* von der positiven zur negativen Ankernennspannung verstellt werden kann. In diesem Fall arbeitet man also bei dem relativen Ankerkreiswiderstand $R_\mathrm{r} = R_{\mathrm{i\,r}} = R_\mathrm{i}/R_\mathrm{N}$ und dem konstanten relativen Fluß $\Phi_\mathrm{r} = 1$ mit der veränderbaren relativen Ankerkreisspannung U_r, und Gl. (250.6) geht über in die relative Drehzahl

$$n_\mathrm{r} = \Omega_\mathrm{r} = U_\mathrm{r} - R_{\mathrm{i\,r}}M_\mathrm{r} \tag{256.1}$$

Gegenüber der normalen Drehzahlkennlinie $n_\mathrm{r} = 1 - R_{\mathrm{i\,r}}M_\mathrm{r}$ hat sich die Leerlaufdrehzahl verändert; sie ist, da normalerweise im Nennbetrieb mit der Nennspannung gefahren wird, kleiner geworden, während der Drehzahlabfall gleich geblieben ist, das harte Nebenschlußverhalten also nicht beeinträchtigt wird. Bild **254.**1 b zeigt diese Parallelverschiebung der Drehzahlkennlinie. Die Stromkennlinie wird wieder nicht beeinflußt.

Diese Art der Drehzahlverstellung hat daher besondere Vorteile. Da üblicherweise nur Dreiphasennetze vorhanden sind, muß ja sowieso der Drehstrom in Gleichstrom umgerichtet werden. Mit steuerbaren Gleichrichtern läßt sich dann diese Leonardschaltung relativ leicht verwirklichen.

Mit dem Gleichstrompulswandler nach Abschn. 6.1.4.4 kann man nach Gl. (243.2) ebenfalls eine Ankerspannungsvorstellung erzielen – z. B. in Fahrzeugen.

Beispiel 57. Der in Beispiel 56, S. 251 betrachtete Gleichstrom-Nebenschlußmotor treibt eine Arbeitsmaschine mit dem Lastmomentverlauf $M_\mathrm{L} = kn$ an. Die Drehzahl soll gelegentlich auf $n^* = 800\ \mathrm{min^{-1}}$ herabgesetzt werden.

a) Es ist zu untersuchen, welcher Vorwiderstand hierfür in einem Anlaßsteller verwirklicht werden muß, für welche Verlustleistung er zu bemessen ist und welcher Wirkungsgrad dann auftritt.

Bei dem vorliegenden Antrieb geht bei Drehzahlabsenkung das Drehmoment im Verhältnis der Drehzahl zurück; wir erhalten also das neue relative Drehmoment $M_\mathrm{r}^* = n^*/n_\mathrm{N} = 800\ \mathrm{min^{-1}}/1450\ \mathrm{min^{-1}} = 0{,}552$ bei der neuen relativen Drehzahl $n_\mathrm{r}^* = n^*/n_\mathrm{d} = 800\ \mathrm{min^{-1}}/1538\ \mathrm{min^{-1}} = 0{,}52$. Mit diesen Werten liefert Gl. (254.1) den relativen Widerstand $R_\mathrm{r}^* = (1 - n_\mathrm{r}^*)/M_\mathrm{r}^* = (1 - 0{,}52)/0{,}552 = 0{,}87$, so daß man mit Gl. (250.5) den Ankervorwiderstand

$$R_\mathrm{VA} = \frac{R_\mathrm{r}^* U_\mathrm{N}}{I_\mathrm{AN}} - R_\mathrm{i} = \frac{0{,}87 \cdot 220\ \mathrm{V}}{150\ \mathrm{A}} - 0{,}0835\ \Omega = 1{,}191\ \Omega$$

bestimmen kann. Für die in diesem Widerstand umgesetzten Verluste hat man zu berücksichtigen, das bei $\Phi_\mathrm{r} = 1$ nach Gl. (249.5) $I_\mathrm{Ar}^* = M_\mathrm{r}^*$ ist, der Ankerstrom also im Verhältnis des Drehmoments absinkt. Daher betragen die Verluste im Ankervorwiderstand

$$V_\mathrm{V} = R_\mathrm{VA} M_\mathrm{r}^{*2} I_\mathrm{AN}^2 = 1{,}191\ \Omega \cdot 0{,}552^2 \cdot 150^2\ \mathrm{A}^2 = 8{,}165\ \mathrm{kW}$$

Wegen $P_\mathrm{mech} = 2\pi n M$ geht die Leistungsabgabe auf $P_2^* = P_{2\,\mathrm{N}}^* M_\mathrm{r}^{*2} = 30\ \mathrm{kW} \cdot 0{,}552^2 = 9{,}14\ \mathrm{kW}$ zurück, während die Leistungsaufnahme auf $P_1^* = (I_\mathrm{AN} M_\mathrm{r}^* + I_\mathrm{EN}) U_\mathrm{N} = (150\ \mathrm{A} \times$

0,552 + 1,3 A) 220 V = 18,5 kW sinkt. Es ergibt sich der (wegen der großen Verluste im Ankervorwiderstand recht schlechte) Wirkungsgrad $\eta^* = P_2^*/P_1^* = 9{,}14\,\text{kW}/18{,}5\,\text{kW} = 0{,}494 = 49{,}4\%$, wobei diese Rechnung allerdings einige (nicht sehr schwerwiegende) Vernachlässigungen enthält.

b) Nun soll die Drehzahl über eine Leonardschaltung herabgesetzt werden, wobei wir voraussetzen, daß der vorgeschaltete, steuerbare sechspulsige Gleichrichtersatz den Wirkungsgrad $\eta_\text{G} = 0{,}9$ hat. Die erforderliche Ankerspannung U^* und der erzielbare Gesamtwirkungsgrad η^* sind zu berechnen.

Nach Gl. (256.1) ergibt sich die erforderliche relative Ankerspannung $U_\text{r}^* = n_\text{r}^* + R_{i\text{r}} M_\text{r}^* = 0{,}52 + 0{,}0569 \cdot 0{,}552 = 0{,}551$ bzw. die Ankerspannung $U^* = U_\text{r}^* U_\text{N} = 0{,}551 \cdot 220\,\text{V} = 121\,\text{V}$. Dann hat der Motor die Leistungsaufnahme $P_1^* = U^* I_{\text{AN}} M_\text{r}^* + U_\text{N} I_{\text{EN}} = 121\,\text{V} \cdot 150\,\text{A} \times 0{,}552 + 220\,\text{V} \cdot 1{,}3\,\text{A} = 10{,}33\,\text{kW}$ und den Wirkungsgrad $\eta_\text{M} = P_2^*/P_1^* = 9{,}14\,\text{kW}/10{,}33\,\text{kW} = 0{,}884$, und wir erhalten den Gesamtwirkungsgrad $\eta^* = \eta_\text{G} \eta_\text{M}^* = 0{,}9 \cdot 0{,}884 = 0{,}796 = 79{,}6\%$. Auch wenn man berücksichtigt, daß diese Rechnungen einige (nicht sehr bedeutende) Vernachlässigungen enthalten, zeigt sich deutlich die Überlegenheit der Leonardschaltung.

6.2.3.3 Feldverstellung. Da beim Reihenschlußmotor der Ankerstrom auch durch die Erregerwicklung fließt, läßt sich nur beim Nebenschlußmotor der Erregerstrom mit wirtschaftlichen Mitteln verstellen. In der Schaltung von Bild **255.**1 a ist hierfür der Nebenschlußsteller F_2 am Gleichstrommotor GM vorgesehen; die gleiche Wirkung kann man in der Schaltung von Bild **255.**1 b mit dem steuerbaren Gleichrichter 4 erzielen.

Wir betrachten die Feldverstellung mit dem veränderbaren Fluß Φ_r für feste relative Ankerkreisspannung $U_\text{r} = 1$ und beim relativen Ankerkreiswiderstand $R_{i\text{r}} = R_\text{i}/R_\text{N}$. Hierfür geht Gl. (250.6) über in die relative Drehzahl

$$n_\text{r}^* = \Omega_\text{r}^* = \frac{1}{\Phi_\text{r}^*} - \frac{R_{i\text{r}}}{\Phi_\text{r}^{*2}}\, M_\text{r} \tag{257.1}$$

Gegenüber der normalen Drehzahlkennlinie $n_\text{r} = 1 - R_{i\text{r}} M_\text{r}$ hat sich nun sowohl die relative Leerlaufdrehzahl auf $1/\Phi_\text{r}^*$ (bei Verringerung des Erregerstroms I_E, was wegen des schon Nennerwärmung verursachenden Nennerregerstroms I_{EN} allein zulässig ist) erhöht, als auch der Drehzahlabfall mit der Steigung $R_{i\text{r}}/\Phi_\text{r}^{*2}$ verstärkt, wie dies Bild **254.**1 c zeigt. Gleichzeitig hat die Stromkennlinie nach Gl. (249.5) mit

$$I_{\text{Ar}}^* = M_\text{r}/\Phi_\text{r}^* \tag{257.2}$$

bei einem verringerten Fluß Φ_r^* eine größere Steigung bekommen. Bei Nennmoment, also $M_\text{r} = 1$, würde daher der Ankerstrom I_A schon den zulässigen Nennwert I_{AN} übersteigen. Wenn wir voraussetzen, daß bei gleichbleibender Belüftung weiterhin der Ankernennstrom I_{AN} fließen darf, verläuft die Grenze DG in Bild **254.**1 c für den Dauerlastbereich nach einer Hyperbel. Das zulässige Drehmoment muß also bei Drehzahlerhöhung verringert werden.

Mit der Leonardschaltung nach Bild **255.**1 b kann man leicht durch kombinierte Anwendung von Anker- und Feldverstellung insgesamt einen Drehzahlstellbereich von 1:20 verwirklichen. Bild **258.**1 zeigt die auf diese Weise erreichbaren bzw. einzustellenden Werte. Im Drehzahlbereich 0 bis n_g wird die Ankerspannung U linear bis zur Nennspannung U_N erhöht, von der Grunddrehzahl n_g ab wird der Erregerstrom I_E von seinem Nennwert I_{EN} aus verringert. Die Kommutierungsdrehzahl n_k verlangt, da sonst die Stromwendung Schwierigkeiten bereiten würde, nochmals eine Absenkung des Ankerstroms I_A, so daß für größere Drehzahlen n das Drehmoment M noch weiter verringert

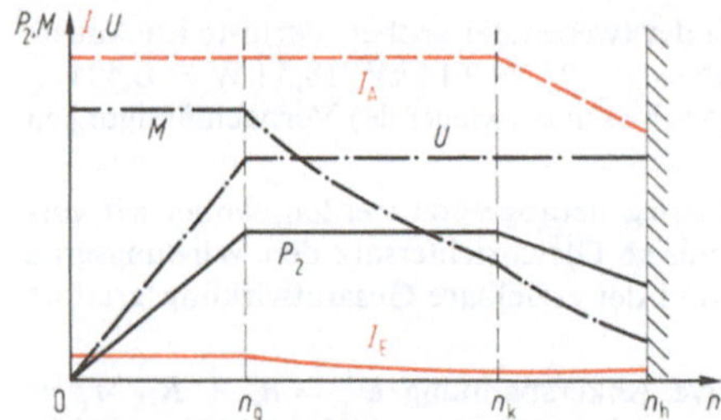

258.1
Zulässige Werte von Leistungsabgabe P_2, Drehmoment M und Ankerstrom I_A sowie eingestellte Ankerspannung U und eingestellter Erregerstrom I_E des Gleichstrom-Nebenschlußmotors in der Leonardschaltung abhängig von der Drehzahl n
n_g Grunddrehzahl
n_k Kommutierungsdrehzahl
n_h zulässige Grenzdrehzahl

werden muß und die Leistungsabgabe P_2 wieder absinkt. Die Grenzdrehzahl n_h wird schließlich durch die zulässige Fliehkraftbeanspruchung festgelegt.

Man darf das Erregerfeld nicht zu sehr schwächen, weil die Ankerrückwirkung sich um so stärker auswirkt, je geringer das Hauptfeld ist. Bei kleinem Hauptfeld ergeben sich die in Bild **250.**1 dargestellten instabilen Kennlinien. Auch muß man unbedingt sicherstellen, daß stets bei Anschluß des Ankers an Spannung Erregerstrom fließt, da sonst bei unzulässig großen Drehzahlen der Anker zerrissen würde. Der Erregerkreis darf also keine Sicherungen oder gesonderte Abschalter enthalten, und der Feldsteller muß auf den unbedingt erforderlichen Widerstand begrenzt bleiben.

Beispiel 58. Der in den Beispielen 56 und 57 (S. 251 und 256) behandelte Gleichstrom-Nebenschlußmotor für 220 V und 30 kW bei $n_N = 1450$ min^{-1} treibt eine Arbeitsmaschine mit dem Lastmomentverlauf $M_L = k/n$ an. Der Antrieb soll durch Feldschwächung auf die Drehzahl $n^* = 1700$ min^{-1} eingestellt werden. Der Nebenschlußsteller ist zu bestimmen. Ferner soll die Zulässigkeit dieser Belastung geprüft werden. Die Steilheit der neuen Drehzahlkennlinie soll mit der normalen verglichen werden.

Das relative Drehmoment geht bei dem vorgegebenen Lastmomentverlauf auf $M_r^* = n_N/n^* = 1450$ min$^{-1}/(1700$ min$^{-1}) = 0,853$ zurück. Mit der neuen relativen Drehzahl $n_r^* = n^*/n_d = 1700$ min$^{-1}/(1538$ min$^{-1}) = 1,105$ und $R_{1r} = 0,0569$ sowie Gl. (257.1) erhalten wir dann die quadratische Gleichung

$$n_r^* = \frac{1}{\Phi_r^*} - \frac{R_{1r}}{\Phi_r^{*2}} M_r^* = \frac{1}{\Phi_r^*} - \frac{0,0569}{\Phi_r^{*2}} 0,853 = 1,105$$

die wir für den relativen Fluß in die Normalform $1,105\,\Phi_r^{*2} - \Phi_r^* + 0,0485 = 0$ bzw. $\Phi_r^{*2} - 0,905\,\Phi_r^* + 0,0439 = 0$ bringen. Sie hat die Lösungen

$$\Phi_r^* = \frac{0,905}{2} \pm \sqrt{\left(\frac{0,905}{2}\right)^2 - 0,0439}$$

wovon der Wert $\Phi_r^* = 0,8535$ den kleineren Ankerstrom liefert, während die 2. Lösung $\Phi_r^* = 0,0515$ außerdem Instabilität verursachen würde und daher unbrauchbar ist.

Bei Zugrundelegung einer Magnetisierungskennlinie, wie sie in Bild **248.**2 für Beispiel 55 angegeben ist, muß hierfür der Erregerstrom etwa auf die Hälfte verkleinert werden, so daß also ein Widerstand etwa mit dem Wert des Erregerwicklungswiderstands $R_{VE} = R_E = 175\ \Omega$ als Nebenschlußsteller in den Erregerkreis einzuschalten ist. Dieser Feldsteller sollte nicht mehr als 200 Ω aufweisen, da sonst zu große Drehzahlen eingestellt werden können. Nach Gl. (257.2) fließt der relative Ankerstrom $I_{Ar}^* = M_r^*/\Phi_r^* = 0,853/0,8535 \approx 1$; dieser Betrieb ist also zulässig.

Die normale Drehzahlkennlinie hat nach Gl. (251.1) die Steigung R_{1r}, während bei Feldschwächung nach Gl. (257.1) die Steigung R_{1r}/Φ_r^{*2} auftritt, so daß die Drehzahl hier um den Faktor $1/\Phi_r^{*2} = 1/0,8535^2 = 1,373$ stärker abfällt.

6.2.3.4 Reihenschlußmotor. Nach Gl. (252.2) bieten sich drei Möglichkeiten zur Verstellung der Drehzahl beim Reihenschlußmotor an: die Änderung der Klemmenspannung U, das Einschalten eines Ankervorwiderstands R_{VA} und die Veränderung des Faktors k. Dieser könnte z.B. durch Parallelschalten eines Widerstands zur Reihenschlußwicklung, was einer Feldschwächung gleichkommt, erhöht oder durch einen Parallelwiderstand zum Anker, was eine Feldverstärkung verursacht, insbesondere in der Nähe des Leerlaufs wirksam verkleinert werden. Beides wird heute kaum noch angewandt.

Bild **259**.1 zeigt zwei geänderte Drehzahlkennlinien. Gegenüber der normalen Kennlinie n_r ist bei der Kurve n_r^* die Klemmenspannung mit $U_r^* = 0{,}5$ auf die Hälfte heruntergesetzt. Dies erreicht man z.B. in Fahrzeugantrieben durch eine Reihenschaltung von zwei Fahrmotoren. Hierdurch sinkt die Drehzahl bei Last auf mehr als die Hälfte, insbesondere aber auch bei geringer Belastung.

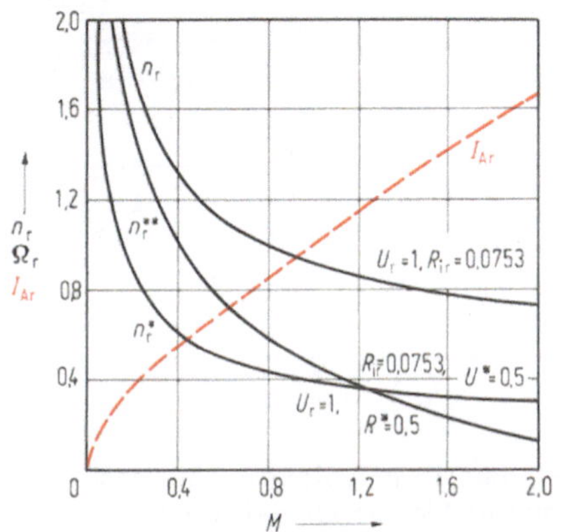

259.1
Strom- (– – –) I_{Ar} und Drehzahl-Kennlinien (——) des Gleichstrom-Reihenschlußmotors für normalen Betrieb (n_r), halbe Klemmenspannung (n_r^*) und mit Ankervorwiderstand (n_r^{**})

Das Einschalten von Ankervorwiderstand R_{VA} wirkt sich nach der Kennlinie n_r^{**} in Bild **259**.1 dagegen kaum bei Teillast, jedoch sehr stark bei Überlast aus. Hierfür werden wieder Anlaßsteller, z.B. bei Fahrzeugantrieben, eingesetzt.

Der Doppelschlußmotor zeigt je nach Stärke von Nebenschluß- oder Reihenschlußwicklung ein Verbundverhalten, das sich dem Neben- oder Reihenschlußverhalten nähert. Die Drehzahl läßt sich daher in entsprechender Weise verstellen.

6.2.4 Anlassen, Drehrichtungsumkehr und Bremsen

Zu keiner Zeit darf der Ankerstrom den für den Stromwender zulässigen Wert überschreiten, da er sonst beschädigt würde. Dies hat man beim Anlassen, beim elektrischen Bremsen oder Umkehren der Drehrichtung zu beachten. Beim Stillsetzen eines Antriebs können u.U. elektrische Energien zurückgewonnen werden. Daher sollen diese Betriebszustände hier noch angesprochen werden. Für weitere Einzelheiten zu diesen relativ langsamen Drehzahländerungen von Antrieben und ihren Gesetzen s. Band VIII.

6.2.4.1 Anlassen. In Abschn. 6.1.4.1 wird die Verwendung von Anlassern begründet. Man kann auf sie verzichten, wenn der Anlaßstrom bei kleinen Motoren nur mäßig groß (bis etwa 500 W Leistungsabgabe), oder wenn in der Leonardschaltung (s. Abschn. 6.2.3.2) oder mit einem Gleichstrompulswandler nach Abschn. 6.1.4.4 mit der steigenden Ankerspannung angefahren wird. Die stetig veränderte Ankerspannung vermeidet auch alle zusätzlichen Stromwärmeverluste, die sonst beim Anfahren auftreten (s. Band VIII). Sobald sich der Motor beim Einschalten des Anlassers zu drehen beginnt, entsteht eine mit der Drehzahl n wachsende Quellenspannung U_q, so daß der Anlasser dann stufenweise abgeschaltet werden kann. Dabei soll ein **Anlaßspitzenstrom** I_{An} nicht über- und ein **Schaltstrom** I_{Sch} nicht unterschritten werden, um einerseits Überlastungen des Netzes und des Stromwenders zu verhindern und andererseits möglichst schnell anzufahren. Der Anlaßstrom verläuft bei Vernachlässigung der Übergangsvorgänge (s. Abschn. 6.2.5) nach einer Sägezahnkurve (s. Bild **260**.1). Aus den gewünschten bzw. zweckmäßigen Werten der Ströme I_{An} und I_{Sch} ergeben sich Stufenzahl und Widerstandswerte der einzelnen Stufen, wie dies in Beispiel 59 mit Bild **260**.1 gezeigt wird. Für die thermische Bemessung der Anlasserwiderstände s. Band VIII.

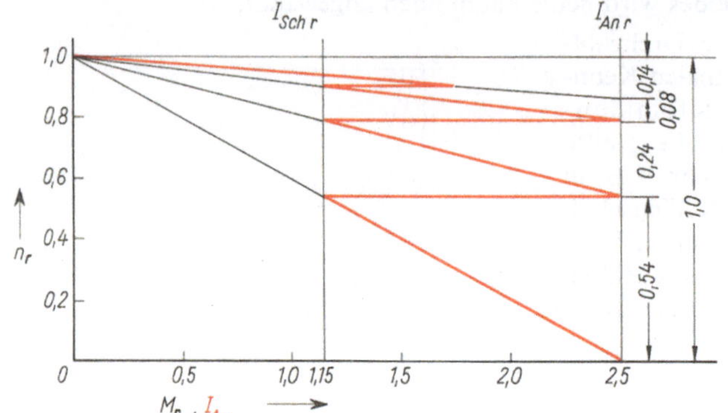

260.1
Drehzahlkennlinien $n_r = f(M_r)$ des Nebenschlußmotors von Beispiel 59 (gleichzeitig Verlauf des Ankerstroms I_{Ar} beim Anlassen)

Gleichstrom-Anlasser sind nach DIN 46062 für Motorleistungen von 1,7 bis 1000 kW genormt. Sie können nach Tafel **158**.1 für Vollast-, Halblast- und Schweranlauf benutzt werden und begrenzen dann den Anlaßspitzenstrom auf die in Tafel **158**.1 ebenfalls angegebenen Werte. Für Ausführung und Kennwerte von Anlassern s. Abschn. 3.3.2.2 und VDE 0660.

Beispiel 59. Für den in Beispiel 56 bis 58 (S. 251, 256, 258) behandelten Gleichstrom-Nebenschlußmotor der Nennleistung $P_{2N} = 30$ kW bei $U_N = 220$ V sind Anlasser zu bestimmen.

a) Es ist ein Anlasser nach DIN 46062 für Vollastanlauf und möglichst große Anlaßhäufigkeit auszusuchen.

Die größere Anlaßhäufigkeit erzielt man mit Luftkühlung (L). Die Bestellangaben eines normal (n) gestuften Gleichstrom-Anlassers (G) lauten daher, wenn man die nächstgrößere genormte Type wählt, „Anlasser DIN 46062 GLn für 40 kW Vollastanlauf, Nennspannung 220 V". Er hat die Mindestwerte für Anlaßzeit $t_{an} = 14$ s, Anlaßzahl $z = 3$, Anlaßhäufigkeit $h = 4h^{-1}$ und mindestens 1 Vorstufe und 4 Anlaßstufen.

b) Es sollen die **Anlaßwiderstände** für eine **Schützensteuerung** bestimmt werden, wenn bei möglichst wenigen Anlaßstufen der Anlaßspitzenstrom bis an den mit Rücksicht auf die Stromwendung zulässigen Grenzwert $I_{AN} = 2,5 I_{AN}$ kommen darf und der Motor gegen das konstante Lastmoment $M_L = M_N$ hochlaufen soll.

Für diesen Motor mit dem Ankernennstrom $I_{AN} = 150$ A ist dann der Anlaßspitzenstrom $I_{An} = 2,5 I_{AN} = 2,5 \cdot 150$ A $= 375$ A, und es wird der Schaltstrom $I_{Sch} = 1,15 I_{AN} = 1,15 \times 150$ A $= 172$ A angesetzt. Bei Vernachlässigung der Bürstenübergangsspannung $U_{Bü}$ muß im Stillstand der Ankerkreiswiderstand $R_i + R_{VA} = U/I_{An} = 220$ V$/375$ A $= 0,586\ \Omega$ betragen. Hiervon entfallen $R_i/(R_i + R_{VA}) = 0,0835\ \Omega/0,586\ \Omega = 0,14$ oder 14% auf den inneren Widerstand $R_i = 0,835\ \Omega$, während die restlichen 86%, also $0,86 \cdot 0,586\ \Omega = 0,503\ \Omega$, als Anlasserwiderstand R_{VA} im Stillstand erforderlich sind.

Die Anzahl der Stufen und die Teilwiderstände ermitteln wir graphisch in Bild **260**.1, das der Ankerverstellung mit Vorwiderstand in Bild **254**.1a entspricht. Die Drehmomentabszisse dürfen wir dann auch als Stromabszisse benutzen. Wir legen die Drehzahlkennlinie n_{r1} so, daß sie bei $I_A/I_{AN} = 2,5$ die Abszissenachse schneidet. Hier beginnt der Anlaßvorgang. Mit wachsender Drehzahl wird in der 1. Stufe der Schaltstrom bei $n_r = 0,54$ erreicht, so daß hier auf die nächste

Anlasserstufe umgeschaltet werden muß. Diese Konstruktion kann man, wie in Bild **260**.1 dargestellt, fortsetzen, so daß schließlich, da der Drehzahlabfall bei Nennmoment nach Abschn. 6.2.2.1 dem relativen Ankerkreiswiderstand R_r entspricht, mit den eingetragenen Faktoren die drei Anlaßstufenwiderstände

$$R_{V1} = 0{,}54 \cdot 0{,}586\ \Omega = 0{,}316\ \Omega$$
$$R_{V2} = 0{,}24 \cdot 0{,}586\ \Omega = 0{,}140\ \Omega$$
$$R_{3g} = 0{,}08 \cdot 0{,}586\ \Omega = 0{,}047\ \Omega$$

gefunden werden, deren Summe wieder $R_{VA} = 0{,}503\ \Omega$ ergibt.

6.2.4.2 Umkehren der Drehrichtung. Um die Drehrichtung eines Gleichstrommotors umzukehren, muß die Richtung des Erregerfelds o d e r des Ankerstroms geändert werden. Dabei müssen bei Richtungsänderung des Feldes bei Doppelschlußmotoren beide Erregerwicklungen umgeklemmt werden; andernfalls würde aus der Kompoundwicklung eine Gegenkompoundwicklung. Doppelschlußmotoren sind daher auch für einen Leonardbetrieb (s. Abschn. 6.2.3.2) mit zwei Drehrichtungen nicht geeignet. Entsprechend ist bei einer Umkehr der Ankerstromrichtung dafür zu sorgen, daß Wendepol- und Kompensationswicklungen ihre Verbindungen zum Anker behalten, da sie sonst das Ankerquerfeld nicht aufheben, sondern verstärken würden. Nach Abschn. 6.2.5 kann man den Ankerstrom schneller umkehren als den Erregerstrom.

6.2.4.3 Bremsen. Elektrisches Bremsen hat bei Fahrzeugantrieben und Hebezeugen den Vorteil, daß u. U. Nutzenergie zurückgewonnen werden kann. Bei Werkzeugmaschinen ist ein schnelles Stillsetzen oft erwünscht, um unproduktive Fertigungszeiten klein zu halten. Elektrische Motoren können jedoch durch die Bremsschaltung allein nicht zum Stillstand gebracht oder festgehalten werden. In diesen Fällen sind zusätzliche mechanische Bremsen erforderlich. Wir wollen nun die wichtigsten Bremsschaltungen kurz betrachten. Bei verschiedenen Bremsverfahren kann der Antrieb nach dem Stillsetzen auch wieder in der falschen Richtung hochlaufen. Als Schutz hiergegen setzt man Brems- oder D r e h z a h l w ä c h t e r ein. Für weitere Einzelheiten, z. B. Bremswärme, s. Band VIII.

Nebenschlußmotor. Wenn die Gleichstrom-Nebenschlußmaschine über ihre Leerlaufdrehzahl hinaus angetrieben wird, arbeitet sie nach Bild **254**.1 und **262**.1a bei dem relativen Lastmoment M_{Lr} mit der relativen Drehzahl n_{r1} als Generator, und es wird während dieses N u t z b r e m s e n s NB Energie in das Netz zurückgeliefert. Bei einem vergrößerten Ankerkreiswiderstand R_{r2} erhöht sich die Drehzahl n_{r2}. Kleinere Bremsdrehzahlen erhält man, wenn beim W i d e r s t a n d s b r e m s e n WB der Ankerkreis auf besondere Bremswiderstände, mit denen man die Steilheit der Kennlinien, also z. B. die Drehzahlen n_{r3} und n_{r4} in Bild **262**.1a einstellen kann, geschaltet wird. Dieses Verfahren entwickelt im Gegensatz zur Nutzbremsung kein Anzugsmoment. Wenn der Motor nach Einschalten eines großen Ankervorwiderstands R_{V5} in der Drehrichtung umgekehrt wird (s. Abschn. 6.2.4.2), kann ein aktives Lastmoment den Motor bei diesem G e g e n s t r o m b r e m s e n GB entgegen seinem Drehwillen bewegen, so daß sich z. B. die Drehzahl n_{r5} einstellt.

Reihenschlußmotor. Nutzbremsen ist bei Reihenschlußmaschinen nur mit großem elektronischem Aufwand möglich und daher selten. Gelegentlich wird dabei die Reihenschlußmaschine in eine Nebenschlußmaschine mit den Kennlinien NB in Bild **262**.1a umgeschaltet. (Z. B. kann bei 4 Fahrmotoren der eine als Generator die Fremderregung für die drei anderen liefern.) Dagegen setzt man das W i d e r s t a n d s b r e m s e n mit den

Kennlinien *WB* in Bild **262.**1 b gern ein. Im Fahrzeugantrieben kann man z.B. die Reihenschlußmotoren auf Bremswiderstände oder je 2 Motoren in Kreuzschaltung (die Feldwicklung des einen Motors wird mit dem anderen in Reihe geschaltet und hierdurch eine gleichmäßige Belastung erreicht) arbeiten lassen. Auch ist nach Umkehr der Drehrichtung (s. Abschn. 6.2.4.2) wieder bei vergrößertem Ankerkreiswiderstand ein Gegenstrombremsen mit dem Kennlinienverlauf *GB* von Bild **262.**1 b möglich.

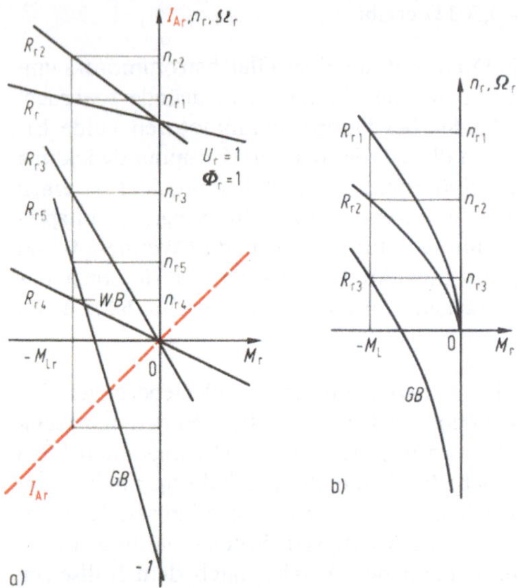

Doppelschlußmotor. Es können grundsätzlich die beim Gleichstrom-Nebenschlußmotor aufgeführten Verfahren angewandt werden. Gegenstrombremsen sollte man jedoch wegen der dann bei der Drehrichtungsumkehr erforderlichen Feldwicklungsumschaltung (s. Abschn. 6.2.4.2) vermeiden.

262.1
Bremskennlinien für Gleichstrom-Nebenschluß- (a) und -Reihenschlußmotoren (b)
NB Nutzbremsung
WB Widerstandsbremsung
GB Gegenstrombremsung

6.2.4.4 Vierquadrantenbetrieb. In Bild **262.**2a sind Drehrichtung und Drehmomentrichtungen für den normalen Motorbetrieb (Treiben), und in Bild **262.**2b ist das gleiche für den Bremsbetrieb angegeben. Die zugehörigen Kennlinien und Betriebsbereiche sind in Bild **262.**2c dargestellt.

Bild **262.**2c zeigt, daß bei Umkehr der Drehrichtung im Motorbereich auch Ankerstrom I_A und Ankerspannung U_A umgekehrt werden müssen, man also aus dem Quadranten I in den Quadranten III umschalten muß. Mit Stromrichtern möchte man meist kontinuierlich von einem Quadranten in den anderen übergehen können, also einen Vier-

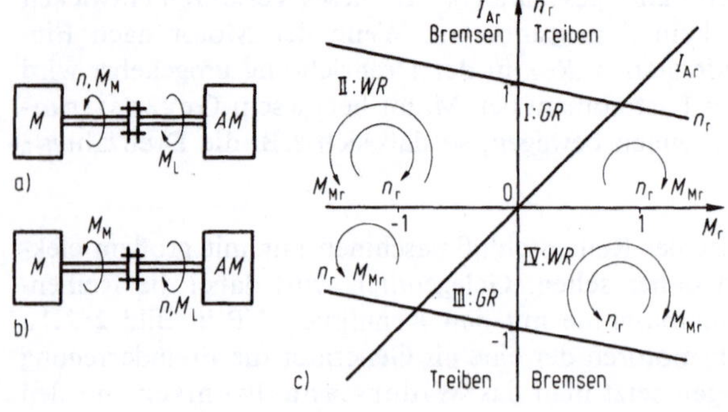

262.2
Richtung von Motormoment M_M, Lastmoment M_L und Drehrichtung *n* beim Treiben (a) und Bremsen (b) sowie zugehörige Betriebsbereiche (c) für Vierquadrantenbetrieb
GR Gleichrichterbetrieb
WR Wechselrichterbetrieb
M Motor
AM Arbeitsmaschine

quadrantenbetrieb verwirklichen. Solche Umkehrstromrichter-Antriebe bedürfen besonderer Maßnahmen. Eine halbgesteuerte Brückenschaltung nach Bild **242.**1 b läßt z. B. nur eine einzige Spannungs- und Stromrichtung, also nur den Betrieb im Quadranten I, zu. Bei der vollgesteuerten Brückenschaltung ist dagegen auch ein Wechselrichterbetrieb, also eine Umkehr der Ankerspannung U_A und somit ein Bremsbetrieb im Quadranten IV, möglich. Um außerdem noch eine Umkehr des Ankerstroms I_A vornehmen zu können, muß man dann antiparallele Ventile vorsehen, die z. B. wie in Bild **255.**1 b angeordnet sein können. Im Quadrant I arbeitet der Stromrichter *2* als Gleichrichter *GR*, im Quadrant II dagegen als Wechselrichter *WR*, während der Stromrichter *3* im Quadrant III als Gleichrichter und im Quadrant II als Wechselrichter wirken muß. Die Drosseln *L* sollen Kreisströme verhindern. Für weitere Schaltungen s. Band VIII und [9].

Beispiel 60. Ein Gleichstrom-Nebenschlußmotor soll das in Bild **263.**1a dargestellte Programm für relatives Drehmoment $M_r = f(t)$ und relative Drehzahl $n_r = f(t)$ erfüllen. Er soll also in der Zeit t_1 bei $M_r = 1$ linear auf die relative Grunddrehzahl $n_{gr} = 0,96$ hochgefahren werden. Von der Zeit t_2 ab soll er linear bei $M_r = 0,4$ auf $n_r = 1,3$ beschleunigt werden, später im Zeitbereich t_4 bis t_6 auf $n_r = 0$ gebracht und schließlich ab t_6 bei $M_r = -0,4$ auf $n_r = -n_{gr}$ mit entgegengesetzter Drehrichtung wieder hochgefahren werden. Der zugehörige Verlauf der relativen Spannung $U_r = f(t)$, des relativen Ankerstroms $I_{Ar} = f(t)$, des relativen Flusses $\Phi_r = f(t)$ und der relativen Leistungsabgabe $P_{2r} = P_2/P_{2N} = f(t)$ ist darzustellen.

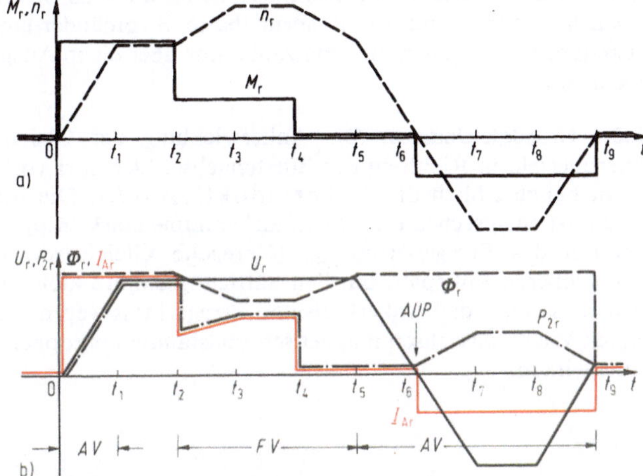

263.1
Vorgegebenes Fahrprogramm (a) M_r, $n_r = f(t)$ und hieraus folgender Verlauf (b) U_r, I_{Ar}, Φ_r, $P_{2r} = f(t)$ eines Gleichstrom-Nebenschlußmotors
AV Ankerspannungsverstellung
FV Feldverstellung
AUP Ankerumpolung

Im Zeitbereich $t = 0$ bis t_2 wird der Motor, z. B. in der Schaltung von Bild **255.**1 b, mit der Ankerspannung $U_r = 0$ beginnend bis auf $U_r = 1$ hochgefahren (Ankerspannungsverstellung *AV*), wobei die mechanische Leistung P_{2r} entsprechend anwächst und Fluß $\Phi_r = 1$ und Ankerstrom $I_{Ar} = 1$ sofort ihre Nennwerte annehmen, die auch im Bereich t_2 bis t_3 beibehalten werden.

Im Zeitbereich t_3 bis t_4 wird Feldverstellung (*FV*) angewandt. Hierfür gilt mit Gl. (250.6) wegen $R_r = 1 - n_{gr} = 1 - 0,96 = 0,04$ die quadratische Gleichung

$$1,3 = \frac{1}{\Phi_r} - \frac{0,04}{\Phi_r^2}\,0,4 \qquad \text{bzw.} \qquad 1,3\,\Phi_r^2 - \Phi_r + 0,016 = 0$$

mit den Lösungen $\Phi_{r1} = 0,739$ und $\Phi_{r2} = 0,031$, wobei die 2. Lösung nicht brauchbar ist, da dieser geringe Fluß einen zu großen Strom verursachen würde. Mit Gl. (249.5) ist dann der relative Ankerstrom $I_{Ar} = M_r/\Phi_r = 0,4/0,739 = 0,542$ sowie mit Gl. (26.2) die relative Leistungsabgabe $P_{2r} = M_r n_r = 0,4 \cdot 1,3 = 0,52$. Der Strom I_{Ar} springt zunächst zur Zeit t_2 wegen

$\Phi_{\mathrm{r}} = 1$ auf $I_{\mathrm{Ar}} = M_{\mathrm{r}} = 0{,}4$ zurück, und alle Größen gehen in der Zeit t_2 bis t_3 linear auf die neuen Werte über.

Für den Zeitbereich t_4 bis t_6 gehen wegen $M_{\mathrm{r}} = 0$ auch $P_{2\mathrm{r}}$ und I_{Ar} auf Null zurück, wobei zunächst für t_4 bis t_5 mit Feldverstellung der Fluß Φ_{r} auf den Nennwert gebracht und anschließend im Bereich t_5 bis t_6 die Ankerspannung U_{r} zurückgenommen wird. Zur Zeit t_6 wird der Anker umgepolt, so daß, bezogen auf den Ankerkreis, anschließend Ankerspannung und Ankerstrom die entgegengesetzte Richtung haben, also negativ sind.

Im Zeitbereich t_7 bis t_8 muß nach Gl. (250.6) die Ankerspannung den Wert $U_{\mathrm{r}} = -n_{\mathrm{gr}} + R_{\mathrm{r}} M_{\mathrm{r}}$ $= -0{,}96 + 0{,}04 \; (-0{,}4) = -0{,}976$ annehmen, während wieder $I_{\mathrm{Ar}} = M_{\mathrm{r}} = -0{,}4$ und $P_{2\mathrm{r}} = -M_{\mathrm{r}} = 0{,}4$ sind. Für die übrigen Bereiche findet man einen linearen Übergang.

6.2.5 Dynamisches Verhalten

In Bild **260**.1 wird vorausgesetzt, daß sich der Ankerstrom sprungartig ändern kann. Eine solche Betrachtung, die alle Induktivitäten vernachlässigt, ist häufig zulässig. In manchen Fällen (z.B. bei geregelten Antrieben) muß aber das Übergangsverhalten, d.h. der Übergang von einem Beharrungszustand in einen anderen, genauer untersucht werden. Dann ist zu beachten, daß jede Stromänderung $\mathrm{d}i/\mathrm{d}t$ in den in der Gleichstrommaschine vorhandenen Induktivitäten L auch zu Spannungen der Selbstinduktion $u_{\mathrm{q}} = L\,\mathrm{d}i/\mathrm{d}t$ führt und somit sprunghafte Stromänderungen verhindert. Wegen der Massenkräfte kann auch die Drehzahl n nur über einen Ausgleichsvorgang andere Werte annehmen.

6.2.5.1 Grundgleichungen. Die Ankerwicklung der Gleichstrommaschine erzeugt ein Ankerquerfeld in Richtung der Bürstenachse. Der dort vorhandene große Luftspalt bestimmt hauptsächlich die Ankerinduktivität L_{A}. Die Induktivität der Erregerwicklung L_{E} ist entsprechend der Leerlaufkennlinie stark sättigungsabhängig und somit eine Funktion des Erregerstroms i_{E}. (Geregelte Gleichstromgeneratoren erhalten häufig einen größeren Luftspalt, um den Sättigungseinfluß klein zu halten.) Weiterhin dürfen wir voraussetzen, daß Ankerkreis und Erregerkreis wegen der um 90° gegeneinander verdrehten Wicklungsachsen magnetisch vollständig entkoppelt sind und nicht aufeinander zurückwirken.

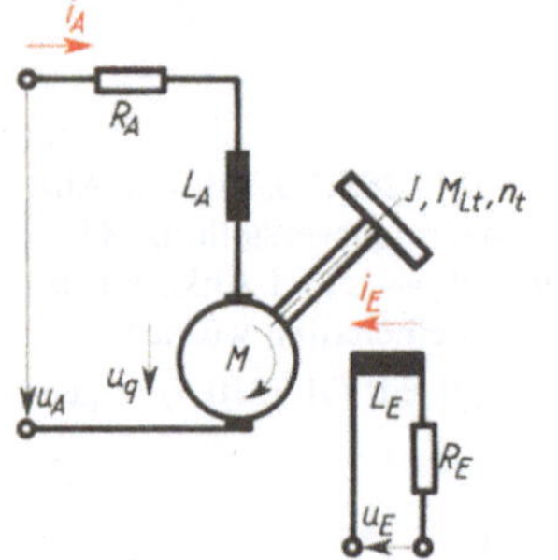

264.1
Ersatzschaltung des Gleichstrom-Nebenschlußmotors für Übergangsvorgänge
u_{A} Ankerspannung
u_{q} Quellenspannung des Ankers
J Trägheitsmoment
u_{E} Erregerspannung

Wir vernachlässigen wieder die Bürstenübergangsspannung und betrachten nur Motoren (Bild **264**.1), für die sich daher Gl. (249.1) bis (250.1) ändern in Gleichungen mit den zeitabhängigen Größen Spannung u, Strom i, Drehzahl n_{t}, Drehmoment M_{it} und Fluß Φ_{t}

$$u_q = c_u n_t \Phi_t \tag{265.1}$$

$$M_{it} = c_m i_A \Phi_t \tag{265.2}$$

$$u_A = u_q + i_A R_A + (L_A \, di_A/dt) \tag{265.3}$$

(mit Ankerkreiswiderstand $R_A = R_i + R_{VA}$). Für den Erregerkreis gilt mit Wirkwiderstand R_E und Induktivität L_E die Spannungsgleichung

$$u_E = i_E R_E + (L_E \, di_E/dt) \tag{265.4}$$

Das Übergangsverhalten wird wesentlich bestimmt durch die **Ankerzeitkonstante** $\tau_A = L_A/R_A$ und die **Erregerzeitkonstante** $\tau_E = L_E/R_E$, für die Bild **265**.1 Richtwerte angibt. Die Ankerzeitkonstante τ_{AN} bei Nennerregung ist wegen der Eisensättigung kleiner als die Ankerzeitkonstante τ_{A0} bei unerregter Maschine. Das gleiche gilt für die Erregerzeitkonstanten τ_{EN} und τ_{E0} wegen des Verlaufs der Leerlaufkennlinie (Bild **246**.1). Da die Erregerzeitkonstante τ_E etwa zwanzigmal so groß wie die Ankerzeitkonstante τ_A ist, kann man die Drehrichtung am schnellsten durch eine Umsteuerung im Ankerkreis umkehren.

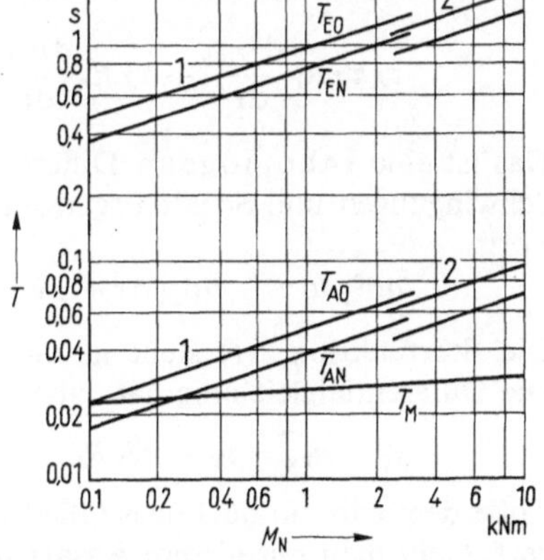

265.1
Mittlere Werte der Zeitkonstanten (in s) von Gleichstrommaschinen für 4polige (*1*) und 6polige (*2*) Maschinen (nach Th. Keve).
τ_{E0} Erregerzeitkonstante unerregt
τ_{EN} Erregerzeitkonstante bei Nennerregung
τ_{A0} Ankerzeitkonstante unerregt
τ_{AN} Ankerzeitkonstante bei Nennerregung
τ_J Schwungmassen-Zeitkonstante

Neben dem Spannungsgleichgewicht in Gl. (265.3) und (265.4) ist noch das Drehmomentgleichgewicht zu beachten (s. Abschn. 1.2.2 und 1.2.3). Die Drehzahländerung dn_t/dt verlangt bei dem Trägheitsmoment J der zu beschleunigenden Massen nach Gl. (24.1) das **Beschleunigungsmoment** $M_{Bt} = J \cdot 2\pi \, dn_t/dt$, so daß das im Motor erzeugte Drehmoment

$$M_{it} = M_{Lt} + J \cdot 2\pi \frac{dn_t}{dt} = M_{Lt} + \tau_J \frac{M_N}{n_d} \cdot \frac{dn_t}{dt} \tag{265.5}$$

in Lastmoment M_{Lt} und Beschleunigungsmoment M_{Bt} aufgeteilt wird.

Wir haben hier schon die **Schwungmassenzeitkonstante** $\tau_J = 2\pi n_d J/M_N$ mit der ideellen Leerlaufdrehzahl n_d bei Nennerregung und Nennspannung und mit dem Nennmoment M_N eingeführt. Wie in Abschn. 6.2.5.2 gezeigt wird, verhält sich die Gleichstrommaschine wegen des Trägheitsmoments J wie eine dynamische Kapazität C_{Dyn} und hat die Zeitkonstante $\tau_J = C_{Dyn} R_A$; Richtwerte für die Schwungmassen-Zeitkonstante τ_J s. Bild **265**.1. Normalantriebe haben insgesamt etwa das 1,2fache, Schwerantriebe das 1,8- bis 2fache Trägheitsmoment des Motors und eine somit im gleichen Verhältnis größere Schwungmassenzeitkonstante.

6.2.5.2 Nebenschlußmotor. Das Übergangsverhalten läßt sich besonders gut mit dem Analogrechner untersuchen. Hierfür müssen alle Gleichungen normiert werden. Die Größen werden daher wie in Abschn. 6.2.2.1 auf die Nennwerte bezogen (die Zeit t wird hier nicht normiert). Wenn wir außerdem Flußänderungen ausschließen ($\Phi = \Phi_\mathrm{N}$), Gl. (265.1) in (265.3) einsetzen, und wieder die bezogenen Größen $u_\mathrm{r} = u_\mathrm{A}/U_\mathrm{N}$, $n_\mathrm{rt} = n_\mathrm{t}/n_\mathrm{d}$, $U_i/U_\mathrm{AN} = I_\mathrm{AN}R_\mathrm{A}/U_\mathrm{AN} = R_\mathrm{r}$ sowie $i_\mathrm{Ar} = i_\mathrm{A}/I_\mathrm{AN}$ einführen, erhalten wir für den Nebenschlußmotor die Spannungsgleichung

$$u_\mathrm{r} = n_\mathrm{rt} + R_\mathrm{r}\,i_\mathrm{Ar} + \tau_\mathrm{A}R_\mathrm{r}\,\mathrm{d}i_\mathrm{Ar}/\mathrm{d}t \tag{266.1}$$

In gleicher Weise ergibt sich aus Gl. (265.2) und (265.5) mit $M_\mathrm{rt} = M_\mathrm{Lt}/M_\mathrm{N}$ die Stromgleichung

$$i_\mathrm{Ar} = M_\mathrm{rt} + \tau_\mathrm{J}\,\mathrm{d}n_\mathrm{rt}/\mathrm{d}t \tag{266.2}$$

Wenn i_Ar und $\mathrm{d}i_\mathrm{Ar}/\mathrm{d}t = \tau_\mathrm{J}\mathrm{d}^2n_\mathrm{rt}/\mathrm{d}t^2$ für $M_\mathrm{Lt} = \mathrm{const}$ aus Gl. (266.2) in (266.1) eingesetzt wird, also Lastschwankungen ausgeschlossen werden, erhalten wir

$$\tau_\mathrm{A}\tau_\mathrm{J}R_\mathrm{r}\frac{\mathrm{d}^2n_\mathrm{rt}}{\mathrm{d}t^2} + \tau_\mathrm{J}R_\mathrm{r}\frac{\mathrm{d}n_\mathrm{rt}}{\mathrm{d}t} + n_\mathrm{rt} = u_\mathrm{r} - M_\mathrm{r}R_\mathrm{r} \tag{266.3}$$

Das ist eine **inhomogene** Differentialgleichung 2. Ordnung, wie sie bei erzwungenen Schwingungen und Schaltvorgängen auftritt (s. Band I und VI). Sie hat die allgemeine Form

$$a\,\mathrm{d}^2y/\mathrm{d}t^2 + b\,\mathrm{d}y/\mathrm{d}t + cy = F(t) \tag{266.4}$$

Die Störfunktion $F(t)$ stellt in diesem Fall Änderungen der Ankerspannung u_A dar. Die Differentialgleichung hat daher die spezielle Lösung

$$y_\mathrm{e} = n_\mathrm{re} = u_\mathrm{r} - M_\mathrm{r}R_\mathrm{r}$$

Außerdem tritt ein flüchtiges Glied y_f auf, so daß allgemein $y = y_\mathrm{e} + y_\mathrm{f}$ gesetzt werden darf. Geht man mit diesem Ansatz in Gl. (266.4), so erhält man die **homogene** Differentialgleichung

$$a\,\mathrm{d}^2y_\mathrm{f}/\mathrm{d}t^2 + b\,\mathrm{d}y_\mathrm{f}/\mathrm{d}t + cy_\mathrm{f} = 0$$

Der Lösungsansatz $y_\mathrm{f} = k\,e^{\lambda t}$ liefert durch Einsetzen die charakteristische Gleichung $a\lambda^2 + b\lambda + c = 0$. Sie hat mit $a = \tau_\mathrm{A}\tau_\mathrm{J}R_\mathrm{r}$, $b = \tau_\mathrm{J}R_\mathrm{r}$ und $c = 1$ die beiden Wurzeln

$$\lambda_{1,2} = -\frac{b}{2a} \pm \sqrt{\left(\frac{b}{2a}\right)^2 - \frac{c}{a}} = -\frac{1}{2\tau_\mathrm{A}} \pm \sqrt{\left(\frac{1}{2\tau_\mathrm{A}}\right)^2 - \frac{1}{\tau_\mathrm{A}\tau_\mathrm{J}}\cdot\frac{1}{R_\mathrm{r}}}$$

Es ist zweckmäßig, die vom Schwingkreis (s. Band I und VI) bekannten Größen

$$\text{Abklingkonstante} \qquad \delta = b/(2a) = 1/(2\tau_\mathrm{A}) \tag{266.5}$$

$$\text{Kennkreisfrequenz} \qquad \omega_0 = \sqrt{c/a} = 1/\sqrt{\tau_\mathrm{A}\tau_\mathrm{J}R_\mathrm{r}} = U_\mathrm{AN}(2\pi n_\mathrm{d}\sqrt{JL_\mathrm{A}}) \tag{266.6}$$

$$\text{Dämpfungsgrad} \qquad \vartheta = \delta/\omega_0 = \frac{1}{2}\sqrt{R_\mathrm{r}\tau_\mathrm{J}/\tau_\mathrm{A}} = (\pi n_\mathrm{d}R_\mathrm{A}/U_\mathrm{AN})\sqrt{J/L_\mathrm{A}} \tag{266.7}$$

einzuführen. Hiermit gilt

$$\lambda_{1,2} = -\delta \pm \omega_0 \sqrt{\vartheta^2 - 1} \tag{267.1}$$

Für den Dämpfungsgrad $\vartheta > 1$ erhält man zwei reelle Wurzeln; das entspricht dem **Kriechfall**. Bei $\vartheta = 1$ liegt der **aperiodische Grenzfall** vor, und zu $\vartheta < 1$ gehören zwei imaginäre Wurzeln; sie charakterisieren den **Schwingfall** (Bild **268.**1). Somit erhalten wir die allgemeine und vollständige Lösung

$$y = k_1 e^{\lambda_1 t} + k_2 e^{\lambda_2 t} + y_e \tag{267.2}$$

Die beiden Integrationskonstanten k_1 und k_2 hängen von den Anfangsbedingungen ab. Wir müssen beachten, daß sich weder die in der Ankerinduktivität gespeicherte magnetische Energie noch die in den trägen Massen enthaltene Bewegungsenergie sprungartig ändern können. Für die Zeit $t = 0$ hat die relative Drehzahl $n_{rt} = y$ den Anfangswert $n_{r0} = y_0$. Wir betrachten hier nur einen Sonderfall und setzen mit Gl. (266.2)

$$dy/dt = (i_{Ar} - M_r)/\tau_J = 0$$

was z. B. für Leeranlauf oder Umsteuern ohne Last zutrifft. Die folgenden Überlegungen gelten also nicht für Laststöße. (Für den allgemeinen Fall s. Band VIII, Abschn. Führungs- und Störverhalten und [18], [22], [37]). Die Anfangsbedingungen $y = y_0$ und $dy/dt = 0$ liefern somit nach Gl. (267.2)

$$y_0 = k_1 + k_2 + y_e \quad \text{sowie} \quad 0 = k_1 \lambda_1 + k_2 \lambda_2$$

und daher die Konstanten

$$k_1 = \frac{(y_e - y_0)\lambda_2}{\lambda_1 - \lambda_2} \qquad k_2 = \frac{-(y_e - y_0)\lambda_1}{\lambda_1 - \lambda_2}$$

Durch Einsetzen in Gl. (267.2) findet man die relative Drehzahl

$$n_{rt} = y = y_e + y_f = y_e + (y_e - y_0)\frac{\lambda_2 e^{\lambda_1 t} - \lambda_1 e^{\lambda_2 t}}{\lambda_1 - \lambda_2} \tag{267.3}$$

und mit Gl. (266.2) den relativen Ankerstrom

$$i_{Ar} = M_r + \frac{dy_f}{dt} = M_r + (n_{re} - n_{r0})\frac{\lambda_1 \lambda_2}{\lambda_1 - \lambda_2}(e^{\lambda_1 t} - e^{\lambda_2 t}) \tag{267.4}$$

Bild **268.**1 zeigt die Funktionen $n_{rt} = f(t)$ und $i_{Ar} = f(t)$ für verschiedene Werte des Dämpfungsgrades und einen bestimmten Betriebsfall (z.B. Anlauf). Diese Übergangsfunktion für eine sprungartige Änderung der Ankerspannung u_A wird in der Regelungstechnik **Sprungantwort** genannt. Der konstant erregte Nebenschlußmotor verhält sich somit wie eine Reihenschaltung von Ankerwiderstand R_A, Ankerinduktivität L_A und dynamischer Kapazität C_{Dyn}.

Mit $\vartheta \sim R_A \sqrt{J/L_A}$ neigen daher Maschinen mit kleinem Ankerwiderstand R_A, kleinem Trägheitsmoment J und großer Ankerinduktivität L_A bei Spannungs- und Laststößen zum Überschwingen der Drehzahl und zu großen Stromspitzen. Für die Untersuchung des Übergangsverhaltens genügt es meist, die maximale Drehzahl mit n_m/n_d, den Stromhöchstwert über i_{Am}/I_{AN} und die Einschwingzeit t_E (Bild **268.**1) zu ermitteln. Drehzahl- und Stromgrößtwerte erhält man durch Differenzieren und Nullsetzen der zugehörigen

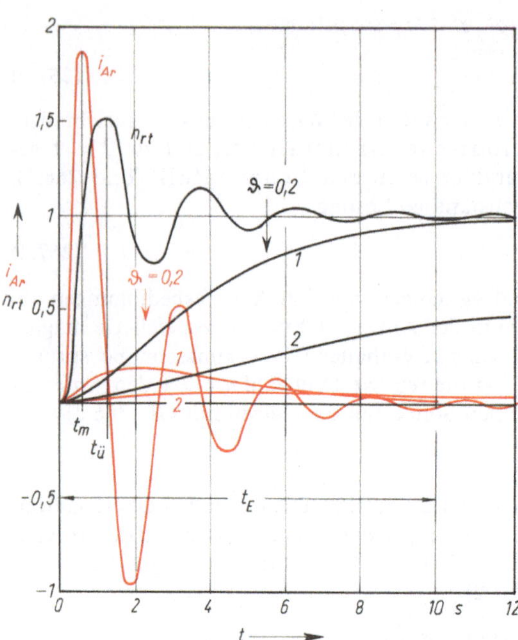

Funktionen. Die Einschwingzeit wird beim Abklingen des Übergangsvorgangs auf 0,01 n_{re} gemessen.

268.1
Sprungantwort der relativen Drehzahl $n_{\mathrm{rt}} = f(t)$ und des Stromes $i_{\mathrm{Ar}} = f(t)$ für $\delta = 0{,}5$ $n_{\mathrm{re}} = 1$, $n_{\mathrm{r0}} = 0$ (Anlauf), ϑ Dämpfungsgrad t_{E} Einschwingzeit (t_{m}, $t_{\mathrm{ü}}$, t_{E} für $\vartheta = 0{,}2$)

Im Kriechfall ($\vartheta > 1$) schwingt die Drehzahl nicht über. Den Größtwert des Stromes erhält man für die Zeit

$$t_{\mathrm{m}} = \ln(\lambda_2/\lambda_1)/(\lambda_1 - \lambda_2) \tag{268.1}$$

wenn t_{m} in Gl. (267.4) eingesetzt wird. Für $|\lambda_2| \gg |\lambda_1|$ darf man bei $n_{\mathrm{r0}} = 0$ auch $t_{\mathrm{E}} \approx -5/\lambda_1$ setzen. Bei $\lambda_2 \approx \lambda_1$ nähert sich der zeitliche Verlauf dem a p e r i o d i s c h e n G r e n z f a l l ($\vartheta = 1$ in Bild **268**.1). Dann ändert man Gl. (267.3) zweckmäßig in

$$n_{\mathrm{rt}} = y = n_{\mathrm{re}} - (n_{\mathrm{re}} - n_{\mathrm{r0}})(1 + \delta t)\mathrm{e}^{-\delta t} \tag{268.2}$$

und Gl. (267.4) in

$$i_{\mathrm{Ar}} = M_{\mathrm{r}} + (n_{\mathrm{re}} - n_{\mathrm{r0}})\tau_{\mathrm{J}}\delta^2 t\mathrm{e}^{-\delta t} \tag{268.3}$$

Hier ergibt sich der Höchstwert des Stromes bei $t_{\mathrm{m}} = 1/\delta$ aus

$$i_{\mathrm{Am}}/I_{\mathrm{AN}} = M_{\mathrm{r}} + (n_{\mathrm{re}} - n_{\mathrm{r0}})\tau_{\mathrm{J}}\delta/\mathrm{e} \tag{268.4}$$

und die Einschwingzeit für $n_{\mathrm{r0}} = 0$ aus

$$t_{\mathrm{E}} \approx 5/\delta = 10\tau_{\mathrm{A}} \tag{268.5}$$

Für den S c h w i n g f a l l führen wir noch die Eigenkreisfrequenz $\omega_{\mathrm{e}} = \sqrt{\omega_0^2 - \delta^2}$ ein und erhalten dann für relative Drehzahl

$$n_{\mathrm{rt}} = y = n_{\mathrm{re}} - (n_{\mathrm{re}} - n_{\mathrm{r0}})\left[\cos(\omega_{\mathrm{e}}t) + \frac{\delta}{\omega_{\mathrm{e}}}\sin(\omega_{\mathrm{e}}t)\right]\mathrm{e}^{-\delta t} \tag{268.6}$$

und relativen Strom

$$i_{\mathrm{Ar}} = M_{\mathrm{r}} + \tau_{\mathrm{J}}(n_{\mathrm{re}} - n_{\mathrm{r0}})(\omega_0^2/\omega_{\mathrm{e}})\mathrm{e}^{-\delta t}\sin(\omega_{\mathrm{e}}t) \tag{268.7}$$

Die Drehzahl schwingt daher zur Zeit $t_{\ddot{u}} \approx \pi/\omega_e$ maximal über und erreicht den Wert

$$n_m/n_d = n_{re} + (n_{re} - n_{r0})\, e^{-\pi\delta/\omega_e} \tag{269.1}$$

Der Stromhöchstwert stellt sich ein zur Zeit

$$t_m = (1/\omega_e)\arctan(\omega_e/\delta) \tag{269.2}$$

Für die Einschwingzeit gilt wieder Gl. (268.5).

In der **Leonardschaltung** nach Bild **255.**1 gelten für den Gleichstrommotor allein dieselben Gleichungen. Der im Steuergenerator auftretende Innenwiderstand und seine wirksame Ankerinduktivität bzw. die entsprechenden Kenngrößen der Stromrichter müssen dann in die Ankerzeitkonstante τ_A einbezogen werden. Die Drehzahl wird mit der Generatorerregung verstellt, so daß hier noch mit Gl. (265.4) die Erregerzeitkonstante τ_E wirksam wird. Es handelt sich somit um ein Dreispeichersystem mit einer Differentialgleichung 3. Ordnung, die hier nicht behandelt werden kann. Für weitere Einzelheiten s. Band VIII und [18], [22], [37].

Beispiel 61. Das dynamische Verhalten des in den Beispielen 56 bis 59 (S. 251 bis 260) behandelten 30-kW-Motors soll für Anlauf und Umsteuerung betrachtet werden. Er hat mit der Nenndrehzahl $n_N = 1450\ \mathrm{min^{-1}}$ bzw. der Nennwinkelgeschwindigkeit $\Omega_N = 151{,}8\ \mathrm{s^{-1}}$ nach Gl. (26.2) das Nennmoment $M_N = P_{2N}/\Omega_N = 30\ \mathrm{kW}/151{,}8\ \mathrm{s^{-1}} = 197{,}5\ \mathrm{Nm}$ und daher nach Bild **265.**1 die Zeitkonstanten $\tau_{AN} = 0{,}0225\ \mathrm{s}$ und $\tau_J = 0{,}023\ \mathrm{s}$. Beispiel 56 (S. 251) liefert noch Innenwiderstand $R_i = 0{,}0835\ \Omega$, inneren Spannungsabfall $U_{iN} = 12{,}5\ \mathrm{V}$ und Nennspannung $U_N = 220\ \mathrm{V}$. Es soll stets die Nennerregung voll eingeschaltet sein. Bürstenspannungsabfall, Ankerrückwirkung sowie Eisen- und Reibungsverluste werden vernachlässigt.

a) In Beispiel 59 (S. 260) wird der **Anlauf** unter Vernachlässigung des Übergangsverhaltens behandelt. Wir wollen jetzt den wahren Anlaufspitzenstrom I_{An} und die Anlaufzeit für die 1. Stufe des in Beispiel 59 bestimmten Anlassers berechnen.

Im Einschaltaugenblick hat der Ankerkreis den Gesamtwiderstand $R_A = R_i + R_{VA} = 0{,}586\ \Omega$, und es werden der relative Ankerkreiswiderstand

$$R_r = \frac{U_{iN}}{U_N} \cdot \frac{R_A}{R_i} = \frac{12{,}5\ \mathrm{V}}{220\ \mathrm{V}} \cdot \frac{0{,}586\ \Omega}{0{,}0835\ \Omega} = 0{,}399$$

sowie die wirksame Ankerkreis-Zeitkonstante $\tau_A = \tau_{AN}\, R_i/R_a = 0{,}0225\ \mathrm{s} \cdot 0{,}0835\ \Omega/0{,}586\ \Omega = 0{,}0032\ \mathrm{s}$. Wir setzen voraus, daß das Trägheitsmoment des gesamten Antriebs (Normalantrieb) das 1,2fache des Motor-Trägheitsmoments beträgt. Somit wird die wirksame Schwungmassen-Zeitkonstante $\tau_J = 1{,}2\ \tau_J^* = 1{,}2 \cdot 0{,}023\ \mathrm{s} = 0{,}0276\ \mathrm{s}$. Der Hochlaufvorgang wird daher gekennzeichnet durch die Abklingkonstante $\delta = 1/(2\,\tau_A) = 1/(2 \cdot 0{,}0032\ \mathrm{s}) = 156{,}2\ \mathrm{s^{-1}}$, die Kennfrequenz

$$\omega_0 = \sqrt{\frac{1}{\tau_A\,\tau_J^*\,R_r}} = \sqrt{\frac{1}{0{,}0032\ \mathrm{s} \cdot 0{,}0276\ \mathrm{s} \cdot 0{,}399}} = 168{,}6\ \mathrm{s^{-1}}$$

und den Dämpfungsgrad $\vartheta = \delta/\omega_0 = 156{,}2\ \mathrm{s^{-1}}/168{,}6\ \mathrm{s^{-1}} = 0{,}927 < 1$. Es liegt demnach der Schwingfall vor; die Drehzahl schwingt aber wegen $\vartheta \approx 1$ praktisch nicht über. Wir benötigen noch die Eigenkreisfrequenz

$$\omega_e = \sqrt{\omega_0^2 - \delta^2} = \sqrt{168{,}6^2\ \mathrm{s^{-2}} - 156{,}2^2\ \mathrm{s^{-2}}} = 62{,}5\ \mathrm{s^{-1}}$$

Der Stromgrößtwert stellt sich nach Gl. (269.2) ein zur Zeit

$$t_m = \frac{1}{\omega_e}\arctan\frac{\omega_e}{\delta} = \frac{1}{62{,}5\ \mathrm{s^{-1}}}\arctan\frac{62{,}5\ \mathrm{s^{-1}}}{156{,}2\ \mathrm{s^{-1}}} = 0{,}00607\ \mathrm{s}$$

Für die Zeit $t = 0$ ist mit der Drehzahl $n = 0$ auch $n_{r0} = 0$ sowie bei Leeranlauf $M_r = 0$. Mit dem Spannungssprung $u_{Ar} = 1$ wird daher die relative Enddrehzahl $n_{re} = u_{Ar} - M_r R_r$ $= 1$. Das größtmögliche Stromverhältnis beträgt somit nach Gl. (268.7)

$$\frac{i_{Am}}{I_{AN}} = M_r + \tau_J^* \, (n_{re} - n_{ro}) \, \frac{\omega_0^2}{\omega_e} \, e^{-\delta t_m} \sin(\omega_e t_m)$$

$$= 0 + 0{,}0276\,\text{s}\,(1 - 0)\,\frac{168{,}6^2\,\text{s}^{-2}}{62{,}5\,\text{s}^{-1}}\, e^{-156{,}2\,\text{s}^{-1}\,\cdot\,0{,}00607\,\text{s}} \, \sin(62{,}5\,\text{s}^{-1} \cdot 0{,}00607\,\text{s})$$

$$= 1{,}82$$

Es erreicht also bei weitem nicht den in Beispiel 59, S. 260 zugrundegelegten Wert $I_{An}/I_{AN} = 2{,}5$. Man dürfte daher einen kleineren Anlaßwiderstand einsetzen und u. U. sogar die Stufenzahl herabsetzen, also z. B. eines der Schaltschütze einsparen.

Die Enddrehzahl wird entsprechend Gl. (268.5) in der Zeit $t_E \approx 10\ \tau_A = 10 \cdot 0{,}0032\,\text{s} = 0{,}032\,\text{s}$ bis auf 1% erreicht.

b) Bei der Umsteuerung aus der einen Drehrichtung in die andere bleibt die Nennerregung konstant. Umgesteuert wird durch Vertauschen der Ankeranschlüsse, wobei der Anlasserwiderstand von Beispiel 59 (S. 260) eingeschaltet werden soll. Somit gelten weiterhin die unter a) bestimmten Kenngrößen. Zur Zeit $t = 0$ herrscht aber – betrachtet vom neuen Endzustand – die Drehzahl – n_d, also ist $n_{r0} = -1$. Gleichzeitig tritt der Spannungssprung $y_e = u_{Ar} = n_{re} = 1$ auf. In Gl. (267.3) und (267.4) erscheint daher der Faktor $n_{re} - n_{r0} = 1 + 1 = 2$, so daß der Strom jetzt auf den doppelten Wert $i_{Am}/I_{AN} = 2 \cdot 1{,}81 = 3{,}62$ ansteigt. Wegen der Stromwendung sollte der 2,5fache Ankernennstrom nicht überschritten werden. Daher ist für das Umsteuern ein größerer Ankervorwiderstand vorzusehen.

6.3 Wechselstrom-Kommutatormaschinen

Ein wesentlicher Unterschied der Wechselstrom-Kommutatormaschine gegenüber der Gleichstrommaschine besteht darin, daß die in der neutralen Zone befindlichen und über die Bürsten kurzgeschlossenen Ankerspulen von einem Wechselfluß durchsetzt werden und daher neben der rotatorischen Spannung U_{qr} auch eine transformatorische Spannung U_{qt} nach Abschn. 6.1.2.5 erzeugt wird. Wegen des geringen Spulenwiderstands hat sie große Ströme zur Folge. Erfahrungsgemäß darf U_{qt} den Betrag von etwa 3 V je Windung nicht überschreiten, wenn nicht ein zu starkes Bürstenfeuer auftreten soll. Hierdurch werden auch Fluß und Leistung der Wechselstrom-Kommutatormotoren begrenzt.

6.3.1 Einphasen-Kommutatormotoren

Wenn bei einem Gleichstrommotor die Netzanschlüsse für Anker und Feld gleichzeitig umgepolt werden, bleibt die ursprüngliche Drehrichtung erhalten; der Motor muß daher auch bei Wechselstromanschluß arbeiten. Nach Gl. (25.4) wird ein ausreichendes Drehmoment $M_i = c_m I_A \Phi_{eff} \cos\varphi$ aber nur erzeugt, wenn der Winkel φ zwischen Ankerstrom I_A und Fluß Φ klein ist. Beim Nebenschlußmotor eilt bei Wechselstromanschluß der Magnetisierungsstrom I_E für die Nebenschlußwicklung und somit auch der Erregerfluß Φ der Klemmenspannung um fast 90° nach, während der Ankerstrom I_A ein fast reiner Wirkstrom ist. Der Wechselstrombetrieb des Nebenschlußmotors ist daher nicht möglich.

Beim Reihenschlußmotor erregt der Ankerstrom gleichzeitig das Feld. Ankerstrom I_A und Fluß Φ liegen somit in Phase, und es ist ein großes Drehmoment zu erwarten. Der Einphasen-Reihenschlußmotor ist daher wie ein Gleichstrom-Reihenschlußmotor aufgebaut und geschaltet (Bild **271**.1). Wegen des Wechselflusses muß aber der ganze Magnetkreis (also auch der Ständer) geblecht sein. Dieser Motor wird als Bahnmotor für elektrische Vollbahnen (insbesondere bei $16^2/_3$ Hz) und als schnellaufender Universalmotor (bis etwa 20000 min^{-1}) für Kleingeräte eingesetzt.

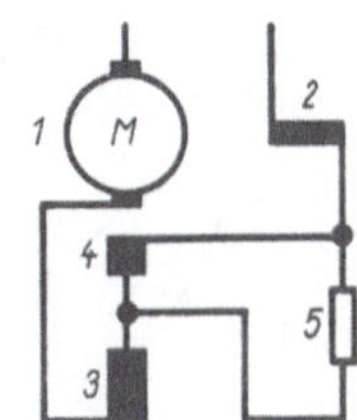

271.1
Schaltung des Einphasen-Reihenschlußmotors
1 Anker
2 Reihenschlußwicklung
3 Kompensationswicklung
4 Wendepolwicklung
5 Parallelwiderstand

6.3.1.1 Bahnmotor. Der Ständer ist meist als genuteter Blechpaketring ausgeführt. Außer der Erreger- und Wendepolwicklung liegt im Ständer eine Kompensationswicklung, die die Aufgabe hat, ein Ankerrückwirkungsfeld und die damit verbundene Blindspannung zu vermeiden. Der Läufer hat meist eine Schleifenwicklung (s. Abschn. 1.4.1.2). Die Bürsten des Stromwenders befinden sich in der neutralen Zone. Alle Wicklungen sind in Reihe geschaltet (Bild **271**.1).

In Bild **271**.2 ist die Drehmomentbildung erläutert. Wegen der Reihenschaltung von Erreger- und Ankerwicklung wirkt das innere Drehmoment M_i unabhängig von der Stromrichtung im gleichen Drehsinn, weil bei jeder Stromumkehr im Anker zugleich

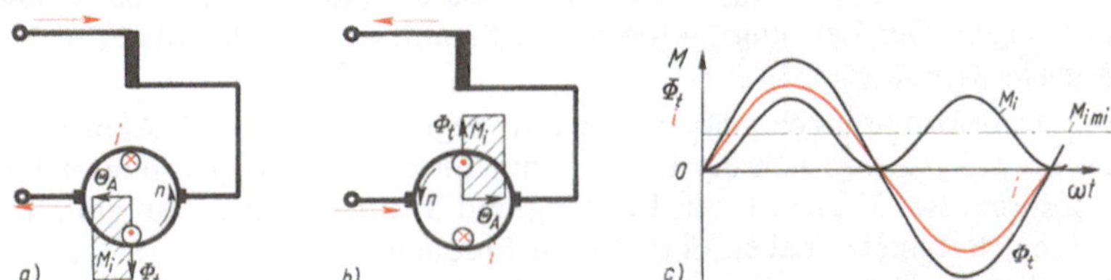

271.2 Wirkungsweise des Einphasen-Reihenschlußmotors. Drehmomentwirkung bei positiver (a) und negativer (b) Stromhalbschwingung sowie zeitlicher Verlauf von Strom i, Fluß Φ_t und Drehmoment M_i (c)

der Erregerfluß Φ_t seine Richtung umkehrt. Das innere Drehmoment pulsiert mit doppelter Netzfrequenz. Der Phasenwinkel zwischen Ankerstrom I_A und Fluß Φ ist $\varphi = 0$, und Gl. (25.4) vereinfacht sich. Das mittlere Drehmoment des Einphasen-Reihenschlußmotors

$$M_{imi} = M_{im}/2 = c_m I_A \Phi_{eff} \qquad (271.1)$$

wird also durch den Effektivwert des Flusses Φ_{eff} bestimmt, während der magnetische Kreis für den Scheitelwert Φ bemessen werden muß. Bei gleicher Leistung und gleichem Scheitelwert der zulässigen Induktion müssen daher Einphasen-Kommutatormotoren erheblich größere Eisenquerschnitte als Gleichstrommotoren erhalten. Sie sind dementsprechend auch größer, schwerer und teurer. Wegen der Reihenschaltung haben sie Reihenschlußverhalten (s. Abschn. 6.2.2.2). Entsprechend Bild **272**.1 kann man die Drehzahl durch verschiedene Motorspannungen, die einem Stufentransformator auf der Lokomotive entnommen werden, verstellen.

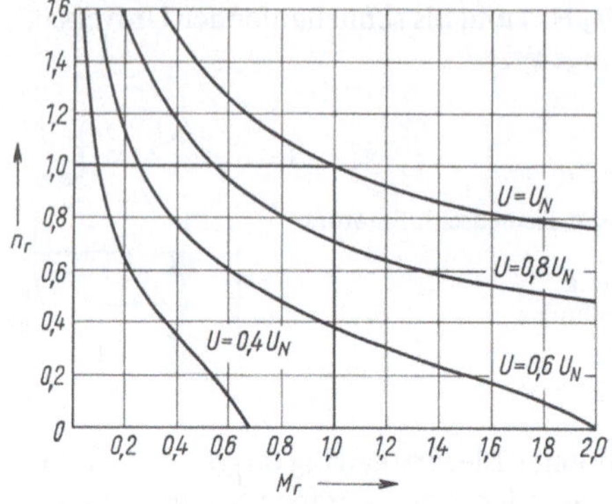

272.1
Belastungskennlinien $n_r = f(M_r)$ des Einphasen-Reihenschlußmotors bei verschiedenen Spannungen

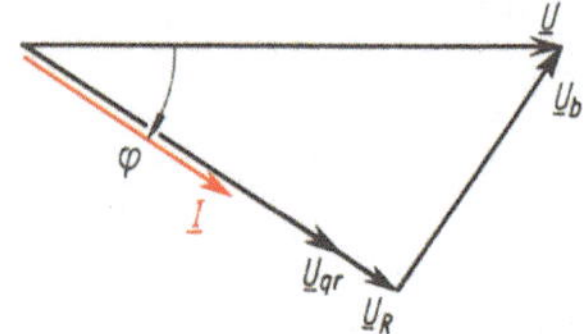

272.2
Zeigerdiagramm des Einphasen-Reihenschlußmotors

Ebenso wie bei der Gleichstrommaschine entsteht auch im umlaufenden Anker des Einphasen-Reihenschlußmotors eine rotatorische Wechselspannung $\underline{U}_{qr}$, die der Klemmenspannung entgegengerichtet ist, d.h. wie ein Spannungsabfall wirkt. Sie verursacht mit dem Strom $\underline{I}$ die innere Leistung P_i, die in mechanische Antriebsleistung P_{mech} umgesetzt wird; $\underline{U}_{qr}$ und $\underline{I}$ liegen daher in Phase. Gleichzeitig treten in den Wicklungen und an den Bürstenübergängen noch die Wirkspannungsabfälle $\underline{U}_R$ und die Blindspannung $\underline{U}_b$ aller Wicklungen auf, so daß man hiermit das Zeigerdiagramm in Bild **272**.2 erhält. Wie das Diagramm zeigt, muß man beim Einphasenmotor eine im Verhältnis $U/(U_{qr} + U_R) = 1/\cos\varphi$ größere Spannung als beim Gleichstrommotor aufbringen. Der Leistungsfaktor $\cos\varphi$ ist somit ein direktes Maß für das verschlechterte Betriebsverhalten.

Die transformatorische Spannung U_{qt} begrenzt Fluß und Abmessungen der Bahnmotoren. Sie lassen sich bei $16^2/_3$ Hz nur für eine Leistung von etwa 140 kW je Polpaar ausführen. Bei 50 Hz müssen Leistung und Spannung sogar auf ein Drittel herabgesetzt werden, Bahnnetze haben deshalb die Frequenz $(50/3)$ Hz $= 16^2/_3$ Hz. Im Stillstand ist die Wirkung der transformatorischen Spannung nur durch Bürsten mit großem Querwiderstand zu beeinflussen. Im Lauf kann dagegen die transformatorische Spannung auch durch die rotatorische kompensiert werden, wenn ein Wirkwiderstand 5 wie in Bild **271**.1 parallel zur Wendepolwicklung gelegt und somit die Wendepoldurchflutung zeitlich phasenverschoben wird.

6.3.1.2 Universalmotor. Kleine Einphasen-Reihenschlußmotoren haben, ebenso wie kleine Gleichstrommotoren, meist keine Wendepole und keine Kompensationswicklung. Sie können in dieser Ausführung bis etwa 1 kW Leistungsabgabe gebaut werden, haben bei Drehzahlen über 6000 min^{-1} bei Gleich- oder Wechselspannungsanschluß fast die gleichen Belastungskennlinien und werden daher Universalmotoren genannt. Der Leistungsfaktor ist $\cos\varphi \approx 1$, und man erhält in guter Annäherung für die Drehzahlen $n_\sim$ bei Wechsel- und n_- bei Gleichstromanschluß

$$n_\sim \approx n_- \cos\varphi \qquad\qquad (272.1)$$

bei dem gleichen inneren Drehmoment M_i und der gleichen Klemmenspannung U. Es gelten wieder das Zeigerdiagramm in Bild **272**.2 und die Kennlinien in Bild **272**.1.

Universalmotoren werden vorzugsweise für schnellaufende Geräte (z.B. Elektrowerkzeuge, Staubsauger und Küchengeräte) eingesetzt. Sie nehmen nur einen kleinen Raum ein, ihre Drehzahl kann auf einfache Weise nach Bild **273**.1 verstellt werden. Man senkt entweder durch Zuschalten von Teilen der Reihenschlußwicklung die Belastungskennlinien insgesamt ab oder verringert durch Vorwiderstände die Drehzahlen bei den größeren Drehmomenten. Bei einer Ausführung mit Fliehkraftkontaktregler wird nach Überschreiten der eingestellten Höchstdrehzahl der Stromkreis unterbrochen und bei Unterschreiten einer unteren Drehzahl wieder geschlossen (Zweipunktregelung). Bei sehr großer Schaltfrequenz (etwa 500 Hz) erhält man ein sehr starres Drehzahlverhalten. Allerdings wird eine Funkenlöschung am Fliehkraftschalter durch eine Parallelschaltung von Kondensator und Widerstand zur Schaltstrecke, wie bei den meisten Universalmotoren außerdem eine aufwendige Funkentstörung durch Störschutzkondensatoren und -drosseln, erforderlich.

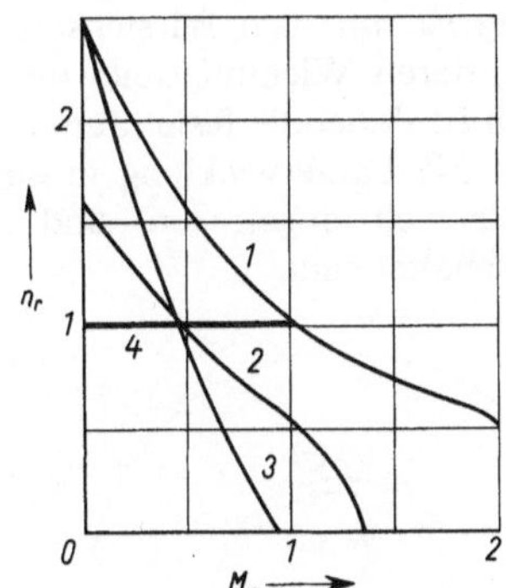

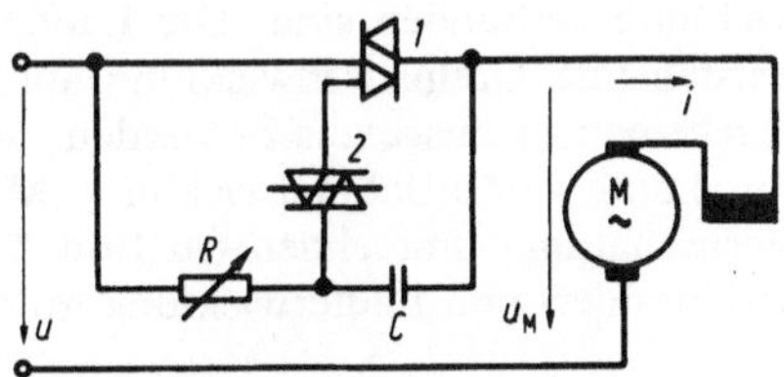

273.2 Grundschaltung zur Drehzahlverstellung des Universalmotors über einen Wechselstromsteller
1 Triac, *2* Diac

273.1 Belastungskennlinien $n_r = f(M_r)$ des Universalmotors
1 normaler Betrieb
2 Reihenschlußwicklung mit erhöhter Windungszahl (Zusatzwicklung)
3 mit Vorwiderstand
4 mit Fliehkraftkontaktregler

Heute werden Universalmotoren meist über Wechselstromsteller, deren Grundschaltung Bild **273**.2 wiedergibt, in der Drehzahl verstellt. Der Zweiweg-Thyristor (Triac) *1* wird über eine Zweiwegdiode (Diac) *2* in jeder Halbschwingung gezündet, wenn im parallelen RC-Zweig am Kondensator C die Durchbruchspannung der Zweiwegdiode *2* erreicht ist. Mit dem veränderbaren Widerstand R kann man so die Klemmenspannung am Universalmotor einstellen. Hiermit ergibt sich das Verhalten nach Kennlinie *2* in Bild **273**.1.

6.3.2 Dreiphasen-Kommutatormotoren

Auch für Dreiphasenanschluß können drehzahlverstellbare Stromwendermotoren hergestellt werden. Verwendung finden sie insbesondere noch für Lüfter, Verdichter und

Pumpen sowie in Papier-, Druck- und Textilmaschinen, da sie bei einem weiten Drehzahl-Verstellbereich im Wirkungsgrad anderen Antrieben überlegen sind. Sie haben im Ständer stets eine Dreiphasenwicklung und im Läufer meist eine Schleifenwicklung (s. Abschn. 1.4.1.2), die über einen Dreibürstensatz angeschlossen wird. Während bei einer Drehfeldmaschine mit Schleifringläufer nach Abschn. 1.6.1.5 an den Schleifringen die Läuferfrequenz $f_2 = sf_1$ (proportional Schlupf s und Ständerfrequenz f_1) auftritt, zeigt ein an der gleichen Läuferwicklung angeschlossener Stromwender zwischen feststehenden Bürsten stets die Ständerfrequenz f_1. Läufer und Ständer dürfen daher mit dem Dreiphasenbürstensatz an das gleiche Netz gelegt werden. Für die Läuferspannung gilt mit dem Übersetzungsverhältnis $ü$ in beiden Fällen $U_2 = s\,U_{20} = s\,ü\,U_1$. Nach ihrem Drehzahlverhalten unterscheidet man Reihenschluß- und Nebenschlußmotoren. Wie die Asynchronmaschinen entwickeln diese Drehfeldmaschinen ein zeitlich gleichförmiges, also nicht pulsierendes Drehmoment.

6.3.2.1 Dreiphasen-Reihenschlußmotor. Diese Ausführung hat nach Bild **274**.1 im Ständer eine normale Dreiphasenwicklung, deren Wicklungsenden XYZ über einen verdrehbaren Dreibürstensatz mit dem Stromwender und der daran angeschlossenen Ankerwicklung verbunden sind. Die Läuferwicklung ist mit dem Bürstensatz als im Raum feststehende Dreiphasenwicklung aufzufassen, deren Wicklungsteile im Lauf dauernd gegeneinander ausgetauscht werden; wesentlich ist dabei die feste räumliche Zuordnung von Läufer- und Ständerwicklung. Man kann die Läuferwicklung in eine äquivalente Sternschaltung umrechnen (in Bild **274**.1 gestrichelt eingetragen) und erkennt dann, daß Ständer- und Läuferwicklung in Reihe geschaltet sind.

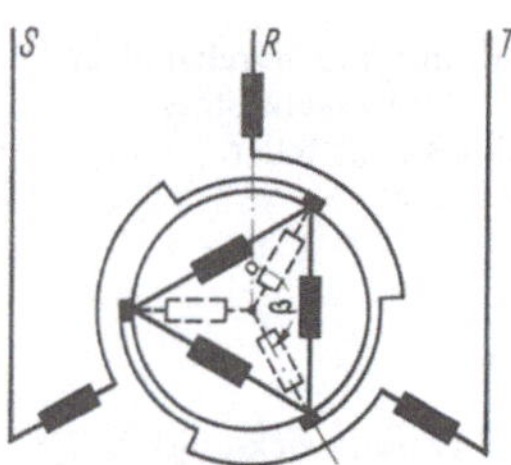

274.1
Schaltung des Dreiphasen-
Reihenschlußmotors

274.2
Raumzeigerdiagramm des Dreiphasen-
Reihenschlußmotors

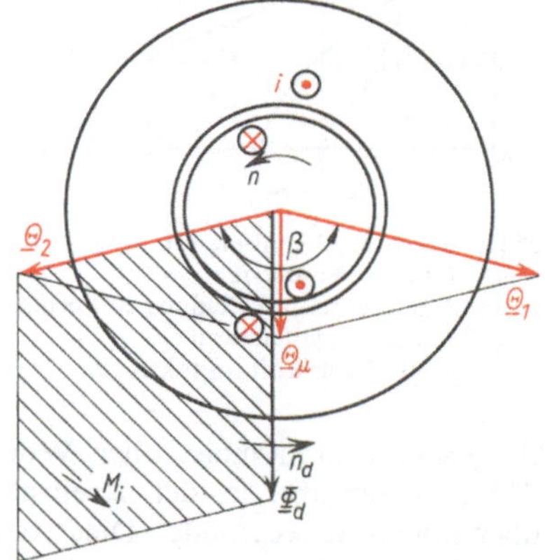

Wenn der Dreiphasen-Reihenschlußmotor mit Drehstrom gespeist wird und der Dreiphasenbürstensatz um den Winkel β verdreht ist, entstehen infolge der Reihenschaltung mit dem Strom I die beiden Drehdurchflutungen Θ_1 und Θ_2, die mit Drehfelddrehzahl n_d im Raum umlaufen. Wenn wir die gleiche wirksame Windungszahl in Ständer und Läufer voraussetzen, bilden diese beiden Durchflutungen nach Bild **274**.2 die Magnetisierungsdurchflutung Θ_μ, die den Drehfluß Φ_d zur Folge hat. Entsprechend Abschn. 1.6.1 erhalten wir mit Bild **274**.2 das innere Drehmoment

$$M_i \sim \Theta_2\,\Phi_d \sin\beta/2 \sim I^2 \tag{274.1}$$

Bei gleicher Wicklungsachse für Ständer und Läufer ($\beta = 0$) verschwindet auch das Drehmoment. Wird dagegen der Bürstensatz um den Winkel β verdreht (Betriebsstellung $\beta \approx 140°$), so erhält man ein Drehmoment, das sowohl der Läuferdurchflutung Θ_2 und dem Fluß Φ_d und somit dem Quadrat des Stromes I proportional ist (Reihenschlußverhalten). Der Motor läuft entgegen der Verschiebungsrichtung der Bürsten, unabhängig von der Drehfeldrichtung, im Links- oder Rechtslauf an. Mit Rücksicht auf gute Stromwendung sollten jedoch mechanische Drehrichtung und Drehfeldumlaufsinn übereinstimmen; bei Drehrichtungsumkehr müssen daher auch zwei Netzanschlüsse vertauscht werden.

Die Belastungskennlinien zeigt Bild **275.1**. Durch die Bürstenstellung β kann man die Drehzahl verstellen. Als Höchstdrehzahl wird etwa die 1,3fache Drehfelddrehzahl zugelassen; die Nenndrehzahl legt man in die Nähe der Drehfelddrehzahl n_d. Wie bei allen Wechselstrom-Kommutatormaschinen tritt auch hier eine transformatorische Windungsspannung im Läuferkreis auf. Mit Rücksicht auf die Stromwendung soll sie

nicht größer als 3,5 V sein. Hierdurch wird der Vollastfluß je Pol begrenzt, und man kann bestimmte Grenzleistungen nicht überschreiten (z. B. bei einer sechspoligen Maschine für 50 Hz etwa 75 kW). Mit einem Zwischentransformator, der die Läuferspannung herabsetzt, erreicht man Leistungen bis zu 650 kW.

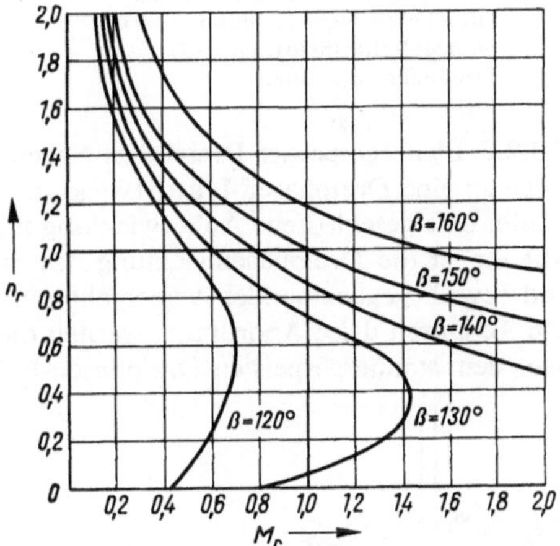

275.1
Belastungskennlinien $n_r = f(M_r)$ des Dreiphasen-Reihenschlußmotors bei verschiedenen Bürstenstellungen β

6.3.2.2 Ständergespeister Dreiphasen-Nebenschlußmotor. Bei diesem Motor hat der Ständer meist eine in Stern geschaltete, normale Dreiphasenwicklung (Bild **276.1**). Der Läufer trägt eine geschlossene Zweischicht-Schleifenwicklung mit Stromwender und einen festen Dreiphasenbürstensatz, der über einen Doppeldrehtransformator (s. Abschn. 1.6.1.3) an das Ständernetz angeschlossen wird. Der Bürstensatz steht so, daß die durch ihn abgeteilte Dreiphasen-Läuferwicklung achsengleich zur Ständerwicklung ist. Die Ständerwicklung liegt an der konstanten Netzspannung, so daß sie auch einen konstanten Drehfluß aufbaut. Mit dem Doppeldrehtransformator wird dem Läufer eine zur Netzspannung phasengleiche Spannung zugeführt, die stetig veränderlich und auch umkehrbar ist. Nach Abschn. 1.6.1 sind Läuferspannung U_2 und Schlupf s der Drehfeldmaschine einander proportional. Der Leerlaufschlupf wird also durch den Doppeltransformator eingestellt. Bei Belastung treten kleine Spannungsabfälle auf, die entsprechend Bild **276**.2 nur einen geringen Drehzahlabfall zur Folge haben (Nebenschlußverhalten). Die Drehzahlen können im übersynchronen Bereich bis zu etwa 1,3 n_d und im untersynchronen Bereich bis herunter zu etwa 0,2 n_d verstellt werden. Auch generatorischer Betrieb ist möglich. Es sind Leistungen von etwa 10 bis 850 kW üblich.

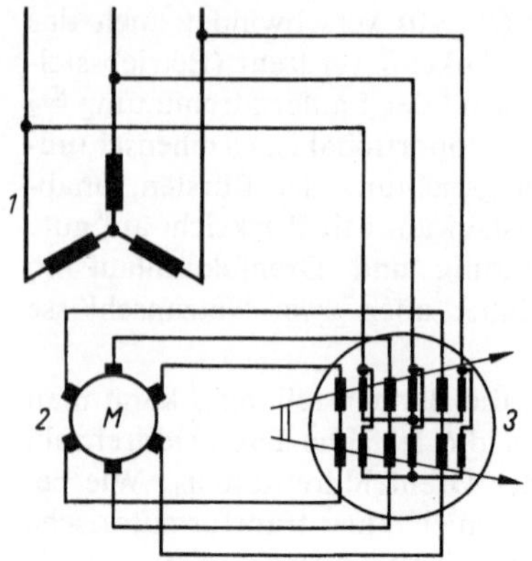

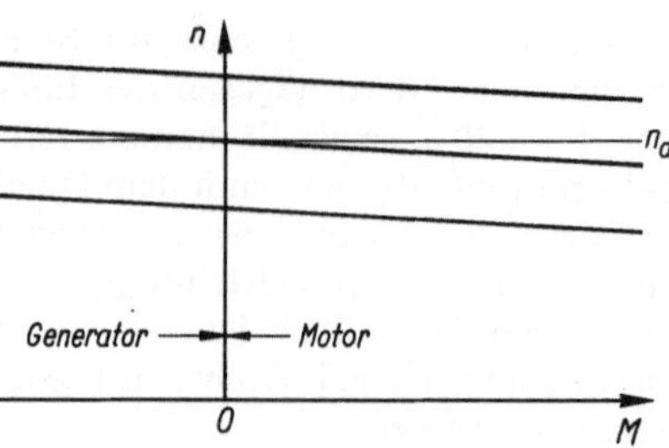

276.2 Belastungskennlinien $n = f(M)$ des
Dreiphasen-Nebenschlußmotors

276.1 Schaltung des ständergespeisten
Dreiphasen-Nebenschlußmotors mit
Doppeldrehtransformator (*3*)
1 Ständer, *2* Läufer

6.3.2.3 Läufergespeister Dreiphasen-Nebenschlußmotor.

Hier wird das Netz über Schleifringe an eine Dreiphasen-Hauptwicklung im Läufer gelegt. Außerdem befindet sich im Läufer eine geschlossene Ankerwicklung mit Stromwender als getrennte Hilfswicklung. Mit ihr ist die Dreiphasenwicklung des Ständers über ihre sechs Wicklungsanschlüsse und zwei gegeneinander verschiebbare Dreibürstensätze zusammengeschaltet (Bild **276.3**). Durch diese Anordnung werden die Funktionen von Läufer und Ständer gegenüber dem ständergespeisten Dreiphasen-Nebenschlußmotor vertauscht.

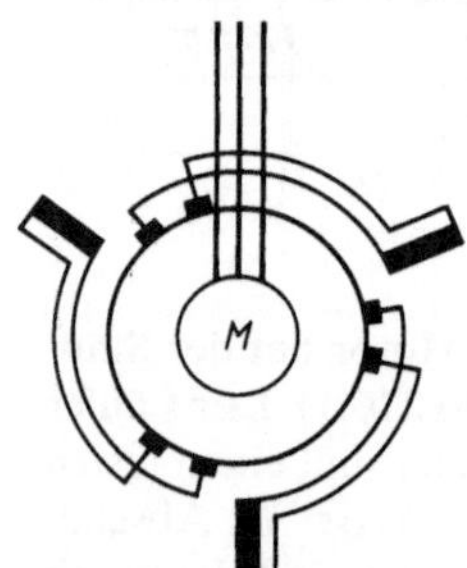

276.3 Schaltung des läufergespeisten Dreiphasen-Nebenschlußmotors

Mit der konstanten Netzspannung an der Läufer-Hauptwicklung wird ein konstanter Drehfluß Φ_d erzeugt, der den Läufer mit der Drehfelddrehzahl n_d überläuft. Gleichzeitig induziert dieser Fluß in der Läufer-Hilfswicklung eine feste Windungsspannung. Mit den drei zueinander entgegengesetzt verschiebbaren Bürstenpaaren wird nun für jeden Ständerstrang nach Art eines Spannungsteilers eine nach Größe und Vorzeichen wählbare Spannung von der Läufer-Hilfswicklung abgegriffen. Diese Spannung U_2 hat an den Bürsten Schlupffrequenz f_2, in der Hilfswicklung selbst jedoch Ständerfrequenz f_1. Sie bestimmt in der Sekundärwicklung (hier im Ständer) ebenso wie beim ständergespeisten Motor die Schlupfdrehzahl. Man erhält somit wieder das Betriebsverhalten nach Bild **276.2** bei Leistungen bis etwa 250 kW.

Anhang

Weiterführende Bücher

[1] Bödefeld, Th., Sequenz, H.: Elektrische Maschinen. Wien 1971
[2] Bonfert, K.: Betriebsverhalten der Synchronmaschine. Berlin 1962
[3] Bühler, H.: Einführung in die Theorie geregelter Gleichstromantriebe. Stuttgart 1962
[4] Fischer, R.: Elektrische Maschinen. München 1971
[5] Franken, H.: Motorschutz. Berlin 1962
[6] Gotter, G.: Erwärmung und Kühlung elektrischer Maschinen. Berlin 1954
[7] Grüneberg, J.: Servicefibel für elektrische Antriebe. Würzburg 1973
[8] Heller, B.; Veverka, A.: Stoßerscheinungen in elektrischen Maschinen. Berlin 1957
[9] Heumann, K.; Stumpe, A.C.: Thyristoren. 3. Aufl. Stuttgart 1974
[10] Jordan, H.: Geräuscharme Elektromotoren. Essen 1950
[11] —, Weiss, M.: Asynchronmaschinen. Braunschweig 1969
[12] —; —: Synchronmaschinen. Braunschweig 1970–1971
[13] Kovacs, K.P.: Betriebsverhalten von Asynchronmaschinen. Berlin 1957
[14] —: Symmetrische Komponenten in Wechselstrommaschinen. Basel 1962
[15] —, Rácz, J.: Transiente Vorgänge in Wechselstrommaschinen. Budapest 1959
[16] Küchler, R.: Die Transformatoren. Berlin 1966
[17] Kümmel, F.: Elektrische Antriebstechnik. Berlin 1971
[18] Leonhard, W.: Regelung in der elektrischen Antriebstechnik. Stuttgart 1974 = Teubner
    Studienbücher Elektrotechnik
[19] Loocke, G.: Elektrische Maschinenverstärker. Berlin 1958
[20] Nürnberg, W.: Die Asynchronmaschine. Berlin 1963
[21] —: Die Prüfung elektrischer Maschinen. Berlin 1965
[22] Pfaff, G.: Regelung elektrischer Antriebe. München 1971
[23] Pustola, J.; Sliwinski, T.: Kleine Einphasenmotoren. Berlin 1961
[24] Rentzsch, H.: Handbuch für Elektromotoren. 2. Aufl. Essen 1973
[25] Richter, A.: Einphasenmotoren. Berlin 1972
[26] Richter, R.: Elektrische Maschinen. Basel–Stuttgart 1950–1967
[27] —: Lehrbuch der Wicklungen elektrischer Maschinen. Karlsruhe 1953
[28] Rüdenberg, R.: Elektrische Schaltvorgänge. 5. Aufl. Berlin 1974
[29] Schuisky, W.: Elektromotoren. Wien 1951
[30] —: Induktionsmaschinen. Wien 1957
[31] Sequenz, H.: Die Wicklungen elektrischer Maschinen. Wien 1950–1954
[32] —: Herstellung der Wicklungen elektrischer Maschinen. Wien 1973
[33] Späth, H.: Elektrische Maschinen. Berlin 1973
[34] Spieser, R.; Grütter, F.: Krankheiten elektrischer Maschinen, Transformatoren und
    Apparate. Berlin 1960
[35] Taegen, F.; Hommes, E. Einführung in die Theorie elektrischer Maschinen. Braunschweig
    1970–1971
[36] Ungruh, F.; Jordan, H.: Gleichlaufschaltungen von Asynchronmotoren. Braunschweig
    1964

[37] Vaske, P.: Übertragungsverhalten elektrischer Netzwerke. Stuttgart 1971 = Teubner Studienskripten Elektrotechnik 7

[38] —: Berechnung von Drehstromschaltungen. Stuttgart 1973 = Teubner Studienskripten Elektrotechnik 61

[39] Weh, H.: Elektrische Netzwerke und Maschinen in Matrizendarstellung. Mannheim 1968

DIN-Blätter (Auswahl)

DIN	747	Achshöhen für Maschinen
DIN	1301	Einheiten, Kurzzeichen
DIN	1302	Mathematische Zeichen
DIN	1304	Allgemeine Formelzeichen
DIN	1311	Schwingungslehre
DIN	1313	Schreibweise physikalischer Gleichungen
DIN	1352	Magnetisches Feld; Begriffe
DIN	1339	Einheiten magnetischer Größen
DIN	1357	Einheiten elektrischer Größen
DIN	5483	Formelzeichen für zeitabhängige Größen
DIN	5488	Benennungen für zeitabhängige Größen
DIN	5489	Vorzeichen- und Richtungsregeln für elektrische Netze
DIN	5494	Größensysteme und Einheitensysteme
DIN	19226	Regelungstechnik und Steuerungstechnik; Begriffe und Benennungen
DIN	40007	Schilder für die Elektrotechnik
DIN	40030	Nennspannungen für Gleichstrommotoren, direkt gespeist über steuerbare Stromrichter aus dem Netz
DIN	40050	Schutzarten
DIN	40108	Gleich- und Wechselstromsysteme; Begriffe, Benennungen und Kennzeichnung
DIN	40110	Wechselstromgrößen
DIN	40121	Formelzeichen für den Elektromaschinenbau
DIN	40700	bis 40722 Schaltzeichen
DIN	40706	Schaltzeichen für Stromrichter
DIN	40714	Schaltzeichen für Transformatoren und Drosselspulen
DIN	40715	Schaltzeichen für Maschinen
DIN	41750	bis 41777 Stromrichter
DIN	41784	bis 41786 Thyristoren
DIN	42016	Einbaumotoren für Geräte; Anbaumaße
DIN	42500	bis 42595 Transformatoren
DIN	42671	bis 42681 Drehstrommotoren
DIN	42939	Elektrische Maschinen; Maßbezeichnungen
DIN	42923	Spannschienen für elektrische Maschinen
DIN	42946	Zylindrische Wellenenden für elektrische Maschinen
DIN	42947	Riemenscheiben für Flachriemen für elektrische Maschinen
DIN	42948	Befestigungsflansche für elektrische Maschinen
DIN	42950	Kurzzeichen für Bauformen elektrischer Maschinen
DIN	42961	Leistungsschilder für elektrische Maschinen
DIN	42973	Leistungsreihe für elektrische Maschinen
DIN	45635	Geräuschmessung an Maschinen
DIN	45665	Schwingstärke an rotierenden elektrischen Maschinen
DIN	46062	Anlasser für Gleichstrom-Motoren und Drehstrom-Schleifringläufermotoren
DIN	46400	Elektroblech und -band
DIN	48501	Motorkondensatoren

VDE-Bestimmungen und IEC-Publikationen (Auswahl)

VDE 0170	und 0171 Bestimmungen für schlagwetter- und explosionsgeschützte elektrische Betriebsmittel
VDE 0530	Bestimmungen für umlaufende elektrische Maschinen
VDE 0531	Bestimmungen für Stufenschalter für Transformatoren und Drosselspulen
VDE 0532	Bestimmungen für Transformatoren und Drosselspulen
VDE 0535	Bestimmungen für elektrische Maschinen, Transformatoren, Drosseln und Stromrichter auf Bahn- und anderen Fahrzeugen
VDE 0540	Bestimmungen für Gleichstrom-Lichtbogen-Schweißgeneratoren und -umformer
VDE 0541	Bestimmungen für Stromquellen zum Lichtbogen-Schweißen mit Wechselstrom
VDE 0542	Bestimmungen für Lichtbogen-Schweißgleichrichter
VDE 0550	Bestimmungen für Kleintransformatoren
VDE 0551	Bestimmungen für Sicherheitstransformatoren
VDE 0556	Bestimmungen für Vielkristallhalbleiter-Gleichrichter
VDE 0557	Bestimmungen für Einkristallhalbleiter-Gleichrichter
VDE 0560	Regeln für Kondensatoren, Teil 7 Funk-Entstörkondensatoren Teil 8 Vorschriften für Motorkondensatoren
VDE 0570	Bestimmungen für Klemmenbezeichnungen
VDE 0580	Bestimmungen für elektromagnetische Geräte
VDE 0660	Bestimmungen für Niederspannungsschaltgeräte, Teil 3, Bestimmungen für Anlaß-, Stell- und Widerstandsgeräte
VDE 0730	Bestimmungen für Geräte mit elektromotorischen Antrieb für den Hausgebrauch und ähnliche Zwecke
VDE 0740	Bestimmungen für Elektrowerkzeuge
VDE 0875	Bestimmungen für die Funk-Entstörung von Geräten, Maschinen und Anlagen für Nennfrequenzen von 0 bis 10 kHz
IEC 34-6	Empfehlungen für umlaufende elektrische Maschinen
IEC 119	Empfehlungen für Mehrkristall-Halbleiter-Gleichrichtersäulen und -anlagen bzw. -geräte

Formelzeichen
(In Klammern Abschnittsnummern der Einführung der Zeichen)

Alle Formelzeichen sind in dieser Liste meist in lateinischen Buchstaben *kursiv* geschrieben, bedeuten nach DIN 5483 also die skalaren Größen bzw. Beträge. Dort, wo bei Wechselstromgrößen die Zeigereigenschaft (komplexe Darstellung) gekennzeichnet werden soll, sind die betreffenden Formelzeichen unterstrichen ($\underline{I}$, $\underline{U}$, $\underline{Z}$, $\underline{\Phi}$, $\underline{\Theta}$), und der Phasenwinkel wird durch das Versorzeichen $\underline{/}$ angegeben. Die Zeitwerte der Wechselstromgrößen sind klein geschrieben (u, i), die Zeitwerte aller anderen Größen haben den Index t (B_t, Φ_t). Die Effektivwerte der Wechselstromgrößen (und auch die Gleichwerte) sind durch große lateinische Buchstaben (I, U, P, S) gekennzeichnet; die Scheitelwerte (und Gleichwerte) der magnetischen Größen erhalten keinen Index (B, H, V, Φ, Θ). Die Formelzeichen von Vektoren sind halbfett kursiv gesetzt (z.B. $\boldsymbol{B}$, $\boldsymbol{H}$).

Die anschließend aufgeführten Indizes kennzeichnen in der Regel unmißverständlich die dort verzeichnete Zuordnung. Die mit diesen Indizes versehenen Formelzeichen werden daher nur in Sonderfällen in der Formelzeichenliste aufgeführt. Auch sind die nur auf wenigen benachbarten Seiten vorkommenden Zeichen nicht angegeben. Auf die Primärseite bezogene Größen werden durch $'$ (z.B. R_2') gekennzeichnet. Die Zeichen *, ** (z.B. n^*) weisen auf Größen hin, deren Zahlenwerte geändert wurden.

Indizes

A	für Anker	L	für Luftspalt	V	für Strang V
a	außen	m	Höchstwert,	VY	Strang VY
b	Blindkompo-		Scheitelwert	W	Strang W
	nente	mech	mechanisch	WZ	Strang WZ
Cu	Kupfer	mi	Mittelwert	x	Ortswert
D	Dreiphasenwech-	N	Nennwert	Z	Zweiphasen-
	selstrom	n	Nut		wechselstrom
d	Drehfeld	nn	negativer	μ	Magnetisierung
E	Erregung		Drehzahlwert	ν	Harmonische
eff	Effektivwert	pn	positiver	σ	Streuwerte
el	elektrisch		Drehzahlwert	0	Leerlauf
Fe	Eisen	r	relativ	1	primär, Ständer
H	Hilfswicklung	res	resultierend	2	sekundär, Läufer
i	innen	Str	Strang	—	Gleichstrom
K	Kippwert	t	Zeitwert	~	Wechselstrom
k	Kurzschluß,	U	Strang U	△	Dreieckschaltung
	Stillstand	UX	Strang UX	⊥	Sternschaltung

Formelzeichen

A	Strombelag (1.2.2.3)	B_g	Induktion des Gegensystems (1.5.2.1)
A	Fläche, Querschnitt (1.1.1.1)	B_m	— des Mitsystems (1.5.2.1)
A_1	Strombelagsgrundwelle (1.5.1)	B_q	Querfeld-Induktion (6.1.2.2)
a	bei Drehstrommaschinen Anzahl der	B_1	Grundfeldinduktion 1.3.2.1)
	parallelen Zweige je Strang, bei Strom-	B_3	Höchstwert des 3. Teilfeldes (1.4.2.2)
	wenderankern parallele Ankerzweig-	B_5	— des 5. Teilfeldes (1.4.2.2)
	paare (1.4.1.1)	b	Breite (1.5.1)
a	Strecke (3.2.2.2)	C	Kapazität (1.1.1.4)
$\underline{a}$	Drehfaktor (1.7.1.1)	C_A	Anlaufkapazität (4.2.3.2)
B	magnetische Induktion (1.1.1.1)	C_B	Betriebskapazität (4.2.3.1)
B_{L1}	Grundfeld-Höchstwert der Luftspalt-	c	Wärmekapazität (1.8.1.1)
	induktion (5.1.2.1)	c_m	Drehmomentfaktor (1.2.1.2)

c_u Spannungsfaktor (1.2.1.2)

D Durchmesser (1.1.1.1)

d Durchmesser (1.2.1.2)

d_0 Drahtdurchmesser (108)

e Basis des natürlichen Logarithmus ($= 2{,}718$) (1.3.1.4)

F Kraft (1.1.1.2)

Frequenz (1.1.1.2)

H Trägheitskonstante (1.8.2.4)

fH magnetische Feldstärke (1.1.1.1)

H_i $-$ $-$ im i-ten Abschnitt (1.1.1.1)

h Höhe (3.2.2.2)

I Strom, Netzstrom (1.1.1.1)

I_A Arbeitsphasenstrom (4.2.2.1)

I_{An} Anlaßspitzenstrom (3.3.2.2)

I_{DL} Außenleiterstrom bei Drehstromanschluß (4.2.4.2)

I_E Einphasenstrom (4.2.1.2)

I_{EFe} Eisenkomponente des Erregerstroms (5.2.3.4)

I_{EL} Luftspaltkomponente des Erregerstroms (5.2.3.4)

I_{EkN} Kurzschluß-Nennerregerstrom (5.2.3.4)

I_{Eu} Erregerstrom der ungesättigten Maschine (5.2.3.4)

$I_{E\varphi 0}$ $-$ bei $\cos\varphi = 0$ (5.2.3.4)

I_{E1} Ankerrückwirkungs-Erregerstrom (5.2.3.4)

I_S Stoßkurzschlußstrom (2.2.2.3)

I_S Spulenstrom (1.4.1.1)

I_{Sch} Schaltstrom (3.3.2.2)

I_g Strom des Gegensystems (1.7.1.1)

I'_k Übergangs-Kurzschlußwechselstrom (5.2.2.2)

I''_k Anfangs-Kurzschlußwechselstrom (5.2.2.2)

I_{k0} Kurzschlußstrom bei Leerlauf-Nennerregung (5.2.2.1)

I_{kI} einsträngiger Kurzschlußstrom (2.2.4.5)

I_{kII} zweisträngiger Kurzschlußstrom (2.2.4.5)

I_{kIII} dreisträngiger Kurzschlußstrom (2.2.4.5)

I_m Strom des Mitsystems (1.7.1.1)

I_t Teilleiterstrom (3.23.2)

I_0 Strom des Nullsystems (1.7.1.1)

I_{1d} Ständerstrom-Längskomponente (5.2.3.7)

I_{1q} $-$ -Querkomponente (5.2.3.7)

i_0 relativer Leerlaufstrom (2.2.1.3)

J Massenträgheitsmoment (1.2.2.2)

j $\sqrt{-1}$ (1.1.1.4)

K_L Faktor der Induktivitätsverminderung (3.2.3.2)

K_W $-$ der Widerstandserhöhung (3.2.3.2)

k Proportionalitätsfaktor, Konstante (1.3.2.1)

L Induktivität (1.1.1.2)

L_h Hauptinduktivität (2.2.3.2)

l Länge (1.1.1.1)

l_i $-$ des i-ten Abschnitts (1.1.1.1)

l_m mittlere Windungslänge (1.3.1.3)

M Drehmoment (1.2.2.2)

M_A Anzugsmoment (1.2.2.2)

M_B Beschleunigungsmoment (1.2.2.2)

M_E Drehmoment bei Einphasenanschluß (4.2.1.2)

M_H Hochlaufmoment (1.2.2.2)

M_L Lastmoment (1.2.2.2)

M_g Drehmoment des Gegensystems (1.7.2.2)

M_m $-$ des Mitsystems (1.7.2.2)

M_v Verlustmoment (1.2.2.3)

m Masse (1.2.3.3)

m Strangzahl, Phasenzahl (1.2.3.3)

m Pulszahl (6.2.2.3)

m_I Strommaßstab (3.2.2.3)

m_M Drehmomentmaßstab (3.2.2.3)

m_P Leistungsmaßstab (3.2.2.3)

N Windungszahl (1.1.1.1)

N_A $-$ der Arbeitswicklung (4.2.2)

n Drehzahl (1.1.2.2)

n ganze Zahlen (4)

n Zahl der Bürstenübergangsstellen (1.2.3.3)

n_g Grunddrehzahl (6.2.3)

n_s Schlupfdrehzahl (1.6.1.2)

n_{0N} Leerlaufdrehzahl bei Nennerregung und Nennspannung (6.2.2.1)

O Oberfläche (1.8.1.1)

P Wirkleistung (1.2.2.2)

P_L Leistungsbedarf (1.2.2.2)

P_s Schlupfleistung (6.2.2.3)

p Polpaarzahl (1.2.1.2)

Q Blindleistung (1.7.2.2)

q Lochzahl (1.4.2.1)

R elektrischer Widerstand (1.1.1.4)

R_V Vorwiderstand (1.3.1.3)

R_m magnetischer Widerstand (1.1.1.1)

R_W betriebswarmer elektrischer Widerstand (1.2.3.3)

R_{2V} Läufervorwiderstand (3.3.2.1)

S Scheinleistung (1.2.3.2)

S Stromdichte (1.1.1.1)

S_B Bauleistung (2.2.4.3)

s Spulenzahl (1.4.1.2)

s Schlupf (1.6.1.2)

T Stromwendezeit (6.1.2.3)

t Zeit (1.1.1.2)

t_E Einschwingzeit (6.2.5.2)

t_b Betriebszeit (1.8.2.2)

t_p Pause (1.8.2.2)

t_s Spieldauer (1.8.2.2)

$t_ü$ Überschwingzeit (6.2.5.2)

U Spannung, Klemmenspannung (1.1.1.2)

$U_{Bü}$ Bürstenspannungsabfall (1.2.3.3)

U_C Kondensatorspannung (4.2.3.1)

U_D Deckenspannung (5.1.3)

U_E Einphasenspannung (4.2.1.2)

U_R Remanenzspannung (6.2.1.1)

U_R Wirkspannungsabfall (2.2.2.2)

U_g Spannung des Gegensystems (1.7.1.1)

U_h Hauptblindspannung (1.3.1.2)

U_{hd} Längskomponente der Hauptblindspannung (5.2.3.7)

U_{hq} Querkomponente der Hauptblindspannung (5.2.3.7)

U_m Spannung des Mitsystems (1.7.1.1)

U_q Quellenspannung (1.1.1.2)

U_{qr} rotatorische Spannung (6.3)

U_{qt} transformatorische Spannung (6.1.2.5)

U_φ Spannungsänderung (2.2.3.4)

U_0 Spannung des Nullsystems (1.7.1.1)

u_R relative Wirkspannung (2.2.2.2)

u_k — Kurzschlußspannung (2.2.2.2)

u_σ — Streuspannung (2.2.2.2)

u_φ — Spannungsänderung (2.2.3.4)

u_φ', u_φ'' Komponenten der relativen Spannungsänderung (2.2.3.4)

$ü$ Übersetzungsverhältnis (2.1.1)

V magnetische Spannung (1.1.1.1)

V Verlust (1.2.3.3)

$V_{Bü}$ Übergangsverluste (1.2.3.3)

V_C Speicherleistung (1.8.1.1)

V_H Hystereseverluste (1.2.3.3)

V_K Kühlleistung (1.8.1.1)

V_R Reibungsverluste (1.2.3.3)

V_W Wirbelstromverluste (1.2.3.3)

V_Z Zusatzverluste (1.2.3.3)

V_i magnetische Spannung des i-ten Abschnitts (1.1.1.1)

V_1 Grundschwingung der Felderregerkurve (1.3.2.1)

v Geschwindigkeit (1.1.1.2)

v Sehnung (1.4.2.1)

W Energie, Arbeit (1.8.2.4)

W Spulenweite (1.4.1.2)

w Welligkeit (6.1.4.3)

X Blindwiderstand (1.1.1.2)

X_L induktiver Blindwiderstand (1.1.1.2)

X_d Ankerlängsblindwiderstand (5.2.2.1)

X_d' Übergangslängsblindwiderstand (5.2.2.2)

X_d'' Anfangslängsblindwiderstand (5.2.2.2)

X_h Hauptblindwiderstand (2.2.3.2)

X_q Ankerquerblindwiderstand (5.2.3.7)

X_0 Nullreaktanz (5.2.2.3)

X_2 Gegenreaktanz (5.2.2.3)

x Umfangskoordinate (1.3.2.1)

x_d relativer Ankerlängsblindwiderstand (5.2.2.1)

x_d' – Übergangslängsblindwiderstand (5.2.2.2)

x_d'' – Anfangslängsblindwiderstand (5.2.2.2)

x_q – Ankerquerblindwiderstand (5.2.2.2)

x_q' – Übergangsquerblindwiderstand (5.2.2.2)

x_q'' – Anfangsquerblindwiderstand (5.2.2.2)

x_0 relative Nullkreaktanz (5.2.2.2)

x_2 – Gegenreaktanz (5.2.2.2)

Y Leitwert (1.7.2.1)

Y_C kapazitiver Leitwert (4.2.3.1)

Y_g Leitwert des Gegensystems (1.7.2.1)

Y_m – des Mitsystems (1.7.2.1)

Y_0 – des Nullsystems (1.7.2.1)

y Gesamtschritt (1.4.1.2)

y relative Drehzahl (6.2.5.2)

y_e Endwert (6.2.5.2)

y_f flüchtiges Glied (6.2.5.2)

y_1 Spulenweite (1.4.1.2)

y_2 Schaltschritt (1.4.1.2)

Z Nutenzahl, Zähnezahl (1.4.2.1)

Z Scheinwiderstand (1.2.1.2)

Z_B Belastungs-Scheinwiderstand (2.2.3)

Z_g Gegenimpedanz (1.7.2.1)

Z_m Mitimpedanz (1.7.2.1)

Z_0 Nullimpedanz (1.7.2.1)

z Leiterzahl (1.1.1.2)

α Wärmeübergangszahl (1.8.1.1)

α Winkel, Dreh-, Nuten-, Steuerwinkel (1.3.2.2)

β Bürstenverdrehwinkel (6.1.2)

γ elektrische Leitfähigkeit (1.3.1.3)

δ Abklingkonstante (6.2.5.2)

δ Luftspaltlänge (1.1.1.1)

ε ebener Winkel (1.3.2.1)

η Wirkungsgrad (1.2.3.2)

Θ	Durchflutung (1.1.1.1)	τ	Teilung (1.2.1.2)
Θ	Übertemperatur, Erwärmung (1.8.1.1)	τ	Zeitkonstante (1.3.1.4)
Θ_e	Endübertemperatur (1.8.1.1)	τ_A	Abkühlungszeitkonstante (1.8.1.1)
Θ_k	Durchflutung der konzentrierten Wicklung (1.5.1)	τ_E	Erwärmungszeitkonstante (1.8.1.1)
ϑ	Dämpfungsgrad (6.2.5.2)	τ_J	Schwungmassenzeitkonstante (6.2.5.1)
ϑ	Polradwinkel (5.2.3.1)	τ_d'	Übergangskurzschluß-Zeitkonstante (5.2.2.2)
ϑ	Temperatur (1.8.1.1)		
$\vartheta_{Kü}$	Kühlmitteltemperatur (1.8.1.1)	τ_d''	Anfangskurzschluß-Zeitkonstante (5.2.2.2)
Λ	magnetischer Leitwert (1.1.1.1)		
λ	Konstante (6.2.5.2)	τ_p	Polteilung (1.2.1.2)
μ	Ordnungszahl der Oberströme (3.2.3.3)	Φ	magnetischer Fluß (1.1.1.1)
		Φ_N	Windungsfluß (1.1.1.2)
μ	Permeabilität (1.1.1.1)	Φ_h	Hauptfluß (2.2.3.2)
μ_r	relative Permeabilität (1.1.1.1)	φ	Phasenwinkel (1.2.2.3)
μ_0	Induktionskonstante (1.1.1.1)	φ_g	– des Gegensystems (1.7.2.1.)
ν	Ordnungszahl der Oberfelder (1.3.2.1)	φ_m	– des Mitsystems (1.7.2.1)
ξ	Wicklungsfaktor (1.2.1.2)	φ_0	– des Nullsystems (1.7.2.1)
ξ_s	Sehnungsfaktor (1.4.2.2.)	Ψ	Spulenfluß (1.1.1.2)
ξ_z	Zonenfaktor (1.4.2.2)	Ψ_h	Nutz-Spulenfluß (1.1.1.2)
ξ_1	Wicklungsfaktor des Grundfeldes (1.4.2.2)	Ω	Winkelgeschwindigkeit (1.2.1.2)
		ω	Kreisfrequenz (1.1.1.2)
ξ_5	– des 5. Teilfeldes (1.4.2.2)	ω_e	Eigenkreisfrequenz (6.2.5.2)
ϱ	Dichte (1.2.3.3)	ω_0	Kennkreisfrequenz (6.2.5.2)

Sachverzeichnis

Moeller, Leitfaden der Elektrotechnik

Herausgegeben von Prof. Dr.-Ing. **H. Fricke,** Braunschweig, Prof. Dr.-Ing. **H. Frohne,** Hannover, und Dozent Dr.-Ing. **P. Vaske,** Hamburg

Band I

Grundlagen der Elektrotechnik

Von Prof. Dr.-Ing. **F. Moeller** †, Braunschweig, und Prof. Dr.-Ing. **H. Fricke,** Braunschweig

15., durchgesehene Auflage. XVII, 492 Seiten mit 330 teils mehrfarbigen Bildern, 35 Tafeln und 197 Beispielen. DIN C 5. 1974. Geb. DM 38,—. ISBN 3-519-16400-0

Inhaltsübersicht: Grundgesetze des Gleichstromkreises / Energie der elektrischen Strömung / Elektrische Strömung in Elektrolyten / Magnetisches Feld / Elektrisches Feld / Einfacher Wechselstromkreis / Zusammengesetzter Wechselstromkreis / Schwingkreise / Drosselspulen und Transformatoren / Periodische Schwingungen beliebiger Kurvenform / Mehrphasen-Wechselströme / Einführung in die Digitaltechnik / Schaltvorgänge

Band II

Elektrische Maschinen und Umformer

Teil 1: Aufbau, Wirkungsweise und Betriebsverhalten

Von Dozent Dr.-Ing. **P. Vaske,** Hamburg

12., neubearbeitete und erweiterte Auflage. XII, 289 Seiten mit 248 teils zweifarbigen Bildern. DIN C 5. 1976. Kart. DM 38,—. ISBN 3-519-16401-9

Teil 2: Berechnung elektrischer Maschinen

Von Dozent Dr.-Ing. **P. Vaske,** Hamburg, und Oberbaudirektor Dipl.-Ing. **J. H. Riggert** †, Köln

8., überarbeitete Auflage. X, 178 Seiten mit 108 Bildern und 17 Beispielen. DIN C 5. 1974. Kart. DM 34,—. ISBN 3-519-16402-7

Band III

Bauelemente der Halbleiterelektronik

Von Dozent Dr. rer. nat. **H. Tholl,** Hamburg

Teil 1: Grundlagen, Dioden und Transistoren

XII, 236 Seiten mit 203 Bildern, 18 Tafeln und 60 Beispielen. DIN C 5. 1976. Kart. DM 36,—. ISBN 3-519-06418-9

Teil 2: Feldeffekttransistoren, Thyristoren, Optoelektronik

In Vorbereitung. Ca. 250 Seiten
ISBN 3-519-06419-7

Band IV

Elektrische Meßtechnik

Von Prof. Dr.-Ing. **M. Stöckl,** Nürnberg, und Prof. Dr.-Ing. **K. H. Winterling,** Frankfurt/M., unter Mitwirkung von Prof. Dr.-Ing. **H. Fricke,** Braunschweig, Prof. Dr.-Ing. **R. Thiel,** Darmstadt, und Dozent Dr.-Ing. **P. Vaske,** Hamburg

5., neubearbeitete und erweiterte Auflage. XIV, 328 Seiten mit 324 Bildern und 39 Beispielen. DIN C 5. 1973. Geb. DM 38,—. ISBN 3-519-16405-1

Preisänderungen vorbehalten

 **B. G. Teubner Stuttgart**

Moeller, Leitfaden der Elektrotechnik (Fortsetzung)

Band VI

Elektrische Nachrichtentechnik

Teil 1: Grundlagen

Von Prof. Dr.-Ing. **H. Fricke**, Braunschweig, Prof. Dr.-Ing. **K. Lamberts**, Clausthal, und Dozent Dipl.-Ing. **W. Schuchardt**, Hamburg

2., durchgesehene Auflage. XIV, 278 Seiten mit 277 Bildern und 24 Beispielen. DIN C 5. 1971. Kart. DM 36,—. ISBN 3-519-16407-8

Teil 2: Hochfrequenztechnik

Von Prof. Dr.-Ing. **H. Fricke**, Braunschweig, Prof. Dr.-Ing. **K. Lamberts**, Clausthal, und Dozent Dipl.-Ing. **W. Schuchardt**, Hamburg, unter Mitwirkung von Prof. Dr. phil. **W. Hasel**, Ulm

XI, 247 Seiten mit 236 Bildern. DIN C 5. 1967. Ln. DM 35,—. ISBN 3-519-06408-1

Band VII

Beispiele zu Grundlagen der Elektrotechnik

Von Prof. Dr.-Ing. **H. Fricke**, Braunschweig, Prof. Dr.-Ing. **F. Moeller** †, Braunschweig, Prof. Dipl.-Ing. **R. Ptassek**, München, Dozent Dipl.-Ing. **W. Schuchardt**, Hamburg, und Dozent Dr.-Ing. **P. Vaske**, Hamburg

2., durchgesehene Auflage. VI, 128 Seiten mit 117 Bildern und 119 Aufgaben. DIN C 5. 1973. Kart. DM 18,—. ISBN 3-519-16414-0

Band VIII

Elektrische Antriebe und Steuerungen

Von Dozent Dipl.-Ing. **H.-J. Bederke**, Lübeck, Prof. Dipl.-Ing. **R. Ptassek**, München, Dozent Dipl.-Ing. **G. Rothenbach**, Hamburg, und Dozent Dr.-Ing. **P. Vaske**, Hamburg

2., neubearbeitete Auflage. XI, 274 Seiten mit 210 Bildern und 78 Beispielen. DIN C 5. 1975. Kart. DM 36,—. ISBN 3-519-16410-8

Inhaltsübersicht: Arbeitsmaschinen und Antriebsmotoren / Zusammenwirken von Motor- und Arbeitsmaschine / Drehzahlverstellung und Antriebsregelung / Auswahl des Antriebsmotors / Steuerungstechnik

Band IX

Elektrische Energieverteilung

Von Prof. Dipl.-Ing. **R. Flosdorff**, Aachen, und Prof. Dr.-Ing. **G. Hilgarth**, Braunschweig/Wolfenbüttel

2., durchgesehene Auflage, XII, 318 Seiten mit 304 Bildern und 64 Beispielen. DIN C 5. 1975. Kart. DM 36,—. ISBN 3-519-16411-6

Inhaltsübersicht: Elektrische Festigkeitslehre / Elektrische Netze / Kurzschluß und Erdschluß / Schutzeinrichtungen / Schaltanlagen / Kraftwerke und Elektrizitätswirtschaft

Band X

Grundlagen der Digitaltechnik

Von Prof. Dipl.-Ing. **L. Borucki**, Krefeld

ca. 240 Seiten. DIN C 5. 1976. ISBN 3-519-06415-4

Preisänderungen vorbehalten

 **B. G. Teubner Stuttgart**